Claus Ihle
Rolf Bader
Manfred Golla

Tabellenbuch
Sanitär · Heizung · Lüftung

Schroedel · Gehlen

Tabellenbuch · Sanitär · Heizung · Lüftung

Ein Werk für den Unterricht an Berufsbildenden Schulen

Bearbeitet von:

Claus Ihle
Rolf Bader
Manfred Golla

in Zusammenarbeit mit der Fachredaktion des Verlages

Zeichnungen: Bernhard Peter

UMWELTFREUNDLICH . . . weil auf Papier aus 100 % chlorfrei gebleichtem Zellstoff gedruckt.

Dem Tabellenbuch wurde der aktuelle Stand der Normblätter und sonstigen Regelwerke zugrunde gelegt. Verbindlich sind jedoch nur die neuesten Ausgaben der Normblätter des DIN. Sie sind beim Beuth Verlag GmbH, Burggrafenstraße 6, 10787 Berlin zu beziehen.

ISBN 3-441-91020-6

Druck A 9 8 7 6 / Jahr 1996 95 94 93

Alle Drucke der Serie A sind im Unterricht parallel verwendbar, da bis auf die Behebung von Druckfehlern untereinander unverändert.
Die letzte Zahl bezeichnet das Jahr dieses Druckes.

Satzherstellung: Satz-Zentrum West GmbH & Co., Dortmund
Reproduktionen: Jürgen Rohrssen, Hannover
Druck: Konkordia Druck GmbH, Bühl/Baden

Inhaltsverzeichnis

5.1 Kreisflächen

d	,0	,2	,4	,6	,8	*d*	,0	,2	,4	,6	,8
0	0,000	0,031	0,126	0,283	0,503	**50**	1963	1979	1995	2011	2027
1	0,785	1,131	1,539	2,011	2,545	**51**	2043	2059	2075	2091	2107
2	3,142	3,801	4,524	5,309	6,158	**52**	2124	2140	2157	2173	2190
3	7,069	8,042	9,079	10,18	11,34	**53**	2206	2223	2240	2256	2273
4	12,57	13,85	15,21	16,62	18,10	**54**	2290	2307	2324	2341	2359
5	19,63	21,24	22,90	24,63	26,42	**55**	2376	2393	2411	2428	2445
6	28,27	30,19	32,17	34,21	36,32	**56**	2463	2481	2498	2516	2534
7	38,48	40,72	43,01	45,36	47,78	**57**	2552	2570	2588	2606	2624
8	50,27	52,81	55,42	58,09	60,82	**58**	2642	2660	2679	2697	2715
9	63,62	66,48	69,40	72,38	75,43	**59**	2734	2753	2771	2790	2809
10	78,54	81,71	84,95	88,25	91,61	**60**	2827	2846	2865	2884	2903
11	95,03	98,52	102,1	105,7	109,4	**61**	2922	2942	2961	2980	3000
12	113,1	116,9	120,8	124,7	128,7	**62**	3019	3039	3058	3078	3097
13	132,7	136,8	141,0	145,3	149,6	**63**	3117	3137	3157	3177	3197
14	153,9	158,4	162,9	167,4	172,0	**64**	3217	3237	3257	3278	3298
15	176,7	181,5	186,3	191,1	196,1	**65**	3318	3339	3359	3380	3400
16	201,1	206,1	211,2	216,4	221,7	**66**	3421	3442	3463	3484	3505
17	227,0	232,4	237,8	243,3	248,8	**67**	3526	3547	3568	3589	3610
18	254,5	260,2	265,9	271,7	277,6	**68**	3632	3653	3675	3696	3718
19	283,5	289,5	295,6	301,7	307,9	**69**	3739	3761	3783	3805	3826
20	314,2	320,5	326,9	333,3	339,8	**70**	3848	3870	3893	3915	3937
21	346,4	353,0	359,7	366,4	373,3	**71**	3959	3982	4004	4026	4049
22	380,1	387,1	394,1	401,1	408,3	**72**	4072	4094	4117	4140	4162
23	415,5	422,7	430,1	437,4	444,9	**73**	4185	4208	4231	4254	4278
24	452,4	460,0	467,6	475,3	483,1	**74**	4301	4324	4347	4371	4394
25	490,9	498,8	506,7	514,7	522,8	**75**	4418	4441	4465	4489	4513
26	530,9	539,1	547,4	555,7	564,1	**76**	4536	4560	4584	4608	4632
27	572,6	581,1	589,6	598,3	607,0	**77**	4657	4681	4705	4729	4754
28	615,8	624,6	633,5	642,4	651,4	**78**	4778	4803	4827	4852	4877
29	660,5	669,7	678,9	688,1	697,5	**79**	4902	4927	4951	4976	5001
30	706,9	716,3	725,8	735,4	745,1	**80**	5027	5052	5077	5102	5128
31	754,8	764,5	774,4	784,3	794,2	**81**	5153	5178	5204	5230	5255
32	804,2	814,3	824,5	834,7	845,0	**82**	5281	5307	5333	5359	5385
33	855,3	865,7	876,2	886,7	897,3	**83**	5411	5437	5463	5489	5515
34	907,9	918,6	929,4	940,2	951,1	**84**	5542	5568	5595	5621	5648
35	962,1	973,1	984,2	995,4	1007	**85**	5675	5701	5728	5755	5782
36	1018	1029	1041	1052	1064	**86**	5809	5836	5863	5890	5917
37	1075	1087	1099	1110	1122	**87**	5945	5972	5999	6027	6055
38	1134	1146	1158	1170	1182	**88**	6082	6110	6138	6165	6193
39	1195	1207	1219	1232	1244	**89**	6221	6249	6277	6305	6333
40	1257	1269	1282	1295	1307	**90**	6362	6390	6418	6447	6475
41	1320	1333	1346	1359	1372	**91**	6504	6533	6561	6590	6619
42	1385	1399	1412	1425	1439	**92**	6648	6677	6706	6735	6764
43	1452	1466	1479	1493	1507	**93**	6793	6822	6851	6881	6910
44	1521	1534	1548	1562	1576	**94**	6940	6969	6999	7029	7058
45	1590	1605	1619	1633	1647	**95**	7088	7118	7148	7178	7208
46	1662	1676	1691	1706	1720	**96**	7238	7268	7299	7329	7359
47	1735	1750	1765	1780	1795	**97**	7390	7420	7451	7482	7512
48	1810	1825	1840	1855	1870	**98**	7543	7574	7605	7636	7667
49	1886	1901	1917	1932	1948	**99**	7698	7729	7760	7791	7823

6.1 Mathematische Zeichen

Zeichen	Bedeutung	Zeichen	Bedeutung
+	plus, und	Δ	Differenz
−	minus, weniger	a^n	*a* hoch *n*
· ×	mal	$\sqrt{\ }$	Quadratwurzel
:	geteilt durch	$\sqrt[n]{\ }$	*n*-te Wurzel
——	Bruchstrich	1°	Grad
/	Bruchstrich	1′	Winkelminute
	im Text	1″	Winkelsekunde
=	gleich	sin	Sinus
≠	nicht gleich	cos	Cosinus
≡	identisch	tan	Tangens
≢	nicht iden-	cot	Cotangens
	tisch	arc	Bogenmaß
≈	ungefähr	∢	Winkel
	gleich	⊥	rechtwinklig
>	größer als	∥	parallel
≥	größer oder	∦	nicht
	gleich		parallel
<	kleiner als	{ ( ) [ ] }	Klammer
≤	kleiner oder	lg	Logarithmus
	gleich	ln	natürlicher
≙	entspricht		Logarithmus
~	proportional	. . .	und so weiter
∞	unendlich	‰	Promille
Σ	Summe	%	Prozent

6.2 Griechisches Alphabet

Buchstabe groß	klein	Benennung	deutsche Aussprache
Α	α	Alpha	ˈalfa
Β	β	Beta	ˈbe : ta :
Γ	γ	Gamma	ˈgama :
Δ	δ	Delta	ˈdelta :
Ε	ε	Epsilon	ˈepsilon
Ζ	ζ	Zeta	ˈtse : ta
Η	η	Eta	ˈe : ta :
Θ	ϑ	Theta	ˈte : ta :
Ι	ι	Iota	ˈjo : ta :
Κ	ϰ	Kappa	ˈkapa :
Λ	λ	Lambda	ˈLambda
Μ	μ	My	my
Ν	ν	Ny	ny
Ξ	ξ	Xi	ksi
Ο	ο	Omikron	ˈomikron
Π	π	Pi	pi :
Ρ	ϱ	Rho	ro :
Σ	σ	Sigma	ˈsigma
Τ	τ	Tau	tau
Υ	υ	Ypsilon	ˈypsilon
Φ	φ	Phi	fi :
Χ	χ	Chi	ci :
Ψ	ψ	Psi	psi :
Ω	ω	Omega	ˈo : mega :

6.3 Anwendung griechischer Buchstaben als Formelzeichen

Buchstabe	Beispiele
α, β, γ	Winkel
α	Längenausdehnungskoeffizient, Wärmeübergangskoeffizient
β	Luftwechsel, Flächenausdehnungszahl
γ	Volumenausdehnungszahl, Verhältnis c_p/c_v
Δ	Differenz (z.B. Temperaturdifferenz)
ε	Höhenkorrekturfaktor (DIN 4701), Leistungsziffer (Wärmepumpe)
ζ	Widerstands-Beiwert, gleichzeitig wirksamer Lüftungswärmeanteil
η	Wirkungsgrad, dynamische Viskosität
Θ ϑ	absolute Temperatur in Kelvin Celsius-Temperatur
$\varkappa$	Isotropenexponent (Adiabatenexponent)
λ	Wärmeleitfähigkeit, Liefergrad, Rohrreibungszahl
ν	kinematische Zähigkeit
π	Ludolph'sche Zahl 3,141592. . .
ϱ	Dichte
Σ σ	Summe Spannung, Verdunstungszahl
τ	Schubspannung
Φ φ	Wärmestrom relative Luftfeuchtigkeit
ψ	Abflußbeiwert
Ω ω	Ohm (elektrischer Widerstand) Winkelgeschwindigkeit, Knickzahl

7.1 Basisgrößen und Basiseinheiten des internationalen Einheitensystems (SI-System)

Basisgröße Name	Zeichen	SI-Basiseinheit Name	Zeichen
Länge	*l*	Meter	m
Zeit	*t*	Sekunde	s
Masse	*m*	Kilogramm	kg
Temperatur	*T*	Kelvin	K
Stromstärke	*I*	Ampere	A
Stoffmenge	*n*	Mol	mol
Lichtstärke	*I*	Candela	cd

7.2 Auswahl abgeleiteter SI-Einheiten mit besonderem Namen

Größe Name	Zeichen	SI-Einheit Name	Zeichen	Beziehung
Kraft	*F*	Newton	N	$1\,N = 1\,kg \cdot \frac{m}{s^2}$
Druck	*p*	Pascal	Pa	$1\,Pa = 1\frac{N}{m^2}$
Celsius-Temperatur	ϑ, t	Grad-Celsius	°C	1°C = 1 K
Energie Wärmemenge	*W* *Q*	Joule	J	$1\,J = 1\,N \cdot m = 1\,Ws$
Leistung Wärmestrom	*P* $\dot{Q}$	Watt	W	$1\,W = 1\frac{J}{s}$
elektrische Ladung	*Q*	Coulomb	C	$1\,C = 1\,A \cdot s$
elektrische Spannung	*U*	Volt	V	$1\,V = 1\frac{J}{C}$
elektrischer Widerstand	*R*	Ohm	Ω	$1\,\Omega = 1\frac{V}{A}$

7.3 Einheiten außerhalb des SI-Systems

Größe Name	Zeichen	Einheit Name	Zeichen	Beziehung
Volumen	*V*	Liter	l	$1\,l = 1\,dm^3$
Masse	*m*	Tonne	t	$1\,t = 10^3\,kg$
Druck	*p*	Bar	bar	$1\,bar = 10^5\,Pa$
Zeit	*t*	Minute Stunde Tag Jahr	min h d a	1 min = 60 s 1 h = 60 min 1 d = 24 h 1 a = 365 d
ebener Winkel	α, β, γ	Sekunde Minute Grad	1″ 1′ 1°	 1′ = 60″ 1° = 60′

7.4 Nicht mehr zulässige Einheiten

Größe	alte Einheit	Umrechnung in SI-Einheit
Kraft	kp	1 kp = 9,81 N
Druck	at = kp/cm²	$1\,at = 9{,}81 \cdot 10^4\,Pa$
Energie, Arbeit	kpm	1 kpm = 9,81 J
Wärmemenge	kcal	1 kcal = 4186,8 J
Leistung	PS	1 PS = 735,5 W
Wärmestrom	kcal/h	1 kcal/h = 1,163 W

7.5 Vorsätze von Einheiten

Vorsatz	Vorzeichen	Faktor	Zehnerpotenz
Verkleinerung			
Piko	p	0,000000000001	10^{-12}
Nano	n	0,000000001	10^{-9}
Mikro	µ	0,000001	10^{-6}
Milli	m	0,001	10^{-3}
Zenti	c	0,01	10^{-2}
Dezi	d	0,1	10^{-1}
Vergrößerung			
Deka	da	10	10^{1}
Hekto	h	100	10^{2}
Kilo	k	1000	10^{3}
Mega	M	1000000	10^{6}
Giga	G	1000000000	10^{9}
Tera	T	1000000000000	10^{12}

Zehnerpotenzen

Wert kleiner 1 — Wert größer 1

0,001	0,01	0,1	1	10	100	1000
10^{-3}	10^{-2}	10^{-1}	10^{0}	10^{1}	10^{2}	10^{3}

Beispiele: $0{,}001 = 10^{-3}$; $10^3 = 1000$

7.6 Römische Ziffern

I 1	II 2	III 3	IV 4	V 5	VI 6	VII 7	VIII 8	IX 9
X 10	XX 20	XXX 30	XL 40	L 50	LX 60	LXX 70	LXXX 80	XC 90
C 100	CC 200	CCC 300	CD 400	D 500	DC 600	DCC 700	DCCC 800	CM 900
M 1000								

Beispiel: 1983 = MCMLXXXIII

Grundlagen

8.1 Grundrechnungsarten

Rechenart	Benennung	Beispiele	Bemerkung
Addition, zusammenzählen	Summand + Summand = Summe	12 cm + 2 cm = 14 cm $3a+2a=5a$	Addition und Subtraktion sind Strichrechnungen. Minuend und Subtrahend dürfen nicht vertauscht werden.
Subtraktion, abziehen	Minuend − Subtrahend = Differenz	14 cm − 2 cm = 12 cm $5a-2a=3a$	
Multiplikation, malnehmen	Faktor · Faktor = Produkt	40 N · 2 m = 80 Nm $5a \cdot 3b = 15ab$	Multiplikation und Division sind Punktrechnungen. Dividend und Divisor dürfen nicht vertauscht werden.
Dividieren, teilen	Dividend : Divisor = Quotient	80 Nm : 2 m = 40 N $15ab : 3b = 5a$	
Rechenarten kombiniert	Produkt + Summand	$2 \cdot 3 + 5 = 6 + 5$ $= 11$	Punktrechnen geht vor Strichrechnen. Soll die Strichrechnung Vorrang haben, so werden Klammern gesetzt.
	Faktor · Summe	$2 \cdot (3+5) = 2 \cdot 8$ $= 16$	

8.2 Vorzeichenregeln

Addition und Subtraktion	Multiplikation	Division	Zahlen mit gleichem Vor- und Rechenzeichen werden addiert, mit verschiedenen Vor- und Rechenzeichen subtrahiert.
$+(+a)=+a$ $-(-a)=+a$ $+(-a)=-a$ $-(+a)=-a$	$(+a)\cdot(+b)=+(ab)$ $(-a)\cdot(-b)=+(ab)$ $(+a)\cdot(-b)=-(ab)$ $(-a)\cdot(+b)=-(ab)$	$(+a):(+b)=+(a:b)$ $(-a):(-b)=+(a:b)$ $(+a):(-b)=-(a:b)$ $(-a):(+b)=-(a:b)$	Beim Multiplizieren und Dividieren von Zahlen ergeben zwei gleiche Vorzeichen ein Plus, zwei ungleiche Vorzeichen ein Minus. Zahlen ohne Vorzeichen sind immer positiv.

8.3 Klammerrechnung

Rechenart	Beispiel	Erklärung
Plusklammer	$2a+(b-3c)=2a+b-3c$	Beim Auflösen einer Plusklammer bleiben alle Rechenzeichen erhalten.
Minusklammer	$a-(-3b+2c)=a+3b-2c$	Beim Auflösen einer Minusklammer ändern sich alle Rechenzeichen.
mehrfache Klammern	$a-[-b+(c-d)]=a-[-b+c-d]$ $=a+b-c+d$	Die Klammern werden von innen nach außen aufgelöst.
Zahl mal Klammer	$2a\cdot(b-3c)=2a\cdot b-2a\cdot 3c$ $=2ab-6ac$	Die Zahl wird mit jedem Summanden der Klammer multipliziert.
Klammer mal Klammer	$(a+b)\cdot(c+d)=a(c+d)+b(c+d)$ $=ac+ad+bc+bd$	Jeder Summand der ersten Klammer wird mit jedem Summand der zweiten Klammer multipliziert.
Klammer durch Zahl	$(a+b):c=a:c+b:c$ $=\frac{a}{c}+\frac{b}{c}$	Jeder Summand der Klammer wird durch die Zahl dividiert.
Klammer durch Klammer	$(a+b):(c+d)=a:(c+d)+b:(c+d)$ $=\frac{a}{c+d}+\frac{b}{c+d}$	Jeder Summand der ersten Klammer wird durch die zweite Klammer dividiert.

9.1 Rechnen mit Brüchen

Rechenart	Beispiel	Erklärung
Erweitern und Kürzen	$\frac{3\cdot 3}{7\cdot 3}=\frac{9}{21}$ $\frac{9:3}{21:3}=\frac{3}{7}$	Der Zähler und der Nenner werden mit derselben Zahl multipliziert bzw. durch dieselbe Zahl dividiert.
gleichnamig machen	$\frac{3}{2}+\frac{4}{3}=\frac{3\cdot 3}{2\cdot 3}+\frac{4\cdot 2}{3\cdot 2}=\frac{9}{6}+\frac{8}{6}$	Durch Erweitern erhalten alle Brüche den gleichen Nenner. Der kleinste gemeinsame Nenner ist der Hauptnenner.
Addition und Subtraktion	$\frac{3}{7}+\frac{5}{7}-\frac{2}{7}=\frac{3+5-2}{7}=\frac{6}{7}$	Gleichnamige Brüche werden addiert bzw. subtrahiert, indem man die Zähler addiert bzw. subtrahiert.
Multiplikation	$3\cdot\frac{7}{5}=\frac{3\cdot 7}{5}=\frac{21}{5}$	Eine Zahl wird mit einem Bruch multipliziert, indem man die Zahl mit dem Zähler des Bruches multipliziert.
	$\frac{2}{3}\cdot\frac{7}{5}=\frac{2\cdot 7}{3\cdot 5}=\frac{14}{15}$	Ein Bruch wird mit einem Bruch multipliziert, indem man jeweils die Zähler und die Nenner multipliziert.
Division	$\frac{7}{5}:6=\frac{7}{5\cdot 6}=\frac{7}{30}$	Ein Bruch wird durch eine Zahl dividiert, indem man den Nenner mit der Zahl multipliziert.
	$6:\frac{7}{5}=6\cdot\frac{5}{7}=\frac{30}{7}$	Eine Zahl wird durch einen Bruch dividiert, indem man die Zahl mit dem Kehrwert des Bruches multipliziert.
	$\frac{3}{5}:\frac{7}{8}=\frac{3}{5}\cdot\frac{8}{7}=\frac{24}{35}$	Ein Bruch wird durch einen Bruch dividiert, indem man den ersten Bruch mit dem Kehrwert des zweiten multipliziert.

9.2 Potenzen und Wurzeln

Potenz: $a^n=b$	a Basis n Exponent b Potenzwert	Wurzel: $\sqrt[n]{b}=a$	b Radikand n Wurzelexponent a Wurzelwert

9.3 Rechnen mit Zehnerpotenzen[1)]

Rechenart	Beispiel	Erklärung
Addition und Subtraktion	$3\cdot 10^2+2\cdot 10^2=5\cdot 10^2$ $5\cdot 10^2-3\cdot 10^2=2\cdot 10^2$	Nur Potenzen mit gleicher Basis und gleichem Exponent können addiert bzw. subtrahiert werden.
Multiplikation	$10^3\cdot 10^2=10^{3+2}$ $=10^5$	Potenzen mit gleicher Basis werden multipliziert, indem man die Exponenten addiert.
Division	$\frac{10^5}{10^2}=10^{5-2}$ $=10^3$	Potenzen mit gleicher Basis werden dividiert, indem man die Exponenten subtrahiert.
Potenzieren	$(10^3)^2=10^{3\cdot 2}$ $=10^6$	Potenzen werden potenziert, indem man die Basis beibehält und die Exponenten multipliziert.
Radizieren	$\sqrt[3]{10^6}=10^{6/3}$ $=10^2$	Potenzen werden radiziert, indem man die Basis beibehält und den Potenzwert durch den Wurzelexponent dividiert.
Sonderfälle	$10^1=10$; $10^0=1$; $\frac{1}{10^2}=10^{-2}$; $10^2=\frac{1}{10^{-2}}$	

1) Die Basis 10 kann auch durch eine andere Zahl ersetzt werden.

Grundlagen

10.1 Umstellen von Gleichungen

	Beispiel	Erklärung
Seiten austauschen	$V=\frac{d^3\cdot\pi}{6}$ $\frac{d^3\cdot\pi}{6}=V$	Die linke und die rechte Seite einer Gleichung können ausgetauscht werden. Dies ist z.B. notwendig, wenn die gesuchte Größe auf der rechten Seite der Gleichung steht.
Kehrwert bilden	$\frac{p_1}{p_2}=\frac{V_2}{V_1}$ $\frac{p_2}{p_1}=\frac{V_1}{V_2}$	Von der linken und der rechten Seite einer Gleichung können die Kehrwerte gebildet werden. Dies ist z.B. notwendig, wenn die gesuchte Größe im Nenner eines Bruches steht.
Summengleichung	$2\cdot s+d=D$ $2\cdot s+d-d=D-d$ $2\cdot s=D-d$	Auf der linken und auf der rechten Seite der Gleichung wird der gleiche Wert subtrahiert. So wird ein Summand beseitigt.
Differenzgleichung	$D^2-d^2=1{,}27\cdot A$ $D^2-d^2+d^2=1{,}27\cdot A+d^2$ $D^2=1{,}27\cdot A+d^2$	Auf der linken und auf der rechten Seite der Gleichung wird der gleiche Wert addiert. So wird ein Subtrahend beseitigt.
Produktgleichung	$m\cdot c\cdot(\vartheta_2-\vartheta_1)=Q$ $\frac{m\cdot c\cdot(\vartheta_2-\vartheta_1)}{m\cdot c}=\frac{Q}{m\cdot c}$ $\vartheta_2-\vartheta_1=\frac{Q}{m\cdot c}$	Die linke und die rechte Seite der Gleichung werden durch den gleichen Wert geteilt. So wird ein Faktor beseitigt.
Quotientgleichung	$\frac{D+d}{2}=U\cdot\pi$ $\frac{D+d}{2}\cdot 2=U\cdot\pi\cdot 2$ $D+d=U\cdot\pi\cdot 2$	Die linke und die rechte Seite der Gleichung werden mit dem gleichen Wert multipliziert. So wird ein Divisor beseitigt.
Potenzgleichung	$a^3=V$ $\sqrt[3]{a^3}=\sqrt[3]{V}$ $a=\sqrt[3]{V}$	Die linke und die rechte Seite der Gleichung werden radiziert. So wird eine Potenz beseitigt.
Wurzelgleichung	$\sqrt{c^2-a^2}=b$ $\left(\sqrt{c^2-a^2}\right)^2=b^2$ $c^2-a^2=b^2$	Die linke und die rechte Seite der Gleichung werden potenziert. So wird eine Wurzel beseitigt.

10.2 Dreisatzrechnung

	Dreisatz mit gleichem Verhältnis	Dreisatz mit umgekehrtem Verhältnis
	Beispiel: 6 m Rohr kosten 12 DM. Wieviel kosten 16 m Rohr?	**Beispiel:** 16 Gesellen montieren eine Rohrleitung in 8 h. Wie lange brauchen 4 Gesellen?
1. Satz: Behauptungssatz (gegebene Vielzahl)	1. Satz: 6 m Rohr ⇒ 12 DM	1. Satz: 16 Gesellen ⇒ 8 h
2. Satz: Zwischensatz (schließen von der Mehrheit auf die Einheit)	2. Satz: 1 m Rohr ⇒ $\frac{12\text{ DM}}{6}$	2. Satz: 1 Geselle ⇒ $8\text{ h}\cdot 16$
3. Satz: Schlußsatz (schließen von der Einheit auf die neue Mehrheit)	3. Satz: 16 m Rohr ⇒ $\frac{12\text{ DM}}{6}\cdot 16$	3. Satz 4 Gesellen ⇒ $8\text{ h}\cdot\frac{16}{4}$
	16 m Rohr kosten 32 DM.	4 Gesellen brauchen 32 Stunden.

11.1 Prozentrechnung

$p = \frac{W \cdot 100\%}{G}$	$1\% = \frac{1}{100}$

p Prozentsatz in %
W Prozentwert (entspricht dem Prozentsatz)
G Grundwert (entspricht 100%)

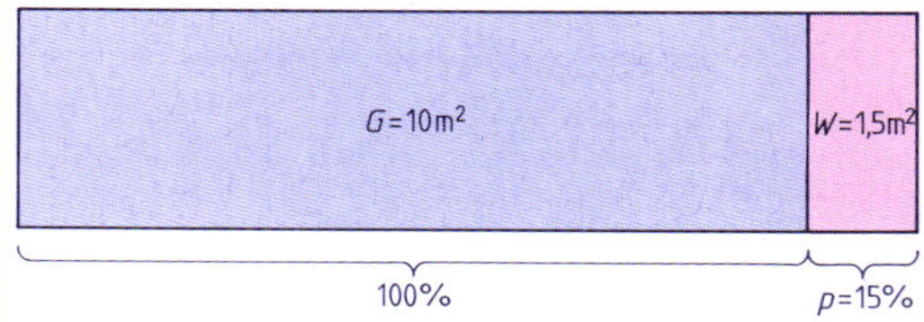

11.2 Zinsrechnung

$$Z = \frac{p \cdot K}{100\%}$$

Z Jahreszins in DM
p Zinssatz in %
K Kapital in DM

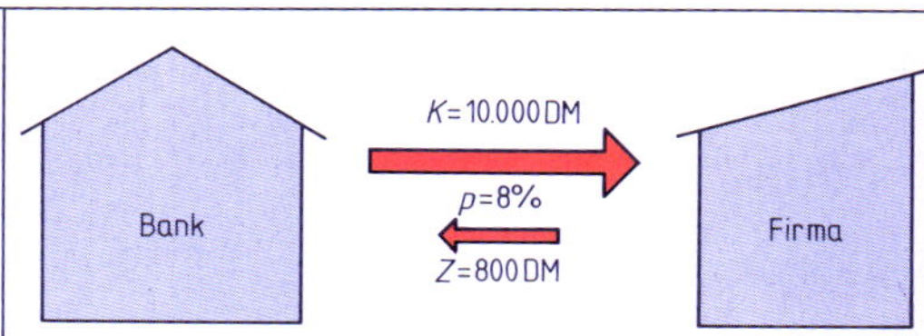

11.3 Gefälle

$I_r = \frac{h}{l}$	$I_{\%} = \frac{h}{l} \cdot 100\%$	$I_N = 1 : \frac{l}{h}$

I_r Relativgefälle (ohne Einheit)
$I_{\%}$ Gefälle in %
I_N Neigungsverhältnis (ohne Einheit)
h Höhenunterschied in m
l Grundmaß in m

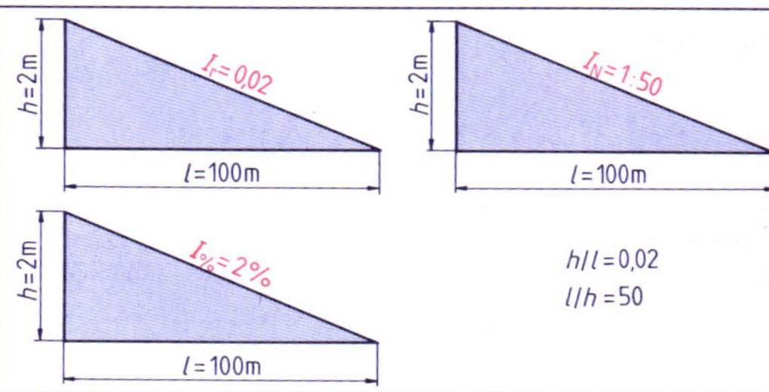

11.4 Lehrsatz des Pythagoras

$$c^2 = a^2 + b^2$$

$$c = \sqrt{a^2 + b^2} \qquad a = \sqrt{c^2 - b^2} \qquad b = \sqrt{c^2 - a^2}$$

c Hypotenuse in m
a Kathete in m
b Kathete in m
In einem rechtwinkligen Dreieck ist das Quadrat über der Hypotenuse (c) gleich der Summe der Quadrate über den Katheten (a) und (b).

Das Seitenverhältnis 3 : 4 : 5 ergibt einen rechten Winkel.

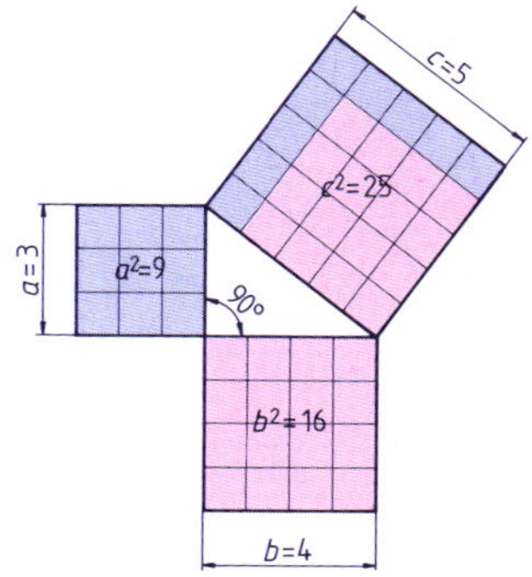

11.5 Winkelfunktionen im rechtwinkligen Dreieck

$\sin\alpha = \frac{a}{c}$	$\cos\alpha = \frac{b}{c}$	$\tan\alpha = \frac{a}{b}$	$\cot\alpha = \frac{b}{a}$

α Winkel in °
$\sin\alpha$ Sinus des Winkels α (ohne Einheit)
$\cos\alpha$ Cosinus des Winkels α (ohne Einheit)
$\tan\alpha$ Tangens des Winkels α (ohne Einheit)
$\cot\alpha$ Cotangens des Winkels α (ohne Einheit)
a Gegenkathete in m
b Ankathete in m
c Hypotenuse in m

$\alpha + \beta + \gamma = 180°$
$\gamma = 90°$

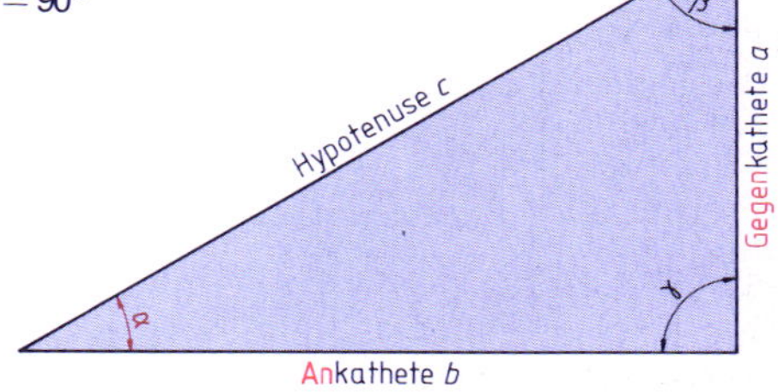

12.1 Flächen

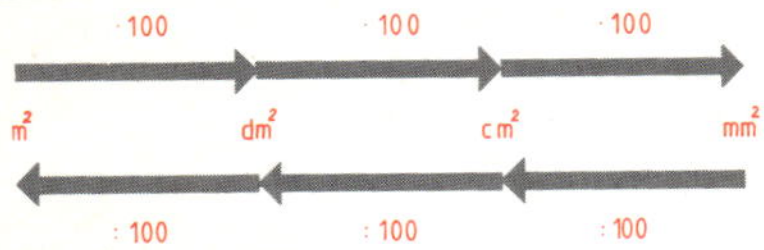

Rechteck:

$A = g \cdot h$

$U = 2 \cdot (g + h)$

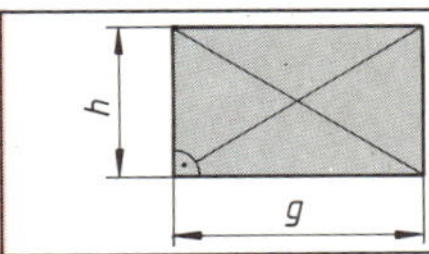

Quadrat:

$A = l \cdot l$

$U = 4 \cdot l$

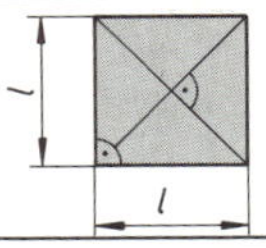

Parallelogramm:

$A = g \cdot h$

$U = 2 \cdot (g + s)$

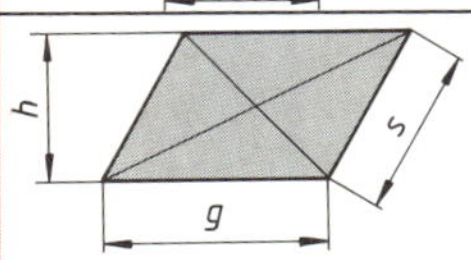

Rhombus:

$A = l \cdot h$

$U = 4 \cdot l$

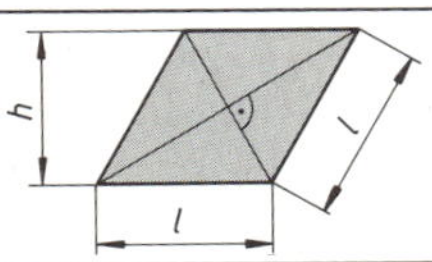

Trapez:

$A = \frac{l_1 + l_2}{2} \cdot h$

$U = l_1 + l_2 + s_1 + s_2$

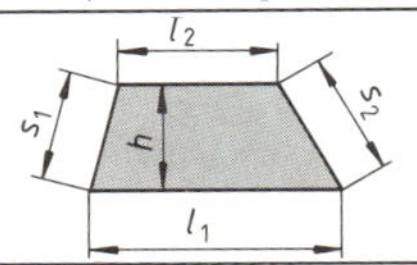

Dreieck:

$A = \frac{g \cdot h}{2}$

$U = a + b + g$

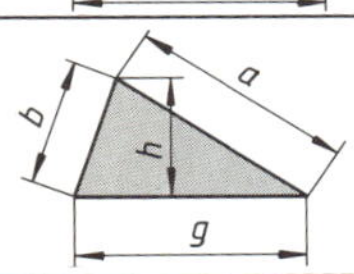

Kreis:

$A = d^2 \cdot \frac{\pi}{4}$

$U = d \cdot \pi$

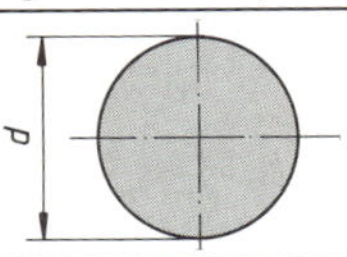

Kreisring:

$A = (D^2 - d^2) \cdot \frac{\pi}{4}$

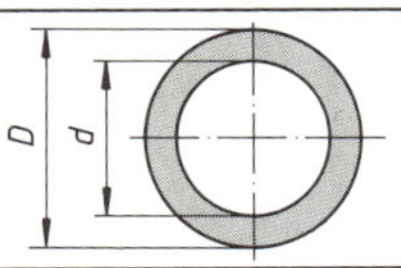

Kreisausschnitt:

$A = \frac{r^2 \cdot \pi \cdot \alpha}{360°}$

$b = \frac{d \cdot \pi \cdot \alpha}{360°}$

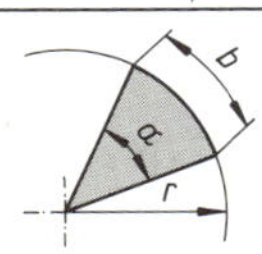

Kreisabschnitt:

$A = \frac{r^2 \cdot \pi \cdot \alpha}{360°} - \frac{s \cdot (r - h)}{2}$

$A \approx \frac{2}{3} \cdot s \cdot h$

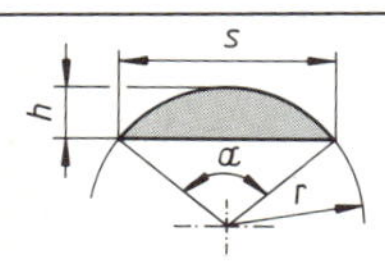

Ellipse:

$A = D \cdot d \cdot \frac{\pi}{4}$

$U \approx \frac{D + d}{2} \cdot \pi$

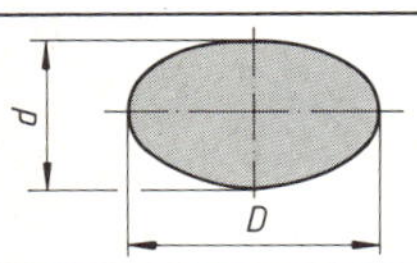

12.2 Körper

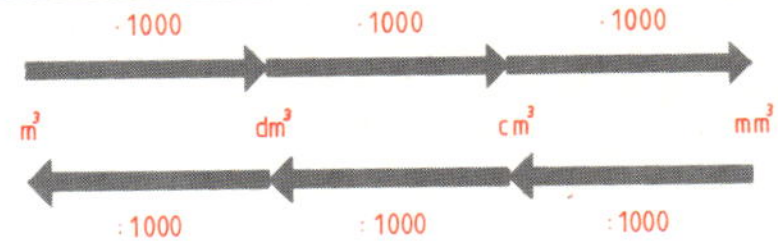

Prisma:

$V = A \cdot h$

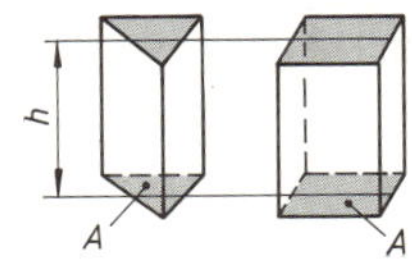

Zylinder:

$V = A \cdot h$

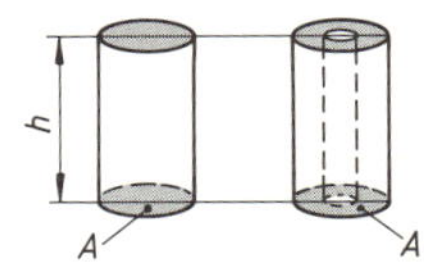

Kegel und Pyramide:

$V = \frac{A \cdot h}{3}$

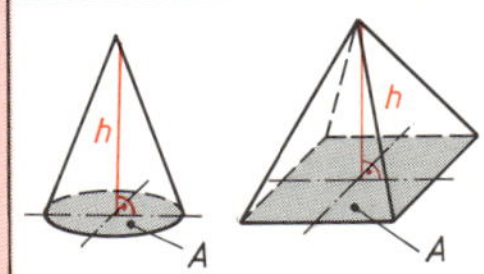

Pyramidenstumpf:

$V \approx \frac{A_u + A_o}{2} \cdot h$

$V \approx A_m \cdot h$

$A_m = l_m \cdot b_m$

$l_m = \frac{l_u + l_o}{2}$

$b_m = \frac{b_u + b_o}{2}$

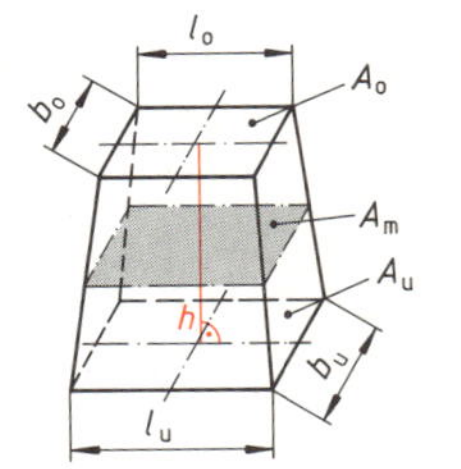

Kegelstumpf:

$V \approx \frac{A_u + A_o}{2} \cdot h$

$V \approx A_m \cdot h$

$A_m = d_m^2 \cdot \frac{\pi}{4}$

$d_m = \frac{d_u + d_o}{2}$

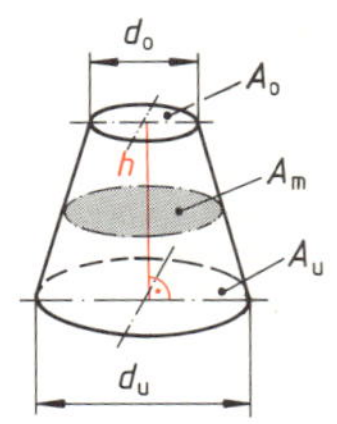

Kugel:

$V = \frac{d^3 \cdot \pi}{6}$

$A_o = d^2 \cdot \pi$

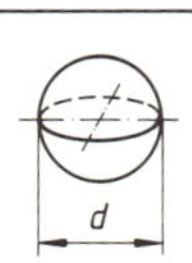

Oberfläche:

$A_g = A_M + A_u + A_o$

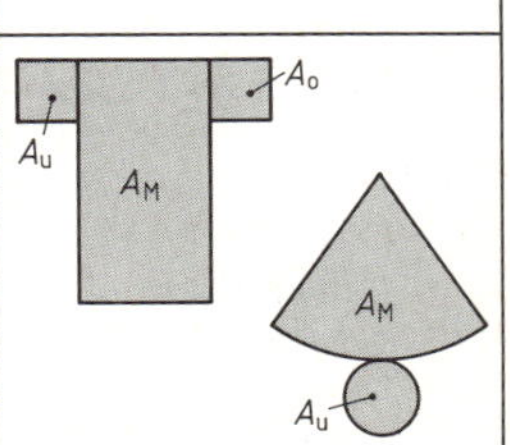

13.1 Gleichförmige, geradlinige Bewegung

$$v = \frac{s}{t}$$

v Geschwindigkeit in m/s
s Weglänge in m
t Zeit in s

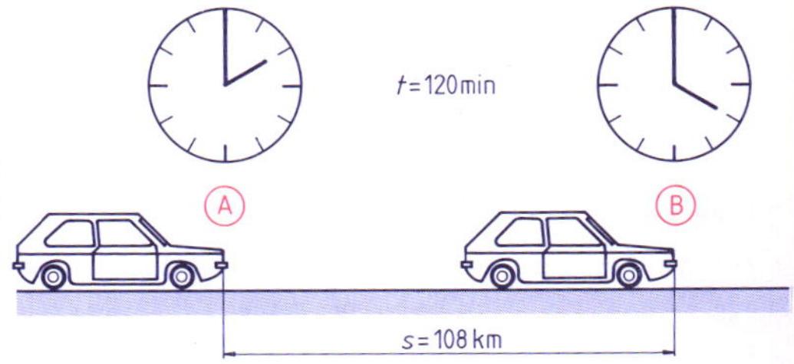

13.2 Gleichförmige Kreisbewegung

$$v = d \cdot \pi \cdot n \quad \text{oder} \quad v = 2 \cdot r \cdot \pi \cdot n$$

v Umfangsgeschwindigkeit in m/s
n Drehzahl in 1/s
d Durchmesser in m
r Radius in m

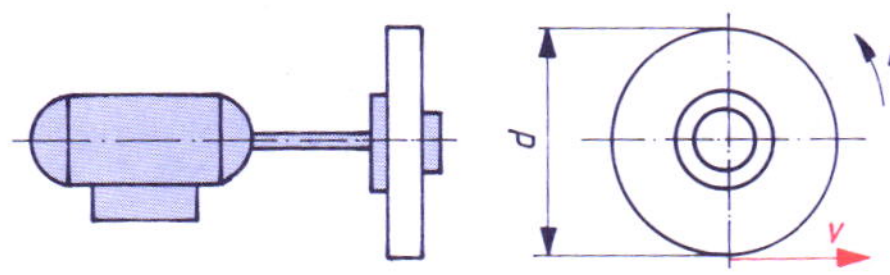

13.3 Gleichmäßig beschleunigte bzw. verzögerte, geradlinige Bewegung

$$a = \frac{v}{t}; \quad a = \frac{2 \cdot s}{t^2} \qquad v = \frac{2 \cdot s}{t}; \quad v = \sqrt{2 \cdot a \cdot s}$$

a Beschleunigung bzw. Verzögerung in m/s²
v End- bzw. Anfangsgeschwindigkeit in m/s
t Zeit in s
s Weglänge in m

Beschleunigung ohne Anfangsgeschwindigkeit

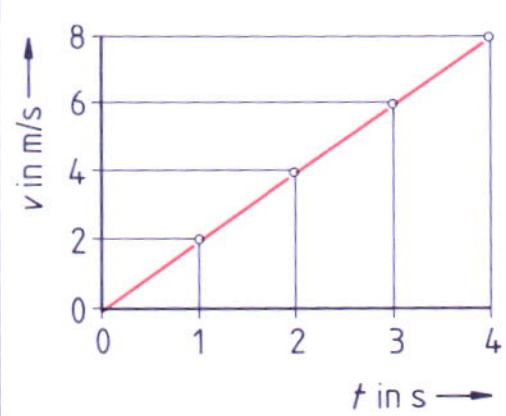

Verzögerung ohne Endgeschwindigkeit

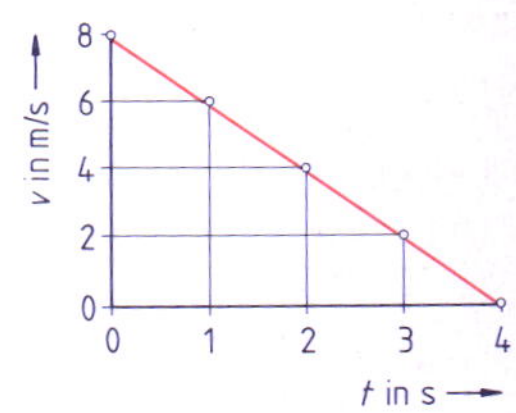

13.4 Übersetzung

$$i = \frac{n_1}{n_2} = \frac{d_2}{d_1} = \frac{M_2}{M_1}$$

i Übersetzungsverhältnis (ohne Einheit)
n_1, n_2 Drehzahl in 1/min
d_1, d_2 Durchmesser in m
M_1, M_2 Drehmoment in Nm

1 treibende Scheibe

2 getriebene Scheibe

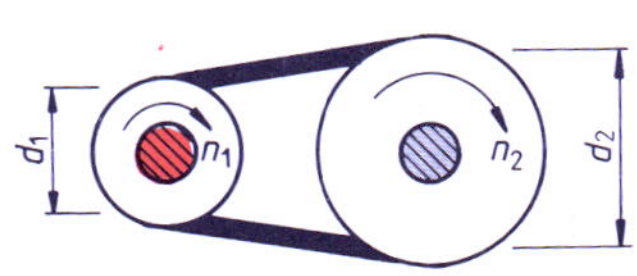

13.5 Masse und Dichte

$$m = V \cdot \varrho$$

m Masse in kg
V Volumen in dm³
ϱ Dichte in kg/dm³

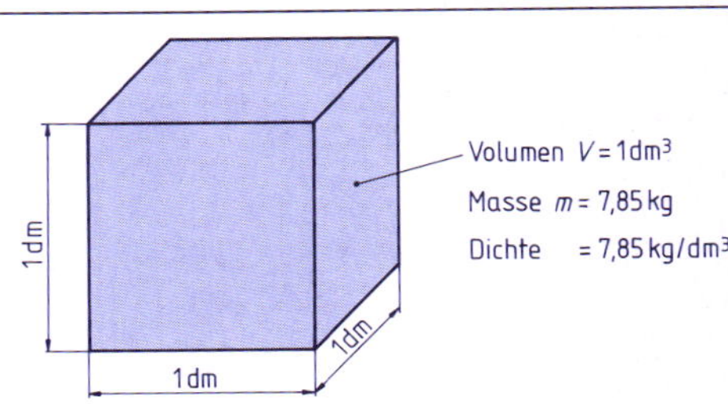

14.1 Kraft

$F = m \cdot a$	$1\ \text{N} = 1\ \text{kg} \cdot 1\ \text{m/s}^2$

F Kraft in N
m Masse in kg
a Beschleunigung in m/s²

Wird der Körper mit 1 kg Masse um 1m/s² beschleunigt, dann wirkt auf ihn die Kraft von 1 N.

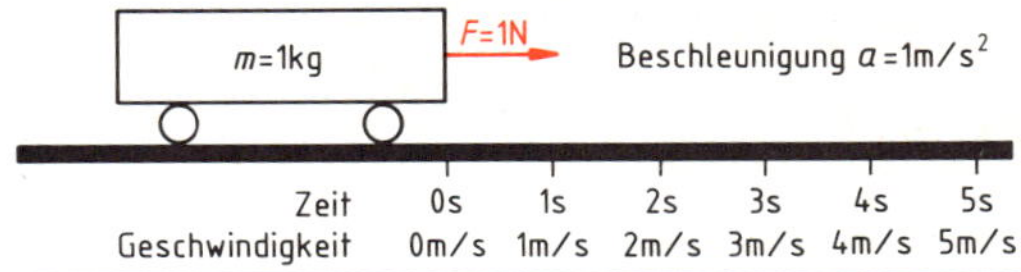

14.2 Gewichtskraft

$F_G = m \cdot g$	$g = 9{,}81\ \text{m/s}^2 = 9{,}81\ \text{N/kg}$

F_G Gewichtskraft in N
m Masse in kg
g Fallbeschleunigung in m/s² oder N/kg

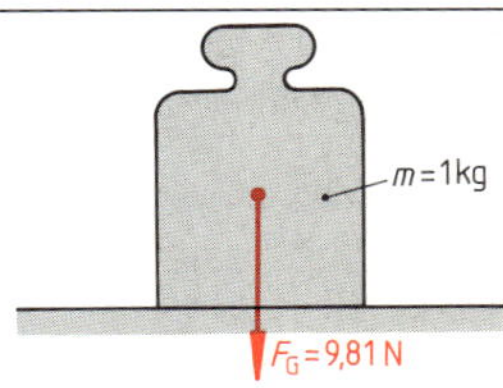

14.3 Federkraft

$F = D \cdot s$

F Federkraft in N
D Federkonstante in N/mm
s Federweg in mm

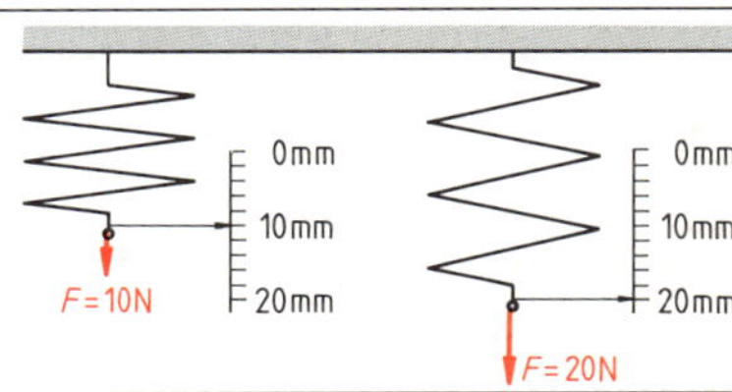

14.4 Reibkraft

Haftreibkraft oder Gleitreibkraft	Rollreibkraft
$F_R = \mu \cdot F_N$	$F_R = \frac{f}{r} \cdot F_N$

F_R Reibkraft in N
F_N Normalkraft in N (senkrecht zur Auflage)
μ Reibzahl (ohne Einheit)
f Rollreibzahl in cm
r Radius in cm

Haftreibzahl einsetzen! Gleitreibzahl einsetzen! Rollreibzahl einsetzen!

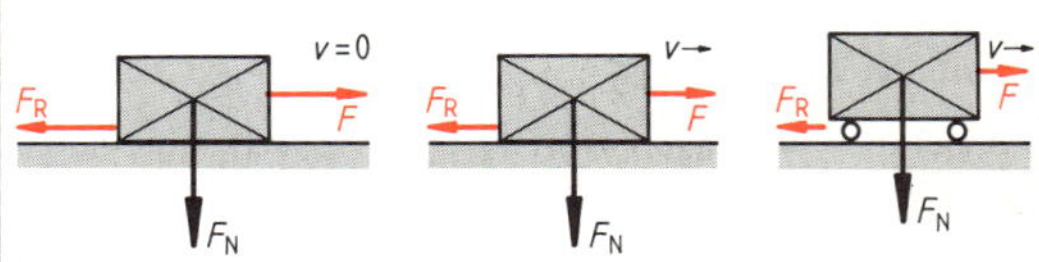

Werkstoffpaarung	Haftreibzahl μ trocken	Haftreibzahl μ gefettet	Gleitreibzahl μ trocken	Gleitreibzahl μ gefettet	Werkstoffpaarung	Rollreibzahl f in cm
Stahl auf Stahl	0,15	0,10	0,15	0,1 bis 0,05	Stahl auf Stahl weich	0,05
Stahl auf Grauguß	0,18	0,10	0,15	0,1 bis 0,08	Stahl auf Stahl gehärtet	0,001
Stahl auf Messing	0,18	0,10	0,10	0,06 bis 0,03		
Stahl auf Polyamid	0,30	0,15	0,30	0,12 bis 0,05	Reifen auf Asphalt	0,015
Wälzlager	–	–	–	0,003 bis 0,001		

14.5 Kräfteaddition und Kraftzerlegung

$\vec{F}_R = \vec{F}_1 + \vec{F}_2$

$\vec{F}_R$ Resultierende
$\vec{F}_1, \vec{F}_2$ Einzelkraft

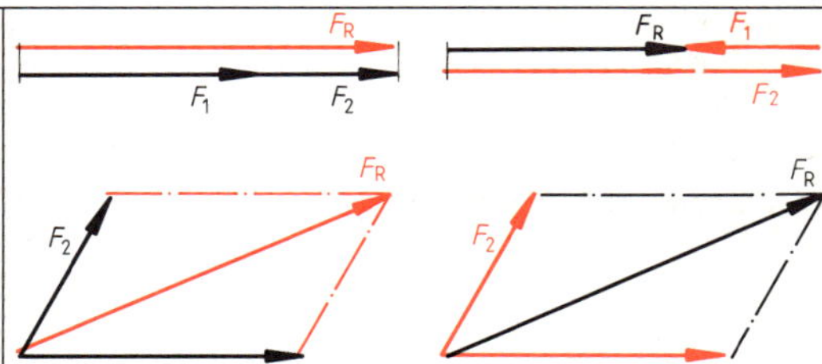

15.1 Schiefe Ebene

$F_H = F_G \cdot \dfrac{h}{s}$	$F_N = F_G \cdot \dfrac{l}{s}$
$F_H = F_G \cdot \sin\alpha$	$F_N = F_G \cdot \cos\alpha$

F_H Hangabtriebskraft in N
F_G Gewichtskraft in N
h Höhe in m
s Weglänge in m
α Neigungswinkel in °
F_N Normalkraft in N
l horizontale Länge in m

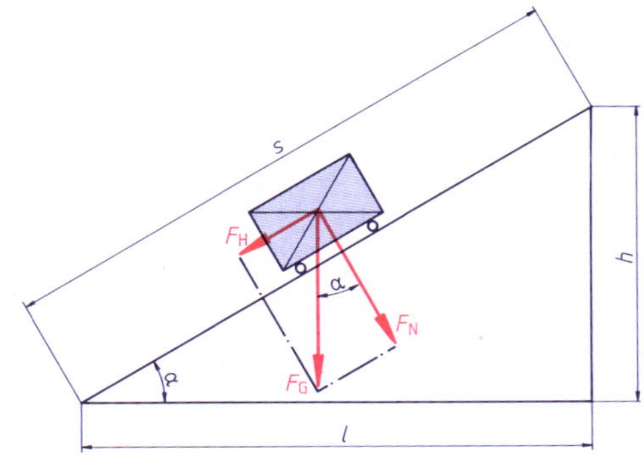

15.2 Rollen

Feste Rolle: $F = F_G$ $s = h$

Lose Rolle: $F = \dfrac{F_G}{2}$ $s = 2 \cdot h$

Flaschenzug: $F = \dfrac{F_G}{n}$ $s = n \cdot h$

F Kraft in N
F_G Gewichtskraft in N
s Kraftweg in m
h Lastweg in m
n Anzahl der Rollen

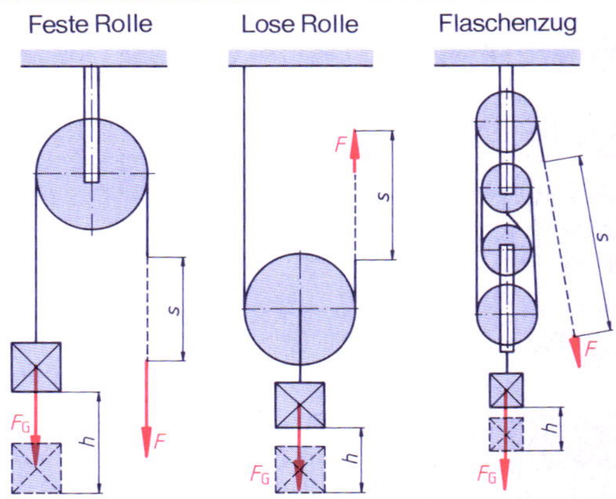

15.3 Drehmoment

$M = F \cdot l$

M Drehmoment in Nm
F Kraft in N
l Hebelarm in m

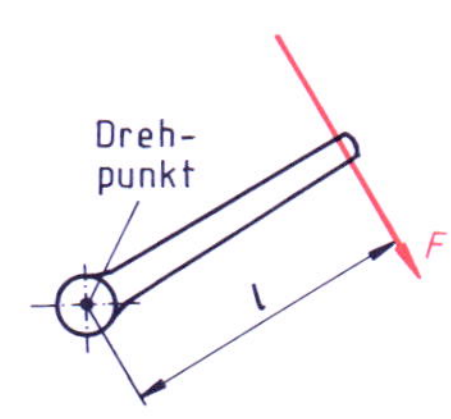

Der Hebelarm ist die senkrecht gemessene Länge zwischen dem Drehpunkt und der Wirkungslinie der Kraft.

15.4 Hebelgesetz

$M_1 = M_2$ oder $F_1 \cdot l_1 = F_2 \cdot l_2$ oder $\Sigma\overset{\frown}{M} = \Sigma\overset{\frown}{M}$

M_1, M_2 Drehmoment in Nm
F_1, F_2 Kraft in N
l_1, l_2 Hebelarm in m
$\Sigma\overset{\frown}{M}$ Summe aller linksdrehenden Momente in Nm
$\Sigma\overset{\frown}{M}$ Summe aller rechtsdrehenden Momente in Nm

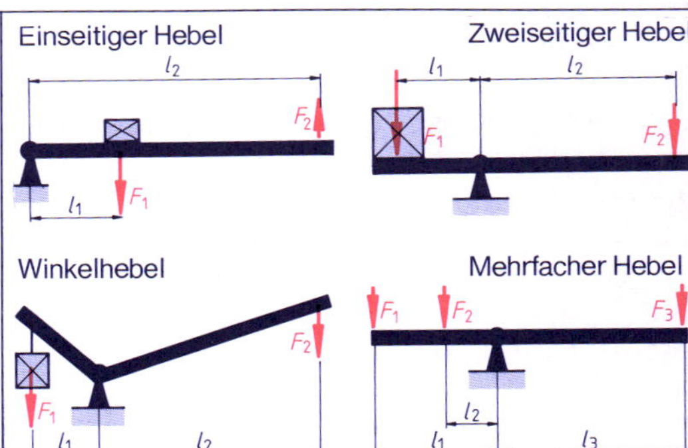

Grundlagen

16.1 Mechanische Arbeit

$W = F \cdot s$	$1\,N \cdot 1\,m = 1\,J$

W Arbeit in J oder Nm
F Kraft in N
s Weglänge in m

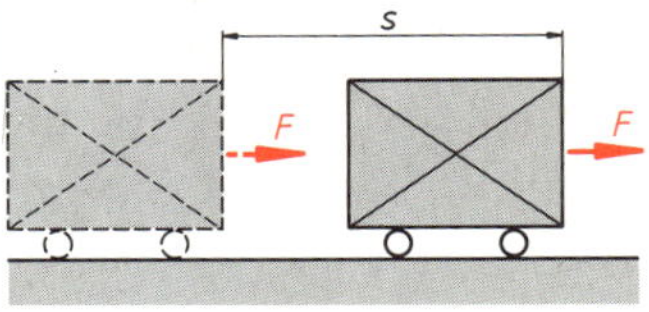

Verschiebt die Kraft von 1 N auf der Wirkungslinie den Angriffspunkt um 1 m, so wird die Arbeit von 1 J verrichtet.

16.2 Potentielle Energie (Lageenergie)

$W_p = F_G \cdot h$ oder $W_p = m \cdot g \cdot h$	$1\,Nm = 1\,J = 1\,Ws$

W_p potentielle Energie in J oder Nm oder Ws
F_G Gewichtskraft in N oder $kg \cdot m/s^2$
m Masse in kg
g Fallbeschleunigung in m/s^2
h Höhe in m

16.3 Kinetische Energie (Bewegungsenergie)

$W_k = \frac{m}{2} \cdot v^2$	$1\,kg \cdot 1\,\frac{m^2}{s^2} = 1\,Nm = 1\,J$

W_k kinetische Energie in J oder Nm oder Ws
m Masse in kg
v Geschwindigkeit in m/s

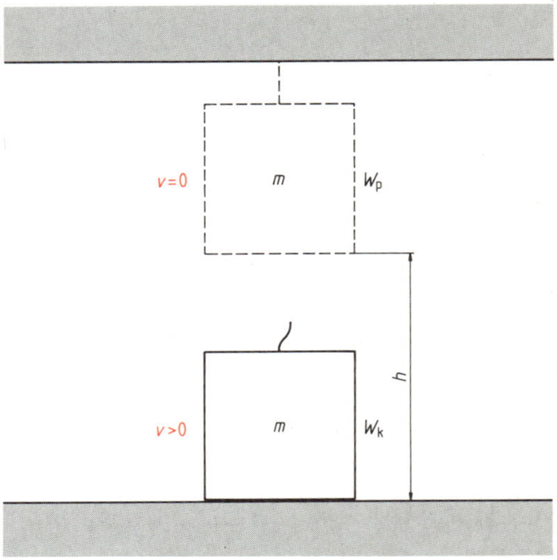

16.4 Mechanische Leistung

$P = \frac{W}{t}$ oder $P = \frac{F \cdot s}{t}$ oder $P = F \cdot v$	$\frac{1\,J}{1\,s} = 1\,W$

P Leistung in W oder J/s oder Nm/s
W Arbeit in J oder Nm
t Zeit in s
F Kraft in N
s Weglänge in m
v Geschwindigkeit in m/s

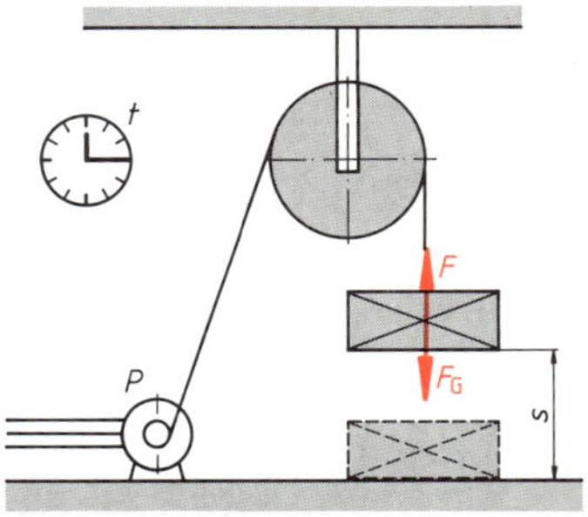

Die Leistung von 1 W wird erbracht, wenn die Arbeit von 1 J in der Zeit von 1 s erbracht wird.

16.5 Wirkungsgrad

$\eta = \frac{P_{ab}}{P_{zu}}$ oder $\eta = \frac{W_{ab}}{W_{zu}}$	$\eta = \eta_1 \cdot \eta_2 \cdot \eta_3 \ldots$

η Gesamtwirkungsgrad (ohne Einheit)
η_1, η_2, η_3 Teilwirkungsgrad (ohne Einheit)
P_{ab} abgegebene Leistung in W
P_{zu} zugeführte Leistung in W
W_{ab} abgegebene Arbeit in J
W_{zu} zugeführte Arbeit in J

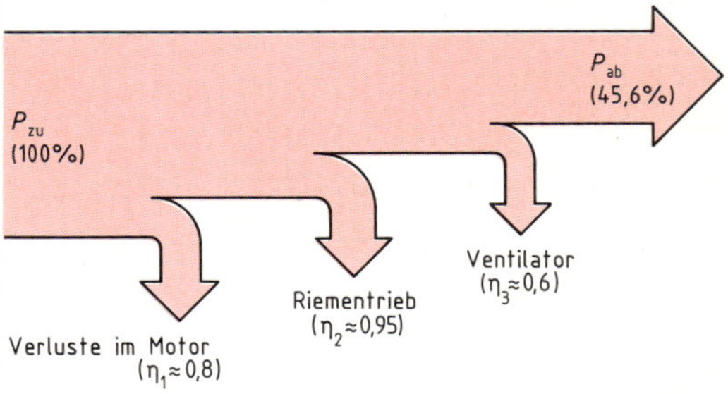

17.1 Temperatur

$0\,K = -273\,°C$ oder $0\,°C = 273\,K$

Für Umrechnungen gilt:
°C in K: 273 addieren
K in °C: 273 subtrahieren

$\Delta T = T_2 - T_1$ oder $\Delta\vartheta = \vartheta_2 - \vartheta_1$ | $\Delta T = \Delta\vartheta$

ΔT, $\Delta\vartheta$ Temperaturdifferenz immer in K
T_1, T_2 Temperatur in K
ϑ_1, ϑ_2 Temperatur in °C

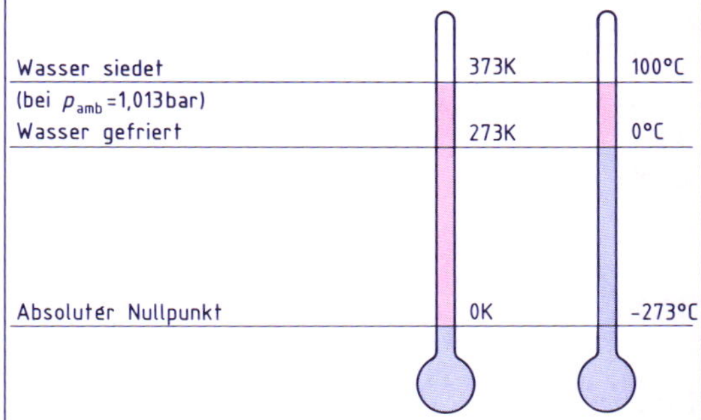

17.2 Längenausdehnung

$\Delta l = l_0 \cdot \alpha \cdot \Delta\vartheta$ $\Delta\vartheta = \vartheta_2 - \vartheta_1$

Δl Längenänderung in m
l_0 Länge vor der Temperaturänderung in m
α Längenausdehnungskoeffizient in 1/K (vgl. Tab. 54.1)
$\Delta\vartheta$ Temperaturdifferenz in K

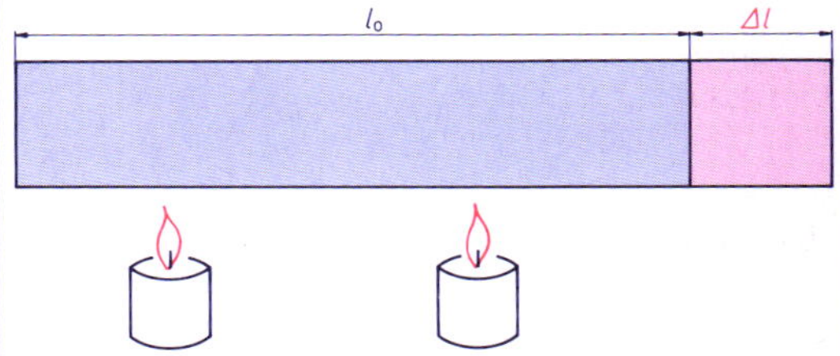

17.3 Flächenausdehnung

$\Delta A = A \cdot \beta \cdot \Delta\vartheta$ $\Delta\vartheta = \vartheta_2 - \vartheta_1$

ΔA Flächenänderung in m^2
A Fläche vor der Temperaturänderung in m^2
β Flächenausdehnungskoeffizient in 1/K
$\Delta\vartheta$ Temperaturdifferenz in K

$\beta \approx 2\alpha$

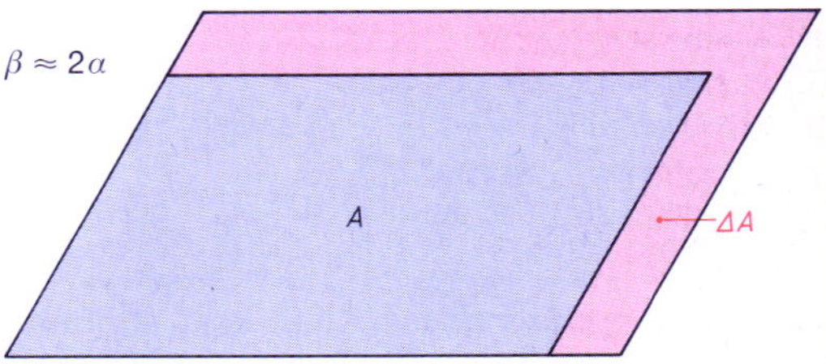

17.4 Volumenausdehnung fester und flüssiger Stoffe

$\Delta V = V \cdot \gamma \cdot \Delta\vartheta$ $\Delta\vartheta = \vartheta_2 - \vartheta_1$

ΔV Volumenänderung in m^3
V Volumen vor der Temperaturänderung in m^3
γ Volumemausdehnungskoeffizient in 1/K (vgl. Tab. 54.2)
$\Delta\vartheta$ Temperaturdifferenz in K

$\gamma \approx 3\alpha$

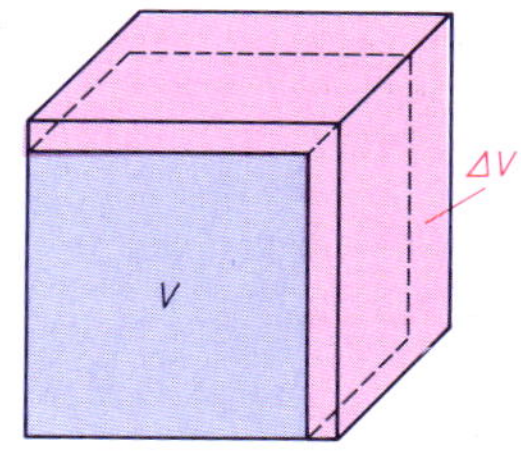

17.5 Volumenausdehnung des Wassers

$\Delta V = m \cdot \Delta v$ $\Delta v = v_2 - v_1$

ΔV Volumenänderung in dm^3 oder l
m Wassermasse in kg
Δv Differenz der spezifischen Volumen in dm^3/kg
v_1; v_2 spezifisches Volumen in dm^3/kg (für Wasser vgl. Tab. 50.3)

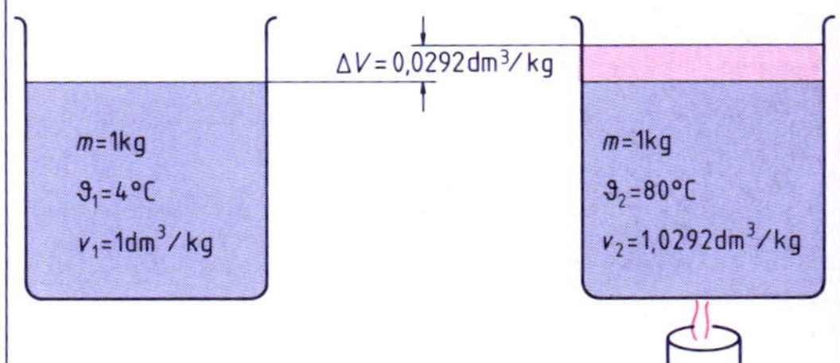

18.1 Druck

$p = \frac{F}{A}$	$1\ \text{Pa} = 1\ \text{N/m}^2$ $10^5\ \text{Pa} = 1\ \text{bar}$

p Druck in N/m² oder Pa
F Kraft in N
A Fläche in m²

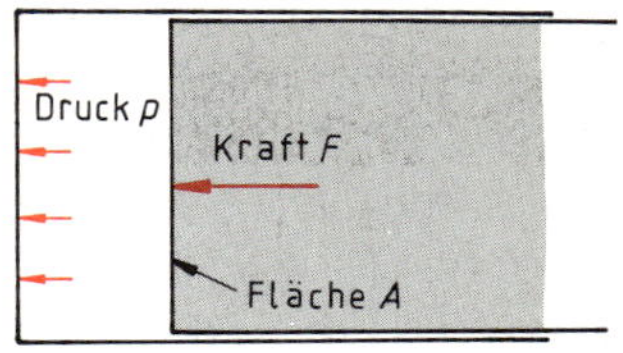

Drückt die Kraft 1 N auf die Fläche 1 m², dann wirkt ein Druck von 1 Pa.

18.2 Hydrostatischer Druck

$p_{hyd} = h \cdot \varrho \cdot g$	1 bar ≙ 10 mWS

p_{hyd} hydrostatischer Druck in Pa oder N/m²
h Flüssigkeitshöhe in m
ϱ Dichte der Flüssigkeit in kg/m³
g Fallbeschleunigung in m/s² oder N/kg

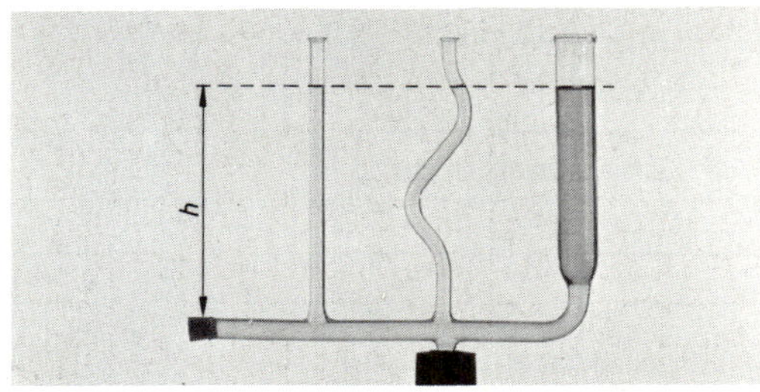

18.3 Schwerkraftdruck (Umtriebsdruck)

$\Delta p = h \cdot \Delta\varrho \cdot g$	$\Delta\varrho = \varrho_2 - \varrho_1$

Δp Schwerkraftdruck (Umtriebsdruck) in Pa
h Auftriebshöhe in m
$\Delta\varrho$ Dichte-Differenz in kg/m³
g Fallbeschleunigung in m/s² oder N/kg
ϱ_1, ϱ_2 Dichte der Flüssigkeit (für Wasser vgl. Tab. 50.3)

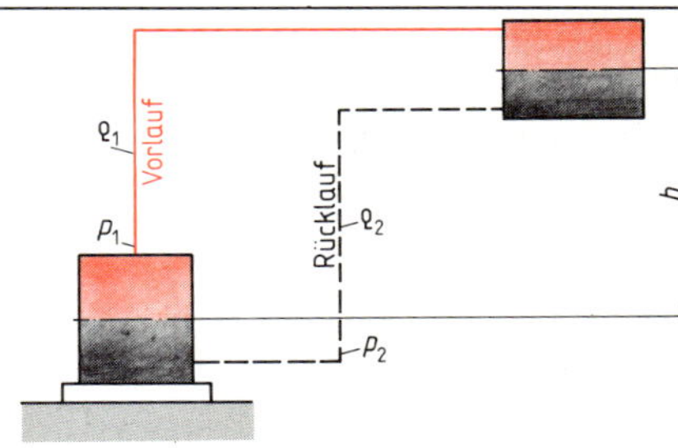

18.4 Atmosphärendruck (Luftdruck), absoluter Druck, Überdruck

$p_{amb} = h \cdot \varrho \cdot g$	$p_e = p_{abs} - p_{amb}$

p_{amb} Atmosphärendruck in Pa oder bar
h Flüssigkeitshöhe in m
ϱ Flüssigkeitsdichte in kg/m³
g Fallbeschleunigung in m/s² oder N/kg
p_e Überdruck in Pa oder bar
p_{abs} absoluter Druck in Pa oder bar

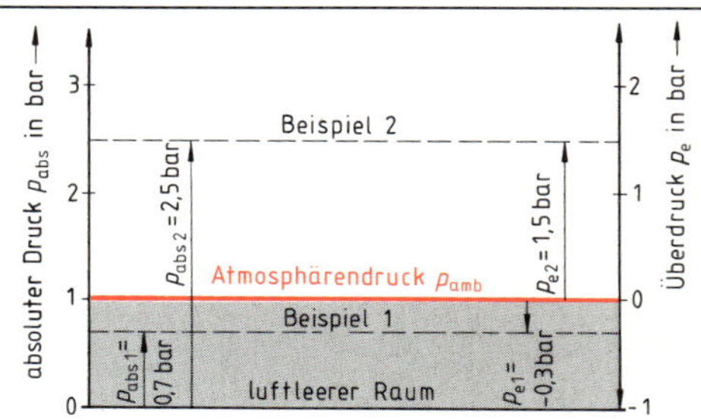

18.5 Auftrieb

$F_A = V \cdot \varrho \cdot g$

F_A Auftriebskraft in N
V eingetauchtes Volumen in dm³
ϱ Dichte der Flüssigkeit in kg/dm³
g Fallbeschleunigung in m/s² oder N/kg

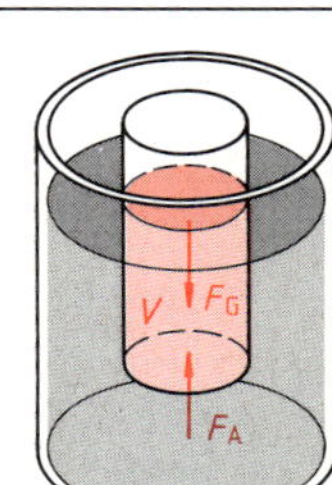

$F_A > F_G$ der Körper steigt
$F_A = F_G$ der Körper schwebt
$F_A < F_G$ der Körper sinkt

19.1 Hydraulische Kraftübersetzung

$$\frac{F_1}{F_2} = \frac{A_1}{A_2}$$

F_1, F_2 Kolbenkraft in N
A_1, A_2 Kolbenfläche in cm²

19.2 Gasgleichung bei konstanter Temperatur (Isotherme Zustandsänderung)

$$p_1 \cdot V_1 = p_2 \cdot V_2 = \text{konstant}$$

p_1, p_2 absoluter Druck in bar
V_1, V_2 Volumen in m³

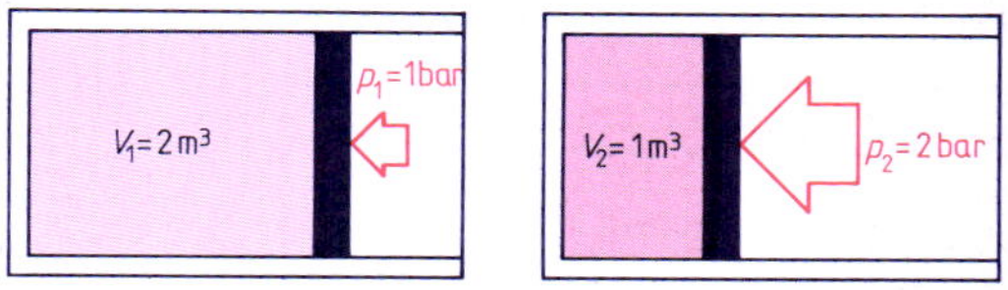

19.3 Gasgleichung bei konstantem Druck (Isobare Zustandsänderung)

$$\frac{V_1}{T_1} = \frac{V_2}{T_2} = \text{konstant}$$

V_1, V_2 Volumen in m³
T_1, T_2 absolute Temperatur in K

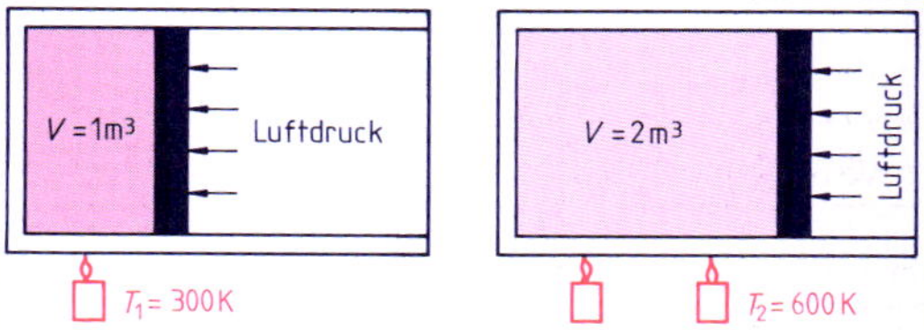

19.4 Gasgleichung bei konstantem Volumen (Isochore Zustandsänderung)

$$\frac{p_1}{T_1} = \frac{p_2}{T_2} = \text{konstant}$$

p_1, p_2 absoluter Druck in bar
T_1, T_2 absolute Temperatur in K

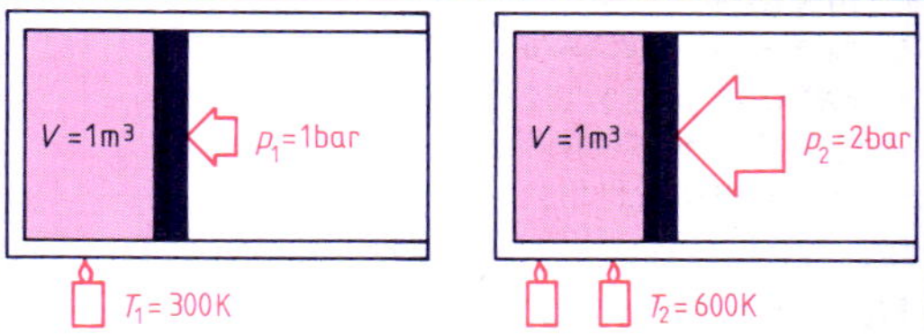

19.5 Allgemeine Gasgleichung

$\frac{p \cdot V}{T} = m \cdot R$	$\frac{p_1 \cdot V_1}{T_1} = \frac{p_2 \cdot V_2}{T_2} = \text{konstant}$

p, p_1, p_2 absoluter Druck in bar
T, T_1, T_2 absolute Temperatur in K
V, V_1, V_2 Volumen in m³
m Gasmasse in kg
R spezifische Gaskonstante in J/(kg · K), vgl. Tab. 50.2

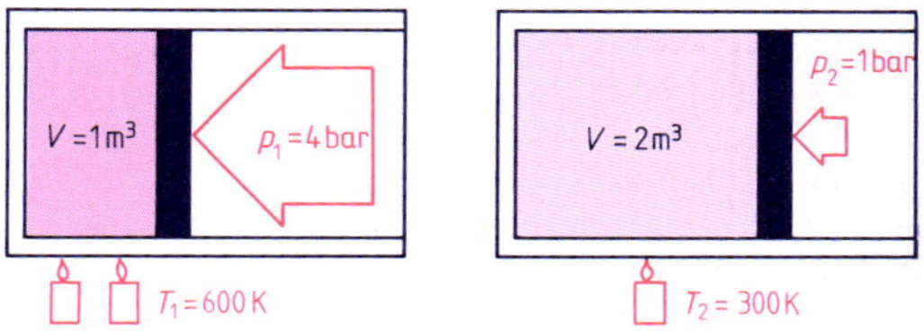

19.6 Volumenstrom

$$\dot{V} = A \cdot v$$

$\dot{V}$ Volumenstrom in m³/s
A freie Querschnittsfläche in m²
v Fließgeschwindigkeit in m/s

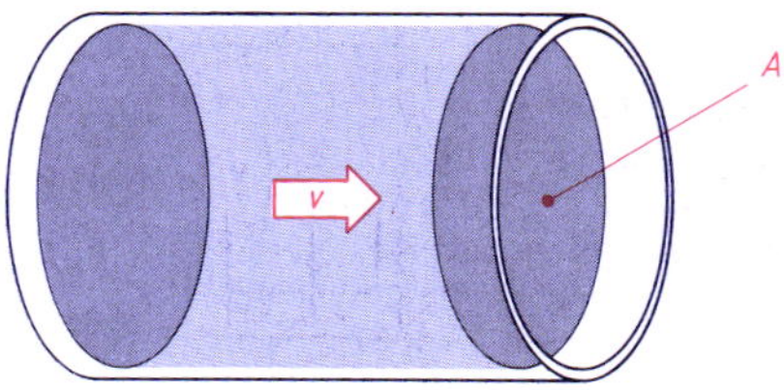

20.1 Kontinuitätsgesetz

$\dot{V}_1 = \dot{V}_2 = \text{konst.}$ oder $v_1 \cdot A_1 = v_2 \cdot A_2 = \text{konst.}$

$\dot{V}_1$, $\dot{V}_2$ Volumenstrom in m³/s
A_1, A_2 freie Querschnittsfläche in m²
v_1, v_2 Fließgeschwindigkeit in m/s

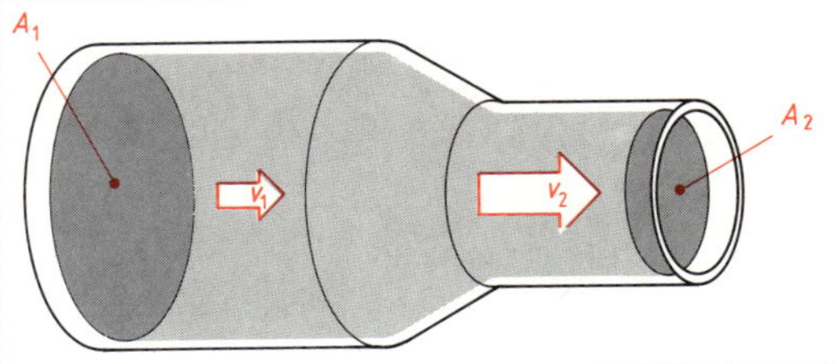

20.2 Druckverluste in Rohrleitungen und Kanälen

$\Delta p_{ges} = l \cdot R + Z + \Delta p_{Einb}$

Δp_{ges} Gesamtdruckverlust in Pa
Δp_{Einb} Druckverlust durch Einbauten in Pa
l Rohrlänge in m
R Druckverlust je m in Pa/m
Z Druckverlust durch Einzelwiderstände in Pa

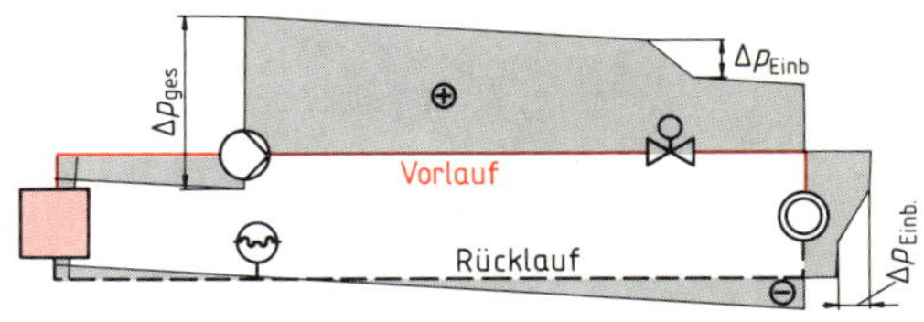

20.3 Druckverlust durch Rohrreibung

$\Delta p_R = l \cdot \frac{\lambda}{d} \cdot \frac{v^2 \cdot \varrho}{2}$ | $\Delta p_R = l \cdot R$ | $R = \frac{\lambda}{d} \cdot \frac{v^2 \cdot \varrho}{2}$

Δp_R Druckverlust durch Rohrreibung in Pa
l Rohrlänge in m
λ Rohrreibungsbeiwert (ohne Einheit)
d Rohrinnendurchmesser in m
v Strömungsgeschwindigkeit in m/s
ϱ Dichte des Mediums in kg/m³
R Druckverlust je m in Pa/m

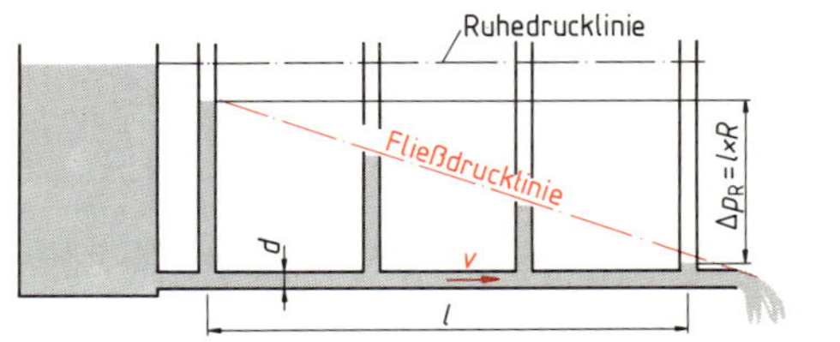

Der Rohrreibungsbeiwert λ berücksichtigt die
- Rauhigkeit der Rohrwandung,
- Turbulenz der Strömung,
- Zähigkeit des Mediums.

20.4 Druckverlust durch Einzelwiderstände

$Z = \Sigma\zeta \cdot p_{dyn}$ | $p_{dyn} = \frac{v^2 \cdot \varrho}{2}$

Z Druckverlust durch Einzelwiderstände in Pa
ζ Widerstandsbeiwert (ohne Einheit)
p_{dyn} dynamischer Druck in Pa
ϱ Dichte des Mediums in kg/m³
v Strömungsgeschwindigkeit in m/s

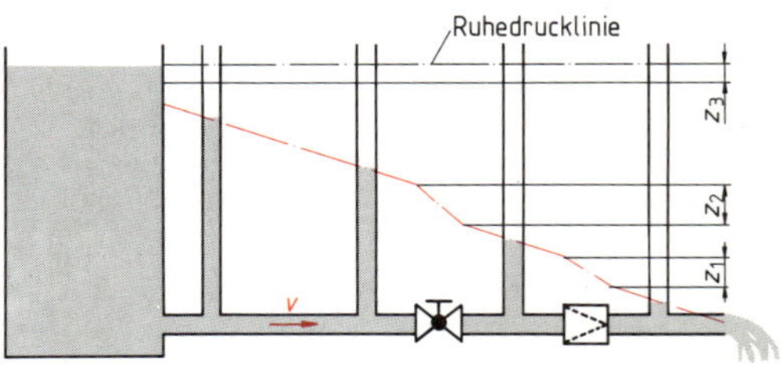

20.5 Hydraulischer Durchmesser (gleichwertiger Durchmesser)

Für beliebige Querschnittsform: $d_g = \frac{4 \cdot A}{U}$

Für Rechteckform: $d_g = \frac{2 \cdot a \cdot b}{a + b}$

d_g gleichwertige Durchmesser in mm oder m
A Querschnittsfläche in mm² oder m² (vgl. Tab. 12.1)
U benetzter Umfang der Leitung in mm oder m
a; b Kanalabmessungen in mm oder m

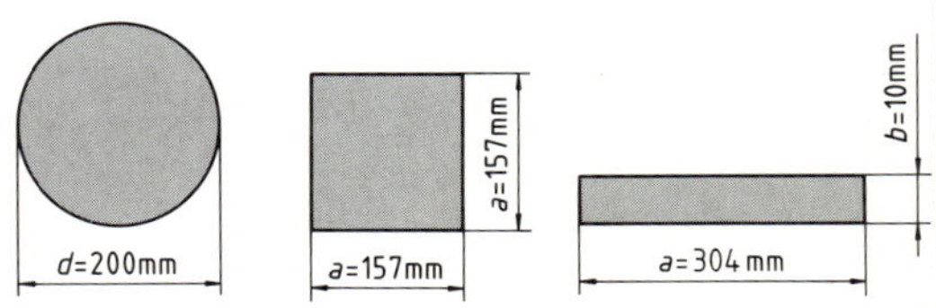

$U_{\bigcirc}$ = 628 mm	$U_{\square}$ = 628 mm	$U_{▭}$ = 628 mm
$A_{\bigcirc}$ = 31416 mm²	$A_{\square}$ = 24649 mm²	$A_{▭}$ = 3040 mm²
d_g = 200 mm	d_g = 157 mm	d_g = 19,4 mm

21.1 Bernoullisches Gesetz (ohne Druckverluste für Reibung)

$$p_{ges} = p_{st\,1} + \frac{v_1^2 \cdot \varrho}{2} + h_1 \cdot \varrho \cdot g = p_{st\,2} + \frac{v_2^2 \cdot \varrho}{2} + h_2 \cdot \varrho \cdot g$$

p_{ges}	Gesamtdruck in Pa
$p_{st\,1}$, $p_{st\,2}$	statischer Druck in Pa
v_1, v_2	Strömungsgeschwindigkeit in m/s
ϱ	Dichte des Mediums in kg/m³
h_1, h_2	geodätische Höhe[1] in m
g	Fallbeschleunigung in m/s² oder N/kg

[1] Bei kleinem ϱ kann man $h \cdot \varrho \cdot g$ vernachlässigen.

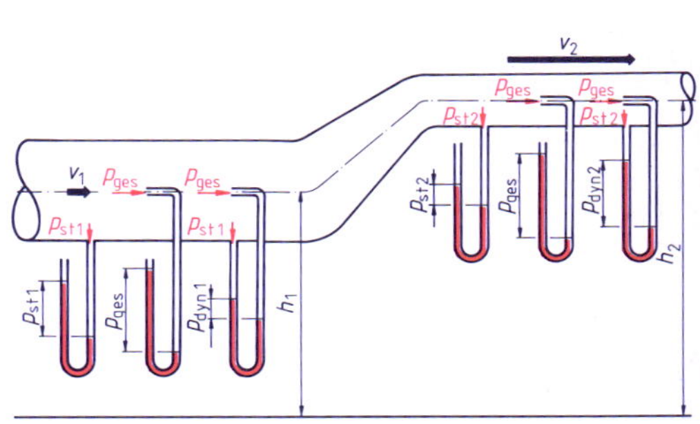

21.2 Pumpen-Förderdruck (Förderhöhe)

$\Delta p_P = (\Delta p_{geo} + \Delta p_R^{+} \Delta p_{FL} + \Delta p_{(A-E)}) \cdot 1{,}1$	$H = \dfrac{p_P}{\varrho \cdot g}$

Δp_P	Förderdruck Pa oder bar
Δp_{geo}	Druckverlust aus geodätischem Höhenunterschied in Pa oder bar
Δp_R^{+}	Druckverlust durch Rohrreibung und Einzelwiderstände in Pa oder bar
Δp_{Fl}	Fließdruck in Pa oder bar
$\Delta p_{(A-E)}$	Schaltdruckdifferenz in Pa oder bar
H	Förderhöhe in m
ϱ	Dichte der Flüssigkeit in kg/m³
g	Fallbeschleunigung in m/s² oder N/kg

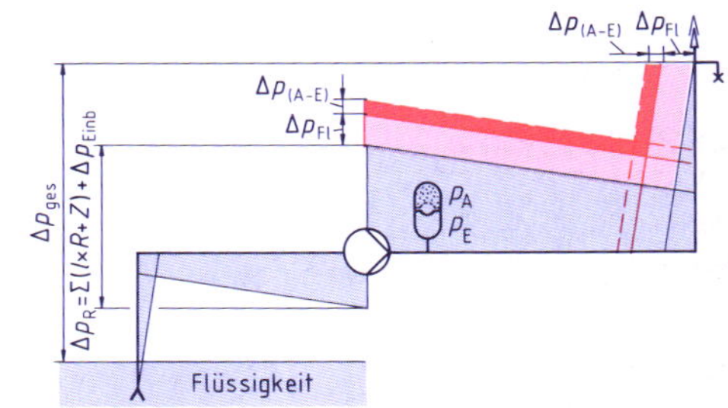

21.3 Maximale Saughöhe

$h_s = \dfrac{p_s}{\varrho \cdot g}$	$p_s = p_{amb} - p_D - p_w - 0{,}1 \cdot p_{amb}$

h_s	maximale Saughöhe in m
p_s	Saugdruckhöhe in Pa oder N/m²
ϱ	Dichte des Wassers in kg/m³ (vgl. Tab. 50.3)
g	Fallbeschleunigung in m/s² oder N/kg
p_{amb}	örtlicher[1] Luftdruck auf Brunnenhöhe in Pa
p_D	Sattdampfdruck des Wassers in Pa (vgl. Tab. 51.1)
p_w	Gesamtdruckverlust in Pa

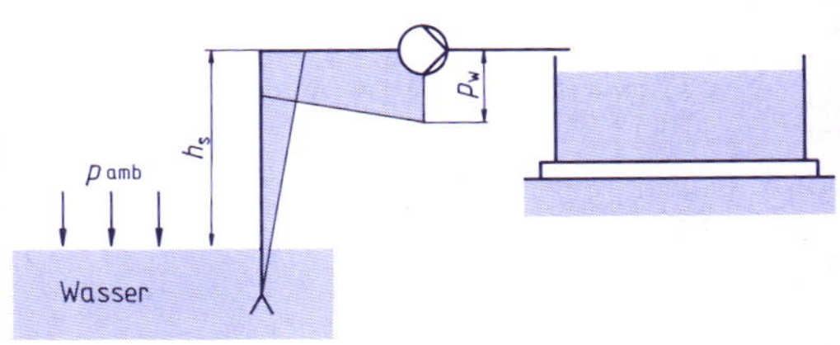

ϑ_{Wasser} in °C	6	10	14	18	22	30	40
p_D in Pa	935	1227	1597	2062	2642	4241	7375

[1] Höhe ü. NN und Druckschwankungen berücksichtigen.

21.4 Haltedruckhöhe im Pumpensaugstutzen von Umwälzpumpen (Mindestzulaufhöhe)

$$H_{erf} = H_H + \frac{p_D}{\varrho \cdot g} + \frac{\Delta p_{ges}}{\varrho \cdot g} + 0{,}5\ \text{m} - \frac{p_{amb}}{\varrho \cdot g}$$

H_{erf}	Haltedruckhöhe am Saugstutzen in m
H_H	erforderliche Haltedruckhöhe (NPSH) in m[1]
p_D	absoluter Wasserdampfdruck in Pa (vgl. Tab. 51.1)
Δp_{ges}	Druckverlust in der Saugleitung in Pa
p_{amb}	örtlicher Luftdruck (minimal) in Pa
ϱ	Wasserdichte in kg/m³ (vgl. Tab. 50.3)
g	Fallbeschleunigung in m/s² oder N/kg

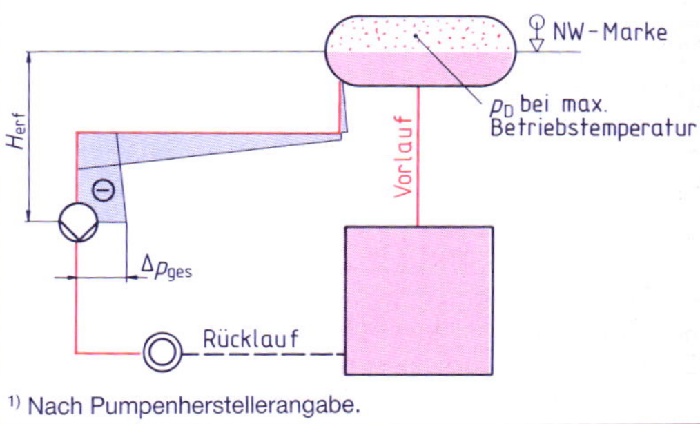

[1] Nach Pumpenherstellerangabe.

22.1 Volumenstrom bei Kolbenpumpen

$$\dot{V} = V \cdot n \cdot i \cdot \lambda$$

$\dot{V}$ Volumenstrom in l/min
V Hubvolumen in l
n Drehzahl in 1/min
i Wirksamkeit (ohne Einheit)
λ Liefergrad (ohne Einheit)

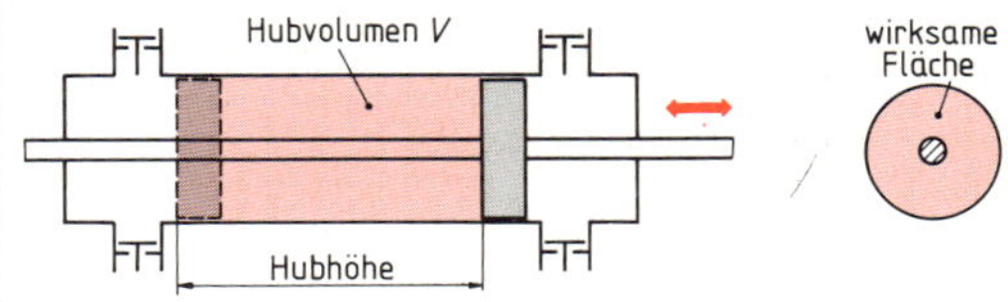

22.2 Pumpenleistung

$P_{zu} = \dfrac{\dot{V} \cdot \Delta p}{\eta_{ges}}$	$P_{zu} = \dfrac{\dot{m} \cdot g \cdot H}{\eta_{ges}}$	$\eta_{ges} = \eta_M \cdot \eta_P$

P_{zu} zugeführte Leistung in W
$\dot{V}$ Volumenstrom in m³/s
$\dot{m}$ Massenstrom in kg/s
Δp Gesamtdruckverlust der Anlage in Pa
g Fallbeschleunigung in m/s² oder N/kg
H Förderhöhe in m (vgl. Tab. 21.2)
ϱ Dichte des Mediums in kg/m³
η_{ges} Gesamtwirkungsgrad (ohne Einheit)
η_M Motorwirkungsgrad (ohne Einheit)
η_P Pumpenwirkungsgrad (ohne Einheit)

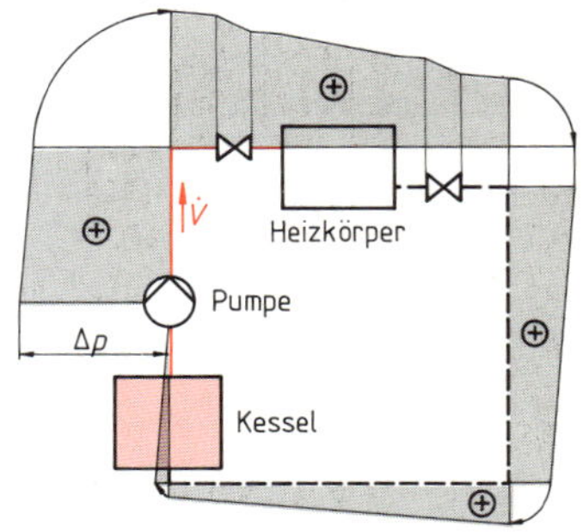

Anhaltswerte Gesamtwirkungsgrade für Naßläufer:

Motorleistung in W	bis 100	bis 500	bis 2500
Wirkungsgrad η_{ges} in %	5 bis 25	20 bis 40	30 bis 50

22.3 Ventilatorleistung

$P_{zu} = \dfrac{\dot{V} \cdot \Delta p_{ges}}{\eta_{ges}}$	$P_M = P_{zu} \cdot (1{,}05 \ldots 1{,}2)$	$\eta_{ges} = \eta_M \cdot \eta_V$

$\Delta p_{ges} = p_{st} + p_{dyn}$	$p_{st} = (l \cdot R + Z)_{Kanal} + \Delta p_{Einb}$

P_{zu} zugeführte Leistung in W
P_M Motorleistung in W
$\dot{V}$ Volumenstrom in m³/s
Δp_{ges} Gesamtdruckdifferenz in Pa oder N/m²
p_{st} statischer Druck in Pa oder N/m²
p_{dyn} dynamischer Druck in Pa oder in N/m²
η_{ges} Gesamtwirkungsgrad (ohne Einheit)
η_M Motorwirkungsgrad (ohne Einheit)
η_V Ventilatorwirkungsgrad (ohne Einheit)

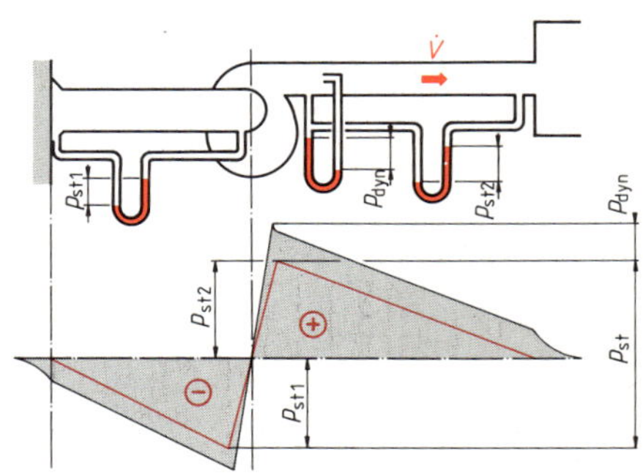

Anhaltswerte für Gesamtwirkungsgrade:
- kleinere Ventilatoren 0,3 ...0,6
- mittlere bis größere Ventilatoren 0,7 ...0,8
- Hochleistungsventilatoren 0,65...0,9

22.4 Proportionalitätsgesetze

$\dfrac{\dot{V}_1}{\dot{V}_2} = \dfrac{n_1}{n_2}$	$\dfrac{\Delta p_1}{\Delta p_2} = \left(\dfrac{n_1}{n_2}\right)^2$	$\dfrac{P_1}{P_2} = \left(\dfrac{n_1}{n_2}\right)^3$

n_1, n_2 Drehzahl in 1/min
$\dot{V}_1, \dot{V}_2$ Volumenstrom in m³/s oder m³/h
$\Delta p_1, \Delta p_2$ Druckdifferenz in Pa oder bar
P_1, P_2 Antriebsleistung in W oder kW

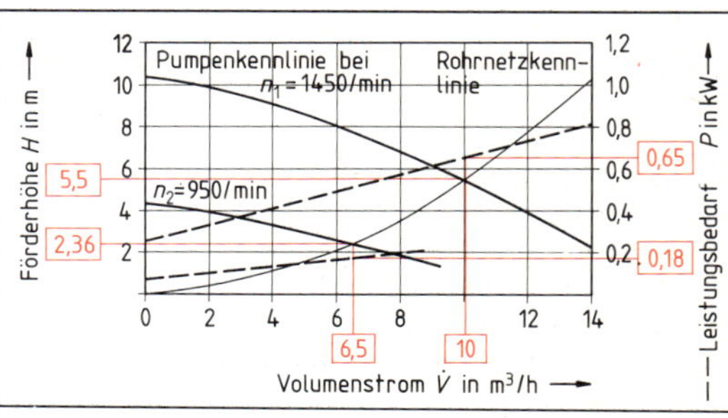

23.1 Schmelzwärme

$$Q = m \cdot q$$

Q Schmelzwärme in J oder Wh
m Masse in kg
q spezifische Schmelzwärme in J/kg oder Wh/kg
(vgl. Tab. 55.1)

23.2 Verdampfungswärme

$$Q = m \cdot r$$

Q Verdampfungswärme in J oder Wh
m Masse in kg
r spezifische Verdampfungswärme[1] in J/kg oder Wh/kg (vgl. Tab. 51.1 und 54.3)

[1] Ist druckabhängig, vgl. Tab. 51.1.

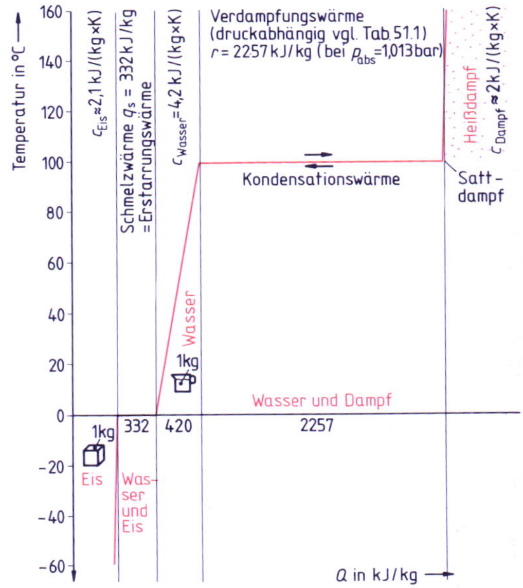

23.3 Wärmemenge, Wärmezufuhr

$Q = m \cdot c \cdot \vartheta$	$Q = m \cdot c \cdot \Delta\vartheta$	$\Delta\vartheta = \vartheta_2 - \vartheta_1$

Q Wärmemenge oder Wärmezufuhr in J oder Wh
m Masse in kg
c spezifische Wärmekapazität in $\frac{J}{kg \cdot K}$ oder $\frac{Wh}{kg \cdot K}$
ϑ_1, ϑ_2 Temperatur in °C
$\Delta\vartheta$ Temperaturdifferenz in K

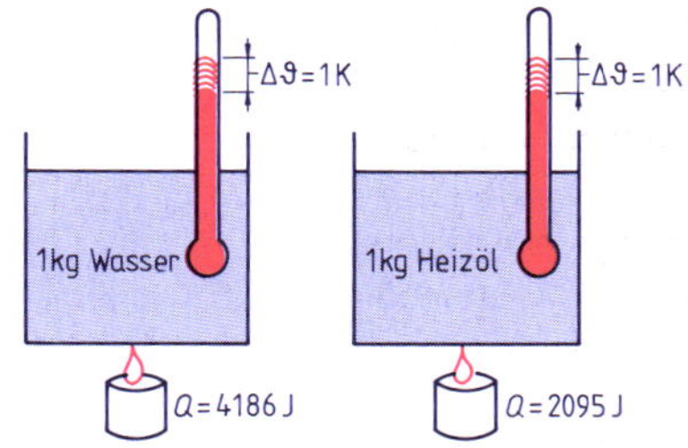

23.4 Mischtemperatur

$$Q_m = Q_k + Q_w \qquad \vartheta_m = \frac{m_k \cdot c_k \cdot \vartheta_k + m_w \cdot c_w \cdot \vartheta_w}{m_m \cdot c_m}$$

für Wasser gilt: $\vartheta_m = \frac{m_k \cdot \vartheta_k + m_w \cdot \vartheta_w}{m_m}$

Kaltwasser:	Warmwasser:
$\vartheta_k = \frac{m_m \cdot \vartheta_m - m_w \cdot \vartheta_w}{m_k}$	$\vartheta_w = \frac{m_m \cdot \vartheta_m - m_k \cdot \vartheta_k}{m_w}$
$m_k = m_w \cdot \frac{\vartheta_w - \vartheta_m}{\vartheta_m - \vartheta_k}$	$m_w = m_k \cdot \frac{\vartheta_m - \vartheta_k}{\vartheta_w - \vartheta_m}$
$m_k = m_m \cdot \frac{\vartheta_w - \vartheta_m}{\vartheta_w - \vartheta_k}$	$m_w = m_m \cdot \frac{\vartheta_m - \vartheta_k}{\vartheta_w - \vartheta_k}$

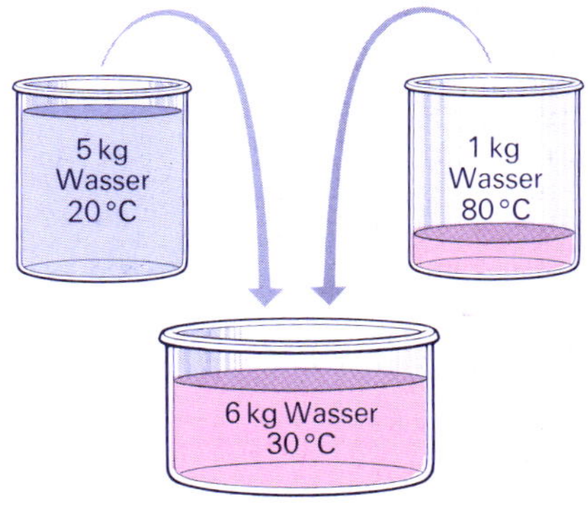

ϑ_m Mischwassertemperatur in °C
m_k Kaltwassermasse in kg
ϑ_k Kaltwassertemperatur in °C
m_w Warmwassermasse in kg
ϑ_w Warmwassertemperatur in °C
$m_m = m_k + m_w$ Mischwassermasse in kg

Grundlagen

24.1 Verbrennungswärme

$Q = m_B \cdot H_u$ oder $Q = V_B \cdot H_u$

Q Wärmemenge in Wh
m_B Brennstoffmasse in kg
V_B Brennstoffvolumen in m^3
H_u Heizwert in Wh/kg oder Wh/m^3

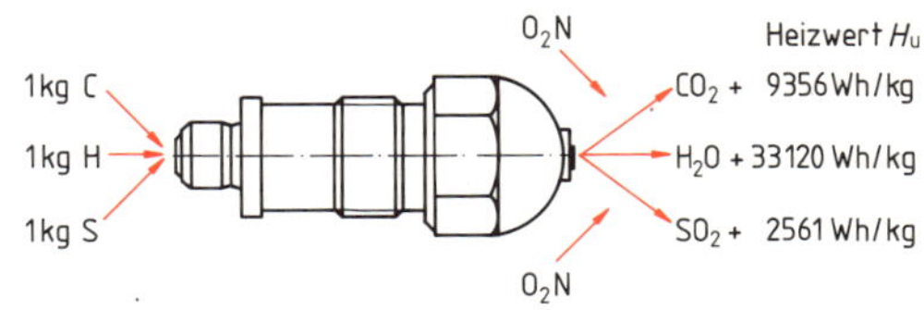

24.2 Wärmebelastung

$\dot{Q}_B = \dot{V}_B \cdot H_{uB}$

$\dot{Q}_B$ Wärmebelastung in W
$\dot{V}_B$ Brenngasvolumenstrom in m^3/h
H_{uB} Betriebsheizwert in Wh/m^3

Die im Brenngas zugeführte Wärmeleistung bezeichnet man als Wärmebelastung

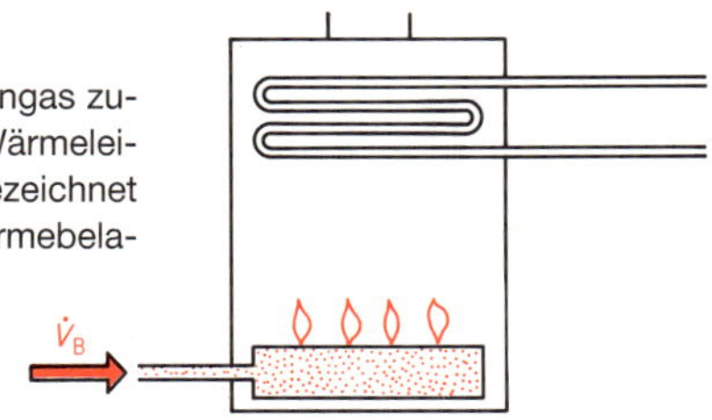

24.3 Wärmeleistung

$\dot{Q} = \frac{Q}{t}$	$\dot{Q} = \dot{m} \cdot c \cdot \Delta\vartheta$	1 Wh = 3600 Ws = 3600 J 1 kWh = 3 600 000 J

$\dot{Q}$ Wärmeleistung in W
Q Wärmemenge in Wh oder J
t Zeit in h oder s
$\dot{m}$ Wasserstrom in kg/h
c spezifische Wärmekapazität in $\frac{\text{Wh}}{\text{kg} \cdot \text{K}}$
$\Delta\vartheta$ Temperaturdifferenz in K

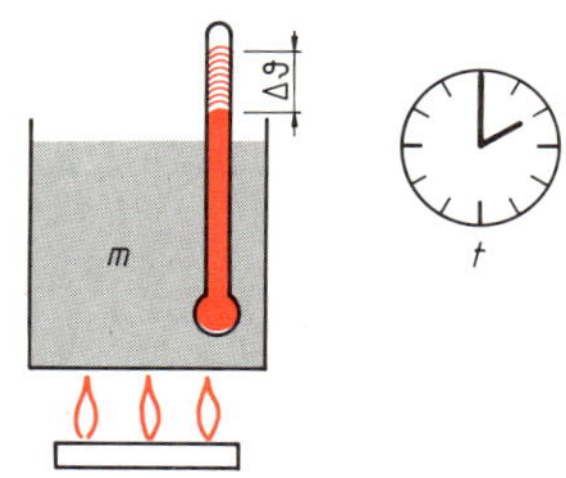

24.4 Gerätewirkungsgrad

$\eta = \frac{\dot{Q}_L}{\dot{Q}_B}$ η ist immer kleiner als 1.

η Gerätewirkungsgrad (ohne Einheit)
$\dot{Q}_L$ Wärmeleistung in W
$\dot{Q}_B$ Wärmebelastung in W

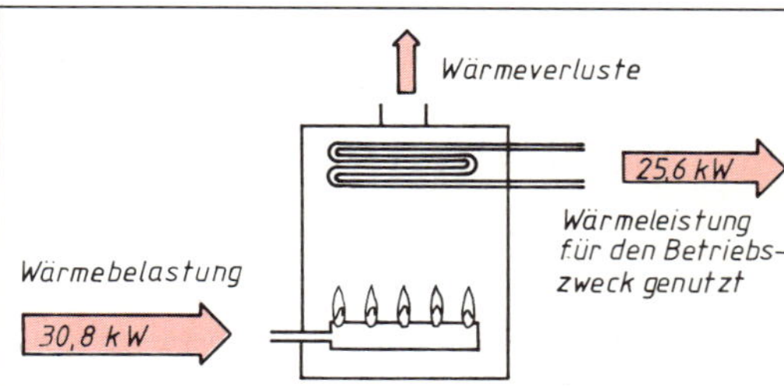

24.5 Wobbe-Index und Dichteverhältnis

$W_o = \frac{H_o}{\sqrt{d}}$	$W_u = \frac{H_u}{\sqrt{d}}$	$d = \frac{\varrho_{Gn}}{\varrho_{Ln}}$

W_o oberer Wobbe-Index in Wh/m^3
H_o Brennwert in Wh/m^3
W_u unterer Wobbe-Index in Wh/m^3
H_u Heizwert in Wh/m^3
d Dichteverhältnis (ohne Einheit)
ϱ_{Gn} Gasdichte im Normzustand in kg/m^3
ϱ_{Ln} Luftdichte im Normzustand in kg/m^3

Gase mit gleichem Wobbe-Index ergeben die gleiche Wärmebelastung des Brenners.

$d < 1$ gleiche Düsen $d > 1$

große Geschwindigkeit
großer Druckverlust

kleine Geschwindigkeit
kleiner Druckverlust

25.1 Anschlußwert und Einstellwert

$$\dot{V}_A = \frac{\dot{Q}_{NB}}{H_{uB}} \qquad \dot{V}_E = \frac{\dot{Q}_{NB}}{H_{uB}} \cdot \frac{1000\ l/m^3}{60\ min/h}$$

$\dot{V}_A$ Anschlußwert in m^3/h (vgl. Tab. 148.1)
$\dot{V}_E$ Einstellwert in l/min (vgl. Tab. 145.5)
$\dot{Q}_{NB}$ Nennwärmebelastung in kW
H_{uB} Betriebsheizwert in kWh/m^3

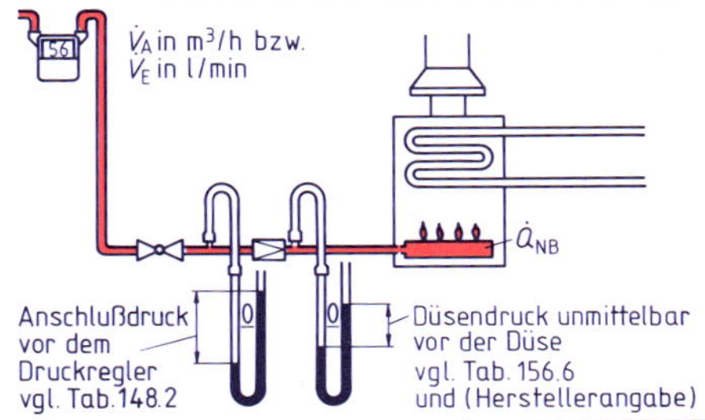

25.2 Abgasverluste, feuerungstechnischer Wirkungsgrad und Luftüberschuß (BIMSCH 07.88)

$$q_A = (\vartheta_A - \vartheta_L) \cdot \left(\frac{A_1}{CO_2} + B\right) \text{ oder}$$

$$q_A = (\vartheta_A - \vartheta_L) \cdot \left(\frac{A_2}{21 - O_2} + B\right)$$

$$\eta_F = 100\,\% - q_A$$

$$n = \frac{CO_{2max}}{CO_2} \quad \text{oder} \quad n = \frac{L_{tats}}{L_{theo}}$$

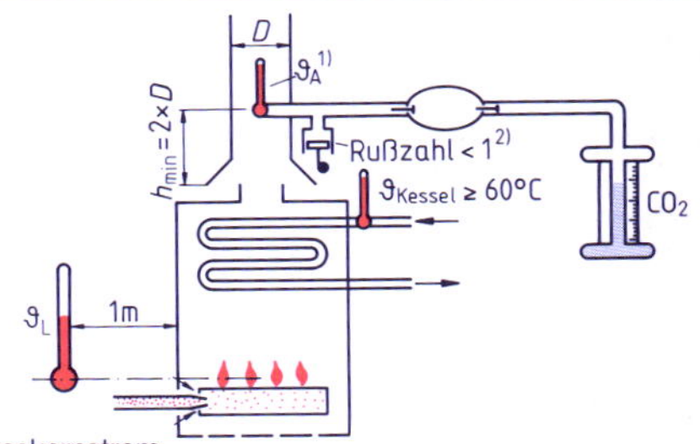

1) Im Abgaskernstrom
2) Rußzahl = 2 bei Verdampfungsbrennern

q_A Abgasverluste in %
ϑ_A Abgastemperatur in °C
ϑ_L Verbrennungslufttemperatur in °C
A_1, A_2, B Brennstoffbeiwerte (ohne Einheit)
CO_2 gemessener CO_2-Gehalt in %
CO_{2max} maximaler CO_2-Gehalt in %
O_2 gemessener O_2-Gehalt in %
η_F feuerungstechnischer Wirkungsgrad in %
n Luftverhältniszahl (ohne Einheit)
L_{tats} tatsächlicher Luftbedarf in m^3/kg oder m^3/m^3
L_{theo} theoretischer Luftbedarf in m^3/kg oder m^3/m^3 (vgl. Tab. 206.7)

Brennstoff	Beiwerte A_1	A_2	B	CO_{2max} in %	L_{theo} in m^3/kg	m^3/m^3
Anthrazit	–	–	–	19,2	8,56	–
Heizöl	0,50	0,68	0,007	15,4	11,1	–
Erdgas L	0,37	0,66	0,009	11,7	–	8,4
Erdgas H	0,37	0,66	0,009	12,0	–	10,38
Stadtgas	0,35	0,63	0,011	13,6	–	3,65
Kokereigas	0,29	0,60	0,011	20,1	–	1,0
Flüssiggas	0,42	0,63	0,008	13,8	12,2	23,9
Flüssiggas-Luft-Gemisch	0,42	0,63	0,008			

25.3 Jahresnutzungsgrad (nach VDI 2067 und DIN 3808)

$$\eta_N = \frac{\eta_K}{[(b/b_a) - 1] \cdot q_B + 1}$$

η_N Kessel-Jahresnutzungsgrad in %
η_K Kesselwirkungsgrad in %
b Betriebsbereitschaftszeit in h/a
b_a Brennerlaufzeit in h/a
q_B Betriebsbereitschaftsverlust (ohne Einheit) lt. Herstellerangabe

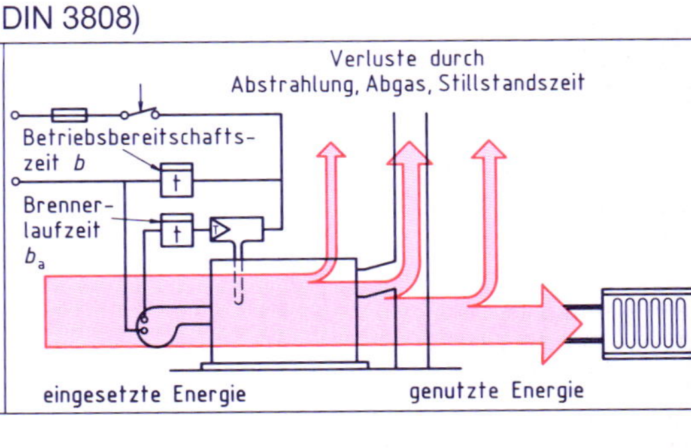

25.4 Wärmepumpen-Leistungszahl

$$\varepsilon = \frac{Q_{ab}}{W_{el}} \qquad Q_{ab} = Q_{zu} + W_{el}$$

ε Leistungszahl (ohne Einheit) vgl. Tab. 221.2
Q_{ab} abgegebene Wärmemenge im Kondensator in Wh
W_{el} zugeführte elektrische Energie in Wh
Q_{zu} zugeführte Wärmemenge im Verdampfer in Wh.

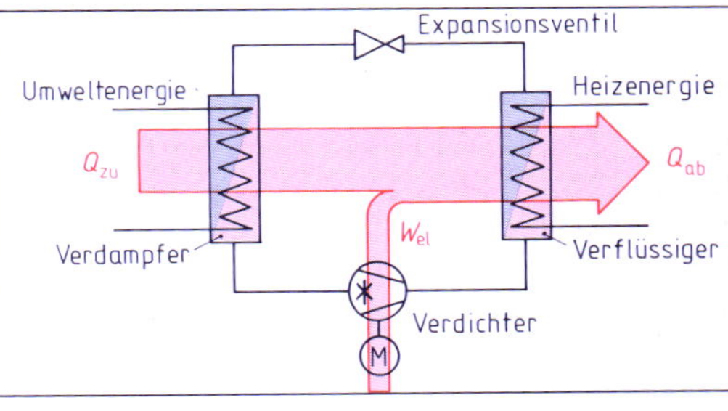

Grundlagen

26.1 Wärmeleitung

$$\dot{Q}_l = A \cdot \frac{\lambda}{d} \cdot \Delta\vartheta \qquad \Delta\vartheta = \vartheta_1 - \vartheta_2$$

$\dot{Q}_l$ Wärmestrom in W
A Fläche in m²
λ Wärmeleitfähigkeit in W / (m · K), vgl. Tab. 52.1
d Bauteildicke in m
$\Delta\vartheta$ Temperaturdifferenz in K

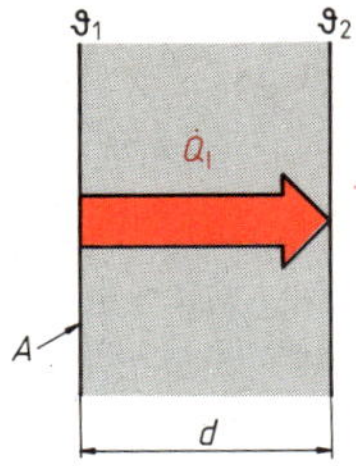

26.2 Wärmestrahlung (Gesetz von Stefan-Boltzmann)

$$\dot{Q}_s = A \cdot \alpha_s \cdot \Delta\vartheta \qquad \alpha_s = C \cdot \frac{\left(\frac{T_1}{100}\right)^4 - \left(\frac{T_2}{100}\right)^4}{T_1 - T_2} \qquad \Delta\vartheta = T_1 - T_2$$

$\dot{Q}_s$ Wärmestrom in W
A Fläche in m²
α_s Strahlungsübergangszahl in W / (m² · K)
$\Delta\vartheta$ Temperaturdifferenz in K
T_1, T_2 Oberflächentemperatur in K
C Strahlungszahl in W/(m² · K⁴), vgl. Tab. 55.2

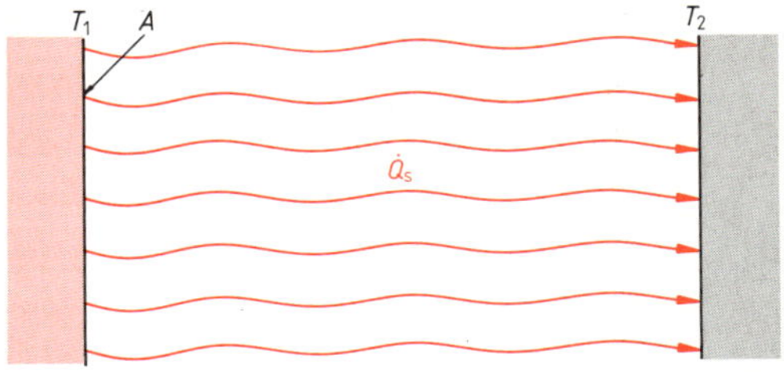

26.3 Wärmekonvektion

$$\dot{Q}_k = A \cdot \alpha_k \cdot \Delta\vartheta \qquad \Delta\vartheta = \vartheta_1 - \vartheta_2$$

$\dot{Q}_k$ Wärmestrom in W
A Fläche in m²
α_k Wärmeübergangszahl in W / (m² · K), vgl. Tab. 53.4
$\Delta\vartheta$ Temperaturdifferenz in K

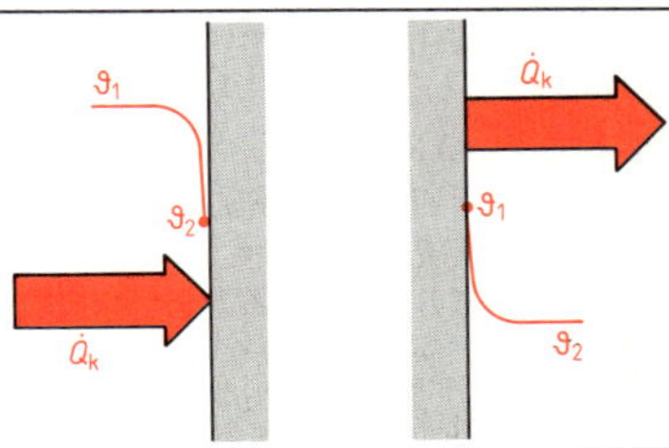

26.4 Wärmedurchgang

$$\dot{Q} = A \cdot k \cdot \Delta\vartheta \qquad \text{oder} \qquad \dot{Q} = A \cdot \frac{1}{R_k} \cdot \Delta\vartheta$$

$\dot{Q}$ Wärmestrom in W
A Fläche in m²
k Wärmedurchgangskoeffizient in W / (m² · K)
R_k Wärmedurchgangswiderstand in m² · K/W
$\Delta\vartheta$ Temperaturdifferenz in K

$$\frac{1}{k} = \frac{1}{\alpha_i} + \frac{d_1}{\lambda_1} + \frac{d_2}{\lambda_2} + \ldots + \frac{1}{\alpha_a} \qquad k = \frac{1}{R_k}$$

$$R_k = R_i + R_{\lambda 1} + R_{\lambda 2} + \ldots + R_a$$

k	Wärmedurchgangskoeffizient in W / (m² · K)
α_i	Wärmeübergangszahl innen in W / (m² · K)
$d_1, d_2 \ldots$	Bauteildicke in m
$\lambda_1, \lambda_2 \ldots$	Wärmeleitfähigkeit in W / (m · K), vgl. Tab. 52.1
α_a	Wärmeübergangszahl außen in W / (m² · K)
R_k	Wärmedurchgangswiderstand in m² · K/W
$R_{\lambda 1}, R_{\lambda 2} \ldots$	Wärmeleitwiderstand in m² · K/W
R_i	Wärmeübergangswiderstand innen in m² · K/W
R_a	Wärmeübergangswiderstand außen in m² · K/W

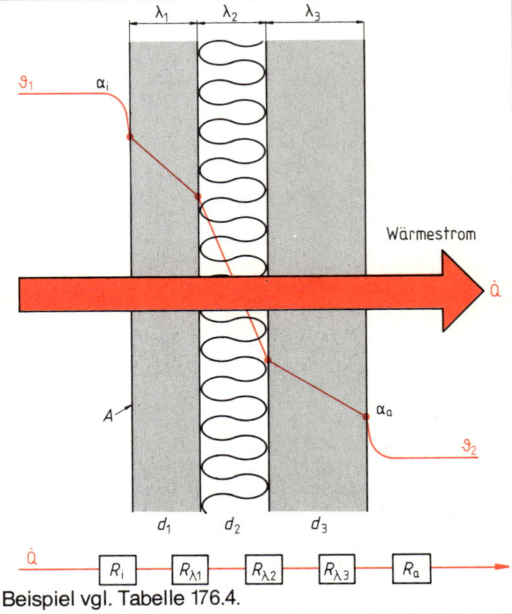

Beispiel vgl. Tabelle 176.4.

27.1 Logarithmische Temperaturdifferenz

$$\Delta\vartheta_m = \frac{\Delta\vartheta_g - \Delta\vartheta_k}{\ln(\Delta\vartheta_g / \Delta\vartheta_k)} \quad \text{bei} \quad \frac{\Delta\vartheta_k}{\Delta\vartheta_g} \leq 0{,}7$$

$\Delta\vartheta_m$ mittlere Temperaturdifferenz in K
ln natürlicher Logarithmus
$\Delta\vartheta_g$ größte Temperaturdifferenz in K
$\Delta\vartheta_k$ kleinste Temperaturdifferenz in K

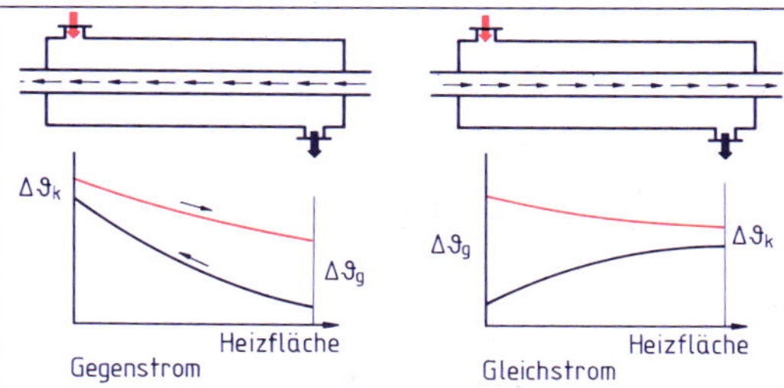

27.2 Beanspruchung auf Zug oder auf Druck

$$\sigma_{z(d)} = \frac{F_{z(d)}}{A} \qquad A_{erf} = \frac{F_{z(d)}}{\sigma_{z(d)\,zul}}$$

$\sigma_{z(d)}$ Zug- bzw. Druckspannung in N/mm^2
$F_{z(d)}$ Zug- bzw. Druckkraft in N
A Querschnittsfläche in mm^2
A_{erf} erforderliche Querschnittsfläche in mm^2
$\sigma_{z(d)\,zul}$ zulässige Zug- bzw. Druckspannung in N/mm^2

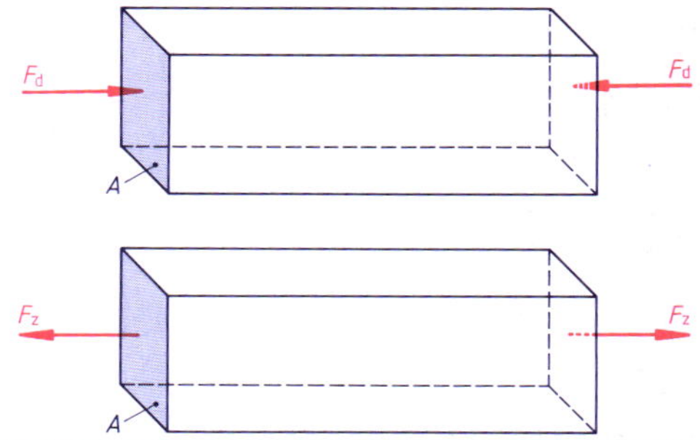

27.3 Beanspruchung auf Schub (Scherung)

$$\tau_a = \frac{F_s}{A} \qquad A_{erf} = \frac{F_s}{\tau_{a\,zul}}$$

τ_a Scherspannung in N/mm^2
F_s Scherkraft in N
A Scherfläche in mm^2
A_{erf} erforderliche Scherfläche in mm^2
$\tau_{a\,zul}$ zulässige Scherspannung in N/mm^2

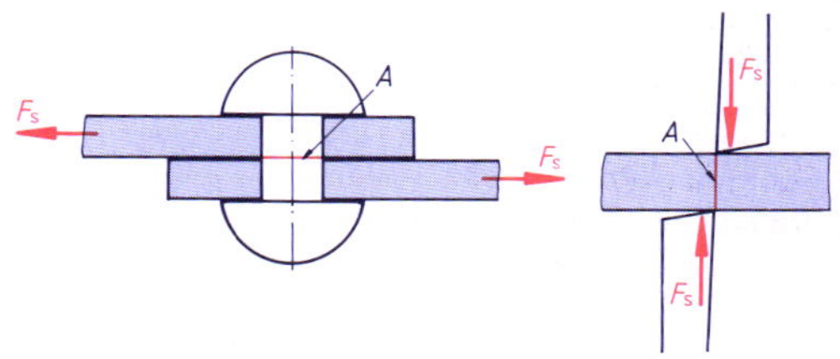

27.4 Beanspruchung auf Biegung

$$\sigma_b = \frac{M_b}{W_a} \qquad W_{a\,erf} = \frac{M_b}{\sigma_{b\,zul}}$$

σ_b Biegespannung in N/mm^2
M_b Biegemoment in N · mm (vgl. Tab. 28.1)
W_a axiales Widerstandsmoment in mm^3 (vgl. Tab. 28.2)
$W_{a\,erf}$ erforderliches axiales Widerstandsmoment in mm^3 (vgl. Seite 99)
$\sigma_{b\,zul}$ zulässige Biegespannung in N/mm^2

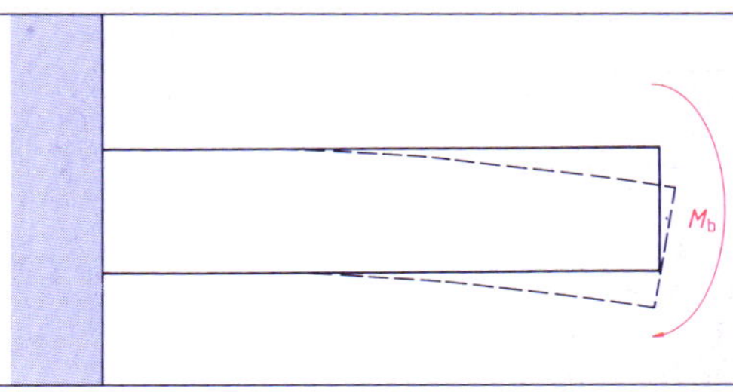

27.5 Beanspruchung auf Verdrehung (Torsion)

$$\tau_t = \frac{M_t}{W_p} \qquad W_{perf} = \frac{M_t}{\tau_{t\,zul}} \qquad M_t = F \cdot l$$

τ_t Torsionsspannung in N/mm^2
M_t Torsionsmoment in N · mm
W_p polares Widerstandsmoment in mm^3
W_{perf} erforderliches polares Widerstandsmoment in mm^3
$\tau_{t\,zul}$ zulässige Torsionsspannung in N/mm^2
F Kraft in N
l Hebelarm in mm

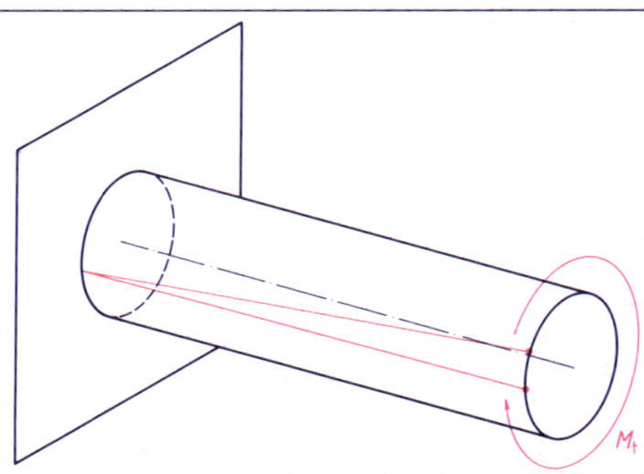

Grundlagen

28.1 Auflagerkräfte und Biegemomente

Belastungsfall	Auflagerkräfte	maximales Biegemoment	Belastungsfall	Auflagerkräfte	maximales Biegemoment
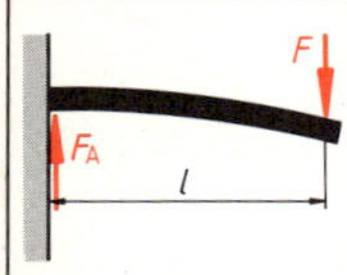	$F_A = F$	$M_{bmax} = F \cdot l$	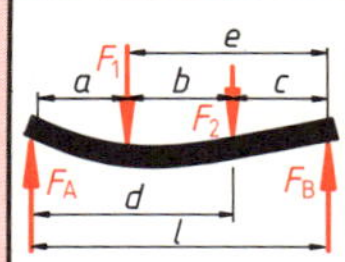	$F_A = \frac{F_1 \cdot e + F_2 \cdot c}{l}$ $F_B = \frac{F_1 \cdot a + F_2 \cdot d}{l}$	$M_{bmax} = F_A \cdot a$ $M_{bmax} = F_B \cdot c$
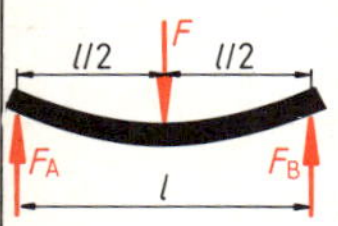	$F_A = F_B = \frac{F}{2}$	$M_{bmax} = \frac{F \cdot l}{4}$	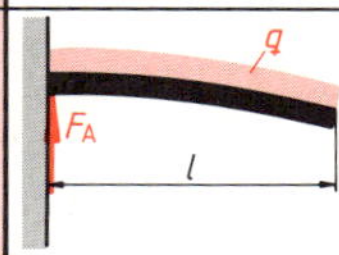	$F_A = q \cdot l$	$M_{bmax} = \frac{q \cdot l^2}{2}$
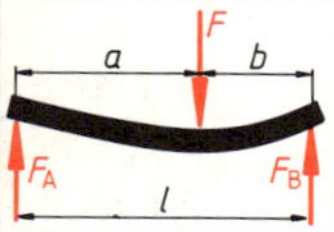	$F_A = \frac{F \cdot b}{l}$ $F_B = \frac{F \cdot a}{l}$	$M_{bmax} = \frac{F \cdot a \cdot b}{l}$	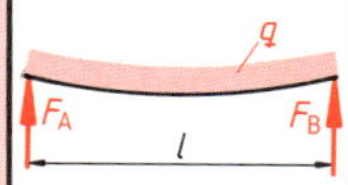	$F_A = F_B = \frac{q \cdot l}{2}$	$M_{bmax} = \frac{q \cdot l^2}{8}$

28.2 Axiales Widerstandsmoment

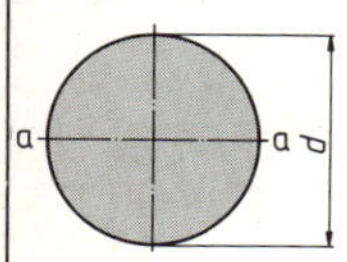	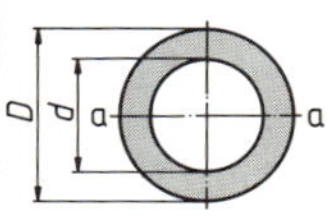	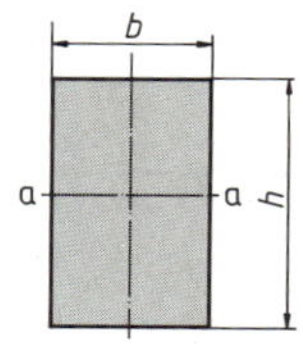	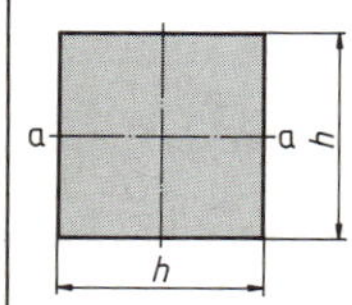	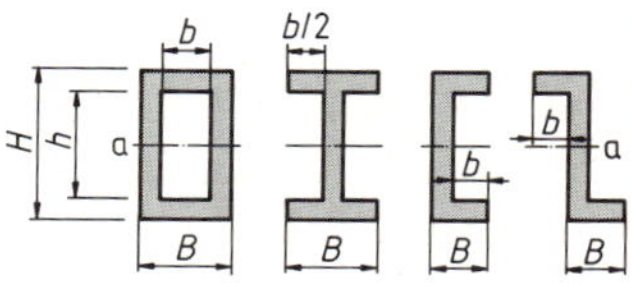
$W_a = \frac{\pi \cdot d^3}{32}$	$W_a = \frac{\pi \cdot (D^4 - d^4)}{32 \cdot D}$	$W_a = \frac{b \cdot h^2}{6}$	$W_a = \frac{h^3}{6}$	$W_a = \frac{B \cdot H^3 - b \cdot h^3}{6 \cdot H}$

28.3 Zulässige Spannungen in N/mm² für Überschlagsrechnungen im Maschinenbau

Beanspruchung	Bel.-Fall	St 37	St 50	Beanspruchung	Bel.-Fall	St 37	St 50	Belastungsfall:
Zug und Druck	I II III	100...150 65... 95 45... 70	140...210 90...135 65... 95	Biegung	I II III	110...165 70...105 50... 75	150...220 100...150 70...105	**I** ruhend **II** schwellend **III** wechselnd 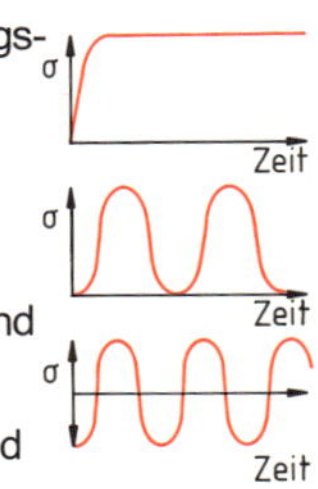
Schub	I II III	80...120 50... 75 35... 55	110...170 70...110 50... 75	Torsion	I II III	65... 95 40... 60 30... 45	85...125 55... 85 40... 60	

28.4 Kraftwirkung bei verhinderter Wärmeausdehnung

$F = E \cdot A \cdot \alpha \cdot \Delta\vartheta$	$E = \frac{\sigma \cdot l_0}{\Delta l}$	$\Delta\vartheta = \vartheta_2 - \vartheta_1$

F Kraft in N
E Elastizitätsmodul in N/mm²
A Querschnitt in mm²
α Längenausdehnungskoeffizient in 1/K
$\Delta\vartheta$ Temperaturdifferenz in K

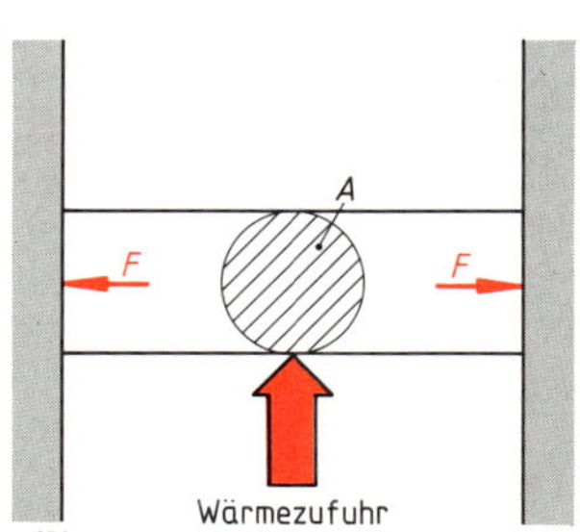

Werkstoff	*E*-Modul in N/mm²
Stahl	210000
Kupfer	130000
Zink	80000
Alu	70000
GG-15	80000
PVC	3000
PE-HD	1400
PP	1300

29.1 Ohmsches Gesetz

$U = I \cdot R$	$1\,\text{V} = 1\,\text{A} \cdot 1\,\Omega$

U Spannung in V
I Stromstärke in A
R Widerstand in Ω

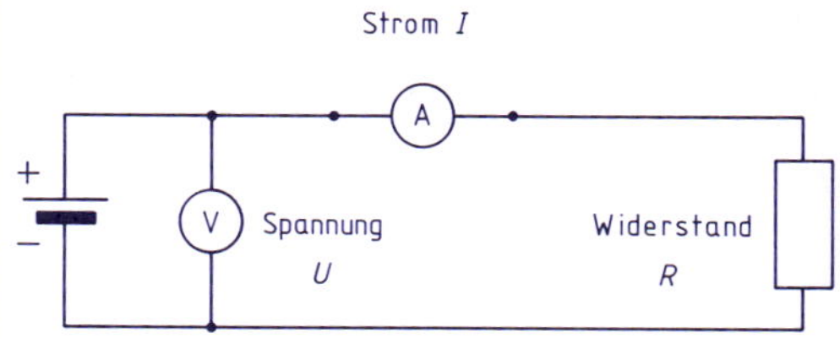

29.2 Leiterwiderstand

$$R = \frac{\varrho \cdot l}{A}$$

R Leiterwiderstand in Ω
ϱ spezifischer Widerstand in $\Omega \cdot \text{mm}^2/\text{m}$
l Leiterlänge in m
A Leiterquerschnitt in mm^2

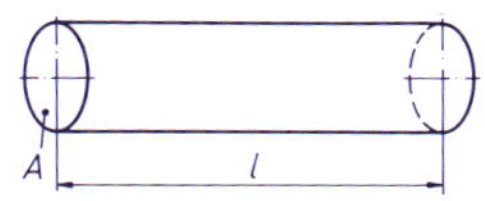

Werkstoff	ϱ in $\Omega \cdot \text{mm}^2/\text{m}$
Silber	0,016
Kupfer	0,018
Stahl	0,125
Kohle	15...100

29.3 Reihenschaltung von Widerständen

$$I = I_1 = I_2 = I_3 = \ldots$$
$$U = U_1 + U_2 + U_3 + \ldots$$
$$R = R_1 + R_2 + R_3 + \ldots$$

I Stromstärke in A
U Gesamtspannung in V
U_1, U_2, U_3 Teilspannung in V
R Gesamtwiderstand in Ω
R_1, R_2, R_3 Einzelwiderstand in Ω

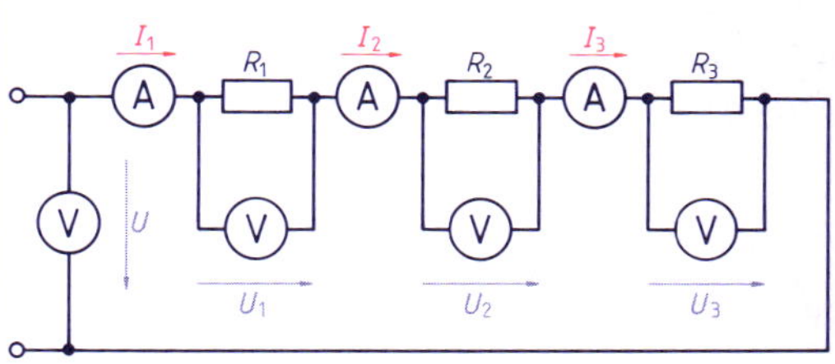

29.4 Parallelschaltung von Widerständen

$$U = U_1 = U_2 = U_3 = \ldots$$
$$I = I_1 + I_2 + I_3 + \ldots$$
$$\frac{1}{R} = \frac{1}{R_1} + \frac{1}{R_2} + \frac{1}{R_3} + \ldots$$

U Spannung in V
I Gesamtstromstärke in A
I_1, I_2, I_3 Teilstromstärke in A
R Gesamtwiderstand in Ω
R_1, R_2, R_3 Einzelwiderstand in Ω

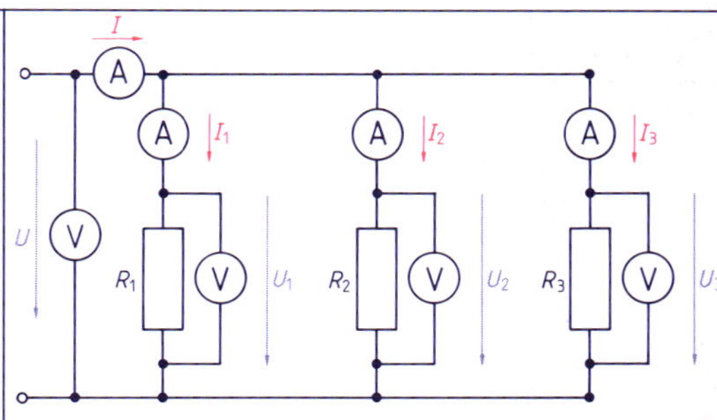

29.5 Transformator

$\frac{U_1}{U_2} = \frac{N_1}{N_2}$	$\frac{I_1}{I_2} = \frac{N_2}{N_1}$

U_1, U_2 Spannung in V
I_1, I_2 Stromstärke in A
N_1, N_2 Windungszahl

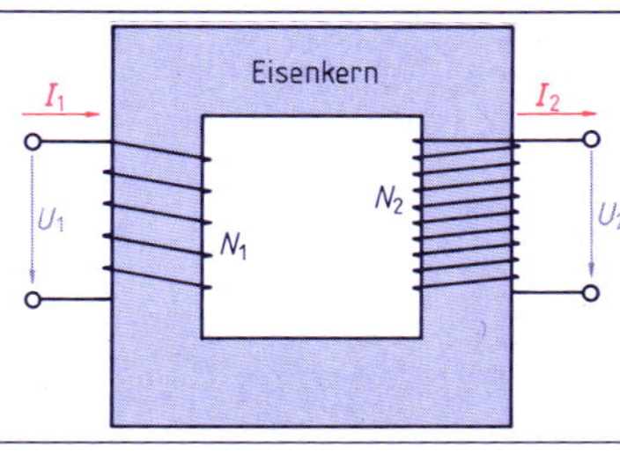

Grundlagen

30.1 Brückenschaltung (Wheatstonesche-Brücke)

$$\frac{R_1}{R_2}=\frac{R_3}{R_4} \text{ oder } R_1 \cdot R_4 = R_2 \cdot R_3 \text{ bei } U_d = 0 \text{ und } I_d = 0$$

$R_{1...4}$ Widerstand in Ω
U_d Diagonalspannung in V
I_d Diagonalstrom in A

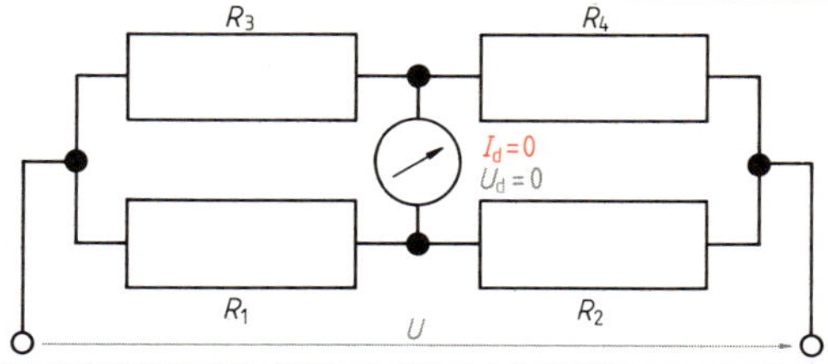

30.2 Leistung bei Gleichstrom

$$P = U \cdot I \quad \text{oder} \quad P = \frac{U^2}{R} \quad \text{oder} \quad P = I^2 \cdot R$$

P Leistung in W
U Spannung in V
I Stromstärke in A
R Widerstand in Ω

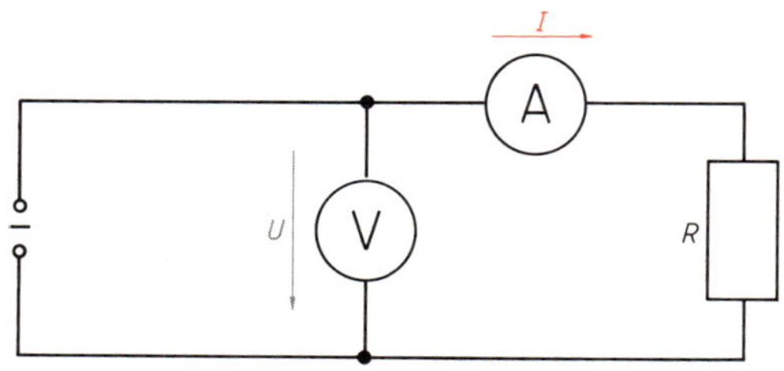

30.3 Leistung bei Wechselstrom

$$P = U \cdot I \cdot \cos\varphi$$

P Leistung in W
U Spannung in V
$\cos\varphi$ Leistungsfaktor (ohne Einheit)

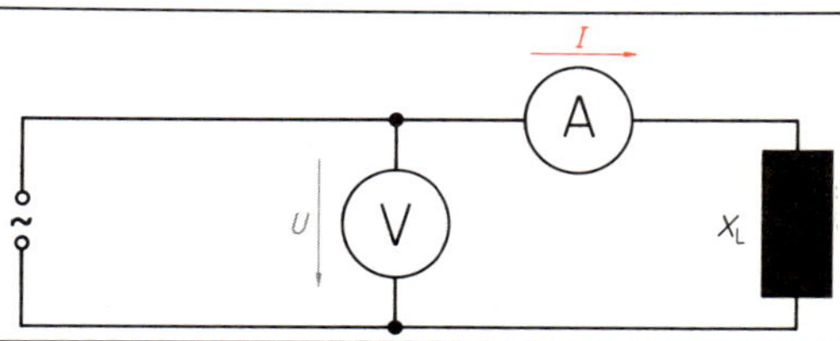

30.4 Leistung bei Drehstrom

$$P = \sqrt{3} \cdot U \cdot I \cdot \cos\varphi$$

P Leistung in W
U Spannung in V
I Stromstärke in A
$\cos\varphi$ Leistungsfaktor (ohne Einheit)

30.5 Leistungsvergleich zwischen Sternschaltung und Dreieckschaltung

$$P_{\triangle} = 3 \cdot P_Y$$

$P_{\triangle}$ Leistung bei Dreieckschaltung in W
P_Y Leistung bei Sternschaltung in W

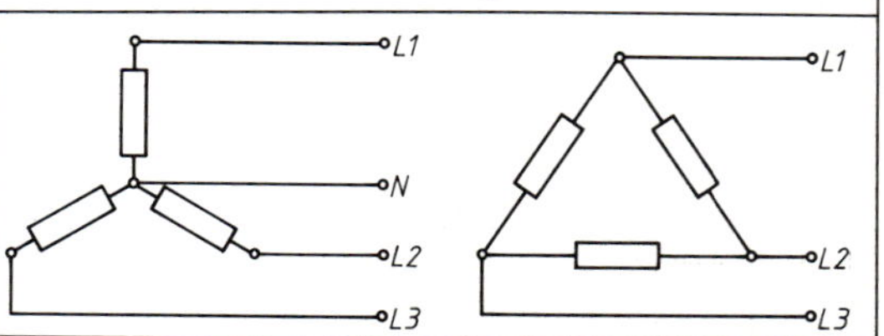

30.6 Elektrische Arbeit

$$W = P \cdot t$$

W Arbeit in Ws
P Leistung in W
t Zeit in s

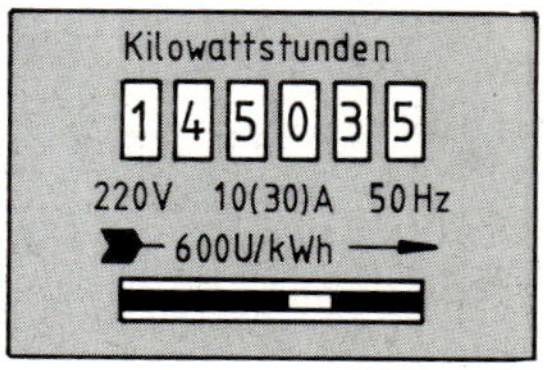

31.1 Grundbegriffe der Regelungstechnik

Regelgröße	x	die Größe, die im Sinne einer Regelung beeinflußt werden soll und deren Istwert laufend mit dem Sollwert verglichen wird.
Istwert Sollwert	x_i x_s	derjenige Wert einer Größe, den sie im betrachteten Zeitpunkt tatsächlich hat unter festgelegten Bedingungen haben soll
Führungsgröße	w	Größe, die dem Regler den Sollwertverlauf festlegt
Rückführgröße	r	durch Messung von x hervorgegangene Größe, die zur Vergleichsstelle zurückgeführt wird
Regeldifferenz	e	die im Vergleichsglied gebildete Differenz zwischen w und r ($x_i - x_s$ = Sollwertabweichung)
Stellgröße	y y_R	überträgt die Wirkung der Einrichtung auf die Strecke („Stellglied bekämpft e") Reglerausgangsgröße
Stellzeit	T_y	Zeit, in der y bei größtmöglicher v_y den gesamten Y_h durchläuft
Stellbereich	Y_h	Bereich, innerhalb dessen die Stellgröße einstellbar ist
Stellglied		Bauglied (z. B. Ventil), durch das auf x Einfluß genommen wird
Stellgeschwindigkeit	v_y	Geschwindigkeit, mit der eine y-Einwirkung abläuft (z. B. Schließen)
Stellort		Angriffspunkt der Stellgröße
Störgröße	z	von außen wirkende Größe (macht Regelung notwendig)
Meßglied		Einrichtung, die x_i erfaßt
Meßort		Ort, an dem x erfaßt wird
Regelung		Vorgang, bei dem x fortlaufend erfaßt, mit w verglichen, dann entsprechend einer Angleichung beeinflußt wird
Regelstrecke		Teil des Wirkungsweges, der den zu beeinflussenden Systembereich darstellt
Regelbereich	X_h	Bereich innerhalb x eingestellt werden kann (z vereinbart)

31.2 Darstellung eines Regelkreises

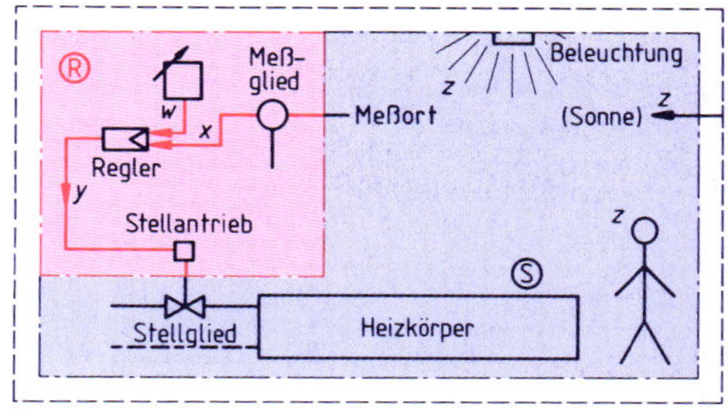

Raumtemperaturregelung

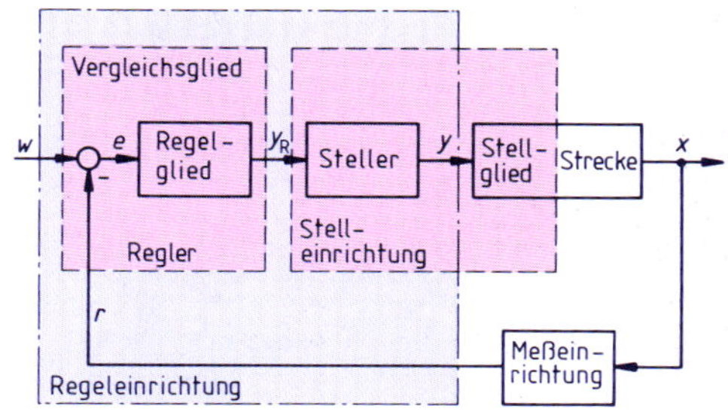

Fühler (Meßglied) stellt am Meßort laufend den Istwert x_i fest und meldet ihn als Regelgröße x dem Regler R. Ermittelt dieser aufgrund von Störgrößen z eine Regelabweichung, wird das Stellglied (Ventil) durch die Stellgröße y so verändert, bis x_i wieder an x_s herangeführt ist.

31.3 Steuerung (Vergleich mit Regelung)

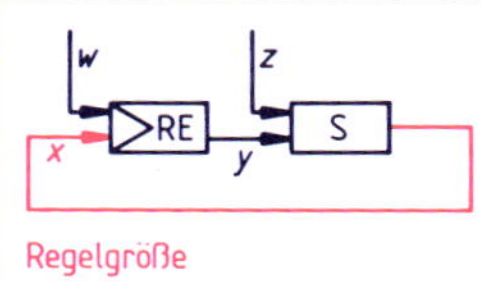	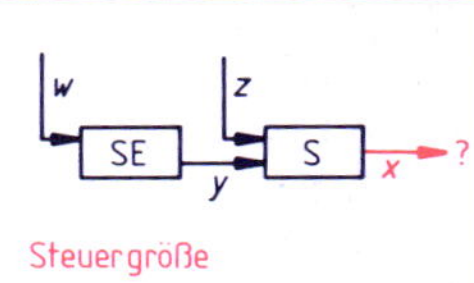
geschlossener Wirkungsablauf (Regelkreis ↻)	offener Wirkungsablauf (Steuerkette →→)
Ausgangsgröße x wird auf Eingang Regeleinrichtung „zurückgeführt" (überwacht)	Ausgangsgröße x bleibt unüberwacht und besitzt keinen „Vergleicher" (ohne Rückmeldung)
Beispiel: Trinkwassererwärmer TWE soll z. B. auf 60 °C gehalten werden (Regelung)	TWE soll über Zeitschaltuhr bei Nacht abgeschaltet werden (Steuerung)

31.4 Einteilung von Reglern nach:

Regelgröße	Temperatur, Druck, Feuchte, Wasserstand, Volumenstrom, Zug, usw.
Stellenergie	ohne und mit Hilfsenergie (z. B. el.)
Regelverhalten	unstetig (2-Punkt), stetig (P-, I-, PI-, PID-Regler)

Grundlagen

32.1 Steuerungsarten, Signale[1]

	z. B.
Befehlsteuerung	Signal betätigt Stellglied
Grenzwertsteuerung	Maximalwert ist erreicht
Programmsteuerung	
• Zeitplansteuerung	Nachtabsenkung (Schaltuhr)
• Wegplansteuerung	Fertigmontage beim Fließband
• Folgesteuerung	ϑ_a abhängige ϑ_i-Steuerung
Signalsysteme	analog (stetig), digital (schrittweise)

[1] entsprechend gilt dies auch für Regelungsarten.

32.2 Verlauf der Regelgröße (Sprungantwort)

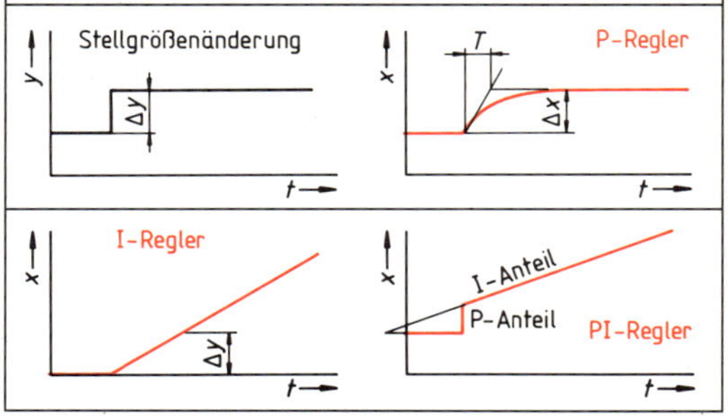

32.3 Einteilung, Begriffe und Auswahlkriterien für Regelventile

Einteilung nach:	Bauform	Verbindung	Stellantrieb	Verwendung	Material	Arbeitsweise	Stoffbuchse
Beispiele:	Durchgangs-, Dreiwege-	Flansch, Muffen	elektrisch pneumatisch	Hkp.-Ventil Mischventil Zonenventil	Grauguß, Rotguß, Stahl	Schließung, Öffnung (Schaltung)	Faltenbalg, Teflon, u. a.

Durchgangsventil		Dreiwegeventile, Einbaubeispiel	
Einsitzventil	Doppelsitzventil	Mischventil	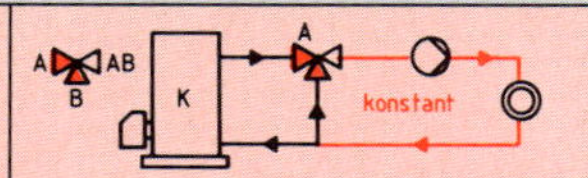
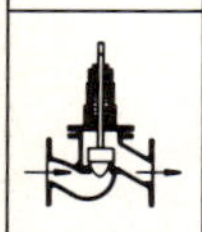	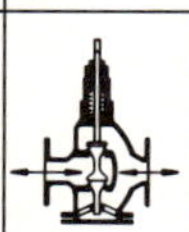	Verteilventil	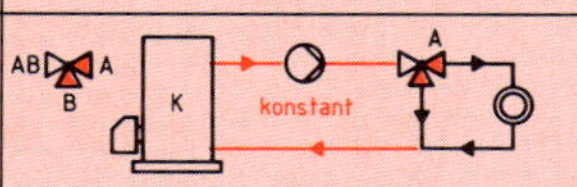

Ventiltore	Anschluß an:
A Regeltor	mengenvariable Teilstrecke (Beeinflussung der Wärmeleistung)
B Beipaßtor	komplementär mengenvariable Teilstrecke (Anpassung)
AB „Summentor“	mengenkonstante Teilstrecke („Summenstrom“)

Ventilkennlinie (Grundkennlinie)	Anlagenkennlinie (Verbraucher)	Regelkennlinie R
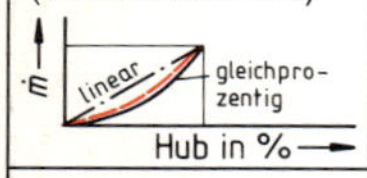	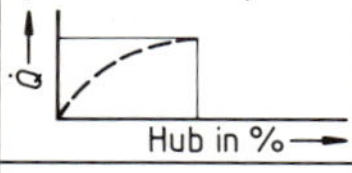	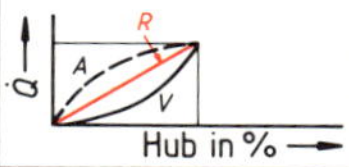
auf Prüfstand bei $\Delta p = 1$ bar (Nennhub) ermittelt Betriebskennlinie (je nach Einbau und Betrieb verformt), sollte A angepaßt werden	Kennlinie der Anlage, des Verbrauchers; Wärmeleistung nicht proportional zum Ventilhub!	Zusammenwirken von Verbraucher und Ventil. $\dot{Q}$ ist jetzt etwa proportional zum Hub

k_{VS}-Wert	m^3/h bei $\Delta p = 1$ bar Hub 100 %
k_V-Wert	m^3/h bei $\Delta p = 1$ bar bezogen auf bestimmte Bedingungen % von k_{VS}
Ventilautorität (Druckanteil des Ventils am Gesamtdruck)	$a = \dfrac{\Delta p_{Ventil}}{\Delta p_{Ventil} + \Delta p_{Var}}$ (0,2...0,5) Δp_{Var} = Δp des Stromkreises der durch das Regelventil (Stellgrößenänderung) beeinflußt
Widerstandsbeiwert ζ des Ventils	$\zeta = \left(\dfrac{0{,}05 \cdot A}{k_{VS}}\right)^2$ A in mm^2 Einfluß der Dichte: $k_{VS} = \dot{V} \dfrac{\varrho}{\Delta p_{Ventil}}$

32.3 Sinnbilder für Meß-, Steuer- und Regeleinrichtungen (DIN 1988, 1946, 19227, VDI 2068)[1]

	Anschluß für Meßgerät		Schreiber		Antrieb durch Motor		Meßblende	Hauptimpulse:	
	Durchfluß-Meßgerät		Regler z. B. Temp.		Antrieb durch Membrane		Zeitschaltuhr		öffnet bei steig. Istwert
	Volumenzähler		dsgl. El. Analog u. Digital		Antrieb durch Elektromagnet		Steuer (Impulsleitung)		schließt bei steig. Istwert
	Wärmemengenzähler		Antrieb durch Schwimmer		Aufnehmer Fühler (allg.)		Brandmelder	Grenzimpulse:	
	Temperaturmeßgerät		Antrieb durch Gewichtsbel.		Widerstandsfühler		Rauchmelder		öffnet bei steig. Istwert über ...
	Druck-Meßgerät		Antrieb durch Federbelast.		Stellgerät		Sollwerteinsteller		öffnet bei sink. Istwert unter ...
									öffnet bei steig. Istwert über ...
									schließt bei sink. Istwert unter ...

[1] Vgl. auch Tab. 46.2, Tab. 47.4, Tab. 44.1.

33.1 DOS-Kommandos

CLS	Die Bildschirmanzeige löschen.
COPY	Eine oder mehrere Dateien in ein anderes Verzeichnis kopieren.
DEL	Eine oder mehrere Dateien löschen.
DIR	Alle Dateien eines Verzeichnisses auflisten.
DISKCOPY	Den Inhalt einer Diskette auf eine andere kopieren.
FORMAT	Eine Diskette formatieren.
MD	Ein neues Verzeichnis anlegen.
RD	Ein Verzeichnis löschen.
REN	Eine Datei umbenennen.
TYPE	Den Inhalt einer Datei auf dem Bildschirm anzeigen.

33.2 Basic-Anweisungen

LOAD	Programm wird in den Arbeitsspeicher geladen.
SAVE	Speichert Programme aus dem Arbeitsspeicher auf einen Massenspeicher.
NEW	Löscht das Programm im Arbeitsspeicher.
LIST	Listet das Programm aus dem Arbeitsspeicher auf den Bildschirm.
RUN	Startet das Programm.
CONT	Setzt Programm nach der Abbruchstelle fort.
END	Beendet den Programmablauf.
STOP	Beendet den Programmlauf und meldet Zeile.
INPUT	Programm stoppt und erwartet Eingabe.
GET	Übernimmt eine Tastatureingabe in eine Variable.
LET	Weist einer Variablen einen Wert zu.
CLEAR	Löscht alle Variablen.
PRINT...	Berechnet und zeigt das Ergebnis auf dem Bildschirm.
...A;B	A und B hintereinander.
...A,B	A und B im Spaltenformat.
TAB()	Erreicht direkt jede in der Klammer angegebene Spalte einer Bildschirmzeile.
REM	Erlaubt Programm-Anmerkungen, die der Interpreter ignoriert.
GOTO	Unbedingter Sprung.
GOSUB	Sprung zu einem Unterprogramm.
RETURN	Aus einem Unterprogramm zurück.
IF... THEN...	Ermöglicht je nach dem Ergebnis eines Vergleichs Verzweigung in zwei unterschiedliche Programmabläufe.
ON... GOTO...	Sprungverteiler, verzweigt zu einer oder mehreren Sprungadressen.
ON... GOSUB...	Sprungverteiler, ruft ein Unterprogramm auf.
FOR... TO... STEP...	Eine Variable wird schrittweise vom Anfangswert zum Endwert hin verändert.
NEXT	Bewirkt, daß ein Programmabschnitt erneut durchlaufen wird.
+	Addition
–	Subtraktion
*	Multiplikation
/	Division
↑ ˆ **	Potenz
=	gleich
<	kleiner als
>	größer als
<=	kleiner oder gleich
>=	größer oder gleich
<>	ungleich
ABS(X)	Ergibt den Absolutwert (Betrag) von X.
INT(X)	Kürzt die Zahl X um alle Stellen nach dem Dezimalpunkt.
SGN(X)	Ermittelt das Vorzeichen von X.
SQR(X)	Ergibt die Quadratwurzel von X. (X muß größer oder gleich 0 sein.)
EXP(X)	Exponentialfunktion: gibt das Ergebnis der Berechnung e hoch Gleitkommawert aus.
LOG(X)	Natürlicher Logarithmus: berechnet den Logarithmus einer Zahl zur Basis e.
SIN(X)	Sinus des Winkels X (X muß im Bogenmaß angegeben werden).
COS(X)	Cosinus des Winkels X (X muß im Bogenmaß angegeben werden).
TAN(X)	Tangens des Winkels X (X muß im Bogenmaß angegeben werden).
ATN(X)	Ergibt den Winkel (im Bogenmaß), dessen Tangens X ist.
VAL	Wandelt String in Gleitkommazahl um.
STR$	Wandelt Gleitkommazahl in String um.

34.1 Beschriftung und Schriftzeichen (DIN 6776), Schriftform B

ABCDEFGHIJKLMNOPQRSTUVWXYZÄÖÜ

abcdefghijklmnopqrstuvwxyzäöüß

[(!?:;'-=+×:√%&)]⌀1234567890 IVX

- Die Nenngröße der Schrift, d. h. die **Höhe** *h* **der Großbuchstaben,** soll mindestens 2,5 mm, bei gleichzeitiger Verwendung von Groß- und Kleinbuchstaben mindestens 3,5 mm betragen.
- Die **üblichen Schrifthöhen** *h* sind 3,5 mm, 5 mm und 7 mm.
- In einer Zeichnung nicht mehr als drei Schriftgrößen verwenden!
- Die **Höhe der Kleinbuchstaben** beträgt etwa 0,7 · *h* (bei *h* = 5 mm z. B. 0,7 · 5 mm = 3,5 mm).
- Die **Linienbreite für Tuscheschrift** soll ≤ 0,1 · *h* betragen (vgl. Liniengruppen Tab. 35.1).
- Der **Abstand zwischen den Buchstaben** soll etwa 0,2 · *h* betragen, kann aber aus optischen Gründen auf 0,1 · *h* verringert werden.
- Der **Abstand zwischen den Wörtern** soll etwa 0,5 · *h* betragen (evtl. bis 0,7 · *h*).
- Der **Zeilenabstand** (z. B. von Unterkante bis Unterkante) soll mindestens 1,4 · *h* betragen.
- Die **Leseweite** (Lesbarkeit bei guter Beleuchtung) beträgt etwa 250 bis 350 · *h*.

34.2 Linienarten mit Anwendungsbeispielen (DIN 15)[1)]

	Linienart	Benennung	Anwendung
A		breite Vollinie	sichtbare Kanten und Umrisse, Fließbilder
B		schmale Vollinie	Lichtkanten, Maß-, Hinweis- und Projektionslinien, Schraffuren, Umrahmungen von Einzelheiten u. a.
C		schmale Freihandlinie	Begrenzung von abgebrochenen oder unterbrochen dargestellten Ansichten und Schnitten
D		schmale Zickzacklinie	
E		breite Strichlinie (Strichlänge ≈ 10 · *d*)	verdeckte Kanten und verdeckte Umrisse
F		schmale Strichlinie (Strichlänge ≈ 20 · *d*)	wie E (diese Linie wird kaum mehr verwendet)
G		schmale Strichpunktlinie	Mittel- und Symmetrielinien, Lochkreise u. a.
H		schmale Strichpunktlinie, jedoch an Richtungsänderungen breiter	Kennzeichen einer Schnittebene (anstelle „H" ist jedoch die Linienart „J" vorzuziehen)
J		breite Strichpunktlinie (Strichlänge ≈ 20 · *d*)	vgl. H; Kennzeichnungen (z. B. Wärmebehandlung)
K		schmale Strich-Zweipunktlinie	Umrisse von angrenzenden Teilen, Schwerlinien, Grenzstellungen von beweglichen Teilen u. a.

1) Bei Bauzeichnungen geringe Abweichungen

34.3 Rangfolge bei Überdeckung von zwei oder mehr Linien verschiedener Art (DIN 15)

a	sichtbare Kanten und Umrisse (Linienart A)	d	Mittellinien (Linienart G)
b	verdeckte Kanten und Umrisse (Linienart F)	e	Schwerlinien (Linienart K)
c	Schnittebenen (Linienart J)	f	Maßhilfslinien (Linienart B)

35.1 Linienbreiten und Liniengruppen

Liniengruppe	Zugehörige Linienbreite in mm für Linienart A E (H) J	Linienart B C D F G (H) K	Maß- und Textangaben, Symbole
0,25	0,25	0,13	0,18
0,35	0,35	0,18	0,25
0,5	0,5	0,25	0,35
0,7	0,7	0,35	0,5
1	1	0,5	0,7
1,4	1,4	0,7	1
2,0	2	1	1,4

- Im allgemeinen werden zwei Linienbreiten angewendet, deren Verhältnis zueinander 2 : 1 betragen soll.
- Bei Beschriftung nach Tab. 34.1 ist für Maß- und Textangaben sowie für die Darstellung und Beschriftung von graphischen Symbolen eine dritte Linienbreite zwischen der breiten und schmalen Linie erforderlich.

35.2 Schriftfeld (stark vereinfacht)

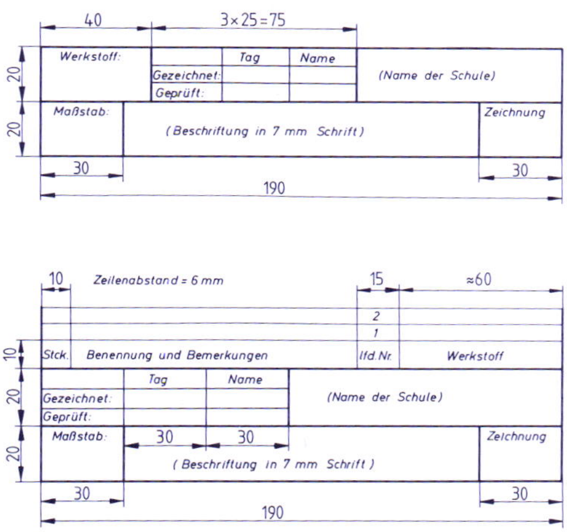

- Schriftfelder sind nach DIN 6771 genormt.
- Man unterscheidet zwischen dem eigentlichen Schriftfeld und einer nach oben anschließenden Stückliste.

35.3 Maßstäbe

Verkleinerungsmaßstäbe	Natürlicher Maßstab	Vergrößerungsmaßstäbe
1:2; 1:5; 1:10; 1:20; 1:50; 1:100	1:1	2:1; 5:1; 10:1; 20:1; 50:1

- **Beispiel:** Blechstück 450 mm × 350 mm im Maßstab 1:5, Maße in der Zeichnung 90 mm × 70 mm.
- Weitere Verkl.-Maßstäbe: 1:200; 1:500; 1:1000 usw.
- Werden in einer Zeichnung mehrere Maßstäbe benötigt, sollte man den Hauptmaßstab in das Schriftfeld eintragen, die anderen in Nähe der Positionsnummer bzw. in Nähe des gezeichneten Einzelteils.

35.4 Blattgrößen, Kurzzeichen (DIN 6771)

	Maße in mm	Bemerkung
A 0	841 × 1189	Die Blattformate wurden so festgelegt, daß durch Halbieren oder Verdoppeln jeweils das nächstkleinere bzw. nächstgrößere Format entsteht.
A 1	594 × 841	
A 2	420 × 594	
A 3	297 × 420	
A 4	**210 × 297**	

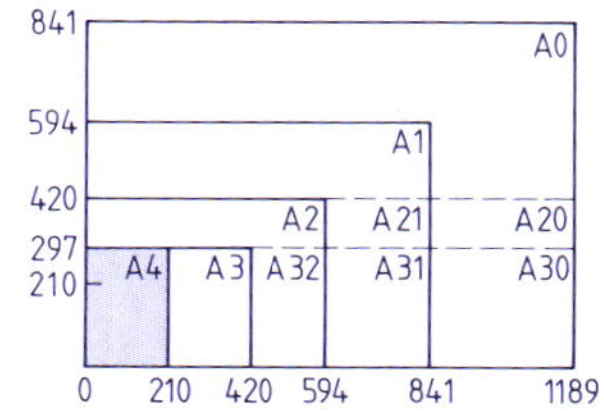

- Verhältnis: $\frac{\text{Breite}}{\text{Länge}} = \frac{1}{\sqrt{2}}$
- Maße beziehen sich auf beschnittene Blätter.

- Formate gehen nach oben bis 2 A0 (1185 mm × 1682 mm) und nach unten bis A 10 (26 mm × 37 mm).
- A 2.0, A 2.1, A 3.0 usw. sind Streifenformate.
- ≤ A 3 müssen Heftrand (18 mm) haben; ≤ A 2 ohne.

35.5 Faltung auf Format A 4 (DIN 824)

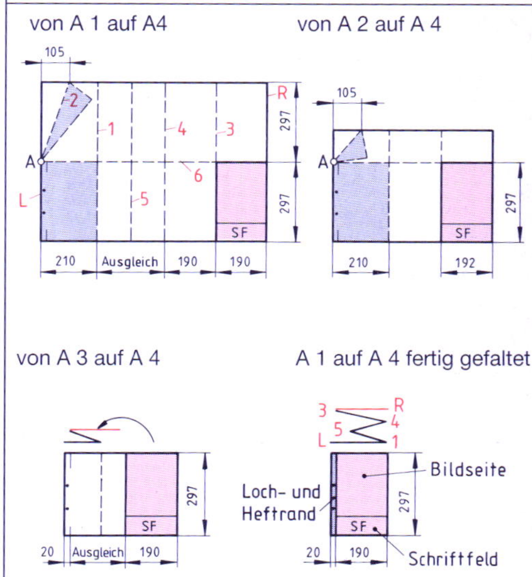

- Nach der Faltung muß die Seite mit dem Schriftfeld SF immer obenauf liegen.
- Bei Faltbeginn muß für die Formate A 0 bis A 2 die Breite 210 mm (Falte 1) festgehalten werden.
- Von A aus wird ein kleines Dreieck zurückgefaltet (Falte 2), damit nach der fertigen Faltung nur die graue Fläche (A 4) gelocht und festgeheftet wird.
- Vom rechten Blattrand aus sind Strecken von etwa 190 mm in gerader Anzahl einzumessen (bei A 2 auf 192 mm) und zu falten.
  Der beim Falten nicht aufgehende Teil (Ausgleich) wird halbiert eingefaltet (Faltkante 5). Faltkante 3 nach hinten, Kante 4 nach vorn und in diesem Wechsel weiterfalten! Querfalte (Falte 6) nach hinten falten.

36.1 **Geometrie** (Grundkonstruktionen, Begriffe)

1.

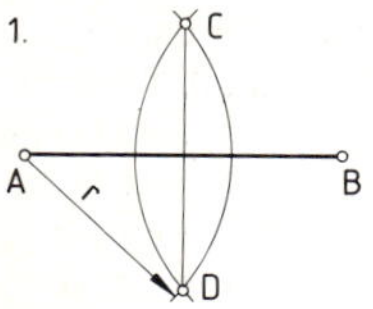

Strecke $\overline{AB}$ halbieren
Beliebiger Kreisbogen mit dem Radius *r* um die Punkte A und B. Schnittpunkte sind C und D. Die Verbindung halbiert $\overline{AB}$ = Mittelsenkrechte.

2.

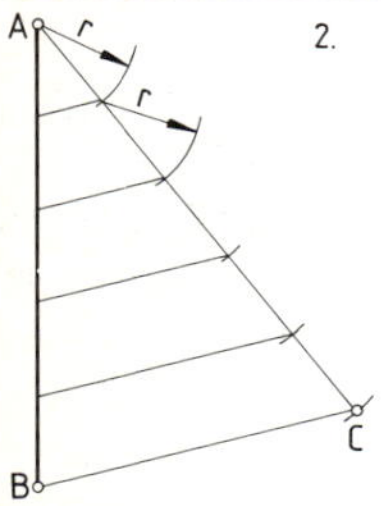

Teilen einer Strecke $\overline{AB}$ in beliebige Teile (z.B. 5)
Ziehen einer Hilfsgeraden (Winkel beliebig).
Unterteilung in 5 Teile mit beliebigem Radius $r \Rightarrow$ C. Verbindung von C mit B und Parallelen zu $\overline{CB}$ durch die Teilpunkte auf der Hilfsgeraden.

3.

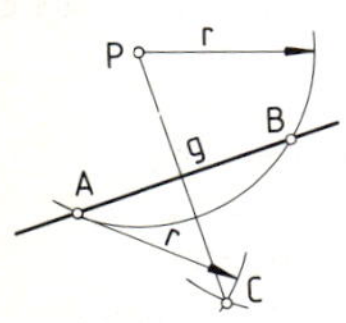

Lot von Punkt P auf eine Gerade g
Beliebiger Kreisbogen mit Radius *r* um Punkt P ergibt Punkt A und B.
Nochmals Kreisbögen um A und B ergibt Punkt C.
Lot = Gerade durch P und C.

4.

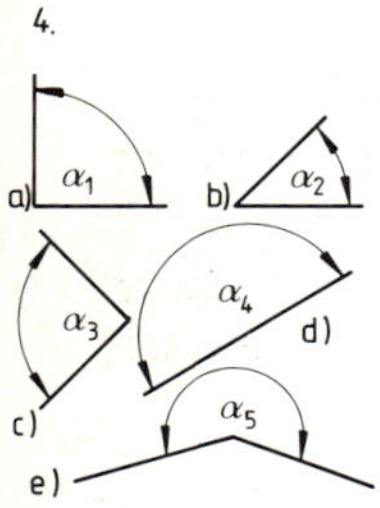

Winkelbenennungen
a) Rechter Winkel 90°
b) Spitzer Winkel < 90°
c) Stumpfer Winkel > 90 < 180°
d) Gestreckter Winkel 180°
e) Überstumpfer Winkel > 180°
Vollwinkel 360°

Winkel an Winkeldreiecken sind 30°, 45°, 60° und 90°.

5.

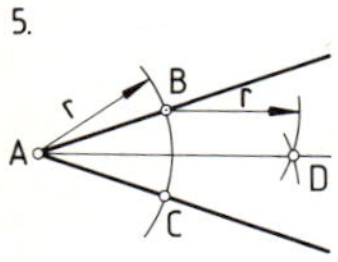

Halbieren eines Winkels
Beliebiger Kreisbogen um A mit dem Radius *r* ergibt die Punkte B und C. Die Kreisbögen um B und C ergeben Schnittpunkt D. Gerade durch D und A halbiert ∢.

6.

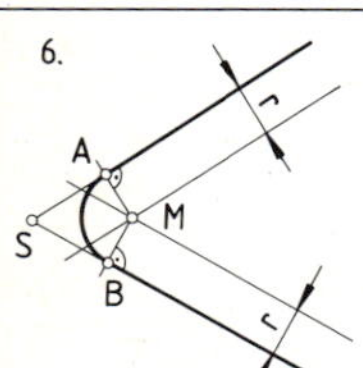

Rundung am Winkel
Winkel ABS und Krümmungsradius *r* gegeben. Der Schnittpunkt der Parallelen mit Abstand *r* ist der Mittelpunkt M und die Lote von M mit den Schenkeln sind die Übergangspunkte.

7.

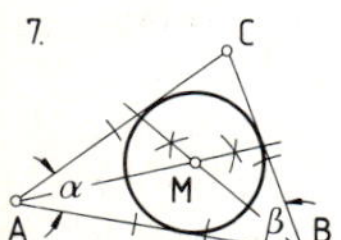

Inkreis eines Dreiecks
Halbierung von 2 beliebigen Winkeln. Der Schnittpunkt der Winkelhalbierenden ist Kreismittelpunkt M.

8.

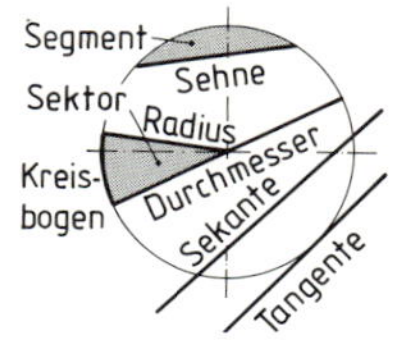

Benennung der Kreisstücke
Radius = Halbmesser
Segment = Kreisabschnitt
Sektor = Kreisausschnitt
Tangente = Berührende
Sekante = Schneidende
Peripherie = Kreislinie

9.

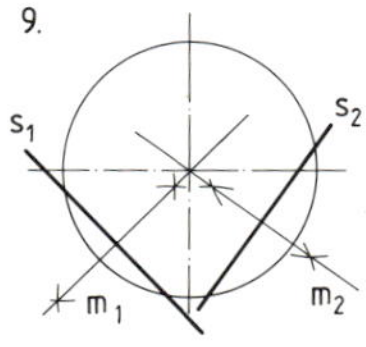

Kreismittelpunkt suchen
Zeichnen von 2 beliebigen nichtparallelen Sehnen s_1, s_2. Darauf Mittelsenkrechten errichten m_1, m_2 (vgl. a). Deren Schnittpunkt ist der Kreismittelpunkt.

10.

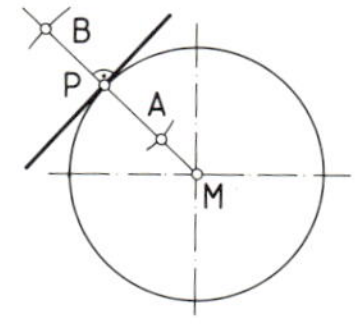

Tangente t an Kreispunkt P
Gerade durch M und B zeichnen. Gleiche beliebige Abstände von P mit Zirkel ergeben Punkte A und B ($\overline{AP} = \overline{BP}$). Auf AB wird Mittelsenkrechte errichtet (= zugleich Tangente).

11.

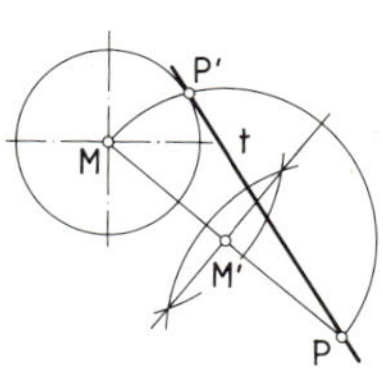

Tangente von Punkt P außerhalb des Kreises
Verbindung P mit M. Strecke $\overline{MP}$ halbiert gibt Punkt M. Kreisbogen von M' mit Radius $\overline{MM'}$ (Thaleskreis) gibt Schnittpunkt P'. Gerade PP' ist die Tangente t.

12.

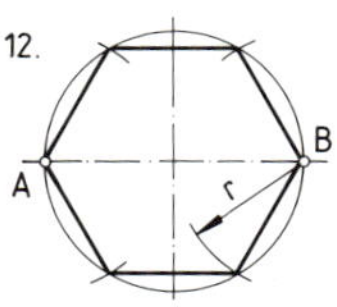

Konstruktion eines 6-Ecks
≙ Kreisteilung (6 Teile)
Um Punkt A und B Kreisbögen mit Radius *r* schlagen. Schnittpunkte am Kreis ergeben die Ecken.

13.

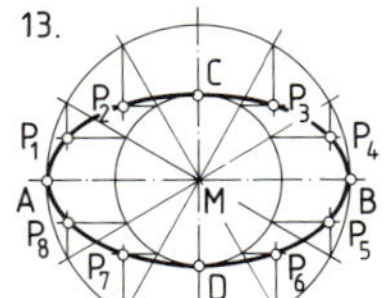

$\overline{AB}$ große Ellipsenachse
$\overline{CD}$ kleine Ellipsenachse
M Mittelpunkt

Ellipsenkonstruktion
Um M zwei Kreise mit den Radien AB/2 und CD/2 zeichnen. Mehrere ∅ unter beliebigen Winkeln abtragen. Von ihren Schnittpunkten mit dem kleinen Kreis waagerechte, dem großen senkrechte Geraden abtragen, deren Schnittpunkte P_1, P_2 P_3 usw. sind Ellipsenpunkte.

14.

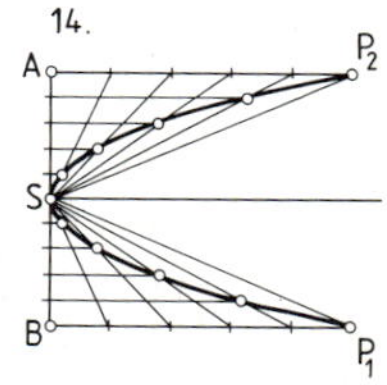

Parabelkonstruktion
Einteilung der Rechteckseiten $\overline{AP_2}$, $\overline{AP_1}$ und der Strecken $\overline{AS}$, $\overline{BS}$ in gleiche Teile. Verbindet man die Teilpunkte mit den gleichen Zahlen, erhält man die Parabelpunkte.

37.1 Benennung und Darstellung der Ansichten von Gegenständen nach der rechtwinkligen Parallelprojektion (DIN 6 Teil 1, DIN 5 Teil 10)

Projektionsmethode im ersten Quadranten (früher Methode E[1])

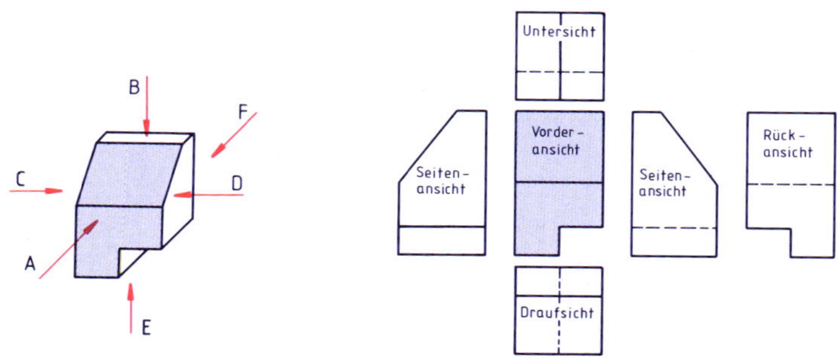

[1] E: First angle projektion method nach ISO 128 (Projektionsmethode 1)

Zur Kennzeichnung dieser Projektionsmethode wird folgendes **Symbol** verwendet:

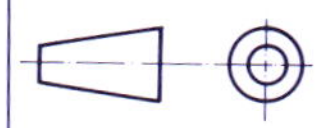

Diese Darstellungsmethode wird bevorzugt.

Benennung und Kurzzeichen der Ansichten	Anordnung der Ansichten
Ansicht in Richtung A = Vorderansicht (Ansicht von vorn)	
Ansicht in Richtung B = Draufsicht (Ansicht von oben)	liegt unterhalb der Vorderansicht
Ansicht in Richtung C = Seitenansicht von links	liegt rechts von der Vorderansicht
Ansicht in Richtung D = Seitenansicht von rechts	liegt links von der Vorderansicht
Ansicht in Richtung E = Untersicht (Ansicht von unten)	liegt oberhalb der Vorderansicht
Ansicht in Richtung F = Rückansicht (Ansicht von hinten)	darf links oder rechts von der V liegen

Bei der **Pfeilmethode** dürfen die Ansichten auch beliebig zueinander angeordnet werden. Mit Ausnahme der Hauptansicht muß dann jedoch die Betrachtungsrichtung für jede weitere Ansicht durch einen Pfeil – bezogen auf die Hauptansicht – festgelegt werden.
Große Buchstaben immer senkrecht zur Leserichtung und unmittelbar oberhalb bzw. rechts von der Pfeillinie!
Die Pfeile sollen einen Winkel von etwa 15° einschließen.
Anwendung: Bei ungünstigen Projektionen (Verkürzungen) oder bei schwierigen Lagen.

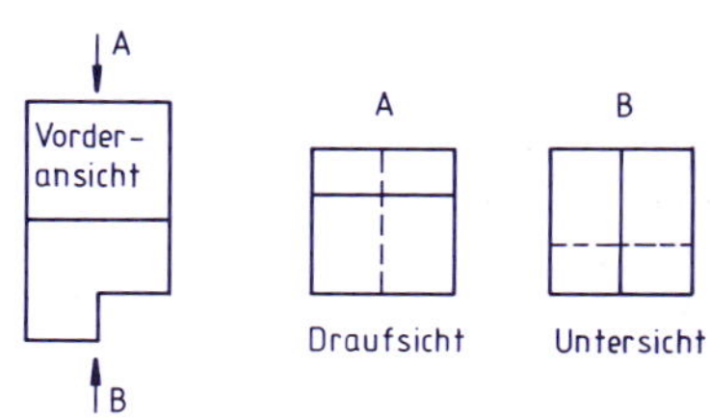

- Die aussagefähigste Ansicht des Gegenstandes als **Hauptansicht** wählen (i. allg. Vorderansicht)!
- Die Hauptansicht bei Zusammenstellungszeichnungen möglichst in der Gebrauchs- oder Einbaulage und bei Fertigungszeichnungen möglichst in Fertigungslage darstellen!
- **Anzahl der Ansichten** und Schnitte auf das Notwendigste beschränken!
- Zusätzliche Ansichten und Schnitte so anordnen, das **wenig verdeckte Kanten** erscheinen!
- Zur Vermeidung von ungünstigen Projektionen kan die **Pfeilmethode** angewandt werden.
- Bei **symmetrischen Gegenständen** darf auch eine halbe Ansicht gezeichnet werden (z. B. Flansch).

37.2 Darstellung von Bruchkanten (DIN 6)

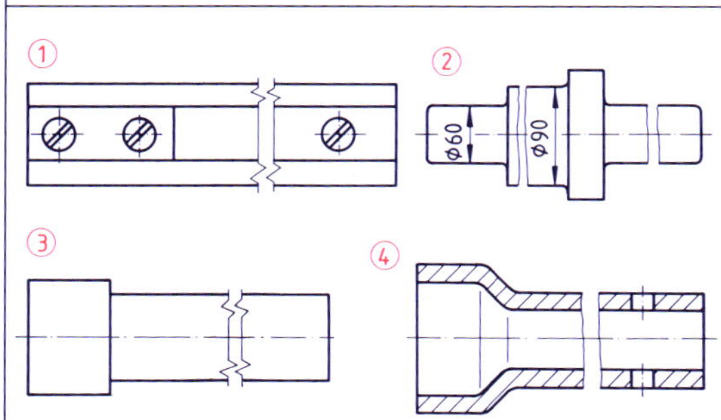

- Darstellung durch Freihandlinie (Linie C nach Tab. 34.2) oder durch Zickzacklinie (auch rotationssymmetrische Körper).
- Die Zickzacklinie wird mit etwa 5 × Linienbreite über die Umrißlinien hinausgehend gezeichnet.
- Durchmesserzeichen vor die Maßzahl setzen, wenn Rundkörper nicht eindeutig.
- Die „Schleifendarstellung“ entsprechend DIN 406 Teil 2, ist nicht mehr zulässig.

38.1 Darstellung von Schnittflächen (DIN 6), Schraffuren (DIN 201)

Schnittzeichnungen werden angefertigt, wenn verdeckte Hohlräume oder Profile (Querschnitte) nicht eindeutig dargestellt werden können.

Allgemeine Hinweise und Regeln zur Darstellung	Ausführungsbeispiele

Schnitt
Darstellung eines Gegenstandes, der durch eine oder mehrere Schnittebenen parallel zur Zeichenebene zerlegt wird. Er zeigt, was sich in und hinter der Zeichenebene befindet.

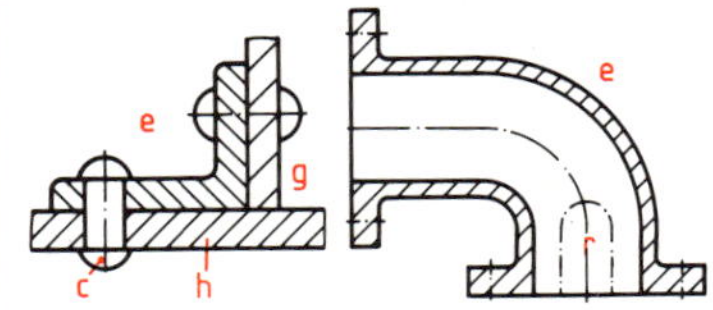

Schnittebene
Ebene, die den dargestellten Gegenstand gedanklich trennt.

- **a** Kann der Verlauf einer Schnittebene nicht eindeutig dargestellt werden, müssen Schnittlinien vorgesehen werden (nur im Bereich der Umrißlinien oder an Knickstellen) (3).
- **b** Die Blickrichtung auf die Ebene wird durch Pfeile angegeben. Die Pfeilspitze berührt die Schnittlinie. Symbole für die Drehung angeben (13).
- **c** Einzelteile in einer Gesamtzeichnung (z. B. Bolzen, Schrauben, Stifte, Federn) werden in der Schnittebene (Längsrichtung) im allgemeinen nicht geschnitten dargestellt, auch Stege, Rippen usw. (6, 10, 11).
- **d** Liegen zwei Schnittebenen im Winkel zueinander, wird der Schnitt so dargestellt, als lägen die Schnittflächen in einer Ebene. Löcher dürfen in die Schnittebene gedreht dargestellt werden (ohne Schnittverlaufangabe) (5).

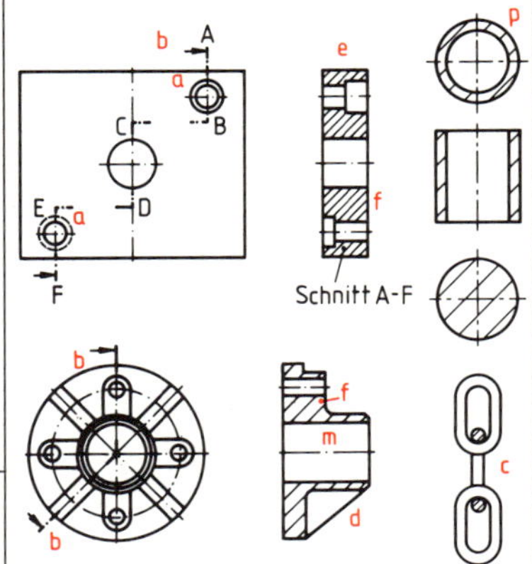

Schnittfläche
Fläche, die beim Trennen des Gegenstandes durch die Schnittebene entstehen würde; sie wird im allgemeinen schraffiert.

- **e** Die Darstellung der Schraffur erfolgt durch schmale Vollinien (Tab. 34.2); Schraffuren in Schnittflächen vgl. DIN 201.
- **f** Die Anordnung der Schraffurlinien erfolgt im allgemeinen unter 45° zu den Hauptumrissen oder zur Symmetrieachse.
- **g** Schraffuren benachbarter Teile werden in unterschiedlicher Richtung oder unterschiedlichem Abstand gezeichnet (1, 10).
- **h** Der Abstand der Schraffurlinien ist der Größe der Schnittfläche anzupassen (z. B. 13).
- **i** Große Schnittflächen kann man auch nur am Rand schraffieren (15).
- **k** Sehr schmale Schnittflächen können voll geschwärzt werden (12).
- **l** Befinden sich in der Schnittfläche Maßzahlen oder andere Eintragungen, so ist dort die Schraffur zu unterbrechen.
- **m** Die Schraffur ist auch dann einheitlich, wenn zwei Schnittebenen einen Winkel bilden (5).
- **n** Schraffurverwendung auch zur Stoffkennzeichnung (Tab. 43.1).
- **o** Bei geneigten Werkstücken legt man erläuternde Ansichten und Schnitte (zweckmäßig parallel zur schräg verlaufenden Kante) (11).
- **p** Schnittflächen durch volle oder hohle Rundkörper (vgl. auch Tab. 37.2)
- **q** Zur Ersparnis von Zeichenfläche können Gegenstände auch unterbrochen gezeichnet werden (Abb. 37.2).
- **r** Sollen Einzelheiten gezeichnet werden, die vor der Schnittebene liegen, geschieht dies durch schmale Strichpunktlinien (2).

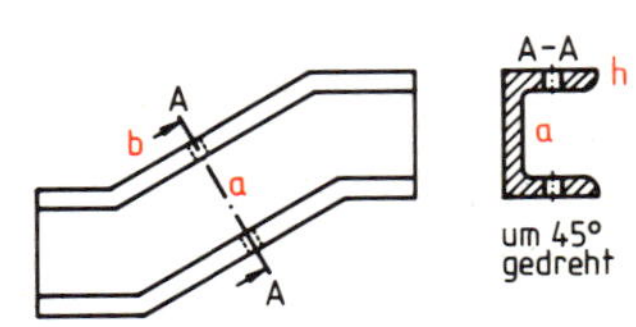

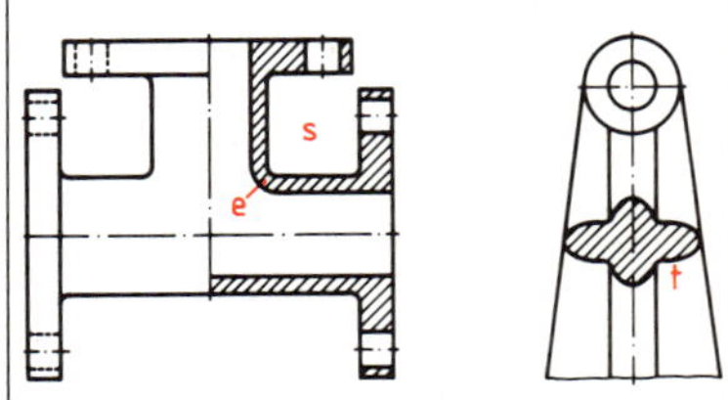

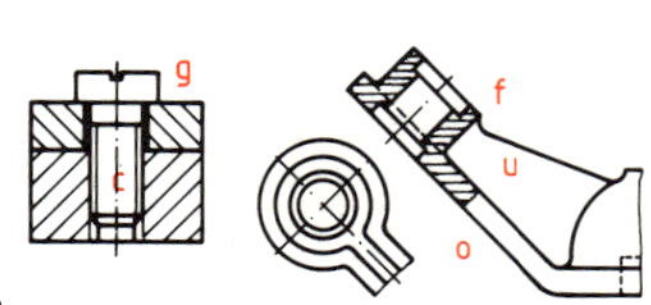

Schnittarten
Man unterscheidet **Vollschnitte** (Vertikal-, Horizontal-, Frontalschnitte), **Halbschnitte, Profilschnitte** und **Teilausschnitte** (Teilausschnitt oder Ausbruch).

- **s** Halbschnitte werden im allg. rechts von der senkrechten Mittellinie oder unterhalb der waagerechten angeordnet.
- **t** Eine Profilschnittfläche kann auch gedreht in die Ansicht gezeichnet werden (ohne besondere Kennzeichnung) (9).
- **u** Teilschnitt bzw. Ausbruch wird durch Freihandlinie begrenzt.

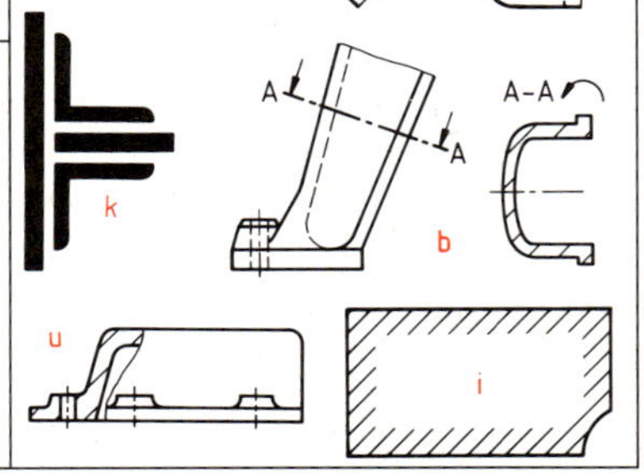

39.1 Maßeintragungen in Zeichnungen, Bemaßungsregeln (DIN 406)

Begriffe	Allgemeine Hinweise und Regeln	Ausführungsbeispiele
Kennzeichnungen	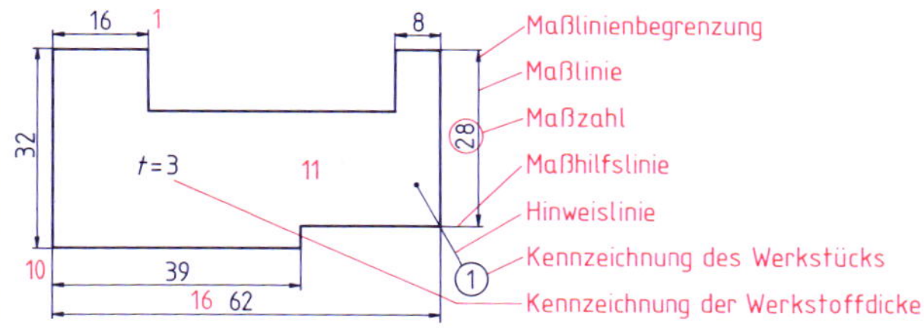	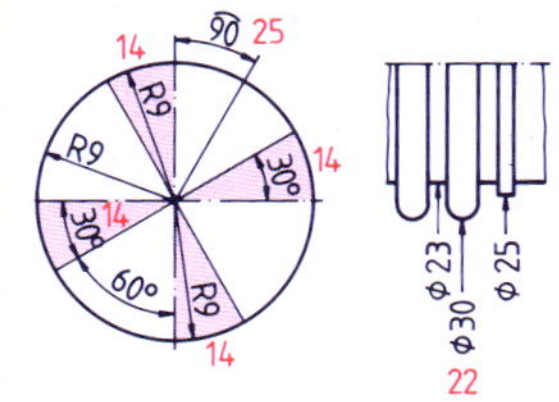
Maßhilfslinien	1 Sie ragen 1 bis 2 mm über die Maßlinie hinaus. 2 Sie stehen parallel zueinander; in der Regel unter 90 ° zur Maßlinie (ausnahmsweise 60°, falls dadurch Maßeintrag deutlicher wird). 3 Sie sollen andere Linien so wenig wie möglich schneiden. 4 Falls Mittellinien hierfür verwendet werden, sind diese außerhalb der Körperkante als schmale Vollinie zu zeichnen.	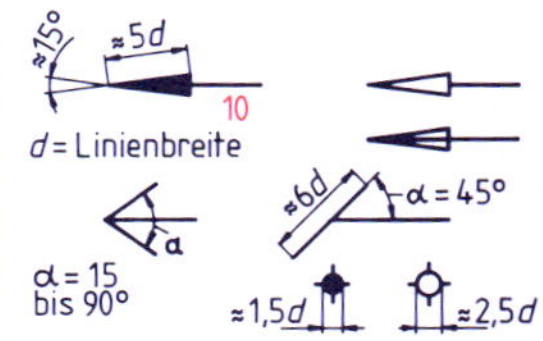
Maßlinien	5 Maßlinien- und Maßhilfslinien sind schmale Vollinien. 6 Sie werden durchgezogen und sollen andere Linien so wenig wie möglich schneiden. 7 Sie sollen mindestens 10 mm von Körperkanten entfernt liegen. 8 Parallele Linien sollen ca. 7 mm Abstand voneinander haben. 9 Bei gleicher Lochteilung können Maßketten vereinfacht werden.	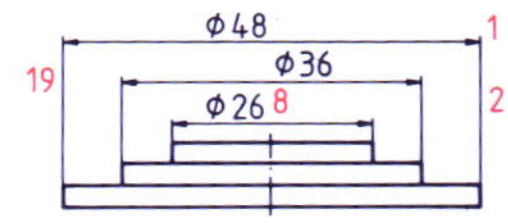
Maßlinienbegrenzung	10 Die Begrenzung erfolgt mit Maßpfeil, mit Schrägstrich oder bei Platzmangel mit einem Punkt. (bei Bauzeichnungen üblich). 11 In einer Zeichnung ist nur eine Begrenzungsart zu wählen. 12 Bei Durchmesser, Radien und Kreisbogen sind Pfeile vorgeschrieben. Bei Platzmangel sind sie von außen anzubringen.	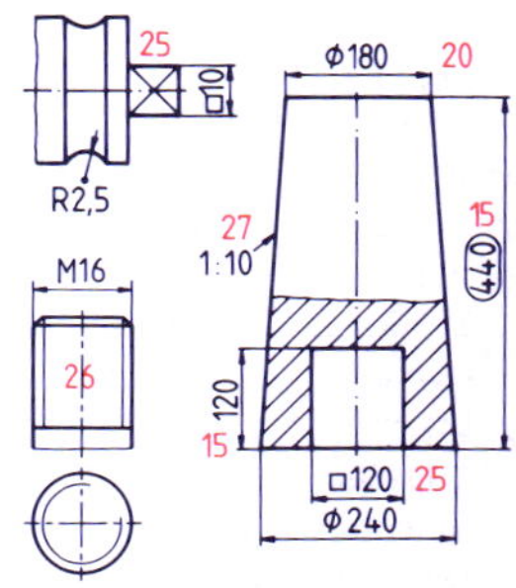
Maßzahlen	13 Sie dürfen nicht durch Linien getrennt werden (auch nicht durch Schraffuren). 14 Sie sind so einzutragen, daß sie von unten und von rechts lesbar sind. Sie sollen möglichst nicht im schraffierten 30°-Bereich stehen (falls nicht möglich, dann lesbar von links). 15 Unmaßstäbliche Zahlen unterstreicht man, Zahlen, die vom Besteller 100 % geprüft werden sollen, werden eingerahmt, und Hilfsmaße werden eingeklammert. 16 Sie werden **über** die durchgezogene Maßlinie geschrieben. 17 Sind mm gemeint, werden sie ohne Einheit geschrieben. 18 Gleichbleibende Zahlenhöhe innerhalb einer Darstellung ist anzustreben (möglichst nicht kleiner als 3,5 mm). 19 Möglichst abwechselnde Anordnung bei umfangreicher Bemaßung.	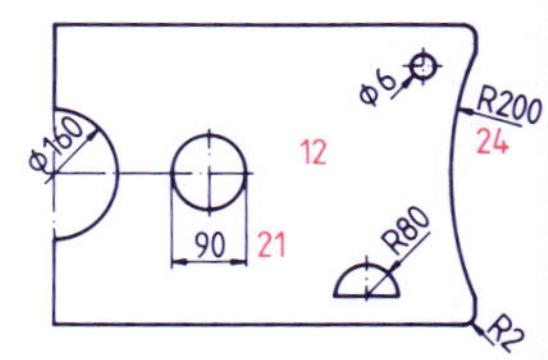 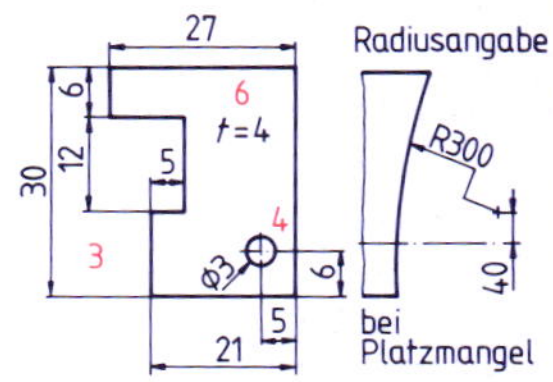
Durchmesser, Radien, Quadrate, Gewinde	20 **Durchmesserzeichen** ist dann vor die Maßzahl zu setzen, wenn Kreisform aus Ansicht nicht ersichtlich, wenn Maßzahl an eine Begrenzungslinie gesetzt wird oder nur mit Pfeil erscheint. 21 Bei vorhandener Kreislinie wird ∅-Zeichen weggelassen. 22 Bei Platzmangel können Durchmesser von außen bemaßt werden. 24 Bei Radien wird ein R vor die Maßzahl gestellt (Maßpfeil nur am Kreisbogen). Pfeil außen oder innen (vgl. Abb.). 25 Bei quadratischen Formen steht vor der Maßzahl ein Quadratzeichen. Ebene Flächen haben ein Diagonalkreuz. Bogenlängenmaße erhalten über der Maßzahl einen Bogenstrich. 26 Genormte Gewinde erhalten Kurzzeichen (z.B. M 16).	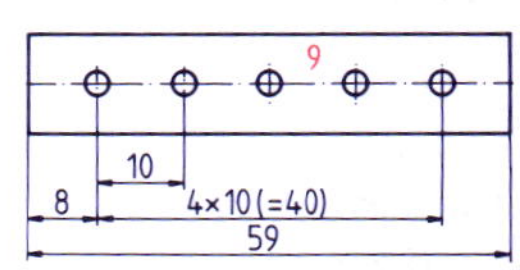
Hinweislinien	27 Enden diese Linien an Körperkanten, werden sie mit Pfeil, enden sie an Flächen, werden sie mit Punkt versehen. 28 Enden sie an anderen Linien, haben sie keine Begrenzung.	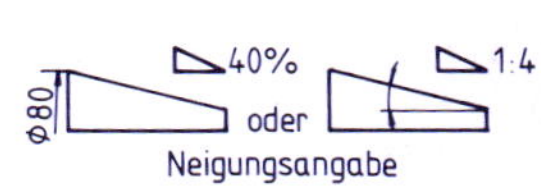

Fachzeichnen

40.1 Räumliche Darstellung von Rohrschemen in einem 30°-Raster (DIN 2428)

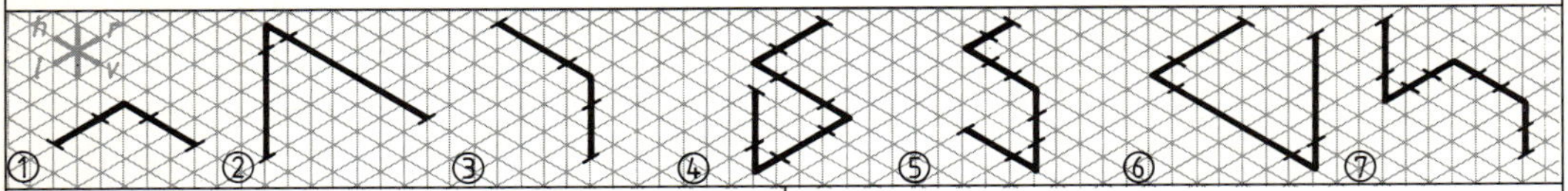

Beispiel: Einrohrheizung

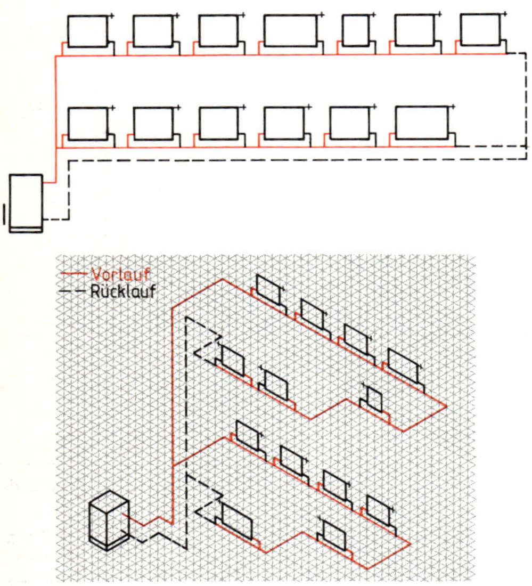

Beispiel: Kalt- und Warmwasseranschlüsse

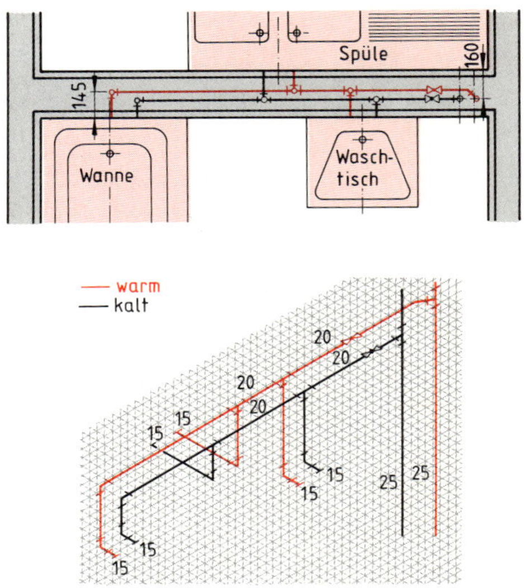

- Senkrecht verlaufende Leitungen werden als senkrechte Strecken gezeichnet.
- Waagrechte in der Breite nach links oder rechts verlaufende Leitungen werden unter 30° nach links fallend bzw. nach rechts ansteigend gezeichnet. Gefälle bleibt unberücksichtigt.
- Waagrecht in der Tiefe nach vorn oder hinten verlaufende Leitungen werden unter 30° nach rechts fallend bzw. nach links ansteigend gezeichnet.
- Querstriche unter 30° werden am Rohrende und bei Winkeln oder anderen Formstücken eingezeichnet.

40.2 Darstellung einer Zweirohrheizung im Grundriß, Strangschema und isometrisch

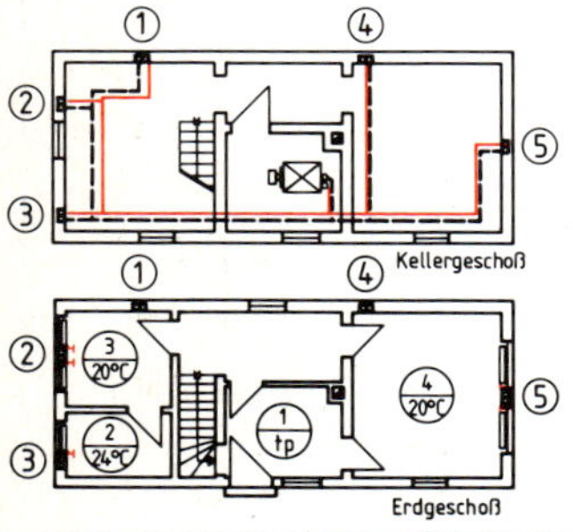

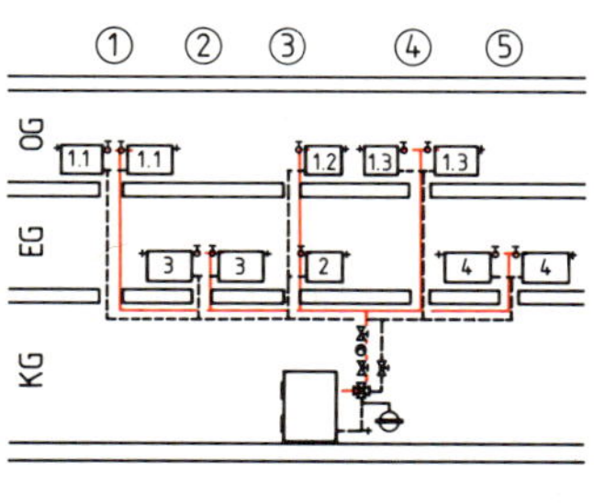

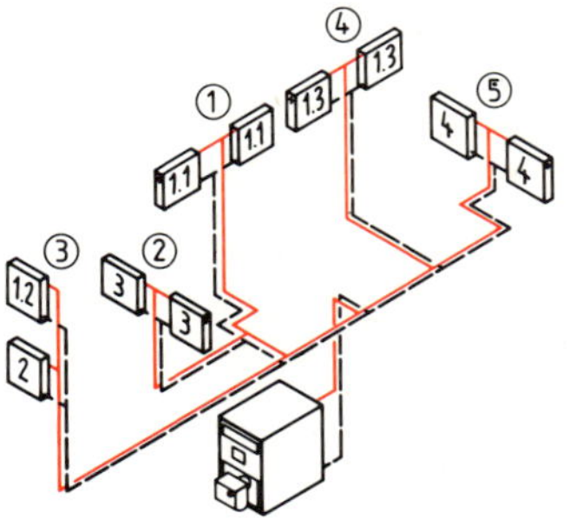

40.3 Darstellung einer Badeeinrichtung im Grundriß und im Geschoß-Strangschema

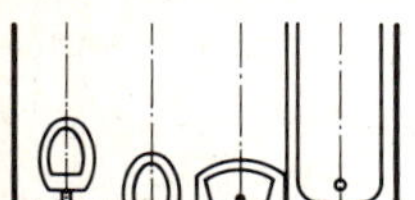

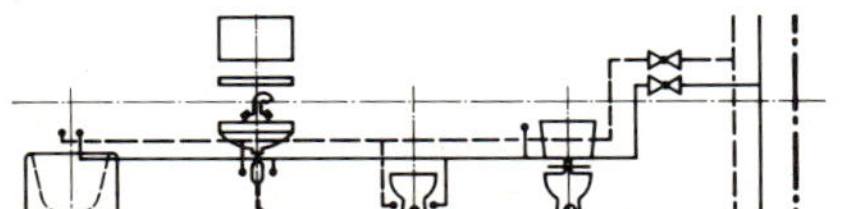

——— **Kaltwasserleitung (grün)**

– – – – **Warmwasserleitung (rot)**

– · – · – **Entwässerungsleitung (blau)**

Wanne, Waschtisch, Bidet und Klosett

41.1 Darstellung von Gebäuden in Grundriß und Schnitt; Bemaßung eines Grundrisses

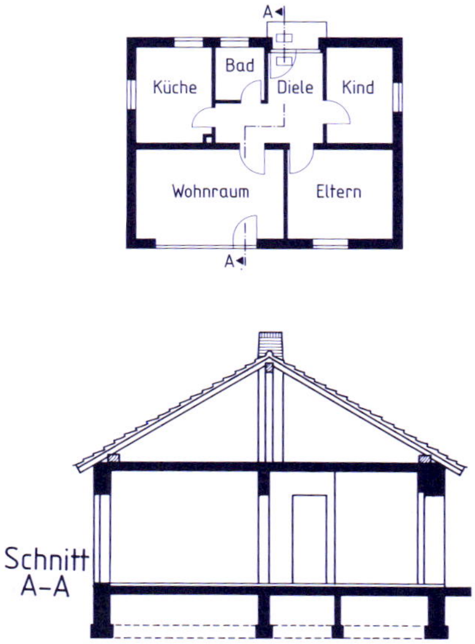

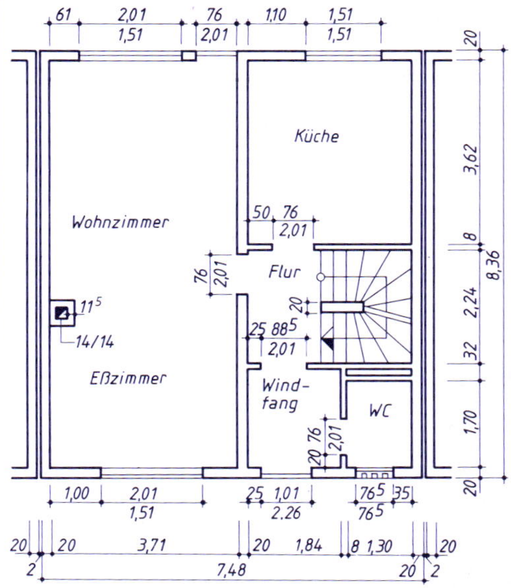

Beim **Grundriß** legt man durch das Bauwerk eine waagrechte Schnittebene und zeichnet die Draufsicht des darunterliegenden Teils des Bauwerks.
Beim **Schnitt** legt man eine senkrechte Schnittebene. Der Schnittverlauf wird so gewählt, daß wesentliche Teile erkennbar sind (z. B. Treppenhaus, Tür- und Fensteröffnungen, Terrassen).

41.2 Höhenangaben im Gebäudeschnitt

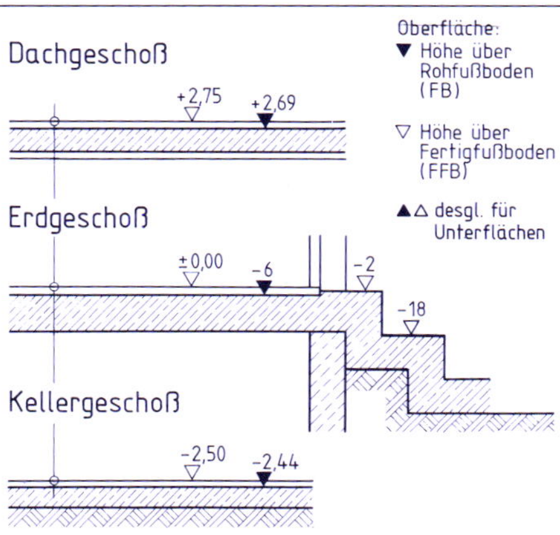

Bezugsebene ± 0 ist im Regelfall Oberfläche Fertigkonstruktion des Fußbodens Erdgeschoß

41.3 Bauzeichnungen für Objektplanung

a	Vorentwurfszeichn.	d	Ausführungszeichn.
b	Entwurfszeichnungen	e	Abrechnungszeichn.
c	Bauvorlagezeichn.	f	Baubestandszeichn.

Maßstäbe: a) 1 : 500 (1 : 200); b) c) 1 : 100 (1 : 200); d) e) Werkszeichn. 1 : 50 (1 : 20); Detailzeichn. 1 : 20, 1 : 10, 1 : 5, 1 : 1; f) 1 : 100, 1 : 50

41.4 Kennfarben bei baulichen Veränderungen

Vorhandene und verbleibende Teile	grau
Neu zu erstellende Bauteile	braunrot
Abzubrechende Bauteile	gelb

41.5 Öffnungen von Türen im Grundriß[1]

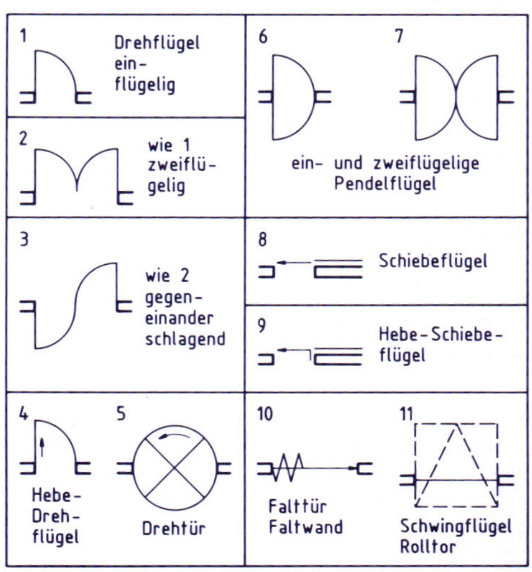

[1] Nach DIN 1356 E.

Fachzeichnen

42.1 Darstellung von Treppen

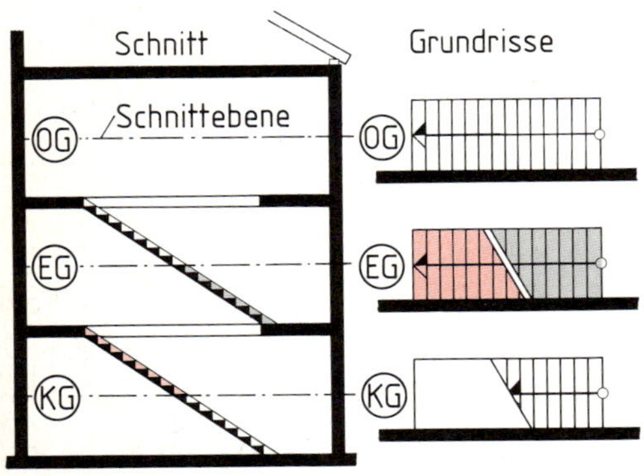

Pfeil: von unten nach oben

42.2 Aussparungen nach DIN 1356 E

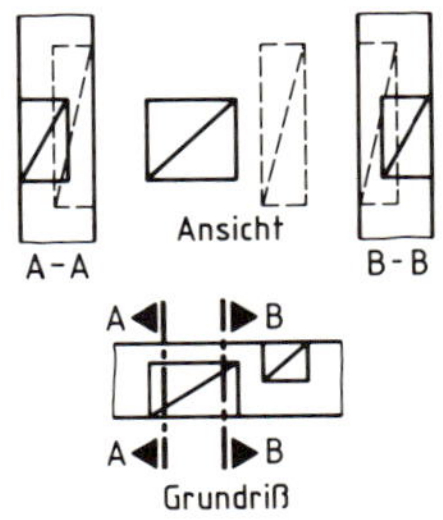

Aussparungen, deren Tiefe kleiner als die Bauteiltiefe ist.

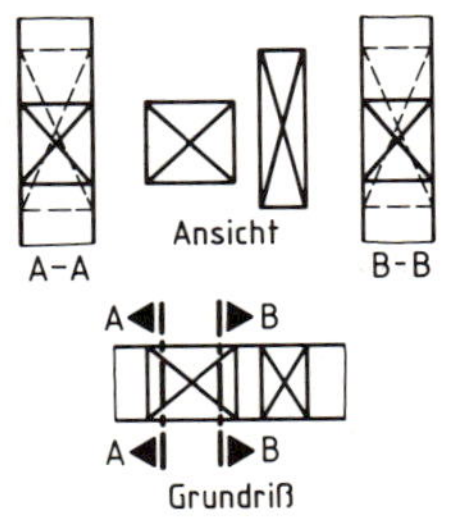

Aussparungen, deren Tiefe gleich der Bauteiltiefe ist.

42.3 Zulässige Schlitze und Aussparungen in tragenden Wänden (ohne Nachweis[7]) DIN 1053

Dicke des Mauerwerks in mm	Horizontale und schräge Schlitze[1] (nachträglich)		Vertikale Schlitze und Aussparungen nachträglich hergestellt			Vertikale Schlitze und Aussparungen im gemauertem Verband			
	Schlitzlänge unbeschränkt	≤1,25 m lang[2]	Tiefe[4]	Einzelschlitzbreite[5]	Abstand von Öffnungen	Breite[6]	Restwanddicke	Mindestabstand der Schlitze und Aussparungen	
	Tiefe[3]	Tiefe						von Öffnungen	untereinander
≥ 115	–	–	≤ 10	≤ 100	≥ 115	–	–	≥2fache Schlitzbreite bzw. ≥ 365	≥ Breite des Schlitzes
≥ 175	0	≤ 25	≤ 30	≤ 100	≥ 115	≤ 260	≥ 115		
≥ 240	≤ 15	≤ 25	≤ 30	≤ 150	≥ 115	≤ 385	≥ 115		
≥ 300	≤ 20	≤ 30	≤ 30	≤ 200	≥ 115	≤ 385	≥ 175		
≥ 365	≤ 20	≤ 30	≤ 30	≤ 200	≥ 115	≤ 385	≥ 240		

[1] nur zulässig in einem Bereich ≤ 0,4 m ober- oder unterhalb der Rohdecke sowie jeweils an der Wandseite; nicht zulässig bei Langlochziegeln

[2] Mindestabstand in Längsrichtung von Öffnungen ≥ 490 mm, vom nächsten Horizontalschlitz zweifache Schlitzlänge

[3] kann um 10 mm erhöht werden, wenn Tiefe durch Werkzeuge exakt eingehalten werden kann, dann können auch in Wänden ≥ 240 mm gegenüberliegende Schlitze mit jeweils 10 mm Tiefe ausgeführt werden.

[4] Schlitze bis max. 1 m über Fußboden, dürfen bei Wanddicken ≥ 240 mm bis 80 mm Tiefe und 120 mm Breite ausgeführt werden.

[5] [6] Schlitzbreite von [5] und [6] darf je 2 m Wandlänge die Maße in [6] nicht überschreiten. Bei geringeren Wandlängen als 2 m sind die Maße [6] proportional zur Wandlänge zu verringern.

[7] Vertikale Schlitze und Aussparungen sind auch ohne Nachweis zulässig, wenn Querschnittsschwächung (bezogen auf 1 m Wandlänge) nicht mehr als 6 % beträgt; obige Restwanddicken müssen eingehalten werden.

42.4 Ausführungsbeispiele von Schlitz- und Durchbruchplänen, Kanälen, Schächten

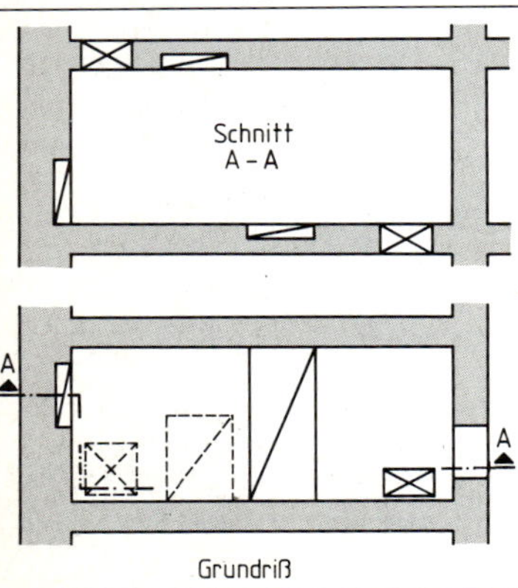

Übliche Abmessungen: (2 Rohre)
Durchbruch: Wand 25/20(15); 20/15;
Decke 20/15(12); Schlitz 20/12

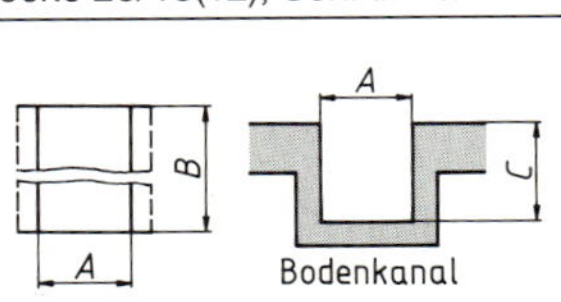

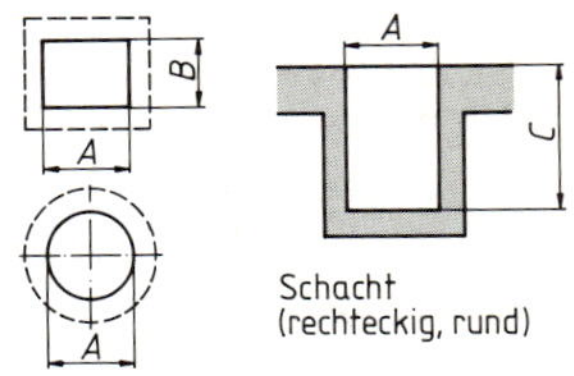

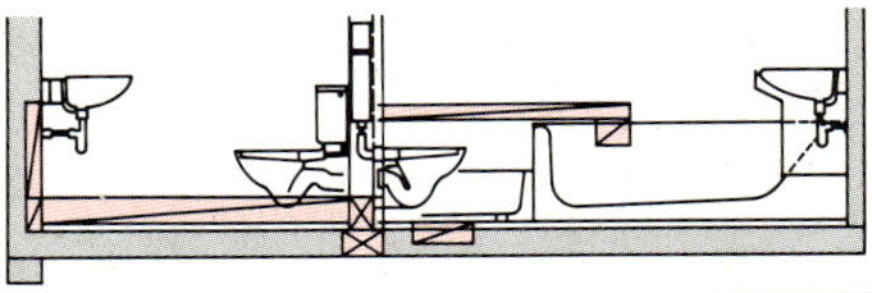

43.1 Kennzeichnung von geschnittenen Stoffen in Bauzeichnungen (DIN 1356 T. 1 E)

Boden	Kies	Sand	Beton	Stahlbeton	Mauerwerk	Holz
Mörtel, Putz	Dämmstoffe	Abdichtungen	Dichtstoffe	Metall	abgeh. Decke △ +2,50	abgehängte Decke Höhenangabe für Unterfläche Decke

Ergänzende und hiervon abweichende Schraffuren für feste, flüssige und gasförmige Stoffe (DIN 201)

1	2	3	4	5	6	7	8	9	10	11	12	13
14	15	16	17	18	19	20	21	22	23	24	25	26
27	28	29	30	31	32	33	34	35	36	37	38	39

Feste Stoffe (allg.); 2 **Naturstoffe** (allg.); 3 gewachsener Boden; 4 geschütteter Boden; 5 Fels; 6 Kies; 7 Sand; 8 Ton; 9 Kohle; 10 Sandstein; 11 Vollholz quer zur Faser; 12 dsgl. in Faserrichtung; 13 Holzwerkstoff; 14 Bitumen; 15 Mauerwerk Ziegel; 16 dsgl. Leichtziegel; 17 dsgl. Bimsbaustoffe; 18 Gipsplatte; 19 Leichtbeton; 20 Bimsbeton; 21 Glas; 22 Keramik; 23 Porzellan; 24 Füllstoff; 25 Schamotte; 26 Isolierstoff. 27 **Metalle** (allg.); 28 Legierter Stahl; 29 unlegierter Stahl; 30 Gußeisen; 31 Leichtmetall; 32 Schwermetall; 33 **Gummi, Elastomere;** 34 **Duroplaste;** 35 **Thermoplaste** 36 **flüssige Stoffe** (allg.); 37 Wasser; 38 Öl; 39 **gasförmige Stoffe**

43.2 Öffnungsarten von Türen und Fenstern (DIN 1356)

Dreh-flügel	Hebedreh-flügel	dsgl. horizontal	Klapp-flügel	Wende-flügel	Fest-verglasung
Kipp-flügel	Schwing-flügel	Hebe-Schiebe-flügel	Drehkipp-flügel	Schiebe-flügel	Türen im Grundriß vgl. Tab. 41.5

43.3 Sinnbilder für Rohrleitungen und Rohrmontage nach DIN 1988 (TRWI)

Grundsymbole

Symbol	Bedeutung
	Wasserleitung
	Lagekennzeichnung für Armaturen
1)	Lösbare Verbindung
2)	Unlösbare Verbindung
	Schlauchleitung
	Apparat mit/ohne rotierende(n) Teile(n)
	Anzeige- und Registrier-Instrument
	Meßeinrichtung in Leitungen

Trinkwasserleitung

Symbol	Bedeutung
TW 80	Kalt, DN 80
TWW 50-WD	Warm, DN 50, mit Wärmedämmung WD
TWZ 40	Zirkulation DN 40
TW15	Kalt, DN 15 mit Schlauchleitung

Symbol	Bedeutung
	Flanschverbindung
	Blindflansch
3)	Schraubverbindung
3)	Verschraubung mit Überwurfmutter
	Muffenverbindung
	Kupplung
	Eingeschweißte, eingelötete Armatur

Richtungshinweise

Symbol	Bedeutung
	Hindurchgehend
	Beginnend auf-/abwärts
	Von unten/oben endend
	Dehnungsbogen
3)	Lyrabogen
3)	Kompensator (allg.)3)

Symbol	Bedeutung
50 / 40, St / Cu	Übergang, Nennweite oder Werkstoff
F	Löschwasser-Itg. F naß, FT trocken, FNT naßtrocken, FSPR Sprinklerleitung
	Leitung wärmegedämmt
	Hauseinführung
	Kreuzung ohne Verbindg.
	Kreuzung mit Verbindung
	Abzweigstelle
	Wellrohr-Kompensator

Symbol	Bedeutung
	Stopfbuchsen-Kompensator
	Leitungsfestpunkt
	Leitungsbefestigung mit Gleitführung
5% 3)	Ltg. Gefälle nach rechts 5 %
10% 3)	Gefälle nach links 10 %
	Wand- oder Deckendurchführung mit Schutzrohr
	Dsgl. mit Abdichtung
	Leitungsabschluß

1) V Verschraubungs-, G Gewinde- (G-RL Rechts-links-Gew.), F Flansch-, KU Kupplungs-, M Muffen-, KL Klemmverbindung.
2) S Schweiß-, L Löt-, K Klebe-, G Gewinde-, M Muffen-, P Preß-verbindung.
3) Sinnbild nach DIN 2429

Fachzeichnen

44.1 Sinnbilder für Rohrleitungen (Forts.) und Trinkwasserinstallationen nach TRWI

	Absperrorgan (allg.)		Rückschlagventil in Eckform		Rohrbe- und Entlüfter		Berieselungsanlage
M	Dsgl. mit Motorantrieb		Rückschlagklappe		dsgl. mit Tropfwasserleitung		Trichter (DIN 30 600)
	Dsgl. mit Magnetantrieb		Absperrklappe		Rohrunterbrecher		Pumpe
	Dsgl. mit Membransteuerung		Absperrschieber		Rohrbruchsicherung	1 30 m³/h 5	Druckerhöhungsanlage mit 2 Pumpen (1 → 5 bar)
	Dsgl. mit Schwimmersteuerung		Durchgangshahn		Rohrtrenner		
	Dsgl. mit Kolbenantrieb		Eckhahn		freier Auslauf, Systemtrennung	DOS	Dosiereinrichtung
	Durchgangsventil (allg.)		Dreiwegehahn		Wandbatterie kalt, warm	EH FI	Enthärter Filter
	Durchgangsabsperrventil (handbetätigt)		Vierwegehahn		Standbatterie kalt, warm		Waschmaschine
	Dsgl. mit Entleerung		Auslaufventil		Brause		Geschirrspülmaschine
	Durchgangsschwimmerventil		Mit Schlauchverschraubung		Schlauchbrause		Wäschetrockner
	Sicherheitsventil federbelastet -Durchgangsstrom		Dsgl. mit Belüfter		Selbstschlußarmatur		Klimagerät
	Dsgl. Eckform		Anbohrschelle (z.B. seitlich)		Druckspüler	000 Σm³	Wasserzähler
	Desgl. gewichtsbelastet		Ventilanbohrschelle (oben)		Mischer (Sanitär)	000 ΣJ	Wärmemengenzähler
	Dreiwegeventil		Auslaufventil mit Schlauchverschraubung, Rückflußverhinderer und Rohrbelüfter	S	Spülkasten		Potentialausgleich, Erdung
	Vierwegeventil				Wasserstrahlpumpe		elektrische Trennung Isolierstück
	Eckventil		Schmutzfänger		Wandhydrant	**Behälter und Trinkwassererwärmer**	
	Druckminderventil		Auslauf-Schwimmerventil		Unterflurhydrant	1)	Behälter, offen, drucklos mit Überlauf
	Rückflußverhinderer		Rohrbelüfter Durchgangsform		Überflurhydrant	2)	Behälter, geschlossen, mit Überlauf und Entlüftung
	Durchgangsventil mit Rückflußverhinderer und Prüfeinrichtung		Rohrbelüfter (Einzelbelüfter)		Sprinkleranlage	3)	Druckbehälter (allgemein)
			Rohrentlüfter		Sprühflutanlage		

Fachzeichnen

45.1 Sinnbilder nach TRWI (Fortsetzung)

Nr.	Benennung	Nr.	Benennung
4	Membrandruckbehälter (nicht) genormt)	5	Druckbehälter mit Luftpolster
6	Wassererwärmer (allgemein)	10	TWE mit Wärmeträger WT 1 und Zwischenmedium WT 2
7	TWE unmittelbar beheizt	11	TWE mittelbar beheizt mit zwei Heizmedien
8	TWE mittelbar beheizt, Trinkwasser im Behälter	12	TWE mittelbar beheizt mit drei Heizmedien
9	TWE mittelbar beheizt, im Behälter		TWE Trinkwassererwärmer; WT Wärmeträger; TWW Trinkwasser warm; TW Trinkwasser kalt

45.2 Sanitärgegenstände nach DIN 1986

Badewanne	Duschwanne	Urinalbecken	dsgl. mit automatischer Spülung
Waschtisch, Handwaschbecken		Ausgußbecken	Spülbecken einfach
Sitzwaschbecken (Bidet)	Klosettbecken		Spülbecken doppelt

Grundrißdarstellung (oben), Aufrißdarstellung (unten, rechts)

45.3 Sinnbilder für Abwasser- und Lüftungsleitungen nach DIN 1986

Sinnbild	Benennung	Sinnbild	Benennung
	Schmutzwasser	100 / 125	NW-Änderung
DS	dsgl. Druckrohr		Werkstoffwechsel
	Regenwasser		Reinigungsrohr
DR	dsgl. Druckrohr		Reinigungsverschluß
	Mischleitung		Rohrendverschluß
	Lüftungsleitung		Geruchsverschluß
	dsgl. mit Richtungshinweis		
	Falleitung		

45.4 Sinnbilder für Abwasserabläufe, -abscheider, -hebeanlagen und -schächte

Grundriß	Aufriß	Benennung des Bauteils
		Ablauf, Entwässerungsrinne oder Geruchsverschluß
		dsgl. mit Geruchsverschluß
		dsgl. mit Geruchsverschluß für fäkalienfreies Abwasser
S	S	Schlammfang
F	F	Fettabscheider
St	St	Stärkeabscheider
B	B	Benzinabscheider (Abscheider für Leichtflüssigkeiten)
H	H	Heizölabscheider
HSp	HSp	Heizölsperre
HSp	HSp	Heizölsperre mit Rückstauverschluß
		Rückstauverschluß für fäkalienfreies Abwasser
		dsgl. für fäkalienhaltiges Wasser
		Kellerentwässerungspumpe
		Fäkalienhebeanlage
		Schacht mit offenem Durchfluß
		Schacht mit geschlossenem Durchfluß

45.5 Hinweisschilder Wasserversorgung

H Hydrant
S Schieber
A Absperrorgan
AV Absperrventil
AH Absperrhahn
SA Straß.-Ablauf
E Entleerung
L Lüftung

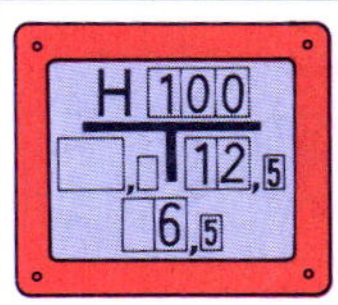

Hinweisschild für Hydrant

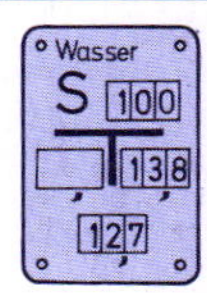

für andere

		Hydrant	andere
Farb-Kennzeichn.	Grund	weiß	blau
	Schrift	schwarz	weiß
	Rand	rot	ohne Rand
Zahl auf dem T		Anschlußwertangabe	
Zahl links, rechts oder unten		Entfernung in m links, rechts und vor dem Hinweisschild	

46.1 Sinnbilder für Gasinstallation[1]

Nach TRF 69			Gasmangel- sicherung
…kg/h	DGWH ohne Schornsteinan.		Selbsttätige Abgasklappe
…kg/h	DGWH mit Schornsteinan.	G	Gaszähler (vgl. unten)
…kg/h	Außenwand- DGWH	G	Gas- Heizkessel
…kg/h	UGWH mit Schornsteinan.	+	Ventilator
…kg/h	Außenwand- UGWH		Abscheider
	1-, 2-, 3-fl. Gaskocher	F	Feuerlöscher
	4-flammiger Gasherd	F	Gasflasche mit Ventil
	Beistellherd Kohle/Gas		Mehrflaschen- anlage
	Gasheizofen (Raumheizer)		Ortsfester Gasbehälter
	Dsgl. mit Schornsteinan.	Nach TRGI/72	
	Außenwand- Gasheizofen	G m³/h	DGWH mit Anschlußwert
	2- und 3-fl. Gasleuchte	G m³/h	UGWH mit Anschlußwert
…kg/h	Verdampfer	G	Vorrats-Gas- Wasserheizer
φ… φ… …kg/h	Bei Feuerstät- ten Gas- und Abgasleitung und Schorn- stein angeben	RT RK	Reinigungs- T- und K-Stück
			Isolierstück
	Abgas- schornstein		Hausein- führung
	Gas-Infrarot- strahler		Langgewinde
	Druckmesser		Gasleitung[2] offen/verd.
	Gasdruck- regler	G	Gaszähler (vgl. oben)
	Dsgl. mit Si- cherheitsventil		4-flammiger Gasherd

[1] Armaturen vgl. Tab. 44.1.
[2] Verbindungen vgl. Tab. 43.3.

46.2 Sinnbilder der Elektrotechnik
DIN 40704, 40713, 40900

	Gleichstrom Wechselstrom Gleich- o. W.
	Reihen- Parallel- Dreieck- Stern- schaltung
L1 L2 L3	Leitung (allg.) Leiter- kennzeichnung Außenleiter Leitung mit Angabe der Leiterzahl
N PE	Neutralleiter Schutzleiter
	Leitung auf Putz, im und unter Putz
	elektrische Trennung, Isolierstück
	Steckver- bindung
	Schutzkontakt- Steckdose
[1]	Einschaltglied (Schließer) Ausschaltglied (Öffner) Umschaltglied (Wechsler) Zweiweg- schließer[1]
	Widerstand (allg.) veränderbarer Widerstand temperatur- abhängiger W. Widerstand mit Schleifkontakt Heizwiderstand
	Spule, Wick- lung, Drossel
	Kondensator allg., veränder- bar
	Primärzelle Akku, Batterie

	Erde (allg.) Schutzerde
	ideale Stromquelle ideale Span- nungsquelle
 mit C G GS M SM M 3~	Maschine (allg.) Umformer Generator Synchron G. Motor Synchron Motor Drehstrom- asynchron- motor
	Gleichrichter
A K	Halbleiter- Diode, Gleichrichter Thyristor
	Verstärker
	Sicherungen
	Trafo mit zwei Wicklungen
10 A Wh	Zähler mit Angabe der Sicherung
	Thermorelais
	Schaltuhr
A V	Strommesser Spannungs- messer
	Lampe (allg.) Leuchtmelder
	Wecker (allg.) Hupe, Horn
	Speicher- heizgerät
	Infrarot- Strahler
	Heißwasser- speicher Durchlauf- erhitzer

[1] Bei Schaltgliedern können die Kreise entfallen.

47.1 Sinnbilder Heizung (DIN 2429 u. a.)

Symbol	Benennung	Symbol	Benennung
	Wärmeverbraucher (allg.)		Ölleitung
	Wärmetauscher		Rohrleitung gedämmt
	Heizkessel		Rohr im Mantelrohr, gedämmt
	Umformer		Schlauch
	Umwälzpumpe		Nievauangabe
	Heizkörper	2)	Verbindung (geschweißt, gelötet, geklebt)
1)	Rohrschlange	3)	Absperrventil Schieber Absperrorgan mit Entleerung
1)	Rohrregister	4)	Regler und Fühler
	Heizungsvorlauf		Heizkörperventil
	-rücklauf		Schmutzfänger
	Luftleitung	5)	Trinkwassererwärmer (TWE)
	Dampfleitung	1)	Gegenstromapparat
	Kondensatltg.		
	Kondensatabscheider		

1) Symbole nicht genormt
2) Verbindungsarten Tab. 43.3
3) Armaturen Tab. 44.1
4) Symbole Regelung Tab. 32.3
5) TWE vgl. Tab. 45.1

47.2 Anwendungsbeispiel Heizung (Sinnbilder)

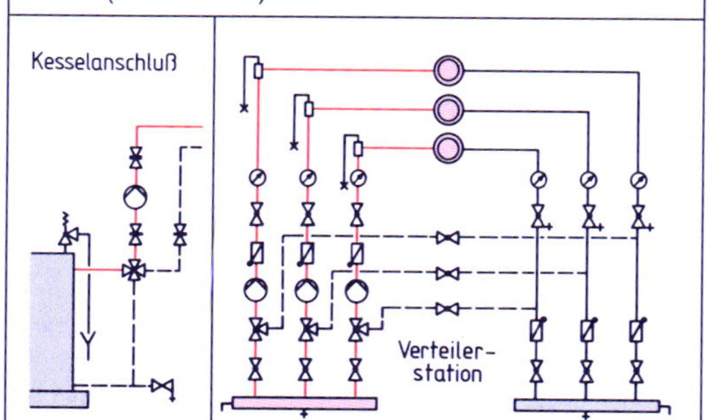

47.3 Symbolhafte Darstellung einer Teilklimaanlage (entsprechend Tab. 47.4)

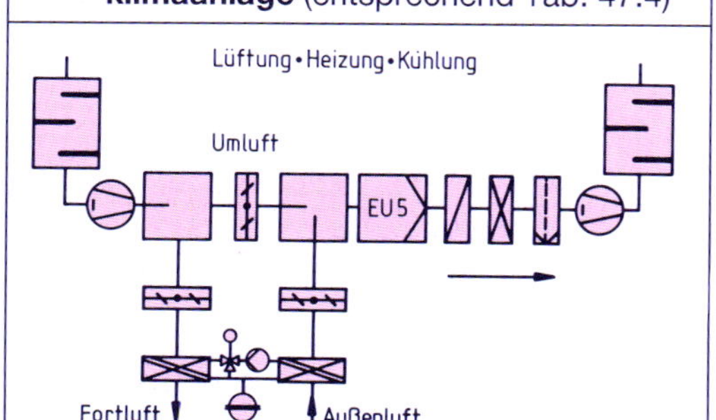

47.4 Sinnbilder Raumlufttechnik (DIN 1946)

Symbol	Benennung	Symbol	Benennung
	Lufterwärmer (Luft/Wasser)		Ventilator – axial, | radial
	Lufterwärmer (Luft/Dampf)		Kältemittelverdichter
	Lufterwärmer direktbefeuert		Gebläsekonvektor
	Elektrolufterwärmer		a) Klappe mit Gehäuse b) dsgl. dicht
	Lufterwärmer/-kühler mit sensible WRG 1)		a) Brandschutz b) Rauchschutzklappe
	Luftkühler Luft/Wasser		a) Rückschlag- b) Überströmklappe
	Lufterwärmer/-kühler mit WRG 1) a) Luftstromkreuzung b) Speichermasse		Umschaltklappe
			Volumenstromregler
	Schalldämpfer		Mischregler Mischsteller
	Mischkammer		Zu- und Abluftdurchlaß
	Filter allg. und mit Klassifizierung		Deckenluftverteiler
	Schwebestofffilter		Schlitzdurchlaß mit Rohr
	Rollbandfilter		Wetterschutzgitter
	Sorptionsfilter		Kreisel- und Kolbenpumpe
	Elektrofilter	2)	Durchgangs- und Eckventil
	Sprühbefeuchter	3)	Regler
	Dampfbefeuchter	3)	Fühler (Temperatur, Feuchte, Druck)
	Tropfenabscheider		Raum- und Außenfühler
	Strömungsgleichrichter	4)	Außenluft Fort-, Ab- und Umluft Mischluft Zuluft
	Kompressionskühlmaschine/Heizmaschine (Wärmepumpe)		
	Kühlturm (offen und geschlossen)	a) b) c)	Dachaufsätze a) Kuppel b) Laterne c) Deflektor

1) WRG = Wärmerückgewinnung; 2) vgl. Tab. 44.1; 3) vgl. Tab. 38.3; 4) vgl. Tab. 230.3.

Fachzeichnen

Fachzeichnen

48.1 Grundsymbole für Nahtarten (DIN 1912)

Benennung	Darstellung mit Symbol		Benennung	Darstellung mit Symbol	
Bördelnaht			Punktnaht		○
I-Naht		‖			
V-Naht		V	Liniennaht		⊖
HV-Naht		V			
Y-Naht		Y	Steilflankennaht		
HY-Naht			dsgl. halbsteil		
U-Naht			Stirnflachnaht		III
Hu-Naht (Jotnaht)			Flächennaht		=
Gegennaht		⌓			
Kehlnaht		◺	Schrägnaht		//
Lochnaht		⊓	Falznaht		

48.2 Zusatzsymbole für Schweißnähte

Oberflächenform	Symbol	Oberflächenform	Symbol
a) flach b) gewölbt (konvex) c) hohl (konkav)	— ⌒ ◡	Gewölbte Doppel-V-Naht (X-Naht)	2
Nahtausführungen		Hohle Kehlnaht	3
d) Wurzel ausgearbeitet und Gegenlage ausgeführt[1]		Flache V-Naht mit flacher Gegennaht	4
e) Naht eingeebnet durch zusätzliche Bearbeitung		Y-Naht mit Gegennaht	5
f) Nahtübergänge kerbfrei; gegebenenfalls bearbeitet		Dsgl. mit ausgearbeiteter Wurzel	6
g) Beilage benutzt	[M]	wie Nr. 1 jedoch obere Fläche zusätzlich bearbeitet (eingeebnet)	7
h) Unterlage benutzt	[MR]		
Anwendungsbeispiele			
Flache V-Naht	1	Nr. 3 mit kerbfreiem Nahtübergang	8

[1] auch durch Schraffur oder Punktmuster darstellbar

48.3 Zusammengesetzte Symbole DIN 1912

D(oppel)-V-Naht X-Naht	D(oppel)-HV-Naht K-Naht	D(oppel)-Y-Naht
D(oppel)-HY-Naht (K-Stegnaht)	D(oppel)-U-Naht	D(oppel)-HU-Naht
V-U-Naht	V-Naht mit Gegennaht	Doppel-Kehlnaht

48.4 Grund- und Ergänzungssymbole für Naht

Grundsymbol (Schweiß- oder Lötnaht)

a) ringsum-verlaufend

b) Baustellennaht

48.5 Symbollage und Nahtbemaßung

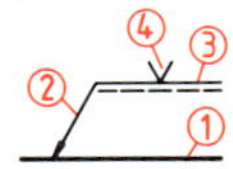

1 Stoß (i. allg. obere Werkstückoberfläche)

2 Pfeillinie

3 Bezugslinie, bestehend aus Vollinie (Nahtoberfläche) und Strichlinie (Gegenseite)

4 Symbol der Schweißnaht

Gegenseite

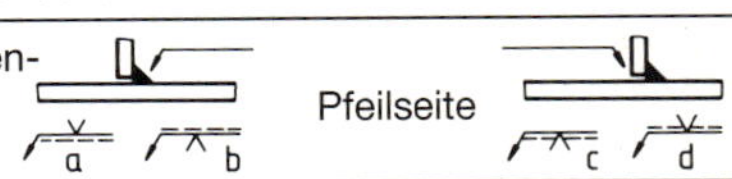

Pfeilseite

Gegenseite

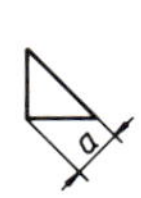

Nahtdicke

$z = a\sqrt{2}$

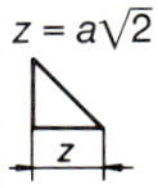

Schenkeldicke

Beispiel:

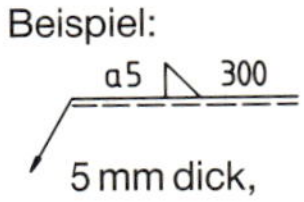

Kehlnaht

5 mm dick, 30 mm lang

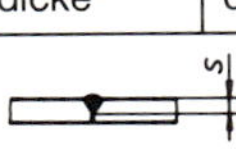

s Mindestmaß von Oberfläche bis Unterkante Durchschweißung

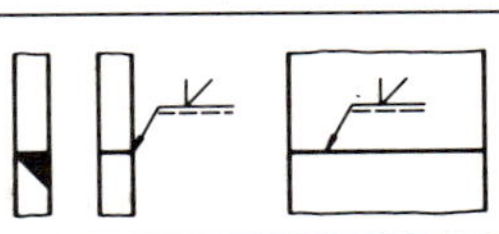

Pfeillinie zu dem Teil, an dem Nahtvorbereitung vorgenommen wird

49.1 Elemente

Ordnungs-zahl	Kurz-zeichen	Bezeichnung	Atommasse in u	Ordnungs-zahl	Kurz-zeichen	Bezeichnung	Atommasse in u
1	H	Wasserstoff	1,008	53	I	Iod (Jod)	126,905
2	He	Helium	4,003	54	Xe	Xenon	131,30
3	Li	Lithium	6,941	55	Cs	Caesium	132,905
4	Be	Beryllium	9,012	56	Ba	Barium	137,33
5	B	Bor	10,81	57	La	Lanthan	138,91
6	C	Kohlenstoff	12,011	58	Ce	Cer	140,12
7	N	Stickstoff	14,007	59	Pr	Praseodym	140,908
8	O	Sauerstoff	15,999	60	Nd	Neodym	144,24
9	F	Fluor	18,998	61	Pm	Promethium	(145)
10	Ne	Neon	20,179	62	Sm	Samarium	150,4
11	Na	Natrium	22,990	63	Eu	Europium	151,96
12	Mg	Magnesium	24,305	64	Gd	Gadolinium	157,25
13	Al	Aluminium	26,982	65	Tb	Terbium	158,925
14	Si	Silicium	28,086	66	Dy	Dysprosium	162,50
15	P	Phosphor	30,974	67	Ho	Holmium	164,930
16	S	Schwefel	32,06	68	Er	Erbium	167,26
17	Cl	Chlor	35,453	69	Tm	Thulium	168,934
18	Ar	Argon	39,948	70	Yb	Ytterbium	173,04
19	K	Kalium	39,098	71	Lu	Lutetium	174,967
20	Ca	Calcium	40,08	72	Hf	Hafnium	178,49
21	Sc	Scandium	44,956	73	Ta	Tantal	180,948
22	Ti	Titan	47,90	74	W	Wolfram	183,85
23	V	Vanadium	50,941	75	Re	Rhenium	186,207
24	Cr	Chrom	51,996	76	Os	Osmium	190,2
25	Mn	Mangan	54,938	77	Ir	Iridium	192,22
26	Fe	Eisen	55,847	78	Pt	Platin	195,09
27	Co	Cobalt (Kobalt)	58,933	79	Au	Gold	196,967
28	Ni	Nickel	58,70	80	Hg	Quecksilber	200,59
29	Cu	Kupfer	63,546	81	Tl	Thallium	204,37
30	Zn	Zink	65,38	82	Pb	Blei	207,2
31	Ga	Gallium	69,72	83	Bi	Bismut (Wismut)	208,980
32	Ge	Germanium	72,59	84	Po	Polonium	(209)
33	As	Arsen	74,922	85	At	Astat	(210)
34	Se	Selen	78,96	86	Rn	Radon	(222)
35	Br	Brom	79,904	87	Fr	Francium	(223)
36	Kr	Krypton	83,80	88	Ra	Radium	226,025
37	Rb	Rubidium	85,468	89	Ac	Actinium	(227)
38	Sr	Strontium	87,62	90	Th	Thorium	232,038
39	Y	Yttrium	88,906	91	Pa	Protactinium	(231)
40	Zr	Zirkonium	91,22	92	U	Uran	238,029
41	Nb	Niob	92,906	93	Np	Neptunium	(237)
42	Mo	Molybdän	95,94	94	Pu	Plutonium	(244)
43	Tc	Technetium	(97)	95	Am	Americium	(243)
44	Ru	Ruthenium	101,07	96	Cm	Curium	(247)
45	Rh	Rhodium	102,906	97	Bk	Berkelium	(247)
46	Pd	Palladium	106,4	98	Cf	Californium	(251)
47	Ag	Silber	107,868	99	Es	Einsteinium	(254)
48	Cd	Cadmium	112,41	100	Fm	Fermium	(257)
49	In	Indium	114,82	101	Md	Mendelevium	(258)
50	Sn	Zinn	118,69	102	No	Nobelium	(259)
51	Sb	Antimon	121,75	103	Lr	Lawrencium	(260)
52	Te	Tellur	127,60	104	Rf	Rutherfordium	(261)
				105	Ha	Hahnium	(262)

( ) Atommasse des langlebigsten Isotops des Elements

Stoffkunde

50.1 Bezeichnung von Chemikalien

Handels-Bezeichnung	Chemische Bezeichnung	Formel
Aceton	Aceton, Propanon	$(CH_3)_2CO$
Ammoniak	Ammoniak	NH_3
Ätzkali	Kaliumhydroxid	KOH
Azetylen	Acetylen	C_2H_2
Benzol	Benzol	C_6H_6
Borax	Natriumtetraborat	$Na_2B_4O_710H_2O$
Butan	Butan	C_4H_{10}
Ethan	Ethan	C_2H_6
Gips	Calciumsulfat	$CaSO_42H_2O$
Grünspan	basisches Kupfer-acetat	$Cu\ (C_2H_3O_2)_2+$ $Cu\ (OH)_2 \cdot 5H_2O$
Kalk		
● gebrannt	Calciumoxid	CaO
● gelöscht	Calciumhydroxid	$Ca(OH)_2$
Karbid	Calciumcarbid	CaC_2
Kochsalz	Natriumchlorid	NaCl
Kohlensäure	Kohlensäure	H_2CO_3
Kohlenstoffdioxid		CO_2
Kohlenstoffmonoxid		CO
Lachgas	Distickstoffoxid	N_2O
Lötwasser	Zinkchlorid	$ZnCl_2$
Methan	Methan	CH_4
Natronlauge	Natriumhydroxid	NaOH
Patina, Cu-	bas. Kupfercarbon.	$CuCO_3 \cdot Cu(OH)_2$
Pb-	bas. Bleicarbonat	$PbCO_3 \cdot Pb(OH)_2$
Zn-	bas. Zinkcarbonat	$ZnCO_3 \cdot Zn(OH)_2$
Propan	Propan	C_3H_8
Ruß	Kohlenstoff	C
Salzsäure	Salzsäure	HCl
Schwefeldioxid	Schwefeldioxid	SO_2
Schwefelsäure	Schwefelsäure	H_2SO_4
Wasser	Wasser	H_2O

50.2 Spezifische Gaskonstante, Dichte, spez. Wärmekapazität von Gasen

Gas	Mole-kulare Masse g/mol	Gas-kon-stante R in J/(kg · K)	Dich-te[1] ϱ in kg/m³	Spezifische Wärme[2] in c_p[3] kJ/(kg · K)	c_V[4]
Ammoniak	17,03	488,2	0,771	2,05	1,56
Argon	39,95	208,2	1,784	0,52	0,32
Kohlenstoff-dioxid	44,00	188,9	1,977	0,82	0,63
Luft (CO_2-frei)	28,96	287,1	1,293	1,00	0,72
Methan	16,04	518,3	0,717	2,16	1,63
Sauerstoff	32,00	259,8	1,429	0,91	0,65
Stickstoff	28,01	296,8	1,250	1,04	0,74
Wasserstoff	2,016	4124,0	0,0899	14,38	10,26
Wasserdampf, ges. bei 0 °C	18,02	463	0,0048	1,86	1,40

1) Bei ϑ = 0 °C und p_{abs} = 1,013 bar. 2) Bei ϑ = 0 °C.
3) Bei p = konst. 4) Bei V = konst.

50.3 Wassertemperatur, Dichte und Volumen

Tempe-ratur ϑ in °C	Dichte ϱ in kg/m³	Spez. Volumen v in dm³/kg	Tempe-ratur ϑ in °C	Dichte ϱ in kg/m³	Spez. Volumen v in dm³/kg
0	999,8	1,0002	50	988,0	1,0121
1	999,9	1,0001	51	987,6	1,0126
2	999,9	1,0001	52	987,1	1,0131
3	999,9	1,0001	53	986,6	1,0136
4	**1000**	**1**	54	986,2	1,0140
5	1000,0	1,0000	55	985,7	1,0145
6	1000,0	1,0000	56	985,2	1,0150
7	999,9	1,0001	57	984,6	1,0156
8	999,9	1,0001	58	984,2	1,0161
9	999,8	1,0002	59	983,7	1,0166
10	999,7	1,0003	60	983,2	1,0171
11	999,7	1,0003	61	982,6	1,0177
12	999,6	1,0004	62	982,1	1,0182
13	999,4	1,0006	63	981,5	1,0188
14	999,3	1,0007	64	981,0	1,0193
15	999,2	1,0008	65	980,5	1,0199
16	999,0	1,0010	66	979,9	1,0205
17	998,8	1,0012	67	979,2	1,0211
18	998,7	1,0013	68	978,8	1,0217
19	998,5	1,0015	69	978,2	1,0223
20	998,3	1,0017	70	977,7	1,0228
21	998,1	1,0019	71	977,0	1,0235
22	997,8	1,0022	72	976,5	1,0241
23	997,6	1,0024	73	975,9	1,0247
24	997,4	1,0026	74	975,3	1,0253
25	997,1	1,0029	75	974,8	1,0259
26	996,8	1,0032	76	974,1	1,0266
27	996,6	1,0034	77	973,5	1,0272
28	996,3	1,0037	78	972,9	1,0279
29	996,0	1,0040	79	972,3	1,0285
30	995,7	1,0043	80	971,6	1,0292
31	995,4	1,0046	81	971,0	1,0299
32	995,1	1,0049	82	970,4	1,0305
33	994,7	1,0053	83	969,7	1,0312
34	994,4	1,0056	84	969,1	1,0319
35	994,0	1,0060	85	968,4	1,0326
36	993,7	1,0063	86	967,8	1,0333
37	993,3	1,0067	87	967,1	1,0340
38	993,0	1,0070	88	966,5	1,0347
39	992,7	1,0074	89	965,8	1,0354
40	992,3	1,0078	90	965,2	1,0361
41	991,9	1,0082	95	961,6	1,0399
42	991,5	1,0086	100	958,1	1,0437
43	991,1	1,0090	105	954,5	1,0477
44	990,7	1,0094	110	950,7	1,0519
45	990,2	1,0099	115	946,8	1,0562
46	989,8	1,0103	120	942,9	1,0606
47	989,4	1,0107	140	925,8	1,0801
48	988,9	1,0112	160	907,3	1,1022
49	988,4	1,0117	200	864,7	1,1565

51.1 Wasserdampftafel für den Sättigungszustand (Dampfdrucktafel)

Absoluter Druck p_{abs} in bar	Überdruck p_e in bar	Sattdampftemperatur ϑ_s in °C	Spez. Volumen Wasser v' in dm^3/kg	Spez. Volumen Dampf v'' in m^3/kg	Dichte Dampf ϱ'' in kg/m^3	Wärmeinhalt des Wassers h' in kJ/kg	Wärmeinhalt des Wassers h' in Wh/kg	Wärmeinhalt des Dampfes h'' in kJ/kg	Wärmeinhalt des Dampfes h'' in Wh/kg	Verdampfungswärme r in kJ/kg	Verdampfungswärme r in Wh/kg
0,01	Unterdruck	7,0	1,0001	129,2	0,0077	29,3	8,1	2514	698,4	2485	690,3
0,05		32,9	1,0052	28,19	0,0355	137,8	38,3	2562	711,6	2424	673,3
0,1		45,8	1,0102	14,67	0,0681	191,8	53,3	2585	718,0	2393	664,7
0,2		60,1	1,0172	7,65	0,1307	251,5	69,9	2610	725,0	2358	655,1
0,3		69,1	1,0223	5,229	0,1912	289,3	80,4	2625	729,3	2336	648,9
0,5		81,4	1,0301	3,240	0,3086	340,6	94,6	2646	735,0	2305	640,4
0,7		90,0	1,0361	2,365	0,4229	376,8	104,7	2660	738,9	2283	634,3
0,9		96,7	1,0412	1,869	0,5350	405,2	112,6	2671	740,5	2266	629,3
1,0 (1,013)	0	99,6 (100)	1,0434	1,694	0,5904	417	115,8	2675	743,2	2258	627,2
1,1	0,1	102,3	1,0455	1,549	0,6455	429	119,2	2680	744,4	2251	625,3
1,2	0,2	104,8	1,0476	1,428	0,7002	439	121,9	2683	745,3	2244	623,3
1,3	0,3	107,1	1,0495	1,325	0,7547	449	124,7	2687	746,4	2238	621,7
1,4	0,4	109,3	1,0513	1,236	0,8088	458	127,2	2690	747,2	2232	620,0
1,5	0,5	111,4	1,0530	1,159	0,8628	467	129,7	2693	748,1	2226	618,4
1,6	0,6	113,3	1,0547	1,091	0,9165	475	131,9	2696	748,9	2221	616,9
1,7	0,7	115,2	1,0562	1,031	0,9700	483	134,2	2699	749,7	2216	615,6
1,8	0,8	116,9	1,0579	0,977	1,0230	491	136,4	2702	750,6	2211	614,2
1,9	0,9	118,6	1,0597	0,929	1,076	498	138,3	2704	751,1	2206	612,8
2,0	1,0	120,2	1,0608	0,885	1,129	505	140,3	2706	751,8	2201	611,6
2,5	1,5	127,4	1,0675	0,718	1,392	535	148,6	2716	754,6	2181	605,8
3,0	2,0	133,5	1,0735	0,606	1,651	561	155,8	2724	758,9	2163	600,9
3,5	2,5	138,9	1,0789	0,524	1,908	584	162,2	2731	758,8	2147	596,5
4,0	3,0	143,6	1,0839	0,462	2,163	605	168,1	2738	760,4	2133	592,5
4,5	3,5	147,9	1,0885	0,414	2,417	623	173,1	2743	761,9	2120	588,8
5	4	151,8	1,0928	0,375	2,669	640	177,8	2747	763,2	2107	585,4
6	5	158,8	1,1009	0,316	3,170	670	186,1	2755	765,4	2085	579,2
7	6	165,0	1,1082	0,2727	3,667	697	193,6	2762	767,2	2065	573,6
8	7	170,4	1,1150	0,2403	4,162	721	200,3	2767	768,8	2046	568,5
9	8	175,4	1,1213	0,2148	4,655	743	206,4	2772	770,0	2029	563,8
10	9	179,9	1,1274	0,1943	5,147	763	211,9	2776	771,2	2013	559,3
11	10	184,1	1,1331	0,1774	5,637	781	216,9	2780	772,1	1999	555,1
12	11	188,0	1,1386	0,1632	6,127	798	221,7	2782	773,0	1984	551,2
13	12	191,6	1,1438	0,1511	6,617	815	226,4	2786	773,7	1971	547,4
14	13	195,0	1,1489	0,1407	7,106	830	230,6	2788	774,4	1958	543,8
15	14	198,3	1,1539	0,1317	7,596	845	234,7	2790	775,0	1945	534,3
16	15	201,4	1,1586	0,1237	8,085	859	238,6	2792	775,5	1933	537,0
17	16	204,3	1,1633	0,1166	8,575	872	242,2	2793	775,9	1921	533,8
18	17	207,1	1,1678	0,1103	9,065	885	245,8	2795	776,3	1910	530,6
19	18	209,8	1,1723	0,1047	9,555	897	249,2	2796	776,7	1899	527,6
20	19	212,4	1,1766	0,0995	10,05	909	252,5	2797	777,0	1888	524,6
30	29	233,8	1,2163	0,0666	15,01	1008	280,0	2802	778,4	1794	498,3
40	39	250,3	1,2521	0,0498	20,10	1087	301,9	2800	777,9	1713	475,8
50	49	263,9	1,2858	0,0394	25,36	1154	320,6	2794	776,2	1640	455,5
60	59	275,6	1,3187	0,0324	30,83	1214	337,2	2785	773,6	1571	436,5
80	79	295,0	1,3842	0,0235	42,51	1317	365,8	2760	766,6	1443	400,8
100	99	311,0	1,4526	0,0180	55,43	1408	391,1	2728	757,7	1320	366,6
150	149	342,1	1,6579	0,0103	96,71	1611	447,5	2615	726,4	1004	278,9
200	199	365,7	2,0370	0,0059	170,2	1826	507,2	2418	671,8	592	164,4
221,2	220,2	374,15	3,17	0,0032	315,5	2107	585,3	2107	585,4	0	0

52.1 Dichte, spezifische Wärmekapazität und Wärmeleitfähigkeit fester Körper (bei 20 °C)

Stoff[1]	Dichte ϱ in $\frac{kg}{dm^3}$	Spezifische Wärmekapazität c in $\frac{J}{kg \cdot K}$	$\frac{Wh}{kg \cdot K}$	Wärmeleitfähigkeit λ in $\frac{W}{m \cdot K}$
Metalle und ihre Legierungen				
Aluminium (99,5%)	2,70	920	0,26	221
Antimon	6,69	210	0,058	17
Blei	11,34	130	0,036	35
Chrom	7,10	500	0,139	86
Eisen	7,86	465	0,129	71
Grauguß	7,1 ... 7,3	545	0,151	46 ... 63
Stahl 0,2% C	7,85	460	0,128	50
Stahl 0,6% C	7,84	460	0,128	46
(V2A) 18% Cr, 8% Ni	7,88	500	0,139	15
Gold	19,30	125	0,035	314
Konstantan	8,90	410	0,114	22,5
Kupfer	8,90	390	0,108	393
Magnesium	1,74	1010	0,281	171
Messing (CuZn 28)	8,56	390	0,108	92
Messing (CuZn 10)	8,80	390	0,108	110
Nickel	8,80	460	0,128	87
Platin	21,40	134	0,037	71
Quecksilber	13,60	138	0,038	10,5
Rotguß (G-CuSn 10)	8,74	377	0,105	59
Silber (rein)	10,5	238	0,066	418
Wismut (Bismut)	9,8	125	0,035	9,6
Wolfram	19,3	142	0,039	197
Zink	7,14	376	0,104	109
Zinn	7,28	230	0,064	63
Kunststoffe				
Thermoplaste				
Acrylnitril-ABS	1,06	1550	0,43	0,15
Polyamid (Nylon)	1,13	1900	0,528	0,27
Polyethylen				
● PE-HD (hart)	0,92	2150	0,597	0,35
● PE-LD (weich)	0,95	1800	0,5	0,42
● PE-X (vernetzt)	0,94	2100	0,583	0,43
Polymethylmethacrylat (Plexiglas)	1,18	1300	0,361	0,19
Polypropylen	0,91	1700	0,472	0,22
Polystyrol	1,05	1300	0,361	0,17
Polyvinylchlorid	1,39	980	0,272	0,17
Polyvinylidenfluorid	1,78	1000	0,28	0,13
Duroplaste				
Bakelit	1,27	1600	0,044	0,23
Epoxidharz	1,15 ... 1,2	–	–	0,21
Polyesterharz	1,3 ... 1,6	–	–	0,21
Hartschaumstoffe				
Harnstoffharz	0,015 ... 0,05	–	–	0,041
Polystyrol	0,03 ... 0,2	–	–	0,035
Polyurethan	0,008 ... 0,015	–	–	0,041

Stoff[1]	Dichte ϱ in $\frac{kg}{dm^3}$	Spezifische Wärmekapazität c in $\frac{J}{kg \cdot K}$	$\frac{Wh}{kg \cdot K}$	Wärmeleitfähigkeit λ in $\frac{W}{m \cdot K}$
Andere feste Stoffe				
Asbestzementpl.	1,8	960	0,27	0,3
Asphalt	1,1 ... 1,5	920	0,26	0,7
Beton	1,9 ... 2,3	880	0,244	0,8 ... 1,4
Bitumen (Teer)	1,1	1630	0,453	0,16
Eis 0 °C	0,92	2052	0,57	2,21
Faserzement[2]	2,0	736	0,21	0,34 ... 0,44
Fett, frisch	0,93	2510	0,697	0,21
Filz, Haar-	0,27	–	–	0,07
Gipskartonpl.	0,9	900	0,25	0,21
Glas, Fenster-	2,5	840	0,23	0,81
Granit	2,5	840	0,23	3,50
Graphit, natürl.	1,8 ... 2,3	840	0,23	11,6 ... 174
Gummi	1,1	2010	0,56	0,17
Holzspanplatte	0,65	1700	0,472	0,14
Kalk-Sandstein	1,8	880	0,244	2,30
Kesselstein	2,3	1260	0,35	0,6 ... 2,3
Kieselgur	2,0 ... 2,6	880	0,244	0,06 ... 0,9
Kochsalz	2,1 ... 2,4	920	0,26	–
Korkplatte	0,1 ... 0,3	1590	0,442	0,03 ... 0,06
Korkschrot, expandiert	0,035 ... 0,06	1380	0,383	0,33
Leder, trocken	1,0	1510	0,42	0,159
Marmor	2,5 ... 2,7	810	0,23	2,8
Menninge, Blei-	8,6 ... 9,1	250	0,069	0,7
Naphtalin	1,145	1280	0,36	0,3
Pappe				
● Asbest-	1,2	840	0,23	0,1 ... 0,16
● Papier-	0,8	1260	0,35	0,07 ... 0,22
Papier				
● Cellophan	1,42	1470	0,41	0,17
● Zellulose	0,7 ... 1,1	1340	0,37	0,07 ... 0,14
Paraffin	0,87 ... 0,93	3270	0,91	0,21 ... 0,29
Porzellan	2,3	840	0,23	1,28
Quarz	2,1 ... 2,65	840	0,23	1,26
Ruß	1,6 ... 1,7	–	–	0,07 ... 1,2
Sandboden	1,6	–	–	1,07
Sandstein	2,2 ... 2,3	710	0,20	1,63 ... 2,1
Schamottestein	1,7 ... 2,0	835	0,23	0,46 ... 1,16
Schlacke				
● Hochofen-	2,6 ... 3,3	–	–	0,1 ... 0,17
● Kessel-	1,7	–	–	0,14 ... 0,16
Schnee, frisch	0,10	2090	0,58	0,11
Seide, Kunst-	1,25 ... 1,6	–	–	0,049
Sperrholz	0,55	1700	0,472	0,14
Tonboden	1,5	880	0,24	1,28
Ton, trocken	1,8	830	0,23	0,84
Torf, lufttrocken	0,5 ... 0,9	1880	0,52	0,06 ... 0,08
Wachs	0,96 ... 1,04	3430	0,95	0,084
Wellpappe	0,035	–	–	0,041

[1] Baustoffe siehe Tabelle 177.1. [2] gepreßt.

53.1 Dichte und spezifische Wärmekapazität flüssiger Stoffe (bei 20 °C)

Stoff	Dichte ϱ in $\frac{kg}{dm^3}$	Spezifische Wärmekapazität c in $\frac{J}{kg \cdot K}$	$\frac{Wh}{kg \cdot K}$
Aceton	0,80	2220	0,617
Antifrogen N (100%)	1,143	2380	0,660
Antifrogen L (100%)	1,052	2500	0,694
Ethylalkohol	0,79	2390	0,663
Benzin, schwer	0,72 bis 0,78	2090	0,581
Benzol	0,88	1720	0,477
Bier	1,03	3770	1,05
Butan (n) bei 0,5 °C	0,60	2280	0,633
Freon R 12	1,33	894	0,248
Freon R 22	1,22	1089	0,303
Glykol	1,113	–	–
Glycerin, wasserfrei	1,25	2430	0,674
Heizöl EL	0,8 bis 0,86	1880	0,523
Heizöl S	0,95 bis 0,97	1800 bis 2200[1]	0,5 bis 0,611[1]
[1]) Bei 100 °C bis 200 °C			
Kochsalzlösung (20%)	1,15	3430	0,954
Maschinenöl	0,91	1680	0,465
Methylalkohol	0,79	2470	0,686
Natronlauge (100%)	1,83	3270	0,908
Naphtalin	1,145	1810	0,5
Petroleum	0,78 bis 0,86	2140	0,593
Propan (bei –43 °C)	0,585	2410	0,67
Salzsäure (10%)	1,05	3140	0,871
Schwefelsäure (100%)	1,84	1380	0,384
Seewasser	1,02 bis 1,03	–	–
Teer (Straßen-)	1,22 bis 1,24	2090	0,581
Wasser, destilliert	1,0	4190	1,163

53.2 Anhaltswerte für die Wärmedurchgangszahl *k*

Wärmedurchgang	k in $\frac{W}{m^2 \cdot K}$
Wasser → Stahl → Wasser	350
Wasser → Kupfer → Wasser	410
Dampf → Stahl → Wasser	980 bis 1040
Dampf → Kupfer → Wasser	1160
Wasser → Metall → Luft[1]	7 bis 14
Rauchgas[2] → Stahl → Luft	5,8 bis 8,1
Rauchgas[2] → Kupfer → Luft	10,4
Rauchgas[2] → Stahl → Wasser	9,3 bis 10,4
Rauchgas[2] → Stahl → Dampf	11,6 bis 14

[1] Heizkörper 7,5 bis 12; glatte Rohre 12 bis 14; Rippenrohre 6 bis 8.
[2] Gilt auch für Luft.

53.3 Dichte und spezifische Wärmekapazität gasförmiger Stoffe (bei 0 °C und p_{abs} = 1,013 bar)

Stoff	Chemische Formel	Dichte ϱ in $\frac{kg}{m^3}$	Spezifische Wärmekapazität c_p[1] in $\frac{kJ}{kg \cdot K}$	c_v[2] in $\frac{kJ}{kg \cdot K}$
Acetylen	C_2H_2	1,171	1,5114	1,2142
Ammoniak	NH_3	0,771	2,0557	1,5659
Argon	Ar	1,78	0,5234	0,3182
Benzol	C_6H_6	3,63	0,95	0,846
Butan (n)	C_4H_{10}	2,708	1,599	1,457
Chlor	Cl_2	3,22	0,473	0,356
Erdgas	–	≈ 0,84	–	–
Ethan	C_2H_6	1,356	1,7292	1,4445
Ethylen	C_2H_4	1,261	1,6119	1,2895
Freon R 12	CF_2Cl_2	5,398	0,59	0,529
Freon R 22	CHF_2Cl	3,86	0,61	0,523
Gichtgas	–	≈ 1,26	1,01	0,716
Helium	He	0,18	5,2335	3,1610
Kohlenstoff-				
● dioxid	CO_2	1,977	0,8206	0,6280
● monoxid	CO	1,250	1,0425	0,7453
Luft, trocken[3]	–	1,293	1,0048	0,7159
Methan	CH_4	0,717	2,1604	1,6370
Propan	C_3H_8	2,011	1,549	1,36
Sauerstoff	O_2	1,429	0,9169	0,6573
Schwefeldioxid	SO_2	2,931	0,6071	0,4773
Stadtgas		≈ 0,52	2,646	1,934
Stickstoff	N_2	1,250	1,0383	0,7411
Wasserdampf[4]	H_2O	0,598[5]	2,034[5]	1,527[5]
Wasserstoff	H_2	0,090	14,2351	10,1111

[1] Bei konstantem Druck.
[2] Bei konstantem Volumen.
[3] Vgl. Tabelle 225.3.
[4] Vgl. Tabelle 51.1.
[5] Bei 100 °C.

53.4 Konvektive Wärmeübergangszahl α_K für vertikale ebene Wände in Abhängigkeit der Luftgeschwindigkeit *v*

v in $\frac{m}{s}$	α_K[1] in $\frac{W}{m^2 \cdot K}$	v in $\frac{m}{s}$	α_K[1] in $\frac{W}{m^2 \cdot K}$	v in $\frac{m}{s}$	α_K[2] in $\frac{W}{m^2 \cdot K}$	v in $\frac{m}{s}$	α_K[2] in $\frac{W}{m^2 \cdot K}$
$v \leq 5\,\frac{m}{s}$				$v \geq 5\,\frac{m}{s}$			
0,1	6,6	2,5	16,7	5	27,5	12	55,5
0,3	7,5	3	18,8	6	31,9	14	62,8
0,5	8,3	3,5	20,9	7	38,0	16	69,8
1	10,4	4	23,0	8	40,1	18	76,7
1,5	12,5	4,5	25,1	9	44,1	20	83,5
2	14,6	5	27,2	10	48,0	25	99,8

[1] $\alpha_K = 6{,}2 + 4{,}2 \cdot v$ in $\frac{W}{m^2 \cdot K}$

[2] $\alpha_K = 7{,}6 \cdot v^{0{,}8}$ in $\frac{W}{m^2 \cdot K}$

Stoffkunde

Stoffkunde

54.1 Längenausdehnungszahlen fester Körper
(Temperaturbereich 0 bis 100 °C)

Stoff	Längenausdehnungszahl α in $\frac{mm}{m \cdot 100\,K}$	$\frac{1}{K}$
Metalle		
Aluminium	2,38	0,0000238
Blei	2,9	0,0000290
Bronze	1,75	0,0000175
Chrom	0,70	0,0000070
Chromstahl 13 Cr	1,10	0,0000110
Gußeisen	1,04	0,0000104
Invar (Nickelstahl 36 Ni)	0,15	0,0000015
Kupfer	1,65	0,0000165
Messing	1,84	0,0000184
Nickel	1,3	0,0000130
Nickelstahl 20 Ni	1,95	0,0000195
Stahl, unlegiert	1,15	0,0000115
Titan	0,82	0,0000082
Zink, legiert	2,2	0,0000220
Zinn	2,05	0,0000205
Kunststoffe		
Acrylnitril, schlagfest	8,0	0,00008
Polybuten PB	15	0,00015
Polyethylen		
PE-HD und PE-LD	20,0	0,00020
PE-X (vernetzt)	18	0,00018
Polypropylen PP-C	18,0	0,00018
Polyvinylchlorid PVC	8 bis 10	0,00008 . . . 0,00010
Andere Stoffe		
Asbestzement (Platten)	1,0	0,00001
Edelputz	0,46 bis 0,9	0,0000046 . . . 0,0000090
Eiche, parallel 2. Faser	0,76	0,0000076
Eiche, senkrecht 2. Faser	5,44	0,0000544
Tanne, parallel 2. Faser	0,30	0,0000030
Tanne, senkrecht 2. Faser	5,80	0,0000580
Eis (–20 bis –1 °C)	5,1	0,000051
Faserzement	1,0	0,000010
Gipsplatte	2,5	0,0000250
Glas (Fenster)	1,0	0,000010
Granit	0,8 bis 1,18	0,000008 . . . 0,0000118
Kalksandstein	0,78	0,0000078
Kalkstein	0,70	0,0000070
Klinker	0,28 bis 0,48	0,0000028 . . . 0,0000048
Marmor	0,2 bis 2	0,000002 . . . 0,000020
Mörtel (Zement)	0,85 bis 1,35	0,0000085 . . . 0,0000135
Porzellan	0,30	0,0000030
Quarzglas	0,05	0,00000050
Schaumbeton	1,08	0,0000108
Stahlbeton (normal)	1,20	0,0000120
Ziegelstein	0,36 bis 0,58	0,0000036 . . . 0,0000058

54.2 Raumausdehnungszahlen von Flüssigkeiten (Bezugstemp. 20 °C und 1 bar)

Stoff	Raumausdehnungszahl γ in $\frac{dm^3}{m^3 \cdot K}$	$\frac{m^3}{m^3 \cdot K}$
Aceton	1,35	0,00135
Ethylalkohol	1,09	0,00109
Benzin	1,00	0,0010
Benzol	1,22	0,00122
Frigen R 12	2,59	0,00259
Glycerin	0,50	0,00050
Heizöl EL	0,70	0,00070
Methanol	1,17	0,00117
Mineralöl	0,75 bis 0,95	0,00075 bis 0,00095
Petroleum	0,92 bis 1,0	0,00092 bis 0,00010
Quecksilber	0,182	0,000182
Wasser[1]	0,21	0,00021

[1] Ausdehnung beim Gefrieren 9%, spez. Volumen und Dichte vergleiche Tabelle 50.3.

54.3 Siedepunkt und Verdampfungswärme verschiedener Stoffe
(bei p_{abs} = 1,013 bar)

Stoff	Chemische Formel	Siedetemperatur in °C	Spezifische Verdampfungswärme in kJ/kg	Wh/kg
Flüssigkeiten				
Ethylalkohol	C_2H_6O	34,5	846	235
Aceton	C_3H_6O	56,1	523	145
Benzin	–	90 bis 110	–	–
Benzol	C_6H_6	80,1	396	103
Butan	C_4H_{10}	0,5	402	112
Frigen R 12	CF_2Cl_2	–29,8	152[1]	42
Frigen R 22	CHF_2Cl	–40,8	205[1]	57
Frigen R 502	–	–45,6	147[1]	41
Heizöl EL	–	80 bis 150	260[2]	72
Wasser[3]	H_2O	100	2257	627
Gase				
Ammoniak	NH_3	–33,4	1369	380
Luft	–	–192,3	197	55
Kohlenstoffdioxid	CO_2	–78	573	159
Propan	C_3H_8	–42,6	448	124
Sauerstoff	O_2	–183	213	59
Stickstoff	N_2	–196	201	56
Wasserstoff	H_2	–252,8	460	128
Metalle				
Eisen	Fe	2500	6363	1768
Kupfer	Cu	2330	4646	1291
Zink	Zn	907	1800	500
Zinn	Sn	2337	2595	721

[1] Bei 0 °C. [2] Bei 100 °C. [3] Vgl. Tabellen 51.1 u. 222.3.

55.1 Schmelzpunkt und Schmelzwärme verschiedener Stoffe

Stoff	Schmelztemperatur in °C	Spezifische Schmelzwärme q_S in kJ/kg	Wh/kg
Metalle			
Aluminium	658	356	111
Antimon	631	167	46
Blei	327	24	6,7
Chrom	1800	293	81
Eisen, rein	1530	272	76
Flußstahl	1350 bis 1450	205	57
Gußeisen	1130 bis 1200	96 bis 138	27 bis 38
Gold	1063	67	19
Kalium	63	54	15
Kupfer	1083	209	58
Molybdän	2600	288	80
Natrium	98	113	31
Nickel	1455	293	81
Platin	1733	113	31
Selen	220	69	19
Silber	960	105	29
Silicium	1420	164	45
Zink	419	112	31
Zinn	232	59	16
Wolfram	3380	251	70
Woods Metall	60	33,5	9
Andere feste Stoffe			
Eis	0	332	92,2
Emailfarben	≈ 960	–	–
Kalium	63	54	15
Kohlenstoff (Graphit, Kohle)	≈ 3540	–	–
Naphthalin	80	151	42
Natrium	98	113	31,4
Natriumchlorid	802	52	14,4
Paraffin	54	147	41
Wachs	64	–	–

55.2 Strahlungszahlen und Absorptionsvermögen verschiedener Oberflächen

Stoff bzw. Oberfläche	Bei Temp. in °C	Absorptionsvermögen α	Strahlungszahl C in W/(m² · K⁴)
Absolut schwarzer Körper		1	5,77
Metalle, hochglanzpoliert	20	0,02 ... 0,03	0,115 ... 0,173
Aluminium, walzblank	170	0,04	0,231
Eisen			
● blank geätzt	150	0,128	0,74
● Walzhaut	20	0,77	4,443
● Gußhaut	100	0,80	4,62
● stark angerostet	20	0,85	4,90
● blank geschmiert	20	0,24	1,38
Kupfer			
● poliert	20	0,03	0,17
● leicht angelaufen	20	0,037	0,21
● oxydiert	130	0,76	4,4
● geschabt	20	0,07	0,4
Anstriche			
● Aluminiumbronze	100	0,35 ... 0,43	2,0 ... 2,5
● Heizkörperlack	100	0,925	5,34
● Ölfarben, auch weiß		0,88 ... 0,97	5,1 ... 5,6
● Lack, schwarz, matt	80	0,97	5,6
Kohle (glühend)		0,81	≈ 4,7
menschliche Haut		0,81	≈ 4,7
Kacheln (weiß)		0,87	5,0
Wasser, Eis, Glas	0	0,94 ... 0,95	5,4 ... 5,5
Gips, Putz, Ziegel	20	0,9 ... 0,94	5,2 ... 5,4
Holz, Papier, Porzellan	20	0,9 ... 0,94	5,2 ... 5,4
Dachpappe	20	0,93	5,4
Asbestzement			
● hellgrau	20	0,5 ... 0,71	2,9 ... 4,1
● dunkelgrau	20	0,95	5,47
● rostbraun	20	0,91	5,23
Blei, grau, oxydiert	20	0,28	1,62
Beton	20	0,91	5,23

55.3 Handelsübliche, hochsiedende Wärmeträgerflüssigkeiten (Thermalöle)

Bezeichnung	Hersteller	Einsatzbereich in °C	Siedebeginn in °C[1]	Dichte ϱ in kg/m³ bei °C			Spez. Wärmekapaz. c in kJ/(kg · K) bei			Wärmeleitfäh. λ in W/(m · K)		Max. zul. Filmtemp. in °C
				20	200	300	20 °C	200 °C	300 °C	20 °C	200 °C	
Wärmeträgermedien auf Mineralölbasis												
Mobiltherm 605	Mobil Oil	0 ... 320	390	868	752	686	1,880	2,540	2,888	≈ 0,13	0,121	350
Thermia Oel 27	Shell AG	2 ... 310	> 360	869	756	694	1,876	2,529	2,893	0,134	0,12	340
Thermaloel T	Esso AG	0 ... 320	360	858	745	689	1,93	2,60	2,97	0,135	0,121	360
BP Transcal 65	BP AG	–3 ... 320	370	862	754	690	1,968	2,734	3,174	0,133	0,12	340
Aral WTS	Aral AG	2 ... 300	333	911	796	732	1,834	2,537	2,930	0,127	0,115	330
Synthetische Wärmeträger												
Diphyl DT	Bayer AG	–34 ... 330	284	1035	890	810	1,58	2,073	2,282	0,133	0,108	340
Marlotherm S	Hüls AG	–14 ... 350	390	1029	904	834	1,59	2,22	2,55	0,133	0,113	370
Santotherm 66	Monsanto	8 ... 340	340	1010	865	785	1,51	2,198	2,575	0,123	0,113	370

[1] Bei p_{abs} = 1,01325 bar.

56.1 Bezeichnung von Stahl- und Gußeisensorten (nach der zurückgezogenen DIN 17006)

Herstellungsteil (vor dem eigentlichen Kurznamen)	Zusammensetzungsteil	Behandlungsteil (nach dem eigentlichen Kurznamen)

56.2 Kennbuchstaben für die Stahl- und Gußeisenbezeichnung (Auszug)

Kennbuchstabe	Bedeutung	Beispiel	Kennbuchstabe	Bedeutung	Beispiel
Kennbuchstaben zum Herstellungsteil					
A	Alterungsbeständig	ASt 46-3.1	GTW	Temperguß weiß	GTW-35
St	Baustahl	St 37-2[1]	GTS	Temperguß schwarz	GTS-55
StE	Baustahl mit Angabe der Streckgrenze	StE 36	M	Siemens-Martin-Stahl	MRSt 42-2[1]
			P	Eignung zum Gesenkschmied.	PSt 37-2[1]
GG	Gußeisen mit Lamellengraphit (Grauguß)	GG-25	Q	Eignung zum Abkanten	QSt 35-3[1]
			Z	Ziehbar	ZSt 37-3[1]
GGG	Gußeisen mit Kugelgraphit (Sphäroguß)	GGG-40	R	Beruhigt vergossen	R-St 37-2[1]
			RR	Besonders beruhigt verg.	RR-St 38.7
GS	Stahlguß	GS-22.8[2]	U	Unberuhigt vergossen	USt 37-2[1]
Kennbuchstaben zum Behandlungsteil					
E	Einsatzgehärtet	Cm 15 E	N	Normalgeglüht	Ck 60 N
G	Weichgeglüht	9 S20 G	NT	Nitriert	31 CrMo12 NT
K	Kaltverformt	St 37-K	V	Vergütet	Ck 35 V
KBK	Blankgezogen	35 S20 KBK	W	Werkzeugstahl unlegiert	C105 W1
Kennbuchstaben zum Zusammensetzungsteil					
C[3]	Kohlenstoff	C15	k	kleiner P- und S-Gehalt	Ck 15
f	flamm- und induktionshärtbar	Cf 53	m	gewährleistete S-Spanne	Cm 15
H	Unlegiertes Kesselblech	H I	q	bei unlegierten Stählen zum Kaltstauchen geeignet	Cq 35

Multiplikatoren für Legierungsanteile

Buchstabe	Bedeutung	Buchstabe	Bedeutung	Buchstabe	Bedeutung	Buchstabe	Bedeutung
Multiplikator 1		Ni	Nickel	Mo	Molybdän	**Multiplikator 100**	
X[4]	bei hochlegierten Stählen	Si	Silicium	Nb	Niob	P	Phosphor
		W	Wolfram	Pb	Blei	S	Schwefel
Multiplikator 4		**Multiplikator 10**		Ta	Tantal	N	Stickstoff
Cr	Chrom	Al	Aluminium	Ti	Titan	Ce	Cer
Co	Cobalt	Be	Berylium	V	Vanadium	**Multiplikator 1000**	
Mn	Mangan	Cu	Kupfer	Zr	Zirkon	B	Bor

Beispiel	Erläuterung	Beispiel	Erläuterung
35 S20 KBK	0,35% C; 0,2% S Blankgezogen	31 CrMo12 NT	0,31% C; 3% Cr Nitriert

1) Die Zahlen –2 und –3 am Ende des Kurznamens kennzeichnen die Gütegruppen des Stahls.
2) .8 Garantierte Warm- und Dauerstandfestigkeit.
3) Zahlen vor dem Kohlenstoff kennzeichnen den Kohlenstoffgehalt in hundertstel Masseprozent.
4) Mindestens ein Legierungsanteil größer als 5%. Das X steht vor dem Kohlenstoffgehalt. Die Multiplikationsfaktoren entfallen, ausgenommen Kohlenstoff.

57.1 Werkstoffnormung für NE-Metalle, Kennbuchstaben (DIN 1700)

Buchstabe	Herstellung und Verwendung	Chemische Zusammensetzung		Besondere Eigenschaften			
				Buchstabe	Behandlungszustand	Buchstabe	Härtezustand
G	Guß (allgemein)	Al Aluminium	Cu Kupfer	g	geglüht	p	gepreßt
GD	Druckguß	Ni Nickel	Cr Chrom	a	ausgehärtet	w	weich
GK	Kokillenguß	Zn Zink	Sn Zinn	ka	kaltausgehärtet	h	hart
GZ	Schleuderguß	Pb Blei	Ti Titan	wa	warmausgehärtet	zh	ziehhart
GC	Strangguß	Kennzahlen in %, z. B.		F30	mind. Zugfestigkeit	wh	gewalzt
Gl	Gleitmetall	Zn 25 ⇒ 25% Zn					
L	Lot	Pb Sn 40 ⇒ 40% Sn, Rest Pb					

57.2 Aufbau der Werkstoffnummern

□ □□ □□ □□

1. Stelle: Werkstoff-Hauptgruppe vgl. Tab. 57.3
2. und 3. Stelle: Sortennummer vgl. Tab. 57.4
4. und 5. Stelle: Zählnummer (festgelegt)
6. und 7. Stelle: Anhängezahlen vgl. Tab. 57.5

57.3 Kennzahlen der Werkstoff-Hauptgruppen

Kennzahl	Werkstoff
0	Roheisen und Ferrolegierungen
1	Stahl
2	Nichteisen-Schwermetalle
3	Nichteisen-Leichtmetalle
4 bis 8	nichtmetallische Werkstoffe
9	frei für interne Benutzung

57.4 Sortennummer (Stellen 2 und 3 der Werkstoffnummer)

Nummer	Massen- und Qualitätsstähle
00	Handels- und Grundgüten
01 bis 02	allgemeine Baustähle, unlegiert
03 bis 07	Qualitätsstähle, unlegiert
08 bis 09	Qualitätsstähle, legiert
Nummer	**Unlegierte Edelstähle**
10	Stähle mit bes. phy. Eigenschaften
11 bis 12	Baustähle
15 bis 18	Werkzeugstähle
Nummer	**Legierte Edelstähle**
20 bis 28	Werkzeugstähle
32 bis 33	Schnellarbeitsstähle
40 bis 45	Nichtrostende Stähle
47 bis 48	Hitzebeständige Stähle
49	Hochtemperaturwerkstoffe
50 bis 84	Baustähle

57.5 Anhängezahlen (Stellen 6 und 7 der Werkstoffnummer)

Zahl	Stahlgewinnungsverfahren (Stelle 6)
0	unbestimmt oder ohne Bedeutung
3	sonstige Erschmelzungsart unberuhigt
4	sonstige Erschmelzungsart beruhigt
5	unberuhigter Siemens-Martin-Stahl
6	beruhigter Siemens-Martin-Stahl
7	unberuhigter Sauerstoffaufblas-Stahl
8	beruhigter Sauerstoffaufblas-Stahl
9	Elektrostahl
Zahl	**Behandlungszustand (Stelle 7)**
0	keine oder beliebige Behandlung
1	normalgeglüht
2	weichgeglüht
4	zähvergütet
7	kaltverformt

57.6 Kennzahlen der NE-Metall-Hauptgruppen und Zustandsgruppe (Stelle 6 der Werkstoffnummer)

Sortennummer	Metall	Sortennummer	Metall	Zahl	Zustandsgruppe Stelle 6
2.0000 bis 2.1799	Kupfer	NE-Leichtmetalle		0	unbehandelt
2.2000 bis 2.2499	Zink			1	weich
2.3000 bis 2.3499	Blei	3.0000 bis 3.4999	Aluminium	2	kaltverfestigt (Zwischenhärten)
2.3500 bis 2.3999	Zinn	3.5000 bis 3.5999	Magnesium	3	kaltverfestigt („hart“ und darüber)
2.4000 bis 2.4999	Nickel	3.7000 bis 3.7999	Titan	6	warmausgehärtet, ohne mech. Nacharbeit

Stoffkunde

Stoffkunde

58.1 Übliche Stahlsorten

Stahlsorte Kurzname	Werkstoffnummer	Zugfestigkeit R_m in N/mm²	Streckgrenze[1] R_{eH} in N/mm²	Schmelzanalyse[1] Zusammensetzung C	P	S
Allgemeine Baustähle (DIN 17 100)						
St 33	1.0035	290...540	185	–	–	–
St 37-2	1.0037	340...510	235	0,17	0,05	0,05
USt 37-2	1.0036	340...510	235	0,17	0,05	0,05
RSt 37-2	1.0038	340...510	235	0,17	0,05	0,05
St 44-2	1.0044	410...580	275	0,21	0,05	0,05
St 50-2	1.0050	470...660	295	≈ 0,3	0,05	0,05
St 60-2	1.0060	570...770	335	≈ 0,4	0,05	0,05
Stahlrohre nach DIN 1626[2)3)] und DIN 1629[2)]						
USt 37.0	1.0253	350...480		0,20	0,04	0,04
St 37.0	1.0254	350...480	235	0,17	0,04	0,04
St 44.0	1.0256	420...550	275	0,21	0,04	0,04
St 52.0	1.0421	500...650	355	0,22	0,04	0,035
DIN 1628 und DIN 1630[4)]				C ≤	Si ≤	Mn ≤
St 37.4	1.0255	350...480	235	0,17	0,35	0,35
St 44.4	1.0257	420...550	275	0,20	0,35	0,40
St 52.4	1.0581	520...650	355	0,22	0,55	1,60
Warmfeste Stahlrohre DIN 17175[4)]						
St 35.8	1.0305	360...480	235	0,17	0,35	0,4
St 45.8	1.0405	410...550	255	0,21	0,35	0,4
Warmfeste Bleche nach DIN 17155						
H I[4)]	1.0345	350...450	230	0,16	0,35	–
H II[4)]	1.0425	410...500	260	0,20	0,35	–

[1)] Gilt für Wanddicken $s \leq 16$ mm.
[2)] Gilt nicht für Rohre nach DIN 17175; DIN 2391 T 1; DIN 2440 und DIN 2441.
[3)] Gilt nicht für Rohre nach DIN 17172; DIN 17177; DIN 2393 T 2 und 2394 T 2.
[4)] Höchstens 0,04 % P und 0,04 % S.

58.2 Stahlsorten für Präzisionsstahlrohre (DIN 2931)

Stahlsorte Kurzname	Werkstoffnummer	Zugfestigkeit r_m in N/mm²	Zusammensetzung in % C	Si	Mn	P und S max.
St 30 Si	1.0211	280[1)]	0,10	0,30	≦ 0,55	0,04
St 30 Al[2)]	1.0212	280[1)]	0,10	0,05	≦ 0,55	0,04
St 35	1.0308	315[1)]	0,17	0,35	≧ 0,4	0,05
St 45	1.0408	390[1)]	0,21	0,35	≧ 0,4	0,05

Lieferzustand: BK (BKW) zugblank-hart (-weich)
GBK (NBK) geglüht (normalgegl.)

[1)] Lieferzustand GBK
[2)] Wird mit Aluminium deoxidiert.

58.3 Gußeisen, Stahlguß, Temperguß

Sorte Kurzname	Werkstoffnummer	Zugfestigkeit R_m in N/mm²	Dehngrenze R_p 0,2 N/mm²	C-Geh. in %	Anwendung
Gußeisen mit Lamellengraphit (Grauguß)					
GG-15	0.6015	145	–	3,5	Rohre
GG-20	0.6020	195	–	3,4	Ventile
GG-25	0.6025	245	–	3,0	Ventile
Gußeisen mit Kugelgraphit (Sphäroguß)					
GGG-40	0.7040	410	245		Ventile
GGG-40.3	0.7043	400	250		Ventile
Stahlguß					
GS-C 25	1.0619	440 ... 590	245	0,2	Ventile
Temperguß (GTW und GTS)					
GTW-40-05	0.8040	360	200		Ventile
GTS-35-10	0.8135	350	200		Fittings

58.4 Hochlegierte Stähle (nichtrostende Stähle

Stahlsorte Kurzname	Werkstoff-Nummer	Zugfestigkeit R_m in N/mm²	Streckgrenze R_e in N/mm²	Zusammensetzung in %	Anwendung
X 20 Cr 13	1.4021	750	–	0,20 C; 13 Cr; 1 Si; 1 Mn	Rohre, Spültische,
X 12 CrNiS 18 8	1.4305	500...700	215	0,12 C; 1 Si; 2 Mn; 18 Cr; 8 Ni; 0,15 S	Haushaltswaren,
X 12 CrNi 17 7	1.4310			0,11 C; 1,5 Si; 2 Mn; 17 Cr; 7 Ni	chirurgische
X 5 CrNi 18 9	1.4301	530...730	220	0,07 C; 1 Si; 2 Mn; 18 Cr; 9 Ni	Instrumente,
X 12 CrMoS 17	1.4104	540...680	295	0,12 C; 17 Cr; 0,25 Mo; 1 Si	Armaturen,
X 10 CrNiTi 18 9	1.4541	500...750	205	0,10 C; 1 Si; 2 Mn; 18 Cr; 9 Ni; 0,05 Ti	Ventilkegel,
X 10 CrNiMoTi 18 10	1.4571	500...750	225	0,10 C; 1 Si; 2 Mn; 18 Cr; 2 Mo; 10 Ni; 0,05 Ti	-sitz, –spindel

59.1 Nichteisenmetalle

Werkstoff	Kurzzeichen	Werkstoff-Nummer	Zugfestigkeit R_m in N/mm²	Dehngrenze $R_{p\,0,2}$ in N/mm²	Zusammensetzung in Massenanteilen in %	Verwendung
Kupfer	SF-Cu[1], F 22	2.0090.10	220 ... 260	max. 140	Cu ≧ 99,9; 0,015 ... 0,04 P	Bleche, Bänder und Rohre
	SF-Cu[1], F 25	2.0090.26	250 ... 300	max. 150		
	SF-Cu[1], F 30	2.0090.30	290 ... 360			
	SF-Cu[1], F 32	2.0090.32	min. 360			
Zink	D-Zn bd	2.2203.38	150	100	99,995 Zn; 0,005 Beimengungen	
Blei	Pb 99.94 Cu	2.3035			0,04 ... 0,05 Cu; Rest Pb	
Aluminium	AlMn F 12	3.0515.24	120 ... 160	90	0,9 ... 1,5 Mn; Rest Al	
	AlMn F 14	3.0515.26	140 ... 180	120	0,9 ... 1,5 Mn; Rest Al	
Kupfer-Knetlegierungen und Kupfer-Gußlegierungen						
CuZn 28		2.0261	270 ... 520	160 ... 470	71 ... 73 Cu; Rest Zn	Armaturen, Pumpengehäuse, Laufräder, Fittings, Gewindebuchsen
CuZn 10		2.0230	240 ... 350	140 ... 290	89 ... 91 Cu; Rest Zn	
CuZn 39 Pb 3		2.0401	360 ... 500	250 ... 370	57 ... 59 Cu; 2,5 ... 3,5 Pb; Rest Zn	
CuZn 40 Pb 2		2.0402	380 ... 610	300 ... 570	57 ... 59 Cu; 1,5 ... 2,5 Pb; Rest Zn	
GK-CuZn 37 Pb		2.0340.02	280	90	59 ... 63 Cu; 0,5 ... 2,5 Pb; Rest Zn	
G-CuSn 5 ZnPb		2.1096.01	220	90	84 ... 86 Cu; 4 ... 6 Sn; 4 ... 6 Zn; 4 ... 6 Pb	
G-CuSn 10		2.1050.01	270	130	88 ... 90 Cu; 9 ... 11 Sn	
CuSn 6		2.1020	340 ... 610	260 ... 510	Cu Rest; 5,5 ... 7 Sn	
CuSn 8		2.1030	390 ... 540	290 ... 460	Cu Rest; 7,5 ... 8,5 Sn	
Aluminium-Gußlegierungen und Aluminium-Knetlegierungen						
GD-AlSi 12		3.2582.05	220 ... 280	140 ... 180	11 ... 13,5 Si; 0 ... 0,5 Mn; Rest Al	Armaturen
G-AlSi 12		3.2582.01	160 ... 210	70 ... 100		
AlMgSi 1		3.2315	140 ... 320	100 ... 320	1,0 Si; ≈ 0,9 Mg; Rest Al	

[1] SF-Cu ist eine sauerstofffreie, phosphordesoxidierte Kupfersorte mit Reinheitsgrad 99,9% Cu.

59.2 Kurzzeichen der Kunststoffe (Auswahl)

Kurzzeichen	Erklärung		Herstellungsverfahren	Kurzzeichen	Erklärung		Herstellungsverfahren
ABS	Acrylnitril-Butadien-Styrol	T	M	PIB	Polyisobutylen	T	M
ASA	Acrylnitril-Styrol-Acrylester	T	M	PMMA	Polymethylmethacrylat	T	M
CA	Celluloseacetat	T	K	PP	Polypropylen	T	M
EP	Epoxid (-Harz)	D	K oder A	PS	Polystyrol	T	M
EPE	Epoxidharzester	D	A	PUR	Polyurethan	D/T	A
EPS	Expandierbares Polystyrol	T	M	PVAC	Polyvinylacetat	T	M
PE-HD	Polyethylen hoher Dichte	T	M	PVC	Polyvinylchlorid	T	M
PE-LD	Polyethylen niederer Dichte	T	M	PVC-C	Chloriertes Polyvinylchlorid	T	M
MF	Melamin-Formaldehyd (-Harz)	D	K	PVDF	Polyvinylidenfluorid	T	M
PA	Polyamid	T	K oder A	SAN	Styrol-Acrylnitril (-Polymer)	T	M
PAN	Polyacrylnitril	T	M	SB	Styrol-Butadien	T	M
PB	Polybuten	T	M	SI	Silicon (-Polymer)	E	K
PC	Polycarbonat	T	K	UF	Harnstoff-Formaldehyd (-Harz)	D	K
PE	Polyethylen	T	M	UP	Ungesättigter Polyester	D	K oder A
PF	Phenol-Formaldehyd (-Harz)	D	K	PE-X	Vernetztes Polyethylen	T	M

A = Polyaddukt; D = Duroplast; E = Elastomer; K = Polykondensat; M = Polymerisat; T = Thermoplast

Stoffkunde

60.1 Kunststoffe, Bezeichnungen, mechanische und thermische Eigenschaften, Anwendungen

Kurzzeichen	Bezeichnung	Einige Handelsnamen	Dichte ϱ in kg/dm³	Zugfestigkeit R_m in N/mm²	Längenausdehnungszahl α in 1/K	Wärmeleitzahl λ in W/(m · K)	Gebrauchstemperat. in °C	Verwendung
Thermoplaste								
PVC-U	Polyvinylchlorid	Hostalit, Vestolit	1,38	50	0,00008	0,16	bis +70	Rohr, Dachrinne, Behälter, Fliese
PVC-P		Mipolam, Tivolen	1,30	8 bis 25	0,00020	0,17	bis +60	Abdichtungsbahn, Folie, Profil
PVC-C	- chloriert	PVCC	1,40	50	0,00008	–	bis +95	Kalt- und Warmwasser
PVDF	Polyvinylidenfluorid	Sygef	1,78	57	0,00012	0,13	–40 bis +140	Rohr, Folie
PE-HD	Polyethylen	Baylon, Hostalen, Lupolen, Vestolen	0,95	20	0,00016	0,42	–60 bis +60	Gas-, Trink-, Abwasserrohr, Öltank, Folie
PE-LD			0,92	11 bis 20	0,00022	0,35		
PE-X	- vernetzt	Lupolen 4261 A	0,94	18	0,00018	0,43	bis +95	Heizung, KW u. WW
PS	Polystyrol	Polystyrol, Hostyren	1,05	40 bis 50	0,00008	0,15	bis +70	Gehäuse, Schauglas, Verpackung
PS-E	- Hartschaum	Exporit, Styropor	bis 0,05	0,22 bis 0,34	–	0,041	–200 bis +70	Schaumstoff, Wärmedämmung
PA	Polyamid	Durethan, Vestamid	1,13	35 bis 75	0,00010	0,26	bis +100	Rohr, Schlauch, Textilfaser
PMMA	Polymethylmethacrylat	Plexiglas, Resatglas	1,18	70	0,00008	0,19	bis +68	Verglasung, Formmasse, Leuchte
PB	Polybutylen	Polybuten	0,93	17	0,00015	0,21	bis +95	Heizungs-, WW-Rohr
PIB	Polyisobutylen	Oppanol, Rhepanol	0,93	3	0,00010	0,28	–30 bis +70	Fugenmasse, Klebstoff, Dichtungsb.
PP	Polypropylen	Hostalen PP, Novolen	0,91	33	0,00010	0,28	bis +95	HT-Abwasserrohr, Verpackung
PP-C	PP-Copolymerisat	Polypropylen	0,91	21	0,00018	0,24	bis +60	Fußbodenheizung
ABS	schlagfestes Acrylnitril	Novodur, Terluran	1,06	40 bis 50	0,00008	0,15	bis +100	HT-Abwasserrohr
Duroplaste								
UP-Harz	ungesätt. Polyesterh.	Palatal, Vestopal	1,3 bis 1,6	80 bis 140	0,000025	0,21	–50 bis +130	Kunstharz-Beton, Lack, Klebstoff
EP	Epoxidharz	Avaldit	1,15 bis 1,20	ähnlich wie UP-Harz				Industrieboden
PUR-Sch.	Polyurethan-Hartschaum	Moltopren, Contipren	0,015 0,050	0,2 bis 2	–	0,035	–40 bis +90	Wärmedämmung, Polstermaterial
UF-Sch.	Harnstoffharz-Schaum	Iso-Schaum	bis 0,015	–	–	0,041	bis +100	Schaumstoff, Bindemittel

61.1 Flamm- und Brennprobe bei Kunststoffen

Kunststoff	Entflammbar	Flamme	Geruch
PVC	schwer	gelb mit grünem Rand, sprühend	stechend nach Salzsäure
PE	leicht[1]	leuchtend gelb mit blauem Kern	nach verlöschenden Kerzen, Paraffin
PS	leicht[1]	leuchtend gelbrot, rußt stark	unangenehm süßlich nach Styrol
PA	leicht[1]	bläulich mit gelbem Rand	nach verbranntem Horn
ABS	leicht[1]	leuchtend gelb, rußend	süßlich, mit Beigeruch nach Gummi
PMMA	leicht[1]	leuchtend gelb mit blauem Rand	fruchtartig, süßlich
PIB	leicht[1]	leuchtend	nach Gummi
PP	leicht[1]	leuchtend gelb mit blauem Kern	nach verlöschenden Kerzen, Paraffin
UP-Harz	leicht[1]	gelb und rot, stark rußend	Styrol, verbranntes Fett
EP	leicht[1]	leuchtend, rußend	Phenol
PUR-Schaum	leicht[1]	leuchtend	stechend, Isocyanat
UF-Schaum	schwer	gelb mit bläulichem Rand	Harnstoff, Ammoniak

[1] Brennt außerhalb der Zündflamme weiter.

61.2 Folien und Bahnen aus Kunststoff

Foliendicke			
0,04 mm bis 0,4 mm	bis 0,8 mm	bis 0,4 mm	bis 3,0 mm
Verpackungsfolien	Polster- und Dekorationsfolien	Bautenschutz- und Gerüstfolien	Dichtungsfolien und -bahnen
PE	PVC	PE, PVC	PIB, PVC

61.3 Kennfarben für Schaumkunststoffe

PS-Partikelschaum
weiß

PS-Extruderschaum
hellgrün bis hellgrau

PUR
Polyurethan
honiggelb

PF
Phenolharz
gelbbraun/braun

UF
Harnstoffharz
farblos

61.4 Beständigkeit von Kunststoffen (bei 20 °C)

Kunststoff	Beständigkeit gegen Säuren schwach	Säuren stark	Laugen schwach	Laugen stark	Benzin, Öle
PVC-U	+	+	+	+	+
PVC-P	+	○	+	○	○
PE	+	+	+	+	+
PS	+	+	+	+	+
PA	–	–	+	–	+
PMMA	+	–	+	+	+
PB	+	+	+	+	+
PIB	+	+	+	+	–
PP	+	–	+	+	–
UP-Harz	+	○	○	–	+
EP	+	+	+	+	+
PUR-Schaum	+	–	+	○	○
UF-Schaum	○	–	+	–	+
PS-Schaum	+	+	+	+	–

\+ beständig
○ bedingt beständig
– nicht beständig

61.5 Kennfarben bei Kunststoffen

Farbe	Werkstoff	Verwendungsgebiet
dunkelgrau	PVC	Kaltwasserleitung
schwarz	PE-HD, PE-LD	
natur/schw.	PE-X	Kalt- und Warmwasserleitung
schwarz	PB	
beige (natur)	PVC	Gasleitung, erdverlegt
gelb	PE-HD	
natur/schw.[1]	PE-X	Fußbodenheizung, Beetflächenheizung, Flächenheizung
schwarz	PE-HD; PB	
natur/grau[1]	PP-C[2]	
orangebraun	PVC	Abwasserkanal, erdverlegt
schwarz	PE-HD	
mittelgrau, Schrift rot	PP, PVC-C	HT-Rohr, heißwasserbeständiger Kunststoff, schwer entflammbar
mittelgrau, Schrift gelb	ABS	HT-Rohr, normal entflammbar
hellgrau	PVC	Abwasserrohr mit Verwendungsbeschränkung
hellgrau o. a.	PVC mit PE	Dachrinne und Regenfallrohr

[1] Andere Farben auf Anfrage.
[2] Copolymere

62.1 Arten der Korrosion (DIN 50900)

Art	Darstellung	Hervorgerufen durch
Flächen-förmige Korrosion		Luft, Wasser oder Chemikalien
Lochfraß-korrosion	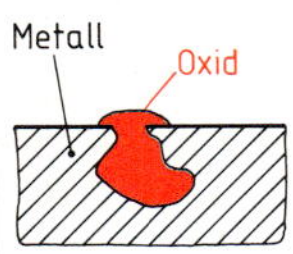	Örtliche elektro-chemische Vorgänge (Späne, Belüftungs-element)
Kontakt-korrosion	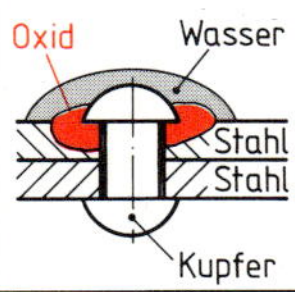	Berührung von Metallen mit verschiedenem Potential und einem Elektrolyten
Inter-kristalline Korrosion	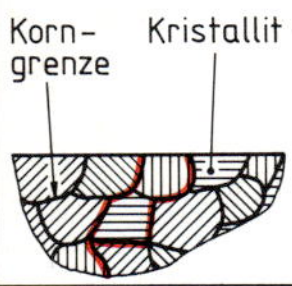	Ausscheidungen von Legierungs-bestandteilen an den Korngrenzen
Trans-kristalline Korrosion	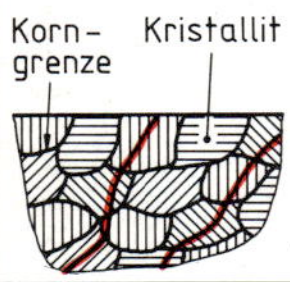	Geringfügige elektr. Spannungsunter-schiede und starke Zugbeanspruchung
Taupunkts-korrosion		Unterschreitung des Taupunktes und Entstehung von H_2SO_3, H_2SO_4 und H_2O
Spalt-korrosion	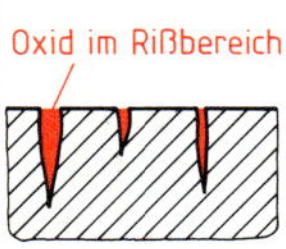	Konzentrations-verschiebung oder Verunreinigung im Spalt
Kavitation	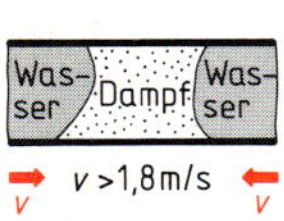	Zusammenbrechen von Dampfblasen und hohe Fließgeschwin-digkeit
Erosion		Mechanische Zerstörung durch Feststoffe, Tropfen oder hohe Fließgeschwindigkeit
Belüftungs-element	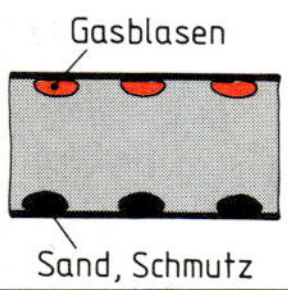	Örtlich höhere Gas-konzentration durch z. B. Sand- und Schmutzteile

62.2 Spannungsreihe der Metalle[1)]

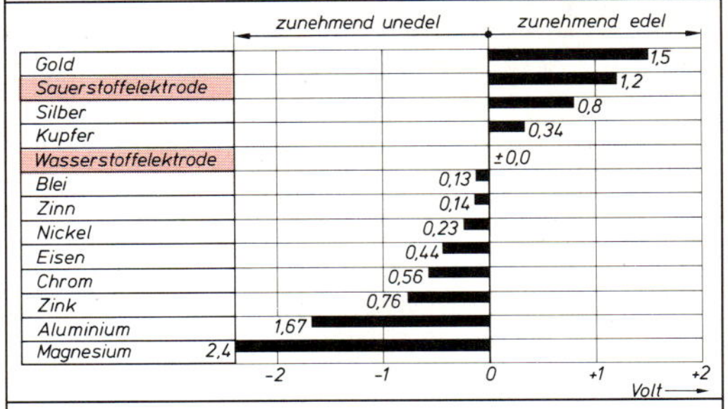

Die elektrische Aufladung der Metalle in einer genormten Flüssigkeit ist ein Maß für das Auflösungs- und Korrosionsverhalten des jeweiligen Metalles. Je negativer die Ladung (das Potential) eines Metalles ist, um so schneller löst es sich auf.

1) Gilt nur für reine Metalle.

62.3 Korrosionsschutz von Metalloberflächen

Art	Vorgang	Anwendung
Kathodischer Schutz	elektr. leitende Verbindung des Metalls mit der Opferanode aus unedlerem Metall	Warmwasserspeicher, erdverlegte Rohre, Tanks
Fließregel	richtige Aufeinanderfolge der Metalle	Rohrinstallation, Blecharbeiten
Schmelztauchen	Tauchen des Werkstücks in flüssiges Überzugsmetall (Zn, Pb, Sn, Al usw.)	gegen Luft und Wasser, für Bleche und Rohre
Galvanisieren	elektrochemische Elektrolyse, Überzugsmetalle Cu, Cr, Ni usw.	gegen Luft und Wasser, für Armaturen und Rohre
Plattieren	Walzen oder Pressen, Überzugsmetalle Cu, Ni, Ag	für Bleche
Fetten, Ölen, Wachsen	Auftragen von Fett-, Öl- oder Wachsschichten	für Transport und Lagerung
Farb-, Lack-Überzug	Spritz- oder Tauchverfahren, luft- oder ofengetrocknet	Witterungseinflüsse, Bleche
Asphalt-, Teer-Überzug	Anstreichen oder Tauchen evtl. Umwickeln mit Juteband	für erdverlegte Gas-, Wasser- undÖlleitungen, Erdtanks
Kunststoff-Überzug	Flammenspritzen von PVC, PE, PA-Pulver oder Granulat oder Wirbelsintern	
Emaillieren, Glasur	Überziehen mit Glasfluß bei 500 bis 1000 °C	Warmwasserspeicher, Badewanne

63.1 Normen für übliche Rohre in der Heizungstechnik, Gas- und Wasserinstallation

Maße nach DIN	Rohrart	Lieferbedingungen DIN u. DVGW
Stahlrohre		
2440	Mittelschwere Gewinderohre[1]	2440
2441	Schwere Gewinderohre[1]	2441
2442	desgl. mit Gütevorschrift[1]	1626 u. 1629
2448	Nahtlose Stahlrohre	1629 u. 17175
2458	Geschweißte Stahlrohre	1626 u. 17177
	Präzisionsstahlrohre,	
2391 T1	nahtlos	2391 T2
2392 T1	geschweißt	2392 T2
	Nichtrostende Stahlrohre,	W 541
2462 T1	nahtlos	17456
2463 T2	geschweißt	17455
2470 T1	Gasleitungen	2470 T1
Kupferrohre		
1786	Installationsrohre aus Kupfer, nahtlosgezogen	1786
59753	Rohre aus Kupfer und Kupferknetlegierungen für Fußbodenheizung	59753
Kunststoffrohre für Gasleitungen, erdverlegt		
8074	Rohre aus Polyethylen hoher Dichte PE-HD Reihe 4 und 5	G 477

Maße nach DIN	Rohrart	Lieferbedingungen DIN u. DVGW
Kunststoffrohre für Fußbodenheizungen DIN 4726		
16969	Rohre aus PB Reihe 3 bis 5	4727
8077	Rohre aus PP Reihe 3 und 4	4728
16893	Rohre aus PE-X[2] Reihe 1 und 2	4729
Kunststoffrohre für Trinkwasserversorgung[3]		
erdverlegt		
8062	Rohre aus PVC-U, Reihe 4 und 5	19532
8074	Rohre aus PE-HD, Reihe 5	19533
8072	Rohre aus PE-LD, Reihe 3	19533
in Gebäuden		
8062	Rohre aus PVC-U	W 328
16893	Rohre aus PE-X[4]	W 531
Abwasserrohre für Gebäude und Grundstücke		
19534 T1	Rohre aus PVC-U[5]	19534 T2
19537 T1	Rohre aus PE-HD[5]	19537 T2
1230	Rohre aus Steinzeug[6]	1230
19522 T1	Rohre aus Gußeisen (SML)	19522 T2
19840 T1	Rohre aus Faserzement	19840 T2
19530 T1	Rohre aus Stahl mit Muffe	19530 T2
heißwasserbeständig (HT) (rotstrichrohr)		
19560	Rohre aus PP	19560
19535	Rohre aus PE-HD	19535
19561	Rohre aus ABS oder ASA	19561

[1] In nahtloser, geschweißter, verzinkter oder schwarzer Ausführung lieferbar.
[2] Auch noch VPE genannt.
[3] Nur für Kaltwasser zugelassen.
[4] Auch für TWW 60 °C zugelassen.
[5] Kanalrohre.
[6] Mit Muffe DIN 1230 T1 und T2, ohne Muffe T6 und T7.

63.2 Nenndruckstufen PN (DIN 2401)

1	1,6	2,5	4	6	10	16
25	40	63[1]	100	160	250	400
630	1000	1600	2500	4000	6300	

[1] Während einer Übergangszeit gilt auch PN 64.

63.3 Nennweite DN (DIN 2402)

3	4	5	6	8	10	(12)[1]
15[1]	20	25	32	40	50	65
70[2]	80	100	125	150	200	250
300	350	400	450	500	600	700
800	900	1000				

[1] Für kleine Rohrverschraubungen und Fittings sind auch DN 12 und DN 16 genormt.

[2] Nur für drucklose Abflußrohre genormt. Zwischen DN 500 und 1200 Stufensprünge von 50, über DN 1200 Stufensprünge von 100 möglich.

63.4 Druck- und Temperatur-Kurzzeichen und Formelzeichen (DIN 2401)

Begriff	Kurzzeichen	Formelzeichen
Zulässiger Betriebsdruck	PB	$p_{e,zul}$
Nenndruck	PN	–
Prüfdruck	PP	$p_{e,p}$
Arbeitsdruck	PA	$p_{e,A}$
Höchster Arbeitsdruck	PAMAX	$p_{e,A\,max}$
Niedrigster Arbeitsdruck	PAMIN	$p_{e,A\,min}$
Berechnungsdruck	PR	$p_{e,calc}$
Zulässige Betriebstemperatur	TB	ϑ_{zul}
Tiefste anwendbare Temperatur	TMIN	ϑ_{min}
Höchste anwendbare Temperatur	TMAX	ϑ_{max}
Arbeitstemperatur	TA	ϑ_{A}
Höchste Arbeitstemperatur	TAMAX	$\vartheta_{A\,max}$
Niedrigste Arbeitstemperatur	TAMIN	$\vartheta_{A\,min}$
Berechnungstemperatur	TR	ϑ_{calc}

64.1 Stahlrohre, Mittelschwere und Schwere Gewinderohre

Regelausführung

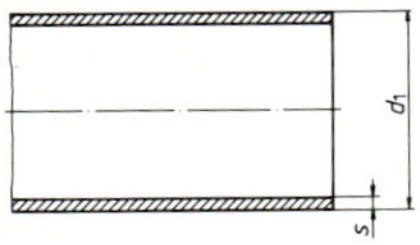

Rohr mit kegeligem Gewinde

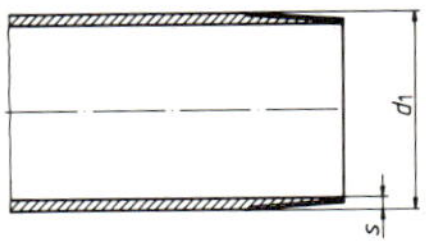

Ausführung: Nahtlos oder geschweißt (Oberflächenbehandlung siehe nebenstehende Tabelle).
Lieferform: In Herstellungslängen (≈ 6 m) ohne Gewinde und ohne Muffe oder mit Gewinde und Muffe.
Gewinde: Whitworth-Rohrgewinde nach DIN 2999 Tab. 64.1.
Werkstoff: St 33-2 nach DIN 17100 W.-Nr. 1.0035.
Geltungsbereich: Flüssigkeiten PN 25, Luft und ungefährliche Gase PN 10.

Ausführung der Rohroberfläche

Oberfläche		Kurzzeichen
schwarz		–
schwarz geeignet zur Verzinkung		A
verzinkt nach DIN 2444		B
nicht-metallischer Schutzüberzug	außen	C
	innen	D

Mittelschwere Gewinderohre (DIN 2440)									Schwere Gewinderohre (DIN 2441)				
DN	Rohrgewinde	Außendurchmesser d_1 in mm	Äußere Oberfläche ≈ in m^2/m	Wanddicke s in mm	Innendurchmesser in mm	Lichter Querschnitt in cm^2	Inhalt in l/m	Masse des Rohres in kg/m	Wanddicke s in mm	Innendurchmesser in mm	Lichter Querschnitt in cm^2	Inhalt in l/m	Masse des Rohres in kg/m
6	R 1/8	10,2	0,032	2,0	6,2	0,30	0,03	0,407	2,65	4,9	0,19	0,02	0,493
8	R 1/4	13,5	0,042	2,35	8,8	0,61	0,06	0,65	2,90	7,7	0,47	0,05	0,796
10	R 3/8	17,2	0,054	2,35	12,5	1,23	0,12	0,852	2,9	11,4	1,02	0,10	1,02
15	R 1/2	21,3	0,067	2,65	16,0	2,01	0,20	1,22	3,25	14,8	1,72	0,17	1,45
20	R 3/4	26,9	0,085	2,65	21,6	3,66	0,37	1,58	3,25	20,4	3,27	0,33	1,90
25	R 1	33,7	0,106	3,25	27,2	5,81	0,58	2,44	4,05	25,6	5,15	0,51	2,97
32	R 1 1/4	42,4	0,133	3,25	35,9	10,12	1,01	3,14	4,05	34,3	9,24	0,92	3,84
40	R 1 1/2	48,3	0,152	3,25	41,8	13,72	1,37	3,61	4,05	40,2	12,69	1,27	4,43
50	R 2	60,3	0,189	3,65	53,0	22,06	2,21	5,10	4,5	51,3	20,67	2,07	6,17
65	R 2 1/2	76,1	0,239	3,65	68,8	37,18	3,72	6,51	4,5	67,1	35,36	3,54	7,90
80	R 3	88,9	0,279	4,05	80,8	51,28	5,13	8,47	4,85	79,2	49,27	4,93	10,1
100	R 4	114,3	0,359	4,5	105,3	87,09	8,71	12,1	5,40	103,5	84,13	8,41	14,4
125	R 5	139,7	0,439	4,85	130	132,73	13,27	16,2	5,40	128,9	130,5	13,05	17,8
150	R 6	165,1	0,519	4,85	155,4	189,67	18,97	19,2	5,40	154,3	186,99	18,70	21,2

Bezeichnung eines mittelschweren Gewinderohres Nennweite 32, nahtlos verzinkt (B) in Herstellungslängen:
Gewinderohr DIN 2440 – DN 32 – nahtlos B

64.2 Gewinderohre mit Gütevorschrift (DIN 2442)[1)]

Nennweite DN	Wanddicke[2)] s in mm	Masse[2)] des Rohres in kg/m	Nennweite DN	Wanddicke[2)] s in mm	Masse[2)] des Rohres in kg/m	Nennweite DN	Wanddicke s in mm für PN[3)] 50	PN[3)] 80	PN[3)] 100	Masse des glatten Rohres in kg/m PN[3)] 50	PN 80	PN 100
6	2,65	0,49	25	4,05	2,97	80			4,85			10,1
8	2,9	0,77	32	4,05	3,84	100		5,4	6,3		14,4	16,8
10	2,9	1,02	40	4,05	4,43	125	5,4	7,1	8,0	17,8	23,3	25,9
15	3,25	1,45	50	4,5	6,17	150	5,4	8,0	8,8	21,2	30,9	33,8
20	3,25	1,90	65	4,5	7,90							

Werkstoff: St. 33.1 nach DIN 17100, Werkstoff-Nr. 1.0033

1) Ausführung, Lieferform, Gewinde und Rohr-Außendurchmesser sind gleich DIN 2441.
2) Gelten für PN 100, bis DN 80 und PN 80, DN 100 Abmessungen nach DIN 2441.
3) Bis 120 °C zugelassen.

65.1 Whitworth-Rohrgewinde (DIN 2999)

Kegeliges Außengewinde, Kurzzeichen **R** (Kegel 1:16) — Zylindrisches Innengewinde, Kurzzeichen **Rp**

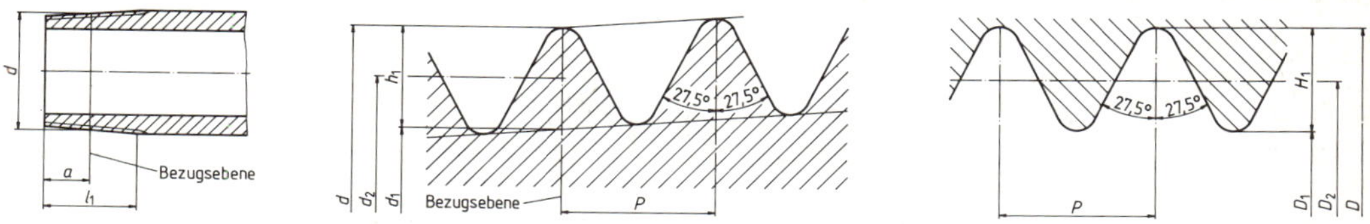

Nennweite der Rohre DN	Kurzzeichen Außengewinde	Kurzzeichen Innengewinde	Gangzahl auf 1 Zoll Z	Nutzbare Gewindelänge l_1 in mm	Mittlere Einschraublänge t in mm	Abstand der Bezugsebene a in mm	Außendurchmesser $d = D$ in mm	Flankendurchmesser $d_2 = D_2$ in mm	Kerndurchmesser $d_1 = D_1$ in mm	Steigung P in mm	Gewindetiefe $h_1 = H_1$ in mm
6	R 1/8	Rp 1/8	28	6,5	7	4,0	9,728	9,147	8,566	0,907	0,581
8	R 1/4	Rp 1/4	19	9,7	10	6,0	13,157	12,301	11,445	1,337	0,856
10	R 3/8	Rp 3/8	19	10,1	10	6,4	16,662	15,806	14,950	1,337	0,856
15	R 1/2	Rp 1/2	14	13,2	13	8,2	20,955	19,793	18,631	1,814	1,162
20	R 3/4	Rp 3/4	14	14,5	15	9,5	26,441	25,279	24,117	1,814	1,162
25	R 1	Rp 1	11	16,8	17	10,4	33,249	31,770	30,291	2,309	1,479
32	R 1 1/4	Rp 1 1/4	11	19,1	19	12,7	41,910	40,431	38,952	2,309	1,479
40	R 1 1/2	Rp 1 1/2	11	19,1	19	12,7	47,803	46,324	44,845	2,309	1,479
50	R 2	Rp 2	11	23,4	24	15,9	59,614	58,135	56,656	2,309	1,479
65	R 2 1/2	Rp 2 1/2	11	26,7	27	17,5	75,184	73,705	72,226	2,309	1,479
80	R 3	Rp 3	11	29,8	30	20,6	87,884	86,405	84,926	2,309	1,479
100	R 4	Rp 4	11	35,8	36	25,4	113,030	111,551	110,072	2,309	1,479
125	R 5	Rp 5	11	40,1	40	28,6	138,430	136,951	135,472	2,309	1,479
150	R 6	Rp 6	11	40,1	40	28,6	163,830	162,351	160,872	2,309	1,479

Beispiel Innengewinde: Rohrgewinde DIN 2999 – Rp 1/2; **Außengewinde:** Rohrgewinde DIN 2999 – R 1/2

65.2 Nahtlose Stahlrohre, Siederohre (Auszug aus DIN 2448)[1)]

DN	Außendurchmesser in mm	Normalwanddicke in mm	Innendurchmesser in mm	Lichter Querschnitt in cm²	Inhalt in l/m	Rohrmasse in kg/m	Äußere Oberfläche ≈ in m²/m
32	38	2,6	32,8	8,45	0,84	2,27	0,119
40	**44,5**	**2,6**	**39,3**	**12,13**	**1,21**	**2,69**	**0,14**
	(48,3)	2,6	43,1	14,59	1,46	2,93	0,152
	(51)	2,6	45,8	16,47	1,65	3,10	0,16
50	**57**	**2,9**	**51,2**	**20,59**	**2,06**	**3,87**	**0,179**
	(60,3)	2,9	54,5	23,33	2,33	4,11	0,198
	(63,5)	2,9	57,5	26,15	2,62	4,33	0,199
	(70)	2,9	64,2	32,37	3,24	4,8	0,22
65	**76,1**	**2,9**	**70,3**	**38,82**	**3,88**	**5,24**	**0,239**
	(82,5)	3,2	76,1	45,48	4,55	6,26	0,259
80	**88,9**	**3,2**	**82,5**	**53,46**	**5,35**	**6,76**	**0,28**
100	**108**	**3,6**	**100,8**	**79,8**	**7,98**	**9,27**	**0,339**
	(114,3)	3,6	107,1	90,09	9,01	9,83	0,359
125	**133**	**4**	**125**	**122,72**	**12,27**	**12,70**	**0,418**
	(139,7)	4	131,7	136,23	13,62	13,4	0,439
150	**159**	**4,5**	**150**	**176,71**	**17,67**	**17,1**	**0,5**
	(168,3)	4,5	159,3	199,31	19,93	18,2	0,529
	(193,7)	5,6	182,5	261,59	26,16	26	0,609
200	**219,1**	**6,3**	**206,5**	**334,91**	**33,49**	**33,1**	**0,688**
250	**273**	**6,3**	**260,4**	**532,56**	**53,26**	**41,4**	**0,858**

Ausführung: Oberfläche schwarz o. n. V.[2)]
Lieferlänge: Heustellängen[3)], Festlängen ± 500 mm, Genaulängen max. +15 mm o. n. V.

Anwendungsgrenzen:
Rohre nach **DIN 1629;** $TB \leq 300$ °C; $d_a \leq 219{,}1$ mm, $PB \leq 64$ bar und $d_a \leq 600$ mm, $PB \leq 25$ bar mit Bescheinigung DIN 50049-2.2 und $PB \leq 160$ bar für alle Durchmesser mit Bescheinigung DIN 50049-3.1 A o. B o. C

Rohre nach **DIN 17175 Gütestufe I,** $TB \leq 450$ °C; $d_a \leq 63{,}5$ mm, $PB \leq 80$ bar; $d_a > 63{,}5$ mm, $PB \leq 32$ bar; **Gütestufe III,** $TB > 450$ °C; $d_a \leq 63{,}5$ mm, $PB > 80$ bar; $d_a > 63{,}5$ mm, $PB > 32$ bar.

Bezeichnung eines Rohres n. DIN 2448 mit d_a = 159 mm und s = 4,5 mm aus St 37.0 normalgeglüht: **Rohr DIN 2448 – 159 × 4,5 DIN 1629 – St 37.0 N**

1) Die Abmessungen gelten auch für Rohre nach DIN 2449 und DIN 2450.
2) n. V.: nach Vereinbarung (z. B. verzinkt).
3) Sind je nach Hersteller, Durchmesser und Wanddicke unterschiedlich.

Rohre, Armaturen, Halbzeuge

66.1 Geschweißte Stahlrohre, Siederohre (DIN 2458)

DN	Außendurchmesser in mm	Normalwanddicke in mm	Innendurchmesser in mm	Lichter Querschnitt in cm^2	Inhalt in l/m	Rohrmasse in kg/m	Äußere Oberfläche ≈ in m^2/m
32	38	2,3	33,4	8,76	0,88	2,02	0,119
40	**44,5**	**2,3**	**39,9**	**12,5**	**1,25**	**2,39**	**0,14**
	(48,3)	2,3	43,7	15,0	1,50	2,61	0,152
	(51)	2,3	46,4	16,9	1,69	2,76	0,16
50	**57**	**2,3**	**52,4**	**21,6**	**2,16**	**3,1**	**0,179**
	(60,3)	2,3	55,7	24,37	2,44	3,29	0,189
	(63,5)	2,3	58,9	27,25	2,73	3,47	0,199
	(70)	2,6	64,8	32,98	3,3	4,32	0,220
65	**76,1**	**2,6**	**70,9**	**39,48**	**3,95**	**4,71**	**0,239**
	(82,5)	2,6	77,3	46,93	4,69	5,12	0,259
80	**88,9**	**2,9**	**83,1**	**54,24**	**5,42**	**6,15**	**0,279**
100	**108**	**2,9**	**102,2**	**82,03**	**8,2**	**7,52**	**0,339**
	(114,3)	3,2	107,9	91,44	9,14	8,77	0,359
125	**133**	**3,6**	**125,8**	**124,29**	**12,43**	**11,5**	**0,418**
	(139,7)	3,6	132,5	137,89	13,79	12,1	0,439
150	**159**	**4**	**151**	**179,08**	**17,91**	**15,3**	**0,500**
	(168,3)	4	160,3	201,82	20,18	16,2	0,529
	(193,7)	4,5	184,7	267,93	26,79	21,0	0,609
200	**219,1**	**4,5**	**210,1**	**346,69**	**34,67**	**23,8**	**0,688**
250	**273**	**5**	**263**	**543,25**	**54,33**	**33,0**	**0,858**

Ausführung: Oberfläche schwarz o. n. V.[1)]
Lieferlänge: Herstellänge[2)]
Festlänge ± 500 mm
Genaulänge max. +15 mm
o. n. V.

Anwendungsgrenzen:
Rohre nach **DIN 1626:** $TB \leq 300$ °C; $d_a \leq 219{,}1$ mm, $PB < 64$ bar und $d_a \leq 600$ mm, $PB \leq 25$ bar mit Bescheinigung nach DIN 50049-2.2 und $PB \leq 160$ bar für alle Durchmesser mit Bescheinigung DIN 50049-3.1 A o. B o. C.

Rohre nach **DIN 17177: Gütestufe I,** $TB \leq 450$ °C; $d_a \leq 63{,}5$ mm, $PB \leq 80$ bar; $d_a > 63{,}5$ mm, $PB \leq 32$ bar; **Gütestufe III,** $TB > 450$ °C; $d_a \leq 63{,}5$ mm, $PB > 80$ bar; $d_a > 63{,}5$ mm, $PB < 32$ bar.

Bezeichnung eines elektrisch preßgeschweißten Rohres nach DIN 2458 mit d_a = 133 mm und s = 3,6 mm aus St 37.8:
Rohr DIN 2458 – St 37.8 – 133 × 3,6
oder **Rohr DIN 2458 – 1.0315 – 133 × 3,6**

1) n. V.: nach Vereinbarung.
2) Sind je nach Hersteller, Durchmesser und Wanddicke unterschiedlich.

66.2 Nahtlose Präzisionsstahlrohre DIN 2391 (Auszug)

Außen-∅ × Wanddicke[1)] in mm	Innendurchmesser in mm	Inhalt in l/m	Oberfläche ≈ in m^2/m	Rohrmasse in kg/m	Druck PR[2)] in bar
8 × 1,5	5	0,020	0,0251	0,240	431
8 × 1	6	0,028	0,0251	0,173	333
10 × 1,5	7	0,038	0,0314	0,314	373
10 × 1	8	0,050	0,0314	0,222	282
12 × 1,5	9	0,064	0,0377	0,388	353
15 × 1,5	12	0,113	0,0471	0,499	282
18 × 1,5	15	0,177	0,0565	0,610	235
22 × 2	18	0,254	0,0691	0,986	256
28 × 2	24	0,452	0,0880	1,282	201
35 × 2	31	0,755	0,1100	1,628	161

Werkstoffe und Lieferzustand vgl. Tab. 58.2

Gütegrad: A ohne besondere Güteanforderung
B mit besonderer Güteanforderung
C mit Sonderanforderung

Nahtloses Präzisionsstahlrohr aus St 35 im Lieferzustand NBK (normalgeglüht) d = 28 mm, s = 2 mm.

Bezeichnung: Rohr DIN 2391 – St 35 NBK 28 × 2

1) Wanddicke entsprechen TRF vgl. Tab. 161.4 und TRGI vgl. Tab. 144.1.
2) Gilt für St 35.4 bei ruhender Belastung bis + 120 °C.

66.3 Nahtlose Präzisionsstahlrohre mit Außenisolierung

Außendurchmesser × Wanddicke in mm	Innendurchmesser in mm	Inhalt in l/m	Rohrmasse in kg/m	Isoliermantel Außen-∅ in mm	Isoliermantel Oberfläche ≈ m^2/m
Stangen (6 m pro Stange, schweißbar)					
10 × 1,2	7,6	0,045	0,305	14	0,044
12 × 1,2	9,6	0,072	0,373	16	0,05
15 × 1,2	12,6	0,125	0,472	19	0,06
16 × 1,2	13,6	0,146	0,508	20	0,063
18 × 1,2	15,6	0,192	0,573	22	0,069
22 × 1,5	19	0,284	0,874	27	0,085
28 × 1,5	25	0,491	1,155	34	0,107
35 × 1,5	32	0,804	1,454	41	0,132
Ringe (ca. 50 m Rohrlänge, nicht schweißbar)					
10 × 1	8	0,05	0,267	14	0,044
12 × 1	10	0,079	0,324	16	0,05
15 × 1	13	0,133	0,409	19	0,06
16 × 1	14	0,154	0,440	20	0,063
18 × 1	16	0,201	0,495	22	0,069

Werkstoff: Weichstahl Sonderqualität

Biegeradius: mindestens 3 · d (Außendurchmesser)

Beanspruchung: max. 25 bar und bis 120 °C

Klemmring-Fittings vgl. Tab. 73.2.

67.1 **Tempergußfittings** (Auswahl) DIN 2950 **Maße in mm**

Bestell-Nr.:	90 / 92			2 / 1			41 / 40			130		132					270 / 271[3]		280 / 281[3]
	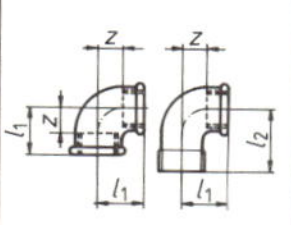			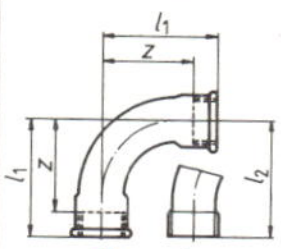			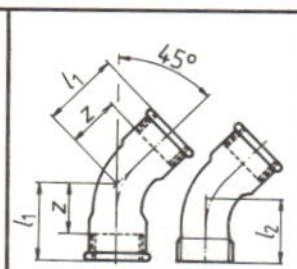			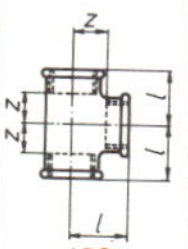		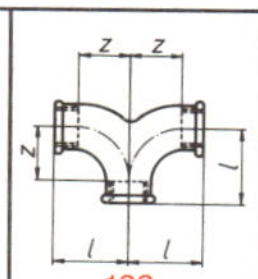		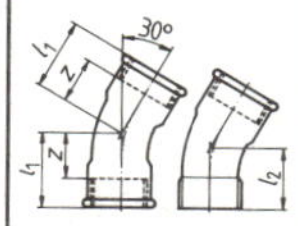			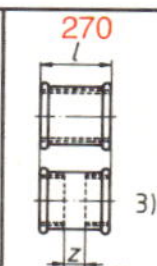 3)		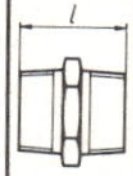 3)
R, Rp	l_1	z	l_2	l_1	z	l_2	l_1	z	l_2	l[1]	z[1]	l	z	l_1	z	l_2	l	z	l
⅜	25	15	32	48	38	42	30	20	24	25	15	36	26	27	17	20	30	10	38
½	28	15	37	55	42	48	36	23	30	28	15	45	32	32	19	25	36	10	44
¾	33	18	43	69	54	60	43	28	36	33	18	50	35	38	23	30	39	9	47
1	38	21	52	85	68	75	51	34	42	38	21	63	46	44	27	36	45	11	53
1¼	45	26	60	105	86	95	64	45	54	45	26	76	57	52	33	42	50	12	57
1½	50	31	65	116	97	105	68	49	58	50	31	85	66	56	37	46	55	17	59
2	58	34	74	140	116	130	81	57	70	58	34	102	78	66	42	54	65	17	68
2½	69	42	88	176	149	165	99	72	86	69	42	115[2]	88[2]	80	53	66	74	20	75[4]
3	78	48	98	205	175	190	113	83	100	78	48	133[2]	103[2]	92	62	77	80	20	83[4]
4	96	60	118	260	224	245	–	–	–	96	60	250[2]	214[2]	114	78	100	94[4]	22[4]	95[4]

Bestell-Nr.:	120 / 121			2a / 1a			340 / 330[6]		341 / 331[6]			96 / 95[6]		98 / 97[6]		
	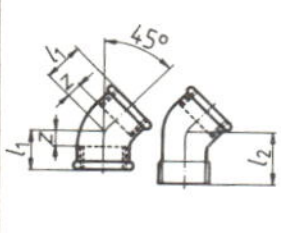			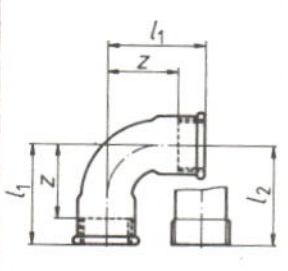			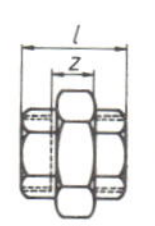 5)		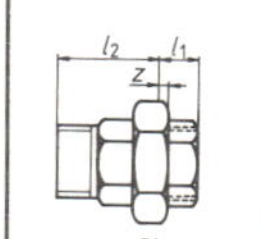 5)			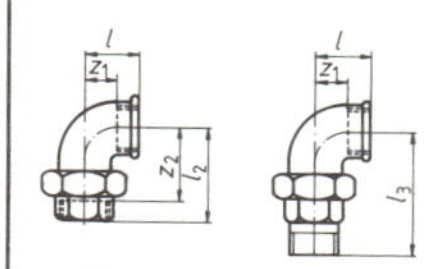				
R, Rp	l_1	z	l_2	l_1	z	l_2	l	z	l_1[2]	z[2]	l_2[2]	l_1	z_1	l_2	z_2	l_3
⅜	20	10	25	36	26	36	45	25	23	13	33	25	15	52	42	65
½	22	9	28	45	32	45	48	22	25	12	39	28	15	58	45	76
¾	25	10	32	50	35	50	52	22	28	13	42	33	18	62	47	82
1	28	11	37	63	46	63	58	24	31	14	47	38	21	72	55	94
1¼	33	14	43	76	57	76	65	27	33	14	55	45	26	82	63	107
1½	36	17	46	85	66	85	70	32	36	17	57	50	31	90	71	115
2	43	19	55	102	53	78	78	30	42	18	62	58	34	100	76	128

Gewindeflansch DIN 2566 PN 10, PN 16

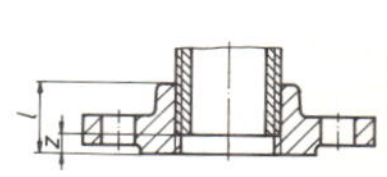

R, Rp	l	z	R, Rp	l	z
⅜	20	10	1½	26	7
½	20	7	2	28	4
¾	24	9	2½	32	5
1	24	7	3	34	4
1¼	26	7	4	38	2

Bestell-Nr.:	240		241	
	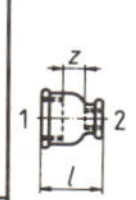		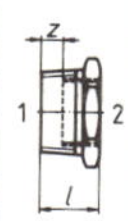	
Anschluß 1 × 2 R, Rp	l	z	l	z
½ × ⅜	36	13	24	14
¾ × ⅜	39	14	26	16
¾ × ½	39	11	26	13
1 × ½	45	15	29	16
1 × ¾	45	13	29	14
1¼ × ½	50	18	31	18
1¼ × ¾	50	16	31	16
1¼ × 1	50	14	31	14
1½ × ½	55	23	31	18
1½ × ¾	55	21	31	16
1½ × 1	55	19	31	14
1½ × 1¼	55	17	31	12
2 × 1	65	24	35	18
2 × 1¼	65	22	35	16
2 × 1½	65	22	35	16
2½ × 1½	74	28	40	21
2½ × 2	74	23	40	16
3 × 2	80	26	44	20
3 × 2½	80	23	44	17
4 × 3	94	28	51	21

Anschluß 1 × 2

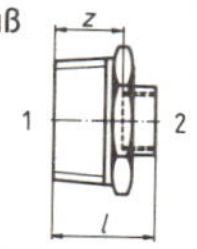

290

R, Rp	l	z
⅜ × ⅛	20	13
⅜ × ¼	20	10
½ × ⅛	24	17
½ × ¼	24	14
¾ × ¼	26	16
1 × ¼	29	19
1 × ⅜	29	19
1¼ × ⅜	31	21
2 × ½	48	35
2 × ¾	48	33
2½ × 1	54	37
2½ × 1¼	54	35
3 × 1	59	42
3 × 1¼	59	40
3 × 1½	59	40
4 × 2	69	45
4 × 2½	69	42

Anschluß 1 × 2

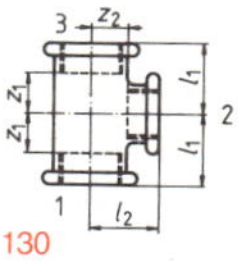

130

Anschluß 1 gleich Anschluß 3 und $z_1 = z_2$

Rp	l_1	z_1	l_2	z_2	Rp	l_1	z_1	l_2	z_2
⅜ × ½	26	16	26	13	1½ × 1¼	46	27	48	29
½ × ⅜	26	13	26	16	1½ × 2	55	36	52	28
½ × ¾	31	18	30	15	2 × ½	38	14	48	35
¾ × ⅜	28	13	28	18	2 × ¾	40	16	50	35
¾ × ½	30	15	31	18	2 × 1	44	20	52	35
¾ × 1	36	21	35	18	2 × 1¼	48	24	54	35
1 × ⅜	30	13	32	22	2 × 1½	52	28	55	36
1 × ½	32	15	34	21	2½ × 1	47	20	60	43
1 × ¾	35	18	36	21	2½ × 1¼	52	25	62	43
1 × 1¼	42	25	40	21	2½ × 1½	55	28	63	44
1¼ × ½	34	15	38	25	2½ × 2	61	34	66	42
1¼ × ¾	36	17	41	26	3 × 1¼	55	25	70	51
1¼ × 1	40	21	42	25	3 × 1½	58	28	71	52
1¼ × 1½	48	29	46	27	3 × 2	64	34	73	49
1½ × ½	36	17	42	29	3 × 2½	72	42	76	49
1½ × ¾	38	19	44	29	4 × 2	70	34	86	62
1½ × 1	42	23	46	29	4 × 3	84	48	92	62

1) Maße gelten auch für Kreuzstücke. 2) Hersteller-Angaben. 3) Mit Rechts- und Linksgewinde. 4) Nur Rechtsgewinde. 5) Genormt und lieferbar bis Rp 4. 6) Mit Flachdichtung.

68.1 Tempergußfittings (Auswahl, Fortsetzung) DIN 2950 — Maße in mm

Anschluß 1 × 2 × 3

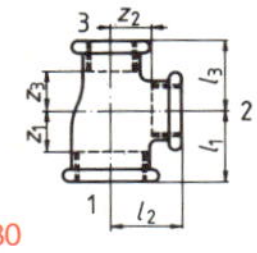

Bestell-Nr.: 130

Rp	l_1	z_1	l_2	z_2	l_3	z_3
½ × ⅜ × ⅜	26	13	26	16	25	15
½ × ½ × ⅜	28	15	28	15	26	16
¾ × ⅜ × ½	28	13	28	18	26	13
¾ × ½ × ⅜	30	15	31	18	26	16
¾ × ½ × ½	30	15	31	18	28	15
¾ × ¾ × ⅜	33	18	33	18	28	18
¾ × ¾ × ½	33	18	33	18	31	18
1 × ½ × ½	32	15	34	21	28	15
1 × ½ × ¾	32	15	34	21	30	15
1 × ¾ × ½	35	18	36	21	31	18
1 × ¾ × ¾	35	18	36	21	33	18
1 × 1 × ½	38	21	38	21	34	21
1 × 1 × ¾	38	21	38	21	36	21
1¼ × ½ × 1	34	15	38	25	32	15
1¼ × ¾ × ¾	36	17	41	26	33	18
1¼ × ¾ × 1	36	17	41	26	35	18
1¼ × 1 × ¾	40	21	42	25	36	21
1¼ × 1 × 1	40	21	42	25	38	21
1¼ × 1¼ × ½	45	26	45	26	38	25
1¼ × 1¼ × ¾	45	26	45	26	41	26
1¼ × 1¼ × 1	45	26	45	26	42	25
1¼ × 1½ × 1	48	29	46	27	46	29
1½ × ½ × 1¼	36	17	42	29	34	15
1½ × ¾ × 1¼	38	19	44	29	36	17
1½ × 1 × 1	42	23	46	29	38	21
1½ × 1 × 1¼	42	23	46	29	40	21
1½ × 1¼ × 1¼	46	27	48	29	45	26
1½ × 1½ × ½	50	31	50	31	42	29
1½ × 1½ × ¾	50	31	50	31	44	29
1½ × 1½ × 1	50	31	50	31	46	29
1½ × 1½ × 1¼	50	31	50	31	48	29
2 × ¾ × 1½	40	16	50	35	38	19
2 × 1 × 1½	44	20	52	35	42	23
2 × 1¼ × 1¼	48	24	54	35	45	26
2 × 1¼ × 1½	48	24	54	35	46	27
2 × 1½ × 1½	52	28	55	36	50	31
2 × 2 × ¾	58	34	58	34	50	35
2 × 2 × 1	58	34	58	34	52	35
2 × 2 × 1¼	58	34	58	34	54	35
2 × 2 × 1½	58	34	58	34	55	36

Anschluß 1 × 2

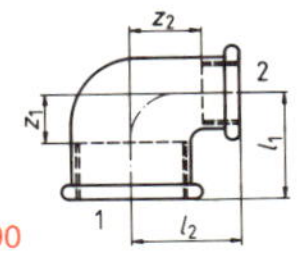

90

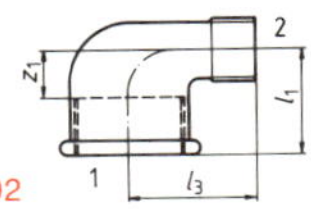

92

R, Rp	l_1	z_1	l_2	z_2	l_3
½ × ⅜	26	13	26	16	33
¾ × ⅜	28	13	28	18	–
¾ × ½	30	15	31	18	40
1 × ½	32	15	34	21	–
1 × ¾	35	18	36	21	46
1¼ × ¾	36	17	41	26	52[1]
1¼ × 1	40	21	42	25	56
1½ × 1	42	23	46	29	62[1]
1½ × 1¼	46	27	48	29	64[1]
2 × 1½	52	28	55	36	72[1]
2½ × 2	61	34	66	42	–

1) Hersteller-Angaben

68.2 Rohrverschraubungen mit Schneidring für Präzisionsstahlrohre[4) 5)] (Auswahl) — Maße in mm

Rohraußen-⌀

Verschraubung

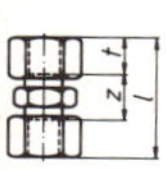

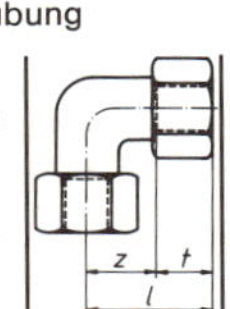

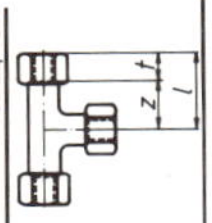

Einschraub-Verschraubung

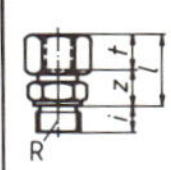

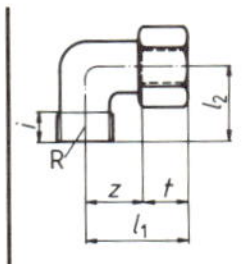

t Einschubtiefe
i Einschraubtiefe[3)]
PN Nenndruck in bar

Einstellbare Winkel-Anschlußverschraubung

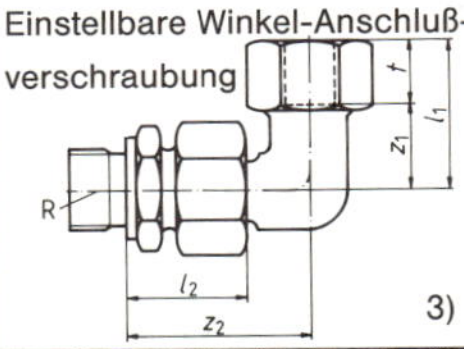

3)

d	l	z	l	z	l	z	l	z	l_1	z	l_2	t	Gewinde	i	PN	l_1	z_1	l_2	z_2	t
6[1)]	32	9	21	9,5	21	9,5	20	8	21	9,5	12	11,5	R ⅛	8	100	27	12	23	34,5	15
8[1)]	35	12	23	11,5	23	11,5	21	9	23	11,5	15	11,5	R ¼; ⅛	8	100	29	14	25	37,5	15
10[2)]	42	13	30	15	30	15	26	11	30	15	19	15	R ¼	12	250	30	15	26	40	15
12[2)]	43	14	32	17	32	17	27	12,5	32	17	20	15	R ⅜	12	250	32	17	27	43	15
15[2)]	46	16	36	21	36	21	29	14	36	21	24	15	Rp ½	14	250	36	21	29	47,5	15
18[2)]	48	16	40	23,5	40	23,5	31	14,5	40	23,5	27	16,5	Rp ½	14	160	40	23,5	31	50,5	16,5
22[2)]	52	20	44	27,5	44	27,5	33	16,5	44	27,5	26	16,5	Rp ¾	16	160	44	27,5	33	55,5	16,5
28[2)]	54	21	47	30,5	47	30,5	34	17,5	47	30,5	30	16,5	Rp 1	18	100	47	30,5	34	61	16,5
35[2)]	63	20	56	34,5	56	34,5	39	17,5	56	34,5	34	21,5	Rp 1¼	20	100	56	34,5	39	72	21,5

Kompletter Konus-Reduzieranschluß[3)]

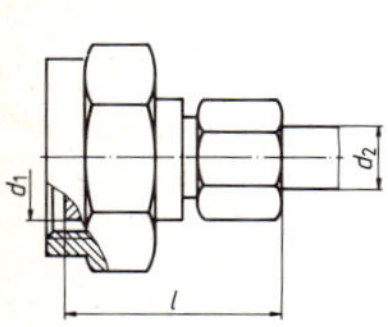

d_1	d_2	Gewinde	l	d_1	d_2	Gewinde	l	d_1	d_2	Gewinde	l	d_1	d_2	Gewinde	l
8	6	M14 × 1,5	38	15	10	M22 × 1,5	39	22	10	M30 × 2	41	28	22	M36 × 2	46
10	6	M16 × 1,5	38	15	12	M22 × 1,5	39	22	15	M30 × 2	43	35	8	M45 × 2	46
10	8	M16 × 1,5	38	18	6	M26 × 1,5	39	22	18	M30 × 2	43	35	10	M45 × 2	47
12	6	M18 × 1,5	38	18	8	M26 × 1,5	39	28	8	M36 × 2	41	35	12	M45 × 2	47
12	8	M18 × 1,5	38	18	10	M26 × 1,5	40	28	10	M36 × 2	42	35	15	M45 × 2	49
12	10	M18 × 1,5	39	18	12	M26 × 1,5	40	28	12	M36 × 2	42	35	18	M45 × 2	49
15	6	M22 × 1,5	38	18	15	M26 × 1,5	42	28	15	M36 × 2	44	35	22	M45 × 2	51
15	8	M22 × 1,5	38	22	8	M30 × 2	40	28	18	M36 × 2	44	35	28	M45 × 2	52

1) Reihe LL (sehr leicht). 2) Reihe L (leicht). 3) Maße nach Herstellerangabe. 4) E DIN 2353. 5) Schneidringe vor der Montage einfetten.

69.1 Stahlfittings zum Einschweißen (Auswahl) Maße in mm

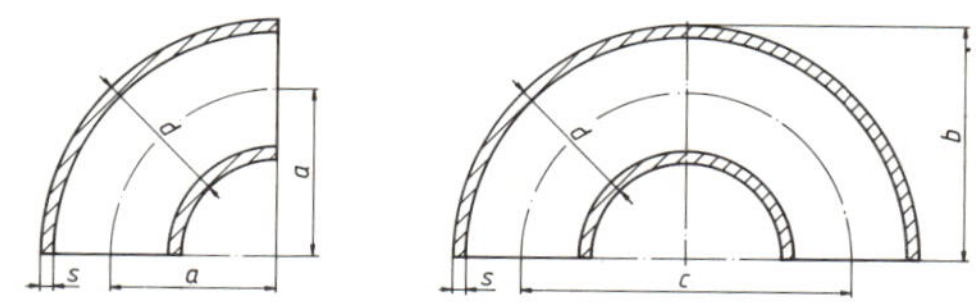

DN	d × s	Bauart 3*d* nach DIN 2605 *a*	*b*	*c*	Bauart 5*d* nach DIN 2606 *a*	*b*	*c*
32	38 × 2,6	45	64	90	82,5	101	165
40	44,5 × 2,6	51	73	102	97,5	120	195
50	57 × 2,9	72	100	144	127,5	156	255
	63,5 × 2,9	82,5	114	165	142,5	174	285
	70 × 2,9	92	127	184	160	195	320
65	76,1 × 2,9	95	133	190	175	213	350
80	88,9 × 3,2	114,5	159	229	205	249	410
100	108 × 3,6	142,5	196	285	252,5	306	505
125	133 × 4	181	247	362	312,5	379	625
150	159 × 4,5	216	294	432	375	454	750
200	219,1 × 5,9	305	415	610	510	619	1020

Sattelstutzen (DIN 2618)

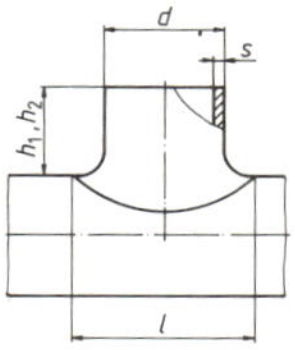

Einschweißstutzen (DIN 2619)

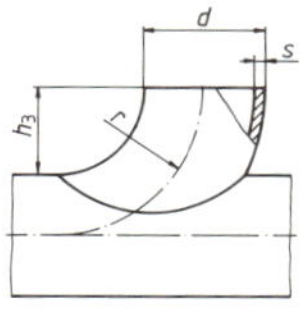

Kappe (DIN 2617)

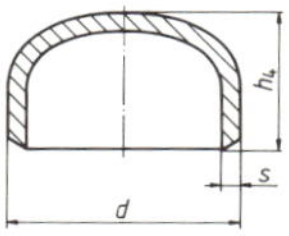

DN	d × s	h_1	h_2	l	h_3	r	h_4
32	38 × 2,6	35	60	67,5	55	58	38
40	44,5 × 2,6	35	70	80	60	70	38
50	57 × 2,9	40	90	102	70	87	38
65	76,1 × 2,9	50	110	142	100	123	38
80	88,9 × 3,2	60	125	164	110	145	50
100	108 × 3,6	65	150	194	130	175	64
125	133 × 4	85	160	240	≈ 155	≈ 230	76
150	159 × 4,5	100	170	280	≈ 180	≈ 270	90
200	219,1 × 5,9	135	220	375	260	375	100

Reduzierstück (entsprechend DIN 2616)

konzentrisch

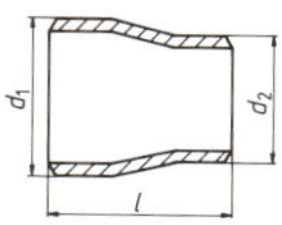

exzentrisch

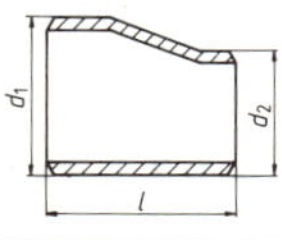

$d_1 \times d_2$	l	$d_1 \times d_2$	l
44,5 × 38	64	133 × 57	127
57 × 38	76	133 × 76,1	127
57 × 44,5	76	133 × 88,9	127
76,1 × 38	90	133 × 108	127
76,1 × 44,5	90	159 × 57	140
76,1 × 57	90	159 × 76,1	140
88,9 × 44,5	90	159 × 88,9	140
88,9 × 57	90	159 × 108	140
88,9 × 76,1	90	159 × 133	140
108 × 57	100	219,1 × 108	152
108 × 76,1	100	219,1 × 133	152
108 × 88,9	100	219,1 × 159	152

69.2 Flansche (DIN 2500, Auswahl)

Flanschart und Flanschwerkstoff			Nenndruck PN	Nennweite DN
Gußeisenflansch – GG			von 1 bis 40	von 10 bis 4000
Stahlgußflansch – GS			von 16 bis 400	von 10 bis 2600
Gewindeflansch mit Ansatz	glatt oval	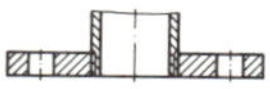	6	von 6 bis 100
	oval St 37	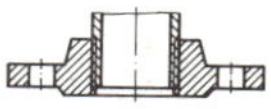	16	von 6 bis 40
	rund St 37		6 und 16	von 6 bis 150
	St 42		von 40 bis 100	von 6 bis 150
Vorschweißflansch	St 37-2	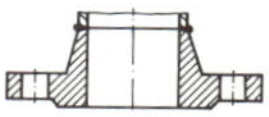	von 1 bis 40	von 10 bis 500
	RSt 42-2		von 64 bis 400	von 10 bis 200
Loser Flansch	Bördel St 37	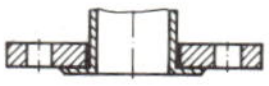	6 und 10	von 10 bis 800
	Bund St 37-2	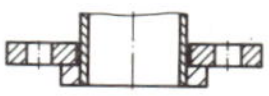	von 6 bis 40	von 10 bis 500
Flansch zum Löten oder Schweißen St 37-2		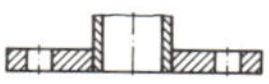	6 und 10	von 10 bis 500
Blindflansch St 37			von 6 bis 40	von 10 bis 500

69.3 Formen der Dichtflächen (Auswahl)

Form der Dichtfläche		Kennbuchstabe	Dichtung DIN	Nenndruck PN
Glatte Dichtleiste		C D	2690 2698	1 bis 40 25 u. 40
Feder und Nut	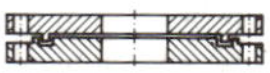	F N	2691	10 bis 100
Vor- und Rücksprung		V 13 R 13	2692	10 bis 100
Vorsprung mit Eindr.	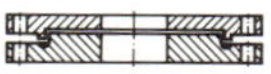	V 14 R 14	2693	10 bis 100

70.1 Vorschweißflansche, Dichtungen, Schrauben

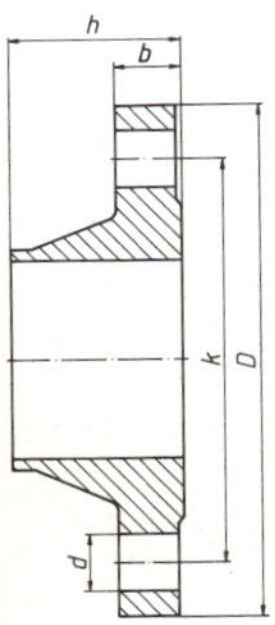

Nennweite DN		10	15	20	25	32	40	50	65	80	100	125	150	200
Anschlußmaß Reihe 1[1] d_a	mm	17,2	21,3	26,9	33,7	42,4	48,3	60,3	76,1	88,9	114,3	139,7	168,3	219,1
Anschlußmaß Reihe 2[1] d_a	mm	14	20	25	30	38	44,5	57	–	–	108	133	159	–
Nenndruck PN 6[2] Vorschweißflansch nach DIN 2631[3]														
Flansch-∅ D	mm	75	80	90	100	120	130	140	160	190	210	240	265	320
Dicke b	mm	12	12	14	14	14	14	14	14	16	16	18	18	20
Lochkreis k	mm	50	55	65	75	90	100	110	130	150	170	200	225	280
Höhe h	mm	28	30	32	35	35	38	38	38	42	45	48	48	55
Loch-∅ d	mm	11	11	11	11	14	14	14	14	18	18	18	18	18
Dichtung														
Innen-∅	mm	14	20	25	30	38	45	57	76	89	108	133	159	262
Außen-∅	mm	38	43	53	63	75	85	95	115	132	152	182	207	216
Schraubenanzahl		4	4	4	4	4	4	4	4	4	4	8	8	8
Schraubengröße		M10	M10	M10	M10	M12	M12	M12	M12	M16	M16	M16	M16	M16
Länge[5]	mm	40	40	40	40	45	45	45	45	55	55	60	60	60
Masse	kg	0,34	0,39	0,59	0,75	1,05	1,18	1,34	1,67	2,71	3,24	4,49	5,15	7,78
Nenndruck PN 16[2] Vorschweißflansch nach DIN 2633[4]														
Flansch-∅ D	mm	90	95	105	115	140	150	165	185	200	220	250	285	340
Dicke b	mm	14	14	16	16	16	16	18	18	20	20	22	22	24
Lochkreis k	mm	60	65	75	85	100	110	125	145	160	180	210	240	295
Höhe h	mm	35	35	38	38	40	42	45	45	50	52	55	55	62
Loch-∅ d	mm	14	14	14	14	18	18	18	18	18	18	18	22	22
Dichtung														
Innen-∅	mm	14	20	25	30	38	45	57	76	89	108	133	159	216
Außen-∅	mm	45	50	60	70	82	92	107	127	142	162	192	218	273
Schraubenanzahl		4	4	4	4	4	4	4	4	8	8	8	8	12[6]
Schraubengröße		M12	M12	M12	M12	M16	M16	M16	M16	M16	M16	M16	M20	M20
Länge[5]	mm	45	45	50	50	55	55	60	60	60	65	70	70	80
Masse	kg	0,58	0,65	0,95	1,14	1,69	1,86	2,53	3,06	3,70	4,62	6,30	7,75	11,0

Bezeichnung eines Vorschweißflansches mit Dichtleiste Form C von DN 50, PN 16, Rohr d_a = 57 mm aus St 37-2:

Flansch C 50 × 57 DIN 2633 – St 37-2

[1] International werden Anschlußmaße der Reihe 1, in Deutschland auch nach Reihe 2, angewendet. [2] Bis 120 °C kann PB = PN gesetzt werden, darüber ist der Streckgrenzenabfall zu berücksichtigen. [3] Die Abmessungen gelten auch für PN 1 und PN 2,5. [4] Die Abmessungen gelten auch für PN 10. [5] Die Schraubenlänge gilt für Vorschweißflansche, Blindflansche, Gewindeflansche und Ovalflansche gegen Armaturenflansche bei einer Flachdichtung mit 2 mm Dicke. [6] Flansche für PN 10, DN 200 haben nur 8 Schraubenlöcher.

70.2 Schrauben (DIN 601) und Muttern (DIN 555) für Flansch-Verbindungen

Maße in mm, Festigkeitsklasse 4.6

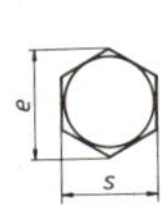

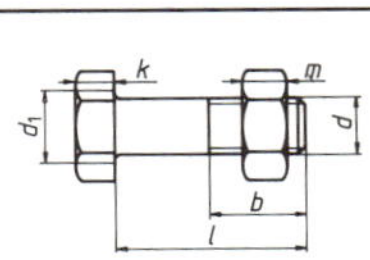

d	d_1	s	e	b[1]	k	m	l[2] ab
M10	12,2	17	18,72	32	6,4	8	40
M12	14,7	19	20,88	36	7,5	10	45
M16	18,7	24	26,17	44	10	13	55
M20	24,4	30	32,95	52	12,5	16	65

[1] Für Längen bis 120 mm.
[2] Länge bis l = 70 mm um 5 mm und darüber um 10 mm gestuft.

70.3 Schrauben für Rohrleitungen, Richtlinien für die Werkstoffauswahl

Nenndruck PN	Zul. Betr.-Temperatur TB in °C	Schraube nach DIN	Mutter DIN	Werkstoff Schraube	Werkstoff Mutter
bis 40	300	601[1] 2509[2] 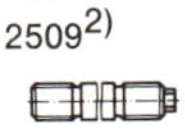	555[1] 934[1]	4.6 5.6[2]	4.6 4.6
	400	2510 	934[1]	C 35	St 50 – 2 N
	450			24 CrMo 5	C 35

[1] Sechskant.
[2] Bei Verwendung von Metall-Weichstoffdichtungen und Metalldichtungen.

71.1 Kupferrohre für Gas- und Wasserinstallation (DIN 1786)

Lieferform	Kupferrohr	Zustand	Lieferlänge
in Ringen	6 × 1 bis 22 × 1[1)]	F 22	25 m oder 50 m
in gestreckter Länge	6 × 1 bis 54 × 2[1)]	F 37	5 m
	64 × 2 bis 133 × 3	F 30	5 m
	159 × 3 bis 267 × 3	F 30	4 m oder 5 m

Werkstoff: Sauerstofffreies Kupfer (SF-Cu).

Außendurchmesser × Wanddicke $d \times s$ in mm	Innendurchmesser in mm	Inhalt in l/m	Rohr-Masse in kg/m	Einstecktiefe t[2)] in mm	Zul. Betr.-Druck in bar
6 × 1	4	0,013	0,14	5	229
8 × 1	6	0,028	0,196	6	163
10 × 1	8	0,05	0,252	7	127
12 × 1	10	0,079	0,308	7	104
15 × 1[3)]	13	0,133	0,391	8	82
18 × 1[3)]	16	0,201	0,475	9	67
22 × 1[3)]	20	0,314	0,587	11	54
28 × 1,5	25	0,491	1,11	13	65
35 × 1,5	32	0,804	1,41	15	51
42 × 1,5	39	1,195	1,7	18	42
54 × 2	50	1,963	2,91	22	44
64 × 2	60	2,827	3,467	25[4)]	37
76,1 × 2	72,1	4,083	4,144	30[4)]	31
88,9 × 2	84,9	5,661	4,859	34[4)]	26
108 × 2,5	103	8,332	7,374	41[4)]	27

Bestellbeispiel für Kupfer mit $d = 18$ mm, $s = 1$ mm in gestreckten Längen:
... m Rohr DIN 1786-SF-Cu F37-18 × 1 × Lg 5 m
oder in Ringen:
... m Rohr DIN 1786-SF-Cu F22-18 × 1 × Rg 25 m
oder mit Werkstoffnummer:
... m Rohr DIN 1786-2.0090.10-18 × 1 × Rg 25 m

Kennzeichnung der Rohre nach DIN 1786 z. B. Außendurchmesser 22 mm:
22 × 1 DIN 1786 Herstellername ⊙ DVGW-Cu ...

1) Die Kupferrohre 6 × 1 bis 22 × 1 in Ringen und 6 × 1 bis 54 × 2 werden blank oder mit werkseitig aufgebrachter Dämmung (Wicu-Rohr, vgl. Tab. 71.2) geliefert.
2) Gilt nur für Weichlötverbindung; für Hartlötverbindung gilt $t = 3 \cdot s$, mindestens $t = 5$ mm. Gasleitungen mit $s = 1$ mm und alle T- und Schrägabgänge mit Kapillar-Lötfittings hartlöten.
3) Beim Schweißen Wanddicke mindestens 1,5 mm.
4) Beim Löten erfordert die Wärmeführung besondere Geschicklichkeit.

71.2 Außendurchmesser und Abmantelungslänge von Wicu[1)]-Rohren

Kupferrohr-Abmessung $d \times s$ in mm	Gesamt-Außendurchmesser bei Wärmedämmung Ring[2)] in mm	Wärmedämmung Stange[3)] in mm	Stegmantel Ring in mm	Stegmantel Stange in mm	Abmantelung in mm
6 × 1	–	–	10	–	120
8 × 1	–	–	12	–	120
10 × 1	–	–	14	14	120
12 × 1	26	33	16	16	120
15 × 1	29	37	19	19	120
18 × 1	32	41	23	23	120
22 × 1	–	46	27	27	120
28 × 1,5	–	64	–	33	160
35 × 1,5	–	72	–	40	160
42 × 1,5	–	91	–	48	200
54 × 2	–	116	–	60	200

1) Wicu = **W**ärme-**i**solierte-**Cu**-Rohre, zulässige Betriebstemperatur 100 °C, Mantel DIN 4102 B2.
2) Nur für Anschlußleitungen bis 8 m zugelassen ½ EnEG.
3) Wärmeschutz entspricht 1/1 EnEG.

Rohre, Armaturen, Halbzeuge

71.3 Kupferrohre für Warmwasser-Fußbodenheizung mit hellgrauem Kunststoffmantel (DIN 59753)

Lieferform: In Stangen, hart, Länge 5 m, in Ringen, weich bis 18 × 0,9 mm, Länge 50 m.
Werkstoff: Sauerstofffreies Kupfer (SF-Cu). In Stangen F37 (hart), in Ringen F22 (weich).

Außendurchmesser × Wanddicke $d \times s$ in mm	Mantel-Außendurchmesser in mm	Inhalt in l/m	Kupfermasse in kg/m	Einstecktiefe t[1)] in mm	Zul. Betr.-Druck in bar
12 × 0,8	16	0,085	0,251	7	58
14 × 0,8	18	0,121	0,295	8	50
15 × 0,8	19	0,141	0,318	8	46
16 × 0,8	20	0,163	0,340	9	44
18 × 0,9	23	0,206	0,428	9	43
22 × 0,9	27	0,32	0,531	11	35
28 × 0,9	33	0,539	0,682	13	27

Bestellbeispiel:
500 m Rohr DIN 59753 – SF-Cu F22 – 18 × 0,9 Ringe 50 m mit Gütezeichen

Kennzeichnung der Rohre in roter Schrift auf dem Mantel z. B.: Markenbezeichnung – ⊙ – 18 – DIN 4102-B2.

1) Gilt nur für Weichlötverbindung; für Hartlötverbindung gilt $t = 3 \cdot s$, mindestens $t = 5$ mm.

Rohre, Armaturen, Halbzeuge

72.1 Lötfittings für Kupferrohre (DIN 2856)

Maße in mm

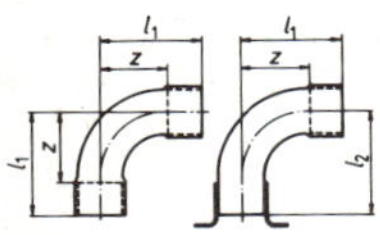
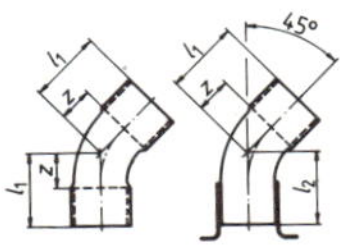
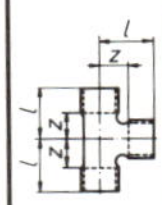
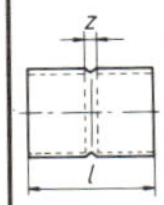

Best.-Nr.:[2)]	5002 a		5001 a			5041		5040			5130		5270	
Rohr-Außendurchmesser d	l_1	z	l_1	z	l_2	l_1	z	l_1	z	l_2	l	z	l	z
8	16	10	16	10	18	11	4	11	4	13	12	5	15	1
10	20	12	20	12	22	12	4	12	4	14	14	6	17	1
12	23	14	23	14	25	14	5	14	5	16	16	7	19	1,5
15	29	18	29	18	31	17	6	17	6	19	19	8	23	1,5
18	34	22	34	22	36	20	7	20	7	22	23	10	27	1,5
22	42	26	42	26	44	25	9	25	9	27	28	12	32	1,5
28	52	34	52	34	54	29	10	29	10	31	34	15	38	1,5
35	65	42	65	42	67	37	14	37	14	39	42	19	48	1,5
42	77	50	77	50	79	42	15	42	15	44	50	23	56	1,5
54	97	65	97	65	99	52	20	52	20	54	61	29	66	1,5
64	109	77	–	–	–	60	27	–	–	–	73	40	67	2
76,1	125	91	–	–	–	66	32	–	–	–	80	46	69	2
88,9	144	107	–	–	–	75	37	–	–	–	92	54	77	2
108	177	130	–	–	–	108	60	–	–	–	112	64	97	2

4090 g / 4092 g

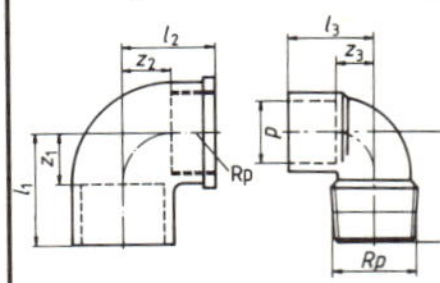

d × Rp	l_1	z_1	l_2	z_2
12 × 3/8	18	9	16	7
12 × 1/2	20	11	19	8
15 × 1/2	22	11	21	10
18 × 1/2	24	11	22	11
18 × 3/4	27	14	24	11
22 × 1/2	27	11	24	13
22 × 3/4	30	14	26	13

d × R	l_3	z_3	l_4
12 × 3/8	16	21	7
12 × 1/2	17	25	8
15 × 1/2	19	25	8
18 × 1/2	21	27	8
22 × 3/4	27	31	11

5085[1)]

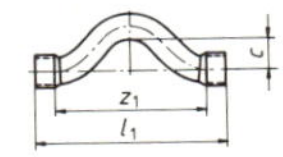

d	l_1	c	z_1
12	98	20	80
15	113	20	91
18	126	20	100
22	147	20	115

5086[1)]

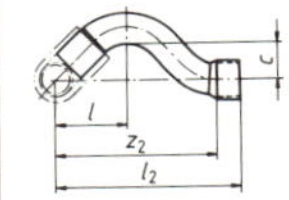

d	l_2	e	z_2
12	82	33	73
15	92	36	81
18	101	40	88
22	116	44	100

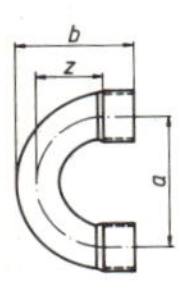
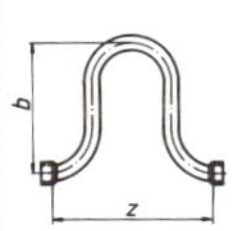

Best.-Nr.:[2)]	5060[1)]			5870[1)]		
Rohr-Außendurchmesser d	a	b	z	b	Δl	z
12	34	31	17	91	5	68
15	44	40	22	111	7	88
18	52	47	26	133	8	104
22	65	59	32	163	10	130
28	82	73	41	207	12	164
35	104	92	52	262	12	209
42	126	111	63	314	12	253

5243

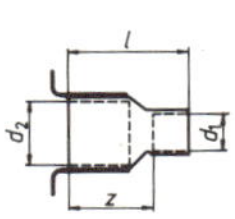

$d_1 \times d_2$	l	z
10 × 8	16	9
12 × 8	20	13
12 × 10	19	11
15 × 10	23	15
15 × 12	24	15
18 × 12	27	18
18 × 15	29	18
22 × 15	34	23
22 × 18	35	22
28 × 15	39	28
28 × 18	39	26
28 × 22	42	26
35 × 22	48	32
35 × 28	49	30
42 × 28	56	37
42 × 35	57	34
54 × 35	68	45
54 × 42	69	42
64 × 54	75	43
76 × 64	77	44
89 × 76	84	50
100 × 89	100	62

5240

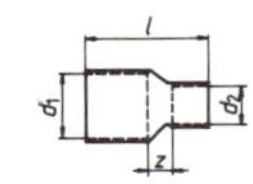

$d_1 \times d_2$	l	z
8 × 6	15	2
10 × 8	17	3
12 × 8	19	3
12 × 10	20	3
15 × 10	23	4
15 × 12	23	3
18 × 15	27	3
22 × 15	32	5
22 × 18	31	3
28 × 15[1)]	46	14
28 × 18	38	7
28 × 22	39	5
35 × 22[1)]	54	14
35 × 28	47	5
42 × 35	56	6
54 × 42	70	11
64 × 54	75	10
76 × 54[1)]	82	17
76 × 64	77	11
89 × 76	83	12
108 × 89	100	15

5243 g[1)] (4243 g), 5270 g (4270 g)

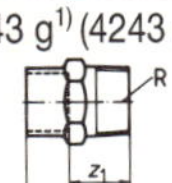
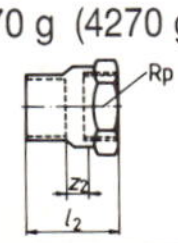

Rohr-Außendurchmesser × Rohrgewinde d × Rp, d × R	l_1	z_1	l_2	z_2
10 × 3/8	20	11	21	4
12 × 3/8	19	10	22	4
12 × 1/2	22	13	26	5
15 × 3/8	21	9	23	3
15 × 1/2	23	11	27	5

d × Rp, d × R	l_1	z_1	l_2	z_2
15 × 3/4	26	14	29	5
18 × 1/2	25	12	29	4
18 × 3/4	25	12	31	5
22 × 1/2	28	12	29	1
22 × 3/4	28	12	33	4
22 × 1	29	13	37	6
28 × 1	33	14	39	5
35 × 1 1/4	35	11	44	4
42 × 1 1/2	42	17	48	4
54 × 2	52	20	60	6
76 × 2 1/2	75	36	–	–
89 × 3	90	44	–	–
108 × 4	107	51	–	–

5280 g[1)], 5246 g[1)]

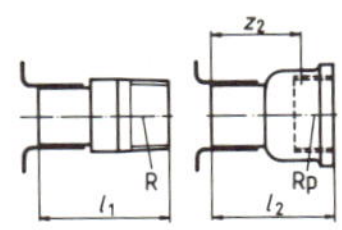

d × Rp, d × R	l_1	l_2	z
12 × 3/8	26	25	15
15 × 1/2	31	30	18
18 × 1/2	32	32	20
22 × 3/4	37	37	23
28 × 1	42	43	27
35 × 1 1/4	49	48	31
42 × 1 1/2	54	52	35

5340[1)]

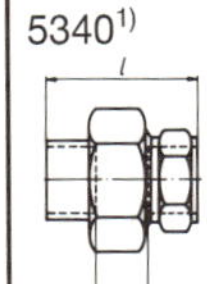

d	l	z
12	37	19
15	39	17
18	41	15
22	45	13
28	48	10
35	58	12
42	67	13

5341 g[1)], 5340 g

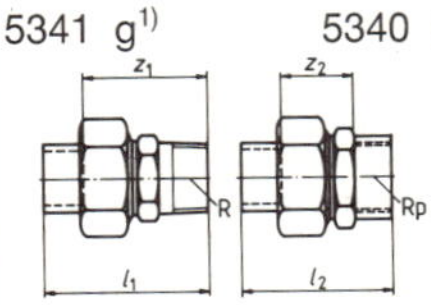

d × Rp, d × R	l_1	z_1	l_2	z_2
12 × 3/8	41	32	36	18
15 × 1/2	45	34	43	21
18 × 1/2	46	33	36	12
22 × 3/4	51	35	45	16
28 × 1	55	36	49	16
35 × 1 1/4	62	39	56	15
42 × 1 1/2	67	40	60	15

[1)] Auswahl aus Herstellerunterlagen. Nicht für alle Hersteller übertragbar. [2)] Bestellnummer lt. DIN 2586.

73.1 Lötfittings für Kupferrohre (DIN 2856 Fortsetzung) Maße in mm

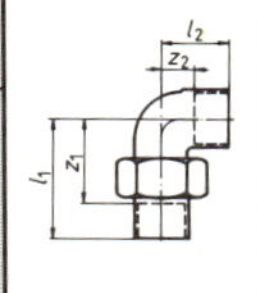
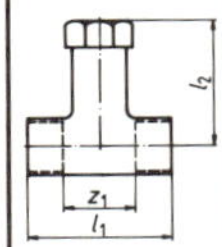
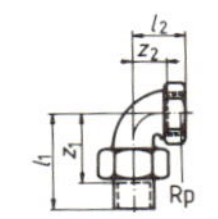
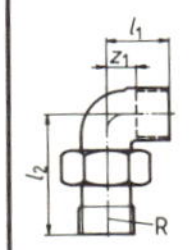
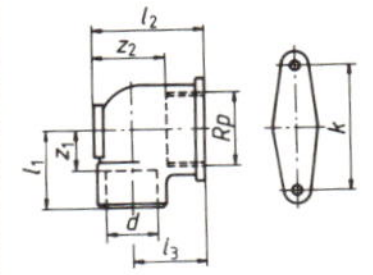
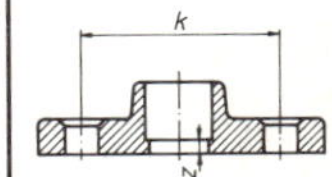

Best.-Nr.:[2]	4096[1]				4599[1]			Außen-∅ x Rohrgewinde	4096 g[1]				4098 g[1]			4472 g						Lötflansch PN 16[1]			
Rohr-Außendurchmesser d	l_1	z_1	l_2	z_2	l_1	z_1	l_2	$d \times Rp$ / $d \times R$	l_1	z_1	l_2	z_2	l_1	z_1	l_2	l_1	z_1	l_2	z_2	l_3	k[1]	DN	d	k	z
12	36	26	17	7	34	16	24	12 × 3/8	40	30	23	16	17	7	42	18	9	26	17	17	34	40	42	110	5
15	39	28	21	9	42	20	30	12 × 1/2	44	35	28	18	17	7	47	20	11	28	17	19	35	50	54	125	4
18	41	27	22	8	50	24	34	15 × 1/2	44	33	28	18	19	8	53	22	11	31	20	21	35	65	76,1	145	4
22	48	32	28	12	60	28	39	18 × 1/2	45	31	28	18	22	8	49	24	11	34	23	22	35	80	88,9	160	8
28	51	32	35	16	76	38	46	22 × 3/4	49	33	34	23	28	12	62	30	14	40	27	26	50	100	108	180	8

Best.-Nr.:[2] 5130

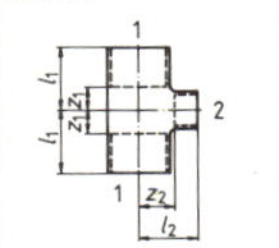

Rohr-Außendurchmesser d $d_1 \times d_2$	l_1	z_1	l_2	z_2
8 × 6[1]	11	4	11	5
10 × 8[1]	15	7	18	10
10 × 12[1]	16	7	18	9
12 × 10	15	6	15	7
12 × 15	18	9	18	7
15 × 10	17	6	17	9
15 × 12	18	7	18	9
15 × 18	21	10	22	9
18 × 12	21	8	19	10

$d_1 \times d_2$	l_1	z_1	l_2	z_2
18 × 15	21	8	21	10
22 × 12	23	7	21	12
22 × 15	25	9	23	12
22 × 18	27	11	25	12
22 × 28	32	16	32	13
28 × 15	28	9	26	15
28 × 18	29	10	28	15
28 × 22	31	12	31	15
35 × 22	36	13	35	19
35 × 28	38	15	38	19
42 × 28[1]	43	16	41	22
42 × 35[1]	47	20	46	23
54 × 42[1]	56	24	57	30
76 × 54[1]	76	40	84	50
89 × 76[1]	94	54	94	58
108 × 89	113	57	112	66

5130

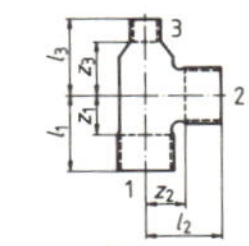

Rohr-Außendurchmesser $d_1 \times d_2 \times d_3$	l_1	z_1	l_2	z_2	l_3	z_3
15×12×12	18	7	18	9	18	9
15×15×12	19	8	19	8	19	10
18×15×15	22	9	21	10	22	11
18×18×12	23	10	23	10	21	12
18×18×15	23	10	23	10	23	12
22×15×15	25	9	23	12	24	13
22×15×18	25	9	24	12	25	12
22×18×18	27	11	25	12	26	13
22×22×15	28	12	28	12	25	14
22×22×18	28	12	28	12	27	14
28×28×22	34	15	34	15	35	19

4130 g

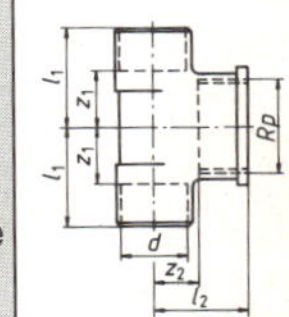

Rohr-Außendurchmesser × Rohrgewinde $d \times Rp$	l_1	z_1	l_2	z_2
12 × 3/8[1]	19	9	17	10
15 × 3/8[1]	21	9	19	12
15 × 1/2	22	11	21	10
18 × 3/8[1]	22	9	20	11
18 × 1/2	24	11	22	11
22 × 1/2	27	11	24	13
22 × 3/4	30	14	26	13
28 × 1	37	18	32	17

[1] Auswahl aus Herstellerunterlagen. Nicht für alle Hersteller übertragbar. [2] Bestellnummer lt. DIN 2586.

73.2 Klemmring-Fittings[1] für Weichstahl- und Kupferrohre

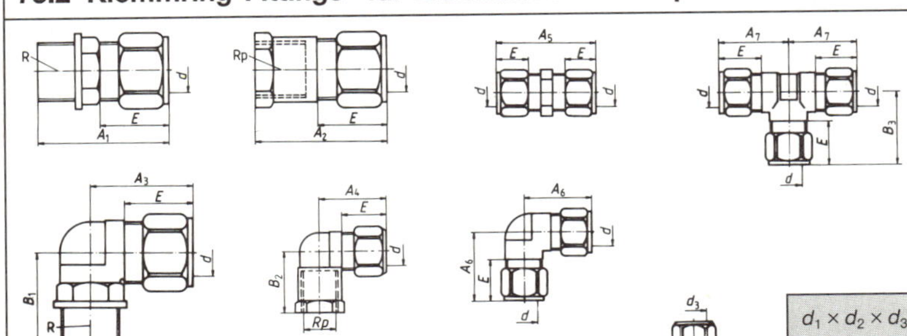

$R \times d$ / $Rp \times d$	A_1	A_2	A_3	A_4	B_1	B_2
3/8 × 12	29	30	31	32	21	24
1/2 × 15	40	41	31	36	27	28
1/2 × 18	37	32	35	38	27	26
3/4 × 15	38	–	–	–	–	–
3/4 × 18	38	38	–	–	–	–
3/4 × 22	42	43	37	37	31	31
1 × 28	47	46	41	39	38	34

Maße in mm

d	A_5	A_6	A_7	B_3	E
12	42	32	29	29	18
15	46	30	30	30	21
18	47	35	35	35	22
22	52	37	36	37	24
28	56	41	38	39	24
35	58	47	47	48	28

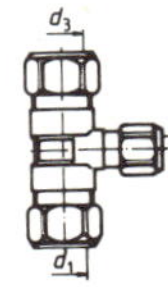

$d_1 \times d_2 \times d_3$
15 × 22 × 15
22 × 15 × 15
22 × 15 × 22
28 × 15 × 28

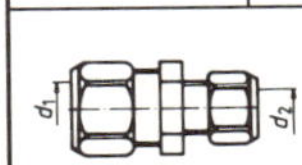

$d_1 \times d_2$
22 × 15
28 × 22

[1] Aus Messing.

73.3 Kupfer-Schweißbogen, Winkelbordscheiben

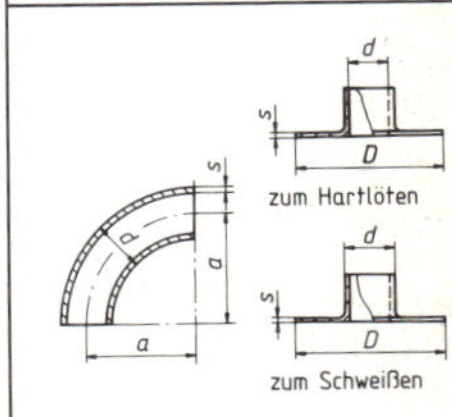

Maße in mm

DN	$d \times s$	a	D
40	42 × 1,5	47,5	88
50	54 × 2	72	105
	64 × 2	82,5	122
65	76 × 2	95	122
80	89 × 2	114,5	140
100	108 × 2,5	142,5	162

74.1 Druckrohre aus PVC-U, mit Steckmuffe (DIN 8062)

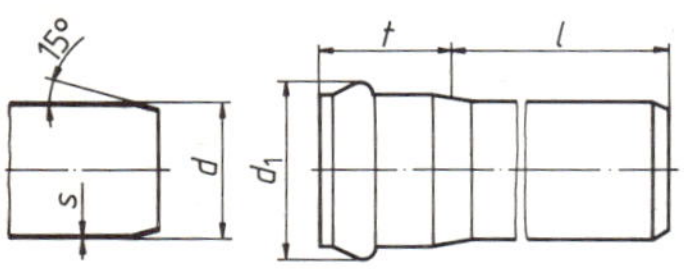

Farbe: dunkelgrau RAL 7011
Länge: 6 m oder 12 m[2)]

DN	*d* in mm	*s* in mm	Inhalt in l/m	Rohrmasse in kg/m	d_1 in mm	Einstecktiefe *t* mm
Nenndruck PN 6[1)] nach DIN 8062, Reihe 3						
80	90	2,7	5,62	1,13	120	106
100	110	3,2	8,43	1,64	144	114
125	140	4,1	13,64	2,65	176	125
150	160	4,7	17,8	3,44	199	134
200	225	6,6	35,2	6,76	272	158
Nenndruck PN 10[1)] nach DIN 8062, Reihe 4						
50	63	3,0	2,55	0,85	89	96
65	75	3,6	3,61	1,22	105	101
80	90	4,3	5,20	1,75	123	106
100	110	5,3	7,76	2,61	147	114
125	140	6,7	12,6	4,18	181	125
150	160	7,7	16,4	5,47	205	134
200	225	10,8	32,5	10,80	280	158
Nenndruck PN 16[1)] nach DIN 8062, Reihe 5						
80	90	6,7	4,61	2,61	128	106
100	110	8,2	6,88	3,90	154	114
125	140	10,4	11,2	6,27	189	125
150	160	11,9	14,6	8,17	213	134
200	225	16,7	28,8	16,10	292	158

[1)] PN gilt bei 20 °C.
[2)] Über 12 m nach Vereinbarung.

74.2 Richtungsänderung in der Rohrtrasse

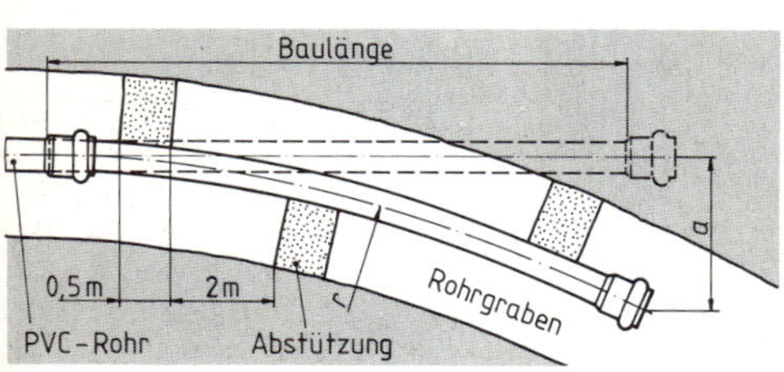

Baulänge	Max. zul. Auslenkung *a* in m bei DN 50	65	80	100	125	150	200
6 m	0,94	0,80	0,66	0,54	0,43	0,38	0,27
12 m	3,69	3,13	2,63	2,16	1,70	1,49	1,07
r in m	18,9	22,5	27,0	33,0	42,0	48,0	67,5

74.3 Druckrohre aus PVC-U mit Klebemuffe (DIN 8062 und DIN 19532)

Farbe: dunkelgrau RAL 7011
Länge: bis DN 40 von 5 m
ab DN 50 von 6 m
ab DN 65 auch 12 m[1)]

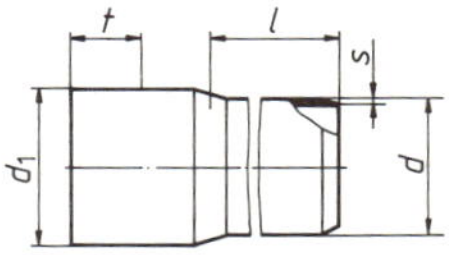

Bezeichnung für Rohr *d* = 32 mm Reihe 5:
Rohr DIN 8062-32 × 2,4-PVC-U

DN	*d* in mm	*s* in mm	Inhalt in l/m	Rohrmasse in kg/m	d_1 in mm	Klebtiefe t_{min} in mm
Nenndruck PN 10[1)] nach DIN 8062, Reihe 4						
20	25	1,5	0,38	0,174	29	35
25	32	1,8	0,63	0,264	37	35
32	40	1,9	1,03	0,350	45	44
40	50	2,4	1,61	0,552	56	55
50	63	3,0	2,55	0,854	70	69
65	75	3,6	3,61	1,22	84	77
80	90	4,3	5,20	1,75	100	87
100	110	5,3	7,76	2,61	122	101
125	140	6,7	12,6	4,18	155	121
150	160	7,7	16,4	5,47	177	135
200	225	10,8	32,5	10,80	249	180
Nenndruck PN 16[1)] nach DIN 8062, Reihe 5						
10	16	1,2	0,15	0,09	20	34
15	20	1,5	0,23	0,137	24	35
20	25	1,9	0,35	0,212	30	35
25	32	2,4	0,58	0,342	38	35
32	40	3,0	0,91	0,525	47	44
40	50	3,7	1,43	0,809	59	55
50	63	4,7	2,26	1,29	75	69
65	75	5,6	3,20	1,82	89	77
80	90	6,7	4,61	2,61	106	87
100	110	8,2	6,88	3,90	129	101
125	140	10,4	11,16	6,27	164	121
150	160	11,9	14,60	8,17	187	135
200	225	16,7	28,80	16,10	263	180

[1)] PN gilt bei 20 °C.
[2)] Über 12 m nach Vereinbarung.

74.4 Richtwerte für Kleber- und Reinigerverbrauch für 100 Klebeverbindungen

DN	Kleber in kg	Reiniger in l	DN	Kleber in kg	Reiniger in l
25	bis 0,7	bis 0,35	80	bis 5	bis 2,5
32	bis 1	bis 0,50	100	bis 8	bis 4
40	bis 1,3	bis 0,65	125	bis 13	bis 6,5
50	bis 1,5	bis 0,75	150	bis 19	bis 9,5
65	bis 2,0	bis 1,0	200	bis 26	bis 13,0

75.1 PVC-Klebefittings, Übergangsfittings PN 16 und Gewindefittings PN 10
(DIN 8063 und Herstellerangaben, Auswahl) Maße in mm

Bogen 90°

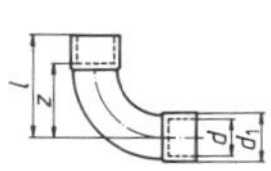

Winkel 90°

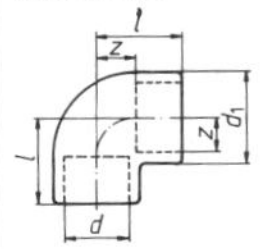

Winkel 45°

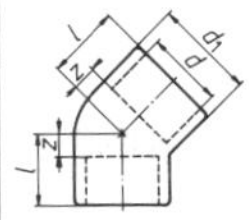

T 90°

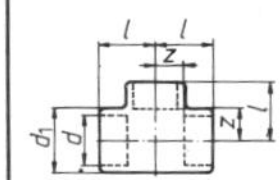

Muffe

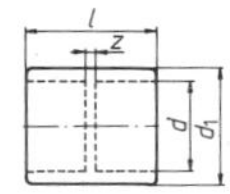

Muffe, reduziert

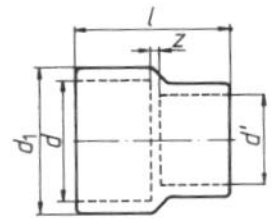

DN	d	Bogen 90°			Winkel 90°			Winkel 45°			T 90°			Muffe			Muffe, reduziert				
		d_1	l	z	d_1	l	z	d_1	l	z	d_1	l	z	d_1	l	z	DN	d × d'	d_1	l	z
10	16	–	–	–	21	23	9	23	20	6	21	23	9	22	31	3	20 × 15	25 × 20	32	38	3
15	20	26,5	56	40	25	27	11	25,5	21	5	25	27	11	26	35	3	25 × 20	32 × 25	40	44	3
20	25	32,5	69	50	30,5	33	14	31	25	6	30,5	33	14	31,5	41	3	25 × 15	32 × 20	40	41	3
25	32	40	86	64	38,2	39	17	39	30	8	38,2	39	17	39,5	47	3	32 × 25	40 × 32	49	51	3
32	40	49	106	80	47,2	49	23	48	36	10	47,2	49	23	48	55	3	32 × 20	40 × 25	49	48	3
40	50	60,5	131	100	60,5	59	28	59,5	43	12	62	59	28	59,5	65	3	32 × 15	40 × 20	49	45	3
50	63	76	164	126	75	72	34	75	53	15	77	72	34	74,5	79	3	40 × 32	50 × 40	60	60	3
65	75	94,5	194	150	90	84	40	89	62	18	91,5	84	40	88	92	4	40 × 25	50 × 32	60	56	3
80	90	108	231	180	108	99	48	106	72	21	109,5	99	48	105,5	107	5	40 × 20	50 × 25	60	53	3
100	110	136,5	281	220	132	119	58	127	86	25	132,5	119	58	129	128	6	50 × 40	63 × 50	75	72	3

Übergangsverschraubung TG/PVC

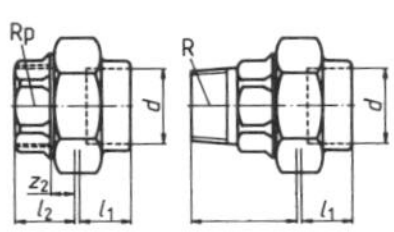

DN	d × Rp / d × R	l_1	l_2	z_2
15	20 × ½	19	25	12
20	25 × ¾	22	28	13
25	32 × 1	25	31	14
32	40 × 1¼	29	33	13
40	50 × 1½	34	36	17
50	63 × 2	41	42	18
65	75 × 2½	47	46	19

Reduktion mit Klebestutzen und Klebemuffe

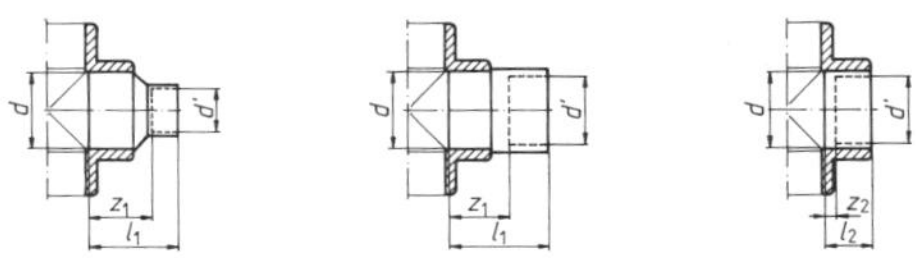

DN	d × d'	l_1	z_1	l_2	z_2	DN	d × d'	l_1	z_1	l_2	z_2	DN	d × d'	l_1	z_1	l_2	z_2
15 × 10	20 × 16	35	21	16	2	40 × 15	50 × 20	60	44	–	–	65 × 40	75 × 50	93	62	44	13
20 × 10	25 × 16	39	25	–	–	40 × 20	50 × 25	63	44	–	–	65 × 50	75 × 63	100	62	44	6
20 × 15	25 × 20	41	25	19	3	40 × 25	50 × 32	66	44	31	9	80 × 32	90 × 40	100	74	–	–
25 × 10	32 × 16	44	30	–	–	40 × 32	50 × 40	70	44	31	5	80 × 40	90 × 50	105	74	51	30
25 × 15	32 × 20	46	30	22	6	50 × 20	63 × 25	73	54	–	–	80 × 50	90 × 63	112	74	51	13
25 × 20	32 × 25	49	30	22	3	50 × 25	63 × 32	76	54	38	16	80 × 65	90 × 75	118	74	51	7
32 × 10	40 × 16	50	36	–	–	50 × 32	63 × 40	80	54	38	12	100 × 40	110 × 50	–	–	61	30
32 × 15	40 × 20	52	36	26	10	50 × 40	63 × 50	85	54	38	7	100 × 50	110 × 63	–	–	61	23
32 × 20	40 × 25	55	36	26	7	65 × 25	75 × 32	84	62	–	–	100 × 80	110 × 90	–	–	61	10
32 × 25	40 × 32	58	36	26	4	65 × 32	75 × 40	88	62	–	–						

Verschraubung

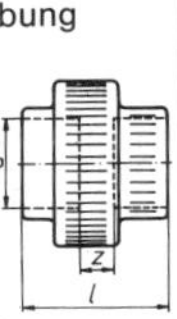

Winkel 90°, T 90°

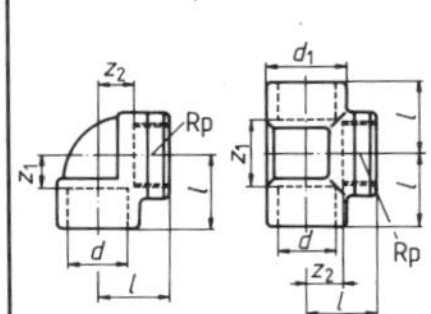

Übergangs-Muffe, Red.-Nippel

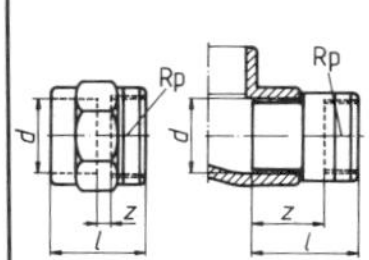

Übergangs-Muffennippel

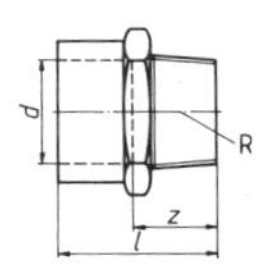

DN	Verschraubung d	l	z	Winkel 90°, T 90° d × Rp	d_1	l	z_1	z_2
15	20	45	13	20 × ½	30	27	11	14
20	25	51	13	25 × ¾	35	33	14	17
25	32	57	13	32 × 1	45	39	17	22
32	40	67	15	40 × 1¼	55	49	23	29
40	50	79	17	50 × 1½	62	58	27	38
50	63	97	21	63 × 2	75	71	33	48

Übergangs-Muffe, Red.-Nippel d × Rp	l	z	Übergangs-Muffennippel d × R	l	z
egal			egal		
20 × ½	35	5	20 × ½	40	24
25 × ¾	40	5	25 × ¾	44	25
32 × 1	45	5	32 × 1	50	28
40 × 1¼	51	5	40 × 1¼	57	31
50 × 1½	59	7	50 × 1½	63	32
63 × 2	69	7	63 × 2''	76	38
reduziert:			reduziert:		
20 × ⅜	35	24	16 × ½	36	22
25 × ½	41	27	20 × ¾	38	22
32 × ¾	48	32	25 × 1	46	27
40 × 1	56	38	32 × 1¼	51	29
50 × 1¼	66	46	40 × 1½	55	29
63 × 1½	77	57	50 × 2	65	34

T 90° reduziert (Abgang)

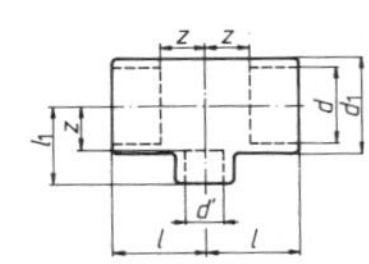

DN	d × d' × d	d_1	l	l_1	z
20 × 15 × 20	25 × 20 × 25	33	33	30	14
25 × 20 × 25	32 × 25 × 32	41	39	36	17
25 × 15 × 25	32 × 20 × 32	41	39	33	17
32 × 25 × 32	40 × 32 × 40	50	49	45	23
32 × 20 × 32	40 × 25 × 40	50	49	42	23
32 × 15 × 32	40 × 20 × 40	50	49	39	23
40 × 32 × 40	50 × 40 × 50	62	59	54	28
40 × 25 × 40	50 × 32 × 50	62	59	50	28
40 × 20 × 40	50 × 25 × 50	62	59	47	28
40 × 15 × 40	50 × 20 × 50	62	59	44	28
50 × 40 × 50	63 × 50 × 63	77	72	65	34
50 × 32 × 50	63 × 40 × 63	77	72	60	34
50 × 25 × 50	63 × 32 × 63	77	72	56	34
50 × 20 × 50	63 × 25 × 63	77	72	53	34

Bundbuchse DN 10 . . .200

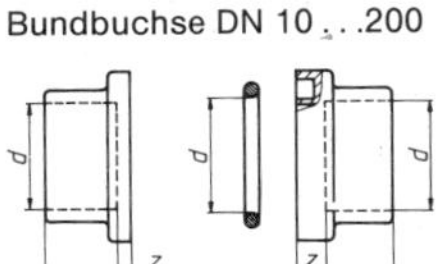

Wandscheibe

16 × Rp ⅜
20 × Rp ½
25 × Rp ¾

76.1 PVC-Formstücke mit Steckmuffen für Druckrohre PN 10
(DIN 8063 und Herstellerangaben)

Muffenbogen
MK-KS 11° ... 60°
MQ-KS 90°

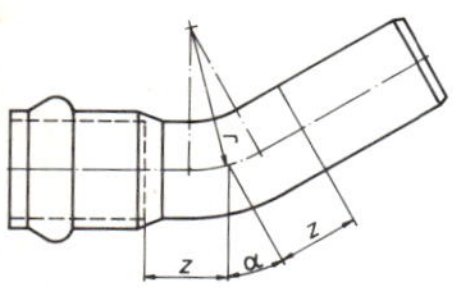

Doppelmuffenbogen
MMK-KS 11° ... 60°
MMQ-KS 90°

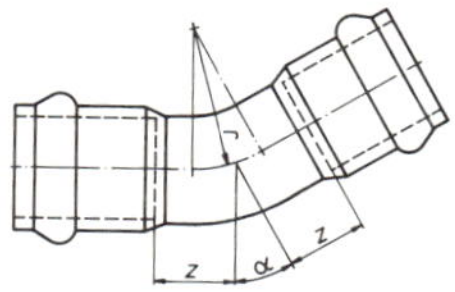

DN	r in mm	11° z mm	22° z mm	30° z mm	45° z mm	60° (K) z mm	90° (Q) z mm	Masse in kg
50	221	46	68	84	117	153	246	0,85
65	263	55	81	100	139	182	293	1,35
80[1]	315	66	97	120	166	218	351	1,66
100[1]	385	81	119	147	203	266	429	2,80
125[1]	490	103	151	187	259	339	546	5,62
150[1]	560	118	173	214	296	387	624	7,94
200[1]	788	166	243	301	416	545	878	21,00

Flanschenstück mit
Flanschenstutzen T

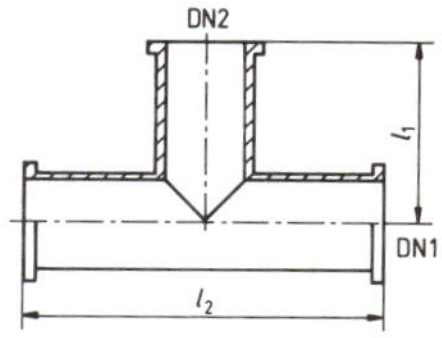

DN 1 × DN 2	l_1 mm	l_2 mm	Masse in kg
50 × 50	146	283	4,38
65 × 50	151	282	5,43
65 × 65	151	293	5,97
80 × 50	157	311	6,78
80 × 65	157	322	7,31
80 × 80	160	335	7,96
100 × 50	159	311	7,54
100 × 65	165	326	8,12
100 × 80	168	339	8,78
100 × 100	178	359	9,16

Doppelmuffe mit Innengewinde
MMI-RS

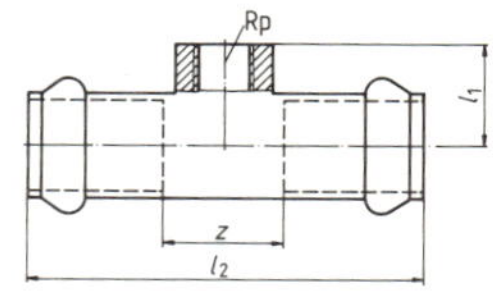

DN × Rp	l_1 mm	z mm	l_2 mm	Masse in kg
50 × 1¼	63	80	281	0,84
50 × 1½	63	80	281	0,81
65 × 1¼	69	82	297	1,08
65 × 1½	69	82	297	1,06
80 × 1¼	75	90	313	1,52
80 × 1½	75	90	313	1,48
100 × 1¼	85	82	331	2,04
100 × 1½	85	82	331	2,01

Doppelmuffe mit
Muffenstutzen
MMB-RS

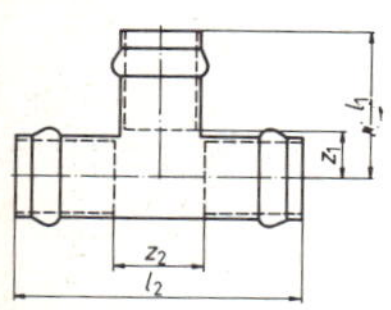

Doppelmuffe mit
Flanschenstutzen
MMA-RS

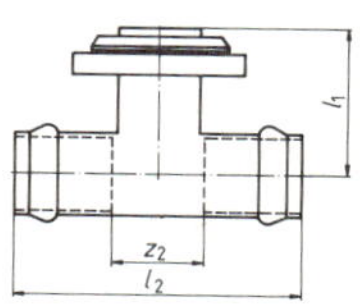

DN	l_2 in mm	l_1 in mm	MMB-RS z_1 mm	MMB-RS z_2 mm	MMB-RS Masse in kg	MMA-RS z_2 mm	MMA-RS Masse in kg
50 × 50	274	137	33	66	0,74	33	1,72
65 × 50	300	144	42	78	1,0	39	1,95
65 × 65	300	150	39	78	1,10	39	2,20
80 × 50	316	150	48	84	1,40	42	2,60
80 × 65	316	150	48	84	1,45	42	3,12
80 × 80[2]	330	165	46	92	1,72	46	3,77
100 × 50	336	168	66	84	2,10	42	3,35
100 × 65	336	168	58	84	2,20	42	3,82
100 × 80[2]	352	175	58	100	2,40	90	4,47
100 × 100[2]	368	184	56	112	2,82	56	4,93
150 × 80[2]	396	200	82	104	5,20	52	7,37
150 × 100[2]	414	210	85	120	5,70	60	7,88
150 × 150	462	231	82	164	7,10	82	10,65
200 × 80[2]	450	240	125	120	8,45	60	10,67
200 × 100[2]	450	250	125	120	8,70	60	10,88
200 × 150	580	270	125	250	12,10	125	15,75
200 × 200	580	290	125	250	13,20	–	–

Flanschenmuffenstück
E-RS

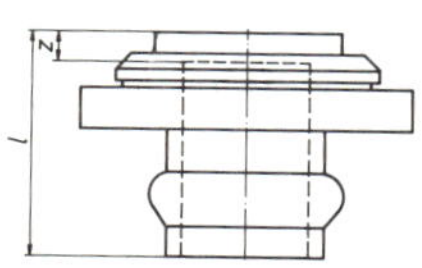

DN	l mm	z mm	Masse in kg
50	118	5	1,35
65	115	5	1,89
80[2]	123	7	2,49
100[2]	134	8	2,80
150[2]	155	10	5,02

Anschlußschelle mit Rohr-
gewinde

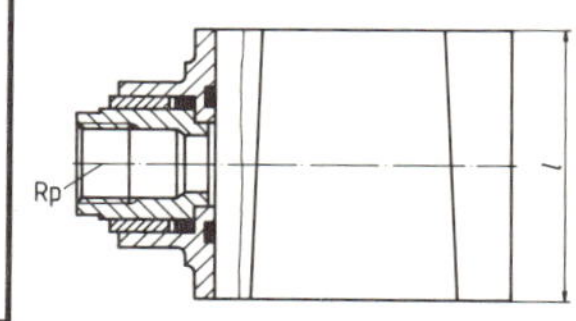

DN × Rp	l mm	Anbohr-⌀ in mm	Masse in kg
50 × ¾	105	18	0,76
50 × 1	105	21	0,98
65 × 1	105	21	1,03
80 × ¾	105	18	0,86
80 × 1	105	21	1,05
80 × 1¼	105	30	1,36
80 × 1½	105	30	1,39
100 × ¾	105	18	0,97
100 × 1	105	21	1,16
100 × 1¼	105	30	1,46
100 × 1½	105	30	1,49
150 × ¾	120	18	1,36
150 × 1	120	21	1,56
150 × 1¼	120	30	1,84
150 × 1½	120	30	1,87
200 × ¾	120	18	1,64
200 × 1	120	21	1,83
200 × 1¼	120	30	2,11
200 × 1½	120	30	2,14

Einflansch-
stücke F-S

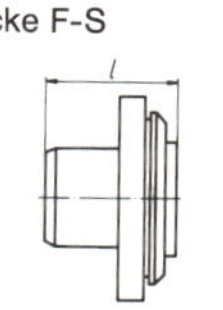

Spreizring-
flansch

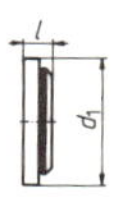

DN	l mm	Masse in kg	d_1 mm	l mm
50	142	1,40	160	36
65	155	1,96	180	43
80[2]	160	2,52	196	44
100[2]	170	2,79	216	44
150[2]	196	5,16	282	44

Einzelmuffenre-
duktion MR-RS

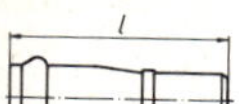

DN	l mm	DN	l mm
65 × 50	254	125 × 100	348
80 × 65	275	150 × 125	357
100 × 80	304	200 × 150	490

Schalenkupplung

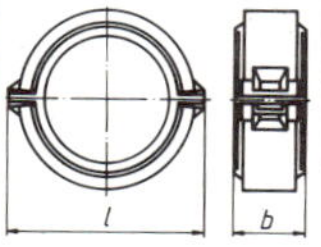

DN	l mm	b mm
80	173	60
100	210	60
150	282	85

Über-
schieb-
muffe U-S

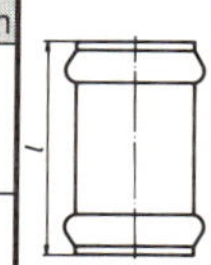

DN	l mm	DN	l mm
50	235	100[1]	290
65	250	125	320
80[1]	270	150[1]	350
		200[1]	405

[1] Auch in PN 16 lieferbar.
[2] Auch ohne Spreizringflansch lieferbar.

77.1 Graugußsohle-Formstücke für Druckrohre PN 10 (DIN 16541 und Herstellerangaben)

Doppelmuffe mit Muffenstutzen MMB-KS

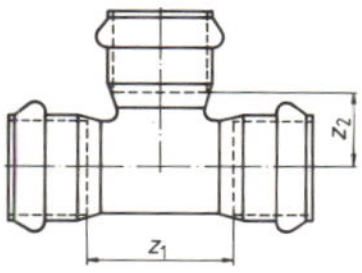

Doppelmuffe mit Flanschenstutzen MMA-RS

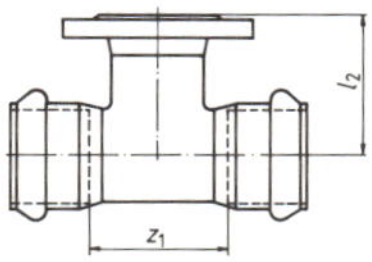

Flanschen-T-Stück

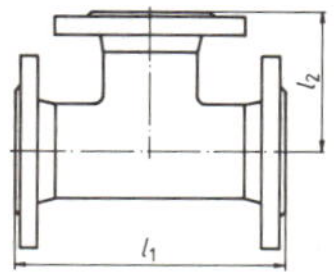

Flanschenmuffenstück E-KS

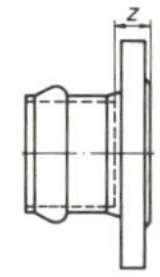

Einflanschstück F-KS

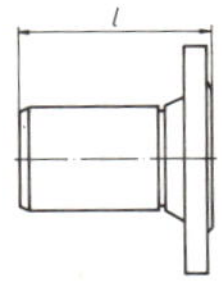

Doppelmuffe mit Gewinde MMI-KS

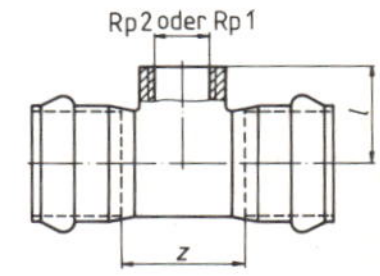

DN	MMB-KS[1)] z_1 mm	z_2 mm	Masse kg[3)]	MMA-KS[1)] z_1 mm	l_2 mm	Masse kg[3]	T[1) 3)] l_1 mm	l_2 mm	Masse kg
50 × 50	70	39,5	4,80	63	140	6,9	300	150	12,5
65 × 50	73	50,5	6,10	66	140	8,2	330	158	15,5
65 × 65	84	50,5	6,80	81	140	9,0	330	165	16,5
80 × 50	76	50,5	7,00	69	161	9,7	330	160	14,0
80 × 65	87	56,5	8,30	84	161	10,5	330	160	15,0
80 × 80	101	61,5	9,00	99	161	12,0	330	165	16,0
100 × 50	81	68	9,50	74	170	11,9	360	170	16,6
100 × 65	92	68	9,70	89	172	13,0	360	170	17,6
100 × 80	106	68	11,30	104	172	14,9	360	175	18,6
100 × 100	124	73	12,7	124	172	15,7	360	180	19,7
125 × 50	87	80	13,5	80	176	15,5	400	190	20,0
125 × 65	98	84	13,9	95	203	16,7	400	190	21
125 × 80	112	85	14,9	117	170	16,5	400	190	23
125 × 100	130	90	18,6	135	180	18,9	400	195	24
125 × 125	157	90	18,6	155	180	21,2	400	200	25,5
150 × 65	104	95	17,4	99	214	20,7	440	208	29,0
150 × 80	118	93,5	19,9	116	199	21,5	440	205	29,4
150 × 100	136	96,5	19,5	136	208	24,3	440	210	29,7
150 × 125	163	101,5	21,7	161	218	26,4	440	215	31
150 × 150	181	106,5	25,8	186	218	28,4	440	220	32
200 × 80	130	131	30,6	128	251	33,9	520	235	42,5
200 × 100	148	131	32,1	148	251	34,5	520	240	43
200 × 125	175	136	34,9	173	245	36,6	520	245	47
200 × 150	193	136	38,0	198	251	38,5	520	250	46,5
200 × 200	252	146	46,5	248	251	52,2	520	260	50

DN	E-KS[1)] z mm	Masse kg[3)]	F-KS[1)] l mm	Masse kg[3]	MMI-KS l mm	z mm	Masse kg[3]
50	20	3,6	134	3,8	59	68	4,1
65	14	4,8	141	4,7	64	71	5,4
80	13	5,8	151	5,7	81	74	6,9
100	11	7,5	163	7,1	90	79	9,4
125	18	10,2	175	10,1	104	85	13,4
150	8	13	187	12,3	113	91	16,6
200	29	21,3	219	19,5	152	103	28,2

Flanschkrümmer 90° N[1) 3)]

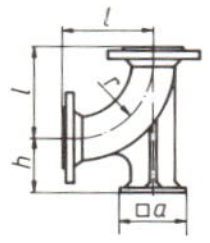

Muffenfußkrümmer 90° EN-RS[1) 3)]

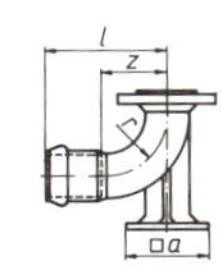

DN		r in mm	l in mm	z in mm	□a in mm	Masse in kg
N	80	137	165	110	180	13,4
N	100	155	180	125	180	16,8
EN-RS	80	137	260	140	180	18,5
EN-RS	100	155	280	160	180	23,0
EN-RS	150		300	175	180	36,2

Flanschübergangsstück FFR

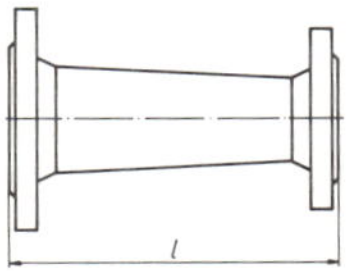

Doppelmuffenreduktionsstück MMR-KS

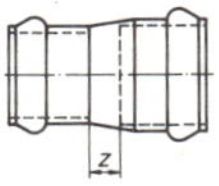

DN	FFR[1) 3)] l mm	Masse in kg	MMR-KS[1)] z mm	Masse in kg
65 × 50	200	9,0	20	3,7
80 × 50	200	7,4	28	4,7
80 × 65	200	8,2	24	4,9
100 × 50	200	8,1	35	5,6
100 × 65	200	8,8	36	6,0
100 × 80	200	9,5	31	7,0
125 × 65	200	19,0	–	–
125 × 80	200	10,7	48	9,1
125 × 100	200	11,4	41	9,9
150 × 80	200	12,2	44	10,8
150 × 100	200	12,8	53	11,0
200 × 100	300	18,6	84	17,7
200 × 125	300	20,0	77	20,7
200 × 150	300	22,0	71	21,4

Blindflansch X[1) 2)] XG[1) 2)]

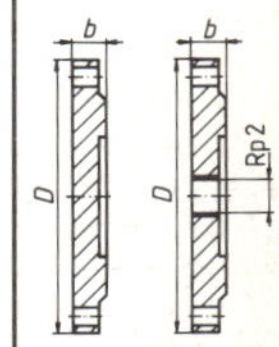

DN	D mm	b mm
50	165	23,5
65	185	24,0
80	200	19
100	220	19
125	250	19
150	285	19
200	340	20

1) Auch in PN 16 lieferbar.
2) Flanschenmaße vgl. Tab. 70.1.
3) Nach Herstellerangabe.

77.2 Klemmverbinder aus Metall für Rohre aus PE (DIN 8076 und Arbeitsblatt W 531 und W 532)

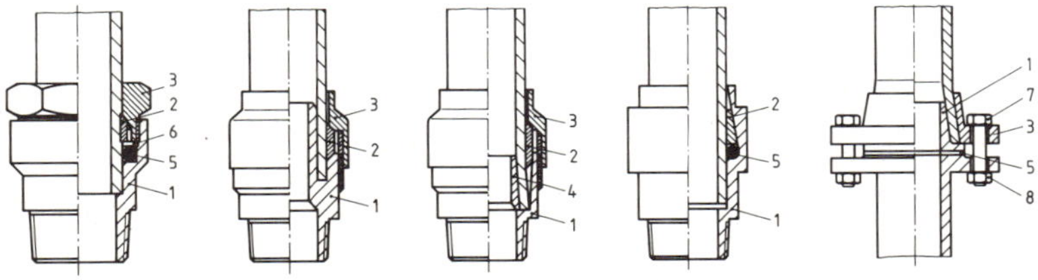

Lfd. Nr.	Benennung
1	Fittingkörper
2	Klemmring
3	Überwurfmutter
4	Stützhülse[1)]
5	Dichtung

1) Nach Wanddicke wählen.

78.1 PVC-Formstücke mit Klebemuffen für Druckrohre PN 10 (DIN 8063)

Muffenbogen
MK-K 11° ... 60°; MQ-K 90°

Doppelmuffenbogen
MMK-K 11° ... 60°; MMQ-K 90°

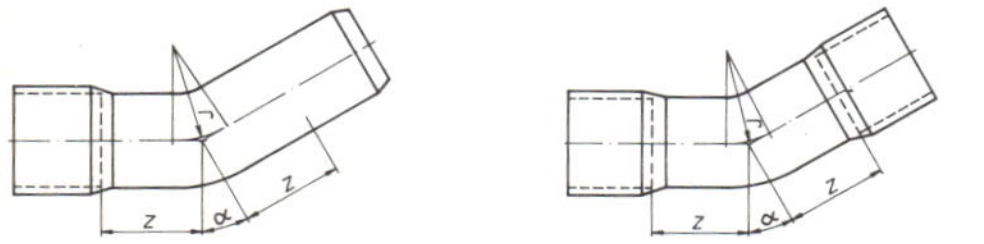

DN	r in mm	11° $z^{2)}$ mm	22° $z^{2)}$ mm	30° $z^{2)}$ mm	45° $z^{2)}$ mm	60° $z^{2)}$ mm	MQ-K 90° $z^{2)}$ mm	Masse[1] in kg
50	221	46	68	84	117	153	246	0,60
65	263	55	81	100	139	182	293	0,95
80	315	66	97	120	166	218	351	1,66
100	385	81	119	147	203	266	429	2,80
125	490	103	151	187	259	339	546	5,62
150	560	118	173	214	296	387	624	7,94
200	788	166	243	301	416	545	878	21,00

Flanschmuffenstück E-K

Einflanschstück F-K

Doppelmuffe MM-K

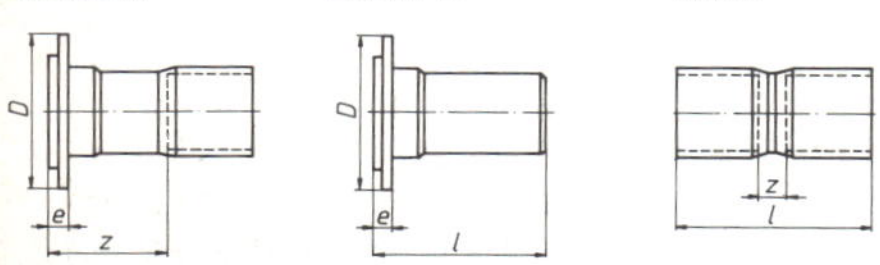

DN	D in mm	e in mm	E-K[2] z mm	E-K[2] Masse[1] in kg	F-K[2] l mm	F-K[2] Masse[1] in kg	MM-K[2] l mm	MM-K[2] z mm
50	165	29	55	2,47	180	2,53	165	20
65	185	30	60	3,13	185	3,09	195	30
80	200	33	75	3,89	205	4,07	220	30
100	220	34	100	4,44	220	4,53	245	30
125	250	38	150	6,31	280	6,37	300	50
150	285	40	150	8,43	270	8,29	330	50
200	340	95	290	23,20	495	23,20	475	100

[1] Nach Herstellerangaben. [2] Auch in PN 16 lieferbar.

78.3 Rohre aus vernetztem Polyethylen PE-X[1] (DIN 16893) – Rohr im Rohr – System für Kalt- und Warmwasser[2] –

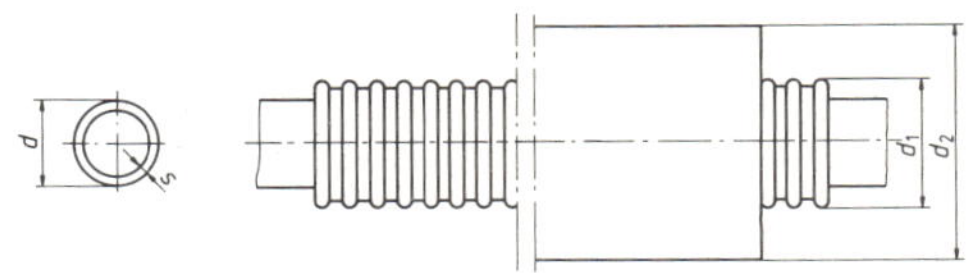

Lieferlänge: In Ringbunden mit Längen von 25, 50, 100 m oder in geraden Festlängen bis 12 m, über 12 m nach Vereinbarung.
Bezeichnung eines PE-X-Rohres d_a = 32 mm, Reihe 2, elektronenstrahlvernetzt (c)[3]
Rohr DIN 16893 – 32 × 4,4 – PE-Xc

DN	d in mm	s in mm	Inhalt in l/m	Masse in kg/m	s in mm	d_i in mm	Inhalt in l/m	Masse in kg/m
		Reihe 1: PN 12,5 max. PB 7,8			Reihe 2[2)4)]: PN 20 max. PB 12,5			
	10	–	–	–	1,8	6,4	0,032	0,047
8	12	–	–	–	1,8	8,4	0,055	0,059
12	16	1,8	0,121	0,083	2,2	11,6	0,106	0,098
15	20	1,9	0,206	0,111	2,8	14,4	0,163	0,153
20	25	2,3	0,327	0,169	3,5	18,0	0,254	0,238
25	32	2,9	0,539	0,268	4,4	23,2	0,423	0,382
32	40	3,7	0,835	0,425	5,5	29,0	0,661	0,594
40	50	4,6	1,307	0,659	6,9	36,2	1,029	0,926
50	63	5,7	2,091	1,03	8,7	45,6	1,633	1,47

gewelltes Schutzrohr PE-HD o. PE-LD					
PE-X-Rohr	d in mm	16	20	25	32
Schutzrohr	d_1 in mm	25	28	34	42
Schutzrohr	d_2 in mm	44	48	–	–

[1] Die Bezeichnung VPE ist auch noch zugelassen.
[2] Für Trinkwasser-Hausinstallation ist nur Reihe 2 zugelassen.
[3] Vernetzungsart a, b, c oder d in DIN 16892.
[4] Biegeradius mind. $r = 5 \cdot d$.

78.2 Kunststoff-Steckverbindungen für PE-X Rohre (VPE) (DIN 8076 T3)

Maße in mm

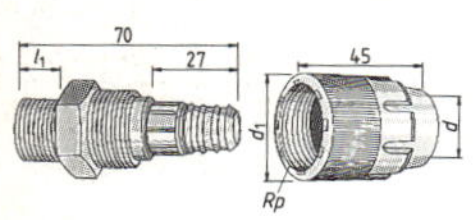

d × R	d_1	d	l_1	l_2	l_3
16 × 1/2	34	16	13	56	44
16 × 3/4	37	16	14	–	–
20 × 3/4	37	20	14	59	50

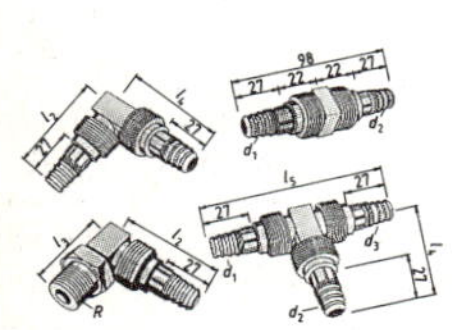

d bzw. $d_1 \times d_2 \times d_3$	l_4	l_5	Verbindungsstück gerade
16	62	–	
20	66	–	
16 × 16 × 16	62	112	
20 × 16 × 16	62	117	16
20 × 16 × 20	66	117	20
20 × 20 × 20	66	117	20 × 16

Verteiler Einbaukasten

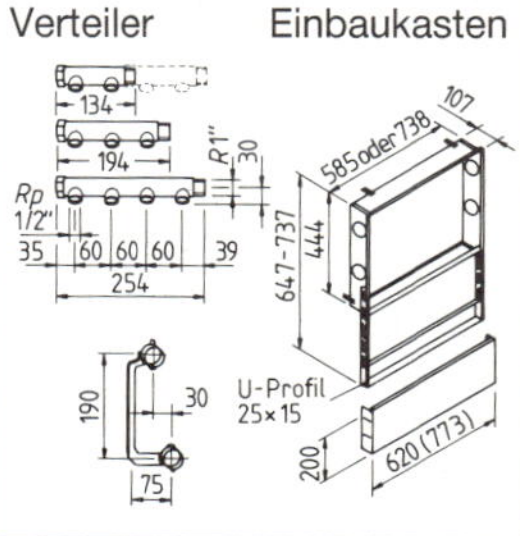

Anschlußwinkel

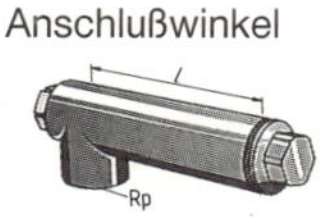

Rp	l
1/2	45
1/2	65
1/2	90
3/4	90

Befestigungseisen

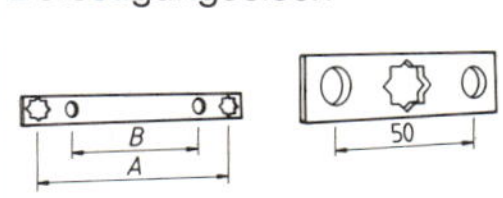

A	100	153	200
B	70	105	150

79.1 Rotguß-Klemmverbinder für PE-X Rohre (VPE) – Rohr im Rohr-System –

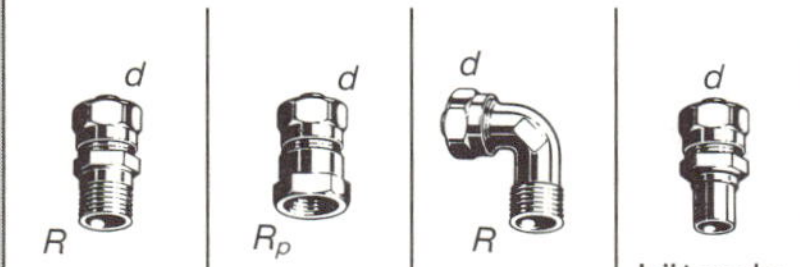

PE-X-Rohr-Anschluß d × R, d × Rp	Klemmverschraubungen (R)	(Rp)	(R, Winkel)	Lötende (i) innen (a) außen
16 × 3/8	x	–	–	d × d_a (a)
16 × 1/2	x	x	x	d × d_i (i)
16 × 3/4	x	x	x	
20 × 1/2	x	x	x	16 × 15 (a)
20 × 3/4	x	x	x	16 × 18 (a)
25 × 3/4	x	x	x	20 × 22 (a)
25 × 1	x	–	–	20 × 18 (i)
32 × 1	x	x	x	25 × 22 (i)
32 × 1 1/4	x	–	–	32 × 28 (i)

T-Stücke

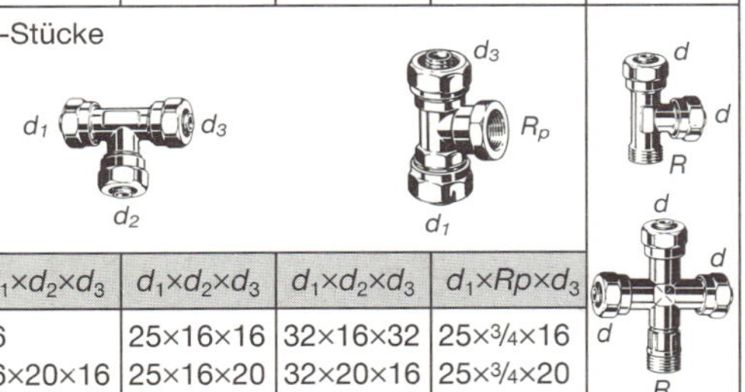

d_1×d_2×d_3	d_1×d_2×d_3	d_1×d_2×d_3	d_1×Rp×d_3	R × d
16	25×16×16	32×16×32	25×3/4×16	
16×20×16	25×16×20	32×20×16	25×3/4×20	
20	25×16×25	32×20×20	25×3/4×25	
20×16×16	25×20×20	32×20×25	32×1×25	1/2 × 16
20×16×20	25×20×25	32×20×32	32×1×32	3/4 × 16
20×20×16	32	32×25×25		3/4 × 20
25	32×16×25	32×25×32		

Kupplung | Doppelanschlußwinkel | Klemmverbinder | Wandscheibenwinkel

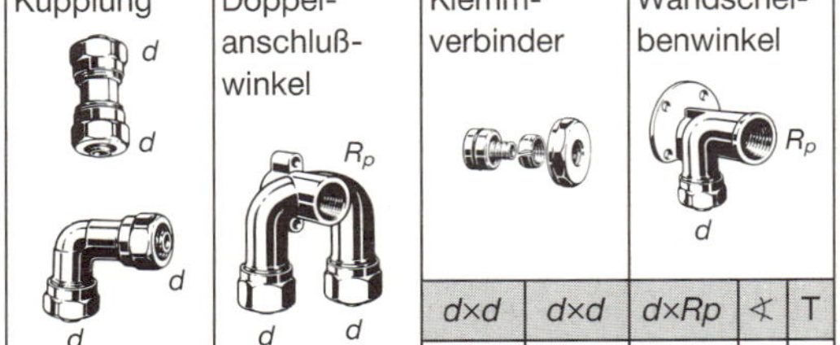

d	d	d × Rp × d
16	25	16 × 1/2 × 16
20	32	20 × 1/2 × 20

d×d	d×d	d×Rp	∢	T
25	32	16×1/2	x	x
25×16	32×16	20×1/2	x	x
25×20	32×20	20×3/4	x	x
	32×25	25×3/4	x	–

Klemmverschr. mit Quetschverschr.

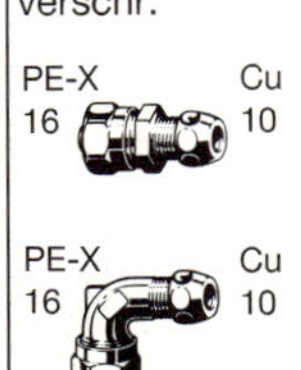

Wanddurchführungen 16 × 1/2 Rp

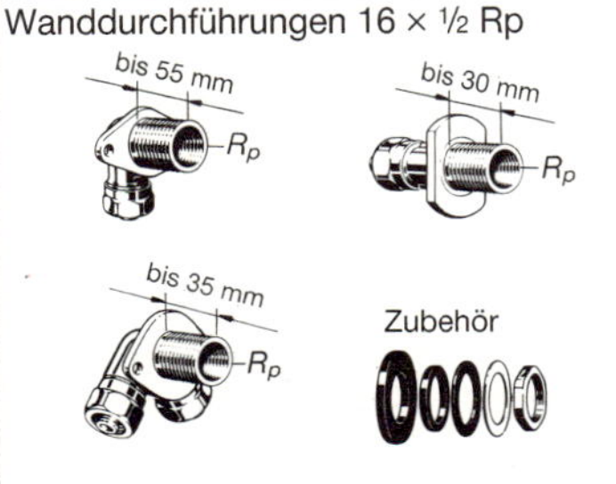

79.2 Rotguß-Klemmverbinder (Fortsetzung)

Anschlußwinkel 16 × 1/2 | Erweiterungs-T-Stück d = 16 | Verteiler 3/4 | Anschlußdose | Winkel | Kugelhahn Rp 3/4 | Klemmverschraubung für Verteiler

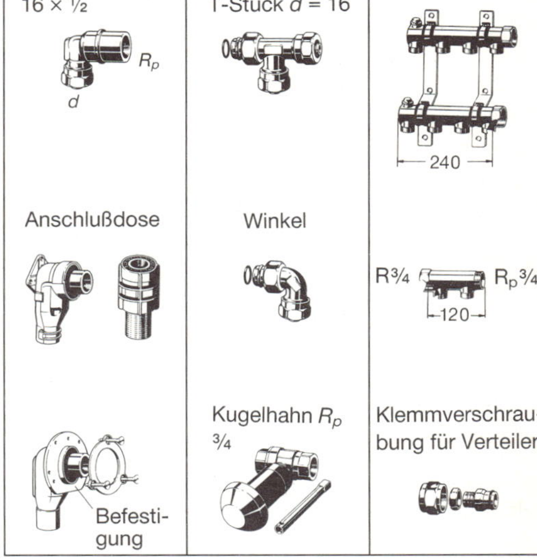

79.3 Messing-Klemmring Kupplungen (DIN 8076) für Kunststoffrohre für Gas und Wasser (Warmwasser bis 95 °C)

Anschlußverschraubungen — Maße in mm

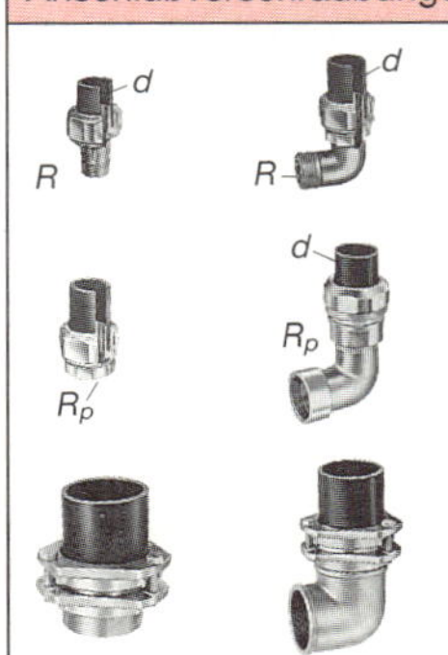

R × d[1] oder Rp × d[1]		
3/8×12	1/4×12	1/2×12
3/8×16	1/4×16	3/4×20
1/2×20	3/8×20	1×25
3/4×25	1/2×25	1 1/4×32
1×32	3/4×32	1 1/2×40
1 1/4×40	1×40	2×50
1 1/2×50	1 1/4×50	2 1/2×63
2×63	1 1/2×63	3×75
2 1/2×75	2×75	–
3× 90[2]	2 1/2×90[2]	4×90[2]
4×110[2]	3×110[2]	–

Kupplungen und T-Stücke

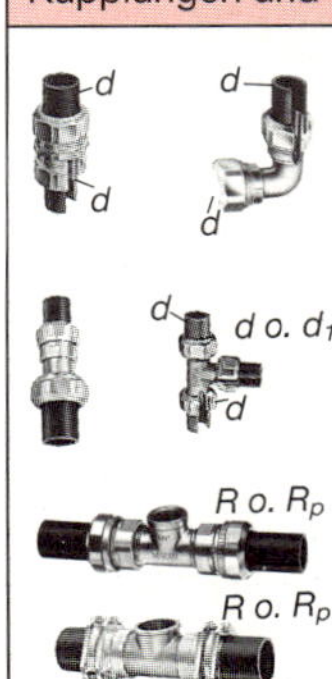

d[1]	d[1]×d[1]	d[1]×R	d[1]×Rp
12	–	3/8×12	1/4×12
16	16×12	3/8×16	1/4×16
20	20×16	1/2×20	3/8×20
25	25×20	3/4×25	1/2×25
32	32×25	1×32	3/4×32
40	40×32	1 1/4×40	1×40
50	50×40	1 1/2×50	1 1/4×50
63	63×50	2×63	1 1/2×63
75	75×63	2 1/2×75	2×75
90[2]	90×75[2]	3×90[2]	2 1/2×90[2]
110[2]	110×90[2]	4×110[2]	3×110[2]

[1] Bei Bestellung Außendurchmesser und Wanddicke angeben.
[2] Ab d_a = 90 mm Kupplungen mit Flanschen für alle Form- und Verbindungsteile.

80.1 Druckrohre aus Polyethylen hoher Dichte PE-HD (DIN 8074) und niedriger Dichte PE-LD (DIN 8072) für die Trinkwasserversorgung

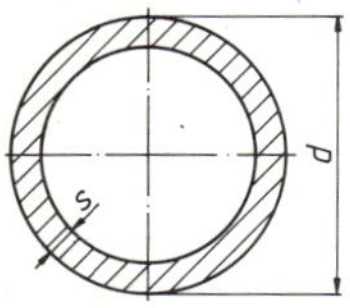

Lieferlänge: In geraden Längen von 5,6 und 12 m, in Ringbunden in Längen von 50, 100, 200 und 300 m.

Farbe: Durchgehend schwarz

Bezeichnungsbeispiel: Rohr DN 25, PN 16 aus PE-HD: **Rohr DIN 8074 32 × 4,5 PE-HD**
Rohr DN 25, PN 10 aus PE-LD: **Rohr DIN 8072 40 × 6,7 PE-LD**

Polyethylen **hart** PE-HD[1] nach DIN 8074[2] (Auszug)								Polyethylen **weich** PE-LD[1] nach DIN 8072 (Auszug)							
DN	d in mm	s in mm	Inhalt in l/m	Rohrmasse in kg/m	s in mm	Inhalt in l/m	Rohrmasse in kg/m	DN	d in mm	s in mm	Inhalt in l/m	Rohrmasse in kg/m	s in mm	Inhalt in l/m	Rohrmasse in kg/m
		Reihe 5 PN 10			Reihe 6 PN 16					Reihe 2 PN 6			Reihe 3 PN 10		
10	16	1,8	0,12	0,083	2,3	0,10	0,102	15	25	2,7	0,30	0,188	4,2	0,22	0,269
15	20	1,9	0,21	0,112	2,8	0,16	0,153	20	32	3,5	0,49	0,31	5,4	0,35	0,439
20	25	2,3	0,33	0,17	3,5	0,25	0,239	25	40	4,3	0,77	0,475	6,7	0,56	0,679
25	32	3	0,53	0,277	4,5	0,42	0,391	32	50	5,4	1,21	0,741	8,4	0,87	1,06
32	40	3,7	0,83	0,428	5,6	0,65	0,606	40	63	6,8	1,92	1,17	10,5	1,39	1,67
40	50	4,6	1,31	0,662	6,9	1,03	0,931	50	75	8,1	2,72	1,66	12,5	1,96	2,36
50	63	5,8	2,08	1,05	8,7	1,63	1,48		90[3]	9,7	3,91	2,37	15,0	2,83	3,40
65	75	6,9	2,94	1,48	10,4	2,31	2,1	65	110	11,8	5,86	3,52	18,4	4,21	5,09
80	90	8,2	4,25	2,11	12,5	3,32	3,02	80	125	13,4	7,57	4,55	20,9	5,44	6,56
	110[3]	10	6,36	3,13	15,2	4,98	4,49								
100	125	11,4	8,20	4,06	17,3	6,42	5,8								

[1] Trinkwasserleitungen nach DVGW 320 (DIN 1988) müssen mindestens PB 10 standhalten.
[2] Abmessungen der Rohr-Reihe 4 PN 6 vgl. Tab. 80.2. [3] Nicht in DIN 19533 enthalten.

Rohre, Armaturen, Halbzeuge

80.2 Gasrohre aus Polyethylen hart PE-HD (DIN 8074) (Auszug)

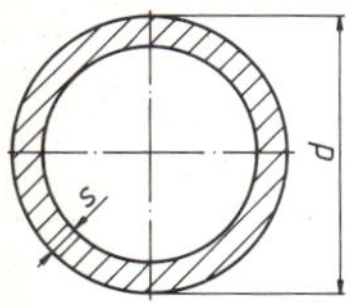

Farbe: gelb nach RAL 1018 (Formstücke schwarz)
Lieferlänge: Bis DN 125 in Ringbunden von 100 m, ab DN 32 auch in geraden Längen von 6 und 12 m

DN	d in mm	s in mm	Inhalt in l/m	Masse in kg/m	s in mm	Inhalt in l/m	Masse in kg/m
		Reihe 4 PN 6 max. PB 1			Reihe 5 PN 10 max. PB 4		
25	32	2	0,62	0,19	3	0,53	0,28
32	40	2,3	0,98	0,28	3,7	0,83	0,43
40	50	2,9	1,53	0,44	4,6	1,31	0,66
50	63	3,6	2,45	0,68	5,8	2,07	1,05
65	75	4,3	3,46	0,97	6,9	2,94	1,48
80	90	5,1	5,00	1,38	8,2	4,25	2,11
	110	6,3	7,45	2,07	10	6,36	3,13
100	125	7,1	9,64	2,65	11,4	8,20	4,06
125	160	9,1	15,8	4,33	14,6	13,4	6,66
150	180	10,2	20,0	5,45	16,4	17,0	8,38
200	225	12,8	31,2	8,46	20,5	26,6	13,0

80.3 Heizwendel-Schweißfittings für Druckrohrleitungen PE-HD (DIN 16963)

Farbe: schwarz für Wasser und Gasleitungen

Muffe mit oder ohne Steg.

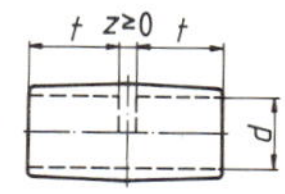

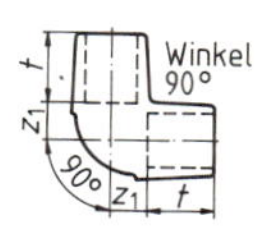

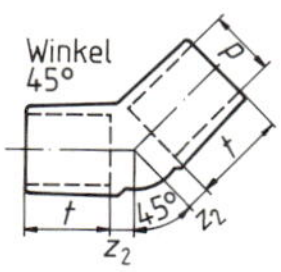

T-Stück 90°

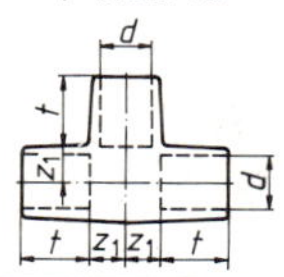

DN	d in mm	t min in mm	t max in mm	z_1 in mm	z_2 in mm
15	20	15	37	10	3
20	25	15	40	13	3
25	32	16	44	16	4
32	40	18	49	20	5
40	50	20	55	25	6
50	63	23	63	32	7
65	75	25	70	38	9
80	90	28	79	45	10
	110	32	85	55	13
100	125	35	90	63	14
	140	38	95	70	16
125	160	42	101	80	18
150	180	46	108	–	–
	200	50	115		
200	225	55	123		

81.1 Kunststoffrohre für Warmwasser-Fußbodenheizungen (DIN 4726) aus PB, PP-Typ 2, PE-X

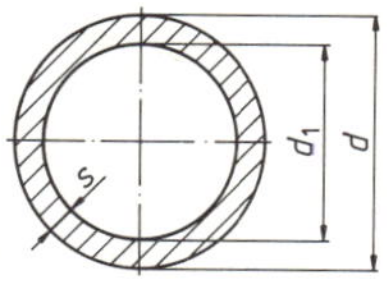

Werkstoff: PB Polybuten, **PP-Typ 2** Polypropylen, **PE-X** vernetztes Polyethylen beschichtet (O_2-Diffusionsschicht) oder unbeschichtet.
Lieferlänge: In Ringbunden bis 300 m in geraden Längen von 5 m bis 12 m über 12 m nach Vereinbarung.
Bezeichnungsbeispiel: Fußbodenheizrohr DIN 4726 – 12 × 1,8 – PB

DN	PB nach DIN 16969 (DIN 4727)[1]					PP nach DIN 8077 (DIN 4728)[1]					PE-X nach DIN 16893 (DIN 4729)				
	d in mm	s in mm	d_1 in mm	Inhalt in l/m	Rohrmasse in kg/m	d in mm	s in mm	d_1 in mm	Inhalt in l/m	Rohrmasse in kg/m	d in mm	s in mm	d_1 in mm	Inhalt- in l/m	Rohrmasse in kg/m
	PN 16 Reihe 4[1]					PN 6 Reihe 3 (Typ 2)[1]					PN 12,5 Reihe 1				
10	16[2]	2,0[3]	12,0	0,11	0,089						16	1,8	12,4	0,12	0,083
15	18[2]	2,0[3]	14,0	0,15	0,103	18[3]	2,0[2]	14,0	0,15	0,105	18[3]	2,0[2]	14,0	0,15	0,103
15	20	1,9	16,2	0,21	0,109	20	1,8	16,4	0,21	0,105	20	1,9	16,2	0,21	0,111
20	25	2,3	20,4	0,33	0,165	25	1,8	21,4	0,36	0,134	25	2,3	20,4	0,33	0,169
25	32	3,0	26,0	0,53	0,27	32	2,0	28,0	0,62	0,192	32	2,9	26,2	0,54	0,268
32	40	3,7	32,6	0,83	0,416	40	2,3	35,4	0,98	0,279	40	3,7	32,6	0,83	0,425
40	50	4,6	40,8	1,31	0,645	50	2,9	44,2	1,53	0,431	50	4,6	40,8	1,31	0,659
50	63	5,8	51,4	2,08	1,02	63	3,6	55,8	2,45	0,673	63	5,7	51,6	2,09	1,03
65	75	6,9	61,2	2,94	1,44	75	4,3	66,4	3,46	0,956	75	6,8	61,4	2,96	1,45
80	90	8,2	73,6	4,25	2,06	90	5,1	79,8	5,00	1,360	90	8,2	73,6	4,25	2,10
	PN 20 Reihe 5[1]					PN 10 Reihe 4 (Typ 2)[1]					PN 20 Reihe 2				
10	12	1,8[2]	8,4	0,06	0,058	12	2,0	8,0	0,05	0,063	12	1,8	8,4	0,06	0,059
15	16	1,8[2]	12,4	0,12	0,082	16	2,0	12,0	0,11	0,089	16	2,2	11,6	0,11	0,098
15						20	2,0[3]	16,0	0,20	0,117					
15	20	2,3	15,4	0,19	0,13	20	2,5	15,0	0,18	0,139	20	2,8	14,4	0,16	0,153
20	25	2,8	19,4	0,30	0,196	25	2,7	19,6	0,30	0,190	25	3,5	18,0	0,25	0,238
25	32	3,6	24,8	0,48	0,32	32	3,0	26,0	0,53	0,273	32	4,4	23,2	0,42	0,382
32	40	4,5	31,0	0,75	0,498	40	3,7	32,6	0,83	0,421	40	5,5	29,0	0,66	0,594
40	50	5,6	38,8	1,18	0,77	50	4,6	40,8	1,31	0,652	50	6,9	36,2	1,03	0,926
50	63	7	49,0	1,89	1,21	63	5,8	51,4	2,07	1,030	63	8,7	45,6	1,63	1,47
65	75	8,4	58,2	2,66	1,72	75	6,9	61,2	2,94	1,45	75	10,3	54,4	2,32	2,07
80	90	10	70,0	3,85	2,45	90	8,2	73,6	4,25	2,08	90	12,4	65,2	3,34	2,98

[1] Bei Schweißverbindungen sind nur Muffenschweißverbindungen zugelassen.
[2] Wanddicke der Basisrohre nach DIN 4726 bei $d < 15$ mm $s \geq 1,8$ mm und bei $d \geq 15$ mm, $s \geq 2$ mm.
[3]) Herstellerangabe.

81.2 Zulässiger Betriebsdruck[1] von Kunststoffrohren

Werkstoff	Nenndruck PN	max. zul. Betriebsdruck in bar bei einer Betriebstemperatur von 10 °C	50 °C	60 °C	95 °C
PE-HD	10	12	4,2[2]	–	–
	16	19,2	6,7[2]	–	–
PP-Typ 2	6	7,9	2,7	1,9	–
	10	13,1	4,6	3,2	–
PB	10	11,4	8,2	6,9	–
	16	18,2	13,1	11,1	–
	20	22,7	16,3	13,8	–
PE-X	12,5	14,4	9,1	8,1	5,4
	20	22,8	14,4	12,8	8,6

[1] Bei 50jähriger Betriebszeit. [2] Bei 10jähriger Betriebszeit.

81.3 Biegeradien für Kunststoffrohre (DIN 19533 und 4726)

Temperatur in °C		0	10	20
kleinster zulässiger Biegeradius	PE-HD	50 d	35 d	20 d
	PE-LD	30 d	20 d	10 d
	PE-X	5 d		
	PB	5 d		
	PP-Typ 2	6 d		

d Außendurchmesser

82.1 Rohre und Formstücke mit Steckmuffe aus PVC hart für Abwasserkanäle (DIN 19534) Maße in mm

Rohr mit Muffe Form A

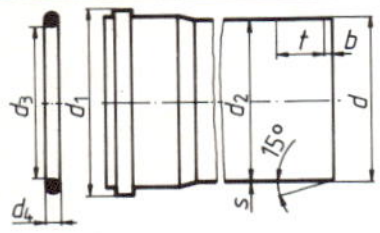

Rohr mit Muffe Form B

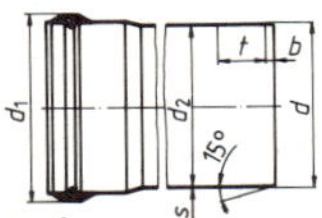

Farbe: orangenbraun RAL 8023

Baulänge: 0,5; 1; 2 und 5 m

DN	d	d_1	s	d_2	Inhalt l/m	Masse[1] ≈ kg/m	Einschubtiefe t_{max}	Einschubtiefe t_{min}	b	Dichtring Form A[2] d_3	Dichtring Form A[2] d_4
100	110	125,2	3,0	104	8,5	1,41	76	54	6	109	7
125	125	142,1	3,0	119	11,1	1,61	82	61	6	124	8
150	160	179,7	3,6	152,8	18,3	3,14	100	74	7	159	9
200	200	223	4,5	191	28,7	3,87	120	90	9	199	10
250	250	282,1	6,1	237,8	44,4	6,54	140	125	9	249	15
300	315	350,5	7,7	299,6	70,5	10,41	160	132	12	314	16
400	400	441,9	9,8	380,4	113,7	16,82	190	140	15	399	18,5
500	500	551,6	12,2	475,6	177,7	26,17	220	150	18	499	23

Bogen KGB

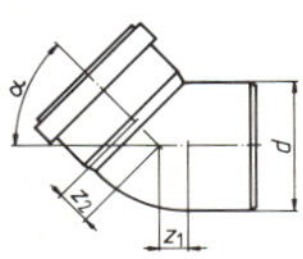

Überschiebmuffe KGU

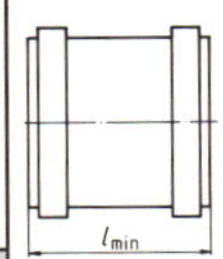

Muffenstopfen KGM

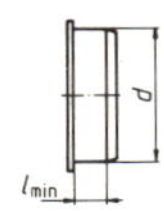

Anschlußstück KGUS

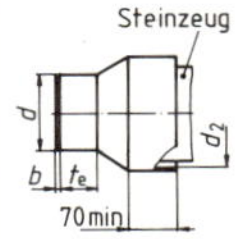

Schachtfutter KGF

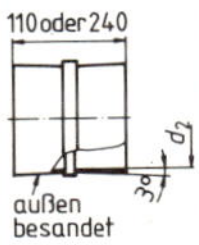

Gleitmittelverbrauch in g je Verbindung

DN	Bogen KGB d	α = 15° z_1	α = 15° z_2	α = 30° z_1	α = 30° z_2	α = 45° z_1	α = 45° z_2	α = 87,5° z_1	α = 87,5° z_2	KGU d	KGU l_{min}	KGM d	KGM l_{min}	KGUS d	KGUS d_2	KGF d_2	Gleitmittelverbrauch in g je Verbindung
100	110	9	14	17	21	25	29	57	61	110	122	110	32	110	159	110,4	28,6
125	125	10	15	19	23	28	33	65	70	125	138	125	36	125	191	125,4	33,3
150	160	13	19	24	30	36	42	83	89	160	172	160	42	160	220	160,5	46
200	200	15	23	30	38	46	54	105	113	200	212	200	50	200	278	200,6	55,6
250	250	19	30	37	49	57	69	132	143	250	250	250	80	250	338	250,6	66,7
300	315	23	38	47	61	72	86	166	180	315	293	315	80	315	395	315,7	83,3
400	400	29	48	59	78	91	110	211	229	400	324	400	80	400	503	400,8	125
500	500	37	59	74	97	114	137	263	286	500	362	500	80	500	630	501	200

Abzweig 45° KGEA

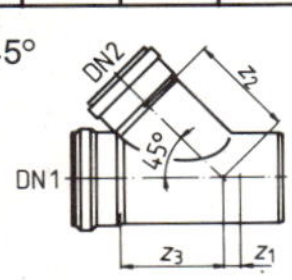

Sattelstück KGAB

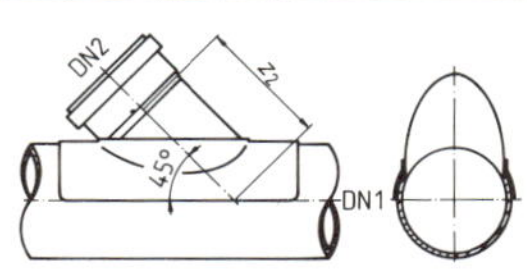

DN 1	DN 2	z_1	z_2	z_3	DN 1	DN 2	z_1	z_2	z_3	DN 1	DN 2	z_1	z_2	z_3
100	100[3]	25	134	134	200	100	−17	195	179	300	150	− 33	297	275
125	100	18	144	141	200	125	− 7	203	190	300	200	− 5	318	302
125	125[3]	28	152	152	200	150	18	221	215	400	150	− 70	355	319
150	100	2	168	159	200	200[3]	45	242	242	400	200	− 43	375	346
150	125	12	176	169	250	150	− 3	254	241	500	150	−115	422	371
150	150[3]	36	194	194	250	200	24	274	268	500	200	− 88	443	398

Übergangsrohr KGR

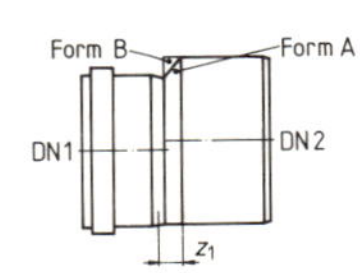

DN 1	DN 2	z_1	DN 1	DN 2	z_1
100	125	15	250	300	50
100	150	34	300	400	64
125	150	27	400	500	76
150	200	31	500	600	97
200	250	38			

Aufklebmuffe KGAM

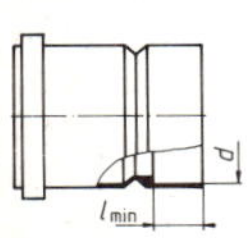

PVC-Anschlußstück an Rohr aus

KGUG (Guß)

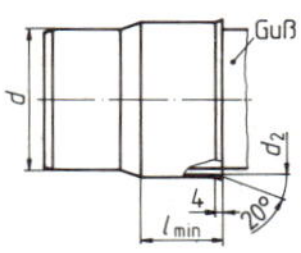

KGUSM (Steinz.)

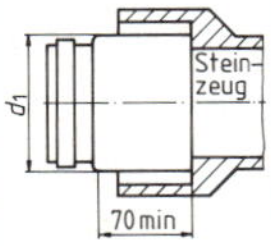

KGUAS (Asbestz.)

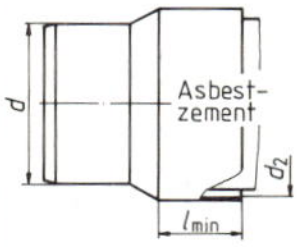

KGUASM (Asbestz.)

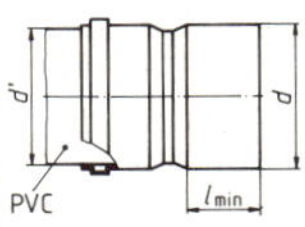

Reinigungsrohr KGRE

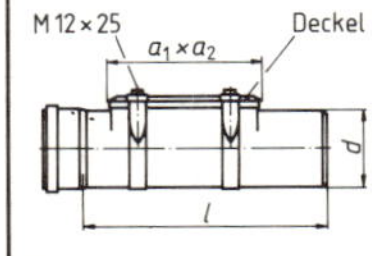

DN	KGAM d	KGAM l_{min}	KGUG d	KGUG d_2	KGUG l_{min}	KGUSM d_1	KGUAS d	KGUAS d_2	KGUAS l_{min}	KGUASM d	KGUASM d'	KGUASM l_{min}	KGRE d	KGRE a_1	KGRE a_2	KGRE l
100	110	32	110	124	60	132	110	130	61	110	116	61	110	152	225	359
125	125	35	125	151	65	160	125	157	61	125	141	61	125	166	256	365
150	160	42	160	176	70	187	160	184	66	160	168	66	160	202	286	394
200	200	50	200	226	80	242	200	242	71	200	220	71	200	242	332	494

[1] Ohne Muffe. [2] Form B nach Herstellerangaben. [3] Keine Sattelstücke.

83.1 Steinzeugrohre und -formstücke mit Muffe (DIN 1230 T 1), Maße in mm

Steckmuffe L bis DN 200

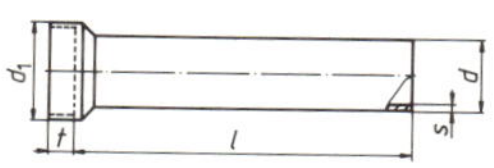

Steckmuffe K ab DN 200

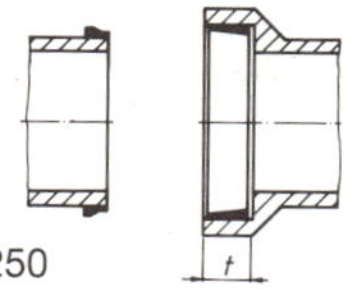

Paßlänge *l* = 500 (L) u. 750 (L/K)
DN 100 u. DN 125 *l* = 1000 und 1250
DN 150 *l* = 1000; 1250 und 1500
DN 200 *l* = 1000; 1500 und 2000

N Regel – und V erhöhte Tragfähigkeit

DN	*d*	*s*	Inhalt in l/m	Masse in kg/m	*t*	d_1
100 L	131	15	7,85	15	70	200
125 L	159	16	12,5	19	70	230
150 L	186	17	17,9	24	75	260
200 L	242	20	32,1	34	85	330
200 K	242	20	32,1	34	70	330
250 K	296	22	49,9	47	70	390
300 K	350	25	71,6	62	70	460

Bogen (B)-N und V-

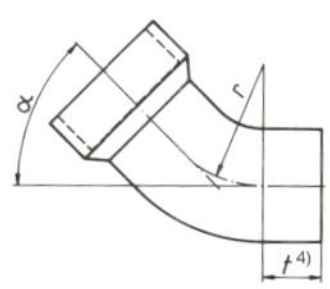

Verschlußteller (VT)

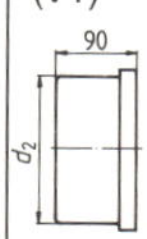

Übergangsstück[2] (UE)-N-

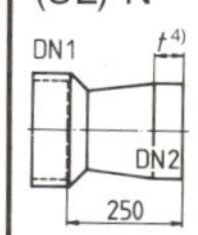

DN	Bogen: Radius *r* für *a* 15°	30°	45°	90°[1]	Verschlußteller d_2	Übergangsstück DN1×DN2
100	500	300	205	140	129	100×125
125	500	320	215	140	157	100×150
150	600	320	215	150	184	125×150
200	650	375	265	–	240	150×200
250	700	410	310	–	–	200×250
300	1000	580	375	–	–	250×300

Abzweig (A) -N und V-
Bis
DN2=125; *l*=400[3]
DN2=150; *l*=500
DN2=200; *l*=600

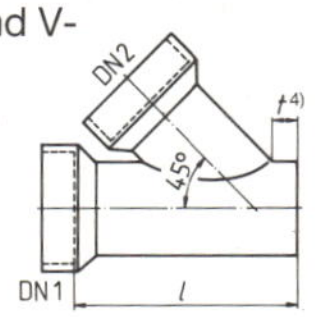

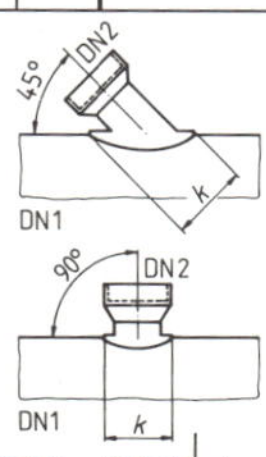

DN1×DN2	DN1×DN2	DN1×DN2
100 × 100	150 × 150	250 × 150
125 × 100	200 × 100	250 × 200
125 × 125	200 × 125	300 × 150
150 × 100	200 × 150	300 × 200
150 × 125	200 × 200	

DN1×DN2	*k*
200 × 100	190
250 × 100	190
250 × 125	225
250 × 150	255

Gelenkstück

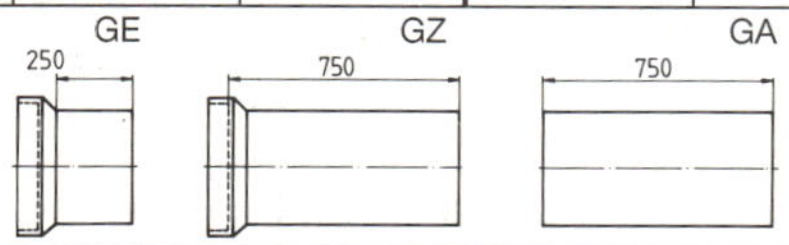

[1] Nur für Fallrohranschluß zugelassen.
[2] Je nach DN mit L- oder K-Muffe erhältlich.
[3] Mindestmaß. [4] *t* = 85 mm bei K-Steckmuffen.

83.2 Steinzeugrohre und -formstücke mit glatten Enden (DIN 1230 T 6), Maße in mm

Steinzeugrohr mit glatten Enden (RG)

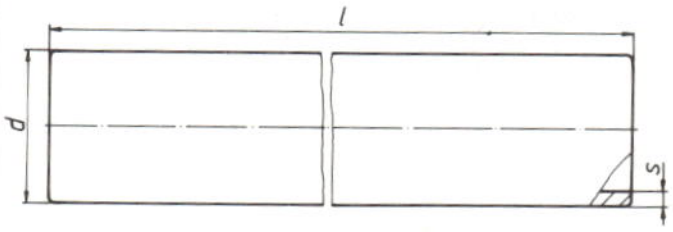

Steckkupplung (ST)

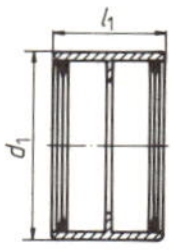

Ausführung G innenglasiert
Ausführung U innen unglasiert
Bis DN 150 *l* = 1000 und 1500
Für DN 200 *l* = 1500 und 2000

DN	Steinzeugrohr *d*	*s*	Inhalt in l/m	Masse in kg/m	Steckkupplung l_1	d_1
100	131	15	7,85	15	120	160
125	159	16	12,5	19	125	190
150	186	17	17,9	24	130	220
200	242	20	32,1	34	140	280

Bogen (BG)

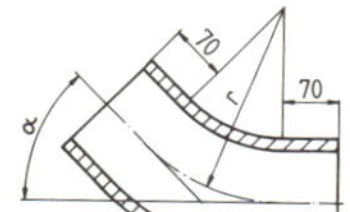

Verschlußteller (VT)

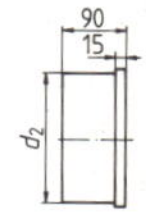

Übergangsstück (UEG)

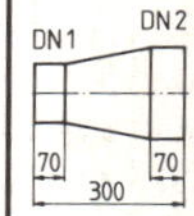

DN	Bogen: Radius *r* für α 15°	30°	45°	90°[1]	Verschlußteller d_2	Übergangsstück DN1×DN2
100	500	300	200	120	129	100×125
125	500	300	200	120	157	100×150
150	600	300	200	150	184	125×150
200	650	350	250	–	240	125×200
						150×200

Abzweig (AG)

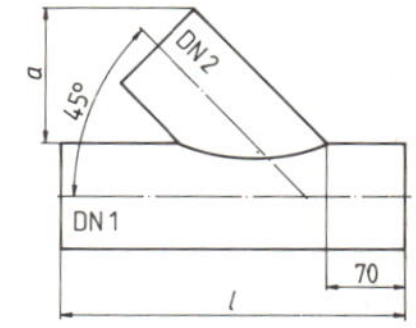

DN1 × DN2	*l*	a_{max}	DN1 × DN2	*l*	a_{max}
100 × 100	400	200	150 × 150	500	250
125 × 100	400	200	200 × 100	500	200
125 × 125	500	230	200 × 125	500	230
150 × 100	400	200	200 × 150	500	250
150 × 125	500	230	200 × 200	600	300

Sattelstück (SG)

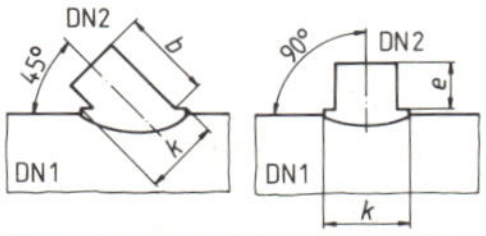

DIN1 × 2	*k*	*b*	*e*
200 × 100	190	230	60
250 × 100	190	230	60
250 × 125	225	260	65
250 × 150	255	300	65

[1] Nur für Fallrohranschluß zugelassen.

84.1 Muffenlose Abflußrohre und Formstücke aus Gußeisen, SML-Rohr-System (DIN 19522) Maße in mm

Baulänge 3000 mm
Farbe: RAL 3016

SML-Rohr Formstück CV- und CE-Verbindung SVE-Verbindung

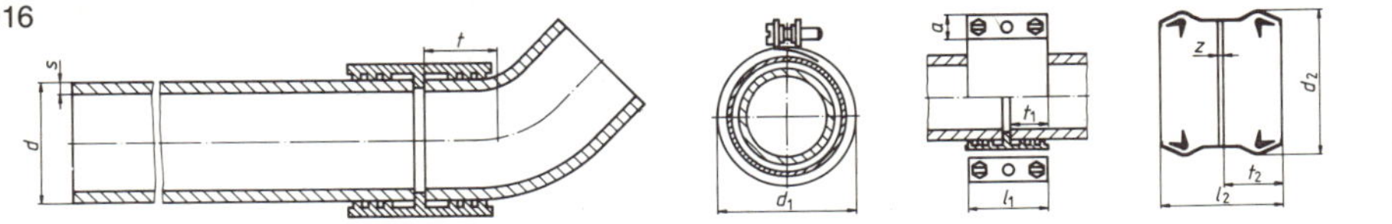

DN	d	Muffenloses Abflußrohr: Wanddicke Rohr s	Formstück s	Einschublänge t[1]	Inhalt in l/m	Masse in kg/m	Oberfläche m²/m	Verbindung CV und CE[2]: a	t_1	$d_1 \approx$	l_1	SVE: d_2	l_2	t_2	z
50	58	3,5	4,2	30	2,0	4,3	0,18	14	22,5	65	48	77	60	29	2
70	78	3,5	4,2	35	4,0	5,9	0,25	14	22,5	85	48	98	66	32	2
100	110	3,5	4,2	40	8,3	8,4	0,35	18	25,5	115	54	134	82	39,5	3
125	135	4	4,7	45	12,7	11,8	0,42	18	31	140	65	161	103	50	3
150	160	4	5,3	50	18,1	14,1	0,50	18	31	170	65	186	103	50	3
200	210	5	6,0	60	31,4	23,1	0,65	18	37	220	78	238	114	55,5	3

Bogen

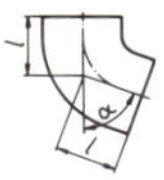

Sprungrohr

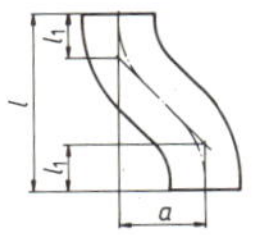

DN	Bogen α = 88,5°: l	kg	α = 70°: l	kg	α = 45°: l	kg	α = 30°: l	kg	α = 15°: l	kg	Sprungrohr: l_1	a = 65: l	kg	a = 130: l	kg	a = 200: l	kg
50	75	0,7	65	0,7	50	0,5	45	0,5	40	0,4	50	165	0,9	230	1,4	300	1,9
70	90	1,2	75	1,1	60	0,9	50	0,7	45	0,6	60	185	1,6	250	2,1	320	2,8
100	110	2,1	90	1,9	70	1,6	60	1,3	50	1	70	205	2,5	270	3,4	340	4,4
125	125	3,2	105	2,9	80	2,3	70	2	60	1,7	80	225	3,6	290	4,8	360	6,2
150	145	4,9	120	4,3	90	3,5	80	3	65	2,5	90	245	5,1	310	6,9	380	8,7
200	180	8,8	145	7,7	110	6,2	95	5,4	80	4,6	110	285	8,9	350	11,4	420	14,1

Bogen 88,5° (B)

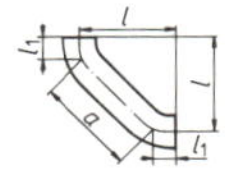

DN	l_1	l	a[4]	kg
70	60	273	301	3,2
100	70	291	312	4,8
125	80	308	322	6,8
150	90	326	334	9,6

Bogen mit langem Schenkel

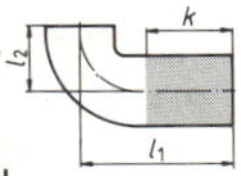

DN	l_1	l_2	k[3]	kg
α = 88,5°				
70	250	90	160	2,8
100	250	110	140	4,6
α = 45°				
70	250	60	190	2,6
100	250	70	180	4,2

Abzweig

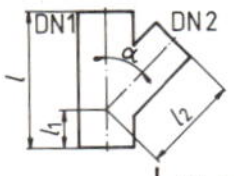

Übergangsrohr (U)

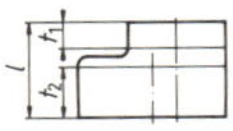

DN1×DN2	Abzweig α = 45°: l_1	l_2	l	kg	α = 70°: l_1	l_2	l	kg	α = 88,5°: l_1	l_2	l	kg	Übergangsrohr (U): l	t_2	t_1	kg
50 × 50	45	115	160	1,2	55	80	135	1,0	79	80	145	0,9	–	–	–	–
70 × 50	40	130	170	1,6	55	90	145	1,3	83	90	155	1,4	75	35	30	0,5
70 × 70	55	145	200	2,1	70	100	170	1,7	97	95	180	1,7	–	–	–	–
100 × 50	30	150	180	2,3	55	110	155	1,9	94	105	170	2,1	80	40	30	0,9
100 × 70	45	170	215	3	70	120	180	2,4	102	110	190	2,4	85	40	35	0,9
100 × 100	70	190	260	3,8	85	130	215	2,9	115	115	220	2,9	–	–	–	–
125 × 50	20	170	190	3,2	55	120	165	2,7	98	120	180	3	85	45	30	1,4
125 × 70	40	185	225	4	70	130	190	3,2	107	125	200	3,4	90	45	35	1,5
125 × 100	60	210	270	5	85	145	225	4	125	130	235	4	95	45	40	1,5
125 × 125	75	230	305	6,1	100	155	255	4,7	137	135	260	4,6	–	–	–	–
150 × 100	55	225	280	6,5	85	155	235	5,2	130	145	245	5,5	105	50	40	2,2
150 × 125	70	245	315	7,7	100	170	265	6,1	147	150	275	6,2	110	50	45	2,2
150 × 150	90	265	355	9,2	115	180	295	7,1	156	155	300	6,9	–	–	–	–
200 × 100	40	260	300	9,8	85	185	255	8,6	144	175	270	8,9	115	60	40	4,1
200 × 125	55	280	335	12	100	195	285	9,7	156	180	295	9,8	120	60	45	4,1
200 × 150	75	300	375	13	115	205	310	10	173	185	325	10,8	125	60	50	4,3
200 × 200	115	340	455	17	140	225	365	13	–	–	–	–	–	–	–	–

Bogen 135° für Umlüftung

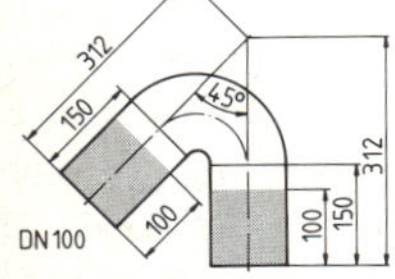

[1] Dichtzone. [2] Sonderausführung: Spannhülse und Verschlußteile aus Chrom-Nickel-Stahl.
[3] Maximale Kürzungslänge. [4] Beruhigungsstrecke.

85.1 Muffenlose Abflußrohre und Formstücke aus Gußeisen, SML-Rohr-System (Fortsetzung), Maße in mm

Eckabzweig (E)

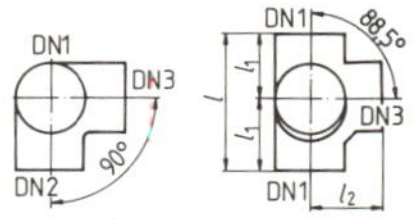

DN1×DN2×DN3	l_1	l_2	l	kg
100 × 70 × 70	102	110	190	2,7
100 × 100 × 100	115	115	220	3,1
125 × 70 × 70	107	125	200	3,7
125 × 100 × 100	125	130	235	4,4
150 × 70 × 70	115	140	215	5,2
150 × 100 × 100	130	145	245	6,1
150 × 125 × 125	147	150	275	6,9

Kombinationsabzweig 90° (Einlauf 45°)

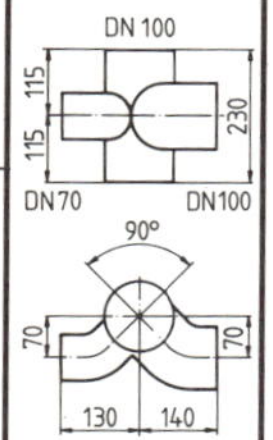

Reinigungsrohr

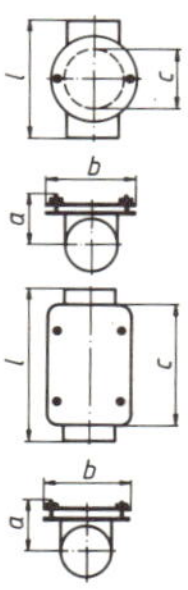

DN	a	b	c	l	kg
für Falleitungen (rd)					
50	59	105	53	175	2,1
70	69	125	73	205	2,9
100	84	159	104	250	5,5
Grund- u. Falleitung (rk)					
100	83	160	230	320	7,3
125	101	190	255	355	10
150	112	215	280	395	14,5
200	137	262	330	465	22

Objektanschlußbogen

DN 50 × 40 $k_2 = 20$
DN 50 × 50 $k_2 = 25$
DN 50 × 60 $k_2 = 30$

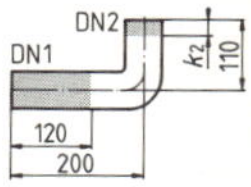

Hosenrohr DN 50

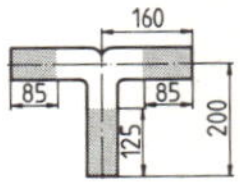

Geruchverschluß (G)

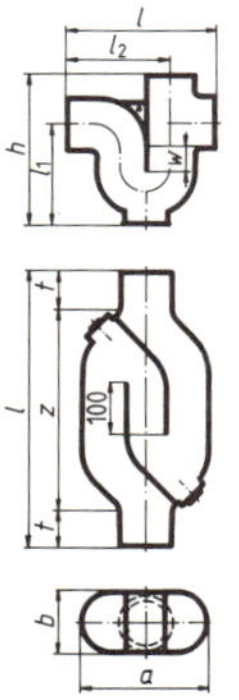

DN	l	h	l_1	l_2	w	kg
50	190	250	182	122	60	2,8
70	265	293	200	172	60	5,0
100	325	392	282	215	100	8,5
125	390	446	316	260	100	13
150	470	493	348	325	100	20
200	600	500	370	390	60	33

DN	a	b	t	z	l	kg
70	195	90	80	312	472	9
100	276	124	90	408	588	18,5
125	344	144	100	487	687	28,5
150	374	179	110	522	742	38

Konfix-Verbindung

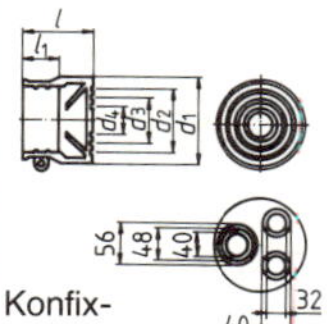

DN	d_1	d_2	d_3	d_4	l	l_1
50	72	56	48	40	58	27
70	92	75	63	56	73	27
100	128	108	104	–	103	31
125	151	125	–	–	109	36
Konfix-Multi						
100	134	vgl. Bild			91	36

Konfix-Multi

WC-Anschluß DN 100 mit Spezialmuffe

WC-Rohr

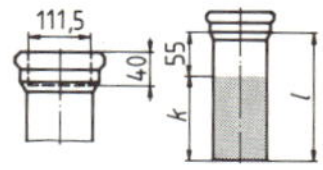

Bez.	l	k[1)]	kg
kurz	105	50	2,1
lang	225	170	2,9

WC-Bogen 90°

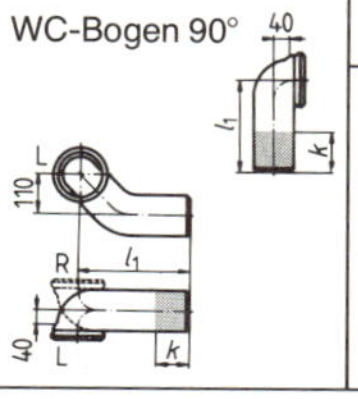

Bez.	l_1	k[1)]	kg
mini	150	–	2,6
kurz	225	110	3,1
lang	500	385	6,3
WC-Bogen versetzt			
R/L	295	90	4,6

WC-Hosenrohr senkrecht / waagerecht

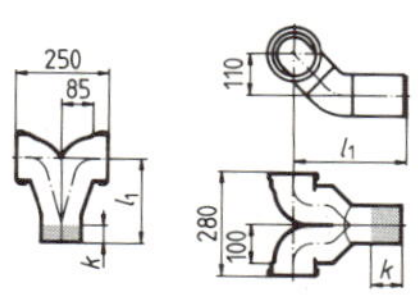

	l_1	k[1)]	kg
senkrecht	225	50	5,7
waagerecht	295	90	8,3

WC-Abzweig 88,5° DN 100 mit Spezialmuffe

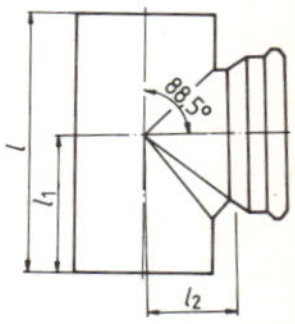

mit GA-Muffe (Auslaufmodell)

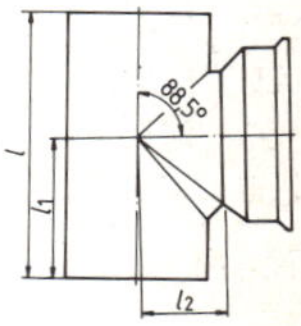

l_1	l_2	l	kg
115	75	220	4

Enddeckel (E)

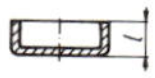

DN	l	kg	DN	l	kg
50	30	0,2	125	45	1,1
70	35	0,4	150	50	1,7
100	40	0,5	200	60	3,1

Gummisteckverbindung

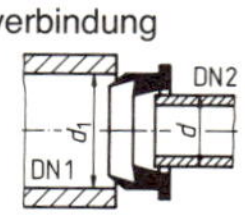

DN1 × DN2	d_1	d	DN1 × DN2	d_1	d
50 × 40	40	28...34	50 × 60	60	28...34
50 × 50	50	28...34	50 × 60	60	38...44
50 × 50	50	38...44	50 × 60	60	48...54

Flanschenanschlußstück / Paßrohr mit Dichtflansch / Fallrohrstütze (F)

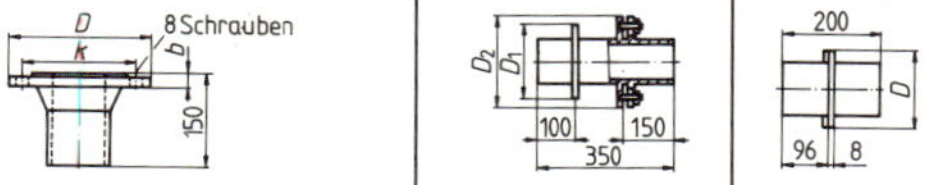

DN	Flanschenanschlußstück D	b	k	Schr.	kg	Paßrohr mit Dichtflansch D_1	D_2	kg	Fallrohrstütze (F) D	kg
100	220	24	180	M16	5,8	190	230	11,6	145	2,3
125	250	26	210	M16	8	215	260	16,4	170	3
150	285	26	240	M20	9,8	240	280	18,5	195	4
200	340	26	295	M20	14,5	–	–	–	245	6

Anschlußbeispiele: SML-Rohre-Kanalrohre

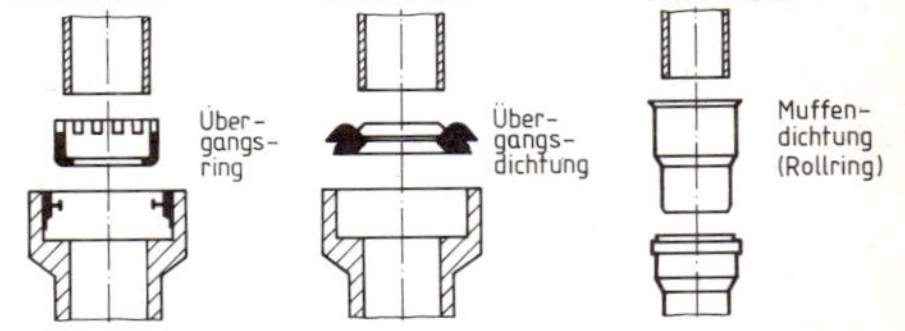

1) Maximale Kürzungslänge.

Rohre, Armaturen, Halbzeuge

86.1 Faserzement-Abflußrohre und -Formstücke (FZ) mit glatten Enden – Klasse A[1]) – (DIN 19840), Maße in mm

DN 50 bis DN 300 / = 2000
AB DN 100 auch / = 4000

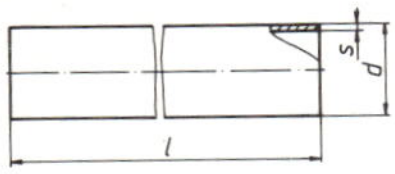

Connect-Spannmuffe: Spannmuffe, Dichtring, Winkelspannmuffe

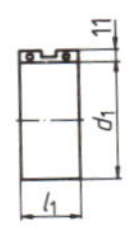

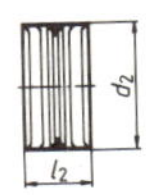

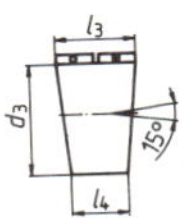

Zugfeste Spannmuffe

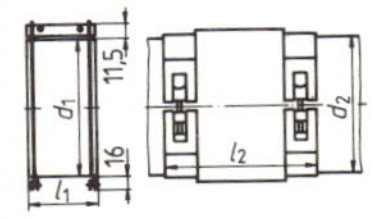

DN	d	s	Inhalt l/m	Rohrmasse kg/m	t 2) min.	d_1 3)	l_1	d_2	l_2	d_3 3)	l_3	l_4	d_1	l_1 (ZMV4))	d_2	l_2
50	64	7	1,96	2,5	28	78	56	76	55	80	80	59	87	67,5	86	125
70	84	7	3,85	3,5	28	98	56	98	55	100	85	59	107	67,5	106	125
100	116	8	7,85	5,5	32	130	68	130	67	132	100	65	139	67,5	138	136
125	141	8	12,3	6,8	32	155	68	155	67	–	–	–	164	67,5	163	136
150	168	9	17,7	9,0	40	182	68	182	67	–	–	–	191	83,5	190	148
200	220	10	31,4	13,3	40	234	68	234	67	–	–	–	243	83,5	242	148

Übergangs-Spannmuffe

DN 50 × DN 70
DN 100 × DN 125

Übergangs-Dichtung

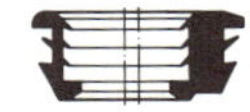

DN 50 × DN 100
DN 70 × DN 100

FZ-Bogen

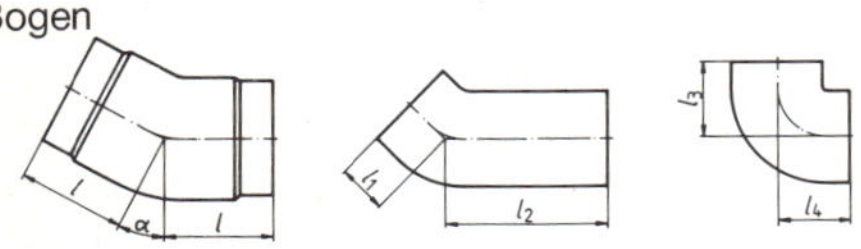

DN	α = 15° l	kg	α = 30° l	kg	45° l_1	l_2	kg	87° l_3	l_4	kg
50	35	0,2	–	–	50	150	0,5	70	70	0,4
70	40	0,3	–	–	50	150	0,7	80	80	0,5
100	40	0,4	–	–	60	200	1,2	95	95	0,9
125	120	2,2	130	2,5	140	140	2,6	105	185	2,3
150	120	2,7	130	3,0	145	145	3,3	200	200	6,0
200	130	4,0	150	4,6	170	170	5,4	–	–	–

Umgehungsleitung

FZ-Bogen 135°

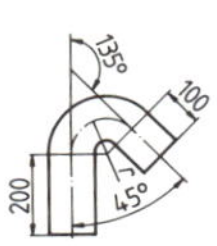

DN	r	kg
70	72	1,4
100	88	2,5

FZ-Abzweig

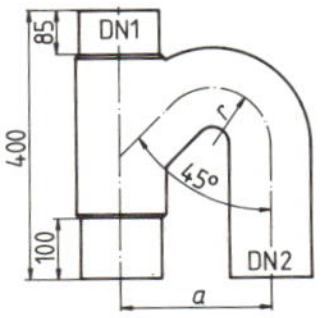

DN 1 × 2	a	r	kg
100 × 70	220	72	4,8
100 × 100	220	88	5,8
125 × 100	235	88	6,6

Befestigungsschelle f. Übergangsdichtung DN 70 × DN 100

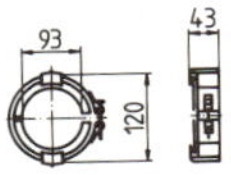

ZMV-Übergang
DN 50 × DN 100
DN 70 × DN 100

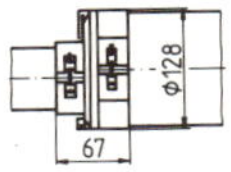

FZ-Abzweig

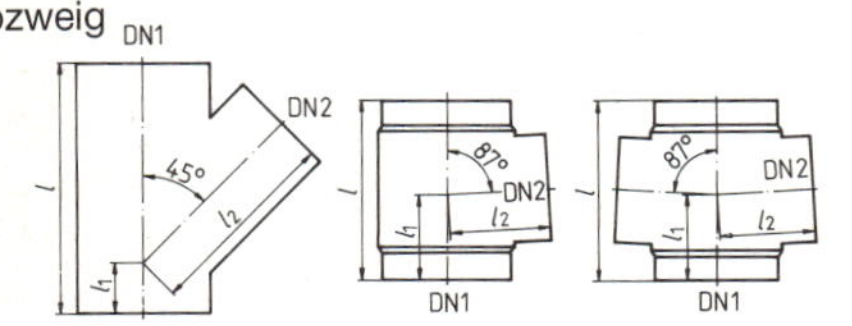

FZ-Abzweig 45°

DN 1×2	l_1	l_2	l	kg
50× 50	55	135	190	0,7
70× 50	50	150	195	0,9
70× 70	55	160	215	1,2
100×100	65	200	265	2,3
125×100	50	215	260	4,4
125×125	70	225	290	5,2
150×100	50	230	275	4,7
150×125	70	245	300	5,5
150×150	85	260	350	6,7
200×100	25	270	275	6,3
200×125	50	285	320	7,6
200×150	60	300	350	8,9
200×200	95	330	420	11,6

FZ-Abzweig 87°

DN 1×2	l_1	l_2	l	kg
70× 50	75	85	150	0,6
100×100	95	100	200	1,4
125×100	95	115	200	2,6
150×100	105	135	220	3,5

FZ-Doppelabzweig 87°

100×100	95	100	200	1,9
125×100	95	115	200	3,2

FZ-Eck-Doppelabzweig 87°/90°

100×100	95	100	200	1,9
125×100	95	115	200	3,2

FZ-Übergangsrohr

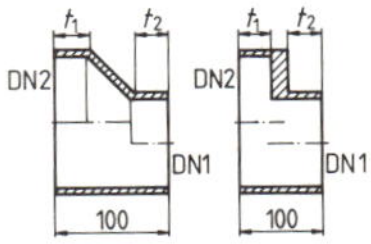

DN 1 × 2	l	kg
100 × 150	130	1,2
125 × 150	105	1,7
Ausf. eckig		
100 × 200	100	2,4
125 × 200	100	2,5
150 × 200	100	2,5

FZ-Fallrohrstütze

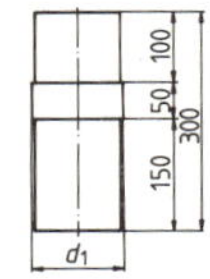

DN	d_1	kg
100	126	2,0
125	151	3,1
150	178	3,9
200	230	5,5

FZ-Reinigungsrohr

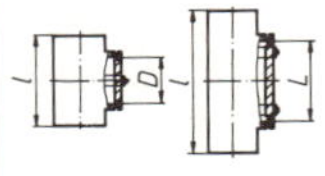

DN	D/L	l	kg
Runde Öffnung			
50	50	170	0,7
70	70	180	1,0
100	5)		
125	125	240	2,5
150	150	270	5,1
200	200	320	8,5
Rechteckige Öffnung			
100	200	360	2,8
125	215	380	3,6
150	245	560	8,2
–	–	–	–

WC-Anschluß DN 100

FZ-Rohr

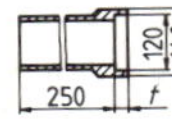

m = 1,7 kg

FZ-Bogen

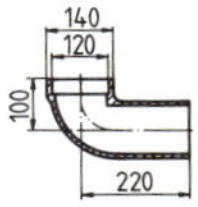

m = 1,2 kg

FZ-Hosen-Stück

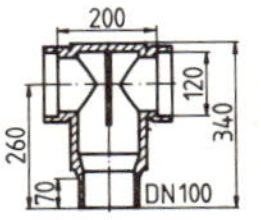

m = 10,2 kg

1) Rohre und Formstücke der Klasse A sind nicht zugelassen für Grundleitungen. 2) Mindest-Einschublänge (Dichtzone). 3) Größtmaß im montierten Zustand. 4) Zum nachträglichen Einbau. 5) Aus T-DN 100 mit 45° oder 87°.

87.1 Faserzement-Abflußrohre und Formstücke (FZ) mit glatten Enden – Klasse A[1]) – (DIN 19840, Fortsetzung) Maße in mm

FZ-Geruchverschluß[2])

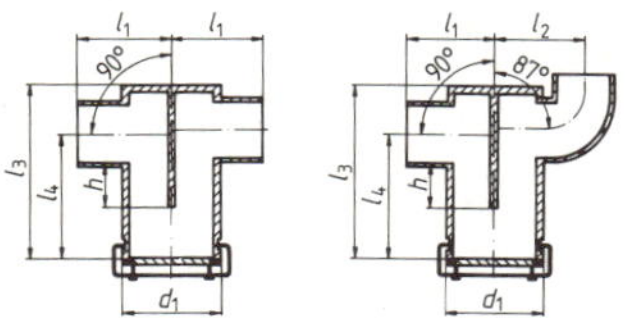

FZ-Endverschluß

FZ-Anschlußstück: FZ-Rohr an Guß, FZ-Rohr an Steinzeug, Steinzeug an FZ-Rohr

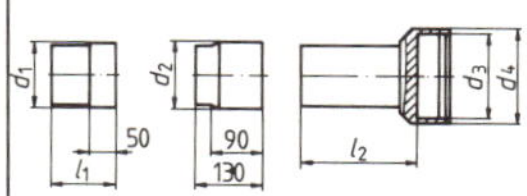

DN	d_1	l_1	l_2	$h=60$ l_3	$h=60$ l_4	$h=100$ l_3	$h=100$ l_4	kg[3])	Endverschluß l	Endverschluß kg	Anschlußstück d_1	l_1	d_2	l_2	d_3	d_4
50	104	120	90	200	145	240	185	3,2	30	0,15	60	120	–	–	–	–
70	126	130	120	250	180	290	220	4,5	30	0,25	80	120	–	–	–	–
100	178	165	160	300	220	340	260	9,2	40	0,5	112	120	132	230	160	180
125	205	180	190	345	245	385	285	13,3	40	0,8	137	150	160	250	190	210
150	255	210	230	380	275	420	315	19,4	40	1,1	162	150	187	270	220	242
200	340	250	–	415	305	490	345	26,0	40	2,1	212	150	242	300	275	299

FZ-Abzweig DN 100 für Kunststoff-Anschluß DN 100

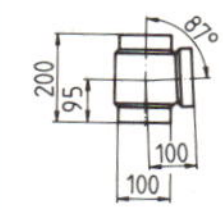

FZ-Abzweig mit WAST-Muffe

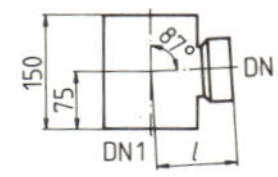

DN 1×2	l	kg
70×50	87	1,0
100×50	102	1,3

FZ-BKK-Bogen

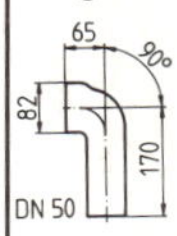

Dichtung WAST-Muffe

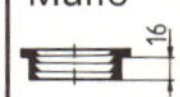

WAST-Stutzen

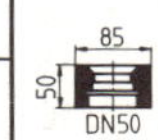

[1]) Rohre und Formstücke der Klasse A sind nicht zugelassen für Grundleitungen.
[2]) Mit gebogenem Einlauf nur bis DN 150 lieferbar. [3]) Die Masse DN 50 bis 150 gilt für gebogenen Einlauf.

87.2 Schallgedämmte Abwasserrohre und Formstücke aus heißwasserbeständigem (HT) Astolan, Maße in mm

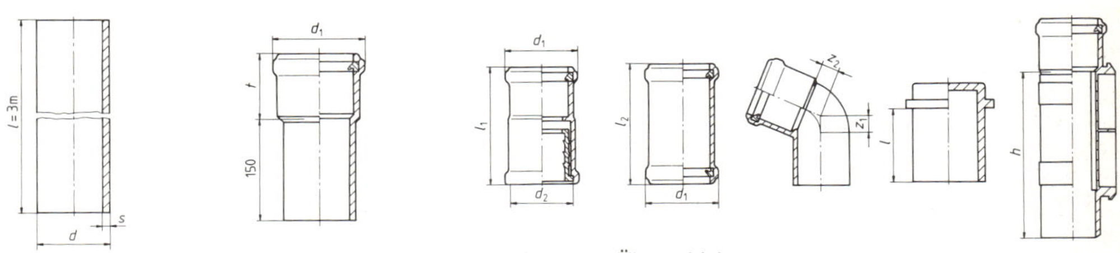

Rohre mit glatten Enden
Farbe: Lichtgrau RAL 7035 Paßstücke Aufsteck- Überschieb- muffen Bogen Stopfen

DN	Rohre ohne Muffe d	s	Inhalt l/m	Masse kg/m	Muffe d_1	t	Aufsteck-[1]), Überschiebemuffen d_1	d_2	l_1	l_2	Bogen 15° z_1	15° z_2	30° z_1	30° z_2	45° z_1	45° z_2	67° z_1	67° z_2	87° z_1	87° z_2	Stopfen l	Gleitmittel g/Muf.	Reinigungsrohre h
70	78	4,5	3,74	2,30	96	56	96	84	119	107	26	10	30	17	37	21	48	31	62	42	52	14,3	146[2])
100	110	5,3	7,76	3,55	132	61	132	116	124	117	27	15	37	19	44	28	60	44	78	58	57	16,7	298
125	135	5,3	12,15	4,40	161	64	161	141	132	124	29	16	38	45	50	24	–	–	96	102	60	20	316
150	160	5,3	17,53	5,15	181	66	181	166	144	129	13	19	24	30	36	42	–	–	83	89	49	25	345

Doppelabzweige DN 100, 87°

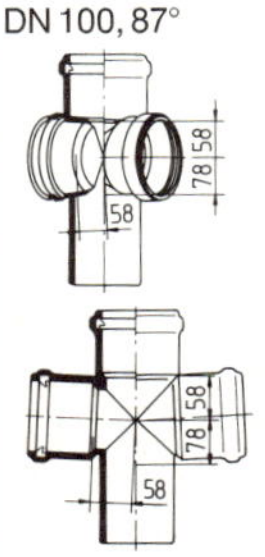

Abzweige

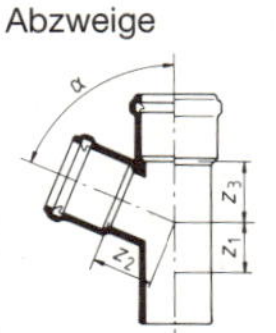

Reduzierstücke

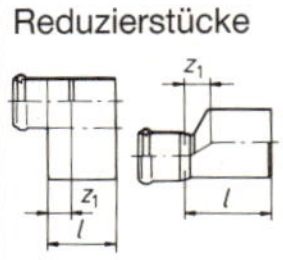

DN 1 × DN 2	45° z_1	45° z_2	45° z_3	67° z_1	67° z_2	67° z_3	87° z_1	87° z_2	87° z_3	Red.-Stück z_1	Red.-Stück l
70 × 50	17	83	79	31	54	46	48	42	28	28	76
70 × 70	38	99	99	47	61	60	62	43	43	–	–
100 × 50	1	110	97	24	75	52	47	61	27	10	87
100 × 70	21	122	115	40	81	67	60	61	43	−10	87
100 × 100	44	136	136	58	84	84	78	58	58	–	–
125 × 100	31	155	152	–	–	–	78	73	59	−13	90
125 × 125	49	169	169	–	–	–	90	72	72	–	–
150 × 100	2	168	159	–	–	–	–	–	–	30	115[3])
150 × 150	36	194	194	–	–	–	–	–	–	34	125[3])

SML – an AS-Rohr

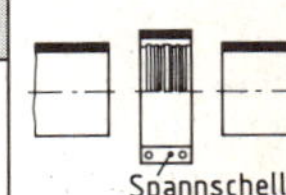

HT[4]) – an AS-Rohr

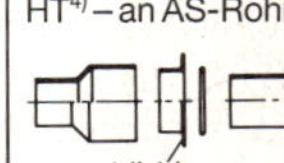

[1]) Regelverbindungselement. [2]) Mit rundem Reinigungsdeckel. [3]) Lange Ausführung. [4]) Nur für DN 125 notwendig.

88.1 Geruchverschlüsse, Anschlußstutzen und -bogen, Fertigabläufe, Maße in mm

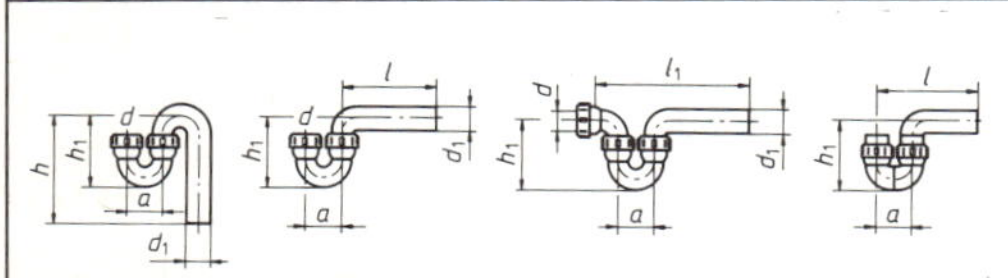

DN1×2	$d \times d_1$	l bzw. h	l_1	h_1	a
40×40	50×50	80 bis 180	200 bis 300	150	80
40×50	50×56	80 bis 210	200 bis 350	150	80
50×50	56×56	80 bis 210	250 bis 380	175	90
70	75	345	–	295	135
100	100	460	–	315	160

Anschlußstutzen DN 40 Innengewinde oder Verschraubung

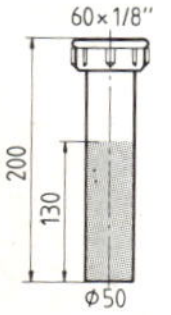

Anschlußbogen DN 40 mit Verschraubung

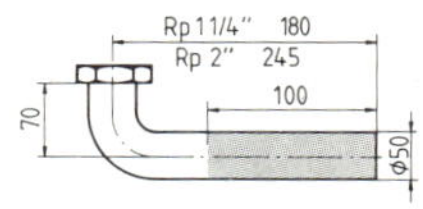

Ab- und Überlaufgarnitur für Bade- und Brausewanne

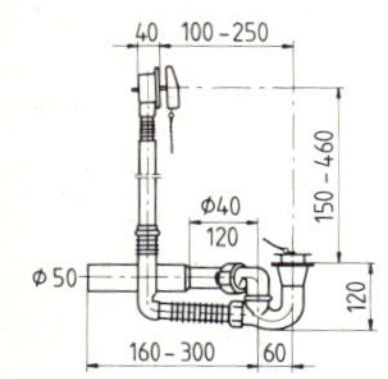

Spültisch

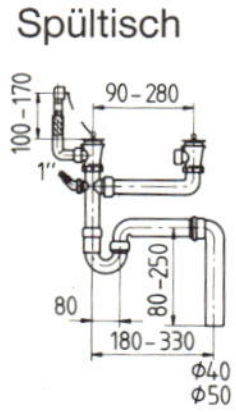

Waschtisch

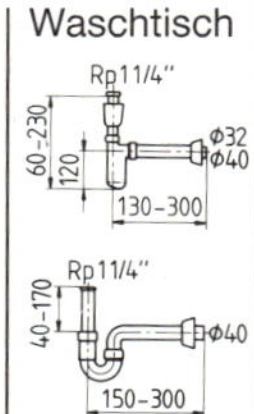

88.2 Schallgedämmte Abwasserrohre und Formstücke aus heißwasserbeständigem (HT) Polyethylen PE-HD, Maße in mm

PE-HD-Rohr mit Schalldämmschicht DN 100

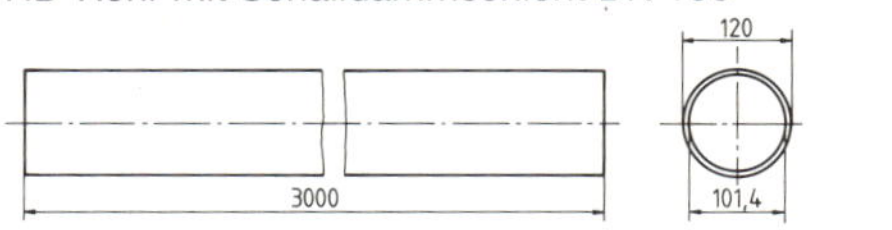

Bogen 45° DN 100

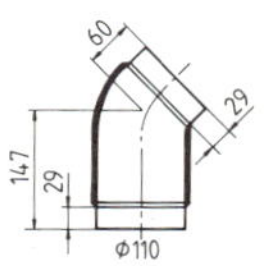

Bogenabzweig 88,5° DN 100

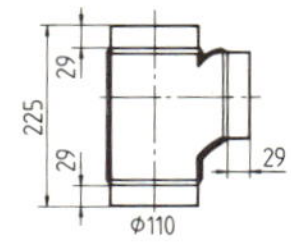

Abzweig 45° DN 100

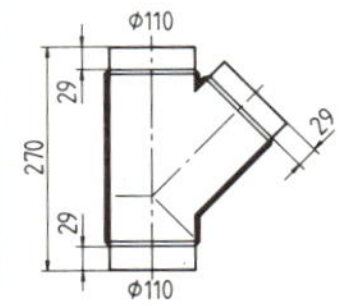

Langmuffe DN 100

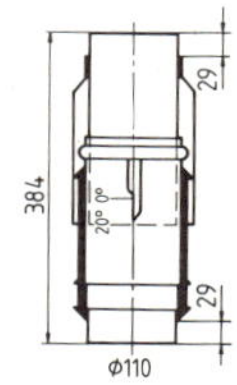

Elektro-Schweißmuffe DN 100

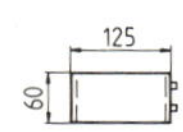

[1] Abmessungen laut Herstellerunterlagen. Nicht für alle Fabrikate übertragbar. Diese Bauteile können mit PE-HD-Rohren kombiniert werden.

88.3 Abwasserrohre- und Formstücke[1] aus heißwasserbeständigem Polyethylen HT (DIN 19535), Maße in mm

Rohr mit glatten Enden
Lieferlänge: 5 m (evtl. auch 3, 4 u. 6 m)

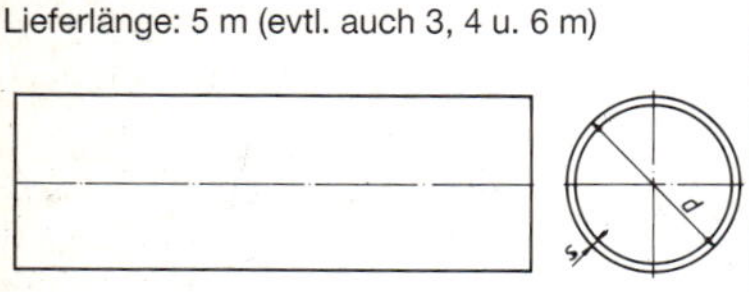

Bogen PEB DN 100 (DN 80)

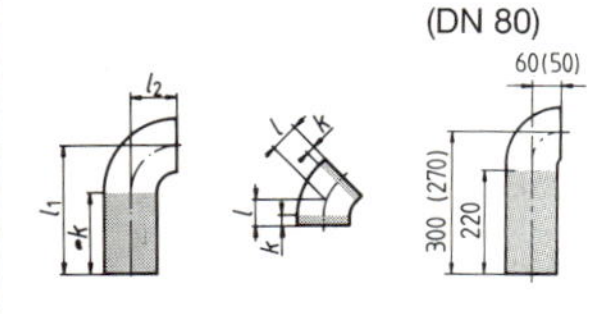

Langmuffe mit Dichtung PEMS-lang

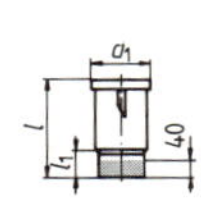

Steckmuffe mit Dichtung PEMS

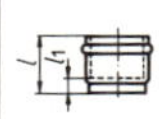

Elektro-Schweißmuffen PEME

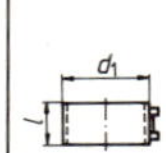

DN	d	s (Reihe 2[3])	Inhalt l/m (Reihe 2[3])	Masse kg/m[2] (Reihe 2[3])	s (Reihe 3[3])	Inhalt l/m (Reihe 3[3])	Masse kg/m[2] (Reihe 3[3])	Bogen $\alpha=90°$ l_1	$\alpha=90°$ l_2	$\alpha=90°$ k[4]	Winkelform $\alpha=45°$ l	$\alpha=45°$ k[4]	$\alpha=88,5°$ l	$\alpha=88,5°$ k[4]	Langmuffe d_1	Langmuffe l	Langmuffe l_1	Steckmuffe l	Steckmuffe l_1	Elektro-Schweißmuffe d_1	Elektro-Schweißmuffe l
40	50	–	–	–	3,0	1,52	0,42	180	40	140	45	20	60	20	80	233	65	63	20	62	60
50	56	–	–	–	3,0	1,96	0,47	210	40	170	45	20	65	20	86	233	65	63	20	68	60
50	63	–	–	–	3,0	2,55	0,53	–	–	–	–	–	–	–	–	–	–	–	–	–	–
70	75	–	–	–	3,0	3,74	0,64	210	70	140	50	20	75	20	105	233	65	88	25	89	60
[5] 80	90	–	–	–	3,5[1]	5,41	0,89	240	90	150	55	20	80	20	117	233	65	88	25	104	60
100	110	3,5	8,33	1,20	4,3	8,08	1,34	270	100	170	60	25	95	25	135	255	70	88	25	125	60
125	125	3,9	10,79	1,51	4,9	10,42	1,74	200	110	90	65	25	100	25	162	239	65	88	25	142	60
150	160	5	17,67	2,46	6,2	17,11	2,82	140	140	–	69	20	120	25	202	240	70	123	30	178	60

[1] Abmessungen aus Herstellerunterlagen. Nicht für alle Fabrikate übertragbar. [2] Bei einer Dichte von $\varrho = 0,94$ kg/dm³. [3] Die Reihen 2 und 3 entsprechen DIN 8074 (vgl. Tab. 80.1). [4] Max. Kürzungslänge. [5] DN 80 ist nicht genormt.

Rohre, Armaturen, Halbzeuge

89.1 Abwasserrohre- und Formstücke[1] aus heißwasserbeständigem Polyethylen HT (DIN 19535) Fortsetzung, **Maße in mm**

Abzweige PEEA

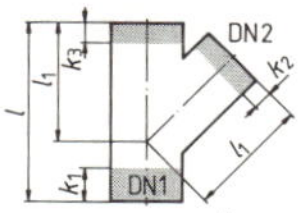

DN 1 × DN 2	α = 45° l_1	l	k_1[2]	k_2[2]	k_3[2]	α = 88,5° l_1	l	k_1[2]	k_2[2]	k_3[2]
40 × 40	110	165	35	40	40	60	150	55	25	25
50 × 40	120	180	40	45	45	70	175	70	30	35
50 × 50	120	180	40	40	40	70	175	65	30	30
70 × 40	140	210	55	45	50	70	175	70	25	35
70 × 50	140	210	50	45	50	70	175	65	25	30
70 × 70	140	210	40	35	35	70	175	55	25	25
80 × 40	160	240	80	40	50	–	–	–	–	–
80 × 50	160	240	75	35	45	–	–	–	–	–
80 × 70	160	240	65	30	25	–	–	–	–	–
80 × 80	160	240	50	20	30	80	200	65	25	25
100 × 40	180	270	95	70	75	90	225	95	25	50
100 × 50	180	270	90	55	65	90	225	90	25	45
100 × 70	180	270	75	45	55	90	225	85	25	35
100 × 80	180	270	65	25	30	90	225	75	25	30
100 × 100	180	270	50	30	35	90	225	65	20	20
125 × 40	–	–	–	–	–	100	250	110	25	60
125 × 50	–	–	–	–	–	100	250	105	25	55
125 × 70	200	300	95	55	65	100	250	100	25	45
125 × 100	200	300	70	35	40	100	250	80	20	30
125 × 125	200	300	60	30	30	100	250	70	20	20
150 × 70	250	375	135	80	90	140	350	150	50	75
150 × 100	250	375	110	65	65	140	350	135	45	60
150 × 125	250	375	100	55	55	140	350	125	45	50
150 × 150	250	375	75	30	30	140	350	105	35	30

Kugelabzweige PEMA-Kugel

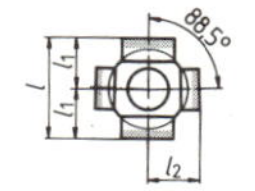

DN	l_1	l_2	l
70	80	100	160
100	100	120	200
125	100	125	200
150	125	160	250

Doppel-, Eck-Abzweige (PEDA oder PEED)

α = 90°, 135°, 180°

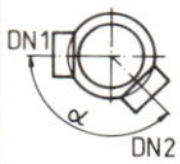

DN 1 × DN 2
70 × 50
70 × 70
100 × 40
100 × 50
100 × 70
100 × 100
125 × 70
125 × 100
150 × 100
150 × 125

Hosen-T-Stück 60° PEHT

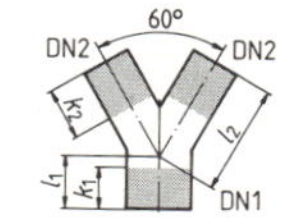

DN 1 × DN 2	l_1	l_2	k_1[2]	k_2[2]
50 × 40	60	120	40	50
50 × 50	18	53	–	–
70 × 40	70	140	60	70
70 × 50	70	140	60	70
100 × 100	90	100	50	–

Mehrfach-Abzweige PEMA
88,5° × 135°
88,5° × 90°

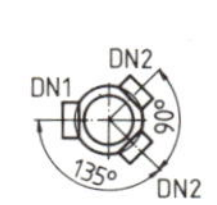

DN 1 × DN 2
70 × 70
100 × 100
125 × 100

Doppelabzweig DN 100 PEDA

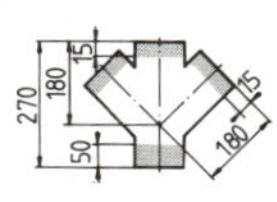

Hosen-T-Stück PEHT DN 50/40 DN 70/50

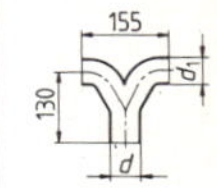

Übergangsrohre PER (Reduktion) kurz, exzentrisch

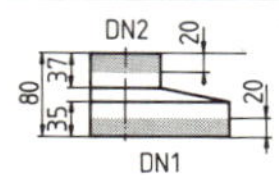

DN 1 × DN 2	DN 1 × DN 2
50 × 40	100 × 70
70 × 40	100 × 80
70 × 50	125 × 40
80 × 40	125 × 50
80 × 50	125 × 70
80 × 70	125 × 100
100 × 40	150 × 100
100 × 50	150 × 125

lang, exzentrisch

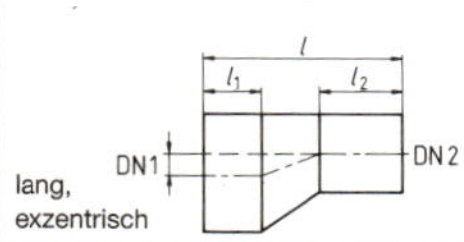

DN 1 × DN 2	l	l_1	l_2
125 × 100	160	70	65
150 × 100	280	75	65
150 × 125	240	75	65

Regenrohr-Siphon

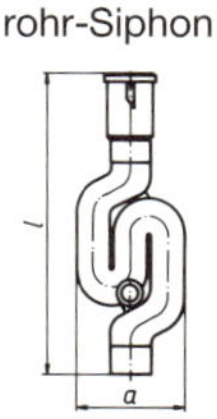

DN	l	a
70	655	198
100	800	288

WC-Anschlüsse DN 100

Klosettmuffe Boden, Wand

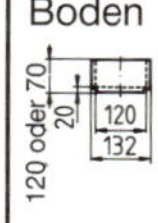

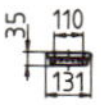

Wandklosettbogen senkrecht

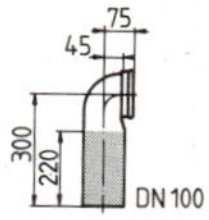

waagerecht rechts u. links

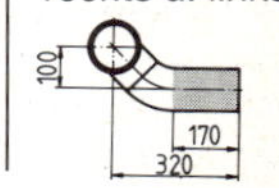

Bodenklosett Bogen

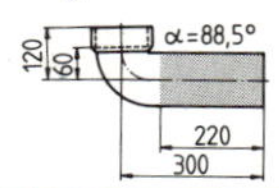

Wandklosett-Doppelbogen

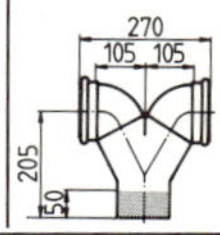

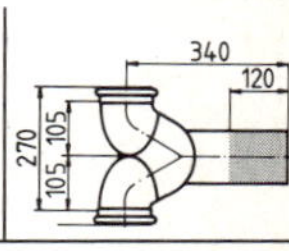

Reinigungsrohr PERE mit rundem

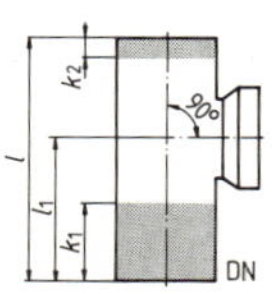

	DN	l_1	l	l_2	k_1[2]	k_2[2]
mit rundem	70	105	175	95	35	–
	80	120	200	110	30	–
	100	135	225	125	45	–
	125	150	250	130	60	10
	150	210	350	150	120	40
mit ovalem Verschlußdeckel	100	200	400	120	30	–
	125	205	410	125	40	–
	150	215	430	140	40	–

Anschluß-Steckmuffe DN 40[3]

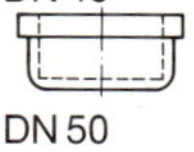

DN 50

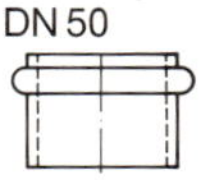

Winkel

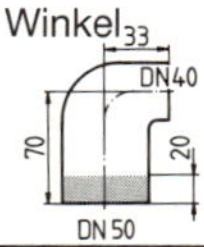

Bogen 88,5°

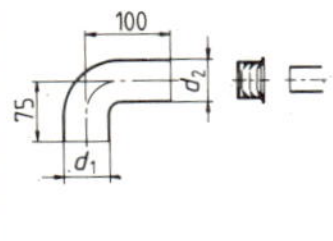

$d_1 \times d_2$	$d_1 \times d_2$
50 × 50	56 × 56
56 × 50	56 × 63[4]

Anschlußbeispiele
PE- auf SML-Rohr PEUG
PE- auf PVC-Rohr PEMS
PE- auf FZ-Rohr PEUFZ
PE- auf Steinzeug PEGUSM
PE-Rohr mit Stützring

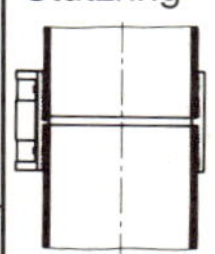

Guß-SML

PE-Rohr

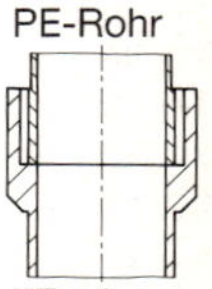

FZ oder Steinz.

[1] Vgl. Fußnote 1 Tab. 88.3. [2] Maximale Kürzungslänge. [3] Für Bidet und Urinal. [4] Länge 200 mm.

90.1 Rohre- und Formstücke für heißwasserbeständige Abwasserleitungen HT, Maße in mm

Die Tabelle gilt für Rohre und Formstücke aus Polypropylen PP nach DIN 19560. Die Abmessungen der Rohre und Formstücke aus ABS/ASA (HT-Rohr) nach DIN 19561 und aus PVC (kein HT-Rohr) nach DIN 19531 weichen nur geringfügig ab.

Rohre mit Steckmuffen und eingelegtem (n. DIN 19560) oder fixiertem Dichtring   Farbe: mittelgrau RAL 7037

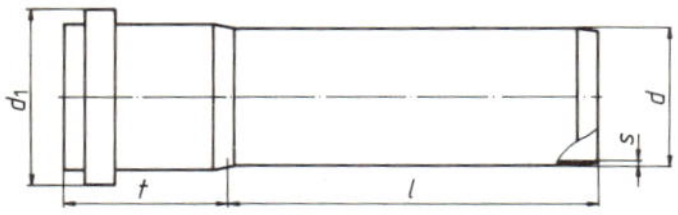

Benennung für Rohre mit	Kurzzeichen	Baulänge
einseitiger Steckmuffe	HTEM	150...2000
beidseitiger Steckmuffe	HTDM	500...2000
glatten Enden	HTGL	5000

DN	d	d_1	s	Inhalt in l/m	Rohrmasse[1] in kg/m	t
40	40	51,6	1,8	1,04	0,23	55
50	50	61,6	1,8	1,69	0,29	56
70	75	86,7	1,9	3,98	0,45	61
100	110	123,8	2,7	8,59	0,94	76
125	125	141,5	3,1	11,1	1,23	82
150	160	179,5	3,9	18,2	1,94	100

Bogen (HTB)

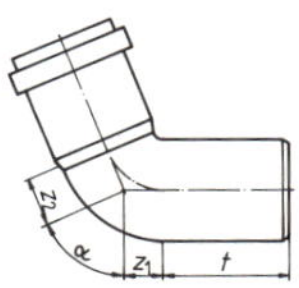

Überschieb-Doppelmuffe

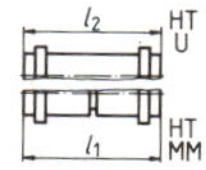

Langmuffe

Aufklebmuffe[2]

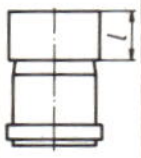

Übergangsrohr (HTR)

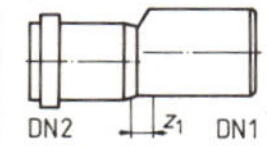

DN	t	$\alpha = 15°$ z_1	z_2	30° z_1	z_2	45° z_1	z_2	67,5° z_1	z_2	80° z_1	z_2	87,5° z_1	z_2	HTMM l_1	HTU l_2	HTLL l	HTL l	HTAM l
40	58,5	5	8	7	11	10	14	16	20	20	24	23	26	103	101	87	58	18
50	59,5	5	9	9	12	12	16	20	23	24	28	28	31	105	103	90	60	20
70	64,5	7	11	12	15	18	21	28	31	35	38	40	43	111	109	99	66	25
100	80,5	9	14	17	21	25	29	40	44	50	54	57	61	128	125	108	72	32
125	87	10	15	19	23	28	33	46	50	57	62	65	70	141	138	114	76	35
150	106	13	19	24	30	36	42	58	64	73	79	83	89	162	158	123	82	42

DN1×DN2	z_1
50 × 40	12
70 × 40	26
70 × 50	20
100 × 50	40
100 × 70	26
125 × 70	34
125 × 100	15
150 × 100	34
150 × 125	27

Einfachabzweig HTEA
Doppelabzweig HTDA
Eckdoppelabzweig HTED

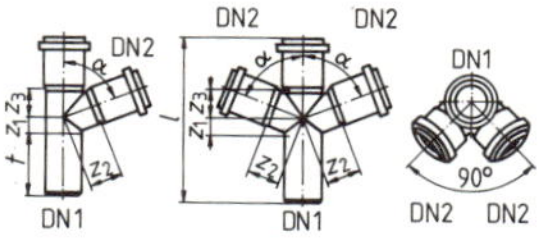

DN1×2	t	$\alpha = 45°$ z_1	z_2	z_3	$\alpha = 67{,}5°$ z_1	z_2	z_3	$\alpha = 87{,}5°$ z_1	z_2	z_3
40× 40	58,5	10	49	49	16	33	33	23	25	25
50× 40	59,5	5	56	54	14	39	35	23	30	25
50× 50	59,5	12	61	61	20	41	41	28	30	30
70× 40	64,5	– 7	74	67	9	52	40	22	42	26
70× 50	64,5	– 1	79	74	14	54	46	27	43	31
70× 70	64,5	18	91	91	28	59	59	40	43	43
100× 50	80,5	–17	104	91	8	73	54	28	60	32
100× 70	80,5	1	116	109	22	78	67	40	60	45
100×100	80,5	25	134	134	40	86	86	57	62	62
125× 70	87	– 6	126	116	19	86	70	41	67	45
125×100	87	18	144	141	38	93	89	58	69	63
125×125	87	28	152	152	46	97	97	65	70	70
150×100	106	1	168	159	31	112	96	58	86	64
150×125	106	12	176	169	39	115	104	66	87	71
150×150	106	36	194	194	58	123	123	83	89	89

Anschlußstück (HTUG) GG an PP

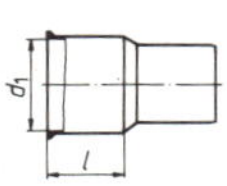

DN	d_1	l
50	72	55
70	92	55
100	124	60
125	151	65
150	176	70

PP an Steinzeug (HTSM)

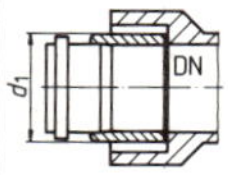

DN	d_1	l
100	132	–
125	160	–
150	187	–

Reinigungsrohr (HTRE)

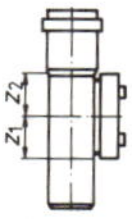

DN	z_1	z_2
40	23	25
50	28	30
70	40	43
100	57	62
125	65	70
150	83	89

Aufsteckmuffe[3]

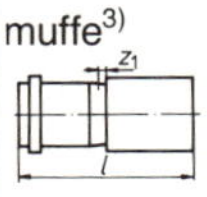

DN	z_1	z_2
40	4	–
50	4	–
70	5	–
100	8	–

Anschlußstück (HTS)
Siphonbogen (HTSW)

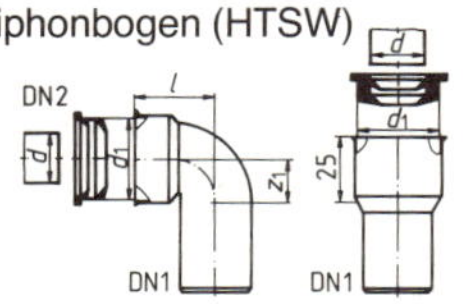

DN1×2	d	l	z_1	d_1
40×30	28...37	46	23,5	40
40×40	37...47	48,5	23,5	50
50×30	28...37	48	28,5	60
50×40	37...47	51	28,5	60
50×50	47...60	55	28,5	60

Doppelsiphonbogen (HTDW)

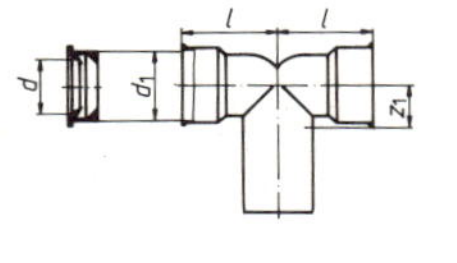

DN1×2	d	l	z_1	d_1
50×30	28...37	48	28,5	50
50×40	37...47	51	28,5	50

[1] Gilt nur für Rohre ohne Muffe. [2] Nur aus ABS/ASA oder PVC. [3] Herstellerangabe. Nicht für alle Fabrikate übertragbar.

91.1 Absperr- und Rückschlagventile aus Messing (DIN- und Herstellerangaben)

Geradsitzventil DIN 3512 mit/ohne Entleerung

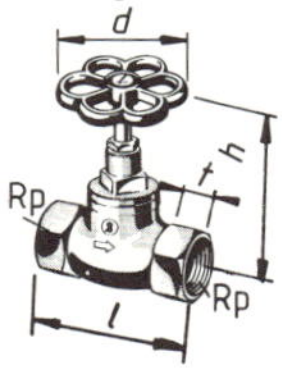

Anschluß DN	Rp	l mm	t mm	h mm	d mm
10	3/8	65	11,4	70	50
15	1/2	65	15	76	50
20	3/4	75	16,3	93	50
25	1	90	19,1	103	70
32	1 1/4	110	21,4	127	80
40	1 1/2	120	21,4	132	80
50	2	150	25,7	158	90

Schrägsitzventil DIN 3502 mit/ohne Entleerung

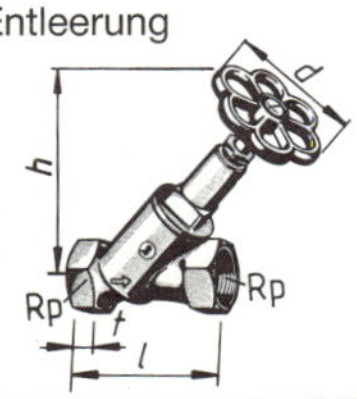

Anschluß DN	Rp	l mm	t mm	h mm	d mm
15	1/2	65	15,0	70	55
20	3/4	75	16,3	80	55
25	1	90	19,1	93	60
32	1 1/4	110	21,4	117	80
40	1 1/2	120	21,4	132	80
50	2	150	25,4	146	80
65	2 1/2	180	30,2	220	120
80	3	210	33,3	243	120

Rückflußverhinderer mit Absperrung mit/ohne Entleerung

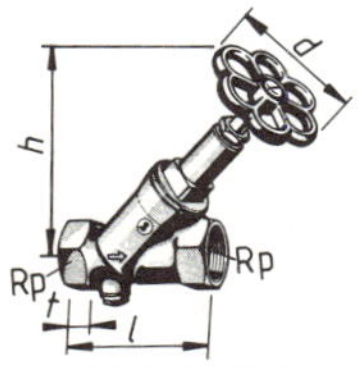

Anschluß DN	Rp	l mm	t mm	h mm	d mm
15	1/2	65	15	95	50
20	3/4	75	16,3	120	70
25	1	90	19,1	145	70
32	1 1/4	110	21,4	165	80
40	1 1/2	120	21,4	195	80
50	2	150	25,7	235	100
65	2 1/2	180	30,2	240	120
80	3	210	33,3	260	120

Schrägsitz-Rückschlagventil

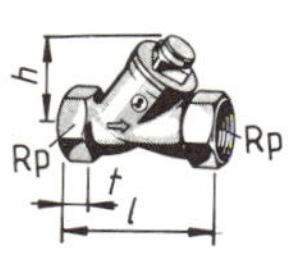

Anschluß DN	Rp	l mm	t mm	h mm	d mm
15	1/2	65	15	55	–
20	3/4	75	16,3	67	–
25	1	90	19,1	86	–
32	1 1/4	110	21,4	92	–
40	1 1/2	120	21,4	107	–
50	2	150	25,7	125	–
65	2 1/2	180	30,2	133	–
80	3	210	33,3	148	–

Schmutzfänger

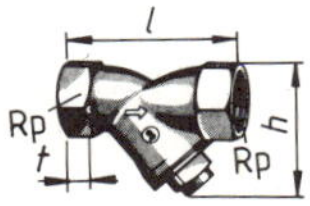

Anschluß DN	Rp	l mm	t mm	h mm	d mm
15	1/2	65	15	40	–
20	3/4	75	16,3	47	–
25	1	90	19,1	57	–
32	1 1/4	110	21,4	68	–
40	1 1/2	120	21,4	78	–
50	2	150	25,7	91	–
65	2 1/2	180	30,2	107	–
80	3	210	33,3	122	–

Schieber PN 16 TB 120°C

Anschluß DN	Rp	l mm	t mm	h mm	d mm
10	3/8	40	8,5	78	50
15	1/2	46	10,5	80	50
20	3/4	53	12,5	89	50
25	1	60	14	101	60
32	1 1/4	64	15	118	80
40	1 1/2	72	18	127	80
50	2	81	20	148	90
65	2 1/2	90	22	170	100
80	3	98	23	203	120
100	4	113	29	243	120

91.2 Absperr- und Rückschlagventile mit Lötmuffen für Kupferrohre (Herstellerangaben)

Durchgangsventil mit/ohne Entleerung (auch UP)

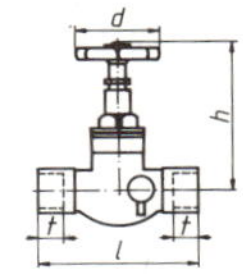

Anschluß DN	d×s	l mm	t mm	h mm	d mm
10	12×1	[1]62	9	74	50
12	15×1	75	11	83	50
15	18×1	75	13	83	50
20	22×1	94	15,5	100	50
25	28×1,5	112	18,5	119	70
32	35×1,5	134	23,5	142	80

Schrägsitzventil mit/ohne Entleerung

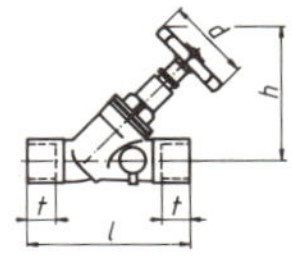

Anschluß DN	d×s	l mm	t mm	h mm	d mm
10	12×1	60	10	60	50
12	15×1	75	12	65	50
15	18×1	90	14	85	50
20	22×1	90	17	85	50
25	28×1,5	110	20	105	60

mit Lötverschraubung

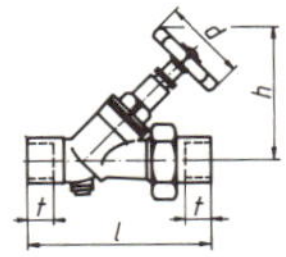

Anschluß DN	d×s	l mm	t mm	h mm	d mm
10	12×1	80	10	70	50
12	15×1	75	12	70	50
15	18×1	90	14	80	50
20	22×1	90	17	80	50
25	28×1,5	120	20	100	60
32	35×1,5	160	25	135	70
40	42×1,5	170	29	150	80
50	54×2	200	34	185	80

Rückflußverhinderer[2]

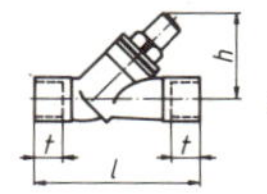

Anschluß DN	d×s	l mm	t mm	h mm	d mm
12	15×1	75	12	40	–
15	18×1	90	14	55	–
20	22×1	90	17	55	–
25	28×1,5	[3] 110	20	65	–
32	35×1,5	160	25	75	–
40	42×1,5	170	29	85	–
50	54×2	200	34	95	–

absperrbar mit/ohne Entleerung

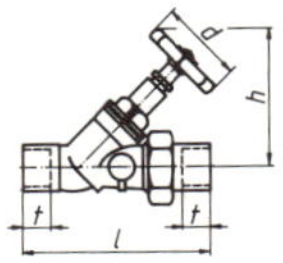

Anschluß DN	d×s	l mm	t mm	h mm	d mm
20	22×1	117	17	120	70
25	28×1,5	138	20	144	70
32	35×1,5	160	25	163	80
40	42×1,5	172	29	174	80
50	54×2	216	34	217	100

[1] Bei UP l = 75 mm
[2] DN 12 bis DN 25 mit oder ohne Verschraubung und ab DN 32 nur mit Verschraubung lieferbar.
[3] mit Verschraubung ist l = 120 mm.

91.3 Membranventile mit Gewindemuffen, PN 10 (Herstellerangaben)

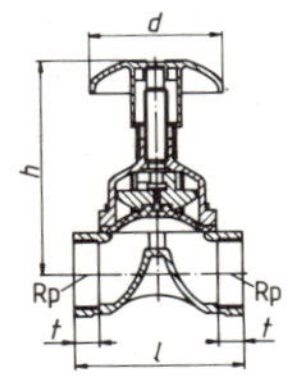

Gehäuse: DN 15 bis DN 50 GGG-40 ab DN 65 GG-20

Anschluß DN	Rp	l mm	h mm	d mm	m kg
15	1/2	63,5	91	62	0,6
20	3/4	83	94	62	1
25	1	111	115	80	1,6
32	1 1/4	124	152	120	2,5
40	1 1/2	143	164	120	4,1
50	2	168	187	120	6,4
65	2 1/2	206	224	170	11
80	3	257	233	229	16

92.1 Rotguß-Armaturen, PN 16
(DIN- und Herstellerangaben)

	Anschluß DN	Rp	l mm	t mm	h mm	d mm
Muffenschieben für Heißwasser und Dampf, TB 200°C 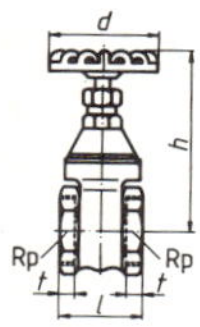	10	3/8	48	11,4	78	50
	15	1/2	55	15,0	80	50
	20	3/4	60	16,3	89	50
	25	1	68	19,1	101	60
	32	1 1/4	76	21,4	118	80
	40	1 1/2	80	21,4	127	80
	50	2	93	25,7	148	90
	65	2 1/2	110	30,2	170	100
	80	3	120	33,3	208	120
Muffen-Schrägsitzventil mit/ohne Entleerung, TB 200°C 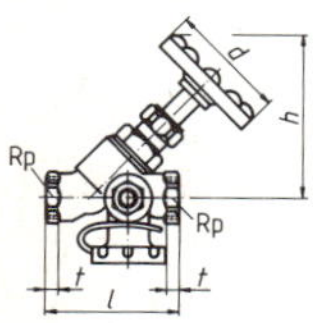	10	3/8	60	10,1	68	50
	15	1/2	65	13,2	68	50
	20	3/4	75	14,5	80	50
	25	1	90	16,8	80	50
	32	1 1/4	110	19,1	122	80
	40	1 1/2	120	19,1	122	80
	50	2	150	23,4	135	80
	65	2 1/2	180	26,7	200	80
	80	3	200	29,8	210	80
Strangregulier- und Absperrventil mit/ohne Entleerung, TB 200 °C 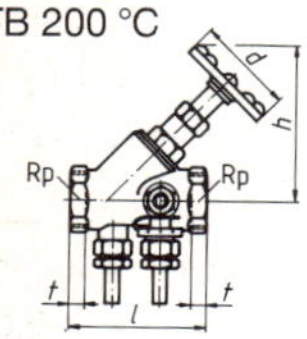	15	1/2	65	13,2	68	50
	20	3/4	75	14,5	80	50
	25	1	90	16,8	80	50
	32	1 1/4	110	19,1	122	80
	40	1 1/2	120	19,1	122	80
	50	2	150	23,4	135	80
	65	2 1/2	180	26,7	200	80
	80	3	200	29,8	210	80
Rückschlagventil, waager. oder senkrecht. Einbau, TB 120°C Luft PN 6 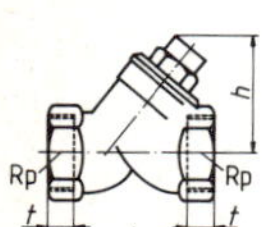	10	3/8	53	8	35	–
	15	1/2	57	8	43	–
	20	3/4	68	9	49	–
	25	1	80	10,5	55	–
	32	1 1/4	97	12,5	67	–
	40	1 1/2	107	14,5	80	–
	50	2	124	16,5	92	–
	65	2 1/2	149	19,5	122	–
Rückschlagklappe PN 10 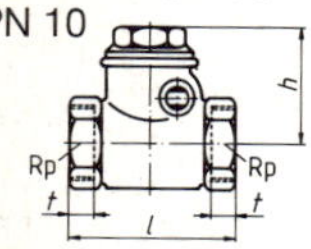	15	1/2	60	12	33	–
	20	3/4	70	14	39	–
	25	1	75	14	46	–
	32	1 1/4	90	16	50	–
	40	1 1/2	100	18	53	–
	50	2	120	20	61	–
Schmutzfänger, TB 150°C 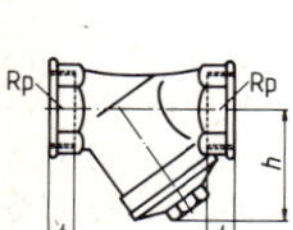	10	3/8	56	11	35	–
	15	1/2	64	12	42	–
	20	3/4	75	14	50	–
	25	1	90	15	62	–
	32	1 1/4	112	18	78	–
	40	1 1/2	120	18	82	–
	50	2	150	22	95	–
	65	2 1/2	220	23	125	–
	80	3	243	26	140	–

92.2 Rotguß-Absperrventile, PN 16
(Herstellerangaben)

	Anschluß DN	Rp	l mm	t mm	h mm	d mm
Muffenventil Durchgangsform[1] 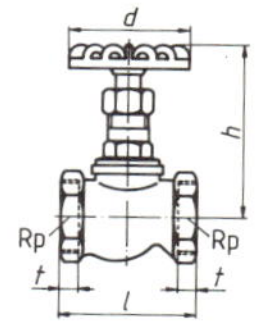	10	3/8	48	10,1	70	50
	15	1/2	55	13,2	70	50
	20	3/4	65	14,5	90	50
	25	1	75	16,8	105	50
	32	1 1/4	88	19,1	115	80
	40	1 1/2	98	19,1	130	80
	50	2	116	23,4	160	80

	Anschluß DN	Rp	l_1 mm	l_2 mm	h mm	d mm
Muffenventil Eckform[1] 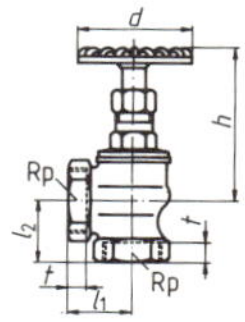	10	3/8	28	27	79	50
	15	1/2	30	30	88	50
	20	3/4	35	34	110	50
	25	1	42	40	110	50
	32	1 1/4	48	45	110	80
	40	1 1/2	53	50	130	80
	50	2	63	61	155	80

[1] Mit Metall-, Jenkings- oder Spezialweichdichtung.

92.3 PVC-Armaturen

	Anschluß DN	d	l mm	l_1[1] mm	h mm	D mm	$k_{V\,100}$[2] l/min
Schrägsitzventil mit Klebestutzen 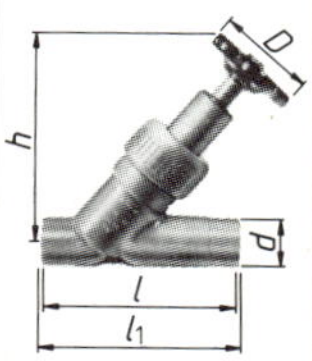	10	16	114	120	105	50	41
	15	20	124	130	126	63	95
	20	25	144	150	140	63	180
	25	32	154	160	166	80	327
	32	40	174	180	191	80	484
	40	50	194	200	233	100	725
	50	63	224	230	264	100	1130
	65	75	284	290	335	160	1700
	80	90	300	310	390	200	2500
Kugelrückschlagventil 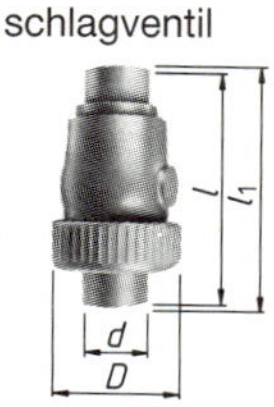	10	16	114	120	–	46	68
	15	20	124	130	–	46	118
	20	25	144	150	–	56	220
	25	32	154	160	–	67	250
	32	40	174	180	–	82	422
	40	50	194	200	–	98	680
	50	63	224	230	–	120	880
	80	90	300	310	–	180	1200
Schmutzfänger 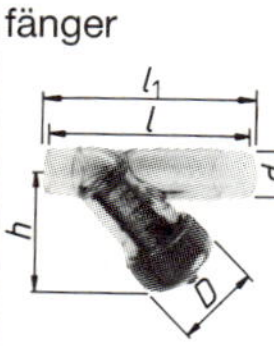	15	20	124	130	65	48	35
	20	25	144	150	76	54	64
	25	32	154	160	90	62	90
	32	40	174	180	104	71	154
	40	50	194	200	124	88	225
	50	63	224	230	148	103	370
	65	75	284	290	188	106	575
	80	90	300	310	205	120	905

[1] Bei Bundbuchsen. [2] Bei Δp = 1 bar.

93.1 Flanschen-Armaturen

Absperrventil, wartungsfrei und weichdichtend
PN 6/DN 15 bis 200
PN 16/DN 10 bis 200

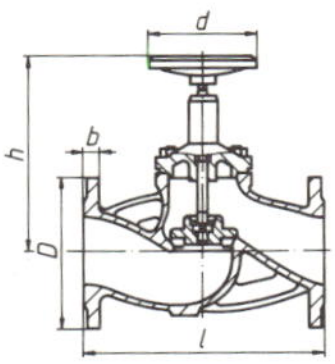

Gehäuse: GG-25
max.Temperatur: + 120°C

DN	PN 6						PN 16							
	l_1 mm	D mm	b mm	d[1] mm	h[1] mm	m[1] kg	l mm	l_1 mm	D mm	b mm	d[1] mm	h[1] mm	h_1[1] mm	m[1)2)] kg
15	130	80	12	100	155	2,5	130	–	95	14	100	155	–	3,0
20	150	90	14	100	160	3,0	150	–	105	16	100	160	–	3,5
25	160	100	14	100	165	4,0	160	–	115	16	100	165	–	5,0
32	180	120	16	100	180	5,0	180	–	140	18	100	180	–	6,0
40	200	130	16	125	195	7,5	200	–	150	18	125	195	–	8,5
50	230	140	16	125	205	8,5	230	–	165	20	125	205	–	10,5
65	290	160	16	125	240	12,0	290	–	185	20	125	240	–	15,0
80	310	190	18	160	305	18,0	310	–	200	22	160	305	–	20,0
100	350	210	18	160	340	25,0	350	–	220	24	160	340	–	27,5
125	400	240	20	160	380	32,5	400	–	250	26	200	395	–	37,5
150	480	265	20	200	543	54	480	–	285	26	315	465	–	63,0
200	600	320	22	250	545	92	600	–	340	30	315	545	–	99

Rückschlagventil in Durchgangs- oder Eckform

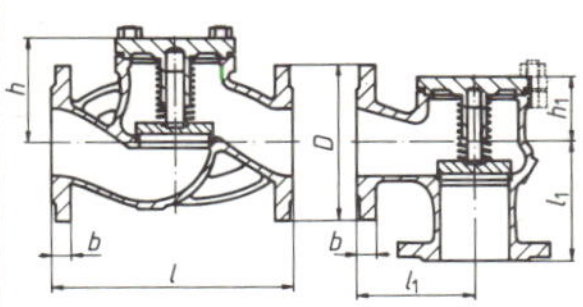

Gehäuse: PN 6 GG-25
PN 16 GG-25 oder GGG-40.3
(Eckform nur GG-25)

DN	l_1	D	b	d	h	m	l	l_1	D	b	d	h	h_1	m
15	130	80	12	–	50	1,9	130	90	95	14	–	50	25	2,3
20	150	90	14	–	50	2,3	150	95	105	16	–	60	35	3,5
25	160	100	14	–	60	3,4	160	100	115	16	–	65	35	4
32	180	120	16	–	65	4,4	180	105	140	18	–	85	50	6,9
40	200	130	16	–	85	6,5	200	115	150	18	–	90	50	8
50	230	140	16	–	90	7,6	230	125	165	20	–	95	60	10,5
65	290	160	16	–	100	10,8	290	145	185	20	–	120	70	16,8
80	310	190	18	–	125	17	310	155	200	22	–	130	75	22
100	350	210	18	–	135	22,4	350	175	220	24	–	155	95	32,5
125	400	240	20	–	160	32	400	200	250	26	–	175	105	52
150	480	265	20	–	180	48	480	225	285	26	–	195	110	72
200	600	320	22	–	225	81	600	275	340	30	–	245	140	123

Absperrventil, kompakt, wartungsfrei

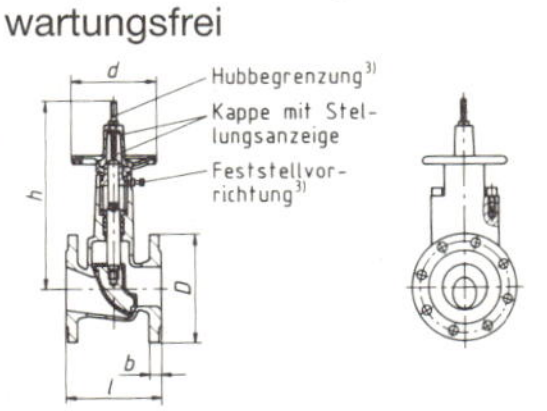

Gehäuse: GG-25
max. Temperatur: + 120°C

DN	l_1	D	b	d	h	m	l	l_1	D	b	d	h	h_1	m
15	115	80	12	100	183	2,5	115	–	95	14	100	183	–	2,9
20	120	90	14	100	183	3	120	–	105	16	100	183	–	3,5
25	125	100	14	100	183	3,2	125	–	115	16	100	183	–	3,9
32	130	120	16	100	243	4,7	130	–	140	18	100	243	–	5,8
40	140	130	16	100	243	5,2	140	–	150	18	100	243	–	6,3
50	150	140	16	125	285	6,6	150	–	165	20	125	285	–	8,4
65	170	160	16	125	320	8,4	170	–	185	20	125	320	–	10,9
80	180	190	18	160	375	12,7	180	–	200	22	160	375	–	14,5
100	190	210	18	160	395	16,8	190	–	220	24	160	395	–	19,4
125	200	240	20	250	526	30,3	200	–	250	26	250	526	–	33,8
150	210	265	20	250	552	33,5	210	–	285	26	250	552	–	38,2

Schmutzfänger PN 6 oder PN 16

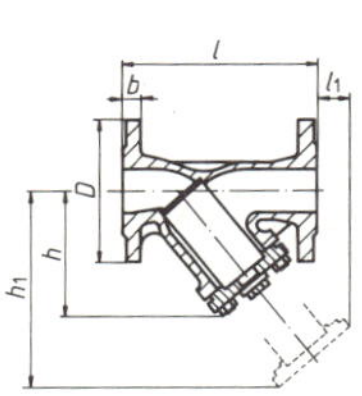

Gehäuse: PN 6 GG-25
PN 16 GG-25 oder GGG-40.3

DN	l mm	l_1[1] mm	D mm	b mm	h[1] mm	h_1[1] mm	m[1] kg	l mm	l_1[1] mm	D mm	b mm	h[1] mm	h_1[1] mm	m[1] kg
15	130	30	80	12	95	150	2,5	130	30	95	14	95	150	3
20	150	10	90	14	95	150	2,9	150	10	105	16	95	150	3,5
25	160	30	100	14	110	180	3,5	160	30	115	16	110	180	4,25
32	180	20	120	16	110	180	4,8	180	20	140	18	110	180	6
40	200	50	130	16	150	240	6,8	200	50	150	18	150	240	7,5
50	230	25	140	16	150	240	7,8	230	25	165	20	150	240	10
65	290	70	160	16	210	340	15	290	70	185	20	210	340	17,5
80	310	110	190	18	240	395	19	310	110	200	22	240	395	20
100	350	120	210	18	285	470	28	350	120	220	24	285	470	33
125	400	120	240	20	320	505	44	400	120	250	26	320	505	44
150	480	110	265	20	360	580	58	480	110	285	26	360	580	61
200	600	160	320	22	445	705	87	600	160	340	30	445	705	96

[1] Herstellerangaben. [2] Für Durchgangsform. [3] Als Variante oder Nachrüstsatz erhältlich.

94.1 Flanschen-Schieber (DIN 3352, Baulänge DIN 3202)

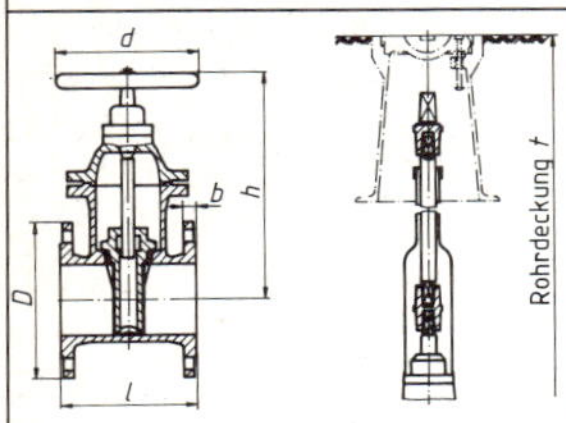

Gehäuse: GG-25, bei PN 6.
Bei PN 16 in GGG erhältlich.
TB ≤ 60 °C; Ausf.: NBR
TB ≤ 110 °C; Ausf.: EPDM

PN 6[1]							PN 16[2]							
DN	*l* mm	*D* mm	*b* mm	*d* mm	*h* mm	*m* kg	*DN*	*l*[3] mm	*D* mm	*b* mm	*d* mm	*h* mm	*m* kg	*t*[4] m
40	140	150	16	160	225	12	40	240	150	19	200	230	10,5	0,60
50	150	165	16	160	230	13	[5]50	250	165	19	200	230	11	0,60
65	170	185	16	160	260	17	65	270	185	19	250	270	15,5	0,60
80	180	200	18	160	280	22	[5,6]80	280	200	19	250	290	18	0,60
100	190	220	18	200	320	27	[5,6]100	300	220	19	315	340	25	0,75
125	200	250	20	250	375	36	125	325	250	19	315	380	34,5	0,75
150	210	285	20	250	420	48	[5,6]150	350	285	19	315	425	43	0,75
200	230	340	22	250	505	78	[5,6]200	400	340	20	400	510	76	0,90

[1] Für Gas nicht zugelassen. [2] DIN-DVGW geprüft und anerkannt für Gas.
[3] Schieber PN 16 sind auch mit Baulängen der Reihe F4 (Baulänge von PN 6) erhältlich. [4] Erforderliche Mindest-Rohrdeckung.
[5] Auch mit Steckmuffen für PVC-Rohre erhältlich. [6] Auch mit Steckmuffen für Gußrohre erhältlich.

94.2 Faltenbalg-Absperrventil, PN 16

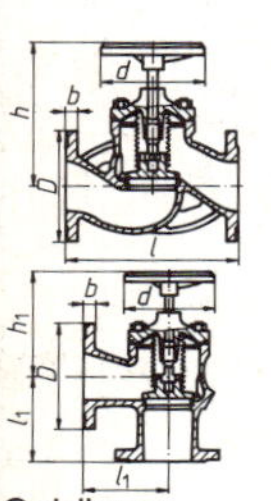

Gehäuse: GG-25 oder GGG-40.3 geeignet für TB > 110°C für HW, HDD.

DN	*l* mm	*l*$_1$ mm	*D* mm	*b* mm	*d* mm	*h* mm	*h*$_1$ mm
15	130	90	95	14	100	155	135
20	150	95	105	16	100	170	140
25	160	100	115	16	100	175	140
32	180	105	140	18	125	200	160
40	200	115	150	18	125	205	160
50	230	125	165	20	160	215	175
65	290	145	185	20	160	240	185
80	310	155	200	22	200	280	225
100	350	175	220	24	200	310	250
125	400	200	250	26	250	365	290
150	480	225	285	26	315	390	300
200	600	275	340	30	400	485	380

94.3 Absperrklappen mit Monoflansch

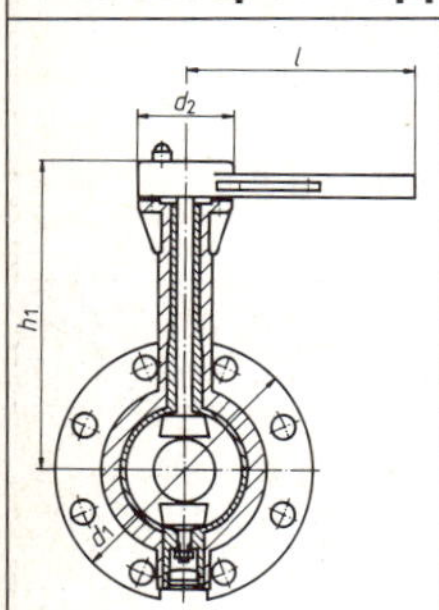

DN	*d*$_1$ mm	*h*$_1$ mm	*l* mm	*d*$_2$ mm	*m* kg
40	138	170	170	70	3,5
50	155	200	170	70	4,5
65	175	205	170	70	5
80	190	230	170	70	6
100	220	240	250	70	8,5
125	250	260	250	70	11
150	275	275	250	70	12,5
200	330	300	450	95	21,0

94.4 Kugelhähne

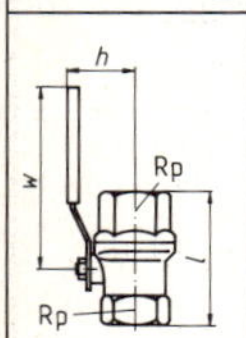

Rp	*l* mm	*h* mm	*w* mm	Rp	*l* mm	*h* mm	*w* mm
1/2	75	40	103	1 1/4	110	52	117
3/4	80	40	103	1 1/2	120	65	151
1	90	46	117	2	140	71	151

94.5 Disco-Rückschlagventile, PN 6 und PN 16

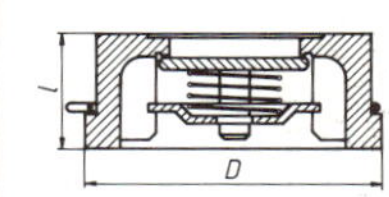

Gehäuse: bis DN 100 CuZn39Pb 3; CuZn35Ni oder G-CuSn 10 DN 125 bis 200 GG-25

DN	*l* mm	*D* mm	DN	*l* mm	*D* mm
15	16	40	65	46	115
20	19	47	80	50	132
25	22	56	100	60	152
32	28	72	125	90	184
40	31,5	82	150	106	209
50	40	95	200	140	264

94.6 Spezial-Ring-Drosselklappen, PN 10 (MS/04)

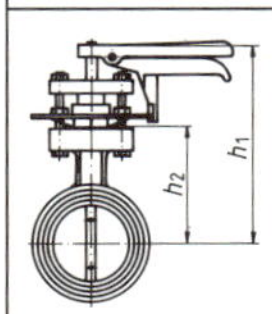

DN bis	TB °C	PB bar
40	150	12
200	110	10

DN	*l*[1] mm	*h*$_1$ mm	*h*$_2$ mm	DN	*l*[1] mm	*h*$_1$ mm	*h*$_2$ mm
20	30	165	75	80	30	210	120
25	30	170	80	100	30	225	135
32	30	180	90	125	35	240	150
40	30	185	95	150	45	280	175
50	30	195	105	200	50	305	200
65	30	205	115				

Gehäuse GG-25 [1] Baulänge

94.7 Membranventile mit oder ohne Auskleidung

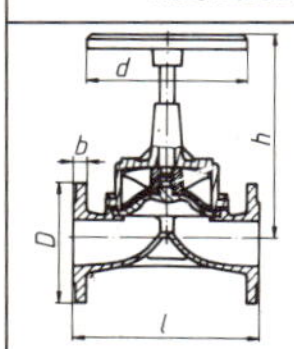

Gehäuse: GG-25 Je nach Medium Gehäuse und Membrane bis PN 16, TB 130°C geeignet.

DN	*l* mm	*D* mm	*b* mm	*h* mm	*d* mm	*m* kg
32	146	140	18	150	125	5
40	159	150	18	182	125	7
50	190	165	20	231	160	10,5
65	216	185	20	233	250	12,5
80	254	200	22	322	250	21,5
100	305	220	24	392	315	35
125	356	250	26	392	315	40
150	406	285	26	512	400	72
200	521	340	26	512	400	90

95.1 Gasschweißstäbe für das Verbindungsschweißen von Stählen (DIN 8554)

Schweißstabklasse	G I	G II	G III	G IV
Einprägung	I	II	III	IV
Farbkennzeichnung	–	grau	gold	rot
Fließverhalten	dünnfl.	weniger dünnfl.	zähfließend	
Spritzer	viel	wenig	keine	

Eignung der Schweißstäbe					
Stahlsorte	DIN	G I	G II	G III	G IV
St 37-2; USt 37-2 RSt 37-2; St 44-2	17100[1]	– –	+ +	+ +	+ +
USt 37.0; St 37.0 St 44.0; St 52.0	1626[2]	+ +	+ +	+ +	+ +
St 37.0; St 44.0 St 52.0	1629[3]	+ +	+ +	+ +	+ +
St 35.8; St. 45.8	17175[4]	–	–	+[5]	+
H I; H II	17155[6]	–	–	+	+

Abmessungen:
Durchmesser: 1,6; 2; 2,5; 3; 4; 5 mm, Länge: 1000 mm
Beispiel:
Schweißstab DIN 8554-G III-3
für Durchmesser 3 mm der Schweißstabklasse III

[1] Allgemeine Baustähle. [2] Geschweißte Stahlrohre. [3] Nahtlose Stahlrohre. [4] Warmfeste Rohre. [5] Nicht zugelassen für St 45.8. [6] Kesselbleche.

95.2 Druckgasflaschen

Gasart	Kennfarbe	Anschlußgewinde	Volumen in l	Fülldruck bar	Füllmenge
Sauerstoff	blau	R 3/4	20 40 50	200 150 200	4 m^3 6 m^3 10 m^3
Acetylen	gelb	Anschluß für Spannbügel	20 40 50	18[1] 19[1] 19	3,2 kg 6,3 kg 10 kg
Propan[2]	rot	W 21, 80×1/14″ links	22 66	8,3 8,3	11 kg 33 kg
Wasserstoff	rot	W 21, 80×1/14″ links	10 50	200 200	2 m^3 10 m^3

[1] Bei + 15 °C. [2] Vgl. Tab. 164.1.

95.3 Schweißnahtvorbereitung an Blechen und Rohren einseitig geschweißt für Gasschmelz- u. Lichtbogenschweißen

Benennung	Werkstoff	Wanddicke *s* in mm	Fugenform und Sinnbild	Spaltbreite b[1] in mm
Bördelnaht[2]	Stahl-Kupfer, Aluminium	1,5	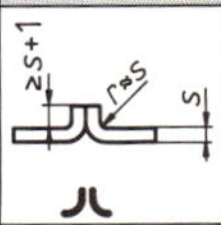	
I-Naht	Stahlrohr Stahlblech Kupfer Aluminium	bis 3 bis 4 bis 3 bis 2 2 bis 6 5 bis 12[3]	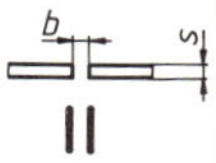	bis 3 bis *s* bis 4 0 bis 4 bis 6
V-Naht	Stahlrohr Stahlblech Kupfer Aluminium	bis 16 3 bis 10 3 bis 12 3 bis 20	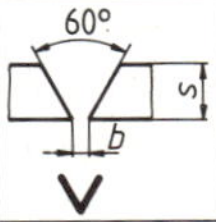	bis 3 bis 3 3 bis 6 2 bis 4
U-Naht auf V-Wurzel	Stahlrohr Stahlblech	über 12 über 12	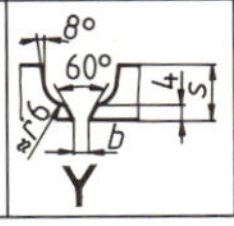	0 bis 3 0 bis 3

[1] b gilt für gehefteten Zustand. [2] Meistens ohne Zusatzwerkstoff. [3] Doppelseitig u. gleichzeitig schweißen.

95.4 Ermittlung des Nutzbaren Gasinhalts u. des Gasverbrauchs bei Gasflaschen

Nutzbarer Flascheninhalt	
Sauerstoff	Acetylen[1]
$V = V_o \cdot p_e$	$V = V_A \cdot 25 \frac{l}{l \cdot bar} \cdot p_e$

V nutzbares Gasvolumen der Flasche in l
V_o Flascheninhalt bei 1 bar Druck in l/bar (Flaschenvolumen)
V_A Acetoninhalt der Acetylenflasche in l
p_e Flaschenüberdruck in bar

Gasverbrauch	
Sauerstoff	Acetylen[1)2)]
$\Delta V = V_o \cdot (p_{e1} - p_{e2})$	$\Delta V = V_A \cdot 25 \frac{l}{l \cdot bar} \cdot (p_{e1} - p_{e2})$

ΔV Gasverbrauch in l
V_o Flascheninhalt bei 1 bar Druck in l/bar (Flaschenvolumen)
V_A Acetoninhalt der Acetylenflasche in l
p_{e1} Flaschenüberdruck bei Arbeitsbeginn in bar
p_{e2} Flaschenüberdruck bei Arbeitsende in bar

[1] Acetoninhalt beträgt je Acetylenflasche V_A = 13 l oder V_A = 16 l.
[2] Acetylenentnahme je Flasche kurzzeitig, höchstens 1000 l/h Dauerentnahme 500 l/h.

96.1 Richtwerte für das Schweißen von Stumpfnähten an Blechen[1] (einseitig)

Blechdicke s in mm	Verfahren [2]	Brennergröße	Schweißdraht ∅ mm	Schweißdraht g/m	Hauptzeit[4] in min/m	Gasverbrauch[5] C_2H_2 l/h	Gasverbrauch[5] O_2 l/h
2	NL	1 bis 2	2	59	18,2	100	110
3	NL	1 bis 2	2	72	25,4	130	145
4	NR	4 bis 6	3,25	200	20,7	290	320
5	NR	4 bis 6	3,25	270	26	385	425
6	NR[3]	4 bis 6	3,25	350	26,2	410	450

[1] Naht senkrecht.
[2] NL Nachlinks-, NR Nachrechtsschweißen.
[3] V-Naht 60°.
[4] Ohne Rüstzeit.
[5] Gasüberdruck: Acetylen 0,3...0,5 bar; Sauerstoff 3,5...4 bar.

96.2 Richtwerte für das Gasschweißen von Rohr-Stumpfnähten in Zwangslage, Rohrachse waagerecht

Rohr nach DIN 2448 $d_a \times s$ in mm	Verfahren [1]	Brennergröße	Schweißdraht ∅ mm	Schweißdraht g je Naht	Vorgabezeit min je Naht	Gasverbrauch C_2H_2 l/h	Gasverbrauch O_2 l/h
21,3 × 2	NL	1...2	2	2,9	18,75	95	105
26,9 × 2,3	NL	1...2	2	6	21,2	100	110
33,7 × 2,6	NL	1...2	2,5	11	22,6	105	120
38 × 2,6	NL	1...2	2,5	13	26,7	115	130
44,5 × 2,6	NL	2...4	2,5	18	27,6	150	170
57 × 2,9	NR	2...4	2,5	28	29,6	160	180
70 × 2,9	NR	2...4	2,5	35	30,8	170	190
76,1 × 2,9	NR	2...4	2,5	38	32,0	170	190
88,9 × 3,2	NR	2...4	2,5	48	35,8	170	190
108 × 3,6	NR	2...4	2,5	65	40,6	170	190
133 × 4	NR	4...6	3,25	105	49,2	270	300
159 × 4,5	NR	4...6	3,25	140	56,0	280	310
219,1 × 5,9	NR	6...9	3,25	360	82,5	375	415

[1] NL Nachlinks-, NR Nachrechtsschweißen

96.3 Richtwerte für das Brennschneiden von Stahl mit Handschneidbrenner

Werkstückdicke in mm	Schneiddüse[1] in mm	Sauerstoffdruck[2] in bar	Gasverbrauch Sauerstoff in l/m	Gasverbrauch Acetylen in l/m	Schneiddauer in min/m
3	3 bis 10	2	47	15	2,5
5	3 bis 10	3	70	20	3,5
8	3 bis 10	3,5	100	25	4
10	10 bis 25	4	125	32	5

[1] Heizdüse 2 bis 60.
[2] Acetylendruck 0,3 bis 0,5 bar.

96.4 Richtwerte für den Stabelektrodenverbrauch, Schweißstrom u. Abschmelzzeit beim Lichtbogenschweißen

V-Naht[1], Schweißposition W (Wannenposition)

Blechdicke in mm	Elektroden-Abmessungen in mm	Elektroden-Verbrauch Stck/m	Abschmelzzeit je Elektrode	Schweißstrom in A[2]	Zusatz g/m
6	2,5 ×350 3,25×450	4[3] 7	80 s 88 s	80 120	210
10	3,25×450 4,0 ×450	4[3] 11	88 s 94 s	120 170	610
15	3,25×450 4,0 ×450	4[3] 25	85 s 95 s	130 170	1250

[1] V-Naht mit 60° Öffnungswinkel, bis 6 mm Blechdicke Spalt 2 mm, darüber Spalt 3 mm.
[2] Faustregel: Stromstärke in A = Kerndurchmesser in mm mal 35 bis 45.
[3] Elektrodenverbrauch für die Wurzelnaht.

96.5 Bevorzugte Stabelektroden

Grundwerkstoff Anwendungsgebiet	Grundwerkstoff Stahlsorte	Mindestanforderung
Allg. Baustähle nach DIN 17100	(U und R) St 37-2 St 37-3; St 44-3	4310 4330
Rohrstahl nach DIN 1626; DIN 1629	USt 37; St 37 St 44; St 52	4300 4300 (5100)
Warmfeste Rohre DIN 17175 Bleche DIN 17155	St 35.8; St 45.8 H I; H II	4322

Elektroden-Empfehlung: Wurzel RR (B) 8; Füll-Decklage RR 6; Fallnaht R (C) 3

96.6 Richtwerte für die Schweißbrenner-Größe, Schweißdrahtbezeichnung und Verbrauch beim Kupferrohrschweißen

Rohrwanddicke in mm	Brennergröße	Schweißdraht-Durchmesser in mm	Schweißdraht-Verbrauch in g/m	Schweißdraht-Bezeichnung
1,5	2...4	2	45	S-Cu 2.0181
2	4...6	2,4	70	S-CuAg 2.1211
2,5	6...9	3	90	S-CuSn 2.1006

Rohre, Armaturen, Halbzeuge

97.1 Lote, Flußmittel und Lotpaste für das Löten in der Gas- und Wasserinstallation

Bezeichnung nach DIN 8513	Zusammensetzung in Gew. %	Arbeitstemp. in °C	Geeignet für den Werkstoff Rohr	Fitting
Hartlote[3]				
L-Cu P6	93,8Cu6,2P	730	Kupfer[1]	Kupfer[1] Messing[2)4)] Rotguß[2)4)]
L-Ag 2 P	2Ag, 91,8 Cu, 6,2 P	710		
L-Ag45Sn[4]	45Ag, 27Cu, 3Sn, 25Zn	670	Stahl Kupfer	Stahl Kupfer Messsing Rotguß
L-Ag44[4]	44Ag, 30Cu, 26Zn	730		
L-Ag34Sn[4]	34Ag, 36Cu, 3Sn, 27Zn	710		
Weichlot[5] nach DIN 1707				
L-SnCu3[7]	97Sn, 3Cu	230 bis 250[6]	Kupfer	Kupfer
L-SnAg5[7]	95Sn, 5Ag	221 bis 240[6]		Messing Rotguß
Weichlotpaste[8]				
L-SnCu3	97Sn, 3Cu	230 bis 250[6]	wie Weichlot	

1) Ohne Flußmittel nur verwendbar, wenn Kupfer mit Kupfer hartgelötet wird.

2) Beim Hartlöten von Kupfer mit Messing oder Rotguß (Fittings oder Armaturen) dieses Lot nur in Verbindung mit Flußmittel verwenden.

3) Geeignet für Öl, Flüssiggas, Erdgas, fluorierte Chlorwasserstoffe (Kältemittel), Kalt- und Warmwasserrohre ab 35 × 1,5 mm.

4) Mit Flußmittel F-SH 1 (Arbeitstemperaturbereich 600 °C bis 800 °C) nach DIN 8511 löten.

5) Geeignet für Kalt- und Warmwasser. Cu-Rohre bis 28 × 1,5 mm möglichst nur weichlöten.

6) Schmelzbereich.

7) Mit Flußmittel F-SW 21 nach DIN 8511 oder Weichlotpaste (Degufit 3) löten.

8) Wird anstelle von Flußmittel verwendet.

97.2 Hartlote für Präzisionsstahlrohre für Heizungsrohre (mit Außenisolierung)

Bezeichnung nach DIN 8513	Zusammensetzung in Gew. %	Arbeitstemperat. in °C	Glühfarbe, Flußmittel n. DIN 8511
L-Ag 30Cd	30Ag, 21Cd, 28Cu, 21Zn	680	dunkelrot F-SH 1
L-Ag 40Cd	40Ag, 20Cd, 19Cu, 21Zn	610	braunrot F-SH 1

97.3 Lote für die Bauklempnerei

Bezeichnung	Zusammensetzung in Masse-%	Schmelzbereich in °C	Grundwerkstoff (Bleche)
Weichlote nach DIN 1707			
L-PbSn40(Sb) L-PbSn40	40Sn (bis 0,5 Sb), Rest Pb	183...235	Zink[1], Kupfer[2] verz. Stahl[1]
L-PbSn30Sb	30Sn, 0,5 bis 1,8Sb, Rest Pb	186...250	Blei[4]
Hartlote nach DIN 8513			
L-Ag2P[3] L-Cu6P[3]	vgl. Tab. 96.1	650...810 710...880	Kupfer[3]

1) Mit Flußmittel Salzsäure oder F-SW 11 löten.

2) Mit Flußmittel F-SW 21 oder Lötwasser löten, ab 0,7 mm Blechdicke und bei großem Zuschnitt vorverzinnen, mindestens 10 mm überlappen.

3) Ohne Flußmittel löten, mindestens 10 mm überlappen, ab 400 mm Zuschnittbreite heften mit Nieten.

4) Mit Kolophonium als Flußmittel löten.

97.4 Zulässige Betriebsdrücke der Lötstellen für Gas- und Wasserleitungen

Lot	Betriebstemperatur in °C	Zulässiger Betriebsdruck im Rohr in bar 6...28	35...54	64...108
Weichlote				
L-Sn Cu3 und L-Sn Ag5	30 65 110	40 25 16	25 16 10	16 16 10
Hartlote				
L-Cu P6 L-Ag 2P	30 110	40 16	25 10	16 10

97.5 Richtwerte für den Lotverbrauch je Verbindungsstelle (g/Lötstelle)

Außendurchmesser in mm	Lotdraht ∅ 2 mm Sn Cu3 Sn Ag5	Ag45Sn Ag44 Ag34Sn	Außendurchmesser in mm	Lotdraht ∅ 3 mm Sn Cu3 Sn Ag5	Ag45Sn Ag44 Ag34Sn
10	0,43	0,25	35	2,23	2,15
12	0,45	0,36	42	3,3	2,8
15	0,59	0,47	54	4,8	4,2
18	0,72	0,60	76,1	9	8
22	0,88	0,75	88,9	13	12
28	1,19	1,0	108	21	19

98.1 Bandstahl und Flachstahl, Masse

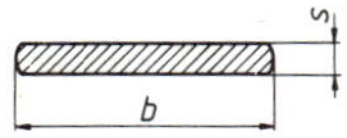

Bandstahl: Dicken von 0,8 bis 15 mm (8 mm) und Breiten von 10 bis 2000 mm.

Lieferart: In Ringen, Bunden und walzgeraden Streifen.

Flachstahl: Dicken von 5 bis 60 mm und Breiten von 10 bis 150 mm.

Lieferlängen: 3000 bis 15000 mm.

b in mm	Masse in kg/m (für ϱ = 7,85 kg/dm³) bei folgender Dicke *s* in mm					
	1	2	3	5	10	12
10	0,079	0,157	0,236	0,393		
12	0,094	0,188	0,283	0,471		
15	0,118	0,236	0,353	0,589	1,18	
20	0,157	0,314	0,471	0,785	1,57	1,88
25	0,196	0,393	0,589	0,981	1,96	2,36
30	0,236	0,471	0,707	1,18	2,36	2,83
35	0,275	0,550	0,824	1,37	2,75	3,30
40	0,314	0,628	0,942	1,57	3,14	3,77
50		0,785	1,178	1,96	3,93	4,71
60		0,942	1,413	2,36	4,71	5,65
80		1,256	1,884	3,14	6,28	7,54
100			2,355	3,93	7,85	9,42
120					9,42	11,3
150					11,8	14,1

98.2 Stahlblech, Masse (DIN 17162)

Lieferart: Breitband in Rollen $b \leq 600$ mm
Blech: Lagergrößen 2000 mm × 1000 mm, 2500 mm × 1250 mm und 3000 mm × 1500 mm, als schwarzes, verzinktes oder verbleites Stahlblech und Weißblech.

Blechdicke in mm	Masse in kg/m²	Masse der Blechtafel in kg bei folgender Tafelgröße		
		2000 mm × 1000 mm	2500 mm × 1250 mm	3000 mm × 1500 mm
0,50	3,925	7,85	12,27	17,66
0,60	4,710	9,42	14,72	21,20
0,70	5,495	10,99	17,17	24,73
0,80	6,28	12,56	19,63	28,26
0,90	7,065	14,13	22,08	31,79
1,00	7,850	15,70	24,53	35,33
1,20	9,420	18,84	29,44	42,39
1,50	11,78	23,55	36,8	52,99
2,00	15,7	31,4	49,06	70,65
2,50	19,63	39,25	61,33	88,31
3,00	23,55	47,1	73,59	105,98

98.3 Bleche aus NE-Metallen für die Bau-Klempnerei, Masse

Handelsformate:

Zinkbleche: 1000 mm × 2000 mm und 1000 mm × 3000 mm; Bänder: bis 1000 mm Breite; ϱ = 7,2 kg/dm³ (DIN 17770)

Bleibleche: in Rollen von 50 kg oder 100 kg; Breite ab 10 bis 1300 mm; ϱ = 11,4 kg/dm³ (DIN 59610)

Kupferbleche: Normalformat 1000 mm × 2000 mm; Bänder: Normalbreite 600 mm (max. 1000 mm); Länge nach Wunsch; ϱ = 8,9 kg/dm³ (DIN 17650)

Aluminiumbleche: 1000 mm × 2000 mm bis 1600 mm × 6000 mm; Bänder: bevorzugte Breite 600 mm; ϱ = 2,7 kg/dm³ (DIN 1745)

Blechdicke *s* in mm	Masse der Bleche in kg/m² bei folgenden Werkstoffen (Kurzzeichen und Werkstoffnummer)			
	Titanzink D-Zn bd 2.2203.38	Blei Pb 99,94 Cu 2.3035	Kupfer SF-CuF22 SF-CuF25 [1) 2)]	Aluminium AlMnF12[3] AlMnF14[4] 3.0515.24 3.0515.26
0,30	2,15	3,42	2,67	0,81
0,40	2,87	4,56	3,56	1,08
0,50	3,59	5,70	4,45	1,35
0,55	3,95		4,90	1,49
0,60	4,32	6,84	5,34	1,62
0,65	4,68		5,78	1,76
0,70	5,04	7,98	6,23	1,89
0,75	5,40	8,60	6,67	2,03
0,80	5,76	9,12	7,12	2,16
0,90	6,48	10,26	8,01	2,43
1,00	7,20	11,40	8,90	2,70

Bestellbezeichnung für 500 kg Blech (BL) D-Zn bd von *s* = 0,65 mm, 1000 mm × 2000 mm: **500 kg Blech DIN 17770-D-Zn bd-BL-0,65 × 1000 × 2000**

1) F22 (weich)
2) F25 (halbhart)
3) F12 (= 1/4 hart) Biegeradius $r = 1 \cdot s$
4) F14 (= 1/2 hart) Biegeradius $r = 1{,}2 \cdot s$ (Falzqualität F12 u. F 14)

98.4 Zinkauflage auf feuerverzinkten Blechen, Bändern und Flachzeug

Blech, unlegiert St 01 Z o. ST 02 Z[1]		Band, unlegiert St 01 Z o. St 02 Z[1]		Flachzeug nach DIN 50976	
g/m²	µm	g/m²	µm	g/m²	µm
100	14,3	150	21,4	450 bis 600	65 bis 85
200	28,6	225	32,1		
275	39,3	300	42,9		
350	50	500	71,4		

1) Bei Schnappfalzen nur bis 0,9 mm zugelassen.

99.1 Warmgewalzter, rundkantiger Winkelstahl (DIN 1028 und DIN 1029)

Gleichschenklig nach DIN 1028

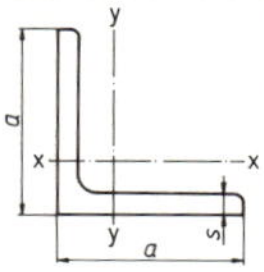

Bezeichnung eines L-Stahls mit a = 60 mm aus St 37-2:
Winkel 60 × 6 DIN 1028-USt 37-2

Ungleichschenklig nach DIN 1029

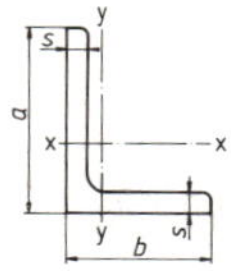

Bezeichnung eines ungleichschenkligen Winkels a = 80 mm, b = 40 mm, s = 6 mm aus USt 37-2:
Winkel DIN 1029-USt 37-2-80 × 40 × 8

Anreißmaße und Lochdurchmesser

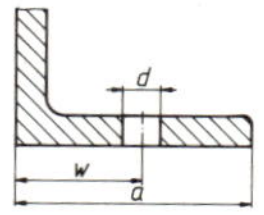

Kurzzeichen L $a \times s$ in mm	Querschnitt A in cm²	Masse m' in kg/m	$W_x = W_y$ in cm³	Kurzzeichen L $a \times b \times s$ in mm	Querschnitt A in cm²	Masse m' in kg/m	W_x in cm³	W_y in cm³	Schenkel a oder b in mm	d in mm	w in mm
20× 3	1,12	0,88	0,28	30×20×3	1,42	1,11	0,62	0,29	30	8,4	17
30× 3	1,74	1,36	0,65	40×20×4	2,25	1,77	1,42	0,39	35	11	18
35× 4	2,67	2,1	1,18	50×30×4	3,07	2,41	2,33	0,91	40	11	22
40× 4	3,08	2,42	1,55	60×40×5	4,79	3,76	4,25	2,02	50	13	30
50× 5	4,8	3,77	3,05	70×50×6	6,88	5,40	7,04	3,81	60	17	35
60× 6	6,91	5,42	5,29	80×40×6	6,89	5,41	8,73	2,44	70	21	40
70× 7	9,4	7,38	8,43	90×60×6	8,69	6,82	11,7	5,61	80	23	45
80× 8	12,3	9,66	12,6	100×50×6	8,73	6,85	13,8	3,86	90	25	50
90× 9	15,5	12,2	18,0	100×65×7	11,2	8,77	16,6	7,54	100	25	55
100×10	19,2	15,1	24,7	120×80×8	15,5	12,2	27,6	13,2	120	25	50

99.2 Warmgewalzte, rundkantige Formstähle (DIN 1026 und DIN 1024)

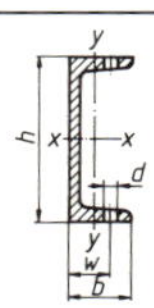

U-Stahl nach DIN 1026

Bezeichnung eines U-Stahls mit h = 140 mm aus St 37-2:
U 140 DIN 1026-St 37-2

Kurzzeichen U h in mm	b in mm	A in cm²	m' in kg/m	W_x in cm³	W_y in cm³	d in mm	w in mm
50	38	7,12	5,59	10,6	3,75	11	20
60	30	6,46	5,07	10,5	2,16	8,4	18
80	45	11	8,64	26,5	6,36	13	25
100	50	13,5	10,6	41,2	8,49	13	30
120	55	17	13,4	60,7	11,1	17	30
140	60	20,4	16,0	86,4	14,8	17	35
160	65	24	18,8	116	18,3	21	35

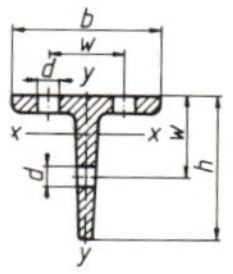

T-Stahl nach DIN 1024

Bezeichnung eines hochstegigen T-Stahls h = 120 mm aus St 37-2:
T 120 DIN 1024-St 37-2

50	50	5,66	4,44	3,36	2,42	6,4	30
60	60	7,94	6,23	5,48	4,07	8,4	34
80	80	13,6	10,7	12,8	9,25	11	45
100	100	20,9	16,4	24,6	17,7	13	60
120	120	29,6	23,2	42	29,7	17	70
140	140	39,9	31,3	64,7	47,2	21	80

99.3 Warmgewalzte I-Träger (DIN 1025)

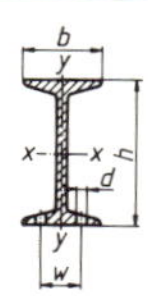

I-Reihe (schmal)

Bezeichnung eines warmgewalzten schmalen **I-Trägers mit** h = 160 mm aus St 37-2:
***I* 160 DIN 1025-St 37-2**

Kurzzeichen I h in mm	b in mm	A in cm²	m' in kg/m	W_x in cm³	W_y in cm³	d in mm	w in mm
100	50	10,6	8,34	34,2	4,88	6,4	28
120	58	14,2	11,1	54,7	7,41	8,4	32
140	66	18,2	14,3	81,9	10,7	11	34
160	74	22,8	17,9	117	14,8	11	40
180	82	27,9	21,9	161	19,8	13	44
200	90	33,4	26,2	214	26	13	48

99.4 Montageschienen (Lochschienen)[1]

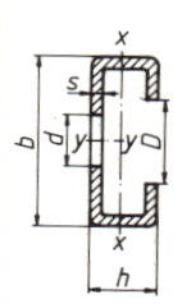

Profil $b \times h \times s$ in mm	m' in kg/m	W_x in cm³	W_y in cm³	F_{Punkt}[2] in kN	D in mm	d in mm
20×12×1,6	0,48	0,14	0,36	1,50	10	9
26×26×1,25	0,76	0,58	0,89	0,70	12	9
28×28×2	1,28	1,05	1,53	2,00	12	9
36×36×2,5	2,02	2,12	3,33	4,00	18	11
35×50×2	2,19	3,11	3,48	1,70	14	11
50×40×3	3,20	4,00	6,50	6,00	22	12

[1] Herstellerangaben [2] Maximale Punktlast.

100.1 Statische Werte von Stahlrohren

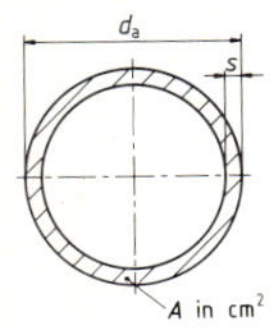

$d_a \times s$ mm × mm	m kg/m	A cm²	J cm⁴	W cm³
44,5 × 2,6	2,69	3,42	7,54	3,39
57 × 2,9	3,87	4,93	18,1	6,35
76,1 × 2,9	5,24	6,67	44,7	11,8
88,9 × 3,2	6,76	8,62	79,2	17,8
108 × 3,6	9,27	11,8	161	29,8
133 × 4	12,7	16,2	338	50,8
159 × 4,5	17,1	21,8	652	82
219,1 × 6,3	33,1	42,1	2386	218

100.2 Schalldämmprofile[1]

Rohrschelleneinlagen

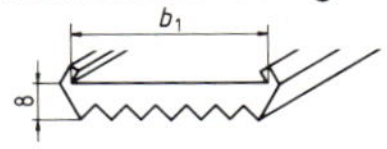

Schienenprofile für Kanäle

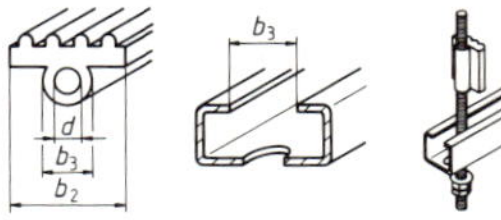

Rollenlänge bis 30 m

b_1 in mm	25	30	40	50
b_2 in mm			28	38
b_3 in mm			12	18
d in mm			8	10

[1]) Nach Herstellerangabe.

100.3 Montagezubehör, Maße in mm und Tragfähigkeit F_e[1]) in kN

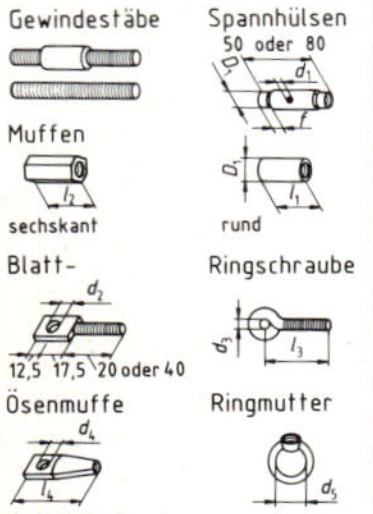

Größe	Stäbe	Muffen rund und sechskant				Blattschraub.		Ringschrauben			Ösenmuffen			Ringmuttern	
	F_e[1])	D_1	l_1	l_2	F_e[1])	d_2	F_e[1])	l_3	d_3	F_e[1])	l_4	d_4	F_e[1])	d_5	F_e[1])
M 6	2,2	10	15	–	2,2	–	–	50	8	1,05	35	6	1,65	–	–
M 8	4,0	14	20	–	4,0	10,5	2,8	52	10	1,90	57	8	2,00	20	1,40
M 10	6,4	16	25	40	6,4	12,5	4,4	55	12	2,25	57	10	4,00	25	2,30
M 12	9,3	20	30	40	9,3	–	–	80	16	2,50	57	12	4,65	30	3,40
M 16	17,3	25	40	50	17,3	–	–	–	–	–	80	12	8,30	35	7,00

[1]) Empfohlene Tragfähigkeit in kN.

100.4 Rohrschellen mit Anschlußgewinde, Gleitlager und Rohrbügel[1]), Maße in mm

Rohrschellen mit mit Profilgummi

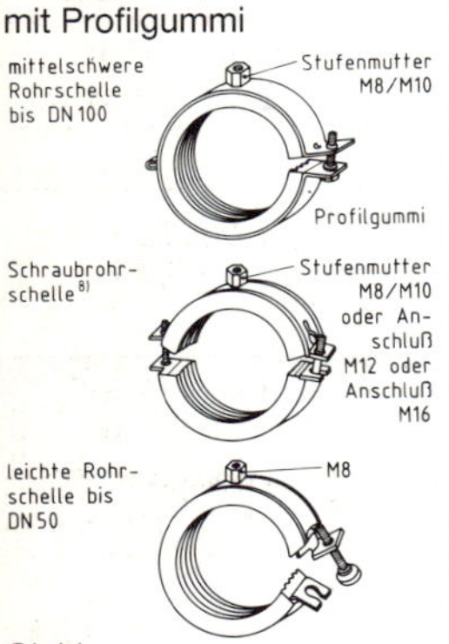

Gleitlager

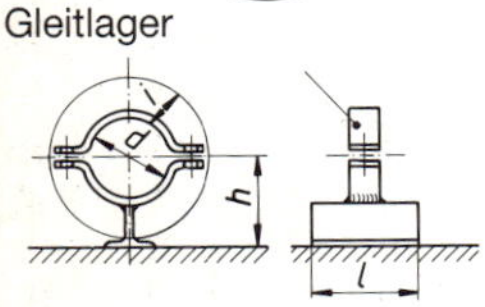

Rundstahlbügel [5])

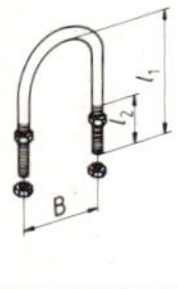

DN	Rohrschellen Spannbereiche	M 8	M 8/10[2])	M 12	M 16	$b \times s$[3])	Gleitlager h	l	i	$b \times s$[4])	Rohrbügel[5]) B	l_1	l_2	Gew.
10	15 bis 18	x	x	–			–				–	–	–	–
15	20 bis 23	x	x	x			–				30	45	40	M 8
20	25 bis 28	x	x	x			79				35	60	40	M 8
25	31 bis 35	x	x	x		20×	82		bis		42	67	40	M 8
32	40 bis 43 (44)	x	x	x		1,25	87	160	50	30×5	51	76	40	M 8
40	48 bis 54	x	x	x			90				57	82	40	M 8
50	57 bis 64	x	x	x			135				71	95	45	M 10
	64 bis 72		x	–					bis		–	–	–	–
65	73 bis 80		x	x			145	180	100	40×6	87	111	45	M 10
80	83 bis 91		x	x	x		151				100	123	45	M 10
						25×								
	100 bis 105		x	x	x	2,5	182[6])				121[6])	151	55	M 12
100	108 bis 114		x	x	x		186				126	157	55	M 12
	122 bis 125		x	x	x				bis		146[7])	172	55	M 12
125	133 bis 141		x	x	x		195	200	100	50×8	152	180	55	M 12
150	159 bis 168		–	x	x	25×	208				172	197	55	M 12
200	219 bis 225		–	x	x	3,0	238				233	267	55	M 12

[1]) Nach Herstellerangaben. Die Angaben der Hersteller weichen geringfügig voneinander ab.
[2]) Mit Stufenmutter. [3]) Rohrschellen in verzinkter Ausführung. [4]) Schelle nach DIN 3567. [5]) Ab DN 100 zwei Bügel je Festpunkt.
[6]) Gilt für Rohr d_a = 108 mm. [7]) Gilt für Rohr d_a = 133 mm. [8]) Mit oder ohne Profilgummi lieferbar.

Rohre, Armaturen, Halbzeuge

101.1 Belastungswerte für Fertigkonsolen[1], Maße in mm, Belastungen in kN

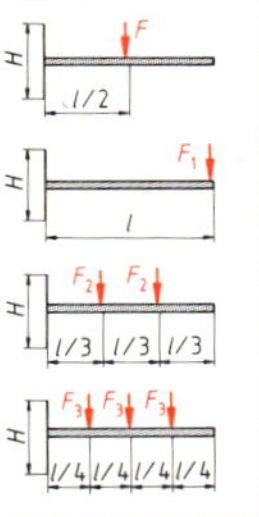

Konsolen Profil	l[2]	H	zul. Belastung F	F_1=F_2	F_3
28×28	200	120	1,35	0,68	0,45
	300	120	0,90	0,45	0,30
36×36	300	180	2,00	1,00	0,70
	500	180	1,20	0,60	0,40
	600	180	1,00	0,50	0,33

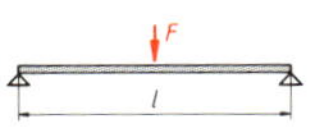

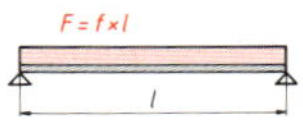

Profil	max. Punktlast	Einzellast F: 500	1000	1500	Streckenlast $F = f \times l$: 500	1000	1500
20×12	1,50	0,19	0,06	0,03	0,38	0,10	0,04
28×15	3,30	0,50	0,24	0,10	1,00	0,38	0,17
28×28	2,00	1,10	0,55	0,37	2,21	1,10	0,73
35×50	1,70	1,70	1,60	1,05	7,39	3,70	2,46
41×41	6,00	3,26	1,64	1,09	6,53	3,28	2,18
50×40	6,00	4,95	2,48	1,65	9,90	4,95	3,30

[1] Herstellerangaben. [2] Ausleger kann verlängert werden (mit 28 × 28 bzw. 36 × 36). [3] f = Streckenlast in kN/m.

101.2 Reaktionskräfte an Festpunkten

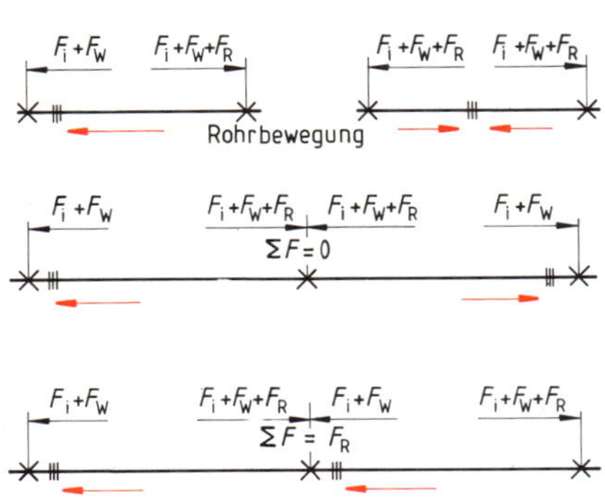

F_R Reibungskraft — Festpunkt
F_W Komp. Eigenwiderstand — Kompensator
F_i Kraft durch Innendruck (Balgquerschnitt)

101.3 Anwärmlänge von Rohrbogen

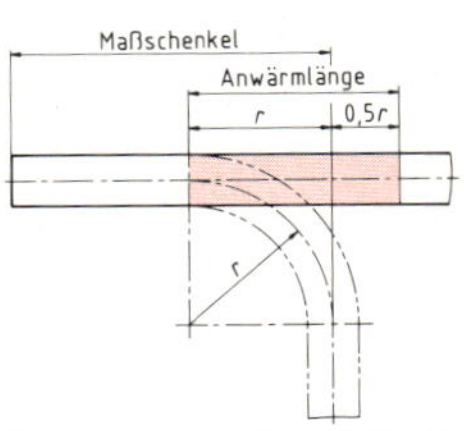

Anwärmlänge:
$l = 2 \cdot r \cdot \pi \cdot \alpha / 360°$

Faustformel:
$l = 1{,}5 \cdot r$

Radius für Stahlrohr
ND-Anlagen r = 3 bis 5 · DN
HD-Anlagen $r \geq 6$ · DN

101.4 Metalldübel in der Betonzugzone zul. Lasten[1] in kN, Maße in mm

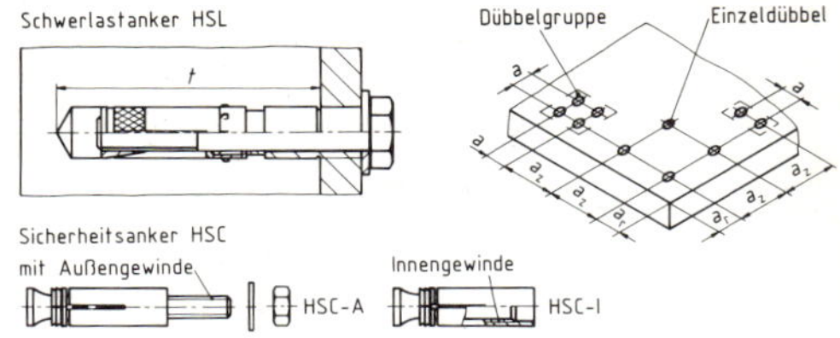

Dübel-Nennmaß	Sicherheitsanker HSC[2] JM 6×40 AM 8×40	JM 8×40 AM 10×40	AM 8×50	Schwerlastanker HSL[2] M 8	M 10	M 12
$F_{zul.}$	1,5	1,5	2,5	2,5	3,5	6,0
Bohrer-∅	14	16	14	12	15	18
t =	45[3]	46[3]	55[3]	≥ 75	≥ 85	≥ 95
$a \geq$	160	160	200	200	240	320
$a_r \geq$	100	100	100	150	180	240
min a[4] ≥	50	50	50	50	60	80
min a_r[4] ≥	50	50	50	100	120	160
$a_z \geq$	240	240	300	300	360	480

Kompaktdübel HKD Einzeldübel

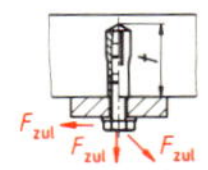

Nennmaß	M 8/30	M 8/40	M 10
F_{zul}	0,5	0,8	0,8
Bohrer-∅	10	10	12
t =	30	40	40
$a_z \geq$	400	400	400
$a_r \geq$	100	100	200

[1] Gelten für Zentr.-, Schräg- und Querzug. [2] Auswahl [3] Mit Bundbohrer herstellen. [4] Lastabminderung gem. Zulassung.

101.5 Richtwerte für Befestigungsabstände[1] von Rohren nach TRWI (DIN 1988)

DN	Stahl l in m	Kupfer u. Niro-Stahl d_a in mm	l in m	d_a in mm	PVC-U l in m bei 20°	40°	PE-HD l in m bei 20°	40°
10	2,25	12	1,25	–	–	–	–	–
12	–	15	1,25	16	0,8	0,5	0,7	0,6
15	2,75	18	1,8	20	0,9	0,6	0,75	0,65
20	3,0	22	2,0	25	0,95	0,65	0,8	0,75
25	3,5	28	2,25	32	1,05	0,7	0,9	0,85
32	3,75	35	2,75	40	1,2	0,9	1,0	0,95
40	4,25	42	3,0	50	1,4	1,1	1,15	1,05
50	4,75	54	3,5	63	1,5	1,2	1,3	1,2
–	–	64	4,0	–	–	–	–	–
65	5,5	76,1	4,25	75	1,65	1,35	1,4	1,3
80	6,0	88,9	4,75	90	1,8	1,5	1,55	1,45
100	6,0	108	5,0	110	2,0	1,7	1,7	1,6
–	–	–	–	125	–	–	1,85	1,7
125	6,0	133	5,0	140	2,25	1,95	1,95	1,8
150	6,0	159	5,0	160	2,40	2,10	2,05	1,9

[1] An Gasbeton Rohre nur bis DN 50 befestigen. Dübel-Randabstand beim Gasbeton mind. 150 mm. Löschwasserleitungen mit nichtbrennbaren Halterungen und Dübeln befestigen.

102.1 Rohrschellenabstände bei Stahlrohren

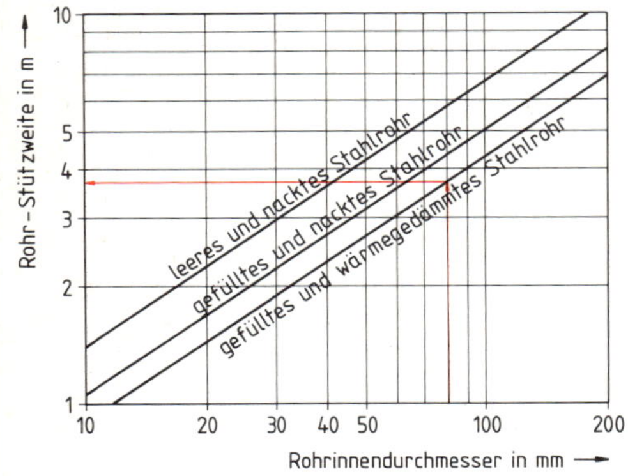

Durchbiegung ≈ 1 mm/m (Verlegung ohne Gefälle)

102.4 Reaktionskräfte von Metall- und Gummikompensatoren

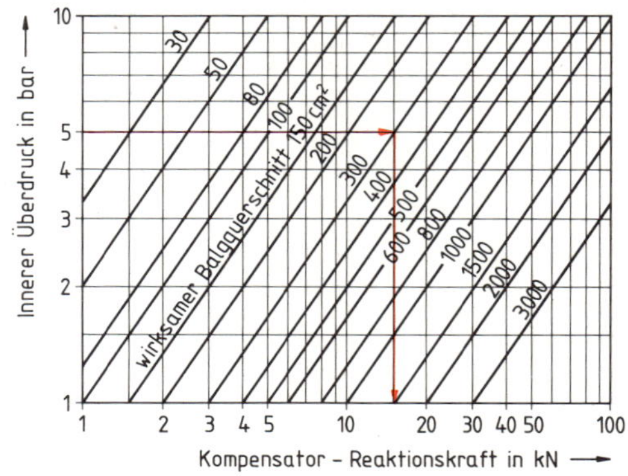

102.2 Dehnungsaufnahme und Schenkellänge von Stahlrohr-L-Bogen

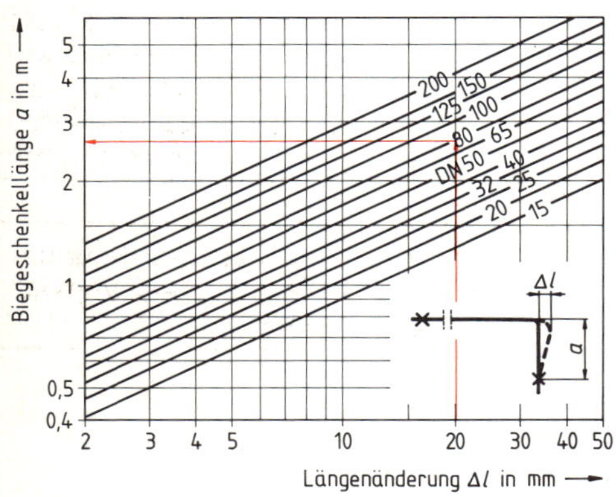

102.5 Dehnungsaufnahme und Ausladung bei Stahlrohr-U-Bogen

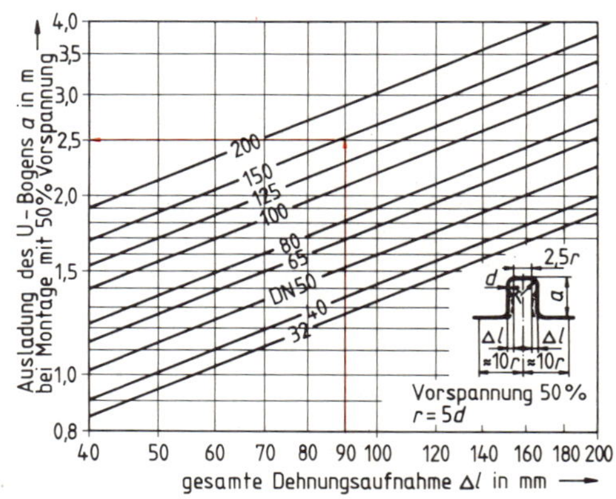

102.3 Wärmedehnung von Stahlrohren

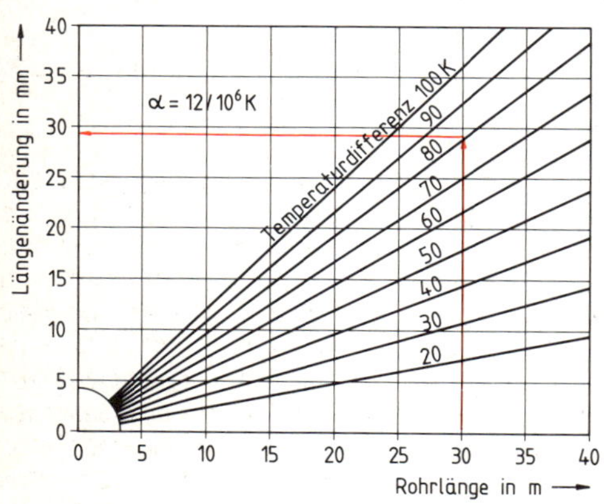

102.6 Reaktionskräfte von Stahlrohr-U-Bogen

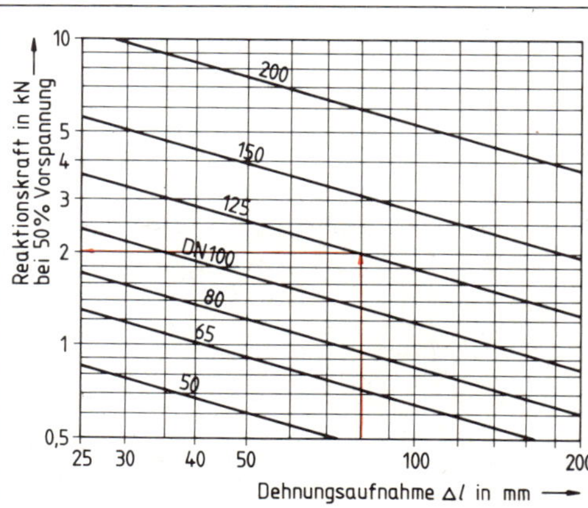

103.1 Biegeradien und Biegeverfahren bei der Kupferrohrverarbeitung

Kupferrohr	Festigkeitsbezeichnung	Außendurchmesser d_a in mm	Mindestbiegeradius beim Biegeverfahren: kalt von Hand	Mindestbiegeradius beim Biegeverfahren: Biegemasch.[1] warm mit Füllung
blank	F 37 (hart)	≤ 15	–	$3{,}5 \cdot d_a$
		≤ 18	–	$4 \cdot d_a$
		≥ 22	–	$5...4 \cdot d_a$[2]
	F 22 (weich)	≤ 22	$6...8 \cdot d_a$	$3...6 \cdot d_a$
PUR-Dämmung	F 22	≤ 18	$12{,}5 \cdot d_a$[3]	$12{,}5 \cdot d_a$[3]
PVC-Stegmantel	F 37	≤ 18		$5...5{,}5 \cdot d_a$
	F 22	≤ 22	$6...8 \cdot d_a$	
nach DIN 59763	F 22	≤ 18	$10 \cdot d_a$	$4 \cdot d_a$
	F 37[4]	–	nicht biegefähig	

[1] Kaltbiegen mit Biegemaschine. [2] Nur Warmbiegen mit Sandfüllung, Schablone oder Feder.
[3] PUR-Schaum u. PVC. [4] Mit Fittings montieren.

103.2 Wärmedehnung von Kupferrohren

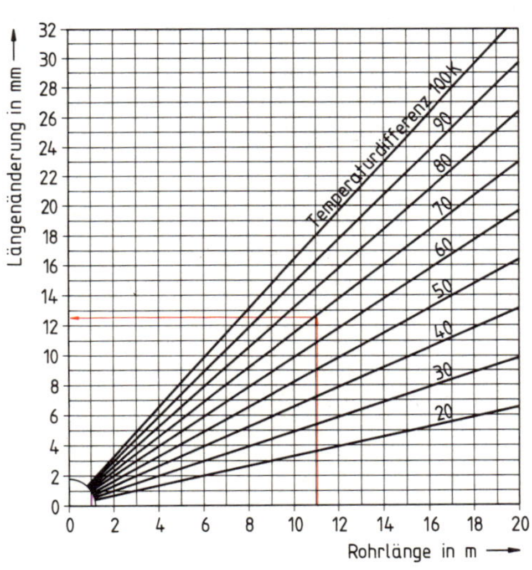

103.3 Dehnungsaufnahme von U-Rohrbogen

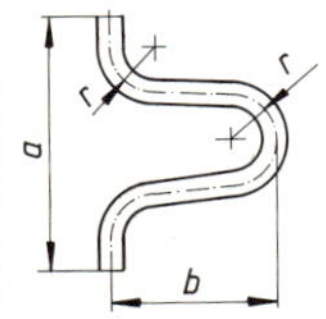

Maße in mm

$d_a \times s$	a	b	r	Δl
12 × 1	210	93	42	4
15 × 1	252	116	53	5
18 × 1	304	139	63	6
22 × 1	370	171	77	6
28 × 1,5	455	218	98	8
35 × 1,5	564	272	123	12
42 × 1,5	673	327	147	12

103.4 Rohrschellenabstände bei Kupferrohren in m (Verlegung ohne Gefälle)

Rohr $d_a \times s$ in mm	blank	ummantelt	Rohr $d_a \times s$ in mm	blank	ummantelt
10 × 1	1,0	0,9	42 × 1,5	1,90	1,70
12 × 1	1,10	1,0	54 × 2	2,20	2,00
15 × 1	1,20	1,10	64 × 2	2,30	–
18 × 1	1,30	1,30	76,1 × 2	2,40	–
22 × 1	1,40	1,30	88,9 × 2	2,50	–
28 × 1,5	1,70	1,50	108 × 3	2,80	–
35 × 1,5	1,80	1,60			

103.5 Schenkellänge für Kupferrohre

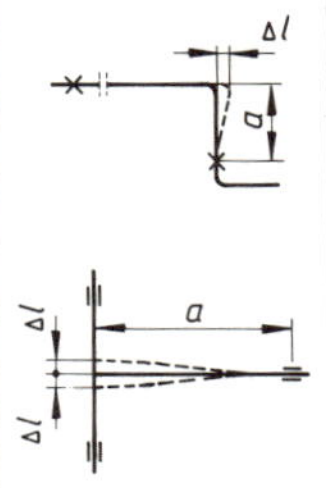

Rohr $d_a \times s$ in mm	Ausdehnung Δl in mm: 5	10	15	20
	Länge a in mm			
12 × 1	475	670	820	950
15 × 1	530	750	920	1060
18 × 1	580	820	1000	1160
22 × 1	640	910	1110	1280
28 × 1,5	725	1025	1250	1450
35 × 1,5	810	1145	1400	1620
42 × 1,5	890	1250	1540	1780
54 × 2	1010	1420	1740	2010

103.6 Abmessungen von U-Rohr-Dehnungsausgleichern in Abhängigkeit von der Dehnungsaufnahme

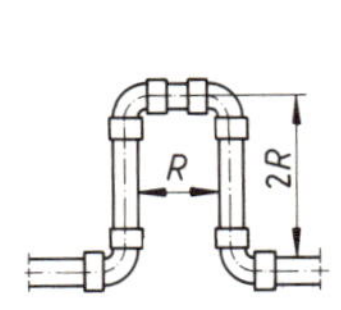

Außendurchmesser in mm	Dehnungsaufnahme Δl in mm: 12	25	38	50	75	100	125	150
	Bestimmungsmaß R in mm							
12	195	281	347	398	488	562	627	691
15	218	315	387	445	548	649	709	772
18	240	350	430	495	600	700	785	850
22	263	382	468	540	660	764	850	930
28	299	431	522	609	746	869	960	1056
35	333	479	593	681	832	960	1072	1185
42	366	528	647	744	912	1055	1178	1287
54	414	599	736	845	1037	1194	1333	1463
64	450	650	801	919	1126	1300	1453	1592
76,1	491	709	874	1002	1228	1418	1585	1736
88,9	531	766	944	1083	1327	1532	1713	1877
108	585	844	1041	1194	1463	1689	1888	2068

104.1 Wärmedehnung von Kunststoffen

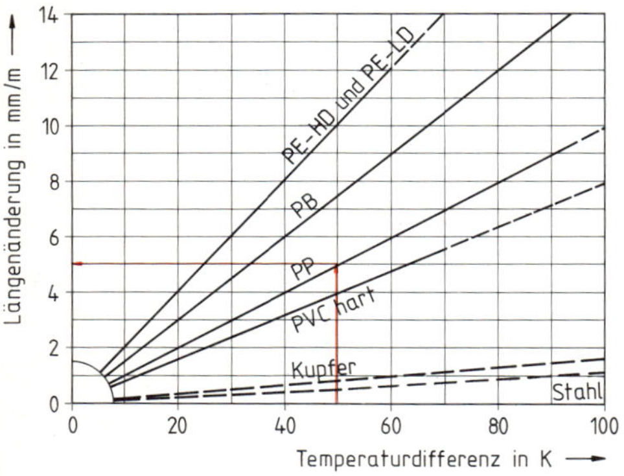

104.2 Rohrschellenabstände für PVC-Leitungen in cm

DN	Waagerechter Abstand bei 20 °C	30 °C	40 °C	50 °C	60 °C	senkrecht
10	75	60	40	durchlaufende		80
15	85	70	50	Unterstützung		90
20	90	75	55	45	30	100
25	100	85	65	50	35	120
32	110	100	80	60	40	140
40	125	115	95	70	45	160
50	140	130	110	85	55	180
65	150	140	120	95	60	200
80	165	155	135	105	70	220
100	185	175	155	120	80	240
125	215	205	185	160	110	250
150	225	215	200	170	130	250
200	250	240	225	200	160	250

104.3 Dehnungsaufnahme und Schenkellänge von PVC-L-Bogen

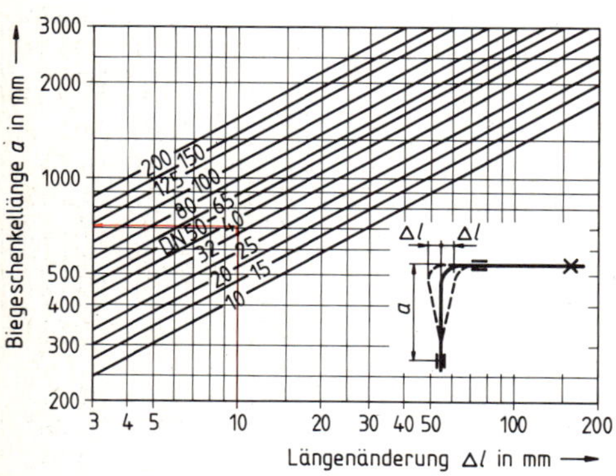

104.4 Rohrschellenabstände für wassergefüllte PE-HD- und PP-Rohre

DN	Außen-∅ in mm	Betriebstemperatur in °C 20	30	40	50	60	70	80	90	100
		Abstände in cm für PE-Rohr, PN 10								
10	16	55	55	50	50	40	40	35	–	–
15	20	60	60	55	55	50	45	40	–	–
20	25	65	65	60	60	55	50	45	–	–
25	32	75	72	70	65	60	55	50	–	–
32	40	85	80	77	75	70	65	55	–	–
40	50	95	90	85	80	75	70	65	–	–
50	63	105	100	95	90	85	80	70	–	–
65	75	115	110	105	100	95	85	75	–	–
80	90	125	120	115	110	105	95	85	–	–
–	110	140	135	130	120	115	105	95	–	–
		Abstände in cm für PP-Rohr, PN 10								
10	16	65	65	60	60	55	50	45	40	35
15	20	70	70	65	65	60	55	50	45	40
20	25	75	75	70	70	65	60	55	50	45
25	32	90	90	80	80	75	70	65	60	50
32	40	100	100	90	90	85	80	75	70	55
40	50	110	110	105	105	95	90	85	75	60
50	63	125	125	115	115	110	100	95	85	70
65	75	135	135	125	125	120	110	105	95	75
80	90	150	150	135	135	130	120	115	100	80
–	110	165	165	150	150	145	135	125	110	90

104.5 Dehnungsaufnahme und Schenkellänge von PE-L-Bogen

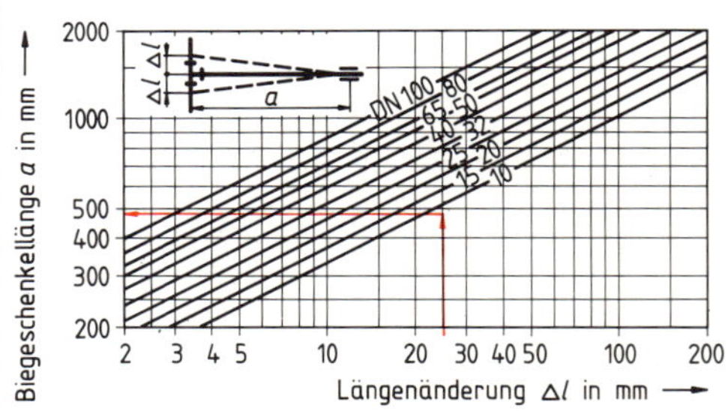

104.6 Dehnungsaufnahme und Schenkellänge von PP-L-Bogen

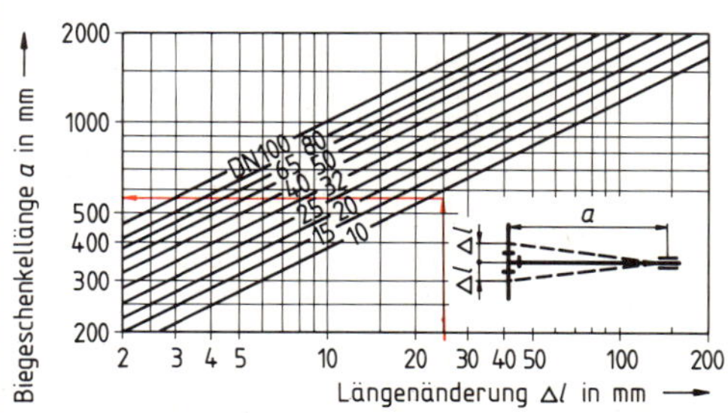

105.1 Verteilerstutzenentfernung und -höhe für Flanschenventile[1] PN 16, Maße in mm

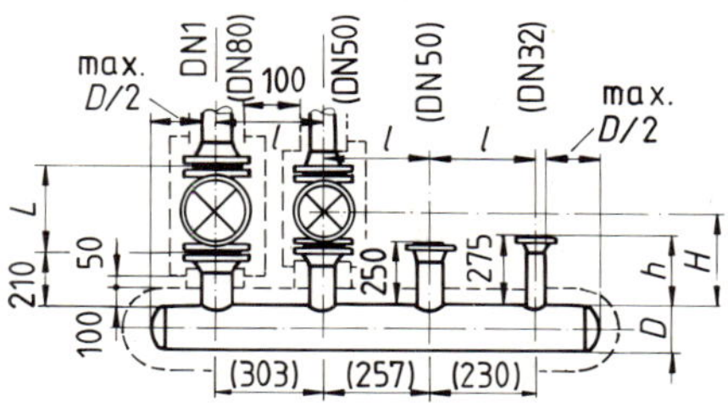

$H = \frac{L}{2} + h$	$D \geq 1{,}2 \cdot DN\ 1$

H Höhe bis Spindelmitte
h Stutzenhöhe
L Ventillänge
l Stutzenabstand (Mitte bis Mitte)[2]
D Verteilerdurchmesser
DN 1 größte Stutzennennwerte

Verteilerbemessung:

1. Ermittlung von *H* für DN 1 z. B. DN 80; *H* = 365
2. Ermittlung von *h* z. B. für DN 80; h = 210; für DN 50 *h* = 250 und für DN 32; *h* = 275.
3. Ermittlung der Rohrstutzenentfernung[2].
4. Verteilerdurchmesser D ≥ 1,2 · 80 ≈ 100.

Rohrstutzenentfernung[2] *l*

DN	15	20	25	32	40	50	65	80	100	125	150	200
15	161											
20	164	167										
25	178	180	194									
32	182	185	198	202								
40	193	196	209	214	225							
50	209	212	225	230	241	257						
65	234	237	250	254	265	282	306					
80	255	258	271	276	287	303	328	349				
100	285	288	301	305	316	333	357	379	408			
125	297	300	313	318	329	345	370	391	421	433		
150	311	314	327	331	342	359	383	405	434	447	460	
200	341	344	357	361	372	389	413	435	464	477	490	520

Rohrstutzenhöhe *h*

200	150	125	100	80	65	50	40	32	25	20	15	DN	*H*
225	285	325	350	370	380	410	425	435	445	450	460	200	525
	220	260	285	305	315	345	360	370	380	385	395	150	460
		220	245	265	275	305	320	330	340	345	355	125	420
			220	240	250	280	295	305	315	320	330	100	395
				210	220	250	265	275	285	290	300	80	365
					200	230	245	255	265	270	280	65	345
						195	210	220	230	235	245	50	310
							185	195	205	210	220	40	285
								180	190	195	205	32	270
									180	185	195	25	260
										175	185	20	250
											175	15	240

Entfernung *l*

DN 1 → DN 2 ≤ DN 1

[1] Vgl. Tab 93.1; 94.2. [2] Rohrstutzenentfernung gilt für Dämmdicken nach Heiz. Anl. V vgl. Tab. 190.4 und 100 mm lichter Abstand zwischen der Rohrstutzendämmung. Bei lichtem Abstand > 100 mm, Entfernung *l* um das Übermaß vergrößern.

105.2 Oberfläche der Wärmedämmung von Rohren in m² je Meter Gewinde- bzw. Siederohr

DN	Außen-∅ in mm	bei folgenden Wärmedämmdicken in mm 15	20	25	30	40	50	60	65	70	80	100
10	17,2	0,148	0,180	0,211	0,243	0,305	0,368	0,431	0,462	0,494	0,557	0,682
15	21,3	0,161	0,193	0,224	0,255	0,318	0,381	0,444	0,475	0,507	0,570	0,695
20	26,9	0,179	0,210	0,242	0,273	0,336	0,399	0,461	0,493	0,524	0,587	0,713
25	33,7	0,200	0,232	0,263	0,294	0,357	0,420	0,483	0,514	0,546	0,609	0,734
32	42,4	0,227	0,259	0,290	0,322	0,385	0,447	0,510	0,542	0,573	0,636	0,762
40	44,5	0,234	0,265	0,297	0,328	0,391	0,454	0,517	0,548	0,580	0,642	0,768
40	48,3	0,246	0,277	0,309	0,340	0,403	0,466	0,529	0,560	0,592	0,654	0,780
50	57	0,273	0,305	0,336	0,368	0,430	0,493	0,556	0,587	0,619	0,682	0,807
50	60,3	0,284	0,315	0,347	0,378	0,441	0,504	0,566	0,598	0,629	0,692	0,818
	63,5	0,294	0,325	0,357	0,388	0,451	0,514	0,576	0,608	0,639	0,702	0,828
	70	0,314	0,346	0,377	0,408	0,471	0,534	0,597	0,628	0,660	0,723	0,848
65	76,1	0,333	0,365	0,396	0,428	0,490	0,553	0,616	0,647	0,679	0,742	0,867
	82,5	0,353	0,385	0,416	0,448	0,511	0,573	0,636	0,668	0,699	0,762	0,887
80	88,9	0,374	0,405	0,436	0,468	0,531	0,593	0,656	0,688	0,719	0,782	0,908
100	108	0,434	0,465	0,496	0,528	0,591	0,653	0,716	0,748	0,779	0,842	0,968
100	114,3	0,453	0,485	0,516	0,548	0,610	0,673	0,736	0,767	0,799	0,892	0,987
125	133	0,512	0,543	0,575	0,606	0,669	0,732	0,795	0,826	0,858	0,920	1,046
150	159	0,594	0,625	0,657	0,688	0,751	0,814	0,877	0,908	0,939	1,002	1,128
200	219,1	0,783	0,814	0,845	0,877	0,940	1,002	1,065	1,097	1,128	1,191	1,317

106.1 Wichtige technische Regeln

DIN	Normen
1961	VOB Verdingungsordnung für Bauleistungen
1986	Entwässerungsanlagen für Gebäude und Grundstücke
1988 TRWI	Technische Regeln für Trinkwasserinstallationen, Teil 1 bis 8
2000	Zentrale Trinkwasserversorgung
2001	Einzel-Trinkwasserversorgung
4046	Wasserversorgung
4102	Brandverhalten von Baustoffen und Bauteilen
4109	Schallschutz im Hochbau
4753	Wassererwärmungsanlagen für Trinkwasser
18381	VOB/ATV Gas-, Wasser- und Abwasserinstallationsarbeiten

DVGW	Arbeitsblätter
W 216	Versorgung mit unterschiedl. Wässern
W 345	Schutz des Trinkwassers in Wasserrohrnetzen vor Verunreinigung
W 381	Einbau und Betrieb von Rohrunterbrechern, Rohrbelüftern und Rohrtrennern in Trinkwasserverbrauchsanlagen
W 501	Richtlinien für Bau und Anschluß von Waschmaschinen und Geschirrspülmaschinen
W 504	Bau, Prüfung und Betrieb von Dosiergeräten zur Behandlung von Trinkwasser
W 505	Mechanisch wirkende Filter in der Trinkwasserhausinstallation
GW 2	Verbinden von Kupferrohren für die Gas- und Wasserinstallation innerhalb von Gebäuden
GW 110	Einheiten im Gas- und Wasserfach

106.2 Wasserarten

Wasserarten	Aufbereitung
Grundwasser	gegebenenfalls
Quellwasser	gegebenenfalls
Oberflächenwasser	immer
uferfiltriertes Wasser	immer

106.3 Wasserqualität

Aufbereitung ist nicht erforderlich, wenn:

- keine aggressive Kohlensäure vorhanden

• pH-Wert	7,5 bis 8,5
• Karbonathärte KH	0,89 mmol/l (5° dH)
• Gesamthärte GH	0,89 bis 2,68 mmol/l (5° bis 15° dH)
• Keime	100 Keime/l
• Partikelgröße	50 μm
• Eisen	0,10 mg/l
• Mangan	0,05 mg/l
• absetzbare Stoffe	0,50 mg/l
• Chloridgehalt	50 mg/l
• Sulfatgehalt	60 mg/l
• Leitfähigkeit	200 bis 500 μS/cm

106.4 Wasserhärtebereiche[1]

1	weich[2]	0 bis 1,31 mmol/l
2	mittelhart	1,31 bis 2,51 mmol/l
3	hart	2,51 bis 3,81 mmol/l
4	sehr hart	über 3,81 mmol/l

1 mmol/l ≙ 5,6 °d Deutsche Härtegrade
1 °d ≙ 0,357 mval/l
1 mval/l ≙ 2,8 °d

1 °d ≙ 0,179 mmol/l
≙ 10,00 mg CaO/l
≙ 7,14 mg Ca/l
≙ 7,14 mg MgO/l
≙ 4,30 mg Mg/l

[1] Summe aller Erdalkalielemente (Ca, Mg . . .) gemessen in mmol/l
[2] nach dem Waschmittelgesetz vom 20. 05. 75

106.5 Härtearten

Karbonhärte **KH**	Härtebildner, die an Kohlensäure H_2CO_3 gebunden sind. Entweicht diese (bei 55 °C), so fallen die Härtebildner als Kalk aus dem Wasser aus (z. B.: Belag in den Rohrleitungen).
Nichtkarbon-(Rest-)härte **NKH**	Härtebildner, die nicht an Kohlensäure gebunden sind, fallen bei 100 °C aus (Kesselstein).

106.6 Härteprüfung

Seifenbildung	Seifenlösung wird tropfenweise zugegeben, bis der Schaum durch Umrühren nicht mehr vergeht. **Tropfenzahl ≙ Härte**
Farbumschlag Aquatest	Zu 5 cm³ Wasser gibt man 2 Tropfen Indikatorlösung, dann wird Farbumschlagindikator tropfenweise zugegeben bis zum Farbumschlag. **1 Tropfen ≙ 1 °d** Deutscher Härtegrad

106.7 pH-Wert, Aggressivität des Wassers[1]

Säure **neutral** **Lauge**

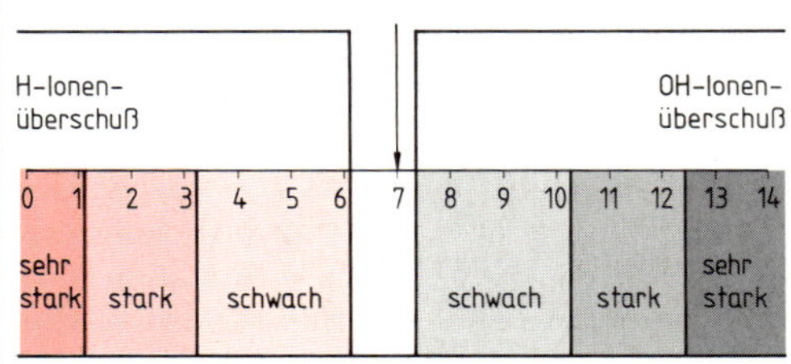

aggressives Wasser | Gleichgewicht | Kalkausscheidung

[1] Siehe auch Spannungsreihe Tab. 62.2.

107.1 Wasseraufbereitung

Verfahren	Vorteil	Nachteil
Filtern	Grobteilfang	reicht nicht aus
Phosphat-Stabilisierung	einfachste Methode	reicht oft nicht aus
Enthärtung: Kationen-austausch Physikalisch	Verwendung von Kochsalz NaCl ohne Chemikalien	Wasser aggressiv, Chloriderhöhung, Aufsalzung Wirkung unterschiedlich
Umkehrosmose Teilentsalzung **R-O**	keine Umweltbelastung, keine Neutralisation	Salze im Wasser, Vorbehandlung erforderlich
Enthärtung und **Umkehrosmose**	NaCl vgl. o., langjährige Erfahrung	10 % Salze bleiben im Wasser
Vollentsalzung mit Ionenaustauschern	Wasser ist universell einsetzbar	Aufsalzung, Säure- u. Laugeneinsatz, Platzbedarf
Vollentsalzung mit Umkehrosmose und Mischbettaustauschern	Wasser universell einsetzbar, keine Umweltbelastung	kleine Neutralisationsanlage erforderlich
Entkarbonisierung: Kationen und CO_2-Entgasung	NKH bleibt erhalten, für viel Wasser	Vorbehandlung erforderlich, hohe Kosten

107.2 Volumenfilter (DIN 19605)

Filterart	**Langsamfilter**	**Schnellfilter**	
Geschwindigkeit in m/h	offen 0,05 bis 0,5	offen 7 bis 10	geschlossen 10 bis 20
Δp_F in mbar	150	300	600
rückspülbar	nein	ja	ja

Betrieb	Aufbau	Bauweise	Größe	Zahl
einstufig: Einkammer, Mehrkammer **mehrstufig**	ein- oder mehrschicht.	geschlossen • liegend • stehend offen	bis 10 m³ 100 m³ 400 m³	bis 1 1 4

geschlossener Filter, liegend

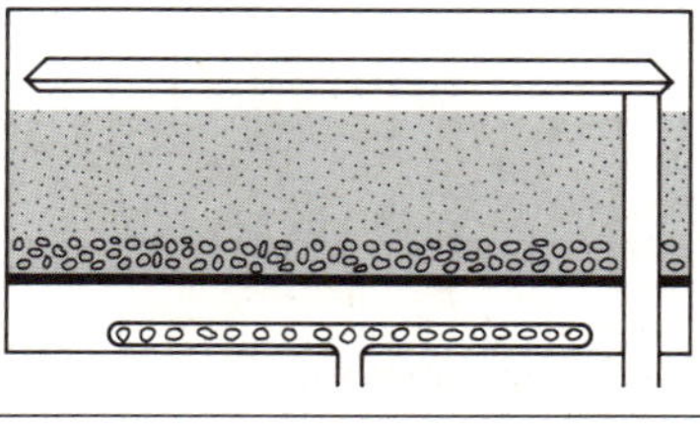

107.3 Feinfilter für die Hausinstallation[1]

Anschluß DN	Volumenstrom in m³/h	Druckverlust in mbar	Filterfeinheit in µm	max. Druck in bar
20/35	2,5/3,5	300	50	16
32/40	5,0/8,0	bis	50	16
50	12,0	1000	50	16
65/80	22/30	200	50	16
100	50,0	200	50	16
Rückspülfilter		200	80	10

[1] Druckverlust s. Tab. 111.1.

107.4 Dosiergeräte (Konditionierung)[1] PN 16

Anschluß DN	Arbeitsbereich in m³/h	Druckverlust in mbar	Volumen in l	Dosiervolumen in m³	Kapazität in m³/mon
20	0,01... 5	600	10	bis 160	100
25	0,01... 6	700	10	bis 160	150
40	0,06...18	800	25	bis 400	1000

[1] Phosphatzugabe verhindert Kalksteinbildung (1 bis 5 mg/l). Silicatzugabe verhindert Korrosion (6 bis 40 mg/l).

107.5 Enthärtungsanlagen (Ionentauscher)

Anschluß DN	Volumenstrom in m³/h	Druckverlust in mbar	Regeneration in m³	max. Druck in bar	Kapazität in m³ · °d
25	2,5	800	0,25	10	75
32	7,0	1900	1,00	10	500
40	10,0	1500	1,10	10	800

107.6 Hauswasserzähler für KW (DIN 3260)

Nenngröße in m³	Nennbelastung m³/h	Untere Meßgrenze[1] l/h	Baumaße R	*d* mm	*a* mm	*b* mm	Anschluß DN
3/5	3/5	30/50	1	25	13	190	20
7/10	7/10	65/85	1¼	31	13	260	25
20	20	140	2	46	15	300	40
30	30	175	Flansche 50			270	50

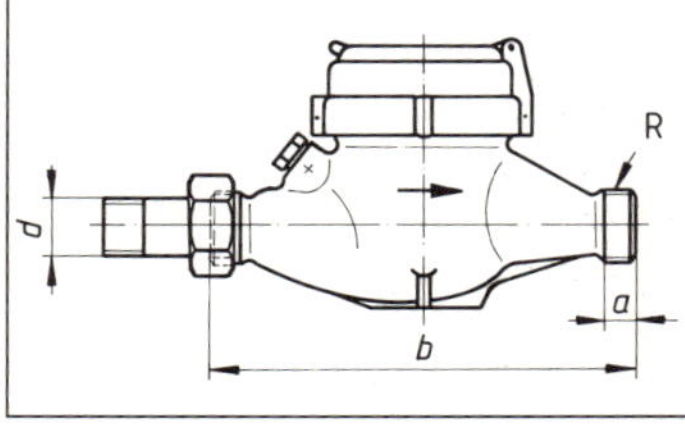

[1] Für Flügelradzähler-Naßläufer.

108.1 Unterteilung der Anlagen (DIN 1988)

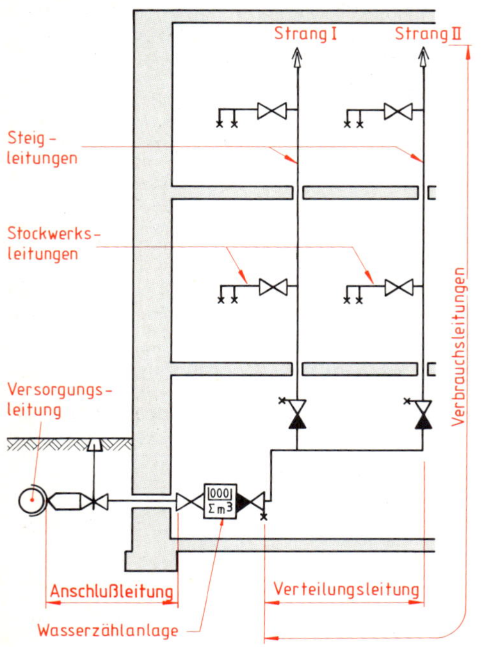

108.2 Für Trinkwasserleitungen zugel. Rohre

DIN	Rohrwerkstoff	KW	WW
19800	Faserzement	vorw. Erdltg.	
28600	Duktiles Gußeisen, Zementmörtelauskl.		
19532	PVC-U, DVGW W 320		
19533	PE-HD u. PE-LD, DVGW W 320		
2444	verzinkter Stahl	X	X
2462	nichtrostender Stahl EW 541	X	X
1768	Kupfer DVGW GW 392	X	X
16892	VPE DVGW W 531	X	X

108.3 zugel. dauerhaft dichte Rohrverbind.

Rohrverbindungen	Erde	1)
Metallene Gewinde DIN 2999, 2950, 2980	X	X
Flansch DIN 2500	X	X
Flansch DVGW GW 2	X	X
Flansch DIN 28604 bis DIN 28607	X	
Bundflansch DIN 19532, DIN 19533	X	X
Verschr. konisch/konisch, konisch/kugelig		X
Verschraubung mit Flach- o. Runddichtung f. PVC-Rohre mit Klebeanschluß DIN 8063	X	X
Schweißverbindung DIN 8563	X	
Löt- und Schweißverbindung DVGW GW 2		X
Kleb- und Schweißverbindung DVGW W 320	X	X
Schweißverbindungen DVS-Richtlinien 1502	X	
Steckmuffen DIN 19532	X	
Schraubmuffen DIN 28601	X	
Stopfbuchsmuffen DIN 28602	X	
Steckmuffen DIN 28603	X	

1) Verlegung in Gebäuden.

108.4 Druckluft-Wasser-Mischvorrichtung

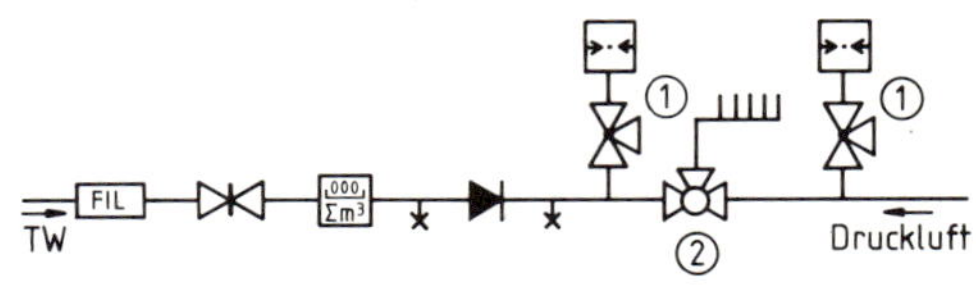

① Dreiwegeventil mit Druckmessgerät
② Dreiwegehahn zum schnellen Öffnen und Schließen

108.5 Mindestvolumenstrom, offene Entnahmestellen

größte DN der Verteilungsltg.	25	32	40	50	65	80	100
$\dot{V}_{min}$ in l/min 1)	15	25	38	59	100	151	236
Mindestzahl offener Entnahmest. DN 15	1	2	3	4	6	9	14

1) Mindestfließgeschwindigkeit in der größten DN 0,5 m/s.

108.5 Wasserzähleranlagen, Einbaumaße

Mindestabstände	Volumetrisch, Flügelrad-Zähler	Woltman-Zähler
Wand-Rohrmitte	max. DN der Anschlußltg. + 200 mm 1)	
Boden-Rohrmitte	min.: max. DN der Anschlußltg. + 300 mm max.: 1200 mm	
Freiraum vor Wasserzähleranl.	800 mm	max. DN Anschl.-ltg. + 1200
Freiraum über	max. DN der Anschlußltg. + 700 mm	
Mindestraumhöhe	(licht) 1800 mm	

1) Unterschreitbar bei Verwendung von Wasserzählerbügeln.

108.7 Mindestdämmschichtdicken für Trinkwasserleitung (kalt)

Verlegeart der Rohrleitung	Dicke in mm
frei, Raum nicht beheizt	4 1)
frei, Raum beheizt	9 1)
im Kanal ohne Warmwas.ltg. bzw. Heizg.	4 1)
im Kanal mit Warmwas.ltg. bzw. Heizg.	13 1)
im Mauerschlitz, Steigleitung	4 1)
in Wandaussparung mit Warmwasserltg./Heizg.	13 1)
auf Betondecke	4 1)

1) bei λ = 0,040 W/(m · K)

108.8 Hilfsstoffe

Hart- und Weichlote	DVGW GW 2
Flußmittel für CU-Rohre	DVGW GW 7
Gewindeschneidmittel	DVGW W 521

109.1 Mindestversorgungsdruck am Hausanschluß

Gebäude mit EG	2,00 bar
Gebäude mit EG und OG	2,35 bar
Gebäude mit EG und 2. OG	2,70 bar
Gebäude mit EG und 3. OG	3,05 bar
Gebäude mit EG und 4. OG	3,40 bar

109.2 Enthärtungsanlagen, Nennkapazität, Harzmenge

Einsatzbereich	Nennkap. in mol	Harz in l
1-2-Fam.-Haus bis 5 Pers.	max. 1,6[1]	max. 4[1]
3-5-Fam.-Haus bis 12 Pers.	max. 2,4	max. 6
6-8-Fam.-Haus bis 20 Pers.	max. 3,6	max. 8
≥9-Fam.-Haus > 20 Pers.	max. 8,0	max. 15

[1] Für einen Tageswasserbedarf von 80 l je Person.

109.3 zulässige Schallpegel in dB(A) DIN 4109

Geräuschquelle	Wohn- und Schlafräume	Unterrichts- u. Arbeitsräume
Wasserversorgung Abwasseranlage	≤ 35[1]	≤ 35[1]
sonst. Haustechnik	≤ 30[2]	≤ 35[2]

[1] Kurzzeitige Spitzen (Öffnen, Schließen bei Armaturen, Nutzergeräusche, Spüleinlauf (im WC) werden nicht berücksichtigt.
[2] Dauergeräusche bei Lüftungsanlagen bis 5 dB(A) höher zul.

109.4 Armaturen, zul. Schallpegel in dB(A)

Auslauf- u. Geräteanschlußarmaturen, Durchflußwassererwärmer, Brausen	≤ 20 in Armaturengruppe I
Druckspüler, Spülkasten, Absperrventil, Eckventil, Rückflußverhind., Druckmind.	≤ 30 in Armaturengruppe II
Strahlregler, Durchflußbegrenzer, Kugelgelenke, Rohrbelüfter, Rückflußverhind.	≤ 15 in I ≤ 25 in II

In Grenzwerten (Durchfluß, Fließdruck) 5 dB(A) Überschreitung zul.

109.5 Durchflußklassen, max. Durchfluß in l/s

Z	A	B	C	D
0,15	0,25	0,42	0,50	0,63

109.6 Vereinfachte Berechnung von Stockwerksleitungen bis zu max. Summendurchfluß $\Sigma \dot{V}_R$ = 2,0 l/s[4], Druckverlustpauschalwerte, Mindestnennweiten

$\dot{V}_{R\,max}$ in l/s	DN_1	DN_2	DN_3 min.	DN_4 min.	$\Delta p_{Stockwerk}$ pauschal [1]mbar	[2]mbar	[3]mbar
größte Entnahmearmatur ≤ 0,5	Cu	15 x 1	15 x 1		1100	–	–
	15 x 1	10	10		1500	–	–
	15	15	15		600	700	850
		10	10		950	1000	1200
	20	15	15		300	350	400
		10	10		600	650	700
> 0,5	20	15	15	20	1100	1200	–
		10	10	20	1300	1400	–
	25	15	15	25	400	450	600
		10	10	25	750	800	950

DN_1 Steigleitungsabzweig
DN_2 Entnahmestellenanschluß (bis max. 3 m Länge)
DN_3 Mindest-DN von Stockwerksleitungen mit größter Entnahmearmatur $\dot{V}_R$ < 0,5 l/s
DN_4 Mindest-DN von Stockwerksleitungen mit $\dot{V}_R$ ≥ 0,5 l/s

[1] Stockwerksabsperrarmatur: Kolbenschieber
[2] Stockwerksabsperrarmatur: Schrägsitzventil
[3] Stockwerksabsperrarmatur: Geradsitzventil
[4] $\Sigma \dot{V}_R$ ≤ 2,0 l/s umfaßt folgende Entnahmestellen:
2 Klosettbecken, 1 Bade- und 1 Brausewanne, 2 Waschtische, 1 Bidet, 1 Spüle
1 Wasch- und 1 Geschirrspülmaschine

109.7 Mindestnennweiten für KW- und WW-Leitungen (Richtwerte)

Leitungsteil	DN	d_i in mm	Cu mm x mm
Hausanschlußleitung HAL	25	25	28 x 1,5
Steigleitung	20	20	22 x 1
Anschlußleitung Rohrbe- und -entlüfter	20	20	22 x 1
Tropfwasserleitung (bis 3 m, 3 Bogen)	20	20	22 x 1
Tropwasserleitung (bis 6 m, 6 Bogen)	25	25	28 x 1,5
Stockwerksleitung:			
siehe Tabelle 109.6	15 (10)	13 (10)	15 x 1
für Druckspüler DN 20	25 (20)	25 (20)	28 x 1,5
Anschluß an die Steigleitung:			
Kaltwasser bei Druckspülern	25 (20)	25 (20)	28 x 1,5
Kaltwasser bei Spülkästen	20 (15)	20 (15)	22 x 1
Warmwasser	15	13	15 x 1
Zirkulationsleitung	15	13	15 x 1

Klammerwerte bei nachweislich ausreichendem Druck.

110.1 Durchfluß, Anschluß- und Benutzungswerte

Entnahmestelle	DN	Fließdruck in mbar	Temperatur in °C	l je Vorgang	Zeit in s	Durchfluß $\dot{V}_{RKW}$ in l/s	$\dot{V}_{RWW}$ in l/s
Ausgußanlage:							
Auslaufventil	15	1000	10	6...10	~60	0,12	0,18
Mischbatterie	15	1000	40	6...10	~60	0,12	0,18
Druckspüler	20	1200	10	7...10	10	1,0	
Steckbeckenspülapparat:							
Druckspüler	15	1200	10/60	6...9	10	0,7	0,7
Druckspüler	20	1200	10	7...10	10	1,0	
DW-Druckspüler	15	1200	10	3...4	6	0,7	
Brauseanlagen:							
Brausekopf	15	1000	38	60...90	300	0,10	0,10
Seitenbrause	15	1000	38	10...15	180	0,05	0,05
Brausekopf	20	1000	38	~110	300	0,18	0,22
Brausekopf	25	1000	38	~160	300	0,31	0,39
Badewannenanlagen:							
Mischbatterie	15	1000	40	~140	500	0,15	0,15
Mischbatterie	20	1000	40	~250	250	0,4	0,6
Mischbatterie	25	1000	40	~650	300	1,0	1,5
Klosettanlagen:							
Druckspüler	15	1200	10	6...7	8	0,7	
Druckspüler	20	1200	10	6...8	8	1,0	
Druckspüler	25	400	10	6...9	8	1,0	
Spülkasten	15	500	10	6...9	70	0,13	
Sitzwaschbeckenanlagen:							
Mischbatterie	15	1000	38	10...15	120	0,07	0,07
Spülbeckenanlagen:							
Mischbatterie	15	1000	50...55	12...20	180	0,07	0,10
Mischbatterie	20	1000	50...55	35...50	80	0,2	0,7
Urinalanlagen:							
Druckspüler	15	1000	10	4	7	0,3	
Magnetventil	15	700	10		~30	0,15[1)]	
Magnetventil	20	700	10		~30	0,3 [2)]	
Magnetventil	25	400	10		~30		
Waschbeckenanlagen:							
Auslaufventil	15	500	10	5	60	0,07	
Mischbatterie	15	1000	35	15	600	0,07	0,07
Fußwaschbeckenanlagen:							
Mischbatterie	15	1000	35...40	25	400	0,07	0,07
Reihenwaschanlagen:							
Mischbatterie	15	1000	35	10...20	240	0,05	0,05
Brausebatterie	15	1000	38	60...90	300	0,15	0,15
Auslaufventil ohne							
-nachgeschalt.	15	500				0,3	0,3
Strömungs-	20	500				0,5	0,5
widerstand	25	500				1,0	1,0
-zentrale	15	1000				0,15	0,15
Mischbatterie	20	1000				0,30	0,30

1) je Spülkopf 2) je Becken

110.1 Fortsetzung

Entnahmestelle		Fließdruck in mbar	Temperatur in °C	Durchfluß $\dot{V}_{RKW}$ in l/s
Haushalt-				
Geschirrspülm.		1000	10	0,15
Waschmaschine		1000	10	0,25
Durchlauferhitzer:				
Elektro-	6 kW	1000	10	0,07
Elektro-	12 kW	1000	10	0,1
Elektro-	18 kW	1000	10	0,15
Elektro-	21 kW	1000	10	0,17
Elektro-	24 kW	1000	10	0,2
Elektro-	33 kW	1000	10	0,3
Gas-	12 kW	1000	10	0,1
Gas-	21 kW	1000	10	0,17
Gas-	24 kW	1000	10	0,2
E-Boiler	DN 15	500	10	0,15
E-Druck-Speicher		1000	10	von Entnahmestelle

110.2 Maximal zulässige Fließgeschwindigkeiten *v*

Fließdauer in min	≤ 15	> 15
Leitungsabschnitt	*v* in m/s	
Hausanschlußleitung HAL	2,0	2,0
Verbrauchsleitung:		
bei Durchgangsarmaturen mit $\zeta \leq 2{,}5$	5	2
bei Durchgangsarmaturen mit $\zeta > 2{,}5$	2,5	2
Zirkulationsleitung	–	0,5

110.3 Druckverlust im Wasserzähler

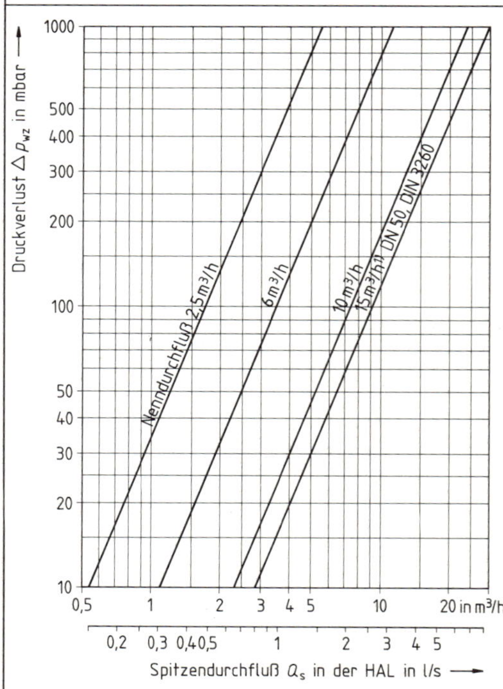

1) Diese Baugröße soll nicht mehr verwendet werden.

Wasser-installation

111.1 Druckverlust im Hauswasser-Feinfilter

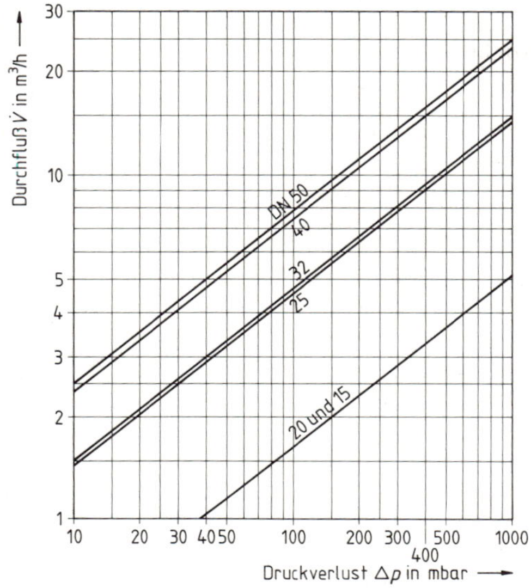

111.2 Formeln für Spitzendurchfluß $\dot{V}_S$ nach Gebäudeart

Gleichung in l/s	Bereich in l/s	Kurve
Wohngebäude		
$\dot{V}_S = 1{,}7\ (\Sigma\dot{V}_R)^{0{,}21} - 0{,}7$	$\Sigma\dot{V}_R > 1{,}0$	A[1]
$\dot{V}_S = 0{,}682\ (\Sigma\dot{V}_R)^{0{,}45} - 0{,}14$	$0{,}07 < \Sigma\dot{V}_R < 20$	B
Büro- und Verwaltungsgebäude		
$\dot{V}_S = 1{,}7\ (\Sigma\dot{V}_R)^{0{,}21} - 0{,}7$	$\Sigma\dot{V}_R > 1{,}0$	A[1]
$\dot{V}_S = 0{,}682\ (\Sigma\dot{V}_R)^{0{,}45} - 0{,}14$	$0{,}07 < \Sigma\dot{V}_R \leq 20$	B
$\dot{V}_S = 0{,}4\ (\Sigma\dot{V}_R)^{0{,}54} + 0{,}48$	$\Sigma\dot{V}_R > 20$	C
Hotelbetrieb		
$\dot{V}_S = (\Sigma\dot{V}_R)^{0{,}366}$	$1{,}0 < \Sigma\dot{V}_R \leq 20$	D[1]
$\dot{V}_S = 0{,}698\ (\Sigma\dot{V}_R)^{0{,}5} - 0{,}12$	$0{,}1 < \Sigma\dot{V}_R \leq 20$	E
$\dot{V}_S = 1{,}08\ (\Sigma\dot{V}_R)^{0{,}5} - 1{,}83$	$\Sigma\dot{V}_R > 20$	F
Kaufhaus		
$\dot{V}_S = (\Sigma\dot{V}_R)^{0{,}366}$	$1{,}0 < \Sigma\dot{V}_R \leq 20$	D[1]
$\dot{V}_S = 0{,}698\ (\Sigma\dot{V}_R)^{0{,}5} - 0{,}12$	$0{,}1 < \Sigma\dot{V}_R \leq 20$	E
$\dot{V}_S = 4{,}3\ (\Sigma\dot{V}_R)^{0{,}27} - 6{,}65$	$\Sigma\dot{V}_R > 20$	G
Krankenhaus		
$\dot{V}_S = (\Sigma\dot{V}_R)^{0{,}366}$	$1{,}0 < \Sigma\dot{V}_R \leq 20$	D[1]
$\dot{V}_S = 0{,}698\ (\Sigma\dot{V}_R)^{0{,}5} - 0{,}12$	$0{,}1 < \Sigma\dot{V}_R \leq 20$	E
$\dot{V}_S = 0{,}25\ (\Sigma\dot{V}_R)^{0{,}65} + 1{,}25$	$\Sigma\dot{V}_R > 20$	H

[1] A bzw. D gilt, wenn $\dot{V}_R \geq 0{,}5$ l/s enthalten sind.

111.3 Spitzendurchfluß $\dot{V}_S$ abhängig vom Summendurchfluß $\Sigma\dot{V}_R$ für verschiedene Gebäudearten (Kurvenzuordnung s. Tab. 111.2)

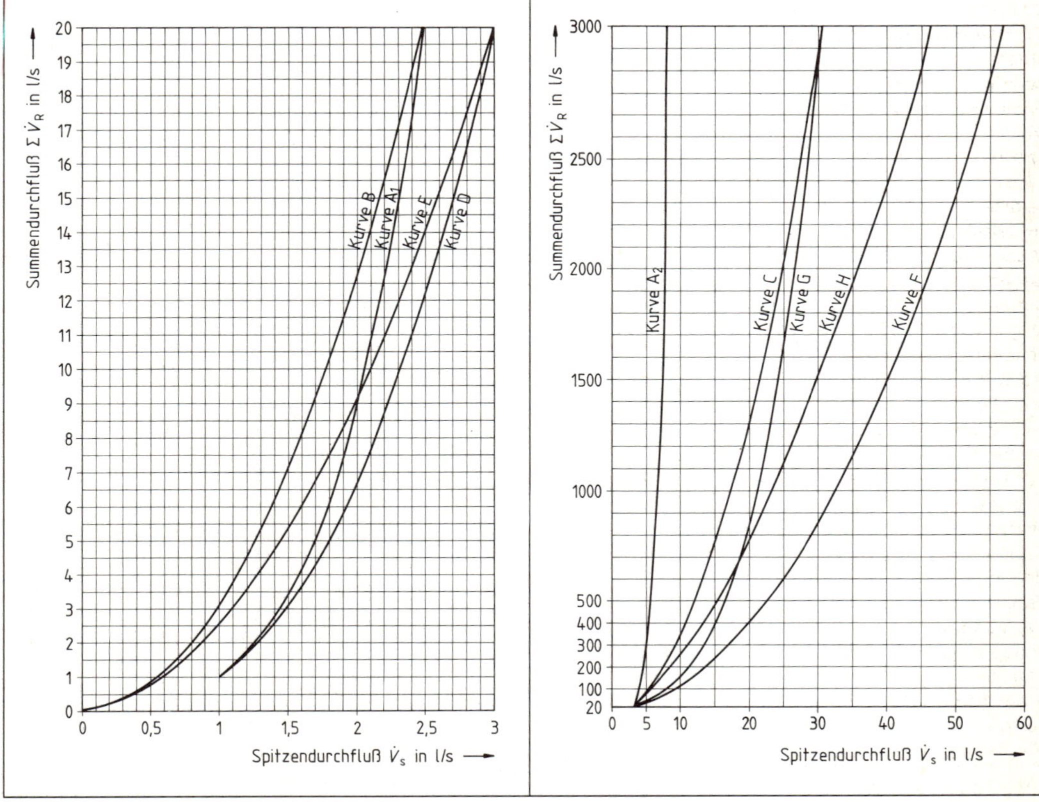

Wasser-installation

112.1 Druckverlust aus Einzelwiderständen *Z* (bei ϑ = 10 °C und ϱ = 999,7 kg/m³)

v in m/s	Druckverlust *Z* in mbar bei folgenden ζ-Werten 1	2	3	4	5	6	7	8	9	10
0,2	0,2	0,4	0,6	0,8	1,0	1,2	1,4	1,6	1,8	2,0
0,4	0,8	1,6	2,4	3,2	4,0	4,8	5,6	6,4	8,0	1,7
0,6	1,8	3,6	5,4	7,2	9,0	10,8	12,6	14,4	16,2	18,0
0,8	3,2	6,4	9,6	12,8	16,0	19,2	22,4	25,6	28,8	32,0
1,0	5,0	10,0	15,0	20,0	25,0	30,0	35,0	40,0	45,0	50,0
1,1	6,0	12,1	18,1	24,2	30,2	36,6	42,3	46,4	54,4	60,0
1,2	7,2	14,4	21,6	28,8	36,0	43,2	50,4	57,6	64,8	72,0
1,3	8,4	16,9	25,3	33,8	42,2	50,7	59,1	67,6	76,0	84,5
1,4	9,8	19,6	29,4	39,2	49,0	58,8	68,6	78,4	88,2	98,0
1,5	11,2	22,5	33,7	45,0	56,2	67,5	78,7	90,0	101,2	112,5

v in m/s	Druckverlust *Z* in mbar bei folgenden ζ-Werten 1	2	3	4	5	6	7	8	9	10
1,6	12,8	25,6	38,4	51,2	64,0	76,8	89,6	102,4	115,2	128,0
1,7	14,4	28,9	43,3	57,8	72,2	86,7	101,1	115,6	130,0	144,5
1,8	16,2	32,4	48,6	64,8	81,0	97,2	113,4	129,6	145,8	162,0
1,9	18,0	36,1	54,1	72,2	90,2	108,3	126,3	144,4	162,4	180,4
2,0	20,0	40,0	60,0	80,0	100,0	120,0	140,0	160,0	179,8	199,8
2,2	24,2	48,4	72,6	96,8	121,0	145,2	169,3	193,5	217,7	241,9
2,4	28,9	57,6	86,4	115,2	144,0	172,7	201,5	230,3	259,1	287,9
2,6	33,8	67,6	101,4	135,2	168,9	202,7	236,5	270,3	304,1	337,9
2,8	39,2	78,4	117,6	159,8	195,9	235,1	274,3	313,5	352,7	391,9
3,0	45,0	90,0	135,0	179,9	224,9	269,9	314,9	359,9	404,9	449,9

112.2 Verlustbeiwert ζ von Einzelwiderständen

Einzelwiderstand	Symbol	ζ
Abzweig, Trennung		1,3
Abzweig, Vereinigung		0,9
Abzweig, Durchgang bei Trennung	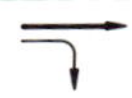	0,3
Abzweig, Durchgang bei Vereinigung	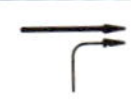	0,6
Abzweig, Gegenlauf bei Vereinigung		3,0
Abzweig, Gegenlauf bei Trennung		1,3
Abzweig, bogenförmig, Trennung		0,9
Abzweig, bogenförmig, Vereinigung		0,4
Abzweig, bogenförmig, Durchgang bei Trennung		0,3
Abzweig, bogenförmig, Durchgang bei Vereinigung		0,2
Verteileraustritt, Behälteraustritt		0,5
Sammlereintritt, Behältereintritt	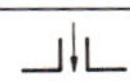	1,0
Bogen 90°, rauh $r = d$ $r = 2d$ $r = 4d$		0,51 *0,30* 0,23
Winkel 90°		1,3
Winkel 45°		0,4
Reduzierstück		0,4
Erweiterung		0,6
Dehnungsbogen		1,0
Kompensator		2,0

Einzelwiderstand	DN	Symbol	ζ
Geradsitzventile und Membranventile	15 20 25 32 40 bis 100		10,0 8,5 7,0 6,0 5,0
Schrägsitzventile	15 20 25 bis 50 65		3,5 2,5 2,0 0,7
Vollstrom-Freiflußventile	15 20 bis 25 32 bis 50 65 bis 80 über 100		2 1,5 1 0,7 0,6
Eckventile	10 15 20 bis 40 50 bis 100		7,0 4,0 2,0 3,5
Absperrschieber und Kolbenschieber	10 bis 15 20 bis 25 32 bis 150		1,0 0,5 0,3
Rückflußverhinderer ohne Absperrung	15 bis 20 25 bis 40 50 65 bis 100		7,7 4,3 3,8 2,5
mit Absperrung	20 25 bis 50		6,0 5,0
Rückschlagklappe	50 100 200	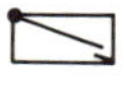	1,5 1,2 1,0
Rückschlagventil	15 bis 20 25 bis 50		15 13
Ventilanbohrschelle	25 bis 70		5,0
Druckminderer geöffnet			30

Wasser-installation

113.1 Berechnung des ungünstigsten Stranges (Beispiel)

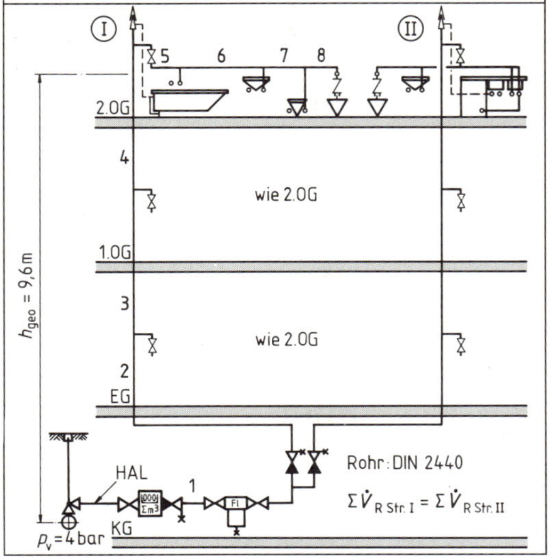

113.2 Formular 1: Berechnung des ungünstigsten Stranges

KW- bzw. WW-Strang Nr.:	I	II
Versorgungsüberdruck oder Nachdruck bei Druckminderern p_v (p_n) in mbar	4000	4000
Geodätische Höhe h_{geo} in m	9,6	9,6
Druckverlust aus geodätischer Höhe Δp_{geo} in mbar	960	960
Ruhedruck an höchster Entnahmestelle $p = p_v - \Delta p_{geo}$ p in mbar	3040	3040
Druckverlust im Wasserzähler $\dot{V}_n$ 6 Δp_{WZ} in mbar bei $\dot{V}_S$ = 6,8 m³/h	330	330
Druckverlust in Apparaten: Filter DN 32 Δp_F in mbar	200	200
Mindestfließdruck an der höchsten Entnahmestelle p_{MF} in mbar	1200	1200
Gesamtdruckverlust Δp in mbar $\Delta p = \Delta p_{geo} + \Delta p_{WZ} + \Delta p \ldots + p_{MF}$	2690	2690
verfügbarer Druck $\Delta p_{verf} = p_v - \Delta p$ Δp_{verf} in mbar	**1310**	1310
verfügbarer Druck für Rohrreibungs-Druckverlust 50 % Δp_R in mbar	655	655
Länge der Versorgungsleitung l in m	36,5	32,6
verfügbares Rohrreibungs-Druckgefälle $R = \Delta p_R / l$ R in mbar/m	18	20

113.3 Formular 2: Ermittlung Rohrnennweite und Druckverlust Δp

TS	$\Sigma \dot{V}_R$ l/s	$\dot{V}_S$ l/s	l m	DN	v m/s	R mbar/m	$R \cdot l$ mbar	ζ	Z[1] mbar
8	1,0	1,0	0,80	**20**	2,7	60,7	48,6	2,9	105,7
7	1,07	1,03	0,60	**20**	2,8	64,2	38,5	0,3	11,8
6	1,14	1,05	0,70	**20**	2,9	66,8	46,8	0,7	29,4
5	1,29	1,10	0,70	**25**	1,9	22,0	15,4	8,9	160,6
4	1,29	1,10	3,20	**25**	1,9	22,0	70,4	0,7	12,6
3	2,58	1,37	3,20	**32**	1,3	8,0	25,6	0,3	2,5
2	3,87	1,56	10,80	**32**	1,5	10,3	111,2	3,4	38,3
1	7,74	1,91	6,50	**32**	1,9	15,1	98,1	9,3	167,9
HAL	7,74	1,91	10,0	**32**	1,9	15,1	151,0	7,0	126,4
		Σl =	36,5			$\Sigma(R \cdot l)$ =	605,6	ΣZ =	655,2

$\Delta p = \Sigma(R \cdot l) + \Sigma Z$

[1] $Z = \zeta \cdot v^2 \cdot \varrho/2$ in Pa

Δp = 605,6 mbar + 655,2 mbar

Δp = **1260,8 mbar** $\leq$ **1310 mbar** (Δp_{verf})

113.4 Formular 3: Summe der Einzelwiderstände

TS	Zahl	Einbauteil, Einzelwiderstand	ζ	$\Sigma\zeta$
8	1 2	T-Durchgang bei Stromtrennung Winkel 90°	0,3 1,3	2,9
7	1	T-Durchgang bei Stromtrennung	0,3	0,3
6	1 1	T-Durchgang bei Stromtrennung Reduzierstück DN 20/DN 25	0,3 0,4	0,7
5	1 2 1	T bei Stromtrennung Bogen 90° Wandeinbauventil DN 25	1,3 0,3 7,0	8,9
4	1 1	T-Durchgang bei Stromtrennung Reduzierstück	0,3 0,4	0,7
3	1	T-Durchgang bei Stromtrennung	0,3	0,3
2	2 1 1	Bogen 90° Schrägsitzventil DN 32 T-Durchg. bei Stromtrennung	0,3 2,5 0,3	3,4
1	1 1 2	Bogen 90° Rückflußverhinderer m. Absp. Schrägsitzventil DN 32	0,3 5,0 2,0	9,3
HAL	1 1	Ventilanbohrschelle Schrägsitzventil DN 32	5,0 2,0	7,0

114.1 Richtwerte für Druckverluste in Stockwerksleitungen Δp_{ST} und Einzelzuleitungen Δp_{EZ} bei 10 m Länge

Stockwerks-Itg. mit 7 m		Einzelzultg. mit 3 m Länge Entnahmearmatur mit				Druckverlust Δp_{ST}[1)] in mbar bei zus. 10 m Leitungslänge bei geringerer Leitungslänge sind die Klammerwerte je m abziehbar								
		$\dot V_R < 0{,}5$ l/s		$\dot V_R \geq 0{,}5$ l/s		KW zentrale Trinkwassererwärmung WW						Gruppen-TWE (KW und WW)		
DN	d_i in mm	DN	d_i in mm	DN	d_i in mm	Kolben-schicker	Schräg-sitzvent.	Gerad-sitzvent.	Kolben-schicker	Schräg-sitzvent.	Gerad-sitzvent.	Kolben-schicker	Schräg-sitzvent.	Gerad-sitzvent.
$\dot V_R$ der größten Entnahmearmatur < 0,5 l/s														
12	13	15	13	–	–	1100 (90)	–	–	400 (30)	450 (30)	550 (30)	1200 (80)	–	–
		10	10	–	–	1500 (90)	–	–	500 (30)	550 (30)	650 (30)	1600 (80)	–	–
15	16	15	13	–	–	600 (40)	700 (40)	850 (40)	200 (15)	250 (15)	300 (15)	700 (30)	–	–
		10	10	–	–	950 (40)	1000 (40)	1200 (40)	350 (15)	400 (15)	450 (15)	1000 (30)	–	–
20	20	15	13	–	–	300 (20)	350 (20)	400 (20)	100 (5)	150 (5)	200 (5)	350 (15)	400 (15)	450 (15)
		10	10	–	–	600 (20)	650 (20)	700 (20)	200 (5)	250 (5)	300 (5)	700 (15)	750 (15)	850 (15)
$\dot V_R$ der größten Entnahmearmatur ≥ 0,5 l/s														
20	20	15	13	20	20	1100 (80)	1200 (80)	–	–	–	–	1200 (80)	1300 (80)	–
		10	10	20	20	1300 (80)	1400 (80)	–	–	–	–	1400 (80)	1500 (80)	–
25[2)]	25[2)]	15	13	25	25	400 (20)	450 (20)	600 (20)	–	–	–	450 (20)	500 (20)	650 (20)
		10	10	25	25	750 (20)	800 (20)	950 (20)	–	–	–	800 (20)	850 (20)	950 (20)

Beispiel (s. Tab. 113.1):
größte Entnahmearmatur = Druckspüler in TS 8 (DN 25)
mit $\dot V_R = 1{,}0$ l/s > 0,5 l/s
Leitungslänge (Σ TS 5, 6, 7, 8) = 2,8 m
Δp_{zul} (5, 6, 7, 8) = 1310 mbar – 800 mbar (HAL, 1, 2, 3, 4) = 510 mbar
$\Delta p_{10\,m}$ = 600 mbar (s. Tab. 114.1 Geradsitzvent.)
$\Delta p_{7,2\,m}$ = 7 m · 20 mbar/m = 140 mbar

Leitung	TS	DN	$\Delta p_{10\,m}$	$-\Delta p_{7,2\,m}$	Δp 5, 6, 7, 8	
Stockwerk Einzelzultg.	5, 6, 7 8	25 25	600 mbar	– 140 mbar	= 460 mbar	< 510 mbar

Stichleitungen zu den übrigen Entnahmestellen DN 20.

[1)] Mindestfließdruck, Druckverlust von Trinkwassererwärmern und Wohnungswasserzählern sind nicht enthalten.
[2)] TS bis zum Anschluß von Entnahmearmaturen mit $\dot V_R \geq 0{,}5$ l/s. Daran anschließende TS DN 20 oder d_i = 20 mm.

114.2 Klassifizierung der Trinkwassererwärmer nach Tab.

	1 und 2		3		4 und 5	
Art	An der Entnahmestelle gasförmiger Austritt des Wärmeträgers					
	möglich	nicht möglich	möglich	nicht möglich	möglich	nicht möglich
A	zulässig außer[1)]		–	–	–	–
B	+	+	–	+[2)]	–	–
C	+	+	+[3)]	+	–	–
D	+	+	+	+	+	+

Beheizt über:
A: korrosionsgeschützte wärmeübertragende Fläche
B: korrosionsbeständige wärmeübertragende Fläche
C: korrosionsbest. gesicherte wärmeübertr. Fläche
D: Zwischenmedium – Wärmeübertrager

[1)] Nichtzulässig bei Fernheizung oder automatischer Heizungsnachfüllung.
[2)] Nur zulässig wenn $p_{e,\,zul} \leq 3$ bar.
[3)] Nur bei Fluorchlorkohlenwasserstoffen zulässig.

Wasser-installation

115.1 Rohrreibungsverluste bei Gewinderohr (DIN 2440) verzinkt für ϑ = °C

DN	10		15		20		25		32		40		50		65		80	
$\dot{V}$ in l/s	*R* in mbar/m	*v* in m/s	*R* in mbar/m	*v* in m/s	*R* in mbar/m	*v* in m/s	*R* in mbar/m	*v* in m/s	*R* in mbar/m	*v* in m/s	*R* in mbar/m	*v* in m/s	*R* in mbar/m	*v* in m/s	*R* in mbar/m	*v* in m/s	*R* in mbar/m	*v* in m/s
0,05	3,4	0,4	1,0	$0,2^5$	0,2	$0,1^4$												
0,07	6,3	0,6	1,8	$0,3^5$	0,4	$0,1^9$												
0,10	12,3	0,8	3,5	0,5	0,8	0,3	0,3	0,2	0,0	0,1	0,0	0,1						
0,20	46,2	1,6	12,9	1,0	2,8	0,5	0,9	0,3	0,2	0,2	0,1	0,1						
0,30	101,6	2,4	28,0	1,5	6,0	0,8	1,9	0,5	0,5	0,3	0,2	0,2	0,1	0,1				
0,40	178,3	3,3	43,8	2,0	10,3	1,1	3,2	0,7	0,8	0,4	0,4	0,3						
0,50	276,5	4,1	75,4	2,5	15,8	1,4	4,8	0,9	1,2	0,5	0,6	0,4	0,2	0,2	0,0	0,1	0,0	0,1
0,60	396,1	4,9	107,7	3,0	22,5	1,6	6,8	1,0	1,7	0,6	0,8	0,4						
0,75			166,9	3,7	34,6	2,0	10,5	1,3	2,5	$0,7^5$	1,1	$0,5^5$	0,4	0,3	0,1	0,2	0,0	0,1
0,85			213,5	4,2	44,2	2,3	13,4	1,4	3,2	$0,8^5$	1,5	$0,6^5$						
1,00			294,2	5,0	60,7	2,7	18,3	1,7	4,4	1,0	2,0	0,7	0,6	0,5	0,2	0,3	0,1	0,2
1,20					86,8	3,3	26,0	2,1	6,2	1,2	2,9	0,9	0,8	0,6	0,3	0,3	0,1	0,2
1,40					117,5	3,8	35,2	2,4	8,3	1,4	3,8	1,0	1,1	0,7	0,4	0,4	0,2	0,3
1,60					152,8	4,4	45,6	2,8	10,8	1,6	4,9	1,2	1,4	$0,7^5$	$0,4^5$	$0,4^5$	0,2	0,3
1,80					192,8	4,9	57,5	3,1	13,6	1,8	6,2	1,3	1,8	0,8	0,5	0,5	0,2	0,3
2,00					237,4	5,5	70,7	3,4	16,7	2,0	7,6	1,5	2,3	0,9	0,6	0,5	0,3	0,4
2,25							89,2	3,9	21,0	2,2	9,5	$1,6^5$	2,8	1,0	0,8	0,6	0,3	0,4
2,50							109,7	4,3	25,7	2,5	11,7	1,8	3,4	1,1	0,9	0,7	0,4	0,5
2,75							132,5	4,7	31,0	$2,7^5$	14,1	2,0	4,1	1,2	1,1	0,7	0,5	0,5
3,00							157,2	5,2	36,7	3,0	16,7	2,2	4,9	1,4	1,3	0,8	0,6	0,6
3,25									43,0	$3,2^5$	19,0	2,4	5,7	1,5	1,5	0,9	0,7	0,6
3,50									49,7	3,5	22,5	2,6	6,6	1,6	1,7	0,9	0,8	0,7
3,75									57,0	$3,7^5$	25,7	2,7	7,5	1,7	2,0	1,0	0,9	0,7
DN	100		125		150													
4,0	0,3	0,5	0,1	0,3	0,0	0,2			64,7	4,0	29,2	2,9	8,5	1,8	2,2	1,1	1,0	0,8
4,25									72,9	4,2	33,0	3,1	9,6	1,9	2,5	1,1	1,1	0,8
4,50									81,5	4,4	36,8	3,3	10,7	2,0	2,8	1,2	1,2	0,9
4,75									90,7	$4,6^5$	41,0	3,5	11,9	2,2	3,1	1,3	1,4	0,9
5,00	0,4	0,6	0,1	0,4	0,1	0,3			100,4	4,9	45,3	3,6	13,2	2,3	3,4	1,3	1,5	1,0
5,25									110,5	5,2	49,8	$3,8^5$	14,5	2,4	3,8	1,4	1,7	1,0
5,50											54,6	4,0	15,9	2,5	4,1	1,5	1,8	1,1
5,75											59,6	4,2	17,3	2,6	4,5	1,5	2,0	1,1
6,00	0,6	0,7	0,2	0,5	0,1	0,3					64,8	4,4	18,8	2,7	4,9	1,6	2,1	1,2
6,50											75,9	4,7	22,0	2,9	5,7	1,7	2,5	1,3
7,00	0,7	0,8	0,3	0,5	0,1	0,4					87,9	5,1	25,4	3,2	6,6	1,9	2,9	1,4
7,50													29,1	3,4	7,5	2,0	3,3	1,5
8,00	1,0	0,9	0,3	0,6	0,1	0,4							33,1	3,6	8,5	2,2	3,7	1,6
8,50													37,3	3,9	9,6	2,3	4,2	1,7
9,00	1,2	1,0	0,4	0,7	0,2	0,5							41,7	4,1	10,7	2,4	4,7	1,8
9,50													46,4	4,3	11,9	2,6	5,2	1,9
10,00	1,5	1,1	0,5	0,8	0,2	0,5							51,3	4,5	13,2	2,7	5,8	2,0
11,00	1,8	1,3	0,6	0,8	0,2	0,6							61,9	5,0	15,9	3,0	6,9	2,1
12,00	2,1	1,4	0,7	0,9	0,3	0,6									18,9	3,2	8,2	2,3
13,00	2,5	1,5	0,8	1,0	0,3	0,7									22,1	3,5	9,0	2,5
15,00	3,2	1,7	1,1	1,1	0,4	0,8									29,3	4,0	12,7	2,9
17,00	4,1	2,0	1,4	1,3	0,6	0,9									37,5	4,6	16,2	3,3
20,00	5,7	2,3	1,9	1,5	0,8	1,1											22,3	3,9
22,00	6,8	2,5	2,3	1,7	0,9	1,2											26,9	4,3
25,00	8,8	2,9	3,0	1,9	1,2	1,3											34,7	4,9
30,00	12,5	3,4	4,2	2,3	1,7	1,6												
35,00	17,0	4,0	5,7	2,6	2,3	1,8												
40,00	22,1	4,6	7,4	3,0	3,0	2,1												
50,00			11,5	3,8	4,6	2,6												

116.1 Rohrreibungsverluste bei Kupferrohr (DIN 1786) **für ϑ = 10 °C** (bei ϑ_W = 60 °C: $R_{10\,°C}$ – 20 %)

DN (*d* × *s*)	10 (12 × 1)		12 (15 × 1)		15 (18 × 1)		20 (22 × 1)		25 (28 × 1,5)		32 (35 × 1,5)		40 (42 × 1,5)		50 (54 × 2)		(64 × 2)	
$\dot{V}$ in l/s	*R* in mbar/m	*v* in m/s	*R* in mbar/m	*v* in m/s	*R* in mbar/m	*v* in m/s	*R* in mbar/m	*v* in m/s	*R* in mbar/m	*v* in m/s	*R* in mbar/m	*v* in m/s	*R* in mbar/m	*v* in m/s	*R* in mbar/m	*v* in m/s	*R* in mbar/m	*v* in m/s
0,02	1,6	0,2^5	0,5	0,1^5	0,2	0,1	0,1	0,0^5										
0,05	7,7	0,6^5	2,2	0,4	0,8	0,2^5	0,3	0,1^5	0,1	0,1								
0,07	13,7	0,9	4,0	0,5	1,5	0,3^5	0,5	0,2	0,2	0,1^5								
0,10	25,4	1,3	7,3	0,8	2,7	0,5	1,0	0,3	0,3	0,2								
0,20	85,5	2,5	24,5	1,5	9,1	1,0	3,2	0,6	1,1	0,4	0,3	0,2	0,1	0,2	0,0	0,1	0,0	0,1
0,30	175,2	3,8	49,9	2,3	18,5	1,5	6,4	1,0	2,2	0,6								
0,40	292,5	5,1	83,1	3,0	30,8	2,0	10,6	1,3	3,7	0,8	1,1	0,5	0,4	0,3	0,1	0,2	0,1	0,1
0,50			123,6	3,8	45,7	2,5	15,7	1,6	5,4	1,0								
0,60			171,1	4,5	63,2	3,0	21,7	1,9	7,5	1,2	2,3	0,7	0,9	0,5	0,3	0,3	0,1	0,2
0,80					105,6	4,0	36,2	2,5	12,4	1,6	3,8	1,0	1,5	0,7	0,5	0,4	0,2	0,3
1,00					157,4	5,0	53,9	3,2	18,5	2,0	5,7	1,2	2,2	0,8	0,7	0,5	0,3	0,4
1,20							74,7	3,8	25,6	2,4	7,8	1,5	3,1	1,0	0,9	0,6	0,4	0,4
1,40							98,4	4,5	33,7	2,9	10,3	1,7	4,0	1,2	1,2	0,7	0,5	0,5
1,60							125,1	5,1	42,8	3,3	13,1	2,0	5,1	1,3	1,6	0,8	0,6	0,6
1,80									52,8	3,7	16,2	2,2	6,3	1,5	1,9	0,9	0,8	0,6
2,00									63,9	4,1	19,5	2,5	7,6	1,7	2,3	1,0	1,0	0,7
2,20									75,8	4,5	23,1	2,7	9,0	1,8	2,7	1,1	1,1	0,8
2,40									88,7	4,9	27,0	3,0	10,5	2,0	3,2	1,2	1,3	0,8
2,60											31,2	3,2	12,1	2,2	3,7	1,3	1,5	0,9
2,80											35,7	3,5	13,8	2,3	4,2	1,4	1,8	1,0
3,00											40,4	3,7	15,6	2,5	4,7	1,5	2,0	1,1
3,20											45,3	4,0	17,5	2,7	5,3	1,6	2,2	1,1
3,40											50,6	4,2	19,5	2,8	5,9	1,7	2,5	1,2
3,60											56,1	4,5	21,6	3,0	6,6	1,8	2,7	1,3
DN	65 (76,1 × 2)		80 (88,9 × 2)		100 (108 × 2,5)		125 (132 × 2,5)		150 (158 × 2,5)									
3,80	1,3	0,9	0,6	0,6	0,2	0,5	0,1	0,3	0,0	0,2	61,8	4,7	23,8	3,2	7,2	1,9	3,0	1,3
4,00	1,4	1,0	0,6	0,7	0,2	0,5	0,1	0,3	0,0	0,2	67,8	5,0	26,2	3,3	7,9	2,0	3,3	1,4
4,40	1,6	1,1	0,7	0,7	0,2	0,5	0,1	0,3	0,0	0,3			31,0	3,7	9,4	2,2	3,9	1,6
4,80	1,8	1,2	0,8	0,8	0,3	0,6	0,1	0,4	0,1	0,3			36,3	4,0	11,0	2,4	4,6	1,7
5,20	2,2	1,3	1,0	0,9	0,4	0,6	0,1	0,4	0,1	0,3			42,0	4,4	12,7	2,6	5,3	1,8
5,60	2,5	1,4	1,1	1,0	0,4	0,7	0,2	0,5	0,1	0,3			48,0	4,7	14,5	2,9	6,0	2,0
6,00	2,8	1,5	1,3	1,1	0,5	0,7	0,2	0,5	0,1	0,3			54,4	5,0	16,4	3,1	6,8	2,1
6,40	3,2	1,6	1,5	1,1	0,5	0,8	0,2	0,5	0,1	0,3					18,4	3,3	7,7	2,3
6,80	3,6	1,7	1,7	1,2	0,6	0,8	0,2	0,6	0,1	0,4					20,6	3,5	8,6	2,4
7,20	4,0	1,8	1,8	1,2	0,7	0,9	0,3	0,6	0,1	0,4					22,8	3,7	9,5	2,5
7,60	4,3	1,9	2,0	1,3	0,8	0,9	0,3	0,6	0,1	0,4					25,2	3,9	10,5	2,7
8,00	4,7	2,0	2,2	1,4	0,9	1,0	0,3	0,6	0,1	0,4					27,6	4,1	11,5	2,8
8,40	5,1	2,1	2,4	1,4	0,9	1,0	0,3	0,6	0,1	0,4					30,2	4,3	12,5	3,0
8,80	5,6	2,2	2,6	1,5	1,0	1,1	0,4	0,7	0,2	0,5					32,8	4,5	13,6	3,1
9,20	6,1	2,2	2,8	1,6	1,1	1,1	0,4	0,7	0,2	0,5					35,6	4,7	14,8	3,3
9,60	6,6	2,3	3,0	1,7	1,2	1,2	0,5	0,8	0,2	0,5					38,4	4,9	15,9	3,4
10,00	7,1	2,4	3,2	1,8	1,3	1,2	0,5	0,8	0,2	0,5					41,4	5,1	17,2	3,5
11,00	8,4	2,7	3,8	1,9	1,5	1,3	0,6	0,9	0,2	0,6							20,4	3,9
12,00	9,9	2,9	4,5	2,1	1,8	1,4	0,6	0,9	0,3	0,7							23,9	4,2
13,00	11,4	3,2	5,2	2,3	2,0	1,6	0,7	1,0	0,3	0,7							27,6	4,6
15,00	14,8	3,7	6,7	2,6	2,6	1,8	1,0	1,2	0,4	0,8								
17,00	18,5	4,2	8,4	3,0	3,3	2,0	1,2	1,3	0,5	0,9								
20,00	24,9	4,9	11,3	3,5	4,5	2,4	1,6	1,6	0,7	1,1								
22,00			13,4	3,9	5,3	2,6	1,9	1,7	0,8	1,2								
25,00			17,0	4,4	6,7	3,0	2,4	2,0	1,0	1,4								
30,00					9,3	3,6	3,4	2,4	1,4	1,6								
35,00					12,3	4,2	4,5	2,8	1,8	1,9								
40,00					15,7	4,8	5,7	3,2	2,3	2,2								
50,00							8,6	3,9	3,5	2,7								

117.1 **Rohrreibungsverluste bei PVC-U-Rohr** (DIN 19532), **PN 16 für ϑ = 10 °C**

DN	10		15		20		25		32		40		50		65		80	
$\dot{V}$ in l/s	*R* in mbar/m	*v* in l/s	*R* in mbar/m	*v* in l/s	*R* in mbar/m	*v* in l/s	*R* in mbar/m	*v* in l/s	*R* in mbar/m	*v* in l/s	*R* in mbar/m	*v* in l/s	*R* in mbar/m	*v* in l/s	*R* in mbar/m	*v* in l/s	*R* in mbar/m	*v* in l/s
0,10	6,0	0,7	2,1	0,4	0,7	0,3	0,2	0,2	0,4	0,1	0,0	0,1						
0,20	20,2	1,4	7,0	0,9	2,4	0,6	0,7	0,3	0,3	0,2	0,1	0,1	0,0	0,1	0,0	0,1	0,0	0,1
0,30	41,6	2,1	14,2	1,3	4,9	0,8	1,5	0,5	0,5	0,3	0,2	0,2						
0,40	69,8	2,8	23,7	1,8	8,2	1,1	2,5	0,7	0,9	0,4	0,3	0,3						
0,50	104,4	3,4	35,4	2,2	12,2	1,4	3,7	0,9	1,3	0,6	0,4	0,4	0,1	0,2	0,1	0,2	0,0	0,1
0,60	145,5	4,1	49,1	2,6	16,9	1,7	5,1	1,0	1,8	0,7	0,6	0,4						
0,70	192,8	4,8	64,9	3,1	22,3	2,0	6,7	1,2	2,3	0,8	0,8	0,5	0,3	0,3	0,1	0,2	0,1	0,2
0,80			82,7	3,5	28,3	2,3	8,5	1,4	2,9	0,9	1,0	0,6						
0,90			102,5	4,0	35,0	2,5	10,5	1,5	3,6	1,0	1,2	0,6	0,4	0,4	0,2	0,3	0,1	0,2
1,00			124,2	4,4	42,3	2,8	12,7	1,7	4,3	1,1	1,5	0,7	0,5	0,4	0,2	0,3	0,1	0,2
1,10			147,9	4,8	50,3	3,1	15,0	1,9	5,1	1,2	1,7	0,8	0,6	0,5	0,2	0,3	0,1	0,2
1,20			173,5	5,3	58,9	3,4	17,6	2,1	6,0	1,3	2,0	0,8	0,7	0,6	0,3	0,4	0,1	0,3
1,30					68,2	3,7	20,3	2,2	6,9	1,4	2,3	0,9	0,8	0,6	0,3	0,4	0,1	0,3
1,40					78,1	4,0	23,2	2,4	7,9	1,5	2,7	1,0	0,9	0,7	0,4	0,4	0,1	0,3
1,60					99,7	4,5	29,6	2,8	10,0	1,8	3,4	1,1	1,1	0,7	0,5	0,5	0,2	0,4
1,80							36,6	3,1	12,4	2,0	4,2	1,3	1,3	0,8	0,6	0,5	0,2	0,4
DN	100		125		150													
2,00	0,1	0,3	0,0	0,2	0,0	0,1	44,4	3,4	15,0	2,2	5,1	1,4	1,7	0,9	0,7	0,6	0,3	0,4
2,20							52,8	3,8	17,8	2,4	6,0	1,5	2,0	0,9	0,8	0,6	0,4	0,5
2,40							61,9	4,1	20,9	2,6	7,0	1,7	2,4	1,0	0,9	0,7	0,4	0,5
2,60							71,7	4,5	24,2	2,9	8,1	1,8	2,8	1,1	1,1	0,7	0,5	0,6
2,80							82,2	4,8	27,6	3,1	9,3	2,0	3,2	1,2	1,3	0,8	0,5	0,6
3,00	0,2	0,4	0,1	0,3	0,0	0,2	93,3	5,2	31,4	3,3	10,5	2,1	3,5	1,3	1,5	0,9	0,6	0,7
3,20									35,3	3,5	11,8	2,2	3,9	1,4	1,7	0,9	0,6	0,7
3,40									39,4	3,7	13,2	2,4	4,4	1,5	1,9	1,0	0,7	0,7
3,60	0,4	0,6	0,1	0,4	0,1	0,3			43,8	4,0	14,6	2,5	4,9	1,6	2,1	1,1	0,8	0,8
4,00	0,4	0,6	0,1	0,4	0,1	0,3			53,1	4,4	17,7	2,8	5,8	1,8	2,5	1,3	1,0	0,9
4,40	0,5	0,7	0,2	0,4	0,1	0,3			63,3	4,8	21,0	3,1	7,0	1,9	3,0	1,4	1,2	0,9
4,80	0,5	0,7	0,2	0,4	0,1	0,3					24,7	3,4	8,2	2,1	3,5	1,5	1,4	1,0
5,20	0,6	0,8	0,2	0,5	0,1	0,3					28,5	3,6	9,5	2,3	4,0	1,7	1,7	1,1
5,60	0,7	0,8	0,3	0,5	0,1	0,4					32,7	3,9	10,8	2,5	4,6	1,8	2,0	1,2
6,00	0,8	0,9	0,3	0,5	0,1	0,4					37,1	4,2	12,1	2,7	5,2	1,9	2,2	1,3
6,40	0,9	0,9	0,3	0,5	0,1	0,4					41,8	4,5	13,9	2,8	6,0	2,0	2,5	1,3
6,80	1,0	1,0	0,3	0,6	0,2	0,5					46,8	4,8	15,6	3,0	6,7	2,1	2,8	1,4
7,20	1,1	1,0	0,3	0,6	0,2	0,5					52,0	5,1	17,1	3,2	7,4	2,3	3,1	1,5
7,60	1,2	1,1	0,4	0,7	0,2	0,5							18,8	3,4	8,1	2,4	3,3	1,6
8,00	1,4	1,2	0,4	0,7	0,2	0,5							20,5	3,5	8,8	2,5	3,6	1,7
8,40	1,5	1,2	0,4	0,7	0,2	0,5							22,5	3,6	9,6	2,7	4,0	1,8
8,80	1,6	1,3	0,5	0,8	0,3	0,6							24,6	3,8	10,5	2,8	4,3	1,9
9,20	1,8	1,3	0,5	0,8	0,3	0,6							26,7	4,0	11,4	2,9	4,7	2,0
9,60	2,0	1,4	0,6	0,9	0,3	0,6							28,8	4,2	12,3	3,0	5,1	2,2
10,00	2,1	1,5	0,6	0,9	0,3	0,7							30,9	4,4	13,2	3,1	5,4	2,2
11,00	2,4	1,6	0,8	1,0	0,4	0,8							36,9	4,9	15,7	3,4	6,5	2,4
12,00	2,9	1,7	0,9	1,1	0,5	0,8									18,4	3,8	7,6	2,9
13,00	3,3	1,9	1,0	1,2	0,5	0,9									21,4	4,1	8,8	2,8
15,00	4,3	2,2	1,3	1,3	0,7	1,0									27,8	4,7	11,4	3,3
17,00	5,4	2,5	1,7	1,5	0,9	1,2											14,3	3,7
20,00	7,3	2,9	2,2	1,8	1,2	1,4											19,3	4,3
22,00	8,7	3,2	2,7	2,0	1,4	1,5											23,1	4,8
25,00	11,0	3,6	3,4	2,2	1,8	1,7												
30,00	15,3	4,4	4,7	2,7	2,5	2,1												
35,00	20,4	5,1	6,3	3,1	3,3	2,4												
40,00			8,0	3,6	4,2	2,7												
50,00			12,1	4,5	6,3	3,4												

118.1 Rohrreibungsverluste bei PE-X-Rohr ϑ = °C

DN (d_i)	8 (8,4)		12 (11,6)		15 (14,4)		20 (18,0)	
$\dot{V}_s$ in l/s	R in mbar/m	v in l/s	R in mbar/m	v in l/s	R in mbar/m	v in l/s	R in mbar/m	v in l/s
0,01	1,2	0,2	0,3	0,1	0,1	0,1	0,0	0,04
0,02	3,7	0,4	0,8	0,2	0,3	0,1	0,1	0,08
0,03	7,4	0,5	1,6	0,3	0,6	0,2	0,2	0,12
0,04	12,1	0,7	2,6	0,4	0,9	0,2	0,3	0,16
0,05	17,8	0,9	3,9	0,5	1,4	0,3	0,5	0,20
0,06	24,5	1,1	5,3	0,6	1,9	0,4	0,7	0,24
0,07	32,1	1,3	6,9	0,7	2,5	0,4	0,9	0,28
0,08	40,6	1,4	8,7	0,8	3,1	0,5	1,1	0,31
0,09	49,9	1,6	10,7	0,9	3,8	0,6	1,3	0,35
0,10	60,1	1,8	12,8	0,9	4,6	0,6	1,6	0,40
0,2	207,9	3,6	43,5	1,9	15,4	1,2	5,3	0,8
0,3	434,8	5,4	89,9	2,8	31,6	1,8	10,8	1,2
0,4	738,2	7,2	151,3	3,8	52,9	2,5	18,0	1,6
0,5			227,2	4,7	79,1	3,1	26,8	2,0
0,6			317,3	5,7	110,1	3,7	37,2	2,4
0,7					145,8	4,3	49,2	2,8
0,8					186,1	4,9	62,6	3,1
0,9					231,0	5,5	77,5	3,5
1,0					280,5	6,1	93,9	3,9
1,2							131,1	4,7

DN (d_i)	25 (23,2)		32 (29,0)		40 (36,2)		50 (45,6)	
0,2	1,6	0,5	0,5	0,3	0,2	0,2	0,1	0,1
0,4	5,3	0,9	1,8	0,6	0,6	0,4	0,2	0,2
0,6	10,9	1,4	3,7	0,9	1,3	0,6	0,4	0,4
0,8	18,3	1,9	6,2	1,2	2,2	0,8	0,7	0,5
1,0	27,3	2,4	9,3	1,5	3,2	1,0	1,1	0,6
1,2	38,0	2,8	12,9	1,8	4,4	1,2	1,5	0,7
1,4	50,3	3,3	17,0	2,1	5,8	1,4	1,9	0,9
1,6	64,2	3,8	21,7	2,4	7,4	1,6	2,4	1,0
1,8	79,6	4,3	26,8	2,7	9,2	1,7	3,0	1,1
2,0	96,5	4,7	32,5	3,0	11,1	1,9	3,6	1,2
2,2	115,0	5,2	38,6	3,3	13,2	2,1	4,3	1,3
2,4			45,3	3,6	15,4	2,3	5,0	1,5
2,6			52,4	3,9	17,8	2,5	5,8	1,6
2,8			60,1	4,2	20,4	2,7	6,7	1,7
3,0			68,2	4,5	23,1	2,9	7,5	1,8
3,2			76,8	4,8	26,0	3,1	8,5	2,0
3,4			85,8	5,1	29,0	3,3	9,5	2,1
3,6					32,2	3,5	10,5	2,2
3,8					35,6	3,7	11,6	2,3
4,0					39,1	3,9	12,7	2,4
4,2					42,7	4,1	13,9	2,6
4,4					46,5	4,3	15,1	2,7
4,6					50,5	4,5	16,4	2,8
4,8					54,6	4,7	17,7	2,9
5,0					58,9	4,9	19,1	3,1
5,2					63,3	5,1	20,5	3,2
5,4							22,0	3,3
5,6							23,5	3,4
5,8							25,8	3,6
6,0							26,6	3,7

118.2 PE-X-Rohr-Gesamtdruckverluste ($l \cdot R + Z$) für DN 12

Länge in m		1	2	3	4	5	6	7	8	9	10
$\dot{V}_R$ in l/s	v in m/s	Rohrreibungsverluste in Einzelzuleitungen mit Einzelwiderständen ($l \cdot R + Z$) in mbar									
0,07	0,7	17	24	31	38	45	52	57	66	72	79
0,10	0,9	32	45	57	70	83	96	109	121	134	147
0,13	1,2	54	74	94	114	134	154	174	194	214	234
0,15	1,4	72	98	124	150	177	203	229	255	281	307
0,20	1,9	129	172	216	259	303	346	390	433	477	520
0,22	2,1	156	208	259	311	363	415	467	518	570	622
0,25	2,4	200	265	329	394	459	524	589	653	718	783
0,30	2,8	274	364	454	544	634	723	813	903	993	1083
0,35	3,3	375	494	612	731	850	969	1088	1206	1325	1444
0,40	3,8	490	642	793	944	1096	1247	1398	1549	1700	1852
0,50	4,7	746	973	1200	1428	1655	1882				

118.3 Druckverlust in Stockwerksverteilern mit Absperrarmatur

Absperrarm. DN	Waschmaschine	Druckverlust in mbar bei $\dot{V}_R < 0{,}5$ l/s (Armatur) — zentrale Trinkwassererwärmung: kW			WW			Gruppen-TW-erwärmung		
		1)	2)	3)	1)	2)	3)	1)	2)	3)
20	mit	160	180	250	110	120	170	210	240	350
	ohne	60	80	120	40	50	70	90	110	170
25	mit	150	160	180	100	110	120	200	210	250
	ohne	60	70	80	30	40	50	90	100	120

1) Kolbenschieber
2) Schrägsitzventil
3) Geradsitzventil

118.4 Druckverlust von Trinkwassererwärmern

Geräteart	Δp_{TE} in mbar
Elektro-Durchfluß-Wassererwärmer thermisch geregelt hydraulisch gesteuert	 500 1000
Speicherwassererwärmer bis 80 l	200
Gas-Durchfluß-Wassererwärmer Gas-Kombi-Wasserheizer (DIN 3368)	800

118.5 Richtwerte für Zirkulationssammelleitungen

WW-Ltg. DN	20	25	32	40	50	65	80	100
Zirkulation DN	12[1]	12[1]	12[1]	20	25	25	25	32

1) Bei mittelschwerem Gewinderohr (DIN 2440) DN15.

119.1 Rohrreibungsverluste bei PE-HD-Rohr (DIN 19 533) für ϑ = 10 °C

DN (*d*:)	15 (16,0)		20 (20,4)		25 (26,0)		32 (32,6)		40 (40,8)		50 (51,4)		65 (61,2)		80 (73,6)		100 (102,2)	
$\dot{V}_s$ in l/s	*R* in mbar/m	*v* in m/s	*R* in mbar/m	*v* in m/s	*R* in mbar/m	*v* in m/s	*R* in mbar/m	*v* in m/s	*R* in mbar/m	*v* in m/s	*R* in mbar/m	*v* in m/s	*R* in mbar/m	*v* in m/s	*R* in mbar/m	*v* in m/s	*R* in mbar/m	*v* in m/s
0,1	2,8	0,5	0,9	0,3	0,3	0,2	0,1	0,1	0,0	0,1	0,0	0,0						
0,2	9,3	1,0	2,9	0,6	0,9	0,4	0,3	0,2	0,1	0,2	0,0	0,1						
0,3	19,0	1,5	5,9	0,9	1,9	0,6	0,6	0,4	0,2	0,2	0,1	0,1						
0,4	31,8	2,0	9,9	1,2	3,1	0,8	1,1	0,5	0,4	0,3	0,1	0,2						
0,5	47,4	2,5	14,7	1,5	4,5	0,9	1,6	0,6	0,5	0,4	0,2	0,2	0,0	0,2	0,0	0,1	0,0	0,1
0,6	65,9	3,0	20,3	1,8	6,3	1,1	2,1	0,7	0,7	0,5	0,2	0,3						
0,7	87,2	3,5	26,8	2,1	8,3	1,3	2,8	0,8	1,0	0,5	0,3	0,3						
0,8	111,1	4,0	34,1	2,4	10,6	1,5	3,6	1,0	1,2	0,6	0,4	0,4						
0,9	137,8	4,5	42,2	2,8	13,0	1,7	4,4	1,1	1,5	0,7	0,5	0,4	0,2	0,3				
1,0	167,1	5,0	51,0	3,1	15,8	1,9	5,3	1,2	1,8	0,8	0,6	0,5	0,3	0,3	0,1	0,2	0,0	0,1
1,2			71,1	3,7	21,9	2,3	7,3	1,4	2,5	0,9	0,8	0,6	0,4	0,4	0,1	0,2		
1,4			94,2	4,3	28,9	2,6	9,7	1,7	3,3	1,1	1,1	0,7	0,4	0,4	0,2	0,3		
1,6			120,4	4,9	36,8	3,0	12,3	1,9	4,2	1,2	1,4	0,8	0,5	0,5	0,2	0,4		
1,8					43,3	3,3	15,2	2,2	5,1	1,4	1,7	0,9	0,7	0,6	0,3	0,4		
2,0					52,8	3,7	18,4	2,4	6,2	1,5	2,0	1,0	0,9	0,7	0,4	0,5	0,1	0,2
2,2					65,8	4,1	21,9	2,6	7,4	1,7	2,4	1,1	1,0	0,7	0,4	0,5		
2,4					77,2	4,5	25,6	2,9	8,6	1,8	2,8	1,2	1,2	0,8	0,5	0,6	0,1	0,2
2,6					89,5	4,9	29,6	3,1	10,0	2,0	3,3	1,3	1,4	0,8	0,5	0,6	0,2	0,3
2,8							33,9	3,4	11,4	2,1	3,7	1,3	1,6	0,9	0,6	0,6	0,2	0,3
3,0							38,5	3,6	12,9	2,3	4,2	1,4	1,8	1,0	0,8	0,7	0,2	0,4
3,2							43,3	3,8	14,5	2,4	4,8	1,5	2,0	1,1	0,9	0,7	0,2	0,4
3,4							48,4	4,1	16,2	2,6	5,3	1,6	2,3	1,2	1,0	0,8	0,2	0,4
3,6							53,7	4,3	18,0	2,8	5,9	1,7	2,5	1,2	1,1	0,8	0,2	0,4
3,8							59,4	4,6	19,9	2,9	6,5	1,8	2,8	1,3	1,2	0,9	0,3	0,5
DN (*d*:)	125 (130,8)		150 (147,2)															
4,0	0,1	0,3	0,0	0,2			65,2	4,8	21,8	3,1	7,1	1,9	3,1	1,4	1,3	0,9	0,3	0,5
4,5									27,0	3,4	8,8	2,2	3,8	1,5	1,6	1,1	0,3	0,5
5,0	0,1	0,4	0,1	0,3					32,8	3,8	10,7	2,4	4,6	1,7	1,9	1,2	0,4	0,6
5,5									39,1	4,2	12,7	2,7	5,4	1,9	2,2	1,3	0,5	0,7
6,0	0,2	0,4	0,1	0,4					45,9	4,6	14,9	2,9	6,4	2,0	2,6	1,4	0,5	0,7
6,5									53,2	5,0	17,2	3,1	7,4	2,2	3,0	1,5	0,6	0,8
7,0	0,2	0,5	0,1	0,4							19,7	3,4	8,4	2,4	3,4	1,6	0,7	0,9
7,5											22,3	3,6	9,6	2,5	3,9	1,8	0,8	0,9
8,0	0,3	0,6	0,2	0,5							25,2	3,9	10,7	2,7	4,4	1,9	0,9	1,0
8,5											28,1	4,1	12,0	2,9	4,9	2,0	1,0	1,0
9,0	0,3	0,7	0,2	0,5							31,2	4,3	13,3	3,1	5,4	2,1	1,1	1,1
9,5											34,5	4,6	14,7	3,2	6,0	2,2	1,2	1,2
10,0	0,4	0,7	0,2	0,6							37,9	4,8	16,2	3,4	6,6	2,4	1,3	1,2
11,0	0,5	0,8	0,3	0,6									19,3	3,7	7,8	2,6	1,6	1,3
12,0	0,6	0,9	0,3	0,7									22,6	4,1	9,2	2,8	1,9	1,5
13,0	0,7	1,0	0,4	0,8									26,2	4,4	10,6	3,1	2,2	1,6
14,0	0,8	1,0	0,4	0,8									30,0	4,8	12,2	3,3	2,5	1,7
15,0	0,9	1,1	0,5	0,9									34,1	5,1	13,8	3,5	2,8	1,8
17,0	1,1	1,3	0,6	1,0											17,4	4,0	3,5	2,1
20,0	1,4	1,5	0,8	1,2											23,5	4,7	4,7	2,4
22,0	1,7	1,6	1,0	1,3													5,6	2,7
25,0	2,2	1,9	1,2	1,5													7,1	3,0
30,0	3,0	2,2	1,7	1,8													10,0	3,7
35,0	4,0	2,6	2,2	2,1													13,3	4,3
40,0	5,1	3,0	2,9	2,4													17,0	4,9
45,0	6,3	3,3	3,6	2,6														
50,0	7,7	3,7	4,3	2,9														
55,0	9,1	4,1	5,1	3,2														
60,0	10,7	4,5	6,0	3,5														

Wasser-installation

120.1 Anschluß von Druckerhöhungsanlagen (Bevorzugte Bauarten nach DIN 1988)

Anschlußart und max./min. Versorgungsdruck mit dem zuständigen Wasserversorgungs-unternehmen (WVU) klären.

Unmittelbarer Anschluß ohne Druckbehälter

auf der Vordruckseite

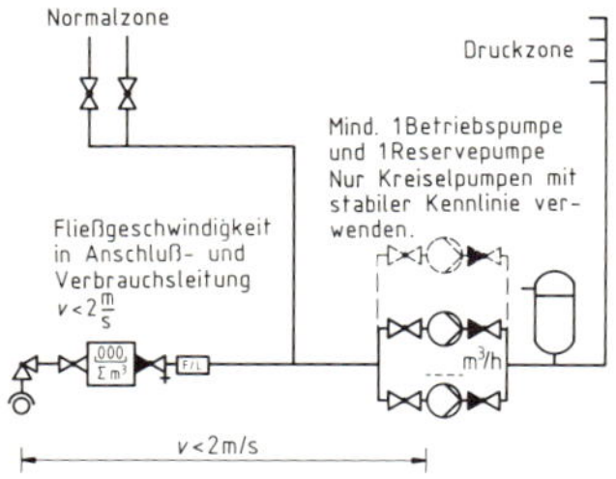

zulässig, wenn beim Ein- und Ausschalten
- Δv < 0,15 m/s in der Anschlußleitung beim Schalten einer (der größten) Einzelpumpe und
- Δv < 0,5 m/s bei Stromausfall (alle Pumpen) bleibt (vgl. Tab. 121.3).

auf der Enddruckseite

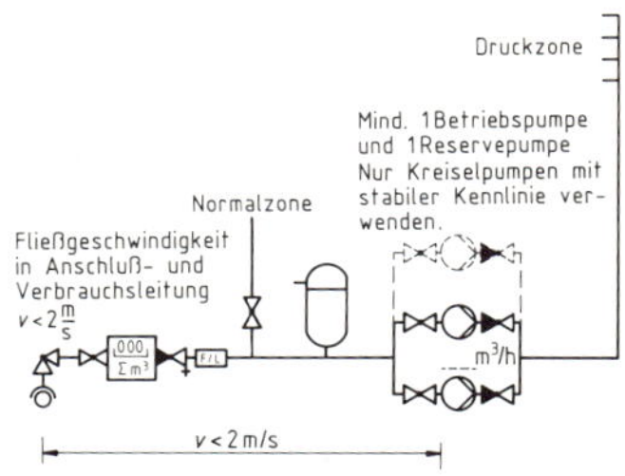

zulässig, wenn die Pumpenschaltung druck- und druckflußabhängig ohne Druckstöße gesteuert wird und die Wassertemperatur unmittelbar nach der Pumpe 25 °C nicht übersteigt.

Mittelbarer Anschluß

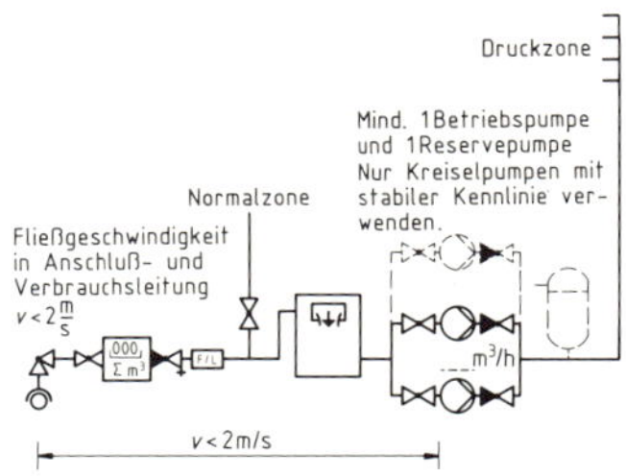

Ist erforderlich, wenn
- $p_{min\,Fl}$ der benachbarten Anlagen unterschritten wird,
- Verbindung mit anderen Anlagen (vgl. Tab. 124.5) oder Kontakt mit anderen Stoffen erfolgt.

120.2 Richtwerte für den Förderstrom[1] DEA

Wohnhäuser

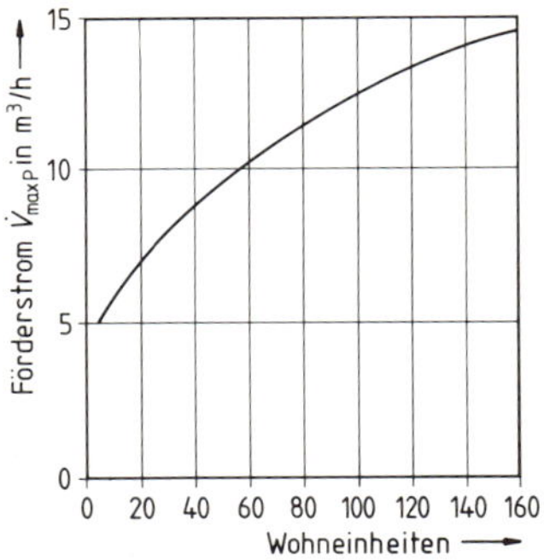

Hotelbauten, Krankenhäuser, Kaufhäuser, Bürohäuser

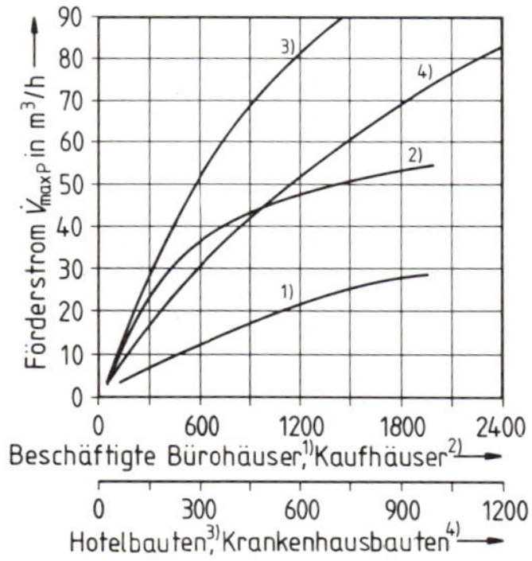

[1] Der exakte Förderstrom $\dot{V}_{max\,P}$ = Spitzendurchfluß $\dot{V}_s$ wird nach DIN 1988 T3 vgl. Tab. 111.3 ermittelt. Für Feuerlöschzwecke legt die Brandschutzbehörde den Förderstrom fest.

120.3 Pumpenförderhöhe[1] der DEA

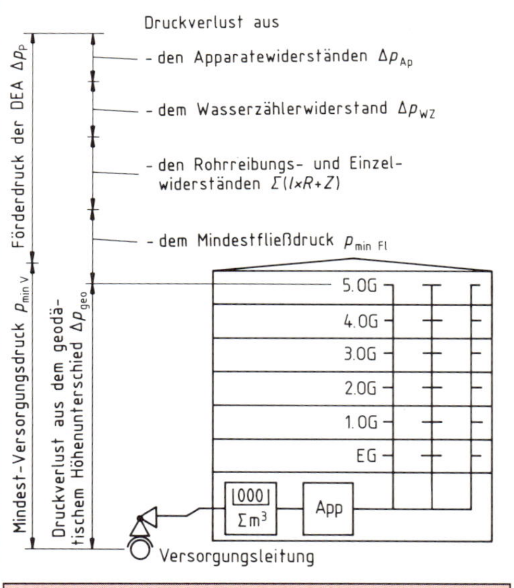

$$\Delta p_p = [\Delta p_{geo} + p_{min\,Fl} + \Sigma(l \cdot R + Z) + \Delta p_{WZ} + \Delta p_{Ap}] - p_{min\,V}$$

Δp_p Pumpenförderhöhe in bar, vgl. Tab. 21.2.

120.4 Richtwerte für mittleres Druckgefälle nach der DEA

Rohrlänge DEA bis ungünstigste Entnahmestelle l_{nach} in m	≤ 30	≤ 80	> 80
$\Delta p/l = \Sigma(l \cdot R + Z)/l_{nach}$ in mbar/m	20	15	10

121.1 Behälter auf der Vordruckseite der DEA

Druckbehälter

Förderstrom $\dot{V}_{max\,p}$ in m³/h	≤ 7	$> 7 \leq 15$	> 15
Gesamtvolumen[1] $\dot{V}_v$ in m³	0,3	0,5	0,75

Vorbehälter drucklos geschlossen (p_{amb})

$$V_B = 0{,}03 \cdot \dot{V}_{max\,p} \text{ in m}^3$$

V_B Nutzinhalt[2] ohne Volumenausgleich in m³
$\dot{V}_{max\,p}$ max. Förderstrom der DEA in m³/h

[1] Ohne Nachweis. Bei Membrandruckbehältern ist $V_v < 0{,}3$ m³ zulässig, wenn die Bedingungen aus Tab. 120.1 erfüllt sind.
[2] Die notwendige Wasserspeicherung bei zu kleiner Hausanschlußleitung ist hierin nicht enthalten.

121.2 Druckbehälter auf der Enddruckseite

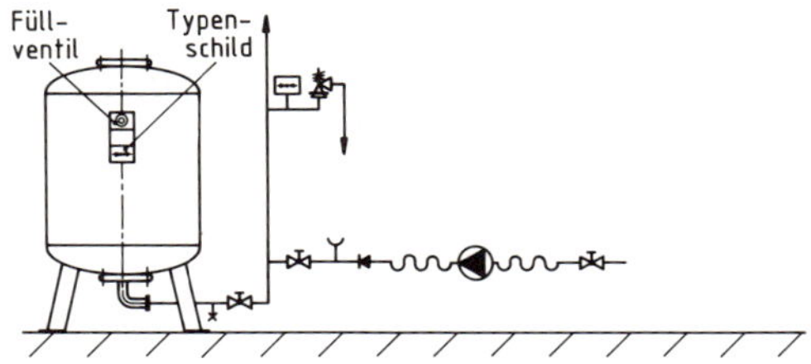

$$V_E = 0{,}33 \cdot V_{max\,p} \frac{(p_A + 1)}{\Delta p_{(A-E)} \cdot s} \qquad V_{En} = V_E \cdot \frac{\Delta p_{(A-e)}}{p_A}$$

V_E Gesamtvolumen des Behälters in m³
V_{En} nutzbarer Anteil des Behälters in m³
$\dot{V}_{max\,p}$ max. Förderstrom der DEA in m³/h
p_A Abschaltdruck (Überdruck) in bar
$\Delta p_{(A-E)}$ Schaltdruckdifferenz (< 2,5 bar) in bar
s Schaltfrequenz < 20 1/h (besser < 15 1/h)

121.3 Maximaler Förderstrom[1] in der Anschlußleitung zur DEA in m³/h

Anschluß DN	32	40	50	65	80	100	150	200
$v \leq 2{,}0$ m/s	5,8	9,2	14	24	40	60	128	224
$\Delta v \leq 0{,}15$[2] m/s	0,43	0,7	1,1	1,8	2,7	3,5	10	17
$\Delta v \leq 0{,}5$[3] m/s	1,45	2,3	3,5	6	10	15	32	56

[1] Bei unmittelbar angeschlossenen DEA.
[2] Beim Ein- und Ausschalten einer (der größten) Einzelpumpe z. B. DN 50 $\dot{V}_{max\,p} < 1{,}1$ m³/h.
[3] Bei gleichzeitigem Abschalten aller Betriebspumpen z. B. DN 100 $\Sigma\, \dot{V}_{max\,p} < 15$ m³/h.

121.4 Einteilung in Prüfgruppen und Bestimmungen über die Prüfung von Druckbehältern (Auszug aus Druckbeh. V)

Gruppe I	Gruppe II		Gruppe III	Gruppe IV
$p \leq 25$[1] $p \cdot J \leq 200$[2]	$p > 25$[1] $p \cdot J \leq 200$[2]	$p \leq 1$[1] $p \cdot J > 200$[2]	$p > 1$[1] $p \cdot J \leq 1000$[2]	$p > 1$[1] $p \cdot J > 1000$[1]

Prüfung	Gruppe I[3] u. II	Gruppe III	Gruppe IV
vor Inbetriebnahme	Herstellerbescheinigung	Baumusterprüfung oder Einzelabnahme vom Sachverständigem[4]	
wiederkehrend	Regelmäßig vom Sachkundigen (keine TÜV-Kontrolle)		vom Sachverständigem[4] alle 2 Jahre äußere 5 Jahre innere 10 Jahre Druckpr.

[1] Betriebsüberdruck in bar. [2] Druckliterprodukt $p \cdot J$ in bar × Liter.
[3] Prüfung nur notwendig, wenn im Behälter brennbare, ätzende oder giftige Stoffe gelagert werden. [4] TÜV-Kontrolle.

121.5 Membran-Druckbehälter für Druckerhöhungs- und Eigenwasserversorgungsanlagen[1]

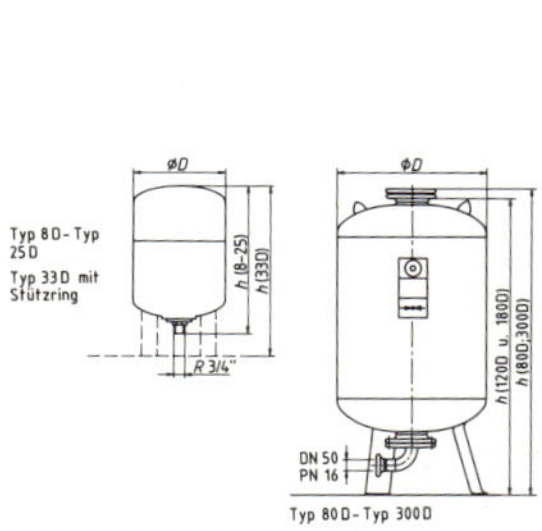

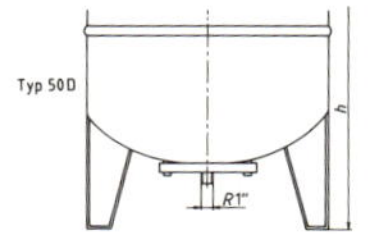

Typ-Nenninhalt	8 D	12 D	18 D	25 D	33 D	50 D	80 D	120 D	180 D	300 D
Nutzinhalt[2] in l	6	9	13,5	18,7	17	37,5	60	80	80	225
D in mm	206	280	280	280	280	415	450	450	450	600
h in mm	295	260	355	475	620	610	985	1280	1655	1450
Anschluß DN	R 3/4	R 3/4	R 3/4	R 3/4	R 3/4	R 1	50	50	50	50
Masse in kg	4,4	5,9	7,5	9,1	11,5	15	62	86	100	110
Betriebsüberdruck[3] in bar	16						10	10	10	10
	25	16	11	8	6	4	16	16	16	16

Typ-Nenninhalt	400 D	600 D	800 D	1000 D	1001 D	1600 D	2000 D	3000 D
Nutzinhalt[2] in l	300	340	450	450	750	1000	1500	1500
D in mm	750	750	750	750	1000	1000	1200	1200
h in mm	1365	1845	2295	2760	1925	2575	2600	3450
Anschluß DN	50	50	50	50	65	65	65	65
Masse in kg	180	245	270	345	420	535	710	1050
Betriebsüberdruck[3] in bar	10	10	10	10	10	10	10	10
	16	16	16	16	16	16	16	16

[1] Herstellerangabe. [2] Maximaler Nutzinhalt. [3] Behälterprüfung vgl. Tab. 121.4.

122.1 Rohre, Armaturen PN 10

Bezeichnung	DIN	Tab.
gußeiserne Muffendruckrohre	2431, 2432, 28600 28610	
nahtlose Stahlmuffenrohre	2460, 2461	
geschweißte Stahlmuffenrohre	2465	
Gewinderohre	2440, 2441, 2442	64.1
nahtlose Präzisionsstahlrohre	2391	66.2
geschweißte Präzisionsstahlrohre	2393, 2394	
nahtlose Stahlrohre	2448	65.2
Stahlrohre über DIN 100	17172	
Kupferrohre	1754, 1786	71.1
Kunststoffrohre (PVC, PE)	DVGW-W320, W328	
Ventile	3502, 3503, 3509 3512, 3513	122.2
Schieber	3211, 3352	
Rückflußverhinderer	3269	122.3
Sicherheitsventile	1988 T2	122.5
Rohrbelüfter	3266, 1988 T2	122.4
Rohrbe- und -entlüfter	DVGW-W381	122.4
Rohrtrenner	DVGW-W381	123.2
Druckminderer	DVGW-W375	123.1
Druckspüler	3265	124.1

122.2 Geradsitzventil (DIN 3512)

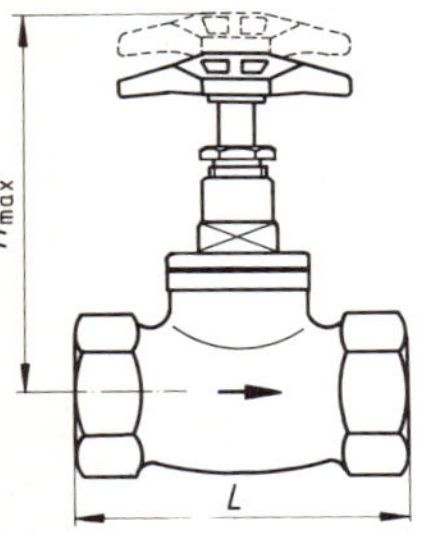

Anschluß DIN	Anschluß Rp	L mm	H_{max} mm
10	3/8	65	72
15	1/2	65	76
20	3/4	75	90
25	1	90	102
32	1 1/4	110	124
40	1 1/2	120	140
50	2	150	155

122.3 Rückflußverhinderer PN 16

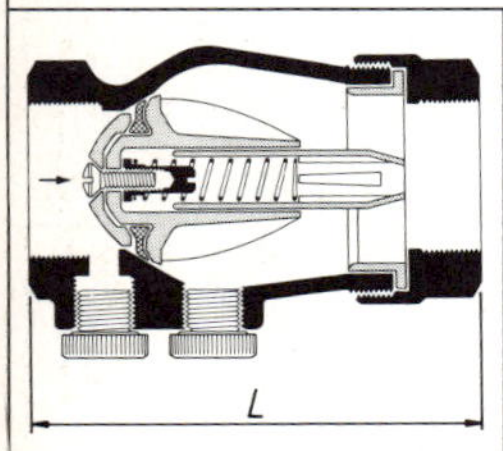

gemittelter Druckverlust: Δp_{RV} = 150 mbar

DN	$\dot{V}$ in l/s	L in mm	Wohneinh.
10	0,12	65	1
15	0,35	65	1
20	0,75	75	bis 2
25	1,30	93	5
32	2,20	110	30
40	3,50	120	110
50	5,50	150	160
65[2]	9,40	240	150[1]
80	12,50	260	300[1]
100	19,50	300	450[1]
150	44,00	400	

[1] Hotelbetten
[2] Flanschverbindung ab DIN 65

122.4 Sicherheitsarmaturen (DIN 3266)

Rohrunterbrecher Bauform A1, A2	DN	10	15	20	25	32
	R	3/8	1/2	3/4	1	1 1/4
Rohrbelüfter, Aufsatzform B	R	3/8	1/2	3/4	–	–
	d	11	14,5	18	–	–
Rohrbelüfter Durchflußform C	R	–	1/2	3/4	1	–
	d	–	11	14,5	20,5	–

Rohrunterbrecher

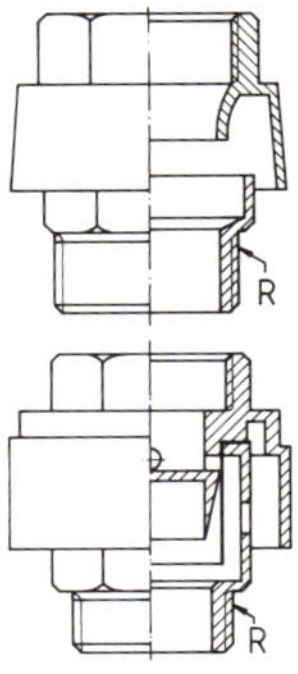

Rohrbelüfter

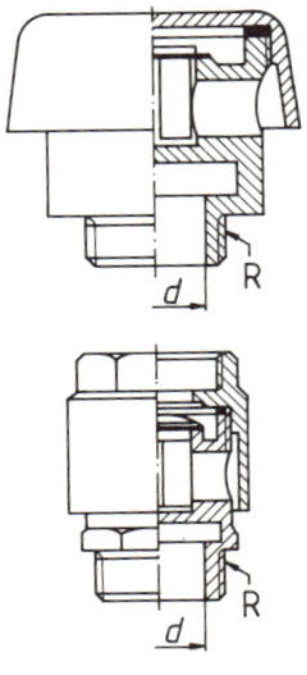

Rohrbe- und -entlüfter

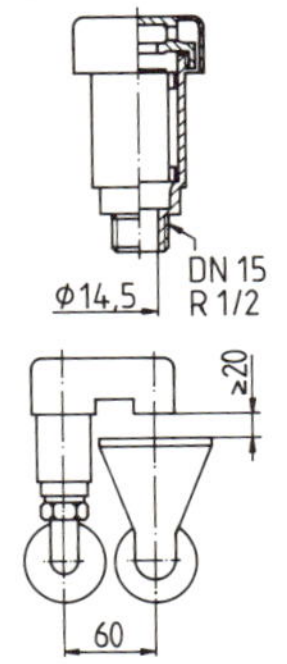

Anzahl der Rohrbelüfter, Bauform D, DN 15			
Steigleitung DN	bis 40	40 bis 50	über 50
Anzahl	1	2	3
Rohrbelüfter Bauform E, Nenngrößen, Anzahl			
Steigleitung DN	bis 25	32 bis 50	über 50
Anzahl DN 15	1	2 oder	3 oder
Anzahl DN 20	–	1	2
Anschlußleitung min. DN	15	20	32
Tropfwasserleitung min. DN	20	25	25

122.5 Membransicherheitsventil (TRD 721)

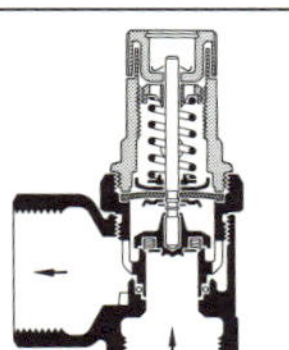

Ansprechdruck in bar	max. p KW in bar	zul. $p_{ü}$ WEW in bar
8,0	10,0	10
4,8	10,0	6 bis 10
4,8	6,0	6

Anschluß ein DN	Anschluß aus DN	Baumaße H mm	Baumaße h mm	Baumaße l mm	Baumaße D_o mm	Behältervolumen in l	max. zul. Heizleist. in kW
15	20	87	23	36	14	bis 200	75
20	25	91	28	40	14	bis 1000	150
25	32	123	40	50	18	bis 5000	250
32	40	130	47	55	18	über 5000	1000

Wasserinstallation

123.1 Druckminderer für Wasser, Luft und Stickstoff bis 70 °C, Dimensionierung (DVGW-W375 und W382)

Vordruck bis 16 bar
Hinterdruck 0,5 bis 12 bar

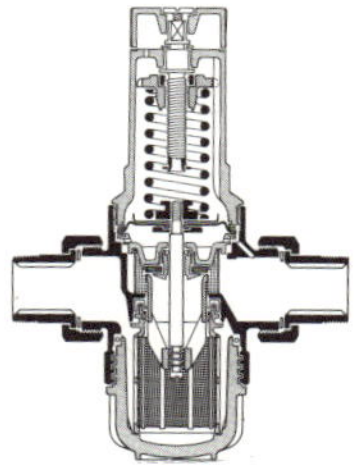

Anschluß DN	L in mm	$\dot{V}$ in m³/h	Wohneinheiten
15	140	1,8	
20	160	3,0	1
25	180	4,0	bis 5
32	200	8,7	40
40	225	13,2	120
50	255	14,8	160

Prüfzeichenbeispiel:
P-IX 0001/I
Geräuschgruppe I ≤ 20 dB(A)
Geräuschgruppe II ≤ 30 dB(A)

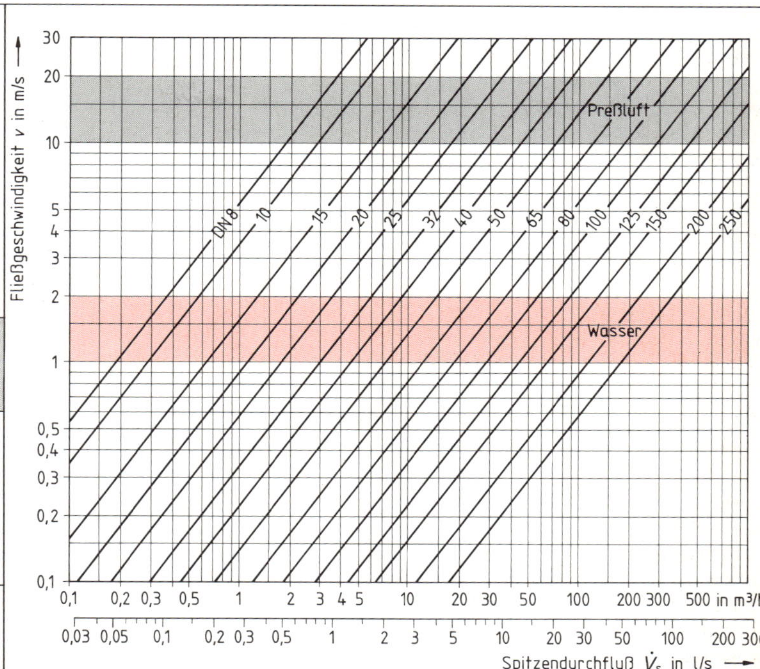

123.2 Rohrtrenner PN 15 bis 90 °C, Dimensionierung (DVGW-W381)

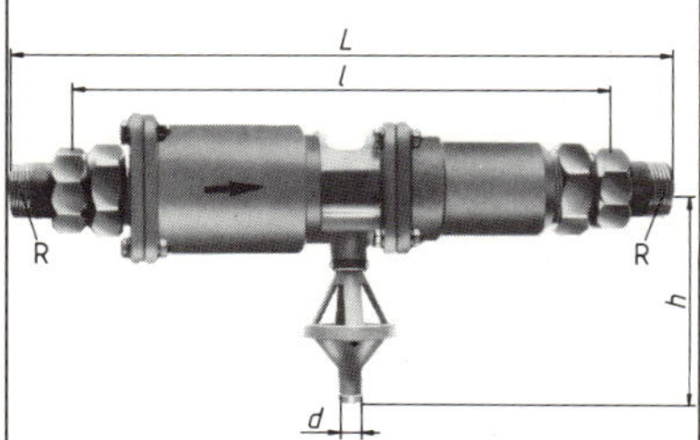

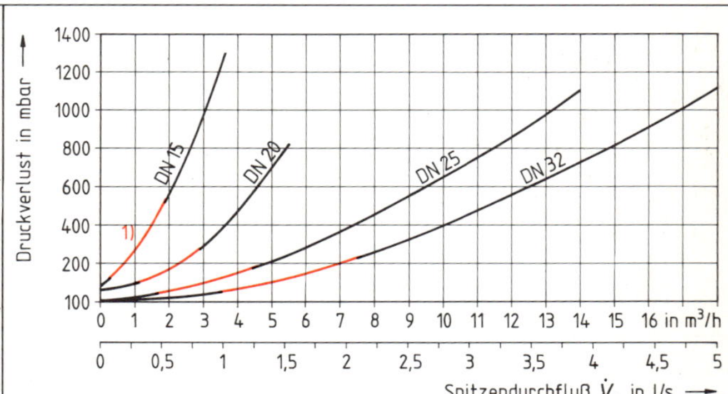

Anschluß DN	R	d in mm	L in mm	l in mm	h in mm
15	1/2	14	265	205	110
20	3/4	14	295	228	115
25	1	14	400	330	120
32	1 1/4	16	450	370	140
40	1 1/2	16	500	420	150
50	2	16	545	445	170

[1] Die roten Kurvenabschnitte gelten für Fließgeschwindigkeit v = 1 ... 2 m/s

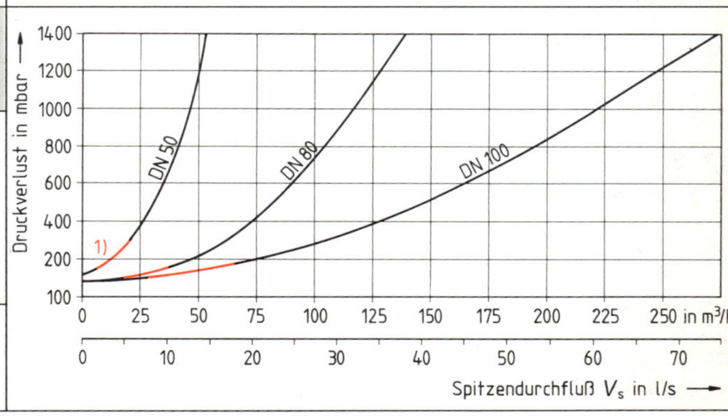

124.1 Druckspüler PN 10 (DIN 3265, DIN 1986)

Anschluß DN	d in mm	a in mm	b in mm	c in mm	$\dot{V}_{max}$ in l/s	p_{Fl} min. bar	p_{Fl} max. bar	dicht bei bar
15[1]	20	35	105	12	1,0	1,2	4,0	1,0
20[2]	**26**	**40**	**160**	**14**	**1,3**	**1,2**	**4,0**	**1,0**
25[3]	30	43	145	16	1,8	0,4	4,0	0,3
32[3]	32	43	145	20	1,8	0,2	1,0	0,1

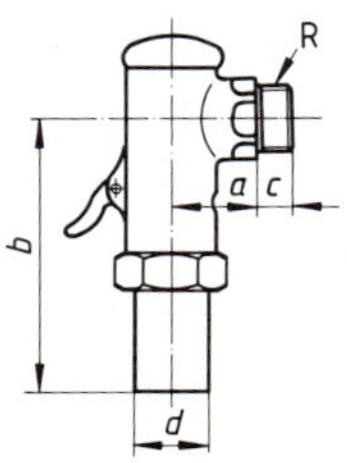

[1] Nur für zugelassene Becken.
[2] 400 mm Luftquerschnitt in der Abdeckung.
[3] Über drucklosem Behälter.

Spülmenge bei DN 20 nach DIN 1986:
min. 6 l, max. 14 l

124.2 Spülkasten (DIN 19542, DIN 1986)

Anlagenart	Einbauhöhe	Abstand UK-Spülkasten bis OK-Becken	Abstand UK-Spülkasten bis OKFFB	Spülmenge in l	Spülstrom in l/s
Flach- o. Tiefspüler	tief hoch	12 bis 25 cm min. 150 cm	– –	6bzw.9[1] 6bzw.9	2 1,4
Absauger	tief	≤ 25 cm	–	6,9 bzw. 14[1]	2
Fäkalausguß	hoch	–	200 cm	6 bis 9	2
Urinalanlage	hoch	–	200 cm	3	0,6
Absaugbecken	hoch	–	200 cm	5	0,6

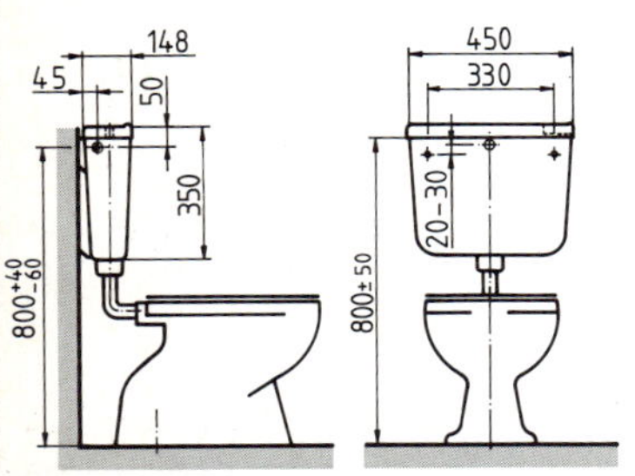

p_{Fl} in bar	Füllzeit in s
≤ 1	180
≤ 2	120
> 2	90

[1] Bei Einstückklosetts oder aufgeschraubten Spülkästen kann die Spülmenge niedriger sein.

124.3 Anlagen zum Schutz des Trinkwassernetzes vor Rücksaugung (DIN 1988)

Die unmittelbare Verbindung von Trinkwasserleitungen mit Nichttrinkwasserleitungen ist nicht zulässig.

124.4 Anschluß mit freiem Auslauf

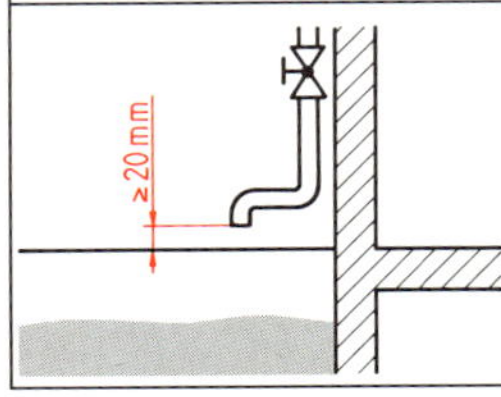

Beispiel: Anschluß von Schwimmbecken an das Trinkwassernetz mit min. 20 mm freiem Zulauf über Beckenoberkante. Auch bei Kühlanlagen, Wasch-, Geschirrspülern usw.

124.5 Anschluß über Hoch- oder Tiefübernahmebehälter (DIN 1988)

Mittelbare Verbindung einer Trinkwasserleitung mit einer Nichttrinkwasserleitung über Hochbehälter:

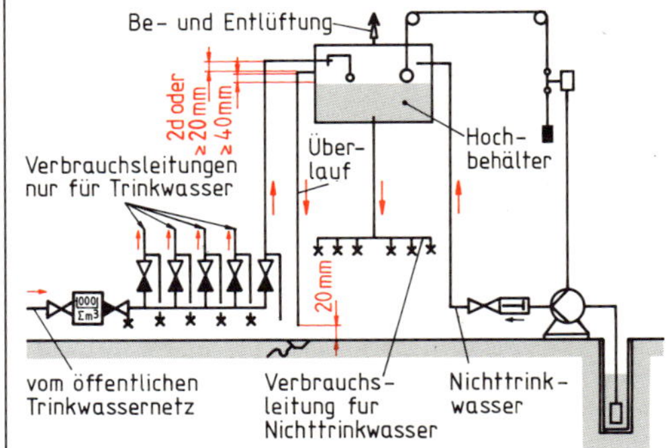

Mittelbare Verbindung der Trinkwasserleitung einer öffentlichen Wasserversorgung mit der Trinkwasserleitung einer Eigenversorgung über Hochbehälter:

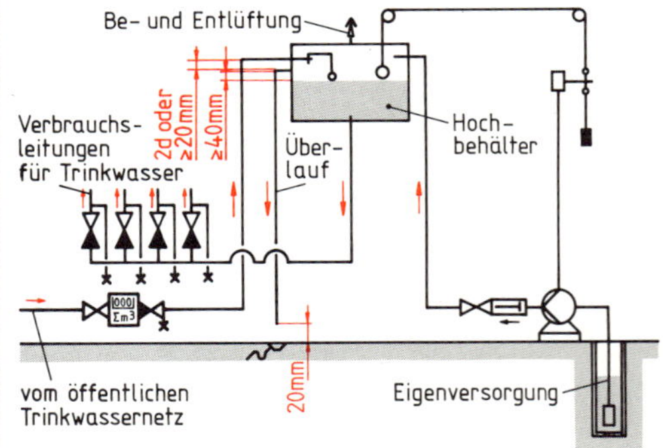

Mittelbare Verbindung der Trinkwasserleitung einer öffentlichen Wasserversorgung mit einer Trinkwasser- oder Nichttrinkwasserleitung einer Eigenversorgung über Tiefbehälter:

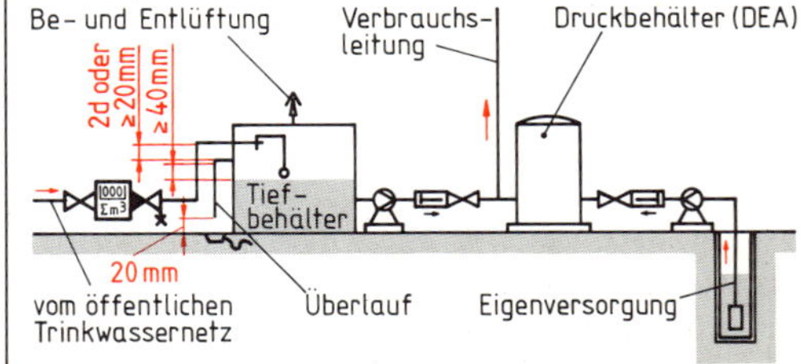

Wasser-installation

125.1 Anschluß über Druckspüler (DVGW-W502)

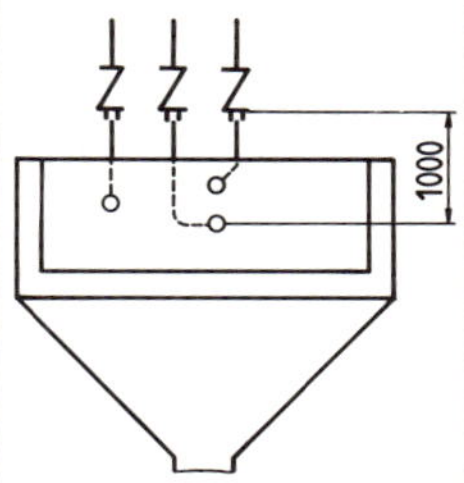

Z. B. Fäkalienspülbecken, Steckbeckenspülapparat, Filmentwicklungsanlage usw.

Für Geräte
mit DVGW-Prüfzeichen: unmittelbarer Anschluß
ohne DVGW-Prüfzeichen: mittelbarer Anschluß

125.2 Einbau von Rohrtrennern

Der Rohrtrenner muß bei Absinken des Eingangsdruckes auf 0,5 bar über dem Ausgangsdruck (Sicherheit 0,5 bar) die Leitung mit einem Abstand von 20 mm trennen.

Einbauart 1

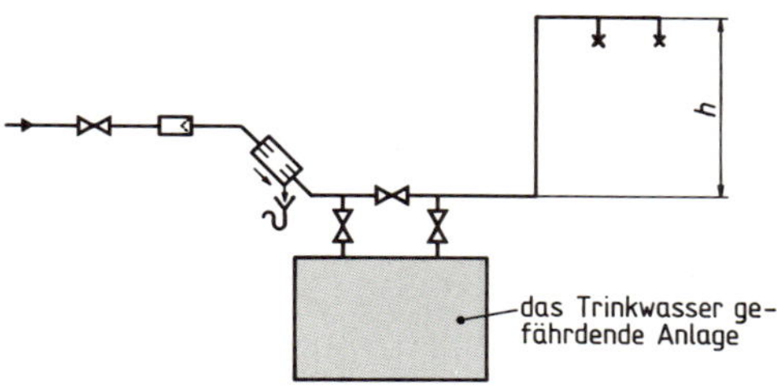

Der Rohrtrenner ist ständig **geschlossen** und öffnet erst bei Abfall des Wasserdruckes unter den Öffnungsdruck (Federdruck) des Rohrtrenners.

Einbauart 2

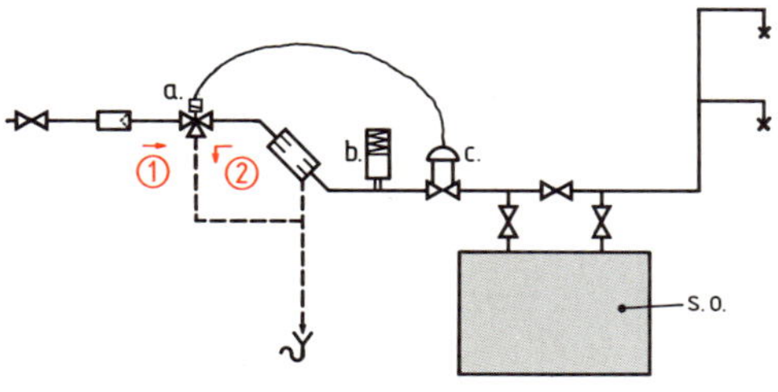

a. Dreiwegeventil mit Motorantrieb
   ① Durchfluß, ② abgesperrt
b. Federbelasteter Druckbehälter
c. Strömungsschalter

Der Rohrtrenner ist ständig **geöffnet** und schließt nur, wenn Wasser aus der Leitung hinter dem Rohrtrenner entnommen wird.

Einbauart 3

Wie Einbauart 2 mit dem Unterschied, daß der Rohrtrenner 30 cm über dem höchsten nachgeschalteten Wasserspiegel liegt. Grund: Das Abwassernetz soll vor Giftstoffen zusätzlich gesichert werden.

125.3 Zentralsicherung

Rohrbe- und -entlüfter Bauform E an den Enden der Steigleitungen **und** ein zentraler **Rückflußverhinderer** nach dem Hauptwasserzähler **und** ein Rückflußverhinderer an jedem Verteilerabgang.

125.4 Gruppensicherung

Absperreinrichtung, Rückflußverhinderer und **Rohrbe- und -entlüfter Bauform E,** der min. 1,20 m über OKFFB und min. 300 mm über dem höchstmöglichen Schmutzwasserspiegel in einer Sicherheitsrohrschleife eingebaut wird, z. B. bei Gartenleitung, Zahnarztbehandlungsstuhl, Destillieranlage, Wasserstrahlpumpe, Desinfektionsanlage, Einzelenthärtungsanlage, Flaschenspülmaschine usw. s. Tab. 122.1

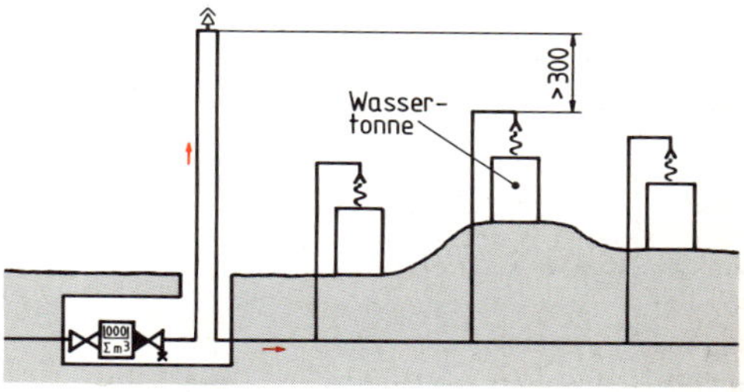

Beispiel: Anschluß ebener Gartenanlage

125.5 Einzelsicherung an der Entnahmestelle

Absperreinrichtung, Rückflußverhinderer und **Rohrbelüfter Bauform C** (Armaturenkombination), z. B. Anschluß einer Gartenleitung oder Wasch- und Geschirrspülmaschine s. Tab. ■■.

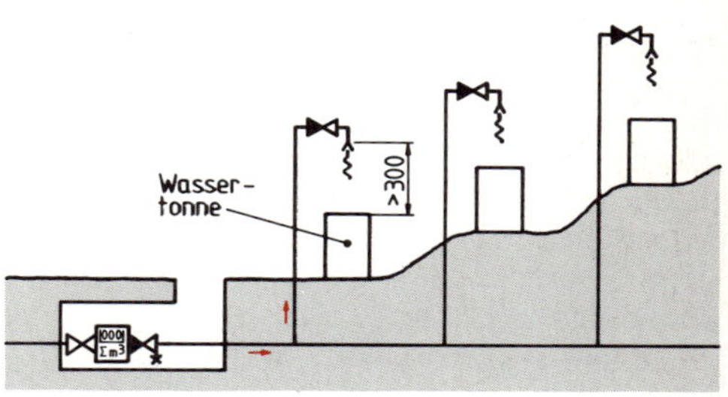

Beispiel: Anschluß hanglagiger Gartenanlage

Sonderregelungen:
Rohrbelüfter entfallen bei Leitungen mit nur einem Druckspüler oder Spülkasten. Bei stark gefährdenden Einrichtungen genügen o. g. Sicherungen nicht. Diese werden je nach Gefährdungsgrad besonders gesichert, z. B. freier Auslauf, Schleife mit Rohrbelüfter und Rückflußverhinderer (z. B. Dosiergeräte) oder Einbau eines Rohrtrenners entsprechender Bauart.

126.1 Zulässige bzw. erforderliche Sicherungseinrichtungen für Entnahmestellen [2]

Abzusichernde Entnahmestelle, abzusichernder Apparat	freier Auslauf	Rohrunterbrecher A1 (A1)	Rohrtrenner EA 3 (EA3)	Rohrunterbrecher A2 (A2)	Rohrtrenner EA 2 (EA2)	Rohrschleife	Rohrtrenner EA 1 (EA1)	Sicherungskombinat.	Rückflußverhinderer	Rohrbelüfter
Aktivkohlefilter für chemische Apparate	+	+	+	+	+	+	–	–	–	–
Bade- und Duschwanne mit Schlauchbrause (Haus, Hotel)	+	+	+	+	+	+	+	+	–	–
Bade- und Duschwanne mit Schlauchbrause (Krankenhaus)	+	+	+	+	–	–	–	–	–	–
Badewanneneinlauf unter Wannenrand (Haus, Hotel u. ä.)	+	+	+	+	–	–	–	–	–	–
Badewanneneinlauf unter Wannenrand (Krankenhaus u. ä.)	+	+	–	–	–	–	–	–	–	–
Behälterbefüllung (Tankwagen, Jauchefaß, Pflanzenschutzbeh.)	+	+	1)	1)	–	–	–	–	–	–
Beregnungsanlagen für Grünflächen: Überfluranlage	+	+	+	+	+	+	+	+	–	–
Beregnungsanlagen für Grünflächen: Unterflurregneranlage	+	+	+	+	–	–	–	–	–	–
Chemikalienzumischvorrichtung: Desinfektion, Dünger, Waschm.	+	+	+	+	+	+	–	–	–	–
Chemischer Reinigungsapparat: Per-/Trichlorethylen	+	+	+	+	+	+	–	–	–	–
Dialyse-Gerät (DIN VDE 0753 T4)	+	–	–	–	–	–	–	–	–	–
Druckerei, Reprobetrieb, photographischer Betrieb (Photo-Bäder)	+	+	+	+	+	+	–	–	–	–
Enthärtungs-/Entsäuerungsanlagen ohne DVGW-Prüfz.:										
– Regeneration ohne Säuren und Laugen	+	+	+	+	+	+	+	+	–	–
– Regeneration mit Säuren und Laugen	+	+	+	+	+	+	–	–	–	–
– Desinfektion mit Formalin (z. B. für Dialyse-Gerät)	+	+	+	+	+	+	–	–	–	–
Entnahmearmatur mit Verschraubung für Schlauch (Garten)	+	+	+	+	+	+	+	+	–	–
Filmentwicklungseinrichtung ohne DVGW-Prüfzeichen	+	+	+	+	+	+	–	–	–	–
Fischbecken	+	+	–	–	–	–	–	–	–	–
Fleisch- und fischverarbeitende Maschine	+	+	–	–	–	–	–	–	–	–
Galvanisches Bad	+	+	+	+	+	+	–	–	–	–
Gasentwickler (z. B. Acetylen)	+	+	+	+	+	+	–	–	–	–
Getränkeautomat (z. B. Kaffee, Säfte)	+	+	+	+	+	+	+	+	+	+
Gläserspüleinrichtung (z. B. an Schanktheken)	+	+	–	–	–	–	–	–	–	–
Großkochgeräte: -Wasserbad, Kochkessel, Heißumluftg.	+	+	–	–	–	–	–	–	–	–
– Kochkessel mit autom. Wasserfüllung für den Dampfraum oder Rückkühler, Heißluft- und Druckdämpfer, Druckgarautom.	+	+	+	+	+	+	+	+	+	–
Heizungsfülleinr. ohne DVGW-Prüfz.: ohne Inhibitoren	+	+	+	+	+	+	+	+	1)	–
Heizungsfülleinr. ohne DVGW-Prüfz.: mit Inhibitoren	+	+	+	+	+	+	–	–	–	–
Hochdruckreiniger	+	+	1)	1)	–	–	–	–	–	–
Kartoffelschälmaschine	+	+	–	–	–	–	–	–	–	–
Kartoffelstärkeabscheider	+	+	–	–	–	–	–	–	–	–
Klimagerät	+	+	+	+	+	+	+	+	–	–
Klosettbecken, Urinal	+	+	–	–	–	–	–	–	–	–
Klosettreinigungsspritze	+	+	1)	1)	–	–	–	–	–	–
Labortisch: – chemisches Labor (Schule, Apotheke)	+	+	+	+	+	+	–	–	–	–
– bakteriologisches Labor (Arztpraxis)	+	+	–	–	–	–	–	–	–	–
Melkmaschinen-Spülautomat mit Desinfektionsmittelzugabe	+	+	+	+	+	+	+	+	1)	–
Reinigungsgerät für Getränkeleitungen in Gaststätten	+	+	+	+	+	+	+	+	1)	–
Röntgenapparat-Kühlung	+	+	+	+	+	+	+	+	+	+
Schlauchbrause in der Küche	+	+	+	+	+	+	+	+	–	–
Schweißmaschinenkühlung	+	+	+	+	+	+	+	+	+	+
Schwimmbecken: – Füll- und Nachfülleinrichtung	+	+	1)	1)	–	–	–	–	–	–
– mit Aufbereitung und Desinfektion nach DIN 19643	+	+	+	+	+	+	–	–	–	–
Spülvorrichtung und Reinigungsgerät für Abwasserleitungen	+	+	1)	1)	–	–	–	–	–	–
Trinknapf und Trinkventil in Tierzuchtbetrieben	+	+	–	–	–	–	–	–	–	–
Umkehrosmose-Anlagen	+	+	+	+	+	+	+	+	–	–
Unterwassermassageanlage	+	+	–	–	–	–	–	–	–	–
Wasch- und Geschirrspülmaschine	+	+	–	–	–	–	–	–	–	–

Zeichen: + zugelassene, bzw. erforderliche Sicherungsarmatur; – nicht zulässig

[1] Nur bei kurzzeitigem Anschluß zulässig.

[2] Sind für einen Apparat mehrere Sicherungsarmaturen zugelassen, ist nur eine zu verwenden.

zur Vermeidung des Wachstums von Legionellen (Legionellose) → Betriebstemperatur bei TW-Erwärmungsanlagen 60°C

127.1 Anschluß von WW-Bereitern verschiedener Systeme an die Kaltwasserleitung (DIN 1988 T2)

Geschlossener Warmwasserbereiter mit Strömungsschalter (Durchflußerwärmer)

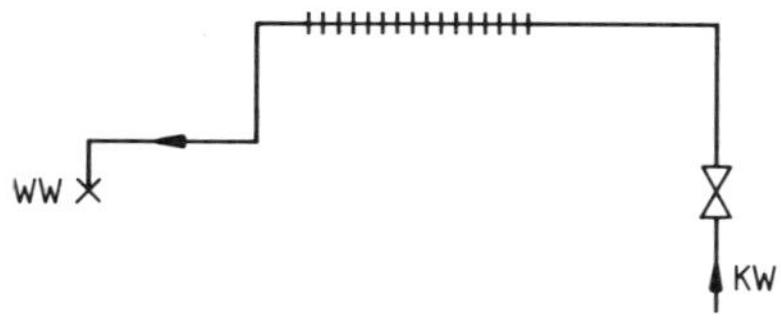

Geschlossener, thermisch gesteuerter Warmwasserbereiter über 10 l Inhalt mit Gas, Öl, oder Strom beheizt

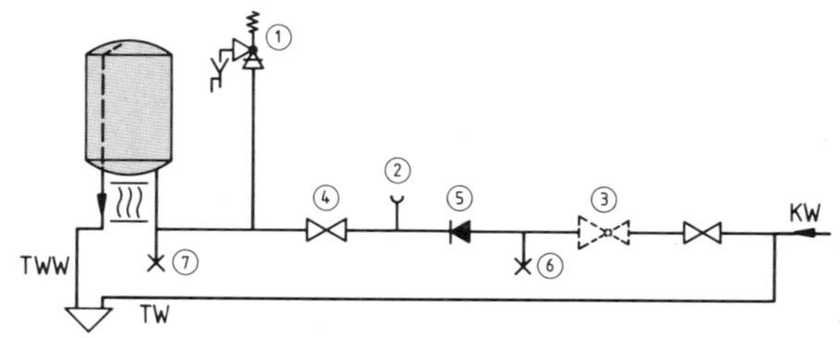

Offener Warmwasserbereiter bis 10 l Inhalt (Kleinspeicher)

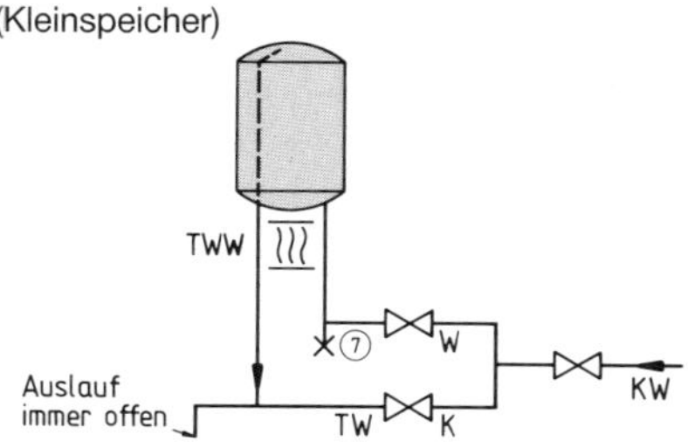

Geschlossener Warmwasserbereiter über 50 l, mit festen Brennstoffen oder Abgasen beheizt

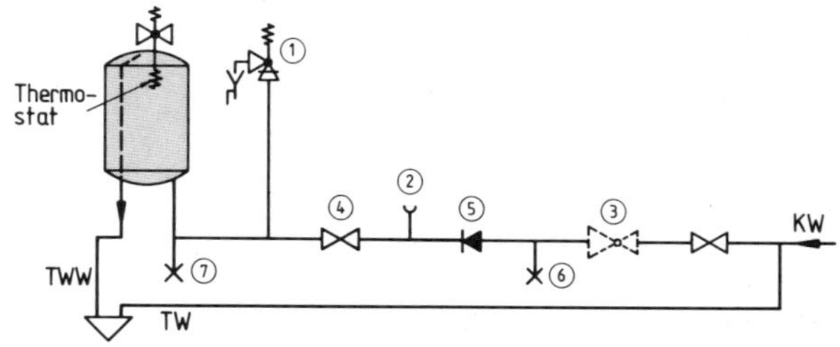

Geschlossener, thermisch gesteuerter Warmwasserbereiter bis 10 l Inhalt

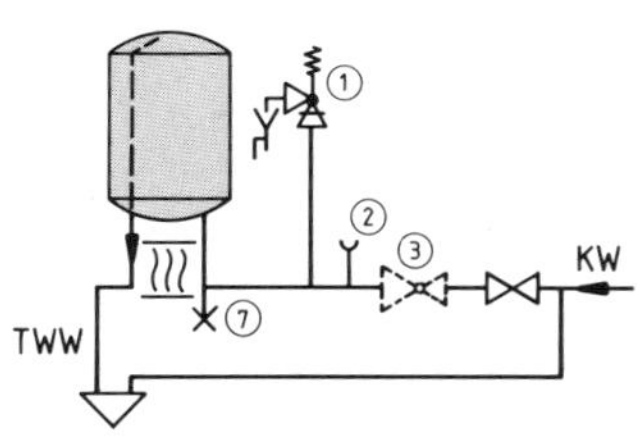

Geschlossener Warmwasserbereiter mit HD- oder ND-Dampf, Heiß- oder Warmwasser beheizt für zentrale WW-Versorgung

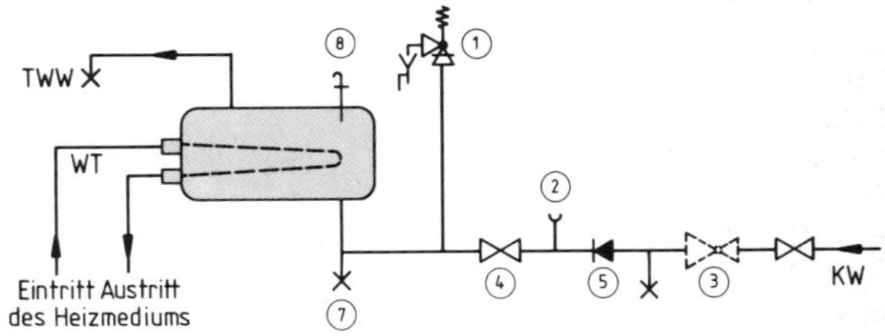

Offener Warmwasserbereiter über 10 l Inhalt mit Gas, Kohle, Öl oder Strom beheizt

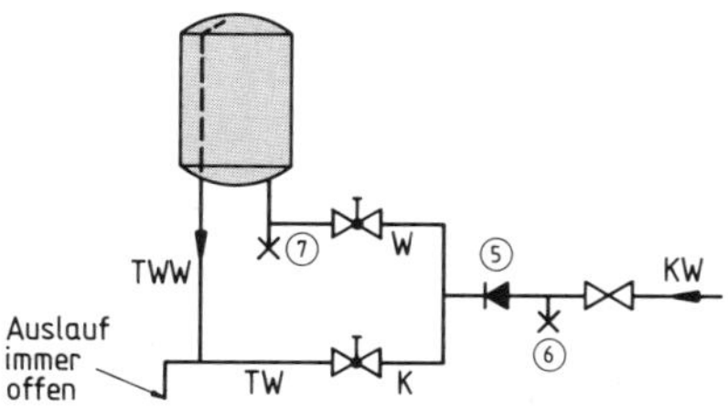

Geschlossener WW-Bereiter mit HD- oder ND-Dampf, Heiß- oder WW beheizt, **Durchflußerwärmer** f. zentrale WW-Versorgung

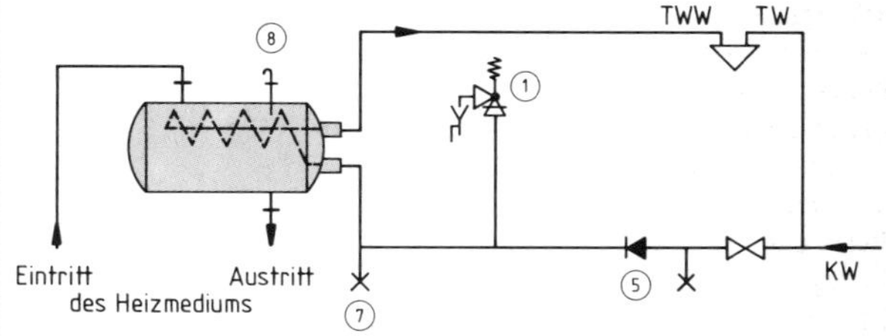

Armaturen:

① Baumustergeprüftes Membran-Sicherheitsventil DN 15
② Anschlußstutzen (Manometer ab 1000 l Inhalt)
③ Baumustergeprüfter Druckminderer in den im AD-Merkblatt A3 Abschnitt 3.2.6 aufgeführten Fällen
④ Absperrventil bei WW-Speichern über 120 l Inhalt
⑤ Rückflußverhinderer bei Geräten
⑥ Prüfeinrichtung für Rückflußverhinderer
⑦ Auslaufventil, falls Gerät ohne Entleerungsvorrichtung
⑧ Temperaturregler nach DIN 4753 Teil 1

Wasser-installation

128.1 Klassifizierung der Sicherungseinrichtungen

Sicherungseinrichtung/Klasse	1,2	3	4	5
freier Auslauf	+	+	+	+
Rohrunterbrecher A 1	+	+	+	+
Rohrtrenner EA 3	+	+	+	1)
Rohrunterbrecher A 2	+	+	+	1)
Rohrtrenner EA 2	+	+	+	–
Rohrschleife	+	+	+	–
Rohrtrenner EA 1	+	+	–	–
Sicherungskombination	+	+	–	–
Rückflußverhinderer	+	1)	–	–
Rohrbelüfter	+	–	–	–

+ zugelassene Sicherungsarmatur; – nicht zulässig
1) Nur bei kurzzeitigem Anschluß zulässig.

128.2 Gefährdungsklassen (DIN 1988 T4)

Klasse	Gefährdungsgrad
1	ohne Gefährdung der Gesundheit z. B. Erwärmung
2	ohne Gefährdung, mit Beeinträchtigung z. B. Kaffee
3	mit Gefährdung durch wenig giftige Stoffe z. B. Glykol
4	mit Gefährdung durch giftige, sehr giftige, krebserzeugende oder radioaktive Stoffe z. B. Lindan, Hydrazin
5	mit Gefährdung durch Erreger übertragbarer Krankheiten (Lebensgefahr) z. B. Hepatitis, Salmonellen

128.3 Unterteilung der Anlagen (DIN 1986)

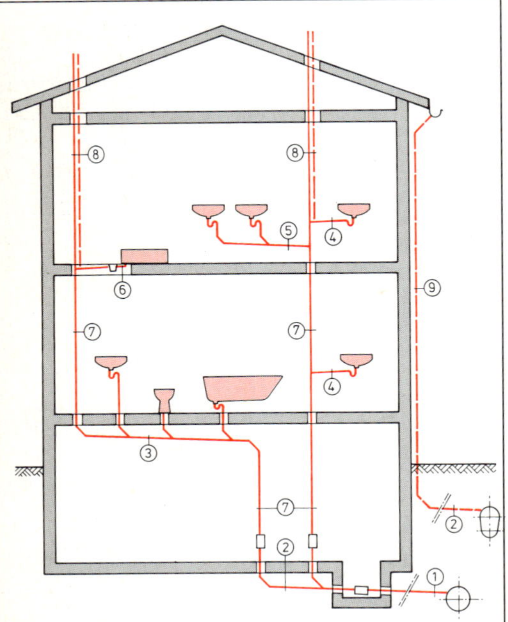

1 Anschlußkanal
2 Grundleitung
3 Sammelleitung
4 Einzelanschlußleitung
5 Sammelanschlußleitung
6 Verbindungsleitung
7 Falleitung
8 Lüftungsleitung
9 Regenfalleitung

128.4 Verlegerichtlinien für Falleitungen

- Für Druckausgleich ausreichend dimensionieren (mitgerissene Luft ≙ 35facher Wassermenge).
- Geradlinig, ohne Nennweitenänderung durch die Geschosse mit Hauptlüftung über Dach.
- Richtungsänderungen unter 30 ° oder 45°.
- Oberhalb 2 m der Umlenkung keine Anschlüsse an 10 bis 22 m lange Falleitungen (4 bis 8 Geschosse).
- Verziehung der Falleitung ohne Umgehungsleitung:

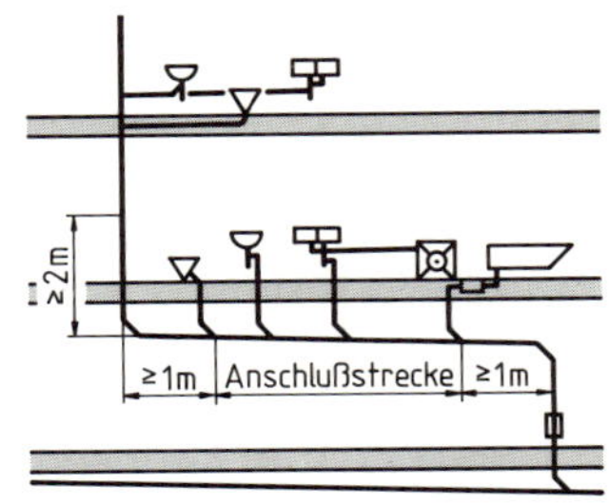

- Anschlüsse nur 1 m hinter bzw. vor der Umlenkung.
- Umlenkungen immer mit zwei 45°-Bögen und einem 250 mm langen Zwischenstück.
- Verziehung der Falleitung mit Umgehungsleitung ab 22 m Länge (9 Geschosse) oder wenn die Verziehungslänge kleiner als 2 m ist:

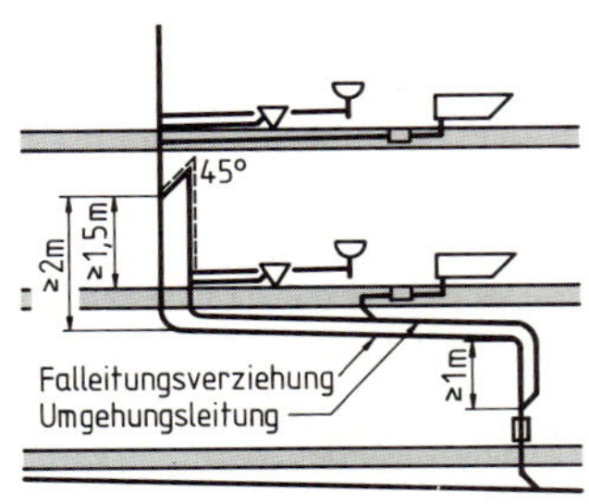

128.5 Druckverhältnisse in der Falleitung

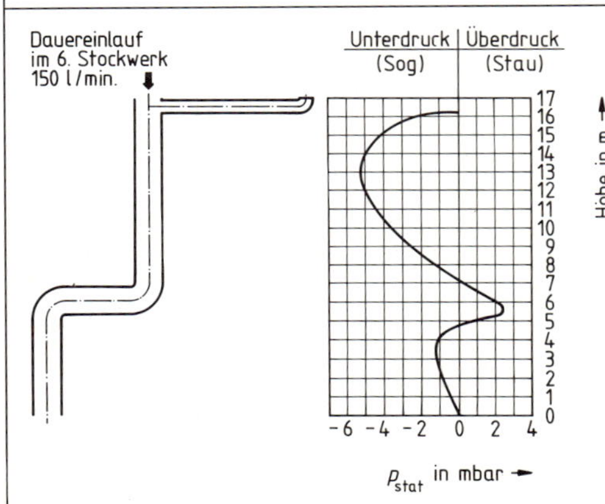

129.1 Anschlüsse an die Falleitung

Anschluß	Falleitung	Geruchverschluß
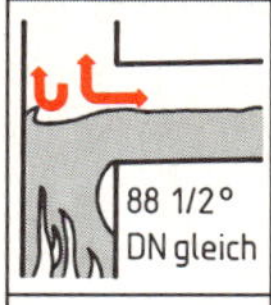	gering belastbar infolge hydraulischem Abschluß ⇒ **Unterdruckbildung**	voll funktionsfähig
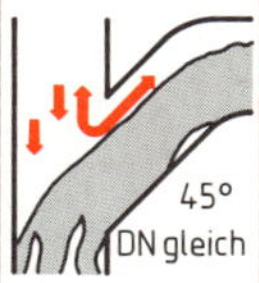	voll belastbar, kein hydraulischer Abschluß ⇒ **immer Druckausgleich**	voll funktionsfähig
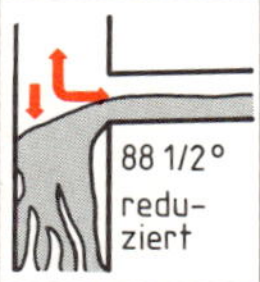	voll belastbar, kaum hydraulischer Abschluß, ⇒ **geringe Unterdruckbildung**	bei genügender Dimensionierung voll funktionsfähig
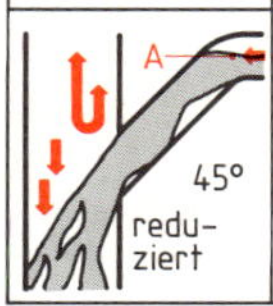	voll belastbar, kein hydraulischer Abschluß, ⇒ **immer Druckausgleich**	**Absaugung** infolge hydraulischem Abschluß im Einlaufknie A

129.2 Gefälle und Schwemmwirkung

Gefälle	Ablaufgeschw.	Schwemmwirkung
2 bis 5 cm/m	0,8 bis 1,2 m/s	gut
zu gering	klein	Vollfüllung
zu groß	groß	ungenügend

129.3 Mindestgefälle (DIN 1986)

DN	Schmutz-, Mischwasserleitung innerhalb v. Gebäuden	Regenwasserleitung innerhalb von Gebäuden	Schmutz-, Regen-, Mischwasserleitung außerhalb von Gebäuden
$h:d$	0,5 bzw. 0,7	0,7	0,5 (0,7)[1] (1)[2]
70	I = 1:50	I = 1:100	I = 1:DN
100	I = 1:50	I = 1:100	I = 1:DN
125	I = 1:66,7	I = 1:100	I = 1:DN
150	I = 1:66,7	I = 1:100	I = 1:DN
200	I = 1:DN/2	I = 1:DN/2	I = 1:DN

[1] Schmutzwasserleitungen ≥ DN 150 auch $h:d = 0{,}7$
[2] Regen- und Mischwasserleitung ≥ DN 150 auch $h:d = 1$

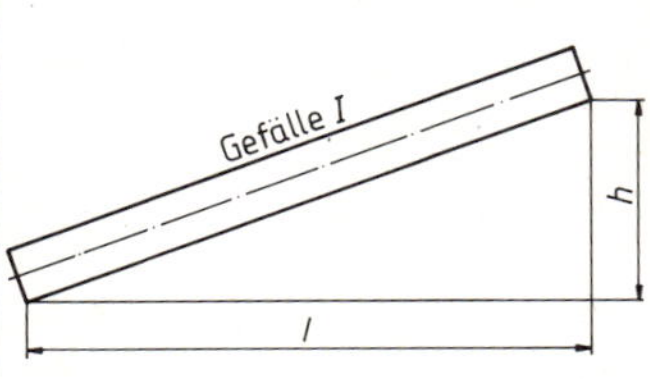

Gefälle $I = \frac{h}{l}$

Beispiel:
I = 1:50
I = 2 %
I = 2 cm/m

129.4 Liegende Entwässerungsleitungen

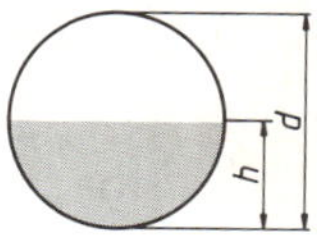

Füllungsgrad zu klein: ungenügende Schwemmwirkung

Füllungsgrad zu groß: Vollfüllung, Absaugung der Geruchverschlüsse

Füllungsgrad $\frac{h}{d}$		Schmutzwasserleitung
günstig	0,5	innerhalb von Gebäuden
bis DN 125 ab DN 150	0,5 0,7	außerhalb von Gebäuden
	0,7	Regen- u. Mischwasserleitung

129.5 Einzelanschlußleitungen

DN	zul. AW_s	H[1] m	L[1] m
40	0,5	< 1	≤ 3
50	1	< 1	≤ 3
70	1,5	< 1	≤ 5
100	1,5	< 3	> 5

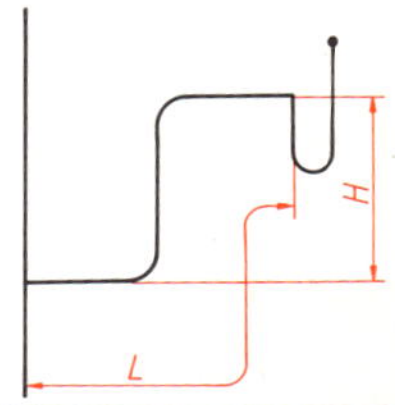

[1] Bei größeren Längen oder Höhen von 1 bis 3 m ist die nächstgrößere DN zu wählen oder die Leitung zu lüften.

129.6 Sammelanschlußleitungen

DN	L in m	unbelüftet H in m	unbelüftet zul. ΣAW_s	belüftet H in m	belüftet zul. ΣAW_s
50	≤ 6	< 1	1	< 3	1,5
70	≤10	< 1	3	< 3	4,5
100	≤10	< 3	16	> 3	25

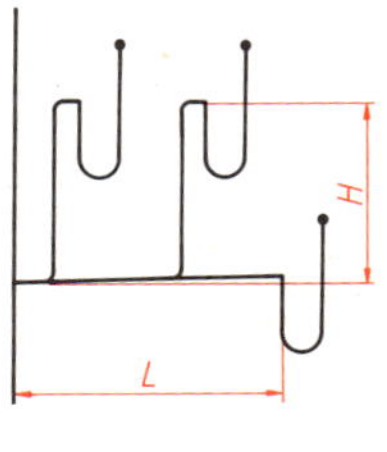

129.7 Berechnung des Schmutzwasserabflusses

$$Q_S = K \cdot \sqrt{\Sigma AW_S}$$

Q_S Schmutzwasserabfluß in l/s
K Abflußkennzahl in l/s (Tab. 130.1)
ΣAW_S Anschlußwertsumme (ohne Einheit)

130.1 Richtwerte für Abflußkennzahlen *K*

Gebäudeart	*K* in l/s
Wohnungsbau, Hotel, Bürogebäude	0,5
Schule, Krankenhaus, Großhotel	0,7
Reihenwaschanlage, Reihenduschanlage	1,0
Laboranlage in Industriebetrieb	1,2

130.2 Anschlußwerte von Entwässerungsgegenständen

Entwässerungsgegenstand	DN	AW_s
Handwaschbecken, Waschtisch, Sitzwaschbecken		
bis zu 3 Richtungsänderungen	40	0,5
bei mehr als 3 Richtungsänderungen	50	0,5
Spülbecken, Spültisch, Ausguß, Wasch- und Geschirrspülmaschine	50	1,0
Urinal, Einzelbecken	50	0,5
Urinal, bis 2 Stände	70	0,5
Urinal, bis 4 Stände	70	1,0
Urinal, bis 6 Stände	70	1,5
Urinal, über 6 Stände	100	2,0
Bodenablauf	50	1,0
Bodenablauf	70	1,5
Bodenablauf	100	2,0
Klosett, Steckbeckenspülapparat	100	2,5
Brausewanne, Fußwaschbecken, Badewanne mit direktem Anschluß	50	1,0
Badewanne oder Brausewanne mit indirektem Anschluß (Badablauf),		
Anschlußleitung bis 2 m Länge,	50	1,0
Anschlußleitung länger als 2 m	70	1,0

130.3 Belastungsfälle

Belastungsfall	Q_e, Q_p, Q_r
Reihenwasch- u. Duschanlage gleichzeitige Benutzung der ganzen Anlage, Abscheideanlagen nach DIN 1999, DIN 4040 und DIN 4043 s. Beisp. 123.4	1 Waschbecken $Q_e = 0{,}05$ l/s 1 Dusche $Q_e = 0{,}10$ l/s
Entwässerungspumpen, Fäkalienhebeanlagen, große Wasch- u. Geschirrspülautomaten (über Druckleitung an die Entwässerung angeschlossen)	entsprechend der Pumpenleistung
Regenwasseranteil in Mischwasserleitungen	nach Regenwasserzufluß

130.4 Reduktion der Anschlußwerte

Sanitärräume an einer Falleitung	Reduktionsfaktor	Sanitärausstattung und AW_s nach Tab. 121.2	AW_s	ΣAW_s	reduzierte ΣAW_s
drei Sanitärräume einer Wohnung	0,7	Küche:			
		Spüle	1		
		Bad:			
		Klosett	2,5		
		Wanne, Dusche	1		
		Waschtisch	0,5		
		WC-Raum:			
		Klosett	2,5		
		Waschtisch	0,5	8,0	5,5
zwei Sanitärräume einer Wohnung	0,7	Bad:			
		Klosett	2,5		
		Wanne	1		
		Waschtisch	0,5		
		WC-Raum:			
		Klosett	2,5		
		Waschtisch	0,5	7,0	5,0
ein Sanitärraum, ausgenommen Küche	0,9	Hotelbadezimmer:			
		Klosett	2,5		
		Wanne, Dusche	1		
		Sitzwaschb.	0,5		
		Waschtisch	0,5	4,5	4,0

130.5 Schmutzwasserfalleitung mit Hauptlüftung

DN	LW in mm	zul. Anschlüsse ΣAW_s	zul. Anschlüsse Anzahl Klosetts	zul. Q_s[1)] l/s	Bemerkungen (zu Tab. 130.5 und Tab. 130.6)
70[2)]	70	9	–	1,5	1) f. Wohnungsbau
100	100	64	13	4,0	2) Je Falleitung
125	118	112	22	5,3	nicht mehr als
125	125	154	31	6,2	4 Küchenab-
150	150	408	82	10,1	laufstellen.

130.6 Schmutzwasserfalleitung

DN	mit Sekundärlüftung: zul. Anschlüsse ΣAW_s	Anzahl Klosetts	zul. Q_s[1)] l/s	mit Nebenlüftung: zul. Anschlüsse ΣAW_s	Anzahl Klosetts	zul. Q_s[1)] l/s
70[2)]	27	–	2,6	18	–	2,1
100	185	37	6,8	125	25	5,6
125	334	64	9,0	219	44	7,4
125	441	88	10,5	300	60	8,7
150	1183	236	17,2	795	159	14,1

Wasser-installation

131.1 Liegende Leitungen für Schmutzwasser, Grund- o. Sammelleitungen

$I=$	1 : 50		1 : 66,7		1 : 100		1 : $\frac{DN}{2}$	1:DN
LW mm	Q_{szul} l/s	zul. AW_s	Q_{szul} l/s	zul. AW_s	Q_{szul} l/s	zul. AW_s	Q_{szul} l/s	Q_{szul} l/s
70	1,5	9	–	–	–	–	–	–
100	4,0	64	3,4	46	2,8	31	–	2,8
118	6,2	154	5,3	112	4,3	74	–	3,9
125	7,2	207	6,2	154	5,1	104	–	4,5
150	11,7	548	10,1	408	8,2	269	9,5	6,7
200	25,1	2520	21,7	1884	17,7	1253	17,7	12,5
250	45,4	–	39,2	–	32	–	28,6	20,2
300	73,5	–	63,6	–	51,9	–	42,3	29,8
400	157	–	136	–	111	–	78,3	55,2
500	283	–	245	–	200	–	126	89,9

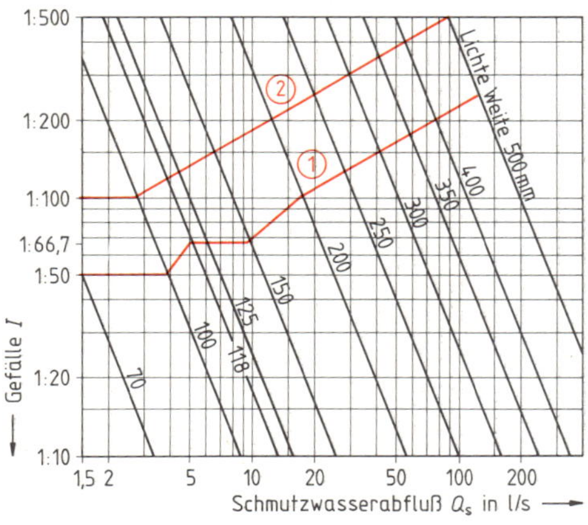

① Minimales Gefälle innerhalb von Gebäuden
② Minimales Gefälle außerhalb von Gebäuden

131.2 Regenwasserfalleitungen

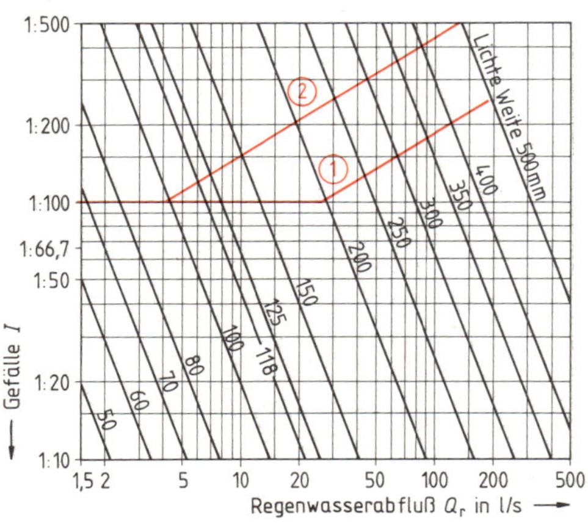

① Minimales Gefälle innerhalb von Gebäuden
② Minimales Gefälle außerhalb von Gebäuden

131.3 Zulässige anschließbare Niederschlagsflächen

Zulässige Fläche in m² bei max. Regenspende r in l/(s · ha)				Regenwasserleitung[1]				
				Q_r in l/s	$I=$	1:50	1:66,7	1:100
150	200	300	400		LW	Q_{rzul}	Q_{rzul}	Q_{rzul}
47	35	23	17	0,7	**50**	1,0	0,9	0,7
73	55	37	28	1,1	**60**			1,1
107	80	53	40	1,6	[1]	1,6	1,4	
113	85	57	43	1,7	**70**			1,7
160	120	80	60	2,4		2,4	2,1	
167	125	83	63	2,5	**80**			2,5
233	175	117	88	3,5	[1]	3,5	3,0	
300	225	150	113	4,5	**100**			4,5
367	275	183	138	5,5			5,5	
427	320	213	160	6,4		6,4		
467	350	233	175	7,0	**118**			7,0
540	405	270	203	8,1				
573	430	287	215	8,6			8,6	8,1
660	495	330	248	9,9		9,9		
667	500	333	250	10,0	**125**		10,0	
773	580	387	290	11,6		11,6		
887	665	443	333	13,3	**150**			13,3
1087	815	543	408	16,3			16,3	
1253	940	627	470	18,8		18,8		
1900	1425	950	713	28,5	**200**			28,5
2327	1745	1163	873	34,9			34,9	
2693	2020	1347	1010	40,4		40,4		
3433	2575	1707	1288	51,5	**250**			51,5
4213	3160	2107	1580	63,2			63,2	
4867	3650	2433	1825	73,0		73,0		
5567	4175	2783	2088	83,5	**300**			83,5
6800	5100	3400	2550	102			102	
7867	5900	3933	2950	118		118		

[1] Regenfalleitungen, Dachrinnen siehe auch Tab. 168.2.

131.4 Berechnung des Regenwasserabflusses

$$Q_r = A \cdot r \cdot \psi$$

Q_r Regenwasserabfluß in l/s
A horizontale Fläche in ha
r Regenspende in l/(s · ha)
ψ Abflußbeiwert (Tab. 132.1)

Wasser-installation

Wasser-
installation

132.1 Abflußbeiwerte ψ

Art der angeschlossenen Fläche	ψ
Dach (≥ 15° Neigung)	1,0
Dach (< 15° Neigung)	0,8
Kiesschüttdach	0,5
Dachgarten	0,3
Kfz-Waschplatz, Rampe	1,0
Pflaster, Schwarzdecke, Betonfläche	0,9
Fußweg mit Platten oder Schlacke	0,6
ungepflasterte Straße, Hof, Promenade	0,5
Spiel- und Sportplatz	0,25
Vorgarten	0,15
größerer Garten	0,1
Park, Schreber- und Siedlungsgarten	0,05
Park und Anlagenfläche an Gewässern	0

132.2 Bemessung der Mischwasserleitungen

$Q_m = Q_s + Q_r$	Q_m Mischwasserabfluß in l/s

Die Nennweite für alle im Erdreich verlegten Leitungen muß mindestens DN 100 betragen.

	$I =$	1:50	1:66,7	1:100	1:$\frac{DN}{2}$	1:DN
DN	LW mm	zul. Q_m in l/s	zul. Q_m in l/s	zul. Q_m in l/s	zul. Q_m in l/s	zul. Q_m in l/s
70	76	2,4	2,1	1,7	–	–
100	100	6,4	5,5	4,5	–	4,5
125	118	9,9	8,6	7,0	–	6,2
125	125	11,6	10,0	8,1	–	7,3
150	150	18,8	16,3	13,3	15,3	10,8
200	200	40,4	34,9	28,5	28,5	20,1
250	250	73	63,2	51,5	46	32,4
300	300	118	102	83,5	68	48,0
400	400	253	219	179	126	88,8
500	500	456	394	322	203	143

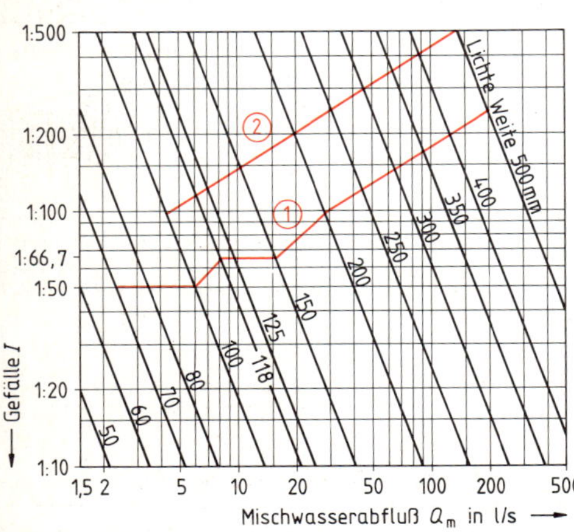

① Minimales Gefälle innerhalb von Gebäuden
② Minimales Gefälle außerhalb von Gebäuden

132.3 Bemessung vollgefüllter Leitungen

Außerhalb von Gebäuden in Anschluß an einen Schacht mit offenem Durchfluß dürfen Regen- und Mischwasserleitungen ab DN 150 auf Vollfüllung bemessen werden.

	$I =$	1:50	1:66,7	1:100	1:$\frac{DN}{2}$	1:DN
DN	LW mm	zul. Q l/s	zul. Q l/s	zul. Q l/s	zul. Q l/s	zul. Q l/s
70	70	3,0	2,6	2,1	–	–
100	100	7,9	6,8	5,6	–	5,6
125	118	12,3	10,7	8,7	–	7,8
125	125	14,4	12,4	10,1	–	9,0
150	150	23,4	20,2	16,5	19,0	13,4
200	200	50,2	43,4	35,4	35,4	24,9
250	250	90,7	78,5	64,0	57,2	40,3
300	300	147	127	104	84,6	59,6
400	400	314	272	222	157	110
500	500	566	490	400	252	178

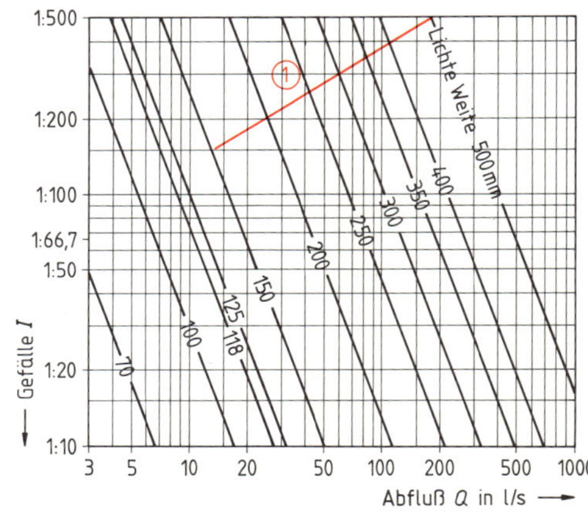

① Min. Gefälle für vollgefüllte Regen- und Mischwasserleitungen innerhalb von Gebäuden.

132.4 Industriewaschraumgrundleitung (Beispiel)

Entwässerungs-gegenstand	Q_e in l/s	ΣQ_e in l/s	ΣAW_s	Q_{sges} in l/s
100 Waschbecken	0,05	5,0	–	
50 Brausen	0,10	5,0	–	10,0
10 WC		–	25	
10 Urinale		–	5	
5 Bodenabläufe		–	0	
1 Ausguß		–	0	
6 Fußwaschb.		–	5	
		$Q_s = 0{,}5 \cdot \sqrt{\Sigma AW_s}$	36	3,0
			Q_{sges}	13,0

133.1 Lüftungssysteme der Entwässerung

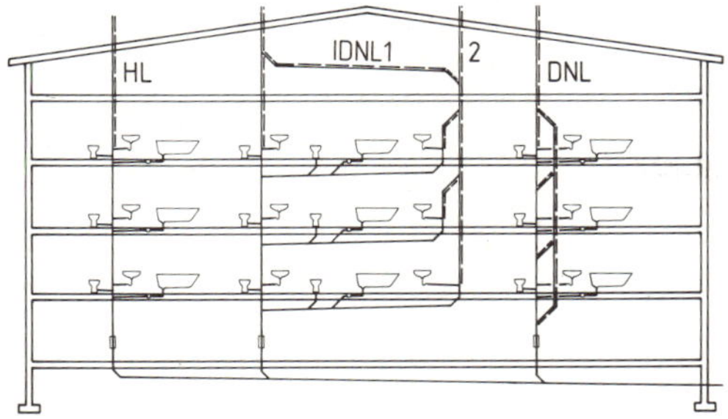

HL Hauptlüftung
DNL direkte Nebenlüftung
IDNL indirekte Nebenlüftung
1 an Hauptlüftung
2 unmittelbar über Dach

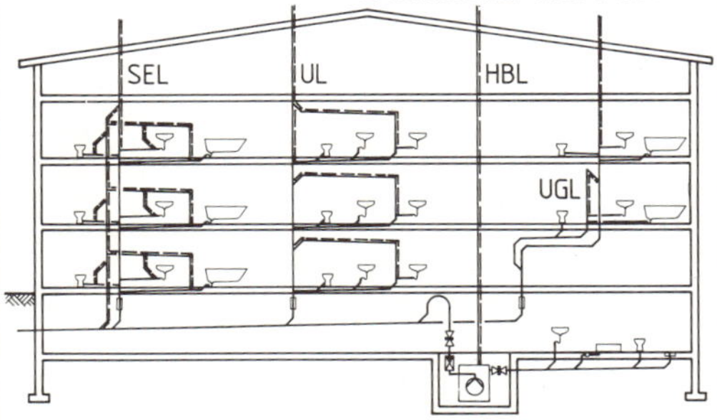

SEL Sekundär-Lüftung
UL Umlüftung
HBL Hebeanlagenlüftung
UGL Umgehungsleitung

133.2 Hauptlüftungen HL

Einzel-Haupt-lüftung EHL

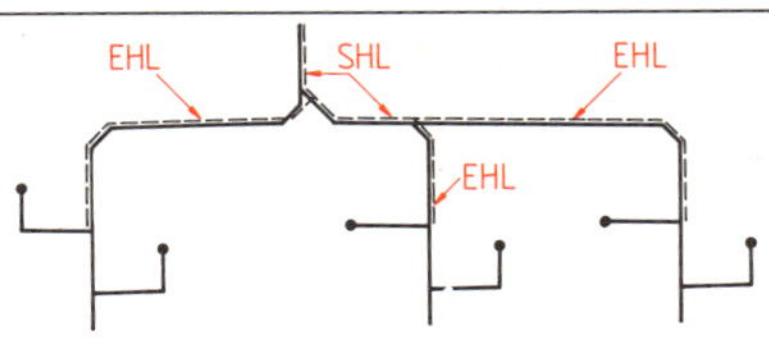

EHL sind im Querschnitt (mit der DN) der zugehörigen Fall-, Sammel- oder Grundleitung auszuführen.

Sammel-Hauptlüftung SHL
Der Querschnitt ergibt sich aus der halben Summe der EHL. Er muß jedoch, ausgenommen bei Einfamilienhäusern, mindestens eine DN größer als der größte Einzelquerschnitt sein.

Umgehungsleitung UGL
Die UGL und ihr Lüftungsteil sind in der gleichen DN auszuführen wie die Falleitung, jedoch höchstens in DN 100.

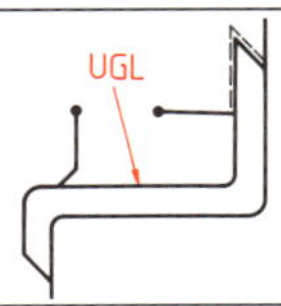

Umlüftung UL
Die UL und der Leitungsabschnitt bis zu ihrem Beginn sind in der gleichen DN auszuführen wie die Sammelanschlußleitung an der Einmündung in die Falleitung, höchstens jedoch in DN 70.

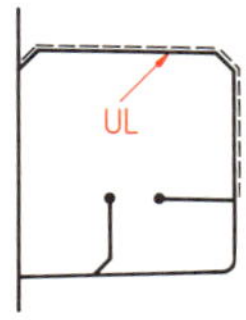

133.3 Nebenlüftungen NL

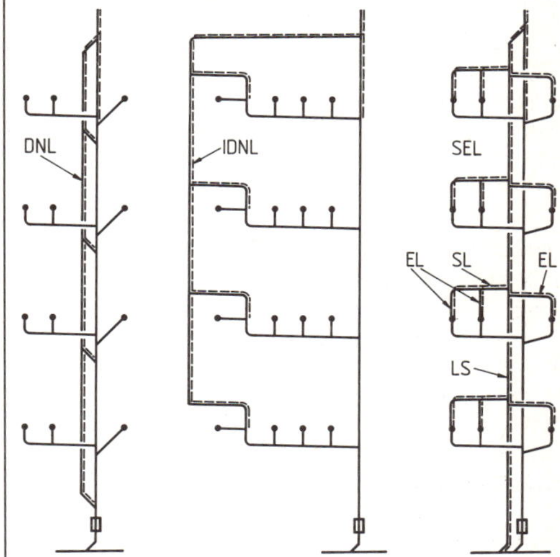

Direkte Nebenlüftung DNL
Ausführung der DNL und der Verbindung zur Falleitung:

Falleitung	DNL
DN 70	DN 70
DN 100	DN 100
über DN 100	DN 100

Indirekte Nebenlüftung IDNL
Der Sammelstrang der IDNL ist in der gleichen DN auszuführen wie die DNL, die Einzellüftung der Sammelanschlußleitung wie eine Umlüftung UL.

133.4 Sekundär-Lüftung SEL

Einzellüftung EL	Einzelanschlußleitung
DN 40	DN 40, DN 50
DN 50	DN 70, DN 100
Sammellüftung SL	**größte Einzellüftung EL**
DN 50	DN 40
DN 70	DN 50
Lüftungsstrang LS	**Falleitung**
DN 70	DN 70, DN 100
DN 100	DN 125
DN 125	DN 150

133.5 Sammel-Nebenlüftung SNL

Zusammengefaßte Lüftungsstränge in den Systemen mit Nebenlüftung und Sekundär-Lüftung werden sinngemäß wie eine SHL bemessen.

134.1 Geruchverschlüsse (DIN 19541)

Entwässerungsgegenstand	$Q_{s\,max}$ l/s	h_1 mm	AW_s	Abfluß DN
Flach- u. Tiefspülklosett	2,3	50	2,5	100
Absaugeklosett	2,3	50	2,5	100
Waschtisch, Bidet	0,6	60	0,5	32/40
Brausewanne	0,6	50	1,0	40/50
Urinalbecken	0,8	60	0,5	50
Urinalstand	1,1	60	0,5	50
Badewanne	1,1	50	1,0	40/50
Küchenablauf (Spüle)	1,1	60	1,0	40/50
Boden-, Deckenablauf	1,2	60	1,0	50
Boden-, Deckenablauf	1,7	60	1,5	70
Boden-, Deckenablauf	2,2	60	2,0	100
Bad-Bodenablauf	1,2	50	1,0	50
Bad-Bodenablauf	1,7	50	1,5	70
Regenwasserablauf	1)	100		1)
Leichtflüssigkeitsabscheider[3)]	2)	100		2)

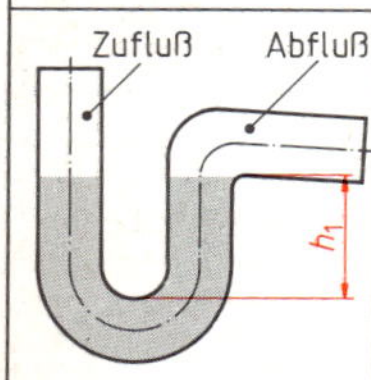

h_1 Geruchverschlußhöhe

1) Q_r u. LW s. Tabelle 123.3
2) Q_s u. DN s. Tabelle 126.4
3) außerhalb von Gebäuden

Beispiel: Deckenablauf 3 DIN 19586-GG

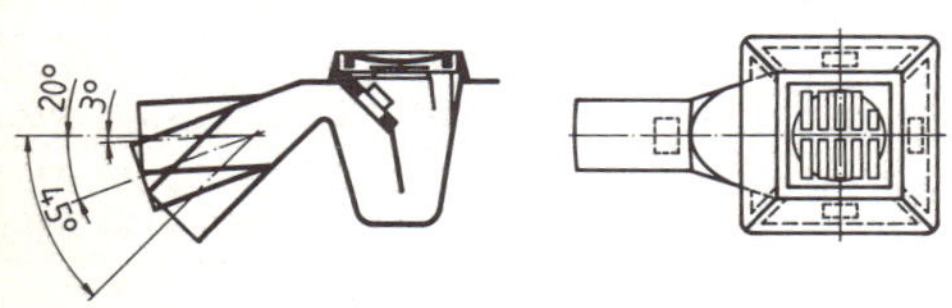

134.2 Schlammfänge für Abscheider, Baumaße

Q_s in l/s	min. DN des Zu- u. Ablaufrohres	rund: ∅min in mm	rund: V_{min} in l	rechteckig: l_{min} in mm	rechteckig: b_{min} in mm	rechteckig: V_{min} in l
1	100	650	240			
1,5	100	650	240			
2	100	650	360	1000	800	520
3	100	800	650	1400	800	840
4	100	1000	1050	1750	1000	1400
5	125	1200	1550	2000	1000	1800
6	125	1500	2500	2500	1000	2500

Schlammfang aus Stahlbeton

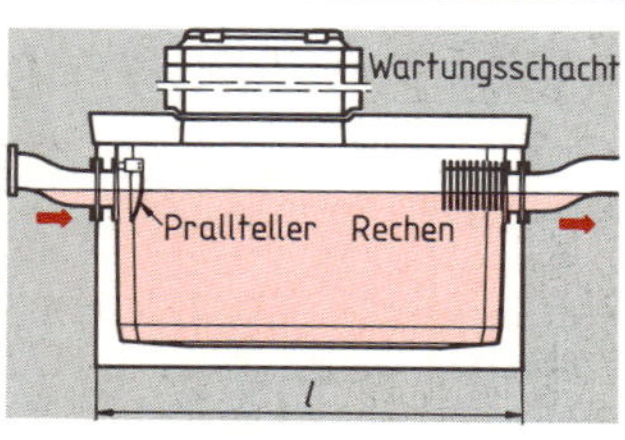

134.3 Leichtflüssigkeitsabscheider (DIN 1999)[1)] Regenwasserabfluß Q_r bei Abflußbeiwert $\psi = 1$

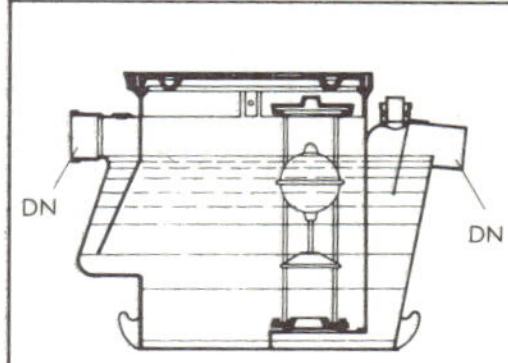

Zul. Fläche in m² bei Regenspende l/(s·ha) 150	200	300[2)]	Q_r in l/s
70	50	35	1
100	75	50	1,5
140	100	70	2
200	150	100	3
270	200	135	4
340	250	170	5
400	300	200	6
670	500	335	10
1000	750	500	15
1400	1000	700	20
1700	1250	850	25

1) Für Flüssigkeiten mit geringerer Dichte als Wasser.
2) Werte über 300 l/(s · ha) müssen errechnet werden.

134.4 Schmutzwasserabfluß Q_s in l/s

AV DN	Anzahl der Auslaufventile AV 1	2	3	4	7	10	15	20
15	0,5	1	1,5	2	3	4	5	6
20	1	2	3	4	6	8	10	12
25	1,7	3,5	5	7	10	13,5	17	20,5

134.5 Bestimmung der Nenngröße NG

Nenngröße NG	Leichtflüssigkeitsdichte
1fache NG	bis 0,85 g/cm³
2fache NG	bis 0,90 g/cm³
3fache NG	bis 0,95 g/cm³

134.6 Abscheidernenngröße NG

NG	DN min	t in min	A_o in m²	V_{max} in l	m_{max} in kg	Erläuterungen
1,5	100			55	265	Über NG
3	100			250	450	100 Paral-
6	125			430	700	lelkombina-
8	125	3	1,6			tionen;
10	150	3	2	3300	9000	DN 300 bis
15	200	3	3	4400	11500	$Q_s = 80$ l/s
20	200	3	4	5300	14500	
30	250	4	6	12200	25000	
40	250	5	8	12800	30000	
50	300	6	10	27400	45000	
65	300	6,3	13	36200	55000	
80	300	6,6	16	36200	55500	
100	400	7	20	36200	55400	

t Aufenthaltsdauer
A_o Mindestoberfläche
V_{max} Gesamtvolumen
m_{max} Masse bei frostfreier Ausführung

Wasserinstallation

135.1 Fettabscheider (DIN 4041)

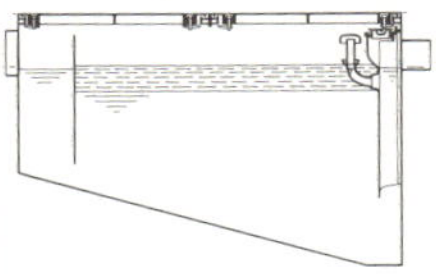

- $Q_s \triangleq$ **Nenngröße NG**
- t Aufenthaltszeit
- bis NG 9 Stahl oder Gußeisen, über NG 9 Stahlbeton
- für **Gaststätten** Q_s = 2,0 l/s bis 400 Essen + 0,25 l/s je weitere 100 + 1,0 l/s je Spülmaschine

Q_s in l/s	min. DN	t in min	m_{max} in kg	V_{max} in l
1	100	3	180	150
2	100	3	200	310
3	100	3	250	690
4	125	3	360	850
5	125	3	450	1460
7	125	3	660	1610
9	150	3	730	1810
12	150	4	17600	7100
15	200	4	17600	7100
20	200	5	27500	14200
25	200	5	27500	14200

135.2 Rückstaudoppelverschluß für durchgehende Leitungen mit Absperrschieber und Klappe

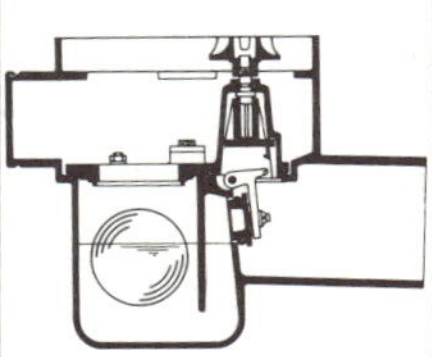

Rohranschluß	Masse in kg	Länge in mm	Höhe in mm
DN100[1)]	14	360	270
DN 100	43	445	260
DN 125	48	470	310
DN 150	60	520	345
DN 200	94	590	425
DN 250	141	630	590

[1)] Primax Zulauf DN 70.

135.3 Abwasserhebeanlagen (Beispiel)

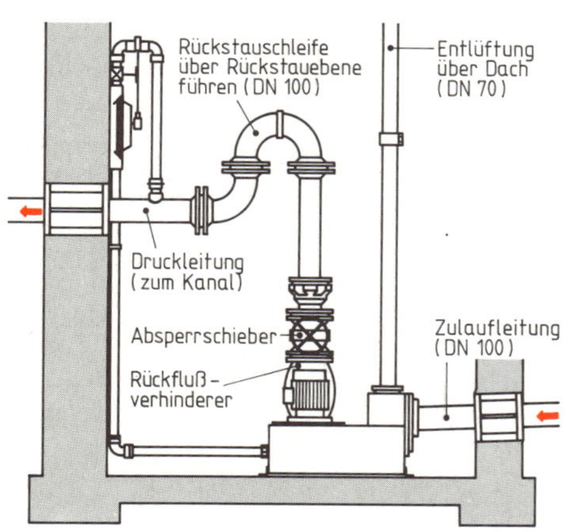

135.4 Mindestförderströme Q_{min} in l/s

DN	32	40	50	65	80	100	125	150	200	250
Q_{min}	0,57	0,88	1,37	2,33	3,52	5,50	8,60	12,4	22,0	34,3

135.5 Abflußkennzahl bei Abwasserhebeanlagen

Gebäudeart	K_p in l/s
Wohnung, Gaststätte, Hotel, Bürogebäude	0,2
Schule, Krankenhaus, Großhotel	0,7
Reihenwaschanlage, Reihenduschanlage	1,0
Laboranlage in Industriebetrieb	1,0

$Q_s = K_p \cdot \sqrt{\Sigma AW_s}$ vgl. Tab. 121.2

135.6 Ermittlung der Gesamtförderhöhe H_{ges}

$$H_{ges} = H_{geo} + H_{Vges}$$

H_{geo} Höhendifferenz zwischen Hebeanlagenboden und höchstem Punkt der Druckleitung

H_{Vges} Gesamtverlusthöhe

$$H_{Vges} = \frac{H_{V100}}{100\ \mathrm{m}} \cdot (L_ä + L)$$

H_{V100} Verlusthöhe (Tab. 127.1)

L gerade Rohrleitungslänge

$L_ä$ äquivalente Rohrleitungslänge (= Verlusthöhe in Armaturen und Formstücken)

135.7 Förderstrom Q in l/min (l/s) einer Abwasserhebeanlage (Beispiel)

P_1 kW	P_2 kW	Förderhöhe H in m 1,75	2,00	2,50	3,00	3,50	4,00	4,50	5,00
1,00	0,75	600 (10)	575 (9,6)	535 (8,9)	485 (8,1)	425 (7,1)	350 (5,8)	265 (4,4)	170 (2,8)

135.8 Pumpenleistungsdiagramm (Beispiel)

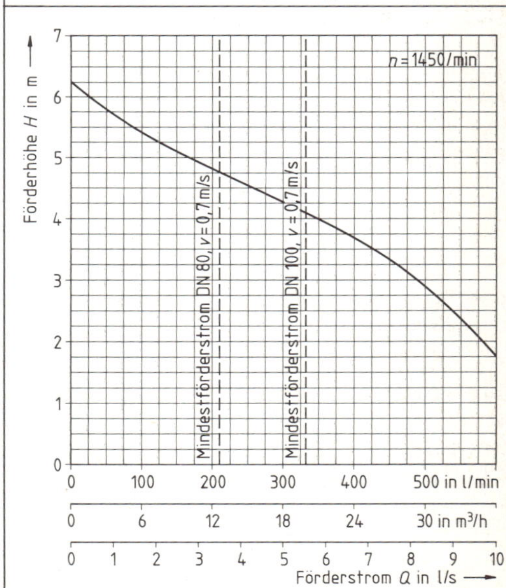

Wasser-installation

136.1 Verlusthöhe H_{V100} für 100 m gerade Rohrleitung bei Betriebsrauhigkeit

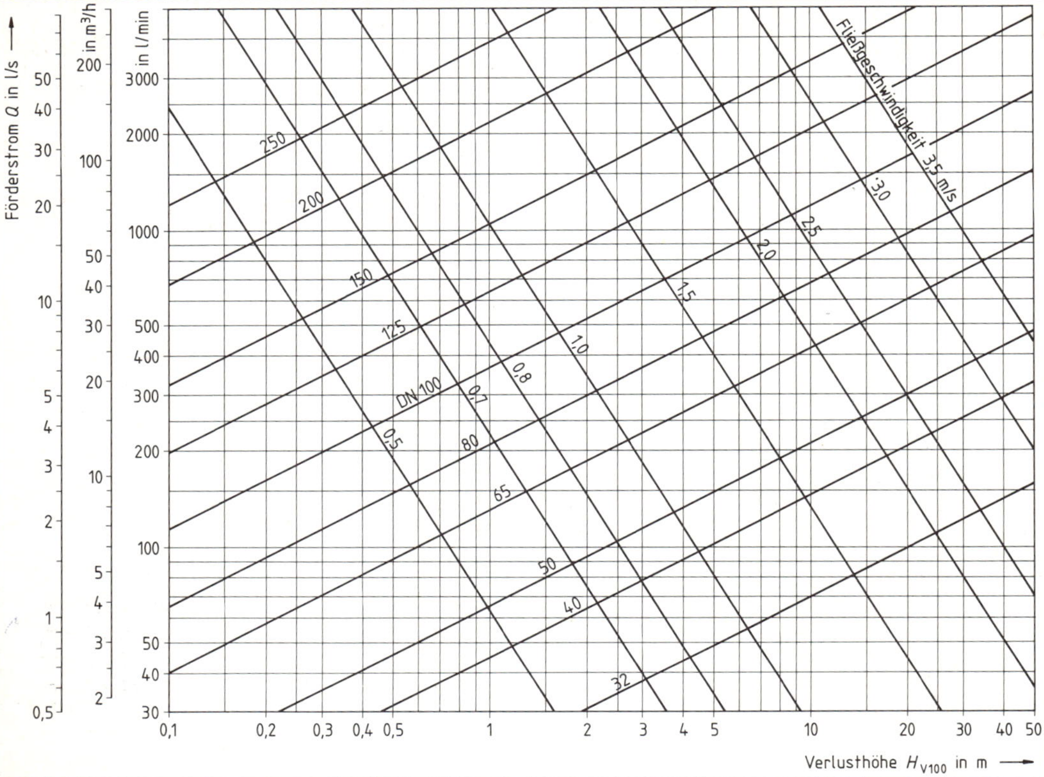

136.2 Äquivalente Länge $L_ä$ in m für Armaturen und Formstücke

Armatur oder Formstück	DN 32	DN 40	DN 50	DN 65	DN 80	DN 100	DN 125	DN 150	DN 200	DN 250
Absperrschieber	0,47	0,32	0,39	0,52	0,64	0,79	0,88	1,12	1,63	2,18
Rückflußverhinderer	1,70	1,48	1,84	2,60	3,30	4,26	5,71	7,26	10,58	13,60
Kugelventil mit Gummikugel und Metallkern	–	11,80	15,80	22,30	29,40	39,30	52,70	67,00	97,50	130,50
langer Bogen	0,18	0,25	0,33	0,50	0,66	0,91	1,22	1,57	2,31	3,12
Bogen 90°	0,19	0,27	0,38	0,58	0,79	1,11	1,55	2,06	3,18	4,46
Bogen 45°	0,11	0,15	0,20	0,30	0,40	0,55	0,74	0,95	1,40	1,89
Bogen 30°	0,07	0,10	0,14	0,20	0,26	0,36	0,48	0,62	0,90	1,22
Bogen 22°	0,04	0,09	0,12	0,17	0,22	0,30	0,40	0,50	0,73	0,98
T-Stück	2,35	3,14	4,20	5,95	7,56	9,82	14,02	18,40	28,50	40,30
freier Auslauf	0,73	0,98	1,31	1,86	2,45	3,28	4,39	5,58	8,14	10,89
Rückschlagventil nach DIN	3,46	5,22	7,88	12,30	18,20	25,00	31,60	33,50	36,60	–
Durchgangsventil n. DIN	3,16	4,32	5,90	8,75	11,75	15,70	19,80	22,90	29,30	–
Durchgangsventil Freifluß	1,06	1,18	1,31	1,68	1,96	2,30	2,64	3,60	4,90	–
Eckventil nach DIN	2,32	3,27	4,60	6,88	9,55	12,50	14,50	15,10	16,30	–
Übergangsstück (Verengung)[1]	1,08	1,45	1,94	3,53	3,19	4,85	6,50	6,15	17,90	16,10
Übergangsstück (Erweiterung)[1]	−0,85	−1,13	−1,50	−2,79	−2,45	−3,77	−5,05	−5,02	−13,84	−12,50
plötzliche Verengung[1]	0,29	0,42	0,60	0,70	0,95	1,31	1,50	2,45	3,25	3,55
plötzliche Erweiterung[1]	−0,24	−0,34	−0,48	−0,56	−0,76	−1,05	−1,20	−1,96	−2,60	−2,85

[1] $L_ä$ in m immer auf den größten Durchmesser bezogen.

137.1 Sickerschacht (DIN 4261)

Anlageteil	Abwasserbehandlungsart	je Einwohner	mindest.
Mehrkammergrube	mechanische Reinigung	300 l	3000 l
Mehrkammerausfaulgrube	biologische Teilreinigung	1500 l	6000 l
Untergrundverrieselung	biologische Reinigung bis zur Fäulnisunfähigkeit	l = 10 m bis 20 m	–
Sandfiltergraben		l = 6 m bis 30 m	–

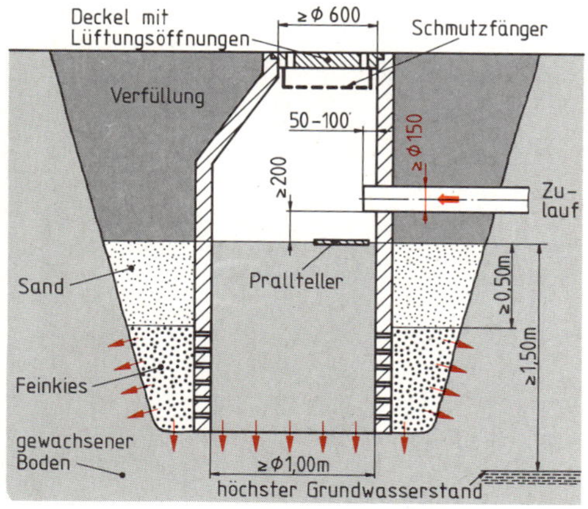

137.2 Zweikammer-Absetzgrube (DIN 4261)

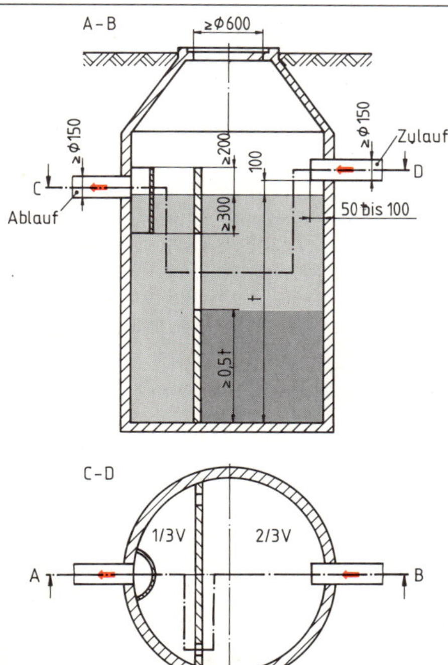

137.3 Stahlspülen (DIN 4464, DIN 4465)

Länge mm	Breite mm	$V_{1\,max}$ l	$V_{2\,max}$ l
mit einem Becken			
900	600	12	–
1000	600	12	–
mit zwei Becken			
1200	500	12	8
1200	600	12	8
1300	600	12	8
1200	500	12	12
1300	600	12	12
1400	600	12	12
1500	600	12	12
1600	600	12	12

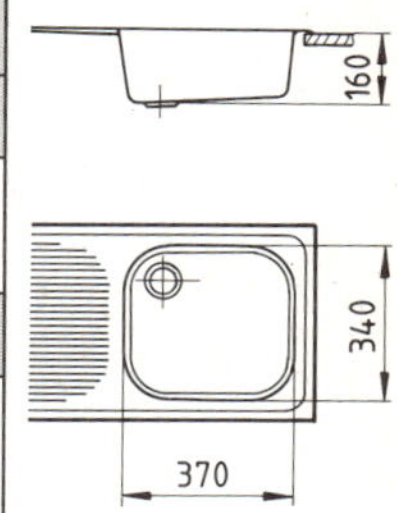

Spültisch Form A, ein Becken, seitliche Abtropffläche links

137.4 Waschbecken (DIN 1386), Montagehöhen

Erwachsene	820 bis 860 mm
alte Menschen	800 bis 820 mm
Kinder von 3 bis 6 Jahren	500 bis 550 mm
Kinder von 7 bis 10 Jahren	600 bis 660 mm
Kinder von 11 bis 14 Jahren	760 bis 800 mm

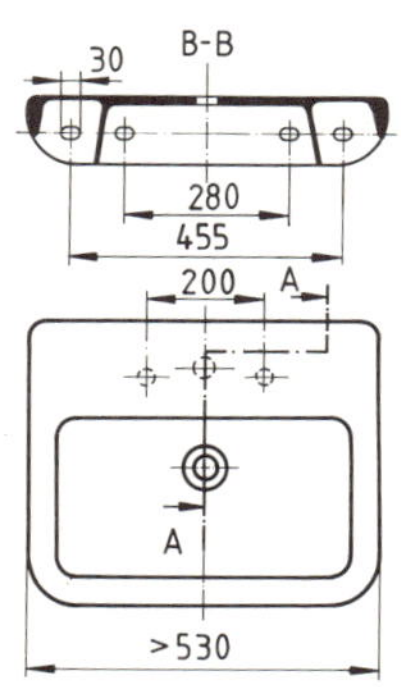

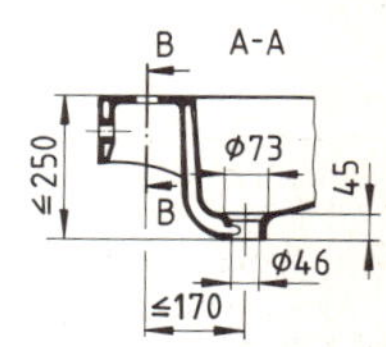

Porzellanwaschtisch DIN 1386, Form A, ohne Rückwand

137.5 Sitzwaschbecken, Bidet (DIN EN 35, DIN EN 36)

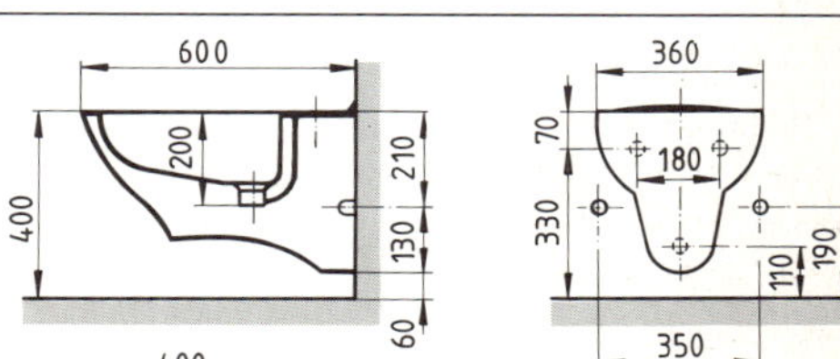

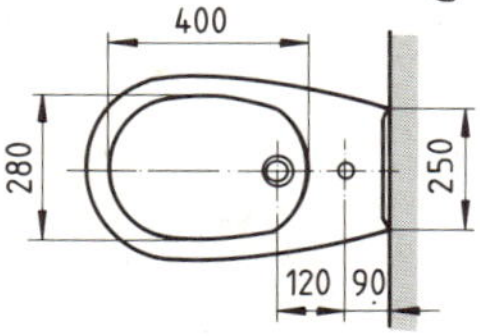

Sitzwaschbecken, wandhängend

138.1 Klosettanlagen, Maße

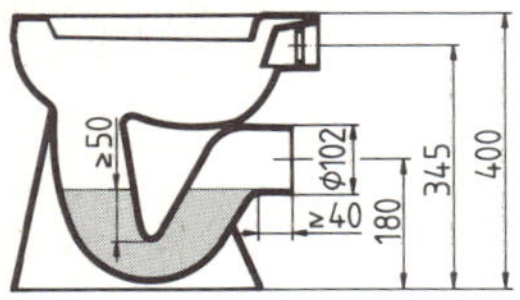

Flachspülklosett, Form A, DIN 1387

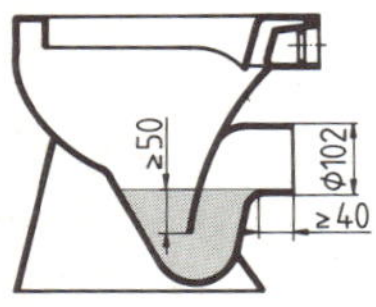

Tiefspülklosett, Form A, DIN 1388

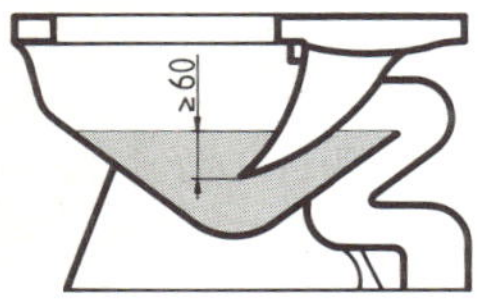

Absaugeklosett, Form C

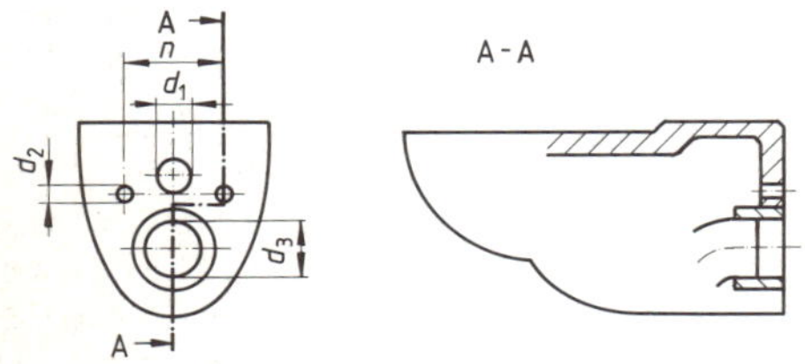

Klosettbecken, wandhängend, mit freiem Zulauf
Typ A n = 180 ± 5 mm, Typ B n = 230 ± 5 mm
Zulaufstutzen d_1 = 55 mm, Stutzen d_3 = 102 mm
Befestigungslöcher d_2 = 25 mm

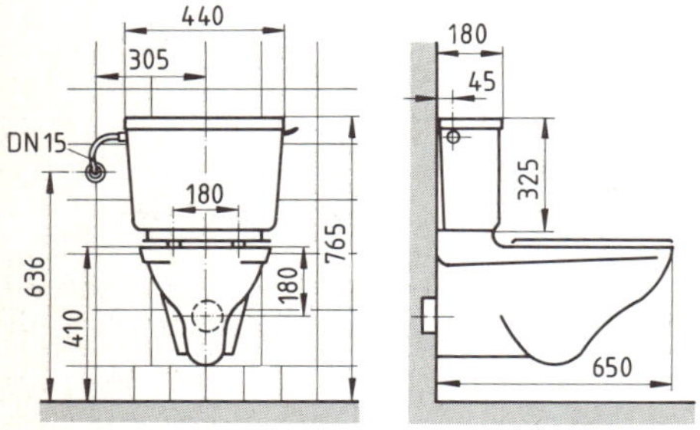

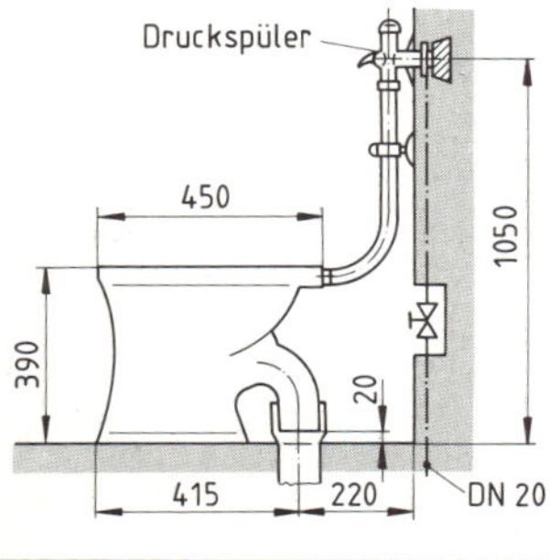

138.2 Urinalanlagen, Montagehöhen

500 mm[1]	Kinder von 7 bis 10 Jahren	[1] Rinnenoberkante über OK-Fußboden
570 mm[1]	Kinder von 11 bis 14 Jahren	
650 mm[1]	Kinder von 15 bis 18 Jahren	
650 mm[1]	Erwachsene	

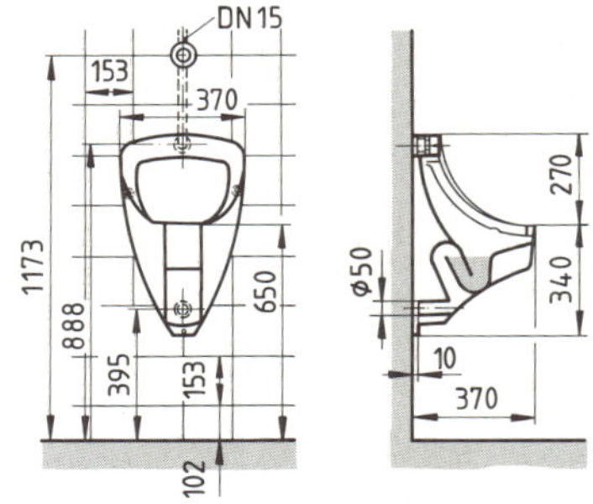

Beispiel: Absaugeurinal, Form C, mit Selbstschlußventil

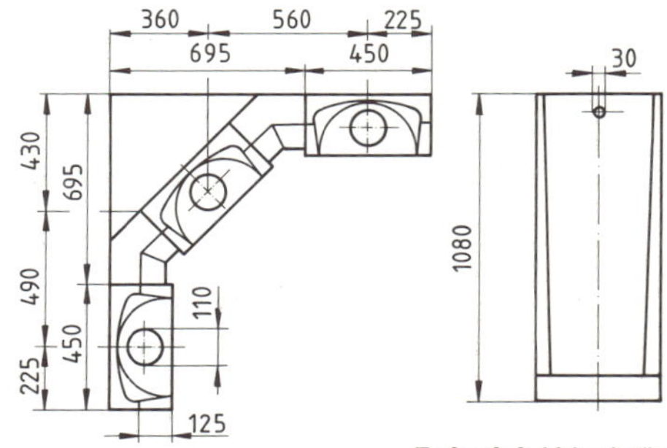

Beispiel: Urinalstände

138.3 Badewannen, Abmessungen, Wasserverbrauch

Wannenart	Länge l in cm	Breite b in cm	Höhe h in cm	Verbrauch je Bad in l
freistehende Badewanne	150	68	58	100
	160	70	58	115
	170	75	60	160
Einbauwanne	150	70	61	145
	160	70	60	145
	170	75	60	160
	180	80	64	200

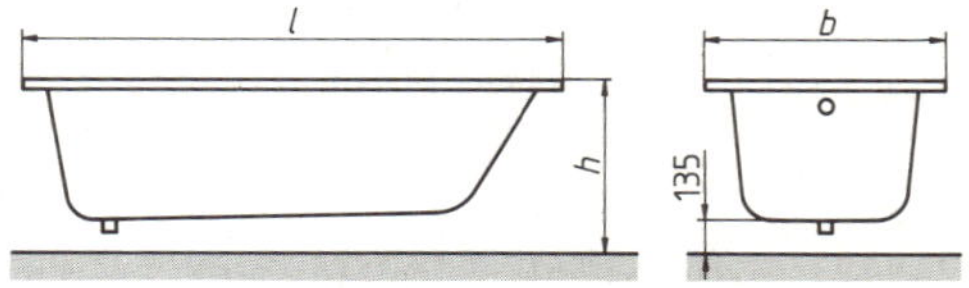

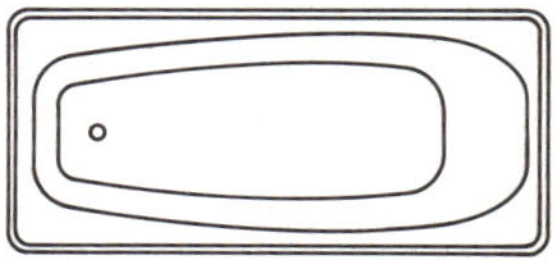

Beispiel: Einbau-Wannenkörper, DIN 4475 – E 1700 × 750

139.1 Brausewannen, Abmessungen

Länge in mm	800	900	750	Tiefe siehe
Breite in mm	800	900	900	Tabelle 139.2

139.2 Brausewannen, Montagehöhen

Fliesen Größe *b* × *h*	150 × 75	100 oder 150 × 100	108 oder 218 × 108	75 oder 150 × 150	Sockel 100	100 oder 200 × 200	115 oder 246 × 246
Raster	77	103	110	**153**	+100	203	250
Tiefe	Montagehöhe der Brausewanne						
290	303	304	325	301	249	–	–
280	226	304	215	301	–	–	245
255	303	304	215	301	249	198	245
245	226	201	215	301	249	198	245
220	226	201	215	148	249	198	245
180	149	201	215	148	249	198	245
155	149	201	215	148	96	198	120m
150	149	98	105	148	96	198	120m
140	149	201	105	148	96	198	120m
130	72	98	105	148	96	198	120m

Maße in mm, m = Fliesenmitte

139.3 Brause-Wandbatterie, Brausenanschlüsse

Raster	77	103	110	**153**	+100	203	250
Höhe, Wandbatterie	1155	1185	1210	1224	1248	1218	1250
	1117	1133	1155	1148	1172	1117	1125
	1078	1082	1100	**1071**	1095	1015	1000
	1040	1030	1045	995	1019	–	–
Höhe, Kopfbrause	1887	1906	1925	1913	1937	1929	–
	1848	1854	1870	1836	1860	1827	1875
	1810	1803	1815	**1760**	1784	1726	1750
	1771	1751	1760	1683	1707	1624	1625
	1733	1700	1705	1607	1631	1532	1500
	1694	1648	1650	1530	1554	–	–
Höhe, Seitenbrause	1386	1391	1375	**1377**	1402	1421	1375
	1001	979	990	**995**	1019	1015	1000
	616	618	605	**612**	636	609	625
Seitenabstände: Mitte Armatur – Oberfläche Wand							
Wandbatterie	539	567m	550	536m	536m	508m	500
	616	618	605m	**612**	612	609	625m
	655m	670m	660	689m	689m	711m	750
	693	721	715m	765	765	–	–
Brause	270m	258m	275m	230m	230m	203	–
	308	309	330	**306**	306	305m	250
	385	361m	385m	383m	383m	406	375m
	424m	412	440	459	459	–	–

Maße in mm, m = Fliesenmitte

139.4 Badewannen-Wandbatterie

Raster		77	103	110	**153**	+100	203	250
Badewanneneinbauhöhe über OKFFB	tief	457	407	435	454	402	401	–
	Höhe Batt.	616	567m	605m	612	560	564v	–
		578m	515	550	536m	483m	508m	–
	norm.	534	510	545	–	555	–	495
	Höhe Batt.	693	670m	715m	–	713	–	688v
		655m	618	660	–	636m	–	625m
	hoch	611	613	655	607	–	604	–
	Höhe Batt.	770	773m	825m	765	–	762v	–
		732m	721	770	689m	–	711m	–
	Höhe = 550 mm, Badewanne vor den Fliesen							
	Höhe Batt.	693	721	715m	727v	713	711m	688v
		655m	670m	660	689m	636	650v	625
Seitenabstände: Mitte Armatur – Oberfläche Wand								
Fußseite		270m	258m	275m	230m	230m	203	–
		308	309	330	**306**	306	305m	250
		385	361m	385m	**383m**	383m	406	375m
		424m	412	440	–	–	–	–
Längsseite		616	618	605m	612	612	609	–
		655m	670m	660	689m	689m	711m	625m
		693	721	715m	**765**	765	812	750
		770	773m	770	**842m**	842m	914m	825m
		809m	824	825m	918	918	1015	1000
		847	876m	880	995m	995m	–	–
		886m	927	935m	1071	1071	–	–
Mitte Auslauf		501m	515	495m	536m	536m	508m	500

Maße in mm, m = Fliesenmitte, v = Fliesenviertel

139.5 Waschtisch-Einlochbatterie-Eckventile

Raster		77	103	110	**153**	+100	203	250
Eckventil bei Waschtischhöhe	900	616	618	605m	**612**	636m	609	625m
	850	578m	567m	550	**536m**	560	508m	500
	800	501m	515	495m	**536m**	483m	508m	500
	760	462	464m	440m	**459**	483m	508m	500
Abfluß bei Waschtischhöhe	900	501m	515	495m	**536m**	522v	508m	500
	850	462	464m	440	**459**	483m	457v	437v
	800	424m	412	413v	**383m**	407	406	437v
	760	385	361m	385m	**383m**	369v	356v	375m
Ventilabstand		154	206	220	**153**	153	203	250

Maße in mm, m = Fliesenmitte, v = Fliesenviertel

Wasserinstallation

140.1 Waschtisch-Wandbatterie

Waschtischhöhe / Raster	77	103	110	**153**	+100	203	250
900	1155 1117m	1133 1082m	1155m 1100	**1148m** **1071**	1172 1095m	1117m –	1125m –
850	1117m 1078	1082m 1030	1100 1045m	**1071** –	1095m –	1117m 1015	1125m –
800	1040m 1001	1030 979m	1045m 990	**1071** **955m**	1095m 1019m	1015 –	1000 –

Maße in mm, m = Fliesenmitte

140.2 Bidet-Einlochbatterie-Eckventile

Raster	77	103	110	**153**	+100	203	250
Standbidet	193m	206	220	**230**	177	203	250
Stand- und Wandbidet	154 116m	155m 103	165m 110	**153** –	177 101	102m –	125m –
Ventilabst. Stand	154	206	220	**153**	153	203	250
Ventilabst. Wand-bidet	308 385	309 412	330 440	**306** **459**	306 459	– 406	– 500

Maße in mm, m = Fliesenmitte

140.3 Mindestbewegungsflächen

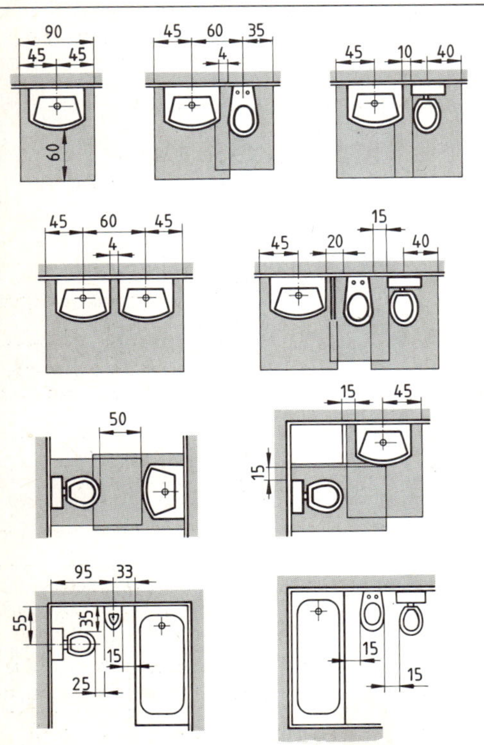

140.4 Mindestbewegungsflächen, Seitenabstände

Sanitär-ausstattung	Bewegungs-breite in cm	Bewegungs-tiefe in cm	Seitenabstand in cm zu Tür oder Fenster	Seitenabstand in cm zu einer Seite	Seitenabstand in cm zu zwei Seiten
Ausguß-anlage	80	120	10	15	25
Badewanne	90	75	10	0	0
Brausewanne	80	75	10	0	0
Klosett-becken	80	50	10	13	20
Sitzwasch-becken	80	40	10	13	22
Spülbecken	100	120	10	0	0
Urinalbecken	60	40	10	13	25
Wasch-becken	70	50	10	10	25
Waschtisch	90	60	10	11	17

140.5 Sanitärausstattung in Wohnungen (DIN 18022)

Raum	Sanitärausstattung
Bad	1 Badewanne, 1 bis 2 Waschtische, 1 Klosett-becken, 1 Bidet, ggf. 1 Brausewanne
WC[1]	1 Klosettbecken, 1 Handwaschbecken, 1 Bidet

[1] Zusätzlich in Wohnungen über 60 m².

140.6 Sanitärausstattung in Schulen

Raum	Sanitärausstattung
WC Knaben	1 Ausgußbecken, 1 Klosettbecken für 20 Knaben, 1 Urinalbecken für 10 Knaben, 1 Waschtisch
WC Mädchen	1 Ausgußbecken, 1 Klosettbecken für 10 Mädchen, 1 Waschtisch für 40 Mädchen
WC Lehrer	1 Klosettbecken für 10 Lehrer(-innen), 1 Waschtisch für 20 Lehrer(-innen)

140.7 Sanitärausstattung in Gaststätten

Plätze bis	Männer Klosett	Männer Urinal	Männer Wasch-tisch	Frauen Klosett	Frauen Wasch-tisch
30	1	2	1	1	1
60	1	3	1	2	1
80	2	4	2	3	2
120	2	5	2	4	3
170	3	6	3	6	3
230	4	7	4	8	5
330	6	10	5	12	6
430	8	12	6	16	7

Wasser-installation

141.1 WC- und Urinalzahl in Betrieben

Männer bis	WC	Urinal	Frauen bis	WC	Bidet	Bemerkung
10	1	1	10	1	1	Ein Abortraum darf höchstens 10 WC enthalten. Für 5 WC ist je ein Handwaschbecken vorzusehen.
25	2	2	20	2	1	
50	3	3	35	3	1	
75	4	4	50	4	2	
100	5	5	65	5	2	
130	6	6	80	6	2	
160	7	7	100	7	3	
190	8	8	120	8	3	
220	9	9	140	9	3	
250	10	10	160	10	3	

141.2 Reinigungsanlagen für je 100 Benutzer

Betriebsart und Verschmutzung[1)]	Summe der Reinigungsstellen	Aufteilung[2)] WT : D : W
Gruppe 1		
• wenig	15	3 : 1
• mäßig	20	2 : 1
• stark	25	1 : 1
Gruppe 2	25	1 : 1
Gruppe 3 und 4	25	2 : 1 : 1

[1)] S. Tabelle 132.3.

[2)] WT Waschtisch, D Brauseanlage, W Badewanne

141.3 Betriebsarten, Verschmutzungsgrad (DIN 18228)

Arbeitsbedingung	Betriebsart	Beispiele
Gruppe 1 gewöhnlich	wenig schmutzend	Bekleidungsindustrie, Buchbinderei, Lager
	mäßig schmutzend	Bahnhof, Holzindustrie
	stark schmutzend	Farbenmisch- oder Kohletagebaubetriebe
Gruppe 2 außergewöhnlich	Hitzebetrieb	Walzwerk, Glasfabrik
	feucht	Wäscherei, Färberei
	feucht, stark schmutzend	Kohlen-, Erzbergwerk
Gruppe 3 gefährdend	Giftstoffe	Blei, Arsen, Hg
	Strahlung	Röntgeneinrichtung
Gruppe 4 hygienisch	Nahrungsbetrieb	Bäckerei, Metzgerei
	Pharmazie	Arzneimittelherstellung

141.4 Sanitärausstattung in Bürogebäuden

Raum	Sanitärausstattung
WC Damen	1 Ausgußbecken, 1 Klosettbecken für 10 Frauen, 1 Waschtisch für 5 Klosettbecken
WC Herren	1 Ausgußbecken, 1 Klosettbecken für 15 Männer, 1 Urinal für 15 Männer oder 150 m^2 Nutzfläche, 1 Waschtisch für 5 Klosettbecken
Büro	1 Waschtisch für 10 Personen oder 100 m^2 Nutzfläche

141.5 Sanitärausstattung in Hotels

Raum	Sanitärausstattung
WC Damen	1 Klosettbecken für 10 Betten, 1 Waschtisch für 5 Klosettbecken
WC Herren	1 Klosettbecken, 1 Urinal für 15 Betten, 1 Waschtisch für 5 Klosettbecken
Baderaum	1 Badewanne, 1 Brausewanne, 1 Klosettbecken, 1 bis 2 Waschtische

141.6 Krankenhäuser für je 36 Betten

Raum	Sanitärausstattung
Besucher:	
WC Damen	2 Klosettbecken, 1 Waschtisch
WC Herren	1 Klosettbecken, 2 Urinale, 1 Waschtisch
Patienten:	
WC Damen	für 10 Betten je 1 Klosettbecken und 1 Waschtisch
WC Herren	für 10 Betten je 1 Klosettbecken, 1 Urinal und 1 Waschtisch
Personal:	
2 WC Damen	je 1 Klosettbecken und 1 Waschtisch für 10 Frauen
2 WC Herren	je 1 Klosettbecken, 1 Urinal für 10 Männer, 1 Waschtisch auf 2 Klosettbecken
Betriebsraum	1 Fäkalienspüle, 1 Spülbottich, 1 Spülbecken, 1 Desinfektionsmittelentnahmestelle, 1 Waschtisch
2 Stationsbäder	je 1 Bidet, 1 Brausewanne, 1 Klosettbecken, 1 Badewanne, 1 Sitzwanne, 1 Waschtisch

141.7 Sanitärausstattung in Kasernen

	1 Waschtisch	1 WC	1 Urinal	1 Bidet	1 Brause	1 Badewanne
Mann	1	20	20	15	15	25

Wasserinstallation

142.1 Wichtige technische Regeln

DIN	Normen
2470	Gasleitungen aus Stahlrohren
3255	Einstellglieder für GVE
3258	GVE: Zündsicherungen
3362	GVE mit Brennern ohne Gebläse
3363	GVE für Großküchenanlagen
3364	GVE: Raumheizer
3368	GVE: Kombi-Wasserheizer
3372	GVE: Heizstrahler
3374	Gaszähler
3377	GVE: Vorrats-Wasserheizer
3380	Gasdruckregelgeräte
3381	Sicherheitsabsperr- und Abblaseeinrichtung
3383	Gasschläuche, Gasanschlußarmaturen
3386	Gasfilter
3388	Abgasklappen
3392	Gasdruckregler für GVE
3398	Druckwächter für GVE
3399	Gasmangelsicherung in GVE
3529	Gasabsperrkegelhähne
3534	Gasanschlußkegelhähne
4702	Gasheizkessel
4705	Berechnung von Schornsteinabmessungen
4751	WW-Heizungen mit VLT bis 110 °C
4753	Wassererwärmungsanlagen WEW
4756	Gasfeuerungen in Heizungsanlagen
4788	Gasbrenner
8521	Gasrücktrittsicherung
8560	Prüfung von Stahlschweißern
18017	Lüftung von Räumen ohne Außenfenster
18150	Hausschornsteine: Baustoffe und Bauteile
18160	Hausschornsteine: Planung, Ausführung
18381	Gas-, Wasserinstallationsarbeiten
30657	Schaumbildende Lecksuchmittel f. Gasleit.
30663	Bewegliche Verbindungen
EN 26	Gas-Durchlaufwasserheizer
DVGW	**Arbeitsblätter**
G 260	Technische Regeln für die Gasbeschaffenheit
G 600	Technische Regeln f. Gas-Installationen **TRGI**
G 624	Nachträgliches Abdichten von Gasinnenleit.
G 626	Abgasabführung von GWH über Lüftungsanl.
G 627	Luft/Abgas-Schornsteine
G 628	Einstellmethoden für GVE
G 631	Gewerbliche GVE
G 634	Großküchen GVE
G 638	Heizstrahler-Anlagen
G 659	GVE mit Abgasventilator
G 660	Abgasanlagen: mechanische Abführung
G 665	Zusammenarbeit GVU, VIU
G 666	und Bezirksschornsteinfegermeister
G 670	Lüftungsanlagen/Sicherheitseinrichtungen
G 674	Heizung mit Gasraumheizern
G 675	Gas-Kachelofen-Luftheizung
GW 2	Verbinden von Kupferrohr f. d. Gasinstallat.
AVB Gas	V-Verordnung über allgemeine Bedingungen für die Gasversorgung
FeuVO	Feuerungsverordnung v. Januar 1980

142.2 Zusammensetzung von Brenngasen in Vol.-%

Bestandteil	Stadtgas	Ferngas	Erdgas L	Erdgas H	Propan	Butan
H_2	51,0	58,0				
CH_4	22,7	18,6	81,2	93,0		
CO	7,1	4,9				
C_3H_8			0,5	1,3	99,5	
C_4H_{10}						100,0
C_nH_m	3,8	3,5	2,9	3,6	0,5	
CO_2	2,5	13,4	1,2	1,0		
N_2	12,3	1,3	14,2	1,1		
O_2	0,6	0,3				

142.3 Dichte und Dichteverhältnis im Normzustand

Gas	Dichte in kg/m³	Dichteverhältnis	Gas	Dichte in kg/m³	Dichteverhältnis
H_2	0,090	0,070	CH_4	0,717	0,555
O_2	1,429	1,105	C_2H_6	1,171	0,906
N_2	1,250	0,967	C_3H_8	2,004	1,550
CO	1,251	0,968	C_4H_{10}	2,703	2,090
CO_2	1,977	1,529	Luft	1,293	1,000

142.4 Zündtemperaturen, Zündgrenzen von Gasen

Zünd-	Stadtgas	Ferngas	Erdgas	Propan
temperatur in °C	560	550	bis 670	bis 510
grenze in Vol.-%	6 bis 35	5 bis 30	5 bis 15	2 bis 9
geschwindigkeit in m/s	0,65	0,70	bis 0,35	bis 0,42

142.5 Umrechnung Betriebsheizwert H_{uB} [1]

H_o [2]	4,89	5,47	8,36	9,31	**10,22**	**11,17**	11,64	12,60
H_u [2]	4,39	4,92	7,53	8,36	**9,22**	**10,06**	10,47	11,58
p_{amb} in mbar	H_{uB} in kWh/m³ bei 15 °C (feucht) für Stadt- u. Ferngas		Erdgas L			Erdgas H		
1033	4,17	4,67	7,12	7,94	**8,75**	**9,56**	9,94	10,8
1027	4,14	4,64	7,11	7,92	**8,69**	**9,50**	9,89	10,7
1013	4,08	4,58	7,00	7,77	**8,56**	**9,33**	9,72	10,5
1000	4,03	4,53	6,94	7,69	**8,47**	**9,25**	9,64	10,4
987	4,00	4,47	6,86	7,61	**8,39**	**9,14**	9,53	10,3
973	3,94	4,39	6,75	7,50	**8,25**	**9,00**	9,36	10,1
960	3,86	4,33	6,64	7,36	**8,11**	**8,83**	9,22	9,94
947	3,83	4,28	6,56	7,28	**8,00**	**8,75**	9,11	9,83
933	3,78	4,22	6,47	7,19	**7,92**	**8,64**	9,00	9,72

[1] $H_{uB} = H_u \cdot 0{,}93 = H_o \cdot 0{,}837$; $H_u = H_o \cdot 0{,}9$ [2] in kWh/m³

143.1 Gasfamilien (DVGW-G 260)

1. Gasfamilie Kurzzeichen: **S**	Einheit	Stadtgas Gruppe A	Ferngas Gruppe B
Wobbeindex W_o			
• Hauptbereich	kWh/m³	6,63...7,56	7,56...8,84
• Gesamtbereich	kWh/m³	6,28...7,79	7,33...9,19
Brennwert H_o			
• Hauptbereich	kWh/m³	4,89	5,47
• Gesamtbereich	kWh/m³	4,65...5,47	5,00...5,82
Dichteverhältnis d	– –	min. 0,40 max. 0,60	min. 0,35 max. 0,55
Wasserstoffgehalt H_2	Vol.-%	40...60	45...67
Anschlußdruck p_e	mbar	min. 7,5 am Gerät	
2. Gasfamilie Kurzzeichen: **N**	Einheit	Naturgas: Erdgas Gruppe L	Gruppe H
Wobbeindex W_o			
• Hauptbereich	kWh/m³	11,63...13,26	13,26...15,47
• Gesamtbereich	kWh/m³	11,40...13,49	13,03...15,70
Brennwert H_o	kWh/m³	8,84 bis 13,14	
Dichteverhältnis d	–	0,55 bis 0,70	
Anschlußdruck p_e	mbar	min. 18 am Gerät	
3. Gasfamilie Kurzzeichen: **F**	Einheit	Flüssiggas Propan	n-Butan
Wobbeindex W_o	kWh/m³	22,63	25,74
Brennwert H_o	kWh/m³	28,28	37,22
Heizwert[1] H_u	kWh/m³	25,99	34,31
Dichteverhältnis d	–	1,56	2,09
Dichte, flüssig bei 0 °C	kg/l	0,53	0,60
Anschlußdruck p_e	mbar	min. 50	Reglerdruck
4. Gasfamilie Kurzzeichen: **L**	Einheit	C_nH_m-Luft-Gemisch F-Luft	N-Luft
Wobbeindex W_o	kWh/m³	6,80...7,00	7,00
Brennwert H_o	kWh/m³	7,50	6,00...6,40
Dichteverhältnis d	–	1,15...1,22	0,75...0,85
Anschlußdruck p_e	mbar	12...18	min. 7,5

[1] Flüssiggase werden nach H_u gehandelt.

143.2 Theoretischer und praktischer Luftbedarf

Gas	theoretischer Luftbedarf je m³ (je kg) Gas	praktischer Luftbedarf je m³ (je kg) Gas
Wasserstoff H_2	2,4 m³	
Methan CH_4	9,6 m³	
Ethan C_2H_6	16,7 m³	
Propan C_3H_8	23,9 m³ (12,2 m³)	
Butan C_4H_{10}	31,1 m³ (12,0 m³)	
Kohlenstoffmonoxid CO	2,4 m³	
Stadtgas	3,8 m³	5 bis 6 m³
Ferngas	4,2 m³	6 m³
Erdgas L	7,8 m³	10,5 bis 12 m³
Erdgas H	9,9 m³	12,5 bis 15 m³
Flüssiggas 50/50	27,5 m³	35 m³ (18 m³)

143.3 Gasanlage, Gaszähler im Kellergeschoß

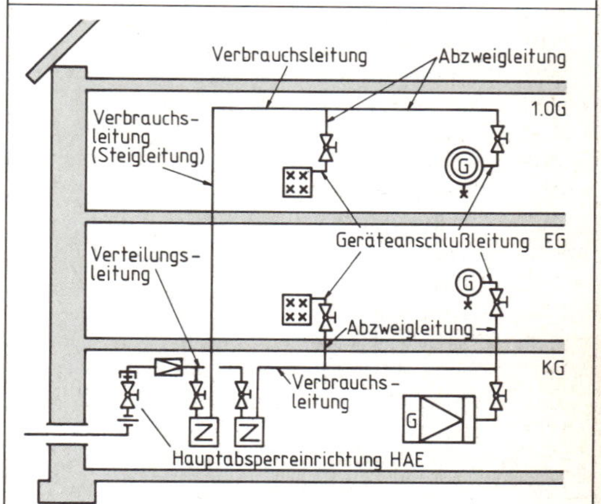

143.4 Gasanlage, Gaszähler in den Geschossen

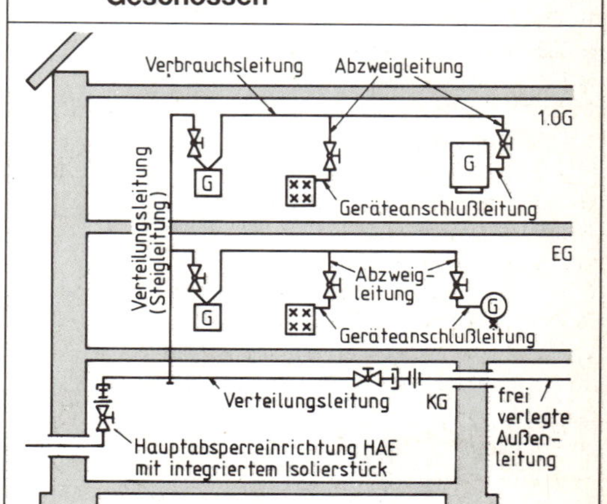

144.1 Für Gasleitungen zugelassene Rohre (DVGW-TRGI 1986 und DVGW-TRF 1989)

DIN	Benennung	Gasfamilien S und N Erdverl. Leitung	Gasfamilien S und N Innenleitung	Gasfamilie F Erdverl. Leitung	Gasfamilie F Innenleitung	Bemerkung – nicht verwendbar + verwendbar
2391	nahtloses Präzisionsstahlrohr	–	+	–	+	Nur anwendbar, wenn bei Rohrdurchmesser bis 20 mm Wanddicke mind. 1,5 mm, über 20 mm Wanddicke mind. 2,0 mm, Rohre auf Dichtheit geprüft und mit Korrosionsschutz versehen sind.
2393	geschweißtes Präzisionsstahlrohr	–	+	–	–	
2394	geschweißtes Präzisionsstahlrohr	–	+	–	–	
2440	Gewinderohr, mittelschwer	–	+	–	+	
2441	Gewinderohr, schwer	+	+	+	+	Für Schweißverbindung nur mit Gütevorschrift. Für alle erdverlegten Stahlrohre ist ein Korrosionsschutz vorgeschrieben. Bei Flüssiggas Wanddicke mind. 2,5 mm.
2448	nahtloses Stahlrohr	+	+	+	+	Nur anwendbar, wenn Wanddicke mindestens 2,6 mm ist.
2458	geschweißtes Stahlrohr	+	+	+	+	
2460	nahtloses Stahlrohr für Gas- u. Wasserinstallation	+	–	+	+	
2461	geschweißtes Stahlrohr für Gas- u. Wasserinstallation	+	–	+	+	
28610	Druckrohr aus duktilem Gußeisen	+	–	–	–	
GW 392	Rohr aus Kupfer, nahtlos gezogen	–	+	–	–	Nur anwendbar, wenn bei Rohraußendurchmessern bis 22 mm Wanddicke mind. 1,0 mm, über 22 bis 42 mm Wanddicke mind. 1,5 mm, über 42 mm Wanddicke mind. 2,0 mm. Beim Löten ohne Kapillarlötfittings oder Schweißen Wanddicke mind. 1,5 mm.
1786	Rohr aus Kupfer für Lötverbindungen	–	+	+	+	
G 477	PVC hart-Rohr, HDPE-Rohr	+	–	+	–	Sonderregelung
3383	Sicherheits-Gasschlauch	–	+	–	+	Für Anschluß von Feuerstätten neben starren Leitungen nur Edelstahlschläuche zugelassen.
3384	Edelstahlschlauch	–	+	–	+	

144.2 Lösbare Verbindungen nach TRGI und TRF (Auswahl)

Bezeichnung	Halbschnitt	Gasfamilie S + N	Gasfamilie F	Bezeichnung	Halbschnitt	Gasfamilie S + N	Gasfamilie F
Gewinde nach DIN 2999	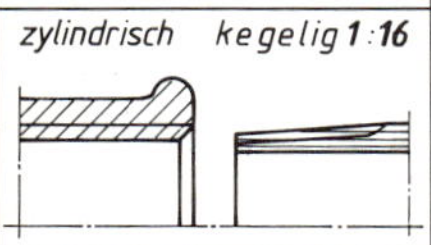	+	+	Klemmring-verschraubung	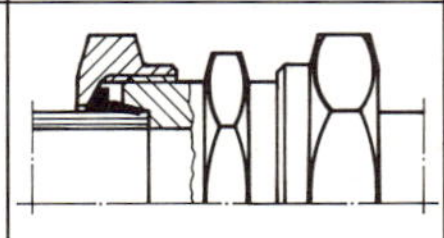	–	+
Quetsch-verschraubung	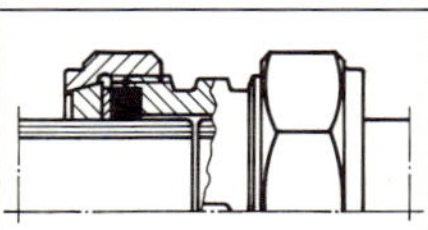	+	–	Konus-verschraubung	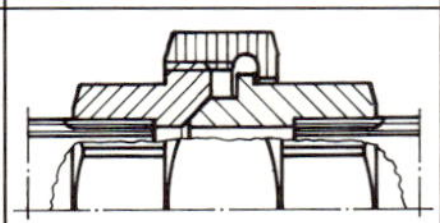	+	+
Schneidring-verschraubung	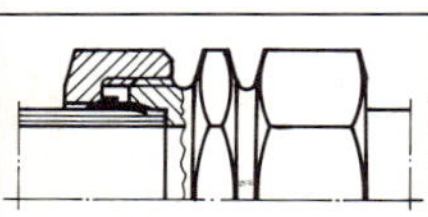	–	+	Verschraubung mit Flach-dichtung	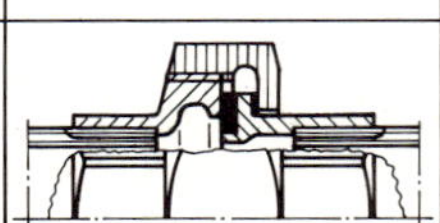	+	–

Gas-installation

145.1 Gasabsperrklappen (DIN 3538)

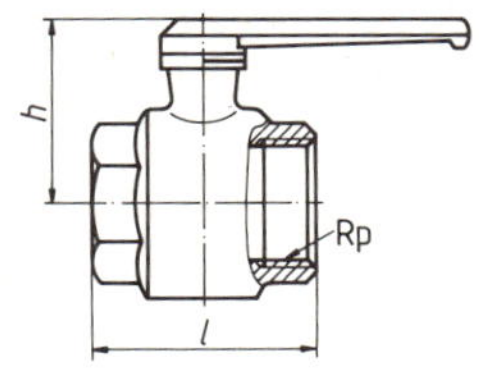

Anschluß DN	Rp	l in mm	h in mm
15	½	65	69
20	¾	75	69
25	1	90	80
32	1¼	95	85
40	1½	100	92
50	2	112	97
65	2½	132	110

145.2 Absperr-Kegelhähne (DIN 3529, DIN 3532)

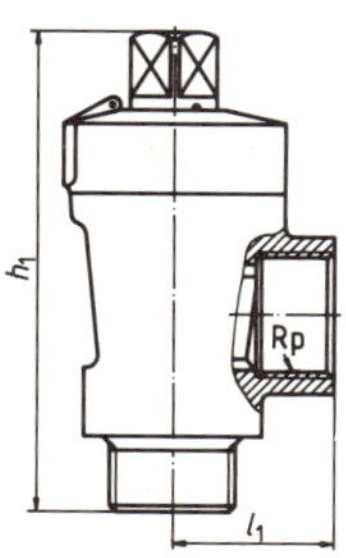

DN	l[1] in mm	l_1 in mm Form A, B	l_1 in mm Form C	h_1 in mm Form A, B	h_1 in mm Form C
15[1]	65	–	–	–	–
20	75	36	33	115	106
25	90	43	38	125	117
32	105	50	45	145	143
40	120	58	50	155	155
50	140	66	59	175	175

[1] Nur Durchgangsform.

Z. B.: Eckform DIN 3532
Form A: mit Außengewinde
Form B: mit Innengewinde
Form C: Gaszähler

145.3 Anschluß-Kegelhähne mit Verschraubung (DIN 3533, DIN 3534)

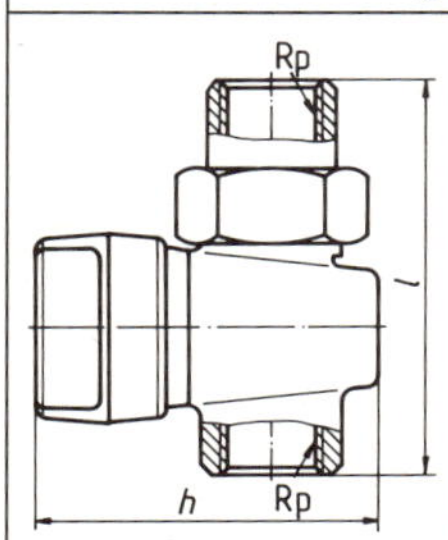

DN	l[1] in mm	h[1] in mm	l_1 in mm	h_1 in mm
10[1]	73,5	72	–	–
15	82,5	72	55	115
20	99,5	82	65	120
25	118	98	80	125

[1] Nur Durchgangsform DIN 3534.

145.4 Kennzeichnung von Gasbrennerdüsen

Kennzeichnung (Beispiel)	230	145	130	80
Düse				
Gasart	Stadtgas	Erdgas L	Erdgas H	Propan, Butan

145.5 Einstellwerte

$\dot{Q}_B$ in kW	Einstellwert $\dot{V}_E$ in l/min für folgende Brennwerte H_0 in kWh/m³ – 2. Gasfamililie: 8,83	9,08	9,53	9,89	10,00	10,22	10,47	10,69
3,5	7,7	7,5	7,1	6,9	6,8	6,7	6,5	6,4
5,2	11,6	11,3	10,7	10,3	10,2	10,0	9,8	9,6
7,0	15,4	15,0	14,3	13,8	13,6	13,3	13,0	12,7
8,7	19,3	18,8	17,9	17,2	17,0	16,7	16,3	15,9
10,5	23,1	22,5	21,4	20,7	20,4	20,0	19,5	19,1
12,2	27,0	26,3	25,0	24,1	23,9	23,3	22,8	22,3
13,9	30,8	30,1	28,6	27,6	27,3	26,6	26,0	25,5
15,7	34,7	33,8	32,2	31,0	30,7	30,0	29,3	28,7
17,4	38,6	37,6	35,7	34,5	34,1	33,3	32,6	31,9
19,2	42,4	41,3	39,3	37,9	37,5	36,6	35,8	35,0
20,9	46,3	45,1	42,9	41,4	40,9	40,0	39,1	38,2
22,7	50,1	48,8	46,5	44,8	44,3	43,3	42,3	41,4
24,4	54,0	52,6	50,0	48,3	47,7	46,6	45,6	44,6
26,2	57,8	56,4	53,6	51,7	51,1	50,0	48,8	47,8
27,9	61,7	60,1	57,2	55,2	54,5	53,3	52,1	51,0
29,6	65,5	63,9	60,8	58,6	57,9	56,6	55,4	54,1
31,4	69,4	67,6	64,3	62,1	61,3	59,9	58,6	57,3

$\dot{Q}_B$ in kW	Einstellwert $\dot{V}_E$ in l/min für folgende Brennwerte H_0 in kWh/m³ – 2. Gasfamilie: 10,92	11,39	11,64	11,69	12,08	12,33	12,78	13,03
3,5	6,2	6,0	5,9	5,8	5,6	5,5	5,3	5,2
5,2	9,4	9,0	8,8	8,7	8,5	8,3	8,0	7,8
7,0	12,5	12,0	11,7	11,7	11,3	11,1	10,7	10,5
8,7	15,6	15,0	14,7	14,6	14,1	13,8	13,3	13,1
10,5	18,7	17,9	17,6	17,5	16,9	16,6	16,0	15,7
12,2	21,8	20,9	20,5	20,4	19,7	19,4	18,6	18,3
13,9	24,9	23,9	23,4	23,3	22,5	22,1	21,3	20,9
15,7	28,1	26,9	26,4	26,2	25,4	24,9	24,0	23,5
17,4	31,2	29,9	29,3	29,2	28,2	27,6	26,6	26,2
19,2	34,3	32,9	32,2	32,1	31,0	30,4	29,3	28,8
20,9	37,4	35,9	35,2	35,0	33,8	33,2	32,0	31,4
22,7	40,5	38,9	38,1	37,9	36,6	35,9	34,6	34,0
24,6	43,6	41,9	41,0	40,8	39,4	38,7	37,3	36,6
26,2	46,8	44,9	44,0	43,7	42,3	41,5	40,0	39,2
27,9	49,9	47,8	46,9	46,7	45,1	44,2	42,6	41,9
29,6	53,0	50,8	49,8	49,6	47,9	47,0	54,3	44,5
31,4	56,1	53,8	52,7	52,5	50,7	49,8	48,0	41,1

$\dot{Q}_B$ in kW	Einstellwert $\dot{V}_E$ in l/min für folgende Brennwerte H_0 in kWh/m³ – 1. Gasfamilie: 4,65	4,88	5,11	5,35	5,46	5,58	5,81
3,5	14,7	14,0	13,3	12,7	12,9	12,2	11,7
5,2	22,0	20,9	20,0	19,1	18,7	18,3	17,6
7,0	29,3	27,9	26,6	25,5	24,9	24,4	23,4
8,7	36,6	34,9	33,3	31,9	31,2	30,9	29,3
10,5	44,0	41,9	40,0	38,2	37,4	36,6	35,2
12,2	51,3	48,8	46,6	44,6	43,6	42,7	41,0
13,9	58,6	55,8	53,3	51,0	49,9	48,8	46,9
15,7	65,9	62,8	59,9	57,3	56,1	54,9	52,7
17,4	73,3	69,8	66,6	63,7	62,3	61,1	58,6
19,2	80,6	76,7	73,3	70,1	68,6	67,2	64,5
20,9	87,9	83,7	79,9	76,4	74,8	73,3	70,3
22,7	95,2	90,7	86,6	82,8	81,1	79,4	76,2

Gas-installation

146.1 Druckverlust Z (μbar) aus Einzelwiderständen

v in	$\Sigma\zeta$									
m/s	0,5	1,0	1,5	2,0	2,5	3,0	3,5	4,0	4,5	5,0
1,0	2,0	4,0	6,0	8,0	10,0	12,0	14,0	16,0	18,0	20,0
1,1	2,0	5,0	7,0	10,0	12,0	14,0	17,0	19,0	22,0	24,0
1,2	3,0	6,0	9,0	11,0	14,0	17,0	20,0	23,0	26,0	29,0
1,3	3,0	7,0	10,0	13,0	17,0	20,0	24,0	27,0	30,0	34,0
1,4	4,0	8,0	12,0	16,0	20,0	23,0	27,0	31,0	35,0	39,0
1,5	5,0	9,0	13,0	18,0	22,0	27,0	31,0	36,0	40,0	45,0
1,6	5,0	10,0	15,0	20,0	25,0	31,0	36,0	41,0	46,0	51,0
1,7	6,0	12,0	17,0	23,0	29,0	34,0	40,0	46,0	52,0	57,0
1,8	6,0	13,0	19,0	26,0	32,0	39,0	45,0	52,0	58,0	64,0
1,9	7,0	14,0	22,0	29,0	36,0	43,0	50,0	57,0	65,0	72,0
2,0	8,0	16,0	24,0	32,0	40,0	48,0	56,0	64,0	72,0	79,0
2,2	10,0	19,0	29,0	38,0	48,0	58,0	67,0	77,0	87,0	96,0
2,4	11,0	23,0	34,0	46,0	57,0	69,0	80,0	92,0	103,0	114,0
2,6	13,0	27,0	40,0	54,0	67,0	81,0	94,0	107,0	121,0	134,0
2,8	16,0	31,0	47,0	62,0	78,0	93,0	109,0	125,0	140,0	156,0
3,0	18,0	36,0	54,0	72,0	89,0	107,0	125,0	143,0	161,0	179,0
3,5	24,0	49,0	73,0	97,0	122,0	146,0	170,0	195,0	219,0	243,0
4,0	32,0	64,0	95,0	127,0	159,0	191,0	222,0	254,0	286,0	318,0
4,5	40,0	80,0	121,0	161,0	201,0	241,0	281,0	322,0	362,0	402,0
5,0	50,0	99,0	149,0	199,0	248,0	298,0	347,0	397,0	447,0	496,0

146.2 zulässiger Spitzenvolumenstrom $\dot{V}s_{zul}$ für Steigleitungen in m³/h

$\Sigma\zeta$	Teilstrecke beginnt z. B. mit	DN 25	DN 32	DN 40	DN 50	DN 65	DN 80
0,0	ohne Form-, Verbindungsstück oder Armatur	4,6	9,8	15,1	28,5	57,5	88
0,3	T-Stück 90° oder Bogen-T 90° Durchgang	4,5	9,5	14,5	27	53	82
0,7	Winkel oder Bogen	4,3	9,2	13,6	25	48	70
0,9	Bogen-T oder Reinigungsbogen-T -Abzweig	4,2	9,0	13,3	24	46	67
1.3	T-Stück-90° oder Reinigungs-T 90° oder Reinigungskreuzstück 90° -Abzweig	4,1	8,5	12,5	23	42	62
1.7	wie $\Sigma\zeta$ = 1,3 + Reduzierstück	4,0	8,1	12,0	22	39	56

In Tab 146.2 sind berücksichtigt:
- eine Teilstreckenlänge von 3 m
- die in der Hausinstallation üblichen Verlustbeiwerte ($\Sigma\zeta$)

146.3 zulässiger Spitzenvolumenstrom $\dot{V}s_{zul}$ für die Abzweig- und Geräteanschlußleitung

	DN 10				DN 15			
	$\dot{V}s_{zul}$ in m³/h bei Rest-$(R \cdot l)_{zul}$ von							
l in m	0,4 mbar	0,3 mbar	0,2 mbar	0,1 mbar	0,4 mbar	0,3 mbar	0,2 mbar	0,1 mbar
1	1,8	1,6	1,3	1,2	3,6	3,1	2,5	1,8
2	1,3	1,2	1,2	1,0	2,5	2,2	1,8	1,5
3	1,2	1,2	1,2	0,6	2,0	1,8	1,5	1,5
4	1,2	1,2	1,0	0,5	1,8	1,5	1,5	1,3
5	1,2	1,2	0,8	–	1,6	1,5	1,5	1,0
6	1,2	1,0	0,6	–	1,5	1,5	1,5	0,8
7	1,1	0,8	0,6	–	1,5	1,5	1,4	0,7
8	0,9	0,7	0,5	–	1,5	1,5	1,3	0,6
9	0,8	0,6	–	–	1,5	1,5	1,1	0,6
10	0,8	0,6	–	–	1,5	1,5	1,0	0,5
11	0,7	0,5	–	–	1,5	1,4	0,9	0,5
12	0,6	0,5	–	–	1,5	1,3	0,8	–
13	0,6	–	–	–	1,5	1,2	0,8	–
14	0,5	–	–	–	1,4	1,1	0,7	
15	0,5	–	–	–	1,3	1,0	0,7	–

	DN 20				DN 25			
	$\dot{V}s_{zul}$ in m³/h bei Rest-$(R \cdot l)_{zul}$ von							
l in m	0,4 mbar	0,3 mbar	0,2 mbar	0,1 mbar	0,4 mbar	0,3 mbar	0,2 mbar	0,1 mbar
1	8,2	7,1	5,7	4,0	15,5	13,3	10,7	7,5
2	5,7	4,9	4,0	2,8	10,7	9,3	7,5	5,2
3	4,6	4,0	3,2	2,2	8,6	7,5	6,0	4,2
4	4,0	3,4	2,8	2,0	7,5	6,4	5,2	3,6
5	3,6	3,0	2,5	2,0	6,6	5,8	4,6	3,2
6	3,2	2,9	2,2	2,0	6,0	5,2	4,2	2,9
7	3,0	2,6	2,1	2,0	5,4	4,8	3,9	2,7
8	2,8	2,4	2,0	2,0	5,2	4,5	3,6	2,5
9	2,6	2,2	2,0	1,9	4,9	4,2	3,4	2,5
10	2,5	2,1	2,0	1,7	4,6	4,0	3,2	2,5
11	2,3	2,0	2,0	1,5	4,4	3,8	3,0	2,5
12	2,2	2,0	2,0	1,4	4,2	3,6	2,9	2,5
13	2,1	2,0	2,0	1,3	4,0	3,5	2,8	2,5
14	2,1	2,0	2,0	1,2	3,9	3,3	2,7	2,5
15	2,0	2,0	2,0	1,1	3,7	3,2	2,5	2,5

Merke!

Für **Verteilungs-** und **Verbrauchsleitungen** (Tab.: 147.1 und 147.2) gilt: Bei mehreren Teilstrecken muß immer die **gesamte Länge *l* aller Leitungen** für die Ermittlung des Rohrdurchmessers **jeder einzelnen Teilstrecke** verwendet werden.

147.1 zulässiger Spitzenvolumenstrom $\dot{V}s_{zul}$ für die Verteilungsleitung

l in m	DN 25			DN 32			DN 40		
	$\dot{V}s_{zul}$ in m³/h bei Rest-$(R \cdot l)_{zul}$ von								
	0,25 mbar	0,15 mbar	0,10 mbar	0,25 mbar	0,15 mbar	0,10 mbar	0,25 mbar	0,15 mbar	0,10 mbar
1	12,0	9,2	7,5	25,0	19,5	16,0	38,0	29,5	24,0
2	8,4	6,5	5,2	17,0	13,5	11,0	27,0	20,5	16,9
3	6,7	5,2	4,3	14,5	11,0	9,0	22,0	17,0	13,6
4	5,8	4,6	3,6	12,5	9,4	7,6	19,0	14,5	11,9
5	5,2	4,0	3,2	11,0	8,5	6,8	17,0	13,0	10,6
6	4,7	3,6	2,9	10,0	7,6	6,2	15,5	11,8	9,5
7	4,3	3,3	2,6	9,4	6,8	5,6	14,0	10,8	8,7
8	4,0	3,1	2,5	8,6	6,6	5,3	13,3	10,2	8,1
9	3,7	2,9	2,5	8,0	6,2	5,0	12,5	9,5	7,6
10	3,6	2,7	2,5	7,6	5,9	4,7	11,5	9,0	7,1
11	3,4	2,6	2,5	7,2	5,5	4,5	11,0	8,5	6,8
12	3,2	2,5	2,5	6,9	5,3	4,3	10,5	8,2	6,5
13	3,1	2,5	2,5	6,6	5,1	4,1	10,0	7,8	6,2
14	3,0	2,5	2,5	6,4	4,8	3,9	9,9	7,4	6,0
15	2,9	2,5	2,5	6,2	4,7	3,8	9,5	7,2	5,7
16	2,8	2,5	2,5	6,0	4,5	3,7	9,2	6,9	5,5
17	2,7	2,5	2,5	5,8	4,4	3,6	8,9	6,7	5,4
18	2,6	2,5	2,3	5,6	4,3	3,4	8,5	6,5	5,2
19	2,5	2,5	2,2	5,4	4,1	3,3	8,3	6,3	5,0
20	2,5	2,5	2,1	5,3	4,0	3,3	8,2	6,1	4,9

l in m	DN 50			DN 65			DN 80		
	$\dot{V}s_{zul}$ in m³/h bei Rest-$(R \cdot l)_{zul}$ von								
	0,25 mbar	0,15 mbar	0,10 mbar	0,25 mbar	0,15 mbar	0,10 mbar	0,25 mbar	0,15 mbar	0,10 mbar
1	73,0	56,0	46,0	145,0	113,0	92,0	225,0	175,0	142,0
2	50,5	39,5	32,0	103,0	80,0	64,1	160,0	122,0	99,0
3	41,0	32,0	25,8	83,0	64,0	52,0	128,0	100,0	80,0
4	36,0	27,5	22,1	72,0	55,0	45,0	112,0	85,0	69,0
5	32,0	24,5	20,0	64,0	49,5	40,0	100,0	76,0	61,2
6	29,0	21,2	18,0	58,0	45,0	36,0	90,0	69,0	55,8
7	26,5	20,2	16,5	53,0	41,0	33,0	82,0	63,0	50,4
8	25,0	19,1	15,5	50,0	38,2	31,0	77,0	59,0	47,9
9	23,5	18,0	14,4	47,5	36,0	29,0	73,0	55,8	44,8
10	22,0	17,1	13,7	45,0	34,2	27,5	69,0	53,0	42,5
11	20,5	16,5	12,9	42,0	32,4	26,0	65,0	50,0	40,2
12	20,0	15,5	12,3	40,0	30,5	24,8	61,0	48,0	38,2
13	19,5	14,7	11,7	39,0	29,5	23,8	60,0	46,0	36,9
14	18,5	14,1	11,2	37,0	28,2	22,7	57,0	43,8	35,1
15	18,0	13,6	10,8	36,0	27,5	22,0	55,0	42,5	34,2
16	17,5	13,1	10,3	35,0	25,7	21,2	54,0	41,0	33,0
17	17,0	12,7	10,1	33,0	25,3	20,7	52,0	39,9	32,1
18	16,0	12,3	9,8	32,0	24,9	20,0	50,0	38,5	31,0
19	15,7	12,0	9,6	31,5	24,1	19,4	49,0	37,6	30,0
20	15,5	11,6	9,3	31,0	23,5	18,9	48,0	36,5	29,5

147.2 zulässiger Spitzenvolumenstrom $\dot{V}s_{zul}$ für die Verbrauchsleitung

l in m	DN 15			DN 20			DN 25		
	$\dot{V}s_{zul}$ in m³/h bei Rest-$(R \cdot l)_{zul}$ von								
	0,6 mbar	0,4 mbar	0,2 mbar	0,6 mbar	0,4 mbar	0,2 mbar	0,6 mbar	0,4 mbar	0,2 mbar
1	4,5	3,6	2,5	10,1	8,2	5,7	18,9	15,4	10,6
2	3,2	2,5	1,8	7,1	5,7	4,0	13,2	10,8	7,5
3	2,5	2,0	1,5	5,7	4,6	3,2	10,7	8,6	6,0
4	2,2	1,8	1,5	4,9	4,0	2,8	9,3	7,5	5,2
5	1,9	1,6	1,5	4,4	3,5	2,5	8,2	6,7	4,6
6	1,8	1,5	1,5	4,0	3,2	2,2	7,5	6,0	4,2
7	1,6	1,5	1,4	3,7	3,0	2,1	6,9	5,6	3,9
8	1,5	1,5	1,3	3,4	2,8	2,0	6,4	5,2	3,6
9	1,5	1,5	1,1	3,2	2,6	2,0	6,1	4,9	3,4
10	1,5	1,5	1,0	3,1	2,5	2,0	5,6	4,6	3,2
11	1,5	1,5	0,9	2,9	2,3	2,0	5,5	4,3	3,0
12	1,5	1,5	0,8	2,8	2,2	2,0	5,2	4,2	2,9
13	1,5	1,5	0,8	2,7	2,1	2,0	5,0	4,0	2,7
14	1,5	1,4	0,7	2,6	2,1	2,0	4,8	3,9	2,6
15	1,5	1,4	0,7	2,5	2,0	2,0	4,6	3,7	2,5
16	1,5	1,3	0,6	2,4	2,0	2,0	4,5	3,6	2,5
17	1,5	1,2	0,6	2,3	2,0	2,0	4,3	3,5	2,5
18	1,5	1,1	0,6	2,2	2,0	1,9	4,2	3,4	2,5
19	1,5	1,1	0,5	2,2	2,0	1,8	4,1	3,3	2,5
20	1,5	1,0	0,5	2,1	2,0	1,7	4,0	3,2	2,5

l in m	DN 32			DN 40			DN 50		
	$\dot{V}s_{zul}$ in m³/h bei Rest-$(R \cdot l)_{zul}$ von								
	0,6 mbar	0,4 mbar	0,2 mbar	0,6 mbar	0,4 mbar	0,2 mbar	0,6 mbar	0,4 mbar	0,2 mbar
1	40,0	32,6	22,9	60,8	48,9	34,2	114,0	92,1	65,0
2	28,1	22,9	15,9	42,3	34,2	24,1	80,0	65,0	45,9
3	22,8	18,5	12,8	34,2	27,5	19,5	65,0	51,5	37,0
4	19,6	15,9	11,0	29,7	24,1	17,0	56,1	45,9	32,0
5	17,5	14,1	9,8	26,9	21,5	15,0	50,1	41,0	28,5
6	15,9	12,8	8,9	24,1	19,5	13,6	45,9	37,0	25,8
7	14,5	11,8	8,2	22,4	18,0	12,7	42,5	34,0	24,0
8	13,7	11,0	7,6	20,3	17,0	11,9	39,4	32,0	22,2
9	12,8	10,3	7,2	19,5	15,9	11,1	37,0	30,1	20,9
10	12,2	9,8	6,8	18,6	15,0	10,5	35,2	28,5	20,0
11	11,6	9,2	6,4	17,7	14,1	10,1	33,5	26,5	18,8
12	11,0	8,9	6,2	17,0	13,6	9,5	32,0	25,8	18,0
13	10,6	8,4	5,8	16,2	13,0	9,0	30,5	24,5	17,1
14	10,2	8,2	5,6	15,5	12,7	8,7	29,4	24,0	16,5
15	9,8	7,9	5,4	15,0	12,2	8,4	28,5	23,0	15,9
16	9,5	7,6	5,2	14,6	11,9	8,0	27,5	22,2	15,1
17	9,2	7,6	5,1	14,1	11,5	7,9	26,5	21,5	14,9
18	8,9	7,2	5,0	13,6	11,1	7,6	25,8	20,9	14,5
19	8,7	7,0	4,9	13,4	10,8	7,4	25,0	20,3	14,1
20	8,4	6,8	4,7	13,0	10,5	7,2	24,5	20,0	13,6

148.1 Anschlußwerte

Gasverbrauchseinrichtung	$\dot{Q}_{NL}$ in kW	Anschlußwert $\dot{V}_A$ in m³/h für 1. Gasfamilie H_{uB} = 4,2 kWh/m³	2. Gasfamilie Grup. L H_{uB} = 8,6 kWh/m³	Grup. H H_{uB} = 10,6 kWh/m³	4. Gasfamilie H_{uB} = 6,3 kWh/m³
Herd **H**	4-fl.	3,0	1,5	1,2	2,0
Wasserheizer **WH**	8,7	2,5	1,2	1,0	1,6
	17,5	5,0	2,4	2,0	3,3
	22,7	6,5	3,2	2,6	4,3
	27,9	8,0	3,9	3,2	5,3
VWH					
80 l	6,9	1,9	0,9	0,7	1,3
120 l	7,6	2,1	1,0	0,8	1,5
150 l	8,3	2,3	1,1	0,9	1,6
190 l	8,7	2,4	1,2	1,0	1,7
200 l	10,5	2,9	1,4	1,2	1,9
Raumheizer **RH**	3,5	1,0	0,5	0,4	0,7
	4,7	1,3	0,6	0,5	0,9
	7,0	2,0	1,0	0,8	1,3
	9,3	2,7	1,3	1,1	1,8
	11,6	3,3	1,6	1,3	2,2
Umlaufwasserheizer **UWH**	5,0	1,4	0,7	0,6	1,0
	6,0	1,7	0,8	0,7	1,1
	7,0	2,0	1,0	0,8	1,3
	8,0	2,3	1,1	0,9	1,5
	9,0	2,6	1,3	1,0	1,7
	9,3	2,7	1,3	1,1	1,8
Zentralheizkessel **ZHK**	10,0	2,9	1,4	1,1	1,9
	11,0	3,1	1,5	1,2	2,1
	14,0	4,0	1,9	1,6	2,6
	17,5	5,0	2,4	2,0	3,3
	18,6	5,3	2,6	2,1	3,5
	20,9	6,0	2,9	2,4	4,0
	23,3	6,7	3,2	2,6	4,4

148.2 Nennwert des Anschlußdruckes für Gasgeräte

Gasfamilie	1	2	4
Anschlußdruck	8 mbar	20 mbar	15 mbar

148.3 Praxisnahe Zustandsgrößen

Gasfamilie	1	2	4
kin. Zähigkeit m²/s	$26 \cdot 10^{-6}$	$14 \cdot 10^{-6}$	$8{,}45 \cdot 10^{-6}$
Gastemperatur in K	285	285	285
Gasdruck p in mbar	9,2	22,6	17,6
Luftdruck in mbar	993	993	993
Dichteverhältnis d	0,50	0,64	1,153
Gasdichte ϱ in kg/m³	0,61	0,79	1,43
Rohrrauhigkeit k in m	$5 \cdot 10^{-4}$		

148.4 Druckverlust/-gewinn in Steigleitungen

$$\Delta p_H = g \cdot \Delta h \cdot (\varrho_{Gas} - \varrho_{Luft}) \cdot 10^{-2} \text{ in mbar}$$

Gasfamilie	1	2	3	4
$\Delta p_H = \Delta h$ in mbar	**– 0,06**	**– 0,04**	Propan: **+ 0,07** Butan: **+ 0,14**	**+ 2,24**

$d < 1$ z.B.: Erdgas	Steigleitung fallende Leit.	Δp_H = negativ Δp_H = positiv	Gewinn Verlust
$d > 1$ Flüssiggas	Steigleitung fallende Leit.	Δp_H = positiv Δp_H = negativ	Gewinn Verlust

148.5 Druckverlust/-gewinn durch Auftrieb abhängig vom Dichteverhältnis

d	Δp_H in mbar[2]	d	Δp_H in mbar[2]
0,35	0,076	0,85	0,015
0,40	0,070	0,90	0,008
0,45	0,064	0,95	0,002
0,50	0,058	1,00	0,004[1]
0,55	0,052	1,05	0,009
0,60	0,045	1,10	0,016
0,65	0,039	1,15	0,022
0,70	0,033	1,20	0,028
0,75	0,027	1,25	0,034
0,80	0,021	1,30	0,040

[1] Bei d = 1,00 ist Δp_H nicht ± 0, weil Luft und Gas unterschiedliche Betriebszustände haben.

[2] Vorzeichen:
- ⊖ bei Stadt-/Erdgas für steigende Leitungen, da der Druckverlust durch Auftrieb kleiner wird.
- ⊖ bei Flüssiggas für fallende Leitungen.
- ⊕ bei Stadt-/Erdgas für fallende Leitungen.
- ⊕ bei Flüssiggas für steigende Leitungen.

148.6 Maximal zulässige Druckverluste

Leitungsteil	Δp in mbar
Hausanschlußleitung HAL	0,2
Verteilungsleitung	0,3
Zähler	1,0
Verbrauchsleitung	0,8
Abzweig- und Geräteanschlußleitung	0,5

148.7 Druckverlust durch Einzelwiderstände

$$Z = \Sigma\zeta \cdot \frac{v^2 \cdot \varrho}{2} \cdot 10^{-2} \text{ in mbar}$$

1. Gasfamilie	2. Gasfamilie	4. Gasfamilie
Druckverlust durch Einzelwiderstände Z in mbar		
$3{,}06 \cdot 10^{-3} \cdot v^2 \cdot \Sigma\zeta$	$3{,}97 \cdot 10^{-3} \cdot v^2 \cdot \Sigma\zeta$	$7{,}15 \cdot 10^{-3} \cdot v^2 \cdot \Sigma\zeta$

149.1 Verlustbeiwerte ζ von Einzelwiderständen

Einzelwiderstand	Symbol	ζ
Abzweig, Trennung		1,3
Abzweig, Durchgang bei Trennung	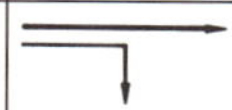	0,3
Reinigungs-T-Stück 90°		1,3
Abzweig, Gegenlauf bei Trennung		1,5
Abzweig, bogenförmig, Trennung	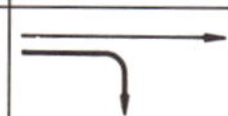	0,9
bogenförmig, Durchgang bei Trennung	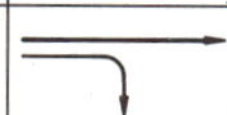	0,3
Reinigungs-Bogen-T-Stück 90°	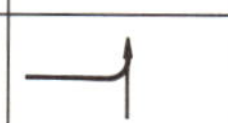	0,9
bogenförmig, Gegenlauf bei Trennung		1,3
Kreuzstück 90°, Abzweig, Trennung	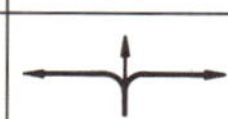	2,0
Kreuzstück, Durchgang, Trennung	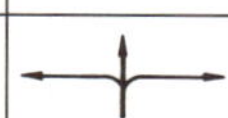	1,3
Reinigungs-Kreuzstück 90°, Abzweig, Trennung	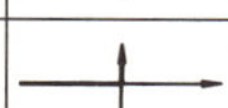	1,3
Reinigungs-Kreuzstück 90° Durchgang bei Trennung	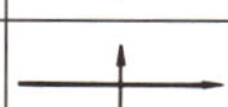	0,5
Bogen 90°		0,5
Bogen 45°		0,3
Winkel 90°		1,3
Winkel 45°		0,5
Reduzierung		0,4
Etagenbogen		0,5
Hahn DIN 3525, DIN 3526		2,0
Eckhahn, Sicherheitsanschlußarmatur (Gassteckdose)		5,0
Absperrschieber DIN 3216		0,5
Einstutzen-Gaszähler • Anschlußstück DN 25 • Anschlußstück > DN 25	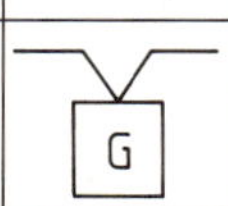	 2,0 4,0

149.2 Gerätebezogene Gleichzeitigkeitsfaktoren

Gerätezahl	f_{GH}	f_{GDWH}	f_{GRH}	f_{GUWH}
1	0,621	1,000	1,000	1,000
2	0,448	0,607	0,800	0,883
3	0,371	0,456	0,703	0,822
4	0,325	0,373	0,641	0,782
5	0,294	0,320	0,597	0,752
6	0,271	0,283	0,564	0,729
7	0,253	0,255	0,537	0,710
8	0,239	0,234	0,515	0,694
9	0,227	0,217	0,496	0,680
10	0,217	0,202	0,480	0,668
11	0,208	0,191	0,466	0,657
12	0,201	0,180	0,454	0,648
13	0,194	0,172	0,443	0,639
14	0,188	0,164	0,432	0,631
15	0,183	0,157	0,423	0,624
16	0,178	0,151	0,415	0,617
17	0,173	0,146	0,407	0,611
18	0,169	0,141	0,400	0,605
19	0,166	0,137	0,394	0,599
20	0,162	0,133	0,387	0,594
21	0,159	0,129	0,382	0,590
22	0,156	0,125	0,376	0,585
23	0,153	0,122	0,371	0,581
24	0,151	0,119	0,366	0,577
25	0,148	0,117	0,362	0,573
26	0,146	0,114	0,357	0,569
27	0,144	0,112	0,353	0,566
28	0,142	0,110	0,349	0,562
29	0,140	0,108	0,346	0,559
30	0,138	0,106	0,342	0,556

149.3 Rohrreibungsverluste bei Stahlrohr (DIN 2440)

$\dot{V}_S$ in $\frac{m^3}{h}$	DN 15		DN 20		DN 25		DN 32		DN 40	
	v in m/s	R in $\frac{mbar}{m}$	v in m/s	R in $\frac{mbar}{m}$	v in m/s	R in $\frac{mbar}{m}$	v in m/s	R in $\frac{mbar}{m}$	v in m/s	R in $\frac{mbar}{m}$
1,0	1,4	0,019								
1,5	2,1	0,073	1,1	0,009						
2,0	2,8	0,126	1,5	0,027						
2,5	3,5	0,192	1,9	0,041	1,2	0,013				
3,0	4,1	0,272	2,3	0,057	1,4	0,018				
3,5	4,8	0,365	2,7	0,076	1,7	0,023				
4,0	5,5	0,472	3,0	0,98	1,9	0,03	1,1	0,007		
5,0			3,8	0,150	2,4	0,045	1,4	0,011	1,0	0,052
5,5			4,2	0,180	2,6	0,054	1,5	0,013	1,1	0,006
6,0			4,5	0,213	2,9	0,064	1,6	0,016	1,2	0,007
7,0			5,3	0,286	3,3	0,086	1,9	0,021	1,4	0,010
8,0							2,2	0,027	1,6	0,012
9,0							2,5	0,033	1,8	0,015
10,0							2,7	0,040	2,0	0,019
11,0							3,0	0,048	2,2	0,022
12,0							3,3	0,057	2,4	0,026

Gas-installation

150.1 Rohrreibungsverluste, Stahlrohr (DIN 2440)

$\dot{V}_S$ in $\frac{m^3}{h}$	DN 32		DN 40		DN 50		DN 65		DN 80	
	v in m/s	R in $\frac{mbar}{m}$	v in m/s	R in $\frac{mbar}{m}$	v in m/s	R in $\frac{mbar}{m}$	v in m/s	R in $\frac{mbar}{m}$	v in m/s	R in $\frac{mbar}{m}$
9,5	2,6	0,037	1,9	0,017	1,2	0,005				
10	2,7	0,040	2,0	0,019	1,3	0,006				
10,5	2,9	0,044	2,1	0,020	1,3	0,006				
11	3,0	0,048	2,2	0,022	1,4	0,007				
11,5	3,2	0,052	2,3	0,024	1,4	0,007				
12	3,3	0,059	2,4	0,026	1,5	0,008				
12,5	3,4	0,061	2,5	0,028	1,6	0,008				
13	3,6	0,066	2,6	0,030	1,6	0,009				
14	3,8	0,076	2,8	0,035	1,8	0,010	1,0	0,003		
15	4,1	0,088	3,0	0,040	1,9	0,012	1,1	0,003		
16	4,4	0,099	3,2	0,045	2,0	0,013	1,2	0,004		
17	4,7	0,111	3,4	0,050	2,1	0,015	1,3	0,004		
18	4,9	0,124	3,6	0,057	2,3	0,017	1,3	0,004		
19	5,2	0,137	3,8	0,062	2,4	0,018	1,4	0,005	1,0	0,002
20	5,5	0,152	4,0	0,069	2,5	0,020	1,5	0,005	1,1	0,002
21	5,8	0,167	4,3	0,075	2,6	0,022	1,6	0,006	1,1	0,003
22			4,5	0,083	2,8	0,024	1,6	0,006	1,2	0,003
23			4,7	0,090	2,9	0,026	1,7	0,007	1,2	0,003
24			4,9	0,098	3,0	0,026	1,8	0,008	1,3	0,003
25			5,1	0,106	3,1	0,031	1,9	0,008	1,4	0,004
26			5,3	0,114	3,3	0,033	1,9	0,009	1,4	0,004
27			5,5	0,122	3,4	0,036	2,0	0,009	1,5	0,004
28			5,7	0,131	3,5	0,038	2,1	0,010	1,5	0,004
30					3,8	0,044	2,2	0,012	1,6	0,005

150.2 Beispielrechnung

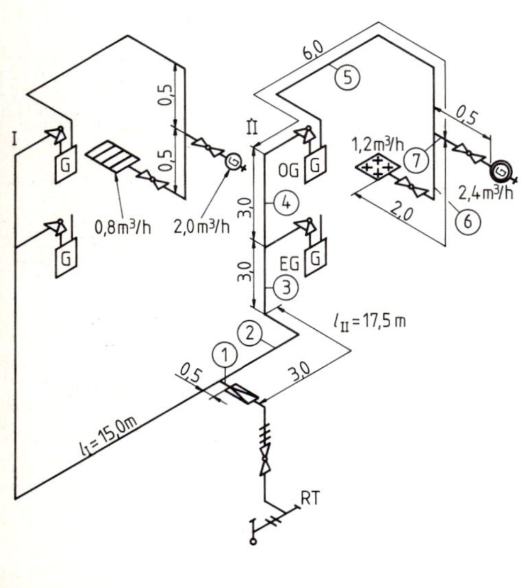

Gas-installation

150.3 Formular 1: Berechnung des ungünstigsten Stranges

Strang		I	II
Reglerdruck	in mbar	20,6	20,6
Druckgewinn durch Auftrieb[1]	in mbar	0,2	0,2
Ruhedruck	in mbar	20,8	20,8
Anschlußdruck	in mbar	18,0	18,0
gesamt verfügbarer Druck	in mbar	2,8	2,8
Druckverlust im Gaszähler	in mbar	1,0	1,0
p_{ges} verfügbar	in mbar	**1,8**	**1,8**
Einzelwiderstand (40 %-Anteil)	in mbar	0,72	0,72
verfügbar für Rohrreibung	in mbar	1,08	1,08
Leitungslänge ab Druckregler	in m	15,0	17,5
Druckverlust je m (R-Wert)	in mbar/m	0,072	**0,062**

[1] Geodätischer Höhenunterschied ab Druckregler bis Geräteanschluß
6 m – 1 m = 5 m ⇒
Δp_H = 5 m · 0,04 mbar/m
= **0,2 mbar**

150.4 Formular 4: Summe der Widerstandsbeiwerte

Formstück	Teilstrecke 1	2	3	4	5	6	7
Abzweig, Trennung		1,3					1,3
Abzweig, Durchgang				0,3		0,3	
Bogen 90°		0,5	0,5				
Winkel 90°					6,5	1,3	
Reduzierung	0,4	0,4		0,4			0,4
Hahn						2,0	2,0
Eckhahn					5,0		
GZ-Anschlußstück					2,0		
Σζ in den TS	**0,4**	**2,2**	**0,5**	**0,7**	**13,5**	**3,6**	**3,7**

151.1 Ermittlung des Rohrdurchmessers und des Druckverlustes im ungünstigsten Strang II differenziert

TS	Geräte-art: Zahl	$\Sigma\dot{V}_A$ in m³/h	f_G	$\Sigma\dot{V}_A \cdot f_G$	$\dot{V}_S$ in m³/h	l in m	DN	v in m/s	R in mbar/m	$R \cdot l$ mbar	$\Sigma\zeta$	Z in mbar	ΔH in m	Δp_H mbar	Δp_{TS} mbar	$\Sigma\Delta p_{TS} \leq \Delta p_{zul}$ mbar
1	H : 2 DWH: 2 RH : 2 UWH: 2	2,4 4,0 1,6 4,8	0,448 0,607 0,800 0,883	1,075 2,428 1,280 4,238	9,02	0,5	32	2,5	0,033	0,016	0,4	0,009	–	–	0,025	
2 u. 3	H : 2 DWH: RH : UWH: 2	2,4 4,8	0,448 0,883	1,075 4,238	5,30	6,0	25	2,6	0,054	0,326	2,7	0,071	–	–	0,397	1,486≤1,8
4 u. 5	H : 1 DWH: RH : UWH: 1	1,2 2,4	0,621 1,000	0,745 2,400	3,15	9,0	20	2,3	0,057	0,513	17,1	0,430	–	–	0,943	
6	H : 1	1,2	0,621	0,745	0,745	2,0	15	1,7	0,040	0,080	3,6	0,041	–	–	0,121	
7	UWH: 1	2,4	1,000	2,400	2,400	0,5	15	3,3	0,178	0,089	3,7	0,160	–2	–0,02	0,229	0,229≤0,5

Die entsprechenden TS im EG werden mit den gleichen Rohrdurchmessern ausgeführt.
Die TS des I. Stranges werden wie TS 2 bis 6 berechnet.
Δp_{zul} Str. I = 1,8 mbar – $\Delta p_{TS\,1}$ = **1,775 mbar**

151.2 Ermittlung des Rohrdurchmessers und des Druckverlustes im ungünstigsten Strang II, Näherung

Leitungs-art	TS	Geräte-art: Zahl	$\Sigma\dot{V}_A$ m³/h	f_G	$\Sigma\dot{V}_A \cdot f_G$	$\dot{V}_s$ in m³/h	Berechnungs-länge in m	$\Sigma\zeta$ [3]	Rest-$(R \cdot l)_{zul}$ in mbar	Ta-belle	$\dot{V}_{S\,zul}$ m³/h	DN
Verteilungsltg.	1	H : 2 DWH: 2 RH : 2 UWH: 2	2,4 4,0 1,6 4,8	0,448 0,607 0,800 0,883	1,075 2,428 1,280 4,238	9,02	① + ② + ⑧ 6,5	–	0,25	147,1	9,7	32
Verteilungsltg.	2	H : 2 UWH: 2	2,4 4,8	0,448 0,883	1,075 4,238	5,30	① + ② 3,5	–	0,25	147,1	6,3	25
Steigltg.	3	H : 2 UWH: 2	2,4 4,8	0,448 0,883	1,075 4,238	5,30	3,0[1]	1,7	–[4]	146,2	4,0[1]	25
Steigltg.	4	H : 1 UWH: 1	1,2 2,4	0,621 1,000	0,745 2,400	3,15	3,0[1]	0,3	–	146,2	4,5	25
Ver-brauchs-ltg.	5	H : 1 UWH: 1	1,2 2,4	0,621 1,000	0,745 2,400	3,15	6,0	–	0,60	147,2	4,0	20
Geräte-anschluß-ltg.	6	H : 1	1,2	0,621	0,745	0,745	2,0[1]	–	0,20	146,3	1,2	10
Geräte-anschluß-ltg.	7	UWH: 1	2,4	1,000	2,400	2,400	0,5[1]	–	0,20	146,3	2,85	15

[1] Bei **Steigleitungen** sowie **Abzweig- und Geräteanschlußleitungen** ist die **wirkliche** Länge der jeweiligen Teilstrecke zu berücksichtigen.

[2] Bei **Verteilungs- und Verbrauchsleitungen** ist die **gesamte** Länge der Verteilungs- bzw. Verbrauchsleitung anzurechnen.

[3] Nur bei Steigleitungen.

[4] Nicht bei Steigleitungen.

[5] Hier wurde DN 25 gewählt obwohl $\dot{V}_{S\,zul}$ nur 4,0 m³/h beträgt. Aus allen anderen TS sind aber Druckreserven vorhanden.

152.1 Druckverlust je m Rohrlänge für Gase der 1. Gasfamilie, Rohre nach DIN 2440

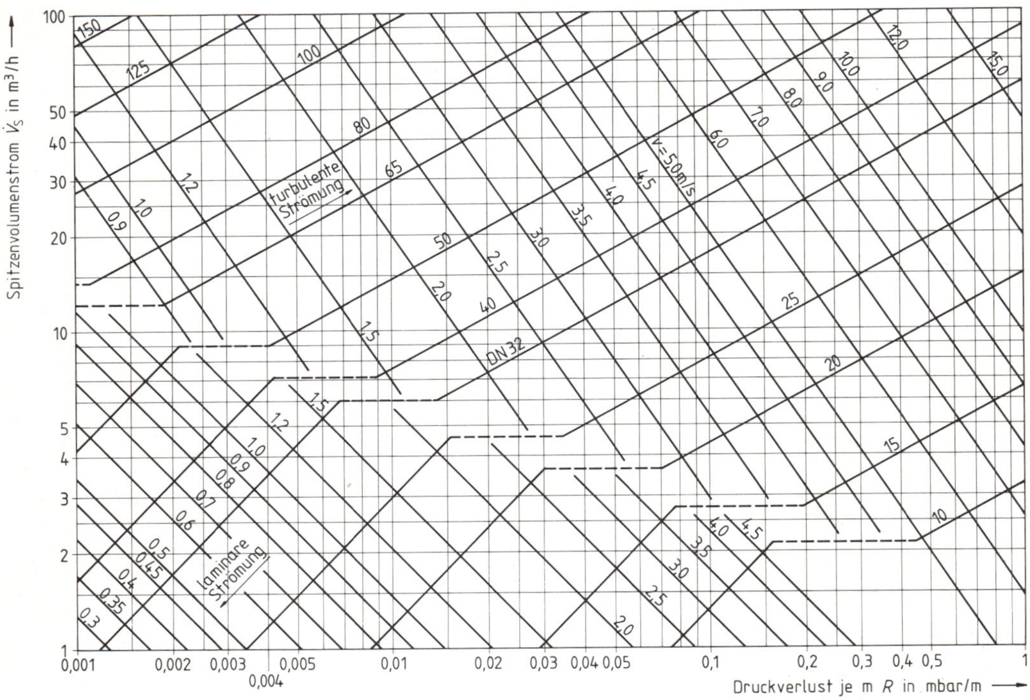

152.2 Druckverlust je m Rohrlänge für Gase der 2. Gasfamilie, Rohre nach DIN 2440

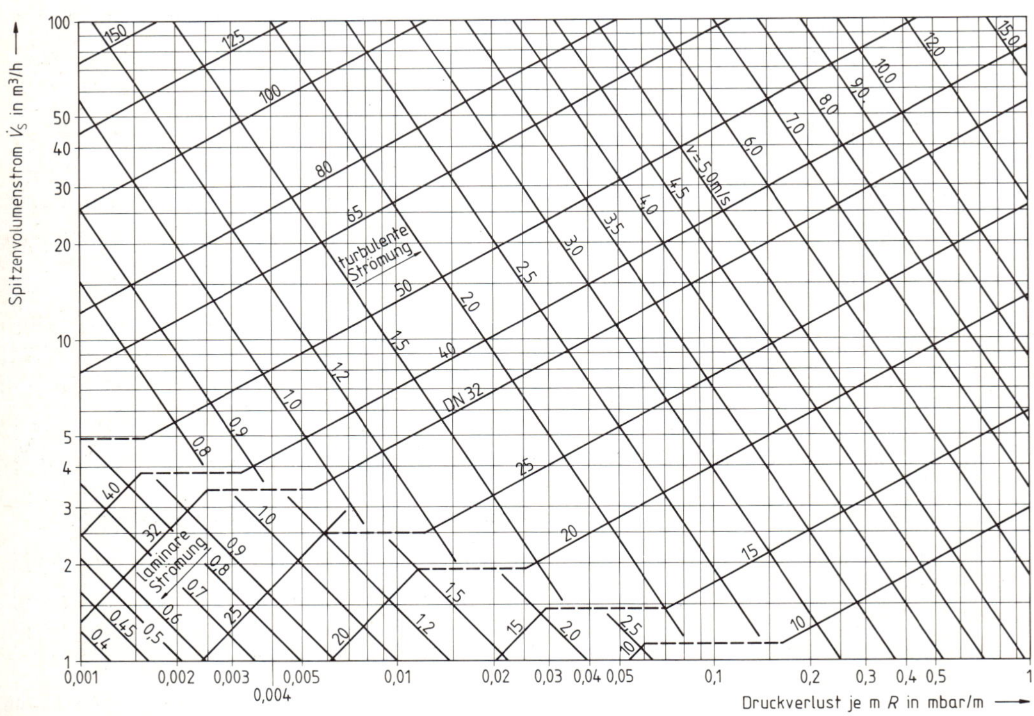

Gas-installation

153.1 Druckverlust je m Rohrlänge, Kupferrohre nach DIN 1786, DIN 1754 2. Gasfamilie

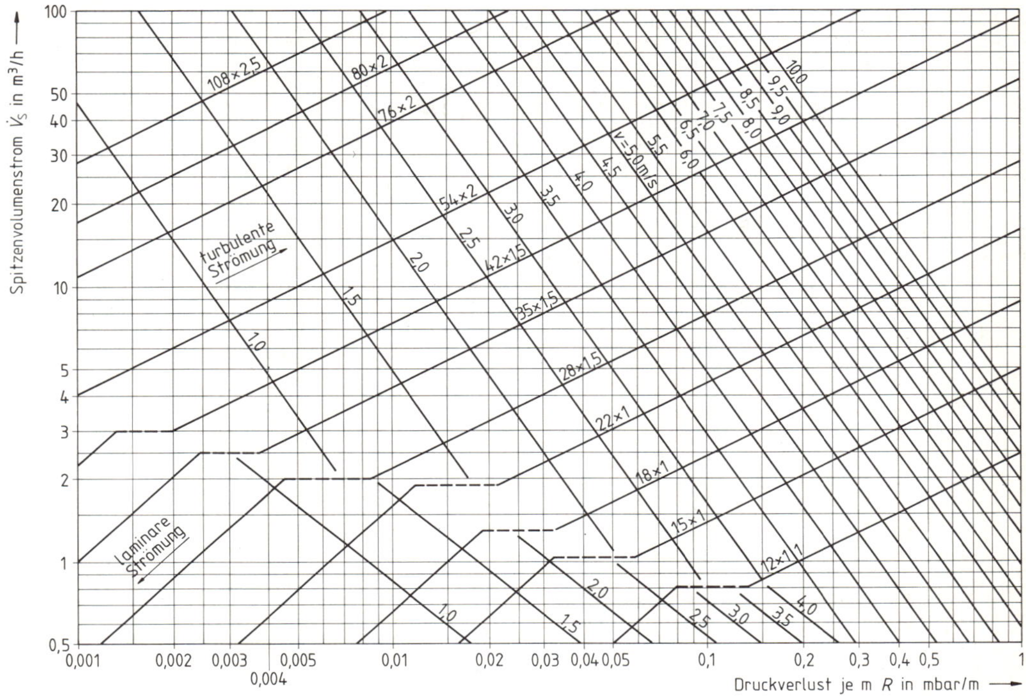

153.2 Druckverlust je m Rohrlänge für Gase der 4. Gasfamilie, Rohre nach DIN 2440

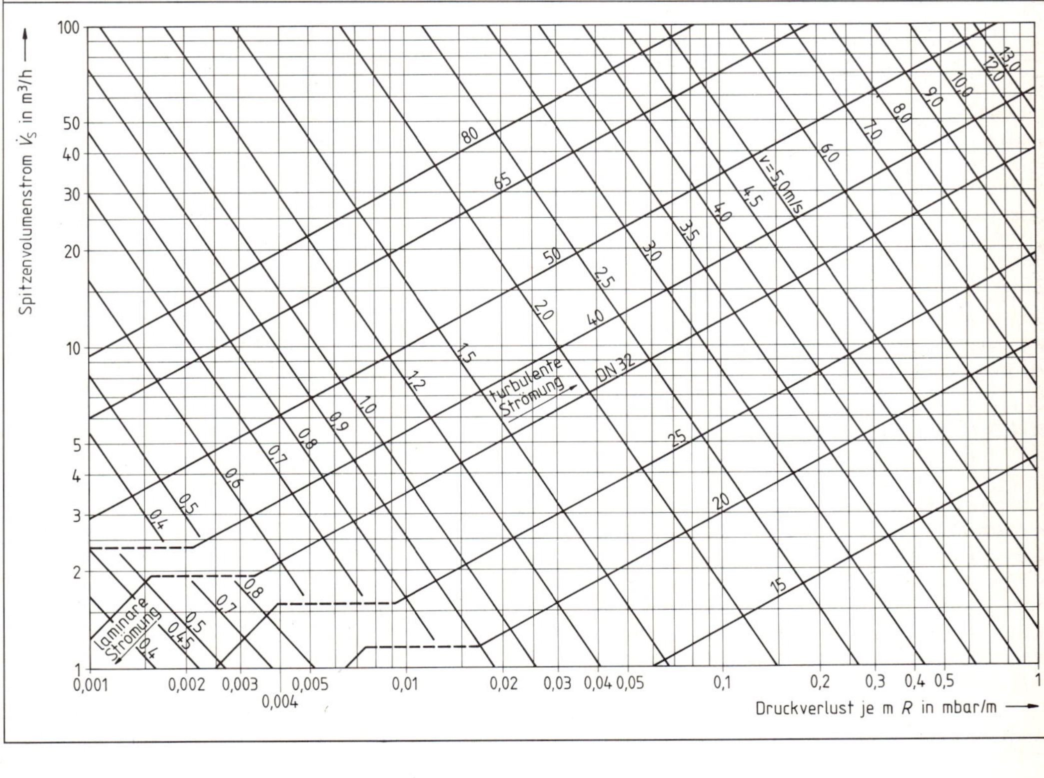

154.1 Druckverluste für Erdgas bei $\zeta = 1{,}0$

v in m/s	Δp_F in µbar	v in m/s	Δp_F in µbar	v in m/s	Δp_F in µbar	v in m/s	Δp_F in µbar	v in m/s	Δp_F in µbar
0,1	0,04	1,3	6,71	2,5	24,80	3,7	54,32	4,9	95,3
0,2	0,16	1,4	7,78	2,6	26,82	3,8	57,30	5,0	99,2
0,3	0,36	1,5	8,93	2,7	28,93	3,9	60,35	5,1	103,2
0,4	0,63	1,6	10,16	2,8	31,11	4,0	63,49	5,2	107,3
0,5	0,99	1,7	11,47	2,9	33,37	4,1	66,70	5,3	111,5
0,6	1,43	1,8	12,86	3,0	35,71	4,2	70,00	5,4	115,7
0,7	1,94	1,9	14,32	3,1	38,13	4,3	73,37	5,5	120,0
0,8	2,54	2,0	15,87	3,2	40,63	4,4	76,82	5,6	124,4
0,9	3,21	2,1	17,50	3,3	43,21	4,5	80,35	5,7	128,9
1,0	3,97	2,2	19,21	3,4	45,87	4,6	83,96	5,8	133,5
1,1	4,80	2,3	20,99	3,5	48,61	4,7	87,65	5,9	138,1
1,2	5,71	2,4	22,86	3,6	51,43	4,8	91,42	6,0	142,8

154.2 Gasverbrauchseinrichtungs-Mindestabstände von brennbaren Bauteilen

Abstand in cm	Strahlungsschutz	Temperatur am Bauteil in °C	Bemerkungen
2,5	mit	max 85 °C	Die Abstandsgruppen sind von der Bauart der Gasfeuerstätten abhängig!
5	ohne		
10	mit	max 85 °C	
20	ohne		
20	mit	–	
40	ohne		

154.3 Anforderungen an Aufstellräume für Gasverbrauchseinrichtungen

- Stündliche Verbrennungsluftzufuhr: 1,6 m³ je kW Nennwärmeleistung
- Mindestraumvolumen: 4 m³ je kW Nennwärmeleistung
- Mindestraumvolumen im Verbrennungsluftverbund: $\geq$ 1 m³ je kW Nennwärmeleistung mit 150 cm² Lüftungsöffnung
- Mindestraumvolumen im Verbrennungsluftverbund: $<$ 1 m³ je kW Nennwärmeleistung mit 2 × 150 cm² Lüftungsöffnung
- Umkleidungsschrank: 2 × 600 cm² Lüftungsöffnung
- Bei $\dot{Q}_{NL} > 50$ kW Aufstellung nur in Heizräumen

154.4 Unzulässige Aufstellräume für Gasverbrauchseinrichtungen

- Allgemein zugängliche Treppenräume und Flure
- Räume mit Entlüftungsanlagen nach DIN 18017, T 1
- Räume mit Sammelschachtlüftung nach DIN 18017, T 2
- Räume, in denen leichtentzündliche oder explosionsfähige Stoffe gelagert oder hergestellt werden
- Räume mit Luftabsaugung durch Ventilatoren, außer für GVE Art A, C und B mit Lüftung DIN 18017, T 3, für GVE Art B mit Motorabgasklappe
- Räume mit offenem Kamin

154.5 Mindestraumgrößen V_{min} für Gasverbrauchseinrichtungen in m³

$\Sigma\dot{Q}_{NL}$ in kW	V_{min} in m³, wenn Fenster dicht	V_{min} in m³, wenn Fenster undicht	A_{min} [1)] in m²	$\Sigma\dot{Q}_{NL}$ in kW	V_{min} in m³, wenn Fenster dicht	V_{min} in m³, wenn Fenster undicht	A_{min} [1)] in m²
1	4	2	1,6	16	64	32	25,6
2	8	4	3,2	17	68	34	27,2
3	12	6	4,8	18	72	36	28,8
4	16	8	6,4	19	76	38	30,4
5	20	10	8,0	20	80	40	32,0
6	24	12	9,6	21	84	42	33,6
7	28	14	11,2	22	88	44	35,2
8	32	16	12,8	23	92	46	36,8
9	36	18	14,4	24	96	48	38,4
10	40	20	16,0	25	100	50	40,0
11	44	22	17,6	26	104	52	41,6
12	48	24	19,2	27	108	54	43,2
13	52	26	20,8	28	112	56	44,8
14	56	28	22,4	29	116	58	46,4
15	60	30	24,0	30	120	60	48,0

1) Bei 2,5 m Raumhöhe und Fenster mit besonderer Dichtung.

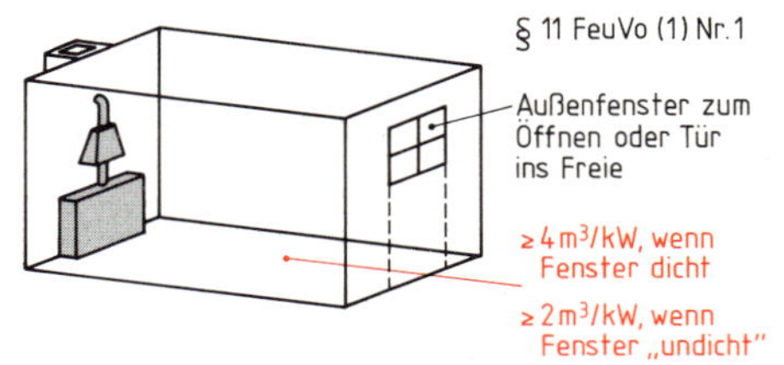

154.6 Verbrennungsluftverbund

§ 11 Feu Vo (3) Satz 1, unmittelbarer Verbund

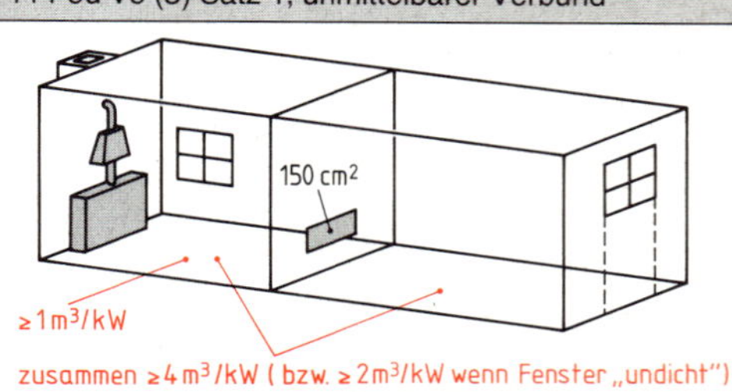

§ 11 Feu Vo (3) Satz 2, mittelbarer Verbund

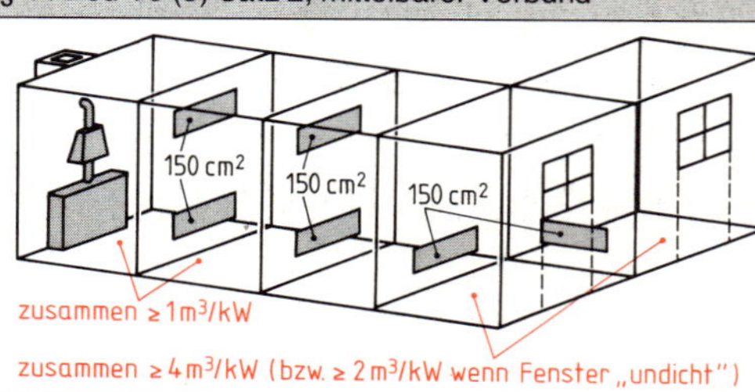

155.1 Verbrennungsluftnachweis für Gasgeräte der Art B (nach DVGW-TRGI 1986, TRF 1988)

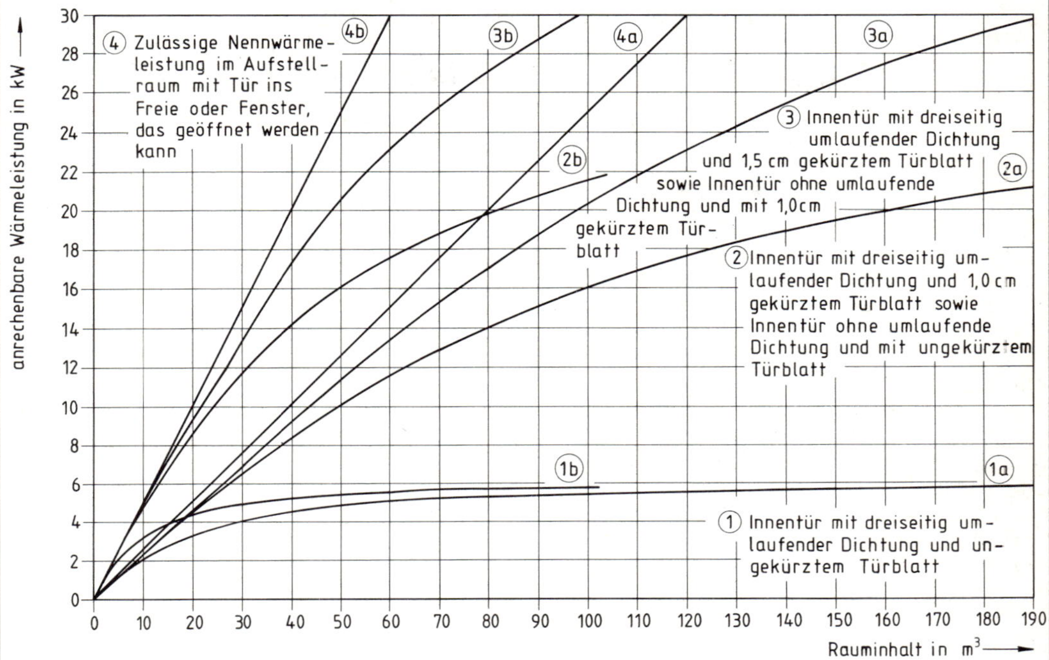

a. Für Fenster **mit** besonderer Dichtung und einem Rauminhalt von 4 m^3 je kW Nennwärmeleistung.
b. Für Fenster **ohne** besondere Dichtung und mit einem Rauminhalt von 2 m^3 je kW Nennwärmeleistung.

155.2 Ein- und Zweistutzen-Balgengaszähler

Zählergröße	DN	$\dot{V}_{min}$ in m^3/h	$\dot{V}_e$ in m^3/h	$\dot{V}_{max}$ in m^3/h	*a* in mm[1)]	Masse in kg
G 4[1)]	20	0,04	3	6	250	2,8
G 4	32	0,04	3	6	250	2,8
G 6	25/32	0,06	6	10	250	4,7
G 10	32/40	0,10		16	280	10,0
G 16	32/40	0,16		25	280	12,0
G 25	50	0,25		40	335	24,0
G 40	80	0,40		65	510	57,0
G 65	80	0,65		100	640	85,0

[1)] a Stutzenabstand in der 2-Stutzen-Ausführung

155.3 Einteilung der Gasverbrauchseinrichtung

Kategorie	Verbrauchseinrichtung	für Gasfamilie
I	Eingas-VE	1, 2, 3 oder 4
II	Mehrgas-VE	1 und 2, 2 und 3
III	Allgas-VE	1, 2, 3 und 4

155.4 Gasverbrauchseinrichtungen GVE

Gasgeräte

Art A: Gasgeräte ohne Verbrennungskammer	Gasfeuerstätten
keine Abgasanlage geringe Wärmebelastung Kurzzeitbetrieb	Abgase werden durch eine Abgasanlage ins Freie geführt. große Wärmebelastung Langzeitbetrieb
Beispiele: Gaskocher Gasherd Gas-Kühlschrank Gas-Heizstrahler	**Beispiele:** Gas-Wassererwärmer Gas-Raumheizer Gas-Heizkessel Gas-Umlaufwassererhitzer

Gasfeuerstätten:

Art B: offene Verbrennungskammer	**Art C:** geschlossene Verbrennungskammer
Verbrennungsluft wird dem Aufstellungsraum entnommen, z.B. Gas-Wassererwärmer	C_1**:** Luft aus dem Freien, z.B. Außenwandgerät C_2**:** Anschluß an LA-Schornstein C_3**:** wie C_1, C_2 mit Ventilator

Gas-installation

156.1 Anschlußmaße von GWH (DIN 3368)

$\dot{Q}_{NL}$ in kW	Nennweite DN Gas	KW	WW	Flüs.-gas	Anschluß-maße
8,75	15	15	10	8 × 1 mm	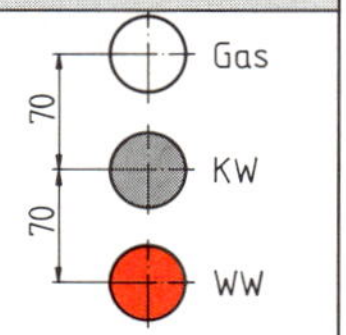
17,5	20	15	15	12 × 1 mm	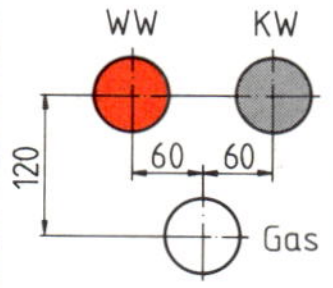
22,7	25	15	15	12 × 1 mm	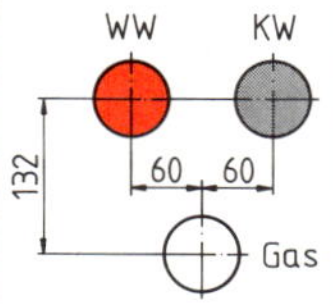
28,0	25	15	15	12 × 1 mm	

156.2 Aufbau der Gasarmatur

Funktionsteil	Aufgabe
Thermoelektrische Zündsicherung	Verhindert Ausströmen unverbrannten Gases aus Brennraum.
Wiedereinschalt-verriegelung	Verhindert Explosion des Gas-Luft-Gemisches. Blockiert Hauptgasventil während der Sicherheitszeit.
Wassergesteuer-tes Gasventil = Teil der Wasser-mangelsicherung	Schließt bei Unterschreitung eines Mindestfließdruckes des Wassers Gaszufuhr zum Brenner
Gasdurchfluß-regler	Gleichbleibende Belastung des Brenners bei Gasdruck-schwankungen.

156.3 Aufbau der Wasserarmatur

Funktionsteil	Aufgabe
Wassermengen-wähler (Tempera-turwähler)	Voreinstellung der Warmwasser-menge und der Auslauftemperatur.
Wassermangel-sicherung	Steuert Gasventil. Schützt Heiz-körper vor Überhitzung.
Wasserdurchfluß-regler	Gleichbleibender Durchfluß bei Druckschwankungen im Netz.
Langsamzünd-ventil	Verhindert Verpuffung von aus-strömendem Gas-Luft-Gemisch.

156.4 Durchfluß-Wassererwärmer, Leistungsbereiche

$\dot{Q}_{NB}$ in kW	Nennwärmeleistung $\dot{Q}_{NL}$ in neu kW	alt kcal/min	max. Warmwasser-menge in l/min bei $\Delta\vartheta = 25$ K	$\Delta\vartheta = 50$ K
10,5	8,7	125	5	2,5
20,9	17,5	250	10	5
26,9	22,7	325	13	6,5
33,1	28,0	400	16	8

156.5 Einstellwerte für Gas-Umlaufwasserheizer, Erdgas H

Nennwärmebelastung $\dot{Q}_{NB}$ in		kW	12,8	20,9	25,0	30,8	36,0
		kcal/h	11000	18000	21500	26500	31000
Nennwärmeleistung $\dot{Q}_{NL}$ in		kW	10,5	17,4	20,9	25,6	30,2
		kcal/h	9000	15000	18000	22000	26000
Betriebsheizwert kcal/m³	kWh/m³	MJ/m³	Einstellwert in l/min				
7000	8,1	29,3	26,2	43	52	63	74
7300	8,5	30,6	25,1	41	50	60	71
7600	8,8	31,8	24,1	40	48	58	68
8000	9,3	33,5	22,9	38	45	55	65
8400	9,8	35,2	21,8	35	43	52	62
8800	10,2	36,8	20,8	34	40	50	59
9000	10,5	37,7	20,3	33	40	49	56

156.6 Düsendruck bei Erdgas H (Auszug)

Nennwärmebelastung $\dot{Q}_{NB}$ in		kW	12,8	20,9	25,0	30,8	36,0
		kcal/h	11000	18000	21500	26500	31000
Nennwärmeleistung $\dot{Q}_{NL}$ in		kW	10,5	17,4	20,9	25,6	30,2
		kcal/h	9000	15000	18000	22000	26000
Wobbe-Index kcal/m³	kWh/m³	MJ/m³	Düsendruck in mbar				
10000	11,6	41,7	15,5	15,8	15,2	14,2	15,5
10600	12,3	44,3	13,7	14,1	13,5	12,6	13,7
11200	13,0	46,8	12,3	12,6	12,1	11,3	12,3
11800	13,7	49,3	11,1	11,4	10,9	10,2	11,0
12100	14,0	50,4	10,5	10,8	10,3	9,7	10,5
12400	14,4	51,8	10,0	10,3	9,8	9,2	10,0
13000	15,1	54,4	9,2	9,4	9,0	8,4	9,2

157.1 Wirkungsgrad von Feuerstätten

Feuerstätte	Gerätewirkungsgrad	Betriebswirkungsgrad
Kohlebadeofen	0,50	0,30 bis 0,40
Kohleherd	0,20 bis 0,80	
Kohleheizofen, Kachelofen	0,20 bis 0,80	
Kokszentralheizkessel	0,45	0,35
Öl-Badeofen	0,65	0,50 bis 0,60
Öl-Kessel	0,80	0,50 bis 0,60
Gaskocher	0,60	
Gas-Durchfluß-Wassererwärmer	0,84	0,60 bis 0,70
Gasheizofen	0,83	
Elektro-Warmwasserspeicher	0,92	0,80 bis 0,85
Elektro-Durchfluß-Wassererwärmer	0,92 bis 0,96	0,85 bis 0,90
Elektro-Heizofen	0,98	

157.2 Umlauf-Wasserheizer, Leistungsbereiche

$\dot{Q}_{NB}$ in kW	$\dot{Q}_{NL}$ in kW	Einstellbare Leistung in kW	Mindestumlauf-Wassermenge in l/h
11,2	9,3	4,7 bis 9,3	400
21,0	17,4	8,7 bis 17,4	750
25,0	21,0	10,5 bis 21,0	900
28,0	23,3	11,6 bis 23,3	1000
35,0	29,1	14,5 bis 29,0	1250

157.3 Raumheizvermögen von Gasraumheizern für Gebäude **mit** Wärmedämmung nach Wärmeschutz-VO (DVGW-G 674)

Art [2]	Raumlage [1]	Nennwärmeleistung in kW 1,5	2,0	2,5	3,0	3,5	4,0	5,0	6,0	7,0
		maximaler Rauminhalt in m³								
Dauerheizung	+	40	60	83	107	133	160	220	[3]	
Dauerheizung	o	25	36	49	63	80	95	131	169	212
Dauerheizung	–	16	24	33	43	54	66	91	118	146
Zeitheizung	+	30	43	60	78	97	117	160	207	
Zeitheizung	o	20	27	37	48	58	71	96	123	152
Zeitheizung	–	10	17	24	32	40	49	66	87	107

[1] + Heizbedingung günstig; o weniger günstig; – ungünstig

[2] Zeitheizung = Dauerheizung + 25 %

[3] Für Rauminhalte > 150 m³ sowie bei selten beheizten Räumen wird eine Wärmebedarfsberechnung nach DIN 4701 T1 und T2 empfohlen.

157.4 Raumheizvermögen von Gasraumheizern für Gebäude **ohne** Wärmedämmung

Art	Raumlage	Nennwärmeleistung in kW 2	3	4	5	6	7	8	9	10
		maximaler Rauminhalt in m³								
Dauerheizung	+	31	56	88	124	165	197			
Dauerheizung	o	20	35	53	73	95	120	145	173	200
Dauerheizung	–	12	22	34	48	65	82	98	114	130
Zeitheizung	+	23	40	62	88	116	147	181		
Zeitheizung	o	16	28	39	53	70	87	107	125	145
Zeitheizung	–	7	15	24	34	46	59	72	85	98

157.5 Bemessung von Gasraumheizern

Einflußgrößen: Bauweise, Lage, Klima . . .	Pkt.
Freistehendes Haus	1
Dachgeschoßräume	2
Raum mit 2 unbeheizten Innenflächen	1
Raum mit 3 unbeheizten Innenflächen	2
Raum mit 4 oder mehr unbeheizten Innenflächen	3
Raum, dessen Wände und Decken gegen das Freie, Durchfahrten und offene Dachräume einen wesentlich geringeren Wärmeschutz bieten, als eine 11,5 cm beiderseits verputzte Ziegelwand + 15 mm Holzwolleisolierplatte ($k \geq 2\ W/m^2 \cdot h$)	3
Räume neben/über offenen Durchfahrten	1
Jede Außenwand eines Raumes	2
Fenster > ⅕ der Raumfläche	2
Nord- oder Ostlage (O, NO, N, NW)	1
Orte über 600 m Meereshöhe, bes. kalte Orte	1
Starker Windanfall und Orte nördlich der Linie Osnabrück, Celle, Wittenberge, Angermünde	2
Räume, für die auch bei großer Kälte eine Raumtemp. von mehr als 20 °C erforderlich ist	1
Stark frequentierter Raum (Laden oder Schalter)	2

Raumlage bei Summe bis 4 Punkte günstig, bis 9 Punkte weniger günstig, über 9 Punkte ungünstig.

157.6 Beispielrechnung

Freistehendes, gedämmtes Haus in Kiel Punkte:	1 + 2
Wohnzimmer nach Süden	0
3 Außenwände	6
Keine unbeheizten Innenflächen	0
Fenster 1,2 m²	0
Außenwand Hohlblock 40 cm	0
Höhenlage 75 m über NN	0

Die Raumlage ist weniger „günstig". Summe: 9

Wie groß muß $\dot{Q}_{NL}$ für einen Wohnraum von 78 m³ bei Dauerheizung sein?

Lösung: Gewählt $\dot{Q}_{NL}$ = 3,5 kW nach Tabelle 157.3. Der gewählte RH kann einen Raum bis 80 m³ heizen.

158.1 Grundsätzliches zur Abgasführung

1. Abgasanlagenausführung zwischen VIU und Bezirksschornsteinfegermeister festlegen.
2. Die Bemessung und Ausführung der Abgasanlage nach DIN 4705 und DIN 18160 ausführen.
3. Anschluß von Gasfeuerstätten an
   - Hausschornsteine[1],
   - freistehende Schornsteine,
   - Abluftschächte nach DIN 18017 T1, vgl. Tab. 160.2 und 160.4,
   - Lüftungsanlagen nach DIN 18017 T3 (Gaswasserheizer mit Abgasüberwachungseinrichtung mit Verriegelung) lt. DVGW-G 262,
   - besondere Abgasanlagen (für Brennwertgeräte und Geräte $C_{3,2}$ mit Abgas-Frischluftrohren), vgl. Tab. 160.1,
   - mechanische Abgasanlagen nach DVGW-G 660 mit Brennern ohne Gebläse.

[1] Aufstellort und Schornsteinanschluß der Gasfeuerstätte müssen im selben Geschoß sein.

158.2 Schornsteine (DIN 18160)

Ein eigener Schornstein ist erforderlich für

- (Gas-)Feuerstätten mit Q_{NL} größer (30) 20 kW,
- Feuerstätten in Gebäuden über 5 Wohngeschosse,
- offene Kamine und jedes Schmiedefeuer,
- jede Feuerstätte mit Gebläsebrenner,
- Feuerstätten mit geschlossener Verbrennungskammer,
- Außenwandfeuerstätten.

158.3 Abgasrohr-Mindestabstand von brennbaren Bauteilen

Abstand in cm	Bauteil	Wärmedämmung	$\dot{Q}_{NL}$ in kW
5	Türbekleidung und ähnliches	–	≥ 30 kW[1]
5		2 cm	beliebig
20		–	beliebig
10	Wanddurchführung[2]	Schutzrohr	≥ 30 kW[1]
20		Schutzrohr	beliebig
10	aus brennbaren Baustoffen	2 cm	≤ 30 kW
40		–	beliebig

[1] Gilt nur bei Brennern ohne Gebläse.
[2] Tragende Bauteile dürfen bis 50 °C u. nicht tragende Bauteile bis 85 °C erwärmt werden.

158.4 Mindestquerschnitte für Abgasrohre

Nennwärmeleistung in kW	< 4	4 < 6	6 < 8	8 < 12	12 < 18	18 < 22	22 < 30
Rohr-∅ in mm	50	60	70	80	90	100	110

158.5 Zusätzliche Anforderungen bei der Aufstellung von Gasgeräten der Art C (raumluftunabhängige Gasfeuerstätten)

Gasgerät	Art	Verbrennungsluftzuführung und Abgasabführung	Geräteart u. Wärmeleistung Q_{NL} in kW	Aufstellungsort
ohne Ventilator	C_1[1]	aus dem Freien an der Außenwand[2]	RH ≤ 7 DWH ≤ 25	unmittelbar an der Außenwand
mit Ventilator	$C_{3,1}$[3]	LAS (Luft-Abgas-Schornstein)	UWH ≤ 30 DWH ≤ 30	möglichst nah am LAS
	$C_{3,2}$[4]	senkrechte oder waagerechte Leitung über Dach	UWH ≤ 30 DWH ≤ 30	nur im Dachgeschoß oder unter Decke DG.
	$C_{3,3}$[1]	dsgl. wie C_1	UWH ≤ 11 DWH ≤ 25	Außen- oder Innenwand

[1] Nur unter besonderen Bedingungen zugelassen.
[2] Außenwand Gasfeuerstätten.
[3] Max. 10 Feuerstätten je LAS-Anlage.
[4] Vgl. Tab. 160.1.

158.6 Wärmedurchlaßwiderstand (DIN 18160)

Wärmedurchlaßwiderstand in m²·K/W	Wärmedurchlaßwiderstandsgruppe	Ausführungsart nach DIN 4705, Teil 2
mindestens 0,65	I	I
von 0,22 bis 0,64	II	II
von 0,12 bis 0,21	III	III

158.7 Schornsteinhöhe über Dach

Dachneigung	Höhe der Mündung
> 20° ≤ 20°	0,40 m über höchster Kante (Giebel) 1,00 m über der Dachfläche
bei Dachaufbauten	1,00 m über Aufbau, wenn seitlicher Abstand < 1,5facher Aufbauhöhe

Gas-installation

159.1 Schornsteinquerschnitte für Gasfeuerstätten mit Brenner ohne Gebläse

Runde Schornsteinquerschnitte[1] bei ϑ_A = 100 °C[2]

(Zugbedarf 3 N/m²)

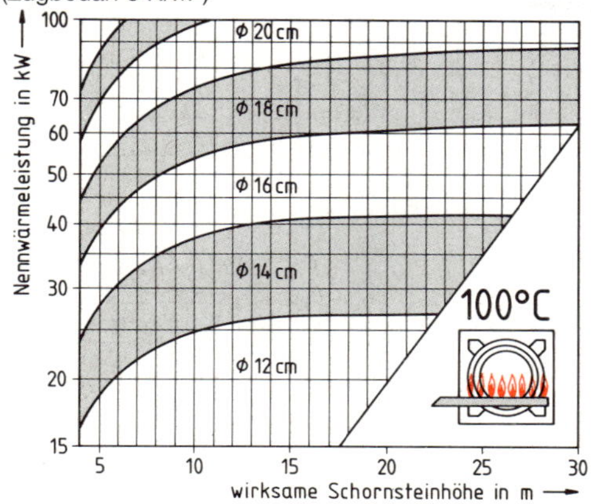

Quadratische Schornsteinquerschnitte[1]

Abgastemperatur[2] ϑ_A = 80 °C (Zugbedarf 5 N/m²)

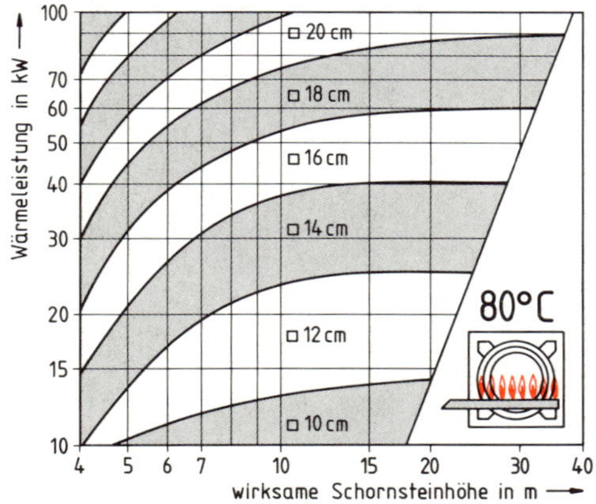

Abgastemperatur[2] ϑ_A = 120 °C (Zugbedarf 5 N/m²)

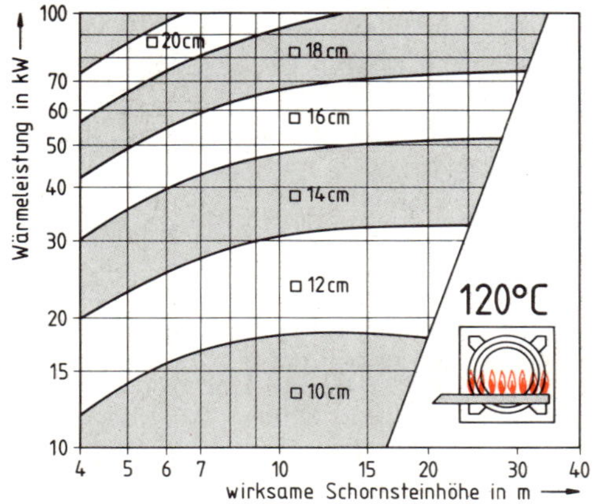

[1] Nicht für alle Fabrikate übertragbar.
[2] Ausgangswerte für die Schornsteinquerschnitte und abweichende Temperaturen vgl. Tab. 215.3 bis 215.5.

159.2 Ausführung von Abgasanlagen für Gasfeuerstätten mit Brenner ohne Gebläse (DIN 18160)

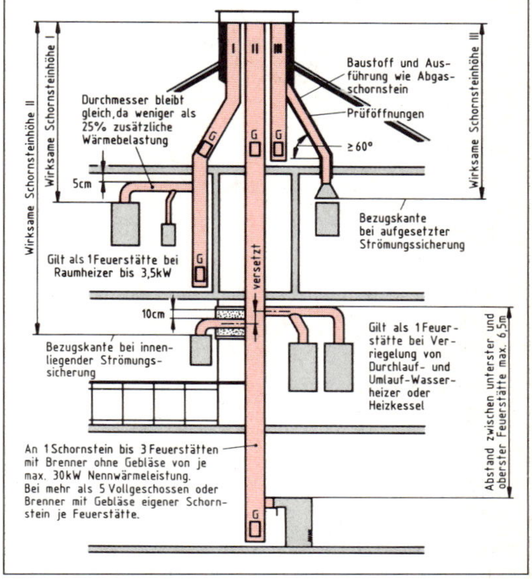

159.3 Querschnittsbemessung für mehrfach belegte Schornsteine für Gasfeuer stätten mit Brennern ohne Gebläse

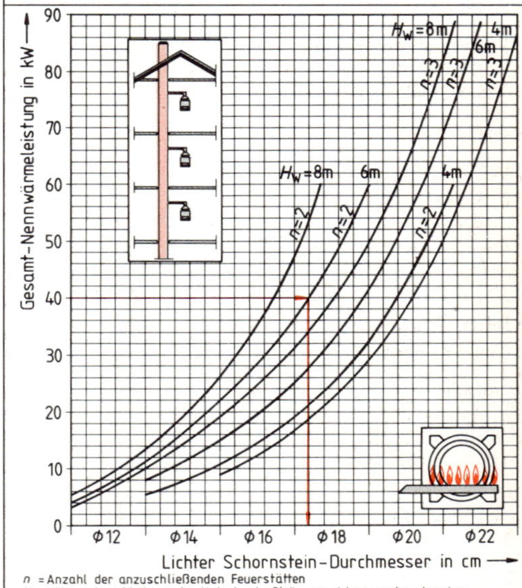

n = Anzahl der anzuschließenden Feuerstätten
H_W = Höhenunterschied von der Unterkante Strömungssicherung der obersten Feuerstätte bis zur Schornsteineinmündung

Ausgangswerte:
Der Förderdruck für Zuluft $p_L \leq 4$ Pa.
Der Feuerstätten-Zugbedarf $p_W \leq 3$ Pa.
$\vartheta_{Abgas} \geq 220$ °C vor der Strömungssicherung.
Verbindungsstück ohne Anlaufstrecke $l \leq 0{,}5$ m.
Mit senkr. Anlaufstrecke $l \leq 2{,}5$ m ($h_{Anl} > 0{,}5 \cdot l$).

[1] Nicht für alle Fabrikate übertragbar.

160.1 Luft-Abgasführung mit senkrechter oder waagerechter Leitung über Dach für Feuerstätten mit Ventilator

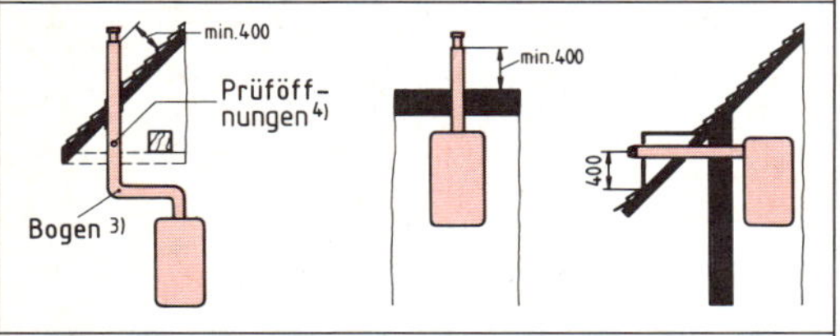

1) Gestreckte Länge max. 4 m.
2) Als Widerstandswerte sind zu beachten für senkrechte Dachdurchführung ≙ 1m, 1 Bogen 90° ≙ 1 m und 1 Bogen 45° ≙ 0,5 m.
3) Es sind maximal 3 Bogen (90° oder 45°) zulässig.
4) Jedem Bogen muß eine Prüföffnung folgen.

160.3 Einsatzbereiche für Zugbegrenzer und zwangsgesteuerte Nebenluftvorrichtung (NLV) (E DIN 4795)[1]

Zugbegrenzer[2]			zwangsgesteuerte NLV[3]		
Schornsteinquerschnitt in cm²		Gruppe	Verbindungsstück		Gruppe
I[4] und II[4]	III[4]	min.	d_i in cm	A_{Licht} in cm²	
bis 160	bis 220	1	bis 13	bis 140	A
bis 220	bis 300	2	bis 15	bis 180	B
bis 300	bis 400	3	bis 18	bis 260	C
bis 400	bis 500	4	bis 22	bis 380	D
bis 500	bis 750	5	bis 25	bis 500	E
bis 750		6	bis 30	bis 710	F

1) Gilt bis h = 20 m; $\dot{Q}_{NL} \leq 350$ kW; nicht für feste Brennstoffe. NLV dürfen nur in Aufstellräumen der Feuerstätte angeordnet werden.
2) Selbsttätig arbeitende NLV.
3) Nur für Schornstein-Durchlüftung in Brennerbetriebspausen geöffnet.
4) Wärmedurchlaufwiderstandsgruppe vgl. Tab. 158.6

160.2 Anlagen mit Zuluft aus Nebenraum

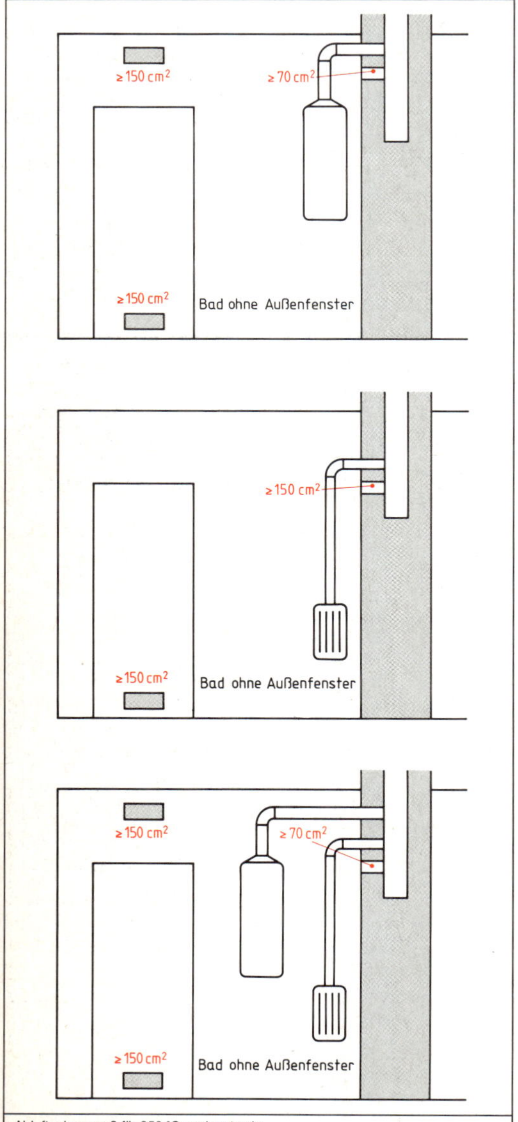

Abluftanlage muß für 350 °C geeignet sein.
Brenner ohne Gebläse mit $\vartheta_{Abgas} < 300$ °C zugel.

160.4 Anlagen mit Zuluftschächten

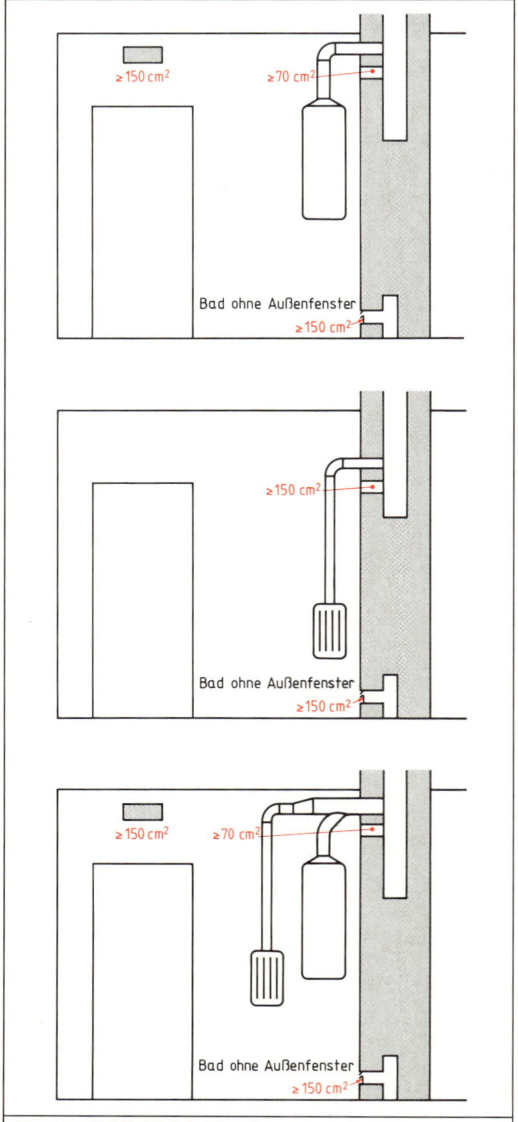

Abluftanlage muß für 350 °C geeignet sein.
Brenner ohne Gebläse mit $\vartheta_{Abgas} < 300$ °C zugel.

Gas-installation

161.1 Luft-Abgas-Schornsteine (LAS)[1]

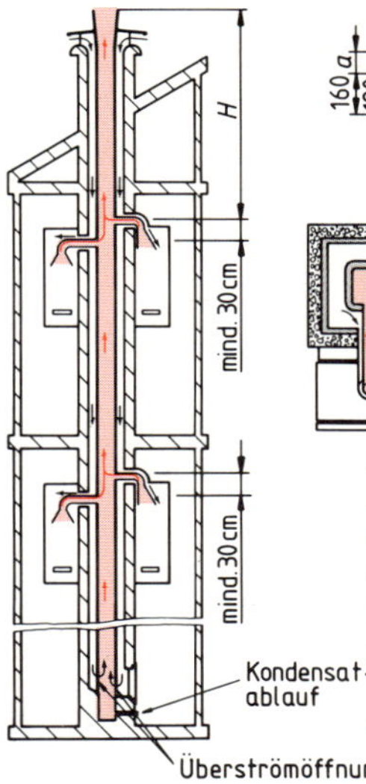

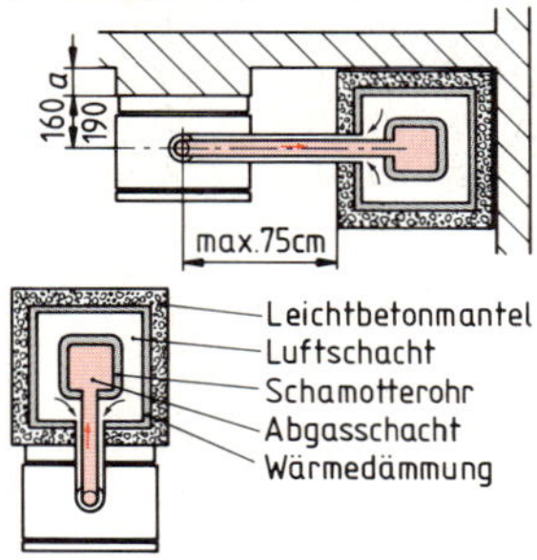

Anwendungsgrenzen:
bis 10 Feuerstätten je LAS
bis 2 Feuerstätten je Geschoß
Erläuterung: LAS-Typ 2060
20 ≙ l. W. des Abgasschachtes
60 ≙ Außenmaß des LAS-Mantels

Feuerstätten $\dot{Q}_{NL}$[2] in kW	Anzahl	LAS-Typ wirksame Schachthöhe *H* in m ≥ 2 < 4	≥ 4 < 6	≥ 6 < 8	≥ 8
11	1	1250	1250	1250	1250
	2	1655	1655	1655	1655
	3	1655	1655	1655	1655
	4	1655	1655	1655	1655
	5	2060	1655	1655	1655
	6	2060	2060	2060	2060
	7	2060	2060	2060	2060
	8	2265	2060	2060	2060
	9	2265	2265	2060	2060
	10	2265	2265	2265	2060
18	1	1250	1250	1250	1250
	2	1655	1655	1655	1655
	3	2060	2060	2060	1655
	4	2060	2060	2060	2060
	5	2265	2060	2060	2060
	6	2265	2265	2265	2060
	7	2570	2265	2265	2265
	8	2570	2570	2265	2265
	9	2775	2570	2570	2265
	10	2775	2570	2570	2570
24	1	1655	1655	1655	1655
	2	2060	1655	1655	1655
	3	2060	2060	2060	2060
	4	2265	2060	2060	2060
	5	2265	2265	2265	2265
	6	2570	2570	2265	2265
	7	2570	2570	2570	2570
	8	2775	2775	2570	2570
	9	2775	2775	2775	2570
	10	3080	2775	2775	2775

[1] Auszug aus Herstellerunterlagen. Nicht für alle Fabrikate übertragbar.
[2] Mittlere Nennwärmeleistung der Feuerstätten.

161.2 Wichtige technische Regeln

DIN	Normen
3383	Gasschläuche
3389	Isolierstücke
4811	Druckregelgeräte für Flüssiggas
4815	Schläuche für Flüssiggas
4817	Absperrarmaturen für Flüssiggas
51622	Flüssiggase
DVGW	**Arbeitsblätter**
G 603	Kathodischer Korrosionsschutz
TRB	Technische Regeln Druckbehälter

161.3 Dampfdruck von Flüssiggasen

Propan %	Butan %	Dampfdruck in bar bei folgenden Temperaturen − 10	0	+ 10	+ 20	+ 30	+ 40	+ 50
100	0	2,40	3,80	5,60	7,60	10,1	13,1	17,0
50	50	1,20	2,20	3,35	4,75	6,7	8,7	11,3
0	100	0	0	0,45	1,10	1,9	2,9	4,1

161.4 Rohre für Flüssiggasversorgungsanlagen

Rohre	DIN	Mindestwanddicke
nahtloses Stahlrohr[1]	2448	2 mm (2,5 mm erdverlegt)
geschweißtes Stahlrohr[1]	2458	2 mm (2,5 mm erdverlegt)
Gewinderohr[1]	2440 2441 2442	
nahtloses Präzisionsstahlrohr[2]	2391 T1 und T2	1 mm (bis 10 mm Außen∅)[3] 1,5 mm (bis 22 mm Außen∅) 2 mm (über 22 mm Außen∅)
Kupferrohr	1786	1 mm (bis 22 mm Außen∅) 1,5 mm (bis 42 mm Außen∅)
Kunststoffrohr[4] (PE-HD)	8074	DIN 8074 Reihe 5 PN 10 (bis 63 mm Außen∅)

[1] Für Schweißverbindung nur Stähle mit Gütevorschrift nach DIN 1626 u. 1629 verwenden.
[2] Für Erdverlegung nicht zugelassen.
[3] Nur für freiliegende Leitungen zugelassen.
[4] Mit vorgeschaltetem SAV nur für Erdverlegung zugelassen.

162.1 Rohrverbindungen für Flüssiggas-anlagen

Stahlrohr

Schneidringverschraubungen Reihe L
Klemmring- oder Konusverbindung (metallisch dichtend)
Schweißen[1]
- Rohrbögen DIN 2605 bis DIN 2608
- Schweißfittings DIN 2615 bis DIN 2619

Flanschen[2]
Gewinde[3] DIN 2999
- Tempergußfittings DIN 2950
- Stahlfittings mit Gewinde DIN 2980

Kupferrohr[4]

Hartlöten nach DVGW-GW 2
Fitting aus Kupfer, Messing oder Rotguß DIN 2856

Kunststoffrohr

PE-HD-Klemmringverbindungen nach DVGW-G 477 mit DVGW Prüfzeichen[5]

[1] Schweißer müssen nach DIN 8560 geprüft sein.
[2] Im Behälterbereich Flansche DIN 2634 (PN 25) mit metallarmierten Dichtungen oder Dichtleiste Form F, N oder V 13, R 13 verwenden.
[3] Dichtmittel nach DIN 30660 verwenden.
[4] Schneidringverschraubungen sind bei Cu verboten.
[5] Personal muß nach DVGW G 472 befähigt sein.

162.2 Rohrabmessungen für Flüssiggas-anlagen

DN	d_a in mm	s in mm	DN	d_a in mm	s in mm	DN	d_a in mm	s in mm
Stahlrohr (DIN 2448)								
25 32	31,8 38,0	2,6 2,6	40 50	44,5 57,0	2,6 2,9	65 80	76,1 88,9	2,9 3,2
Nahtloses Präzisionsstahlrohr (DIN 2391)								
6[1] 8[1]	8 10	1,5 1,5	10 –	12 15	1,5 1,5	15 20	18 22	1,5 1,5
Kupferrohr (DIN 1786)								
6 8 10	8 10 12	1,0 1,0 1,0	– 15 20	15 18 22	1,0 1,0 1,0	25 32 40	28 35 42	1,5 1,5 1,5
Kunststoffrohr PE-HD (DIN 8074, Reihe 5, PN 10)								
15 20	20 25	2,0 2,3	25 32	32 40	3,0 3,7	40 50	50 63	4,6 5,8

[1] Für freiliegende Leitungen s = 1,0 mm zugelassen.

162.3 Ortsbewegliche Behälter, Flaschen

Flaschen in bewohnten Räumen m_{Fl} < 14 kg

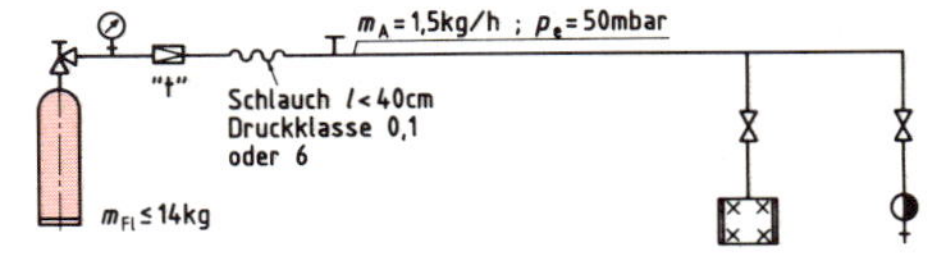

„t“ selbsttätig wirkende Absperreinrichtung bei thermischer Belastung (bei ca. 70 °C).

Flaschenfüllgewicht m_{Fl} > 14 kg[1] (vgl. Tab. 163.5)

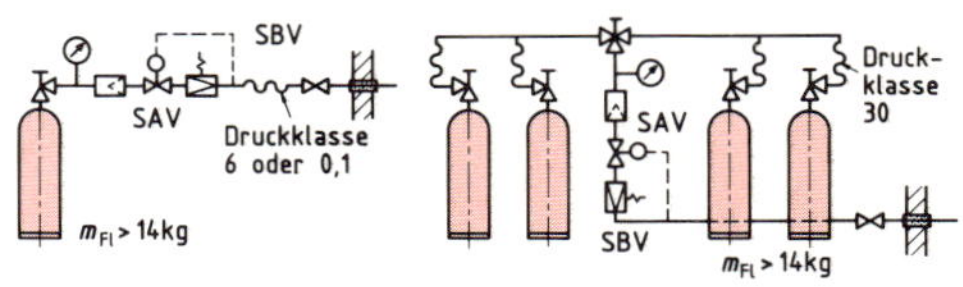

Druckregler einstufig $\dot{m}$ = 2,5 kg/h bis 4,0 kg/h.
SAV Sicherheits-Absperrventil (80 – 120 mbar)
SBV Sicherheits-Absperrventil (120 – 150 mbar)

[1] Aufstellung im Freien oder im eigenen Aufstellungsraum lt. TRG 280 vgl. Tab. 163.5.

162.4 Ortsfeste Behälter

Entnahme aus der gasförmigen Phase

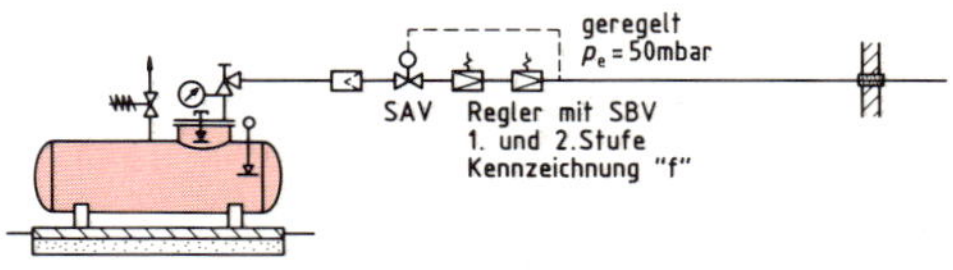

Druckregelgerät: 1. und 2. Stufe eine Einheit.

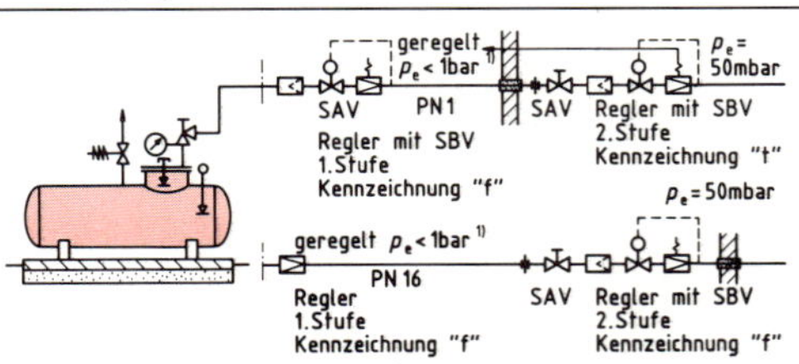

Druckregelgerät: 1. und 2. Stufe getrennt.

Entnahme aus der flüssigen Phase[2]

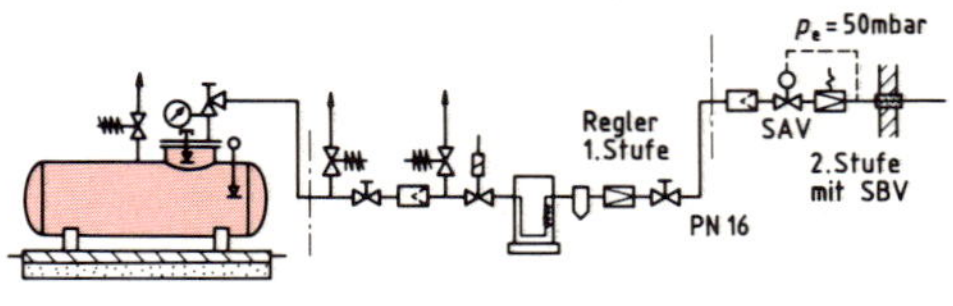

[1] Bei p_e < 0,1 bar nach der 1. Stufe kann SAV und SBV nach der 2. Regelstufe entfallen.
[2] Parallel kann auch noch eine Entnahme aus der Gasphase erfolgen (z. B. für Sommerbetrieb).

Gas-installation

163.1 Schutzzonen bei Flaschenanlagen

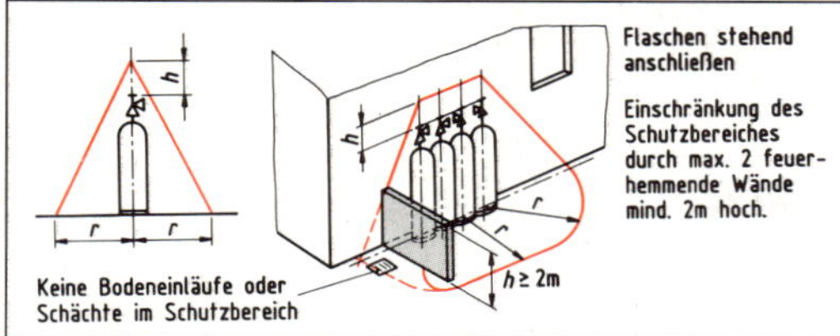

Entnahme aus der Gasphase	Höhe h über dem Flaschenventil und Radius r	Aufstellung im Freien	in Räumen
Einzelflasche und Batterie mit 2 bis 6 Flaschen	h in m	0,5	1
	r in m	1	2
Batterie mit mehr als 6 Flaschen	h in m	0,5	1
	r in m	2	6

163.2 Schutzzonen ortsfester Flüssiggasbehälter

Gasentnahme	oberirdisch				erdbedeckt	
	flüssige Phase		Gasphase		beliebig	
Volumen	bis 5000 l	über 5000 l	bis 5000 l	über 5000 l	bis 10000 l	über 10000 l
R in m	5	10	3	5	3	5
G in m	2,5	5	1,5	2,5	–	–

Oberirdisch aufgestellte Flüssiggasbehälter

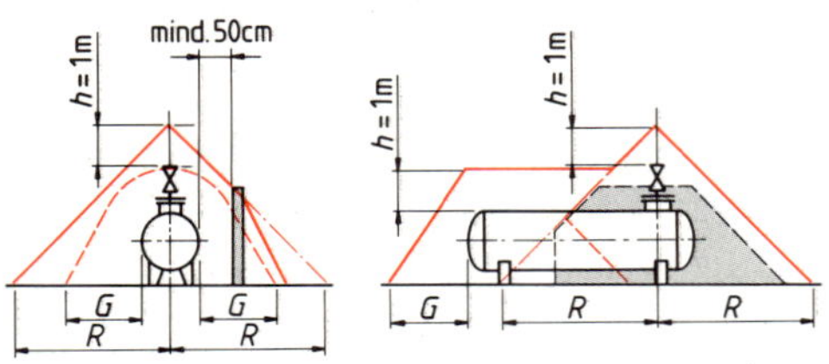

Beispiel für die Einschränkung des Schutzbereiches durch die Wand. Wand mind. feuerhemmend.

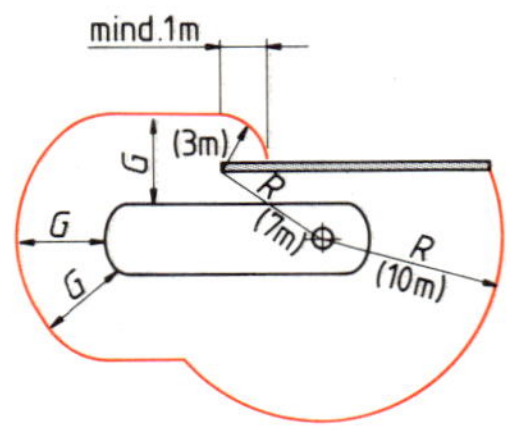

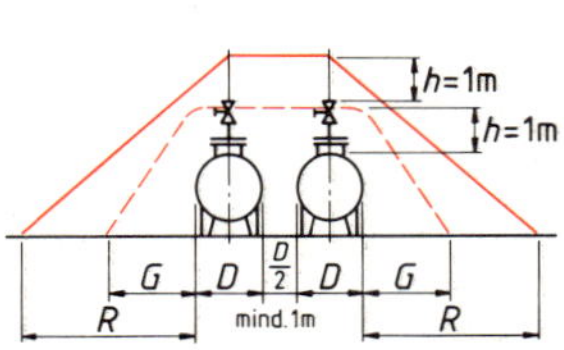

163.3 Schutzzonen (Fortsetzung von Tab. 163.2)

Erdgedeckte Flüssiggasbehälter

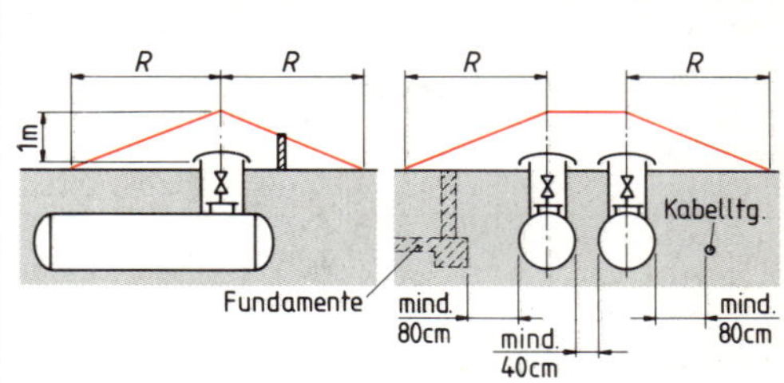

Schutzbereich auf der Gebäudewand

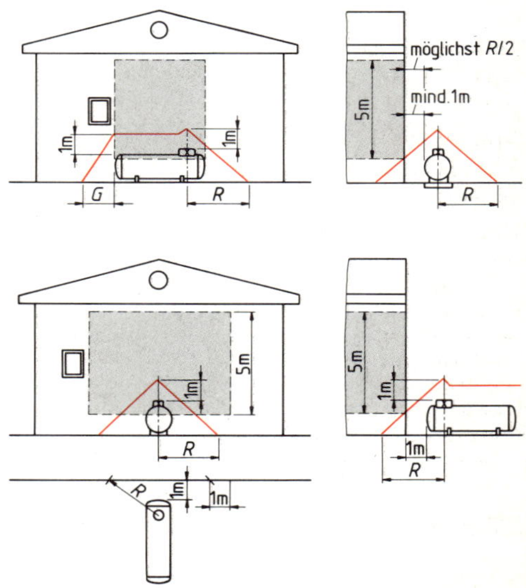

163.4 Mindestabstände von Wärmestrahlungsquellen

Wärmestrahlungsquelle	ohne Strahlungsschutz	mit Strahlungsschutz
Heizgerät, Feuerstätte u. ä.	70 cm	30 cm
Heizkörper	50 cm	10 cm
Gasherd u. ä.	30 cm	10 cm

163.5 Zulässige Aufstellungsorte und Lagermengen von Flüssiggasflaschen

Aufstellungsort	Flaschenzahl	Gesamtfüllmasse
Aufenthaltsraum[1]	1	14 kg
Wohnung[1]	2 (1 pro Raum)	28 kg
Aufstellungsraum	frei	frei
im Freien	frei	frei
gewerblicher Raum	besondere Bestimmungen (TRG 280)	

[1] Ausschließlich Schlafräume

Gas-installation

164.1 Gebräuchliche Flüssiggas-Flaschen und -Fässer (DIN 4661)

Füllmasse in kg	0,425	5	11	33	300
Rauminhalt in l	1,0	11,8	27,2	79	715
Leermasse in kg	1,8	6,6	13,1	35,5	255
Außen-∅ in mm	84	229	300	318	700
Gesamtlänge in mm	320	505	600	1290	2090
Prüfdruck in bar	225	30	30	30	30
max. Belastung in kg/h bei Füllmasse in kg		5	11	33	300
Dauerentnahme (Winter)		0,2	0,3	0,6	3
50 % Unterbrechungen		0,5	0,8	1,8	8
stoßweise Entnahme (20 min)		1,0	1,5	3,0	15

164.2 Ortsfeste Flüssiggaslagerbehälter[1]

Nennfüllung in t		1,2	2,1	3,0[2]	4,0	5,6
Rauminhalt in l		2700	4850	6900	8700	12500
Leermasse[2] in kg		780	1150	1800	1900	2600
Behälter-∅ in mm		1250	1250	1250	1600	1600
Behälterlänge in mm		2500	4300	6100	4750	6680
Höhe (incl. Haube)[3] in mm		1600	1600		2110	2110
– (incl. Domdeckel)[2] mm		1800	1800	1800	2200	2200
oberirdischer Tank nach DIN 4680		max. Belastung in kg/h				
		1,2	2,1		4,0	5,6
Dauerentnahme	Sommer	11,0	18,0		30,0	38,0
	Winter	2,2	3,5		6,0	7,5
50 % Unterbrechung.	Sommer	14,0	25,0		45,0	72,0
	Winter	3,0	5,0		9,0	14,5
stoßweise Entnahme (20 min)	Sommer	35,0	65,0		107,5	170,0
	Winter	7,0	13,0		21,5	34,0
Jahresverbrauch in t		2,4	4,0		8,0	
erdgedeckter Tank nach DIN 4681		max. Belastung in kg/h				
		1,2	2,1	3,0	4,0	5,6
Dauerentnahme		6,5	11,5	15,5	18,0	23,0
50 % Unterbrechung		8,0	15,0	20,0	26,0	43,0
stoßweise Entnahme (20 min)		42,5	75,0	100,0	125,0	215,0
Jahresverbrauch in t		2,4	4,0	5,8	8,0	12,0

[1] Baumustergeprüfte Behälter; [2] erdgedeckter Tank; [3] oberirdischer Tank

164.3 Zul. Betriebsüberdruck p_e ortsfester Behälter

Aufstellung	außerhalb von Gebäuden			innerhalb von Gebäuden
	oberird.	erdgedeckt		
Überdeckung	–	0,5...1,0 m	> 1,0 m	–
$p_{e\,zul}$ Propan	15,6 bar	15,6 bar	12,1 bar	15,6 bar
$p_{e\,zul}$ Butan	5,5 bar	5,5 bar	4,0 bar	5,5 bar
zul. Füllungsgrad	85 Vol.-%	85 Vol.-%	90 Vol.-%	85 Vol.-%

164.4 Geräteanschlußwerte

Verbrauchseinrichtung	Anschlußwert in kg/h	Nennweite	DIN-Anschluß in mm
Gaskühlschrank	0,03	6	8/1
Leuchte (je Brenner)	0,03	6	8/1
Kocher (je Brenner)	0,15	6	8/1
Gas-Backofen	0,3	6	8/1
Gasherd	0,7	6	8/1
Raumheizer	0,8	9	12/1,5
Heizkessel	2,0	12	15/1,5
Vorratswasserheizer	1,5	9	12/1,5
Durchlaufwasserheizer	2,0	12	15/1,5
Kombiwasserheizer	2,5	12	15/1,5

164.5 Anhaltswerte für Rohrweitenbestimmung für einfache Anlagen bei p_e = 50 mbar

Leitungslänge in m	Rohrweite in mm bei folgenden Anschlußwerten in kg/h 0,3	0,5	0,8	1,0	1,5	2,0	3,0	4,0	5,0
1	5	5	6	6	7	8	9	10	12
2	5	5	6	7	8	9	12	12	15
3	5	6	7	8	9	10	12	15	15
4	5	6	7	8	9	10	12	15	15
5	5	6	8	8	10	12	15	15	18
6	6	7	8	9	10	12	15	15	18
8	6	7	8	9	12	12	15	18	18
10	6	7	9	10	12	12	15	18	18
12	6	8	9	10	12	15	15	18	20
14	6	8	9	10	12	15	18	18	20
16	7	8	10	10	12	15	18	18	20
18	7	8	10	12	15	15	18	18	20
20	7	8	10	12	15	15	18	20	20
25	7	9	10	12	15	15	18	20	25
30	7	9	12	12	15	15	18	20	25

165.1 Druckverlust je m Rohrlänge für Flüssiggas-Rohrleitungen (p_e = 50 mbar)

Anschlußwert $\dot{m}_A$ in kg/h	Druckverlust (*R*-Wert) in mbar/m lichte Rohrweite in mm 5	6	7	8	9	10
0,3	0,37	0,15	0,07	0,04	0,020	0,012
0,5	1,0	0,42	0,19	0,10	0,055	0,033
0,8	2,7	1,1	0,49	0,25	0,14	0,083
1,0	4,2	1,7	0,77	0,40	0,22	0,13
1,5	9,4	3,8	1,7	0,90	0,50	0,29
2,0		6,7	3,1	1,6	0,88	0,52
2,5			4,8	2,5	1,4	0,82
3			6,9	3,6	2,0	1,2
4				6,4	3,5	2,1
5				10,0	5,5	3,3
6					7,9	4,7
8						8,3
	Druckverlust (*R*-Wert) in mbar/m lichte Rohrweite in mm 12	15	18	20	25	32
0,5	0,01					
0,8	0,03	0,01				
1,0	0,05	0,02				
1,5	0,12	0,04	0,016			
2,0	0,21	0,07	0,028	0,016		
2,5	0,33	0,11	0,043	0,025		
3	0,47	0,15	0,062	0,036	0,012	
4	0,83	0,27	0,11	0,064	0,021	
5	1,3	0,43	0,17	0,10	0,033	0,010
6	1,9	0,61	0,25	0,14	0,048	0,014
8	3,3	1,1	0,44	0,26	0,085	0,025
10	5,2	1,7	0,69	0,40	0,13	0,040

Beispiel: Gasdurchsatz $\dot{m}$ = 3,8 kg/h
zul. Druckgefälle 0,11 mbar/m
Gewählt: lichte Rohrweite = 18 mm

165.2 Zuschläge für Ventile und Formstücke, statischer Druckverlust[1]

Absperrventil	2,0	Zuschlag
Winkelstück	0,5	auf die
Abzweig, Trennung	0,5	Leitungslänge

statischer Druckverlust[1] in mbar/m	Propan 0,07	Butan 0,14	s. Tab. 148.3

[1] Dieser Druckverlust darf bis 10 m Höhendifferenz vernachlässigt werden.

165.3 Beispiel für die Rohrweitenberechnung für Flüssiggasrohrleitungen

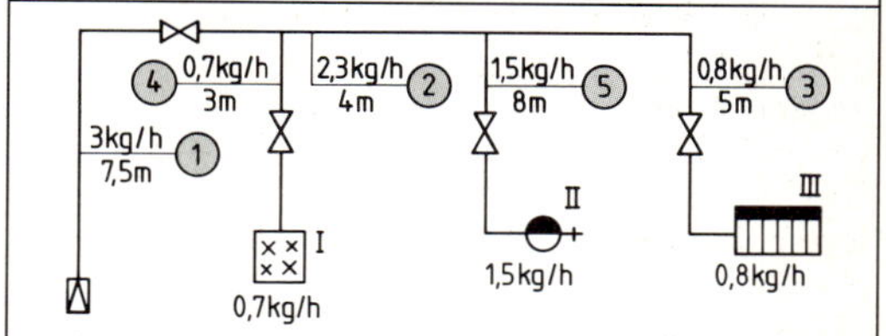

Teilstrecke Nr.	1	2	3	4	5
versorgte VE[1]	I, II, III	II, III	III	I	II
Gasdurchsatz in kg/h	3,0	2,3	0,8	0,7	1,5
gemessene Länge in m	7,5	4,0	5,0	3,0	8,0
Zuschlag für					
Absperrventil 2,0 m	2,0		2,0	2,0	2,0
Winkelstück 0,5 m	0,5		1,0		0,5
Abzweig 0,5 m				0,5	0,5
Berechnungslänge m	10,0	4,0	8,0	5,5	11,0
max. Druckverlust[2] mbar	2,5	2,5	2,5	2,5	2,5
– stat. Druckverlust[3] mbar	0	0	0	0	0
Druckvorverbrauch vgl. unten mbar			1,4	1,0	
verfügbarer Druck mbar			1,1	1,5	
Druckgefälle mbar/m	0,1[6]	0,1[6]	0,14	0,27	0,1[6]
lichte Rohrweite[4] in mm	18	15	9	8	15

Ermittlung des ungünstigsten Stranges

Verbrauchseinrichtung (VE)		I	II	III
beteiligte TS Nr.		1, 4	1, 2, 5	1, 2, 3
Rohrlänge zur VE in m		15,5	25,0	22,0
R-Wert (kleinster) zur entferntesten VE in mbar/m			0,1	
Druckvorverbrauch	Teilstrecke Nr.	1		1,2
	$\Delta p = l \cdot R$[5] in mbar	1,0		1,4

[1] VE Verbrauchseinrichtung.
[2] lt. TRF 5 % von $p_e \triangleq$ 2,5 mbar (bei p_e = 50 mbar).
[3] Vgl. Tab. 165.2.
[4] Bei Zwischenwerten den größten Rohr∅ wählen.
[5] *R*-Wert der einzelnen TS einsetzen, z. B. TS 2: Δp = 14 m · 0,1 mbar/m = 1,4 mbar.
[6] Lt. Ermittlung des ungünstigsten Stranges.

Gas-installation

166.1 Zusammenstellung wichtiger Normen

DIN	Bezeichnung
1706	Zink
1707	Weichlote für Schwermetalle
1712	Aluminium
1725	Aluminiumlegierungen, Knetlegierungen
1745	Bleche und Bänder aus Aluminium > 0,35 mm
1748	Strangpreßprofile aus Aluminium
1751	Bleche und Blechstreifen aus Kupfer
1759	Rechteckstangen aus Kupfer
1783	Bleche und Bänder aus Al, kaltgewalzt
1787	Kupfer, Halbzeug
1791	Bänder und Bandstreifen aus Kupfer
1960	VOB Allgemeine Bestimmungen für die Vergabe von Bauleistungen
1961	Allg. Vertragsbed. f. d. Ausführung v. Bauleist.
1986	Entwässerungsanlagen für Gebäude
4113	Aluminium-Konstruktionen f. ruhende Belast.
8511	Flußmittel zum Löten, Hartlöten v. Schwermetall
8512	Hart- u. Weichlote für Aluminiumwerkstoffe
8513	Hartlote für Schwermetalle; Kupferlote
9722	Bleche und Bänder aus Zink
17611	Anodisch oxidiertes Halbzeug aus Aluminium
17670	Bleche und Bänder aus Kupfer
17770	Bleche und Bänder aus Zink
18195	Bauwerksabdichtungen
18336	Abdichtung gegen drückendes Wasser
18337	Abdichtung gegen nichtdrückendes Wasser
18338	Dachdeckungs- und Dachabdichtungsarbeiten
18339	**VOB Teil C: Klempnerarbeiten**
18460	Regenfalleitungen außerhalb von Gebäuden
18461	Hängedachrinnen, Regenfallrohre
18469	Hängedachrinnen aus PVC hart
18515	Fassadenbekleidungen aus Naturstein ...
18540	Abdichten von Außenwandfugen im Hochbau
50975	Korrosionsschutz; Zinküberzüge, feuerverzinkt
50976	Korrosionsschutz; Zinküberzüge, Anforderungen
52128	Bitumendachbahnen mit Rohfilzeinlage
59231	Wellbleche, Stahldachpfannen
59381	Flachzeug aus Stahl, kaltgewalztes Band
59382	Flachzeug aus Stahl, kaltgewalztes Breitband
59610	Bleche aus Blei

166.2 Klempnerarbeiten (Auszug aus DIN 18339, VOB, Teil C)

0	Hinweise für die Leistungsbeschreibung.
1.1	Leistungsabgrenzung DIN 18339, Teil C.
1.2	Leistungen umfassen Bauteillieferung, Abladen und Lagern auf der Baustelle.
2.2.1	Bauteile müssen ungebraucht, für Verwendung geeignet sein und den DIN-Güte- und Maßbest. oder behördlichen Zulassungsbest. entsprechen.
3.1.3	Stoffe und Bauteile sind nach bestehenden Herstellervorschriften zu bearbeiten.
3.1.4	Durchführbarkeit von Arbeiten vor Beginn prüfen. Bedenken sofort dem Auftraggeber schriftlich mitteilen.
3.1.5	**Teile aus verschiedenen Metallen dürfen sich wegen Kontakt-Korrosion nicht berühren (−).**

Metalle	Al	Pb	Cu	Zn	NRS	St
Aluminium Al	+	−	−	+	+	+
Blei Pb	−	+	+	+	+	+
Kupfer Cu	−	+	+	−	+	−
Titanzink Zn	+	+	−	+	+	+
Nichtrostender Stahl NRS	+	+	+	+	+	+
Feuerverzinkter Stahl St	+	+	−	+	+	+

3.1.6

Blechwerkstoff	Befestigungsmaterial
Zink, feuerverzinkter Stahl, Titanzink	verzinkte Breitkopfstifte feuerverzinkte Stahlblechhafte Titanzinkblechhafte
Aluminium	aluminiumlegierte Breitkopfstifte, verzinkte Stahlstifte
Blei	Kupfernägel, verbleite Nägel, Kupferhafte, Bleikeile, verbleite Hafte
Kunststoffprofil	feuerverzinkte Breitkopfstifte

3.1.7	Verbundene und befestigte Bauteile müssen sich ausdehnen bzw. zusammenziehen können, ohne undicht zu werden ($\Delta\ \vartheta = 100$ K).
3.1.8	Bauteile müssen gegen Abheben und Beschädigung durch Sturm gesichert werden.
3.1.9	Bleche durch Unterlegen von Bitumendachbahn R 500 DIN 52128 gegen schädigende Einflüsse angrenzender Stoffe (Mörtel u. ä.) schützen.

3.1.10

Blechwerkstoff	Verbindung	Überlappung
Zink	weichlöten	min. 10 mm
Kupfer, feuerverzinkter Stahl	vorverzinnen, nieten u. weichlöten	min. 20 mm
Aluminium	hartlöten	

3.1.11	Eindichtung an Mauerflächen 150 mm hochführen und mit Kappleiste überdecken.
3.1.12	Regenfalleitungen siehe DIN 1986, Teil 1 und 2.
3.2.2	Metallfalzdächer: 23 mm Stehfalzhöhe, Quernähte doppelt falzen, Dachneigung < 15° 25 mm Überlappung löten oder schweißen.
3.2.3	Metallfalzdach: Hafte mit min. 2 Nägeln (∅ 3,1 mm) 20 mm tief in der Schalung befestigen.

167.1 Klempnerarbeiten (Fortsetzung von Tab. 166.2)

3.2.3	**Haftwerkstoff**	**Dicke**	**Haftwerkstoff**	**Dicke**
	feuerverzinktes oder nichtrostendes Stahlblech	0,6 mm	Aluminium Titanzink Kupferblech	1 mm 0,8 mm 0,6 mm
	max. 600 mm Zuschnittbreite bei Metallbändern, max. 800 mm Zuschnittbreite bei feuerverzinkten Bändern (0,6 mm)			
	max. 10 m Scharenlänge, max. 14 m bei verzinkten Stahlbändern, größere Längen mit Schiebenaht, Zusatzfalz			
3.3.1	Vertiefte Metallkehlen bei Steildächern erhalten beidseitig aufgebogene Wasserfalze. Über 4 m Länge 100 mm breite Schiebenähte anordnen.			
3.4	Kalt- bzw. Warmdach: Metalldeckungen dürfen die Lüftungs- bzw. Dampfabfuhr-Querschnitte nicht beeinträchtigen.			
3.5	Dachdurchbrüche (Schornstein, Oberlicht, Lüftungsrohr) mit Abdeckprofilen einfassen, auf der Firstseite mit Sattel einkehlen. Zu überklebende Teile min. 100 mm breit.			
3.6	Abdeckung: Tropfkante 20 mm Überstand.			
3.7.1	**Dachrinnen**	**Verbindung**		
	Zinkblech	mit 10 mm Überlappung weichlöten		
	Stahlblech	weichlöten und nieten o. falzen		
	Kupfer oder feuerverz. St	weichlöten und nieten oder mit Einlage nieten		
	nichtrost. St	löten, nieten oder schweißen		
	Aluminium	hartlöten, mit Einlage nieten		
	Kunststoff	je nach Herstellervorschriften		
3.7.2	Rinnen mit gleichmäßigem Gefälle (min. 1 mm/m) und dachseitig 10 mm überhöht anbringen.			
3.7.3	Das in die Rinne eingehängte Traufblech muß 150 mm auf die Dachfläche hinaufgreifen.			
3.7.4	Rinnenlänge über 15 m nur mit Ausdehnungsmöglichkeit im Rinnenkasten oder Schiebenaht.			
3.8.1	Regenfallrohre siehe DIN 18460, 18461, 19531.			
3.8.4	**Blechwerkst.**	**Rinnenhalter und Rohrschellen**		
	Titanzink, verz. Stahl, Aluminium	feuerverzinkter Bandstahl		
	Kupfer	Massiv-Cu, Cu-ummantelter Stahl		
	nichtrost. St	nichtrostender Stahl		
	Edelstahl	Edelstahl		
	Kunststoff	feuerverz. St., kunststoffummantelt		
	Rohrschellenabstand	**Rohr-DN**	**Rinnenhalter**	
	≤ 3 m ≤ 2 m	≤ 100 > 100	etwa 80 cm (Sparrenabst.)	
3.8.5	Fallrohr-Standrohrverbindung mit Blechtrichter oder Wulst, Standrohr mit Reinigungsöffnung.			
3.8.6	Fallrohre mit Wülsten oder Nasen über den Schellen.			
3.8.7	Fallrohr-Steckverbindungen 50 mm überlappend.			
3.8.9	Fallrohre mit min. 20 mm Abstand zum Gebäude und sichtbarer Längsnaht anbringen.			

167.2 Jahresniederschläge

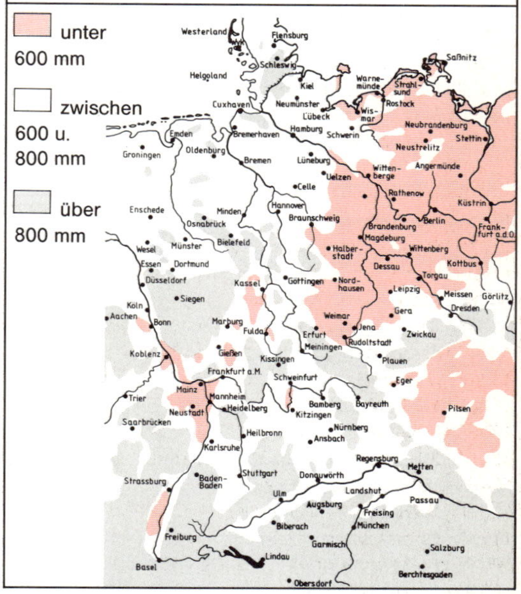

167.3 Regenfalleitungs-Werkstoffe

Rohrwerkstoff (Prüfzeichen o. DIN-Norm)	Regenleitung im Gebäude	Regenleitung im Freien	Brandverhalten
Zn, Cu, Al, verz. Stahl, Edelstahl s. DIN 18461	–	+	nicht brennbar
Gußeisen DIN 19500 ff. Gußeisen ohne Muffe Stahlrohr DIN 19530 Faserzement	+	+	nicht brennbar
PVC hart (N, V) DIN 19531 PVC hart erdverlegt	+ –	+ –	schwer entflammbar
PE hart DIN 19535 ABS/ASA DIN 19561	+ +	+ –	normal entflammbar
PVCC DIN 19538 PP DIN 19560	+ +	+ –	schwer entflammbar

+ geeignet, – nicht geeignet

Klempnerarbeiten

168.1 Die wichtigsten Begriffe der DIN 18460

Begriff	Erläuterung
Regen-falleitung	Leitung zur Regenwasserableitung von Dachflächen, Balkonen und Loggien
Schrägrohr	Konische Verbindung zwischen Stutzen und Falleitung
Standrohr	Regenfalleitung am Anschluß an die Grundleitung, wo mit mechanischen Beschädigungen gerechnet werden muß
Rohrschelle	Halter zur Befestigung der Regenfall-leitung
Dachrinne	Offenes Profil zum Sammeln und Ableiten von Niederschlagswasser
Rinnenablauf	Rinnenstutzen als Übergangsstück zwischen Dachrinne und Falleitung
Rinnenwinkel	Richtungsänderung einer Dachrinne
Rinnenendstück	Abschlußteil am Dachrinnenende
Rinnenhalter	Halter zur Befestigung der Dachrinne

$Q_r = A \cdot r \cdot \psi$

Q_r Regenwasserabfluß in l/s
A Dachgrundfläche in ha
r Regenspende in l/(s · ha)
ψ Abflußbeiwert (ohne Einheit) s. Tab. 132.1.

168.2 Bemessung der Metall-Regenfall-leitung

Dach-grund-fläche[1] in m^2	zul. Q_r in l/s	Regenfall-leitung		zugeordnete Dachrinne			
				halbrund		kastenförmig	
		⌀[2] mm	$F_\bigcirc$ cm^2	l_A[3] mm	$F_\triangledown$ cm^2	l_A[3] mm	$F_\square$ cm^2
37	1,1	60	28	200	25	200	28
57	1,7	70	38	–	–	–	–
83	2,5	80	50	250 285	43 63	250	42
150	4,5	100	79	333	92	333	90
243	7,3	120	113	400	145	400	135
270	8,1	125	112	–	–	–	–
443	13,3	150	177	500	245	500	220

[1] Anzuschließende Dachgrundfläche bei max. Regenspende $r = 300$ l/(s · ha). Ist die örtliche Spende größer, muß mit entsprechenden Werten (s. Tab. 168.4) gerechnet werden.
[2] Der Durchmesser in mm entspricht dem Nennmaß der Regenfalleitung.
[3] l_A Die Abwicklung in mm entspricht dem Nennmaß der Dachrinne.

168.3 Bemessung der PVC hart-Regenfall-leitung

Dach-grund-fläche[1] in m^2	zul. Q_r in l/s	Regenfalleitung			Dachrinne		
		Aus-sen-⌀ mm	Nenn-maß	$F_\bigcirc$ in cm^2	halbrund LW[2] mm	$F_\triangledown$ cm^2	Kasten $F_\square$ cm^2
20	0,6	50	50	17	80	34	22
37	1,1	63	63	28	80	34	34
57	1,7	75	70	38	100	53	53
97	2,9	90	90	56	125	73	73
170	5,1	110	100	86	150	101	100
243	7,3	125	125	113	180	137	137
483	14,5	160	150	188	250	245	225

[1] Vgl. Fußnote Tab. 168.2.
[2] Lichte Weite in mm entspricht der Richtgröße.

168.4 Regenspenden-Spitzenbelastung von Städten[1]

Stadt	r[1] in l/(s · ha)	Stadt	r[1] in l/(s · ha)
Augsburg	333	Kassel	203
Bonn	532	Mönchengladbach	300
Frankfurt/M.	370	München-Pasing	416
Karlsruhe	532	Rotenburg/Han.	490

[1] Gemessen während 5 Minuten. Kann einmal pro Jahr überschritten werden.

Beispielrechnung:
Regenspende $r = 400$ l/(s · ha)
Dachgrundfläche $A = 12{,}5\ m \cdot 17{,}5\ m = 220\ m^2$
Dachneigung $\geq 15°$
Abflußbeiwert (s. Tab. 132.1) $\psi = 1{,}0$

$$Q_r = A \cdot r \cdot \psi$$
$$Q_r = \frac{220}{10000}\ ha \cdot 400 \frac{l}{s \cdot ha} \cdot 1{,}0$$
$$Q_r = 8{,}8\ l/s$$

Nach Tab. 168.2 für $Q_r \leq 13{,}3$ l/s gewählte Regenfall-leitung ⌀ 150 mm.

168.5 Zuschnitt der Regenfallrohre

tei-lig	Zu-schnitt-breite in mm	runder Querschnitt		quadrati-scher Quer-schnitt		rechteckiger Querschnitt	
		NW mm	$F_\bigcirc$ cm^2	a mm	$F_\square$ cm^2	$a \times b$ in mm	$F_\square$ cm^2
8	250	75	45	60	36	72 × 48	35
7	285	85	60	69	46	82 × 55	45
6	333	100	80	80	64	97 × 65	63
5	400	120	120	87	94	117 × 78	91
4	500	156	191	122	148	147 × 98	144

Klempner-arbeiten

169.1 Halbrunde Hängedachrinne (H)

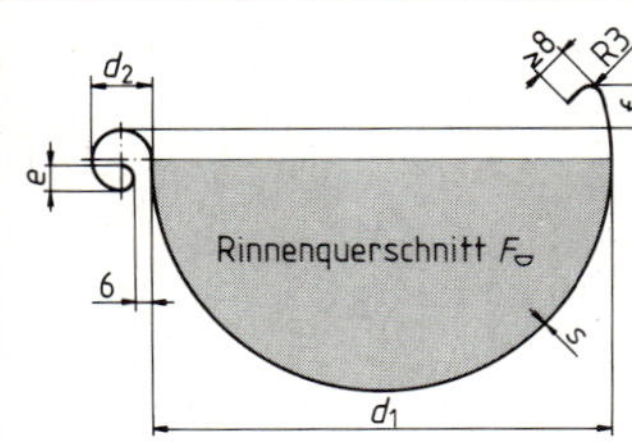

Bezeichnungsbeispiel:
Dachrinne DIN 18461 – H 333 – Cu

Zuschnitt	Teilung	d_1 mm	d_2 mm	e mm	f mm	s_{min} in mm bei Al	Cu	St	Zn	F cm^2
200	10	80	16	5	8	0,7	0,6	0,6	0,65	25
250	8	105	18	7	10	0,7	0,6	0,6	0,65	43
285	7	127	18	7	10	0,7	0,6	0,6	0,70	63
333	6	153	20	9	11	0,7	0,6	0,6	0,70	92
400	5	192	22	9	11	0,8	0,7	0,7	0,70	145
500	4	250	22	9	21	0,8	0,7	0,7	0,80	245

169.3 Kastenförmige Hängedachrinne (K)

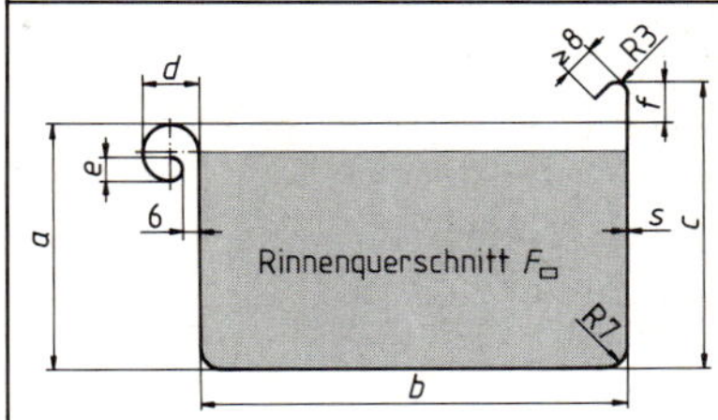

Bezeichnungsbeispiel:
Dachrinne DIN 18461 – K 400-St

Zuschnitt	a mm	b mm	c mm	d mm	e mm	f mm	s_{min} in mm bei Al	Cu	St	Zn	F cm^2
200	42	70	50	16	5	8	0,7	0,6	0,6	0,65	28
250	55	85	65	18	7	10	0,7	0,6	0,6	0,65	42
333	75	120	85	20	7	10	0,7	0,6	0,6	0,7	90
400	90	150	100	22	9	11	0,8	0,7	0,7	0,7	135
500	110	200	130	22	9	11	0,8	0,7	0,7	0,8	220
667	180	225	200	22	9	21	0,8	0,7	0,7	0,8	400

169.2 Rinnenhalter für halbrunde Hängedachrinnen

Form FFH mit zwei Federn
$d_2 = 6$ mm bei $s \leq 5$ mm
$d_2 = 7$ mm bei $s > 5$ mm

Form NFH mit Nase und einer Feder
(übrige Maße wie links)

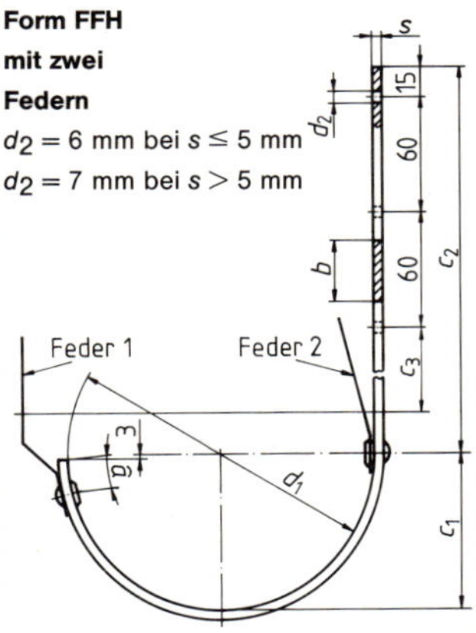

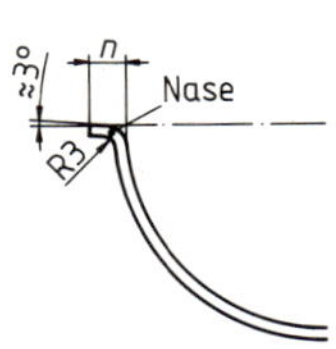

Zuschnitt	c_2 mm	$b \times s$ in mm bei 1 [1)]	2 [1)]	3 [1)]	d_1 mm	a mm	c_1 mm	c_3 mm	n mm
200	200	25	–	–	80	18	40	50	12
	240	× 4							
250	230	25	30	25	105	20	50	75	14
	280	× 4	× 4	× 6					
285	230	30	30	25	127	20	60	75	14
	290	× 4	× 5	× 6					
333	230	30	40	25	153	20	75	75	14
	300	× 5	× 5	× 6					
400	250	30	40	25	192	20 [2)]	95	95	14
	340	× 5	× 5	× 8					
500	250	40	40	25	250	20 [2)]	125	95	14
	390	× 5	× 5	× 8					

1) Reihe 1: Abstand der Rinnenhalter bis 700 mm, Reihe 2 über 700 mm und Reihe 3 bis 700 mm in Gebieten mit großem Schneefall und dadurch möglicher Eisbildung.
2) Nur 15 mm bei Reihe 3.

169.4 Rinnenhalter für kastenförmige Hängedachrinnen

Form FFK mit zwei Federn
$d = 6$ mm bei $s \leq 5$ mm
$d = 7$ mm bei $s > 5$ mm

Form NFK mit Nase und einer Feder
(übrige Maße wie links)

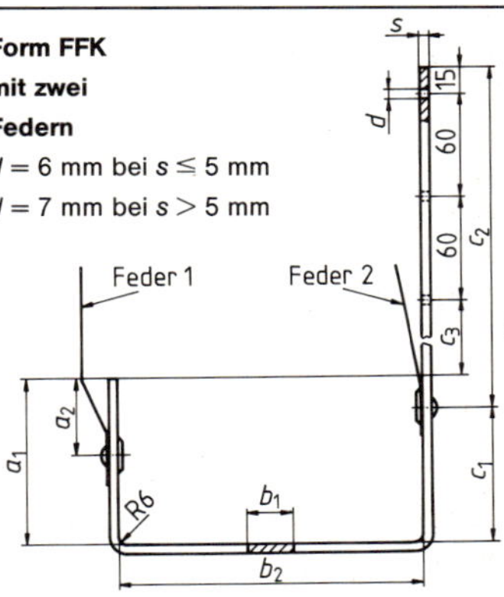

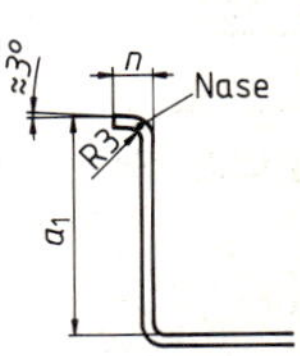

Zuschnitt	c_2 mm	$b_1 \times s$ in mm bei 1 [1)]	2 [1)]	3 [1)]	b_2 mm	a_1 mm	a_2 mm	c_1 mm	c_3 mm	n mm
200	200	25	–	–	70	31	18	34	50	12
	240	× 4								
250	230	25	30	25	85	43	20	46	75	14
	280	× 4	× 4	× 6						
333	230	30	40	25	120	62	20	65	75	14
	300	× 5	× 5	× 6						
400	250	30	40	25	150	76 [3)]	20 [2)]	79	95	14
	340	× 5	× 5	× 8						
500	250	40	40	25	200	96 [3)]	20 [2)]	99	95	14
	390	× 5	× 5	× 8						
667	260	40	40	25	225	166 [3)]	20 [2)]	169	95	14
	390	× 5	× 5	× 8						

1) Reihe 1: Abstand der Rinnenhalter bis 700 mm, Reihe 2 über 700 mm und Reihe 3 bis 700 mm in Gebieten mit großem Schneefall und dadurch möglicher Eisbildung.
2) Nur 15 mm bei Reihe 3. 3) 10 mm kürzer bei Reihe 3.

170.1 Federn für Rinnenhalter

s in mm	Abmessungen in mm Feder 1	Feder 2	Werkstoff:
4	20 × 1,25 × 100	20 × 1,00 × 80	Al AlMgSi 1 F 28 DIN 1747 Teil 1
5	24 × 1,25 × 100		Cu SF-Cu F 25 DIN 17670 Teil 1
6/8	24 × 1,50 × 100	20 × 1,25 × 80	St USt 37-2 DIN 17100

170.2 Maximale Rinnenlänge *l*

Dachrinnenart	Zuschnitt-breite in mm	l_{max} m	Blechdicke in mm
vorgehängt, halbrund	bis 250 285 bis 400	15 12	≥ 0,65 ≥ 0,70
vorgehängt, Kastenform	bis 250 333 bis 400	15 12	≥ 0,65 ≥ 0,70
innenliegend, halbrund oder Kastenform	bis 250 333 bis 400	15 12	≥ 0,65 ≥ 0,70
Shedrinnen oder Dachrinnen mit größerem Zuschnitt	500 bis 600 600 bis 800 800 bis 1000	9 9 6	≥ 0,80 ≥ 0,80 ≥ 1,00

Meistverwendete Blechwerkstoffe	
Al	Al Mn F 14, Al Mg 1,5 F 18, DIN 1745 Teil 1
Cu	SF-Cu F 25, DIN 17670 Teil 1
St	St 01 Z 275, DIN 17162 Teil 1, zweiseitig verzinkt
Zn	Titanzink, bandgewalzt D-Zn bd, DIN 17770 Teil 1

170.3 Verbindung von Rinnenstößen

Zn	Weichlotverbindung, z. B. L-Pb Sn 40 (Sb) (s. Tab. 96.3)
verz. St	Einreihig nieten und weichlöten oder mit Dichtbeilage versetztreihig nieten
Cu	Hartlotverbindung (s. Tab. 97.3) einreihig nieten und weichlöten, mit Dichtbeilage versetzt nieten
Al	Hartlöten, z. B. L-Al Si 12, schweißen, falzen oder mit Dichtbeilage nieten

170.4 Kleinstzulässige Biegeradien *r*

$r = s \cdot k$

s Blechdicke in mm
k Faktor

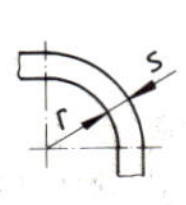

Stahl weich (Tiefziehblech)	$k = 0{,}50$	Messing weich	$k = 0{,}30$
		Messing hart	$k = 0{,}40$
Stahl hart	$k = 0{,}55$	Aluminium	$k = 2{,}50$
Kupfer weich	$k = 0{,}25$	Zink	$k = 2{,}50$

170.5 Mindestdicke gekanteter Blechteile

Blechwerkstoff	Dachrand-abschluß	Mauer-abdeckung	Anschluß
Aluminium	1,2 mm	0,8 mm	0,8 mm
Kupfer	0,8 mm	0,7 mm	0,7 mm
verz. Stahl	0,7 mm	0,7 mm	0,7 mm
Titanzink	0,8 mm	0,7 mm	0,7 mm
Edelstahl	0,7 mm	0,7 mm	0,7 mm

170.6 Dachbe- und -entlüftungsöffnungen

Dachneigung	Freier Lüftungs-querschnitt	Lüftungs-Raumhöhe
≤ 3°, Dach mit innenlieg. Rinne	2 × 1/400 (2,5‰) der Dachfläche	≥ 20 cm belüftet
3° bis 20° (5% bis 36%)	Zuluft 1/500 (2‰) Abluft 1/400 (2,5‰)	≥ 10 cm belüftet
über 20°	Zuluft 1/1000 (1‰) Abluft 1/800 (1,25‰)	≥ 5 cm belüftet
Wandbekleidung	Zuluft 1/1000 (1‰) Abluft 1/800 (1,25‰)	≥ 2 cm belüftet

170.7 Rohrschellen für kreisförmige Regenfallrohre (RKR)

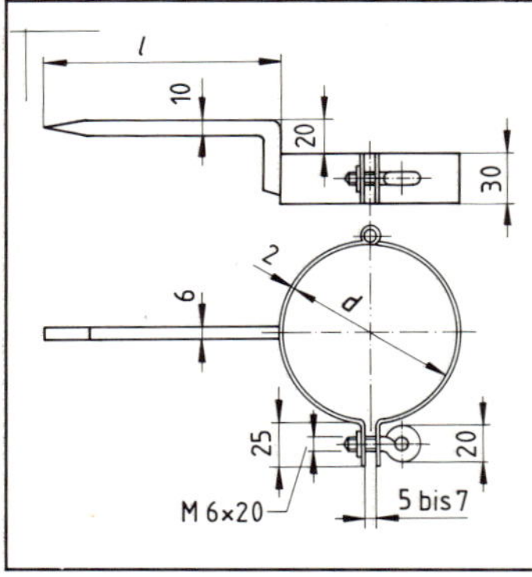

NW	d in mm	l in mm
60	60	120
80	80	120
100	100	120 140
120	120	140
150	150	140

170.8 Kreisförmige Regenfallrohre (KR)

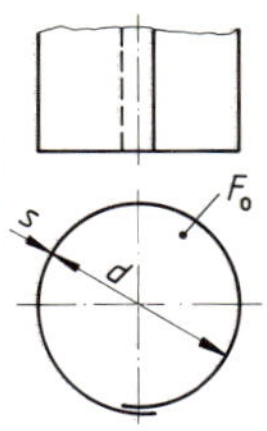

NW	d mm	s_{min} in mm bei Al	Cu	St	Zn	$F_○$ cm²
60	60	0,7	0,6	0,6	0,6	28
80	80	0,7	0,6	0,6	0,65	50
100	100	0,7	0,6	0,6	0,65	79
120	120	0,7	0,7	0,7	0,7	113
150	150	0,7	0,7	0,7	0,7	177

Beispiel: Fallrohr DIN 18461 – KR 100 – Zn – L
gelötet (L), geschweißt (S), gefalzt (F)

171.1 Schrägrohr (SR) nur mit Bogen 40° und Stutzen S

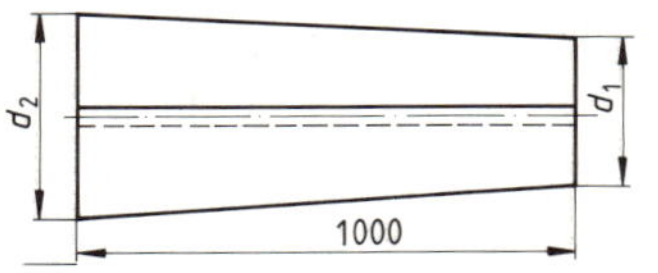

NW	d_1 mm	d_2 mm
80	78	117
100	98	136
120	118	161

171.2 Rohrbogen für kreisförmige Regenfallrohre (B)

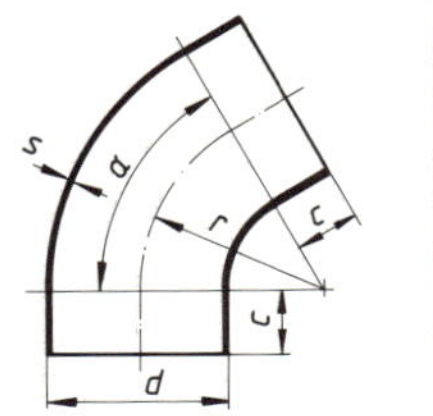

Beispiel:
Bogen DIN 18461
– B 100 – 60 – Cu – S

d mm	c mm	s_{min} in mm bei Al	Cu	St	Zn
60	30	0,7	0,6	0,6	0,7
80	35	0,7	0,6	0,6	0,7
100	35	0,7	0,6	0,6	0,7
120	40	0,7	0,7	0,6	0,8
150	40	0,7	0,7	0,6	0,8

$\alpha = 40°$, 60° oder 72°
$r = 1{,}75 \cdot d$ oder $1{,}35 \cdot d$

171.3 Rinnenablaufstutzen, Form G gerade

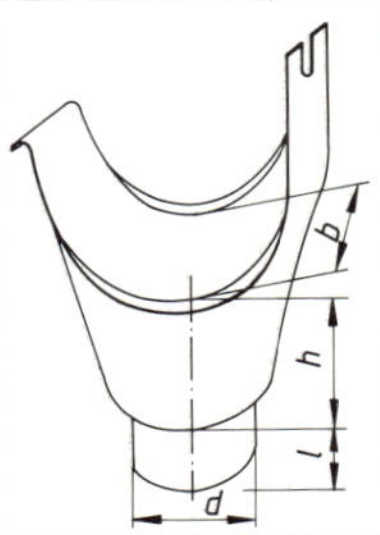

NW[1)] ◡	NW ○	d mm	b mm	h mm	l mm
200	60	58	125	60	35
250	80	78	165	80	40
285	80	78	165	80	40
333	100	98	208	100	45
400	120	118	250	120	50

Beispiel: Stutzen DIN 18461 – G 333 – St – S

1) Zuschnitt der halbrunden Dachrinne.

171.4 Rinnenablaufstutzen, Form S schräg

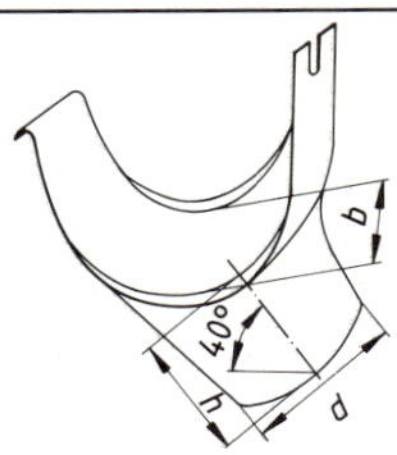

NW[1)] ◡	NW ○	d mm	b mm	h mm
285	80	105	120	80
333	100	125	140	93
400	120	140	175	113

Beispiel: Stutzen DIN 18461 – S 333 – St – S

1) Zuschnitt der halbrunden Dachrinne.

171.5 Einteilung der Dachneigung

Sonderfall	< 5%	< 3°
Flachdach	5% bis 13%	3° bis 7°
Flachgeneigtes Dach	13% bis 47%	7° bis 25°
Steildach	> 47%	> 25°

171.6 Forderungen an Blecharbeiten

Einfluß	Forderung	Maßnahmen
Witterung	Sichere Ableitung, Dichtigkeit	Gefälle und Überdeckung ausreichend, Dichtungsstreifen, Tropfkanten, Überstände
Wind, Sturm, Bausenkung	Aufnahme von Sog, Druck und Schub	Richtige Blechdicke, genügend Befestigungen (Hafte), bewegliche Anschlüsse, besondere Sicherung von Traufe, First . . .
Bau- und Nutzfeuchtigkeit	Beständigkeit	Zweischalige belüftete Konstruktionen, Sperr- und Trennschichten, Winkelbleche bis 2 cm streichen
Temperaturwechsel	Ausgleich thermisch. Wechselbewegungen	Ausdehnungsmöglichkeiten schaffen durch indirekte Befestigungen, Schiebehafte, entsprechende Firstausbildung
Luftverschmutzung	Beständigkeit	Extreme Beanspruchung und ungeschütztes Bitumen erfordern Schutzanstriche
Kontaktkorros.	Beständigkeit	Zusammenbau verschiedener Metalle vermeiden, Trennschicht

171.7 Erforderlicher Korrosionsschutz

Blechwerkstoff	Dicke in mm	Verbindungsarten	Schutz erforderlich vor Witterung	Sand, Kies	Beton, Mörtel	Erde, Humus
verzinkter Stahl	0,62	falzen, nieten, löten	ja	ja	nicht geeignet	nicht geeignet
Aluminium	1,0	schweißen	ja	ja	nicht geeignet	nicht geeignet
Titanzink	0,7	weichlöten	nein	ja	ja	nicht geeignet
Kupfer	0,6	falzen, nieten, löten, schweiß.	nein	nein	ja	ja
Edelstahl	0,5	nieten, löten, schweiß.	nein	nein	nein	ja

Bleche bis 2 cm über dem Mörtelbelag streichen. Unter Erdschichten ist das Aufkleben einer Bitumenbahn auf dem Blech und eine Sand- oder Kiesschüttung zu empfehlen.

172.1 Maximale Dehnungsausgleicherabstände

6 m	Eingeklebte Einfassungen; Winkelanschlüsse; Rinneneinhänge; Dachrandeinfassungen; eingeklebte Schedrinnen in der Wasserebene
8 m	Mauerabdeckungen; Dachrand-Abschlüsse außerhalb der Wasserebene; innenliegende, nicht eingeklebte Dachrinnen mit Zuschnitt > 500 mm; (bei verz. Stahl und Edelstahl 14 m)
10 m	Scharen für Dacheindeckungen und Wandbekleidungen; innenliegende, nicht eingeklebte Dachrinnen < 500 mm; Hängedachrinnen > 500 mm; (bei verz. Stahl und Edelstahl 14 m)
15 m	Hängedachrinnen bis 500 mm Zuschnitt

172.2 Maximal zulässige Durchbiegung

1:200	Stahlpfette, Binder, Betondecke, Holzpfette, Sparren	1:300	Trapezblech, Dachbalken, Holz, Gasbetonplatte

172.3 Anzahl der Hafte je m^2

Gebäudehöhe	Randbereich[1]	Normalbereich
bis 8 m	4 Hafte/m^2	4 Hafte/m^2
bis 20 m	6 Hafte/m^2	5 Hafte/m^2
bis 100 m	8 Hafte/m^2	6 Hafte/m^2

1) Randbereich ≙ ⅛ Gebäudebreite.

172.4 Mindestblechdicken der Scharen

Gebäudehöhe	Scharenbreite[1] in mm	Blechdicke in mm bei Werkstoff Al	Cu	Zn	St	NRS
bis 8 m	520 (600)	0,7	0,6	0,7	0,6	0,4
	620 (700)	0,8	0,6	0,7	0,6	0,5
	720 (800)	0,8	0,7	0,8	0,6	0,5
	920 (1000)	⊖[2]	⊖	⊖	0,7	⊖
bis 20 m	520 (600)	0,7	0,6	0,7	0,6	0,4
	620 (700)	0,8	0,6	0,7	0,6	0,5
	720 (800)	⊖	⊖	⊖	0,6	0,5
	920 (1000)	⊖	⊖	⊖	⊖	⊖
bis 100 m	520 (600)	0,7	0,6	0,7	0,6	0,4
	620 (700)	⊖	⊖	⊖	0,6	0,5
	720 (800)	⊖	⊖	⊖	⊖	⊖

1) Klammerwert = Bandbreite in mm

2) ⊖ nicht zulässig

172.5 Abstand der Hafte in cm (gerundet)

Bandbreite in mm	500	600	700	800	1000
Scharenbreite in mm	420	520	620	720	920
4 Hafte/m^2	60	50	40	30	25
5 Hafte/m^2	50	40	30	25	20
6 Hafte/m^2	40	30	25	20	18
8 Hafte/m^2	30	25	20	17	13

172.6 Maximal zulässige Scharenlänge

Aluminium	10 m	verzinkter Stahl	14 m
Kupfer	10 m	Edelstahl	14 m
Titanzink	10 m	Blei	1,5 m

172.7 Einfalzverluste für Tafeln und Bänder

Tafelgröße in mm	Aufkantungen in mm	Querfalz in mm	Deckfläche in m^2	Einfalzverlust in m^2	in %
2000 × 1000	55 + 45	90	1,72	0,28	16,3
	50 + 40		1,74	0,26	14,9
	45 + 35		1,76	0,24	13,6
	40 + 30		1,78	0,22	12,4
	34 + 26		1,80	0,21	11,4
2000 × 1000	55 + 45	80	1,73	0,27	15,6
	50 + 40		1,75	0,25	14,3
	45 + 35		1,77	0,23	13,0
	40 + 30		1,79	0,21	11,7
	34 + 26		1,81	0,195	10,8
1000 × 666	45 + 35	80	0,54	0,126	23,4
	34 + 26		0,56	0,108	19,8
	45 + 35		0,39	0,114	27,6
	34 + 26		0,41	0,095	23,4
666 × 500	45 + 35	80	0,25	0,087	35,4
500 × 400	34 + 26		0,26	0,075	29,1
	45 + 35		0,13	0,066	49,4
	34 + 26		0,14	0,057	39,8

Bandbreite in mm	Aufkantungen in mm	Deckfläche in m^2 je m	Verlust in %	Bandbreite in mm	Aufkantungen in mm	Deckfläche in m^2 je m	Verlust in %
500	45 + 35	0,42	19,1	700[1]	34 + 26	0,64	9,4
500[1]	34 + 26	0,44	13,6	710	45 + 35	0,63	12,7
600	45 + 35	0,52	15,4	750	45 + 35	0,67	11,9
600[1]	34 + 26	0,54	11,1	800	45 + 35	0,72	11,1
670	45 + 35	0,59	13,6	900	45 + 35	0,82	9,8
670[1]	34 + 26	0,61	9,8	1000	45 + 35	0,92	8,7
700	45 + 35	0,62	12,9				

1) Einfalzverlust 0,06 m^2, sonst alle 0,08 m^2.

173.1 Falzverluste bei Bändern mit 600 mm Zuschnitt, Doppelstehfalzsystem

Falzhöhe in mm	Achsmaß in mm	Falzverlust in mm	Falzverlust in %	Zuschlag in %
25	520	80	13,3	15,4
30	510	90	15,0	17,7
35	500	100	16,7	20,0
40	490	110	18,3	22,4

173.2 Falzverluste beim Leistensystem

Deckart	Leistenhöhe mm	Achsmaß in mm	Falzverlust in mm	Falzverlust in %	Zuschlag in %
Belgisch	40	560	165	22,8	29,5
	60	520	205	28,3	39,4
Deutsch	40	530	195	26,9	36,8
	60	490	235	32,4	48,0

173.3 Festhaftlage je nach Dachneigung

Dachneigung	Festhaftlage
bis 3° (5%)	in der Mitte der Schar
bis 10° (18%)	im oberen Drittelpunkt
bis 30° (58%)	im oberen Viertelpunkt
über 30°	am oberen Ende der Schar

173.4 Schiebequernähte je nach Dachneigung

Neigung	Querfalz	Ausführung
≥ 3° (5%)	Gefällesprung	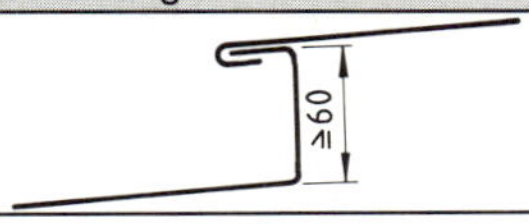
≥ 7° (13%)	doppelt	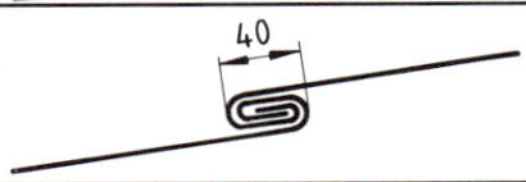
≥ 10° (18%)	einfach + Zusatzfalz	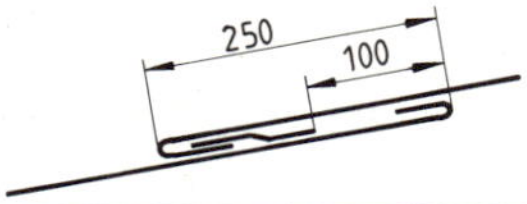
≥ 25° (47%)	einfach	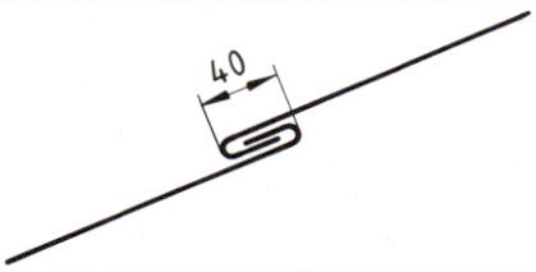
≥ 30° (58%)	einfach Überlappung	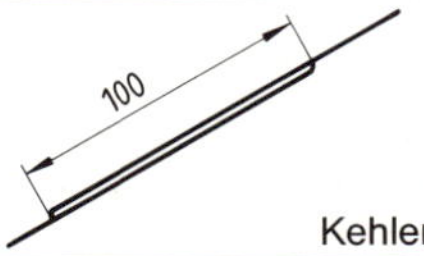 (nur bei Kehlen > 15°)

Bis 7° wasserdichte Ausführung (z. B. Löten).

173.5 Mindestüberlappung wasserdichter Quernähte

Blech	Überlappung	Verbindung
Al	30 mm	Versetzt nieten mit Dichtstreifen, doppelter Falz mit Dichtstreifen
Cu	30 mm	Versetzt nieten mit Dichtstreifen, einreihig nieten und weichlöten
St	30 mm	Doppelter Falz mit Dichtstreifen
Zn	10 mm	Weichlöten

173.6 Hafte, Werkstoffe, Befestigungsmittel

Blechwerkstoff	Haft Werkstoff	Haft Dicke in mm	Befestigungsmittel geraute Nägel Werkstoff	geraute Nägel Maße in mm mind.	Senkkopfschrauben Werkstoff	Senkkopfschrauben Maße in mm mind.
Titanzink Zn	Zn	0,7	St[1]	2,8 × 25	St[1]	4 × 25
	St[1]	0,6		2,8 × 25	St[1]	4 × 25
	Al	0,8	NRS[2]	2,5 × 25	St[1]	4 × 25
St[1]	St[1]	0,6	St[1]	2,8 × 25	St[1]	4 × 25
	Al	0,8	NRS	2,5 × 25	St[1]	4 × 25
Aluminium Al	Al	0,8	Al	3,8 × 25	St[1]	4 × 25
	Al	0,8	St[1]	2,8 × 25	St[1]	4 × 25
	NRS	0,4	NRS	2,5 × 25	NRS	4 × 25
Kupfer Cu	Cu	0,6	Cu	2,8 × 25	Cu Zn	4 × 25
	Cu	0,6	Cu	2,8 × 25	NRS	4 × 25
	Cu	0,6	NRS	2,5 × 25	Cu	4 × 25
Edelstahl NRS	NRS	0,4	Cu	2,8 × 25	Cu Zn	4 × 25
	NRS	0,4	NRS	2,5 × 25	NRS	4 × 25
	NRS	0,4	NRS	2,5 × 25	Cu	4 × 25
Blei Pb	Cu	0,7	Cu	2,8 × 25	Cu Zn	4 × 30
	Cu	0,7	Cu	2,8 × 25	NRS	4 × 30
	Cu	0,7	Cu	2,5 × 25	Cu	4 × 30

[1] St feuerverzinkter Stahl
[2] NRS: Edelstahl

173.7 Windsoglasten in N/m²

Dachneigung	Gebäudehöhe in m	Eckbereich	Randbereich[1]	Normalbereich
bis 25° (47%)	bis 8	1600	900	300
	bis 20	2560	1440	480
	bis 100	3520	1980	660
26 bis 35° (70%)	bis 8	900	550	300
	bis 20	1440	880	480
	bis 100	1980	1210	660

[1] Randbereich ≙ 1/8 Gebäudebreite.

174.1 Haftformen, Abmessungen

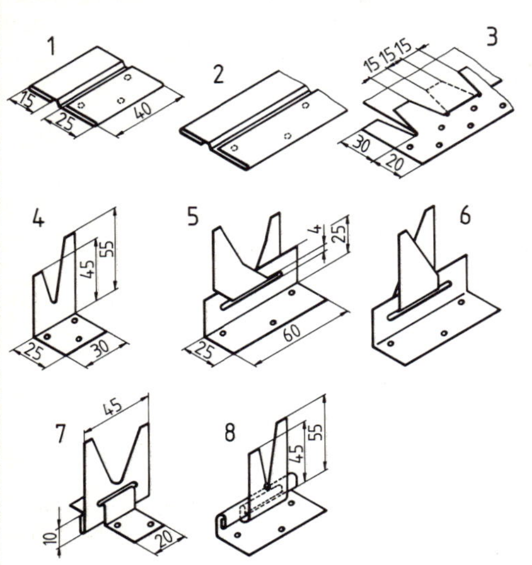

1 Normalhaft mit Falz 2 Haftstreifen 3 Niederhalter glatter Bleche	4 Flügelhaft 5 bis 8 Schiebe- bzw. Gleithafte

174.2 Kehlneigung, Kehlausbildung

Neigung	Kehlausbildung	Ausführung
≥ 3° (5%)	vertiefte Kehlrinne, konische Scharen bis Dachrinnen	
≥ 7° (13%)	2seitig umgelegt doppelt eingefalzte Dachscharen	
10° (18%) bis 24° (45%)	Kehlschar mit Zusatzfalz	
über 24° (45%)	Kehlschar mit einfachem Falz	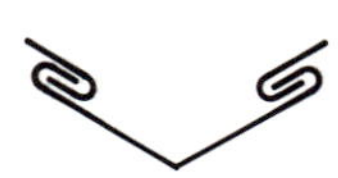

174.3 Ortgangabschluß, Tropfkantenabstand

Gebäudehöhe	Dachrand-Abschluß[1] s_1 in mm	s_2 in mm	Min.-Abstand Tropfkante-Mauer in mm
≤ 8 m	40 bis 50	≥ 50	20 mm
bis 20 m	40 bis 50	≥ 80	20 mm
≥ 20 m	–	≥ 100	20 mm

[1] s_1 Scharenaufkantung; s_2 untere Überlappung senkrechter Bauwerksteile durch den Abschluß.

174.4 Mindestdachneigung für Trapez- und Wellprofile

Bahnlänge	Mindestdachneigung bei folgenden Profilhöhen in mm 18 bis 25	bis 36	bis 44	bis 65
bis 10 m	8%	5 bis 3%	3%	3%
10 bis 18 m	15%	7 bis 5%	5%	3%
über 18 m	22%	10%	8%	5 bis 3%

174.5 Trapez- und Wellprofile für Dach und Wand

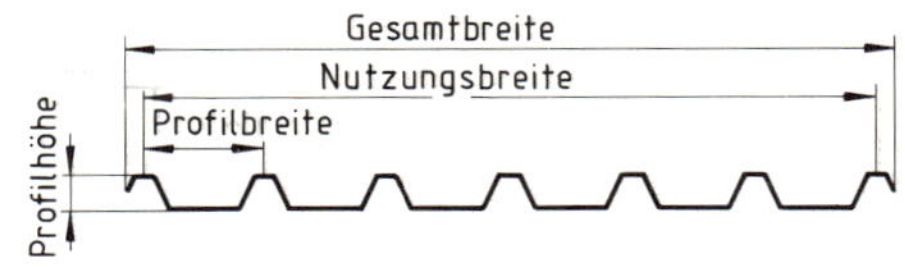

Aluminium-Trapezbleche, Maße in mm						
Profilhöhe × Breite	20 × 125					
Ges.-/Nutzbreite	1082/1000					
Blechdicke	0,40	0,50	0,60	0,70	0,80	1,00
Masse in kg je m^2	1,31	1,64	1,96	2,29	2,62	3,28
Profilhöhe × Breite	25 × 100			33 × 200		
Ges.-/Nutzbreite	947,5/900			1048/1000		
Blechdicke	0,50 bis 1,20			0,55	0,70	0,85
Masse in kg je m^2	1,90 bis 4,55			1,87	2,39	2,90
Profilhöhe × Breite	40 × 120			42 × 144		
Ges.-/Nutzbreite	892/840			906/864		
Blechdicke	0,50 bis 1,20			0,55 bis 1,20		
Masse in kg je m^2	2,03 bis 4,88			2,17 bis 4,74		
Profilhöhe × Breite	40 × 167					
Ges.-/Nutzbreite	1036/1000					
Blechdicke	0,50	0,60	0,70	0,80	1,00	1,20
Masse in kg je m^2	1,83	2,19	2,56	2,92	3,65	4,36
Profilhöhe × Breite	50 × 167					
Ges.-/Nutzbreite	1055/1000					
Blechdicke	0,70	0,80	1,00	1,20	1,50	–
Masse in kg je m^2	2,76	3,15	3,94	4,73	5,91	–
Profilhöhe × Breite	65 × 140			95 × 300		
Ges.-/Nutzbreite	762/700			1000/900		
Blechdicke	0,70 bis 1,20			0,85	1,00	1,20
Masse in kg je m^2	3,42 bis 5,86			3,22	3,79	4,55

175.1 Aufgabenbereich: Heizung – Lüftung

Planung und Installation	
Zentralheizungsanlagen	• Warmwasserheizungen (Tab. 175.2) • Luftheizungen (Tab. 233.2) • Heißwasserheizungen (Industrie) • Dampfheizungen (NDD, HDD) • Strahlungsheizungen • Verschiedene Sonderheizungen
Lufttechnische Anlagen (Tab. 229.4 (und 230.2)	• Lüftungsanlagen und -geräte • Luftheizungsanlagen } mit oder • Teilklimaanlagen } ohne • (Voll-) Klimaanlagen } Lüftung • Wärmerückgewinnungsanlagen • Prozeßtechnische Anlagen z. B.: Trocknungsanlagen Absaugeanlagen Entstaubungsanlagen
Feuerungsanlagen	• Öl- und Gasfeuerungen • Alternative Energieanwendung
Warmwasserbereitung	Zentrale Wassererwärmungsanlagen (Trink- und Betriebswasser) – Einzelgeräte
Regelungsanlagen	• für alle heizungs- und lufttechnische Anlagen, Warmwasserbereitung usw. • Neue Technologien
Spezielle Aufgaben und Randgebiete	Wärme- und Schallschutz Umweltschutzmaßnahmen Rohrleitungsbau (Fernleitungen), Elektroheizungen, Schaltanlagen Renovierungs- und Wartungsarbeiten Meßtechnik, u. a.

175.3 Norm-Wärmebedarf $\dot{Q}_N$

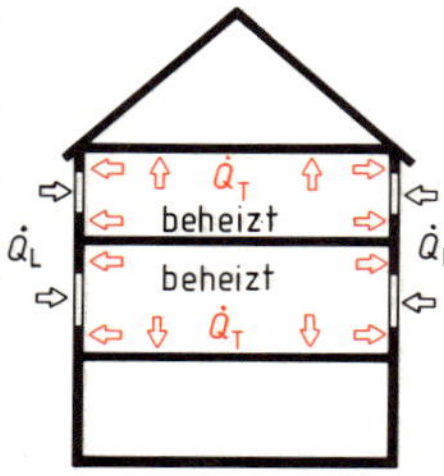

Mindestwärmebedarf für Heizflächenauslegung

Auslegungswärmeleistung $\dot{Q}_H = \dot{Q}_N \cdot 1{,}15$
wenn nicht durch Temperaturerhöhung die 15 % Leistungssteigerung möglich ist

Ist dies möglich, ist $\dot{Q}_H = \dot{Q}_N$

Dieser in DIN 4701 Teil 3 festgelegte Prozentsatz soll die unterschiedlichen Heizsysteme, evtl. Mängel bei der Bauausführung und evtl. Mängel beim Betrieb der Anlage ausgleichen.

$$\dot{Q}_N = \dot{Q}_T + \dot{Q}_{FL} + \Delta\dot{Q}_{RLT}$$

$\dot{Q}_N$ Norm-Wärmebedarf in W (Tab. 183.2, Spalte 13)
$\dot{Q}_T$ Norm-Transmissionswärmebedarf in W (Tab. 175.4)
$\dot{Q}_{FL}$ Norm-Lüftungswärmebedarf in W (Tab. 181.1)
$\Delta\dot{Q}_{RLT}$ Zusätzlicher Lüftungswärmebedarf mit Ventilatoren (Tab. 182.4)

175.2 Einteilung von Warmwasserheizungen

Einteilung	Beispiele
nach der Energieform Feuerungsanlage Wärmequelle	„Ölheizung“; „Gasheizung“ Elektroheizung (Wasser oder Feststoff); „Koksheizung“; „Holzheizung“, Solarheizung
nach dem **Wärmeentwickler**	mit Heizkessel (Tab. 184.4), Umlaufgaswasserheizungen, „Fernheizung“, „Wärmepumpenheizung“, „Herdheizung“, u. a.
nach den **Druckverhältnissen**	offene oder geschlossene Warmwasserheizung
nach der **Wasserumwälzung**	Pumpenheizungen Schwerkraftheizungen
nach der **Wärmeabgabe**	Radiatorenheizung Fußbodenheizung, Strahlplattenheizung, Luftheizung (Lufterhitzer), u. a.
nach der Temperatur des Systems	Niedertemperaturheizung Tieftemperaturheizung 90 °C-Anlagen Heißwasserheizungen
nach der Art der Rohrführung	Zweirohrheizungen (untere oder obere Verteilung) Einrohrheizungen Einzelanschlüsse vom Verteiler
Verlegung:	an Kellerdecke, im Estrich, auf Putz, in Kanälen, u. a.
Material:	Schmiedeeisen, Kupfer, Präzisionsstahl
in Verbindung mit RLT Anlagen	siehe Tab. 233.2 ; 233.5, u. a.

175.4 Norm-Transmissionswärmebedarf

$$\dot{Q}_T = A \cdot k_N \cdot \Delta\vartheta$$

$\dot{Q}_T$ Norm-Transmissionswärmebedarf in W

A Fläche in m² (Rohbaumaße)

k_N Norm-Wärmedurchgangskoeffizient in W/(m² · K) (Tab. 176.1)

$\Delta\vartheta$ Temperaturdifferenz zwischen Raum- und Umgebungstemperatur in K

Bei Außenbauteilen:	Bei Innenbauteilen:
$\Delta\vartheta = \vartheta_i - \vartheta_a$	$\Delta\vartheta = \vartheta_i - \vartheta_i'$

ϑ_i Norm-Innentemperatur in °C (Tab. 179.3)

ϑ_i' Innentemperatur in Nachbarräumen in °C (Tab. 179.4, 180.1 und 180.2)

ϑ_a Norm-Außentemperatur in °C (Tab. 178.2)

Heizungstechnik

176.1 Norm-Wärmedurchgangskoeffizient

$k_N = k + \Delta k_A + \Delta k_S$

k_N Norm-Wärmedurchgangskoeffizient in W/(m² · K), bei Innenflächen ist $k_N = k$
k Wärmedurchgangskoeffizient in W/(m² · K), (Tab. 176.4)
Δk_A Außenflächenkorrektur in W/(m² · K), (Tab. 176.2)
Δk_S Sonnenkorrektur in W/(m² · K), (Tab. 176.3)

176.2 Außenflächenkorrektur Δk_A[1]

k in W/(m² · K)	0 bis 1,5	1,6 bis 2,5	2,6 bis 3,1	3,2 bis 3,5
Δk_A in W/(m² · K)	0	0,1	0,2	0,3

[1] Δk_A dient zum Ausgleich kalter Außenflächen (Außenfenster, Außentüren, Außenwände).

176.3 Sonnenkorrektur Δk_S[1]

Glasart	Δk_S in W/(m² · K)
Klarglas (Normalglas)	−0,3
Spezialglas (Sonderglas)	$-0{,}35 \cdot g_F$
Energiedurchlaßgrad g_F (DIN 4108)	
Klarglas, doppelt verglast	0,8
Klarglas, dreifach verglast	0,7
Glasbausteine	0,6
Sondergläser (Nachweis)	0,2 bis 0,8

[1] Δk_S berücksichtigt die diffuse Strahlung durch Glasflächen (alle Himmelsrichtungen).

176.4 Wärmedurchgangskoeffizient

$$\frac{1}{k} = R_k = R_i + R_{\lambda 1} + R_{\lambda 2} + \ldots R_a \qquad R_\lambda = \frac{d}{\lambda}$$

k Wärmedurchgangskoeffizient in W/(m² · K)
R_k Wärmedurchgangswiderstand in m² · K/W
R_i Wärmeübergangswiderstand innen in m² · K/W (Tab. 176.5)
R_a Wärmeübergangswiderstand außen in m² · K/W (Tab. 176.5)
R_λ, $R_{\lambda 1}$, $R_{\lambda 2}$ Wärmeleitwiderstände in m² · K/W
d Schichtdicke in m
λ, λ_1, λ_2 Wärmeleitfähigkeit in W/(m · K) (Tab. 177.1)

Beispiel: Außenwand

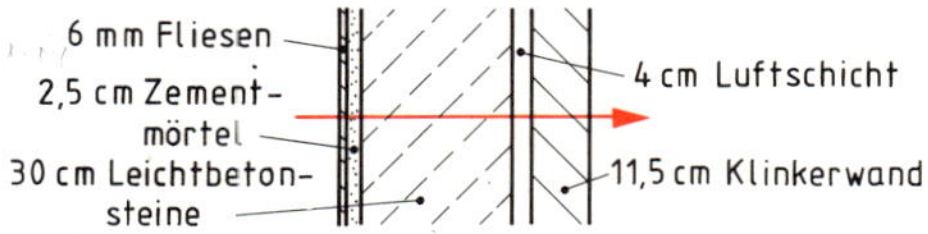

$$R_k = R_i + R_{\lambda 1} + R_{\lambda 2} + R_{\lambda 3} + R_{\lambda 4} + R_{\lambda 5} + R_a$$

$$R_k = \left(0{,}13 + \frac{0{,}006}{1{,}0} + \frac{0{,}02}{1{,}4} + \frac{0{,}3}{0{,}64} + 0{,}17 + \frac{0{,}115}{0{,}96} + 0{,}04\right) \frac{\text{m}^2 \cdot \text{K}}{\text{W}}$$

$$R_k = (0{,}13 + 0{,}006 + 0{,}014 + 0{,}468 + 0{,}17 + 0{,}119 + 0{,}04)\ \text{m}^2 \cdot \text{K/W}$$

$$R_k = 0{,}947\ \text{m}^2 \cdot \text{K/W}$$

$$k = \frac{1}{R_k}$$

$$k = 1{,}056\ \frac{\text{W}}{\text{m}^2 \cdot \text{K}}$$

176.5 Innere Wärmeübergangswiderstände R_i und äußere Wärmeübergangswiderstände R_a

Übergang von Luft an Fläche		R_i in m² · K/W	Übergang von Fläche an z. B. Außenluft	R_a in m² · K/W
auf der **Innenseite** geschlossener Räume bei natürlicher Luftbewegung an Wand- und Fensterflächen		**0,13**	an der **Außenseite** von Gebäuden bei mittlerer Windgeschwindigkeit	**0,04**
Fußböden und Decken	Wärmestrom von unten nach oben	**0,13**	in durchlüfteten Hohlräumen bei vorgehängten Fassaden oder in Flachdächern (R_λ der vorgehängten Fassade oder oberen Dachkonstruktion nicht berücksichtigen!)	**0,08**
	Wärmestrom von oben nach unten	**0,17**		

176.6 Wärmeleitwiderstände R_λ für Luftschichten

Luftschicht senkrecht (z. B. bei Außenwänden)	R_λ in m² · K/W bei folgenden Luftschichtdicken					Luftschicht waag. (z. B. Flachdach) Wärmestrom von	R_λ in m² · K/W bei folgenden Luftschichtdicken		
	10 mm	20 mm	50 mm	100 mm	150 mm		10 mm	20 mm	> 50 mm
	0,14	0,16	0,18	0,17	0,16	unten nach oben	0,14	0,15	0,16
						oben nach unten	0,15	0,18	0,21

177.1 Wärmeleitfähigkeiten λ von Baustoffen (DIN 4108 Teil 4)

Nr.	Stoff	Dichte $\frac{kg}{m^3}$	λ in $\frac{W}{m \cdot K}$
Putze, Platten, Mauerwerk			
1	Putze aus Kalk (Zement)	1800	0,87
2	Zementputz, Zementestrich	2000	1,40
3	Putz aus Kalkgips	1400	0,70
4	Wärmedämmputz	600	0,2
5	Kunstharzputz	1100	0,7
6	Gipsmörtel	1200	0,35
7	Bauplatten aus Normalbeton (Kies, Splitt)	2400	2,10
8	Bauplatten aus Leichtbeton unter Verwendung von Zuschlägen	1200 1400	0,59 0,72
9	dgl. unter Verwendung von Blähton, Naturbims	1000 1200	0,38 0,50
10	Vollklinker	(2000)	0,96
11	Vollziegel, Lochziegel	1200	0,50
12	hochfester Ziegel	1400	0,58
13	Leichthochlochziegel	800	0,39
14	Kalksandstein	1400	0,70
15	Gasbeton-Blockstein	700	0,27
16	Lochsteine, Leichtbeton	1000	0,64
17	Hohlblockstein, Leichtbeton (Kammerstein)	800 1000	0,39 0,49
18	Leichtbeton-Vollstein	1000	0,46
Wärmedämmstoffe (Gruppe 02, 025, 03, 035, 04, 045)			
19	Holzwolle-Leichtbauplatte, Dicke ≥ 25 mm	≈ 400	0,09
20	Korkdämmstoff, Gruppe 05	80 . . . 500	0,05
21	Polystyrol Hartschaum je nach Gruppe 025 . . . 04	von bis	0,025 0,04
22	Polyurethan (PUR), 02 . . .035	z. B.	0,03
23	mineralischer oder pflanzlicher Faserdämmstoff je nach Gruppe 035 . . . 05		0,035 bis 0,05
Holz, Fußböden, sonstige Stoffe (vgl. auch Tab. 52.1).			
24	Fichte, Kiefer, Tanne	600	0,13
25	Buche, Eiche	800	0,20
26	Holzfaserplatten (hart)	1000	0,17
27	Bodenbelag (Linoleum, Kunststoff, Bitumen)	etwa	0,20
28	lose Schüttung Perlit	≤ 100	0,06
29	Bims	≤ 600 ≤ 1000	0,13 0,19
30	Sand, Kies, Splitt (trocken)	1800	0,7
31	Fliese	2000	1,0
32	Glas	2500	0,8
33	Keramik und Glasmosaik	2000	1,2
34	Granit, Basalt, Marmor	2800	3,5
35	Sand, Kiessand		1,4
36	Sandstein, Muschelkalk	2600	2,3
37	Stahl		60
38	Kupfer		380
39	Aluminium		200
40	Gummi	(1000)	0,2

177.2 Wärmedurchgangskoeffizienten für Fenster und Fenstertüren (DIN 4108)

Nr.	Beschreibung der Verglasung	k_V 1) $\frac{W}{m^2 \cdot K}$	k_F in $W/(m^2 \cdot K)$ bei Rahmenmaterialgruppe 2) 1	2.1	2.2	2.3	3
1	Einfachverglasung	5,8	5,2				
2	Isolierglas mit ≥ 6 bis ≤ 8 mm Luftzwischenraum	3,4	**2,9**	3,2	3,3	3,6	4,1
3	Isolierglas mit > 8 bis ≤ 10 mm Luftzwischenraum (üblich)	3,2	**2,8**	3,0	3,2	3,4	4,0
4	Isolierglas mit > 10 bis ≤ 16 mm Luftzwischenraum	3,0	**2,6**	2,9	3,1	3,3	3,8
5	Isolierglas mit zweimal ≥ 6 bis ≤ 8 mm Luftzwischenraum	2,4	**2,2**	2,5	2,6	2,9	3,4
6	Isolierglas mit zweimal > 8 bis ≤ 10 mm Luftzwischenraum	2,2	**2,1**	2,3	2,5	2,7	3,3
7	Isolierglas mit zweimal > 10 bis ≤ 16 mm Luftzwischenraum	2,1	**2,0**	2,3	2,4	2,7	3,2
8	Doppelverglasung mit 20 bis 100 mm Scheibenabstand	2,8	**2,5**	2,7	2,9	3,2	3,7
9	Doppelverglasung mit Einfachglas und Isolierglas (Luftzwischenraum 10 bis 16 mm) mit 20 bis 100 mm Scheibenabstand	2,0	**1,9**	2,2	2,4	2,6	3,1
10	wie 9, jedoch mit zwei Isolierglaseinheiten	1,4	**1,5**	1,8	1,9	2,2	2,7

1) k_V-Zahlen für Fenster(türen) ≤ 5% Rahmenanteil.
2) Gruppe 1 Holz und Kunststoff; Gruppe 2 (je nach k-Zahl) Metall- oder Betonprofile; Gruppe 3 z. B. Glasbausteine.

177.3 Wärmedurchgangskoeffizienten k für Türen (DIN 4701) **in $W/(m^2 \cdot K)$**

Außentür aus Holz oder Kunststoff	3,5 1)
Außentür aus Metall, wärmegedämmt	4,0 1)
Außentür aus Metall, ungedämmt	5,5 1)
Innentür	2,0 1)

1) Bei einem Glasanteil von mehr als 50% gelten die Werte für Fenster nach Tab. 177.2.
k-Werte auf k_N umrechnen! Z. B. Holztür:
$k_N = k + \Delta k_A = (3{,}5 + 0{,}3)\ W/(m^2 \cdot K) = 3{,}8\ W/(m^2 \cdot K)$

178.1 Isothermenkarte mit Angaben der windstarken Gegenden (DIN 4701)

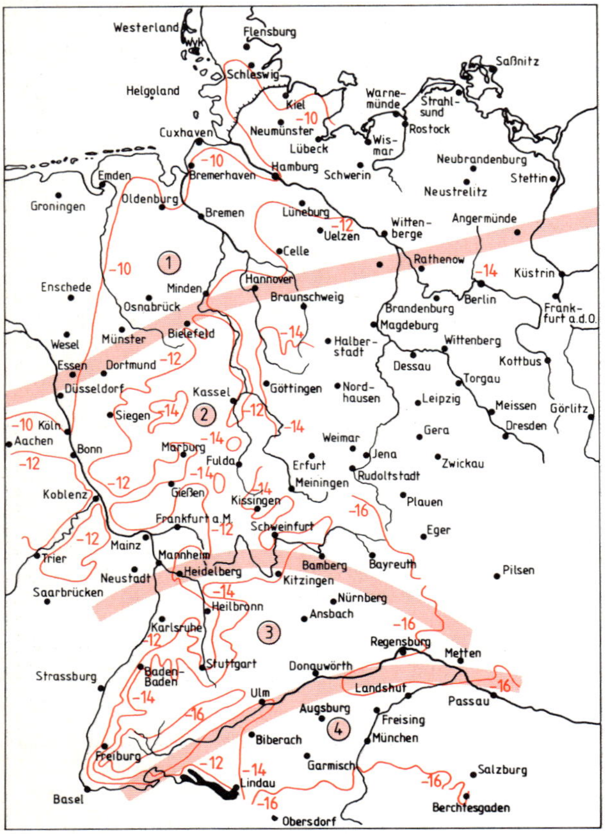

1. Städte mit einer **windstarken Gegend** sind im **Gebiet 1** alle Orte, im **Gebiet 2** alle Orte über 400 m (über NN), im **Gebiet 3** alle Orte über 600 m (über NN) und im **Gebiet 4** alle Orte über 500 m (über Talgrund).
2. In Tab. 178.2 werden alle Städte in windstarken Gegenden mit W gekennzeichnet.
3. Je nachdem, ob windschwach oder windstark angenommen wird, kann sich die Hauskenngröße *H* nach Tab. 181.4 und somit der **Lüftungswärmebedarf um über 100% vergrößern!**
4. Die Anwendung der Karte ist **nicht verbindlich.** (Besser die Tab. 178.2 verwenden.)
5. **Isothermen** sind Linien gleicher Temperatur. Bereiche gleicher Temperatur beachten (z. B. gilt die –14 °C-Isotherme für Bereiche zwischen –14 °C und –14,9 °C).
6. Temperaturunterschiede zwischen **Kern-** und **Randgebieten** bei großen Städten werden nicht berücksichtigt.

178.2 Außentemperaturen ϑ'_a und Zuordnung zu windstarker Gegend (stark gekürzt)

Stadt	ϑ'_a in °C	Stadt	ϑ'_a in °C	Stadt	ϑ'_a in °C	Stadt	ϑ'_a in °C
Aachen	–12	Garmisch-Part.	–18	Koblenz	–12	Paderborn	–12
Augsburg	–14	Gelsenkirchen	–10	Köln	–10	Pforzheim	–12
Berlin	–14	Gießen	–12	Konstanz	–12	Recklinghausen	–10 W
Bielefeld	–12	Göttingen	–16	Leverkusen	–10	Regensburg	–16
Bochum	–10	Hagen	–12	Ludwigshafen/Rh.	–12	Remscheid	–12
Bonn	–10	Hamburg	–12 W	Lübeck	–10 W	Saarbrücken	–12
Braunschweig	–14 W	Hamm/Westfalen	–12 W	Mainz	–12	Salzgitter	–14 W
Bremen	–12 W	Hannover	–14 W	Mannheim	–12	Siegen	–12
Darmstadt	–12	Heidelberg	–10	Mönchengladbach	–10	Solingen	–12
Dortmund	–12	Heilbronn	–12	Mühlheim, Ruhr	–10	Stuttgart	–12
Düsseldorf	–10 W	Herne	–10	München	–16	Trier	–10
Duisburg	–10 W	Hildesheim	–14 W	Münster, Westfalen	–12 W	Ulm/Donau	–14
Erlangen	–16	Ingolstadt	–16	Nürnberg	–16	Wiesbaden	–10
Essen	–10	Kaiserslautern	–12	Oberhausen/Rhein.	–10 W	Wilhelmshaven	–10 W
Feldberg, Schw.	–18 W	Karlsruhe	–12	Offenbach/Main	–12	Wolfsburg	–14 W
Frankfurt/Main	–12	Kassel	–12	Oldenburg, Oldb.	–10 W	Würzburg	–12
Freiburg i. Br.	–12	Kiel	–10 W	Osnabrück	–12 W	Wuppertal	–12

Diese 68 Städte sind eine Auswahl aus den etwa 410 in DIN 4701 angegebenen Städten mit über 20 000 Einwohnern und verschiedenen zusätzlichen Meßstationen.

179.1 Norm-Außentemperatur ϑ_a[1]

$$\vartheta_a = \vartheta'_a + \Delta\vartheta_a$$

ϑ_a Norm-Außentemperatur in °C
ϑ'_a Außentemperatur in °C (Tab. 178.2)
$\Delta\vartheta_a$ Außentemperaturkorrektur in K (Tab. 179.2)

[1] ϑ_a wird in die Transmissions-Wärmebedarfsberechnung eingesetzt.

179.2 Außentemperaturkorrektur $\Delta\vartheta_a$[1]

Bauart	$\Delta\vartheta_a$
leicht: $m/\Sigma A_a < 600$ kg/m²	0 K
schwer: 600 kg/m² $\leq m/\Sigma A_a \leq$ 1400 kg/m²	2 K
sehr schwer: $m/\Sigma A_a > 1400$ kg/m²	4 K
Näherungswerte für Massivbauweise:	
Gebäude	$\Delta\vartheta_a$
freistehend	2 K
beidseitig angebaut	4 K

$\Delta\vartheta_a$ wird einheitlich für das gesamte Gebäude festgelegt, d. h., die auf die Außenfläche bezogene Speichermasse $m/\Sigma A_a$ wird nur für den ungünstigsten Raum mit maximal zwei Außenwänden ermittelt und dann für alle Räume verwendet.

$$m = \Sigma\,(0{,}5 \cdot m_{Stahl} + 2{,}5 \cdot m_{Holz} + m_{Rest})_a + 0{,}5 \cdot \Sigma\,(0{,}5 \cdot m_{Stahl} + 2{,}5 \cdot m_{Holz} + m_{Rest})_i$$

a Außenflächen; i Innenflächen

[1] Durch $\Delta\vartheta_a$ werden die Speichermassen berücksichtigt.

179.4 Temperaturen ϑ'_i in Dachräumen [1]

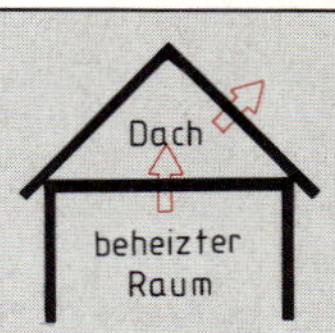

Geschlossene Dachräume: Dachaußenfläche	Wärmedurchgangskoeffizient k in W/(m² · K) nach außen	Wärmedurchgangskoeffizient k in W/(m² · K) zu beheizten Räumen	bei folgenden Norm-Außentemperaturen in °C: ≥ −10	−12	−14	−16	≤ −18
undicht LW = 2,5 $\frac{m^3}{h \cdot m^3}$	5	1,2[3]	− 6	− 8	−10	−12	−13
		0,6	− 8	−10	−12	−14	−15
	2,5	1,2	− 4	− 6	− 7	− 9	−11
		0,6	− 7	− 9	−10	−12	−14
dicht[2] LW = 0,5 $\frac{m^3}{h \cdot m^3}$	5	1,2	− 6	− 8	− 9	−11	−13
		0,6	− 8	−10	−11	−13	−15
	2,5	1,2	− 3	− 4	− 6	− 7	− 9
		0,6	− 6	− 8	− 9	−11	−13
	1,2	1,2	+ 1	± 0	− 1	− 3	− 4
		0,6	− 3	− 5	− 6	− 8	− 9
	0,6	1,2	+ 5	+ 4	+ 3	+ 2	+ 1
		0,6	± 0	− 1	− 2	− 4	− 5
Luftschicht belüfteter Flachdächer[4]			− 7	− 9	−11	−13	−15

[1] Angrenzende Dachräume nicht beheizt.
[2] In der Regel dichte Dachräume.
[3] WäSchV verlangt k-Werte von 0,3 W/(m² · K).
[4] Zirkulierende Luftschichten dämmen nicht!

179.3 Norm-Innentemperaturen ϑ_i für beheizte Räume

Raumart	ϑ_i in °C
1. Wohnhäuser	
Wohn- und Schlafräume	+20
Küchen und Aborte	+20
Bäder	+24
Beheizte Nebenräume (z. B. Vorräume, Flure)	+15
Treppenräume	+10
2. Verwaltung	
Arbeitsräume, Schalterhallen, Haupttreppenräume	+20
Nebenräume, Aborte	+15
Nebentreppenräume	+10
3. Frostfreihaltung	+ 5

Raumart	ϑ_i in °C
4. Geschäftshäuser	
Verkaufsräume, Läden, Haupttreppenräume	+20
Lebensmittelverkauf	+18
Lager (allgemein)	+18
Käselager	+12
Wurst- und Fleischwaren (Lager, Verarb., Verkauf)	+15
Aborte, Neben- und Treppenräume wie unter 2	
5. Hotels, Gaststätten	
Zimmer, Säle, Hallen	+20
Bäder, WC wie unter 1	
Neben- und Treppenräume wie unter 2	

Raumart	ϑ_i in °C
6. Schulen	
Unterrichts- und Aufenthaltsräume, Aula, Turnhalle	+20
Lehrküchen	+18
Werkräume	+15–20
Bäder, Arzträume	+24
WC, Nebenräume wie unter 2	
7. Verschiedenes (Auszug)	
Theater- und Konzerträume	+20
Kirchen (allgemein)	+15
Krankenzimmer	+22
Werkstatträume	+15–20
Ausstellungshallen	+15
Schwimmhallen (2 K > ϑ_{Be})	+28
Museen, Kasernen	+20

Merke:
- Norm-Innentemperatur = empfundene Temperatur (soll dem Tabellenwert entsprechen)

Merke:
- Lufttemperatur = gemessene Temperatur (Kennzeichnet nicht die Behaglichkeit)

180.1 Temperaturen ϑ_i' in Nachbarräumen

Nachbarraum	bei folgenden Norm-Außentemperaturen in °C ≥ −10	−12	−14	−16	≤ −18
Wohn- oder Schlafraum bei **teilweise eingeschränkter Beheizung**	+15	+15	+15	+15	+15
nichtbeheizter Raum ohne Gebäudeeingangstür, Kellerraum	+ 7	+ 6	+ 5	+ 4	+ 3
nichtbeheizter Raum mit Gebäudeeingangstür (z. B. Vorflur, Windfang, eingebaute Garage)	+ 4	+ 3	+ 2	+ 1	0
vorgebautes Treppenhaus (eingebaute vgl. Tab. 180.2)	− 5	− 7	− 9	−10	−11
zentral- oder einzelbeheizter Nachbarraum, auch Heizraum	+15	+15	+15	+15	+15

180.2 eingebauten Treppenräumen
(eine Außenwand)

Thermische Kopplung an das Gebäude	Gebäudehöhe in m	Geschoß	bei folgenden Norm-Außentemperaturen in °C ≥ −10	−12	−14	−16	≤ −18
normal (Einfachfenster ca. 2 m² je Etage)	bis 20	EG u. KG	+ 1	+ 5	+ 4	+ 3	+ 2
		1. OG	+11	+10	+ 9	+ 9	+ 8
		2. OG	+12	+11	+11	+10	+10
		3. u. 4. OG	+12	+12	+11	+11	+10
		5.–7. OG	+13	+12	+12	+11	+11
	über 20	EG u. KG	+ 1	− 1	− 2	− 3	− 4
		1. OG	+ 6	+ 5	+ 4	+ 3	+ 2
		2. OG	+ 9	+ 8	+ 7	+ 6	+ 5
		3. u. 4. OG	+10	+10	+ 9	+ 8	+ 7
		5.–7. OG	+11	+11	+10	+10	+ 9
		über 7. OG	+12	+12	+11	+11	+10
schlecht (Einfachfenster über gesamte Außenfläche	bis 20	EG u. KG	+ 4	+ 3	+ 1	± 0	− 1
		1. OG	+ 7	+ 6	+ 5	+ 4	+ 3
		2. OG	+ 8	+ 7	+ 6	+ 5	+ 4
		3. u. 4. OG	+ 8	+ 7	+ 6	+ 6	+ 5
		5.–7. OG	+ 8	+ 7	+ 6	+ 6	+ 5
	über 20	EG u. KG	− 1	− 2	− 4	− 5	− 6
		1. OG	+ 3	+ 2	+ 1	± 0	− 1
		2. OG	+ 6	+ 5	+ 4	+ 3	+ 2
		3. u. 4. OG	+ 7	+ 6	+ 5	+ 4	+ 3
		5.–7. OG	+ 7	+ 7	+ 6	+ 5	+ 4
		über 7. OG	+ 8	+ 7	+ 6	+ 6	+ 5

180.3 Transmissions-Wärmeverluste an erdreichberührten Umgrenzungsflächen

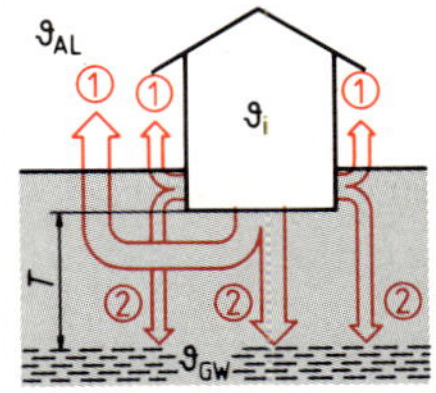

① Wärmeverlust über das Erdreich an die Außenluft

② Wärmeverlust über das Erdreich an das Grundwasser

$$\dot{Q}_1 = A \cdot \frac{1}{R_{AL}} \cdot (\vartheta_i - \vartheta_{AL}) \qquad \dot{Q}_2 = A \cdot \frac{1}{R_{GW}} \cdot (\vartheta_i - \vartheta_{GW})$$

$\dot{Q}_1$, $\dot{Q}_2$ Transmissions-Wärmeverluste in W
A alle angrenzenden Flächen in m²
R_{AL}, R_{GW} Wärmedurchgangswiderstände Raum-Außenluft bzw. Raum-Grundwasser in m² · K/W
ϑ_i Norm-Innentemperatur in °C (Tab. 179.3)
ϑ_{AL} $= \vartheta_a + 15$ °C (ϑ_a nach Tab. 179.1)
ϑ_{GW} Grundwassertemperatur in °C (≈ 10 °C

$$R_{AL} = R_i + R_{\lambda b} + R_{\lambda A} + R_a \qquad R_{GW} = R_i + R_{\lambda B} + R_{\lambda E}$$

R_i, R_a Wärmeübergangswiderstände (Tab. 176.5)
$R_{\lambda B}$ Wärmeleitwiderstand der Bauteile in m² · K/W (entsprechend Tab. 176.4 berechnen)
$R_{\lambda A}$ äquivalenter Wärmeleitwiderstand des Erdreichs zur Außenluft in m² · K/W (Tab. 180.4)

180.4 Äquivalenter Wärmeleitwiderstand $R_{\lambda A}$ (Erdreich – Außenluft)

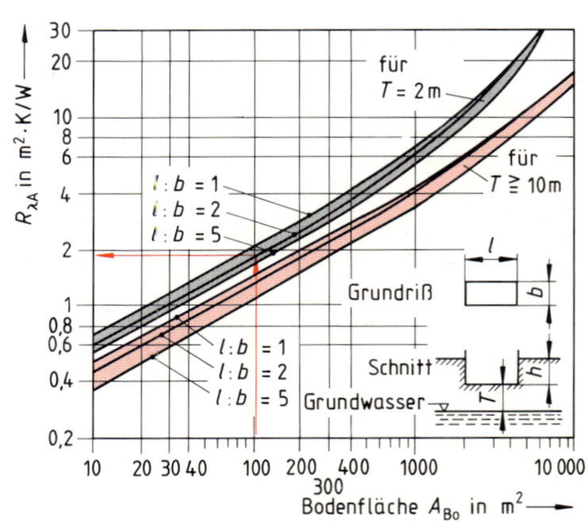

T Grundwassertiefe in m (bis Boden)
$l : b$ Längen-Breitenverhältnis
A_{Bo} Bodenfläche in m² (auch dann, wenn noch Wandflächen vorhanden sind)

Je größer T, desto geringer wird zwar R_{AL}, der Wärmeverlust wird jedoch wegen des stark zunehmenden R_{GW}-Wertes geringer.

181.1 Norm-Lüftungswärmebedarf (den größeren Wert in Tab. 183.2 einsetzen)

$$\dot{Q}_{FL} = \Sigma(a \cdot l) \cdot H \cdot \varepsilon \cdot r \cdot (\vartheta_i - \vartheta_a)$$

- $\dot{Q}_{FL}$ Lüftungswärmebedarf für freie Lüftung in W
- a Fugendurchlaßkoeffizient in $m^3/(m \cdot h \cdot Pa^{2/3})$
- l Fugenlänge in m
- H Hauskenngröße in $Wh \cdot Pa^{2/3}/(m^3 \cdot K)$
- ε Höhenkorrekturfaktor für Gebäude mit > 10 m Höhe (vgl. Tab. 182.1)
- r Raumkennzahl (ohne Einheit)
- ϑ_i Norm-Innentemperatur in °C (Tab. 179.3)
- ϑ_a Norm-Außentemperatur in °C (Tab. 179.1)

$$\dot{Q}_{L\,min} = V_R \cdot \beta_{min} \cdot c \cdot (\vartheta_i - \vartheta_a)$$

- $\dot{Q}_{L\,min}$ Mindest-Lüftungswärmebedarf in W
- V_R Rauminhalt in m^3
- β_{min} Mindestluftwechsel in 1/h ($\beta_{min} = 0{,}5$/h, für innenliegende Sanitärräume 4/h)
- c spezifische Wärmekapazität in $Wh/(m^3 \cdot K)$ näherungsweise 0,35 $Wh/(m^3 \cdot K)$

genauer: $c = 0{,}28 \dfrac{Wh}{kg \cdot k} \cdot \varrho_t$ (ϱ_t vgl. Tab. 225.3)

181.2 Fugendurchlaßkoeffizienten a in $m^3/(m \cdot h \cdot Pa^{2/3})$ und Durchlässigkeiten $a \cdot l$

	Bezeichnung			Gütemerkmale	a	$a \cdot l$
1	Fenster	zu öffnen		Beanspruchungsgruppe B (bis 20 m); C (bis 100 m)	0,3	–
2				Beanspruchungsgruppe A (bis 8 m Gebäudehöhe)	0,6	–
3		nicht zu öffnen		normal	0,1	–
4	Türen	Außentüren	Dreh- und	sehr dicht, ringsum dichter Anschlag	1	–
5			Schiebetür	normal, mit Schwelle oder untere Dichtleiste	2	–
6			Pendel-	normal	20	–
7			karrussel-	normal	30	–
8		Innentüren		dicht, mit Schwelle (normal, ohne Schwelle)	3 (9)	–
9	Außenwandelemente	durchgehende Fugen		sehr dicht (sehr dicht, mit garantierter Dichtheit)	0,1	1
				ohne garantierte Dichtheit	1	–
10	Rolläden, Außenjalousien	Rollmechanik von außen zugänglich		normal	–	0,2
11		dsgl. von innen		normal	–	4
12	Lüftungsschieber am Fenster			Schieber 1 m; 100 mm hoch; sehr dicht (4); normal (7)	4 (7)	

181.3 Raumkennzahlen r

Ausführung der Innentüren	**normal** (ohne Schwelle)						**dicht** (mit Schwelle)					
Anzahl der Innentüren	1		2		3		1		2		3	
Durchlässigkeiten der Fassaden $\Sigma(a \cdot l)$ in $m^3/(h \cdot Pa^{2/3})$	≤ 30	> 30	≤ 60	> 60	≤ 90	> 90	≤ 10	> 10	≤ 20	> 20	≤ 30	> 30
Raumkennzahl r	0,9	0,7	0,9	0,7	0,9	0,7	0,9	0,7	0,9	0,7	0,9	0,7

Für Räume ohne Innentüren zwischen An- und Abströmseite des Gebäudes ist r = 1.

181.4 Hauskenngröße H und Grundrißtypen

Gegend (vgl. Tab. 178.1 und 178.2)	Lage des Gebäudes	Hauskenngröße in $Wh \cdot Pa^{2/3}/(m^3 \cdot K)$ Grundriß Typ I	Grundriß Typ II	v [2] in m/s
windschwach	normal	0,72	0,52	2
	frei[1]	1,80	1,30	4
windstark	normal	1,80	1,30	4
	frei[1]	3,10	2,20	6

[1] Orte auf Inseln, Berggipfel, an Küsten, in freien Kammlagen;
[2] angenommene Windgeschwindigkeit

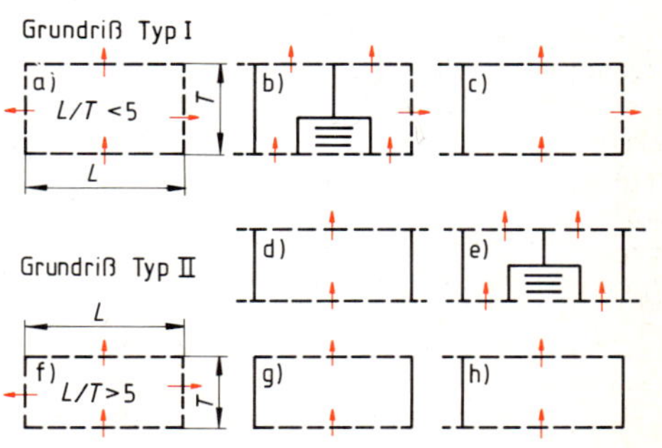

Heizungstechnik

182.1 Höhenkorrekturfaktoren ε für Grundrißtyp I, windschwache Gegend (stark gekürzt)

Gegend	Lage, Hauskenngröße	Gebäudehöhe in m		Höhe *h* über Erdboden in m: 0	5	10	15	20	25	30	35	40	45	50	55
			ε_{GA}	1,0			1,2	1,4	1,5	1,6	1,7	1,9	2,0		2,1
windschwach	normal 0,72	100	ε_{SA}	9,4	8,8	8,1	7,5	6,8	6,1	5,4	4,5	3,7	2,6	1,3	0
			ε_{SN}	9,1	8,5	7,8	7,0	6,2	5,4	4,5	3,5	2,4	0,7	0	
		60	ε_{SA}	6,8	6,0	5,2	4,4	3,5	2,5	1,2	0				
			ε_{SN}	6,5	5,7	4,8	3,8	2,7	1,3	0					
		20	ε_{SA}	3,5	2,4	0,9	0								
			ε_{SN}	3,0	1,8	0									
		10	ε_{SA}	1,0											
			ε_{SN}	0											

Höhenkorrekturfaktoren ε nur für Gebäude über 10 m!

ε_G für Geschoßtypgebäude
ε_S für Schachttypgebäude
A angeströmt (Wind)
N nicht angeströmt

Beispiel: Gebäude 60 m hoch, betr. Geschoß 15 m
Windschwache Gegend, normale Lage; Grundrißtyp I;
Geschoßtyp: $H_{15} = H \cdot \varepsilon_G = 0{,}72 \cdot 1{,}2 = 0{,}86$

Bei Schachttyp ist $\varepsilon_{SA} = 4{,}4$ und $\varepsilon_{SN} = 3{,}8$

182.2 Norm-Gebäudewärmebedarf $\dot{Q}_{N,\,Geb}$

$$\dot{Q}_{N,\,Geb} = \Sigma\dot{Q}_T\ \text{(vollbeheizt)} + \zeta \cdot \Sigma\dot{Q}_L$$

$\dot{Q}_N$ Normwärmebedarf (Tab. 175.3)
$\dot{Q}_T$ Transmissionswärmebedarf (Tab. 175.4)
$\dot{Q}_L$ Lüftungswärmebedarf (Tab. 181.1); ζ (Tab. 182.3)

$\dot{Q}_{N,\,Geb}$ für Heizkessel, Pumpe, Mischventil, Brennstoffverbrauch, u. a. (Tab. 183.2, Sp. 14)

182.3 Gleichzeitig wirksamer Lüftungsanteil ζ

Höhe des Gebäudes *H* in m		≤ 10	> 10
Windverhältnisse	windschwache Gegend, normale Lage	0,5	0,7
	alle übrigen Fälle	0,5	0,5

182.4 Zusätzlicher Lüftungswärmebedarf bei Lüftung mit Ventilatoren

$$\Delta\dot{Q}_{RLT} = \Delta\dot{V} \cdot c \cdot (\vartheta_i - \vartheta_u)$$

$\Delta\dot{Q}_{RLT}$	Zusätzlicher Lüftungswärmebedarf, falls der Abluftvolumenstrom größer als der Zuluftvolumenstrom ist
$\Delta\dot{V}$	Abluftüberschuß im Raum in m³/h
c	Spezifische Wärmekapazität ≈ 0,35 Wh/(m³ · K)
ϑ_i	Norm-Innentemperatur nach Tab. 179.3
ϑ_u	Umgebungstemperatur der Räume, aus denen die Luft nachströmt (Mittelwert ≈ 10 °C)

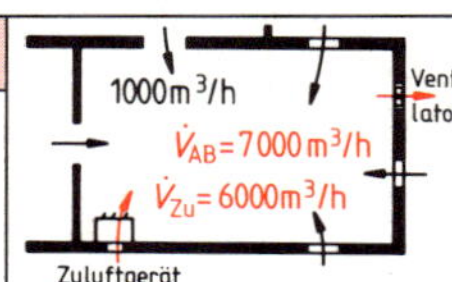

falls $\dot{V}_{Ab} < \dot{V}_{Zu}$ (Überdruck im Raum) wird kein zusätzlicher Lüftungswärmebedarf berücksichtigt ($\Delta\dot{Q}_{RLT} = 0$)

$$\dot{V}_{Ab} > \dot{V}_{Zu}$$

Aus der Umgebung strömen nach:

$$\Delta\dot{V} = 7000\ \frac{m^3}{h} - 6000\ \frac{m^3}{h}$$

$$\Delta\dot{V} = 1000\ \frac{m^3}{h}$$

182.5 Schätzung des Transmissionswärmebedarfs für Industriehallen

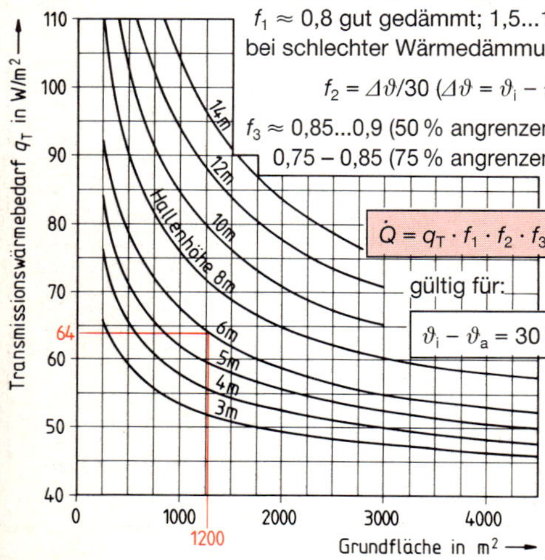

$f_1 \approx 0{,}8$ gut gedämmt; 1,5...1,8 bei schlechter Wärmedämmung

$f_2 = \Delta\vartheta/30$ ($\Delta\vartheta = \vartheta_i - \vartheta_a$)

$f_3 \approx 0{,}85...0{,}9$ (50 % angrenzend)
0,75 – 0,85 (75 % angrenzend)

$$\dot{Q} = q_T \cdot f_1 \cdot f_2 \cdot f_3$$

gültig für:

$$\vartheta_i - \vartheta_a = 30\ \text{K}$$

182.6 Geschätzter Wärmebedarf (Wohnungen)

Bewertung	in W/m²	in W/m³	
sehr günstig	< 60	< 22	Einflußgrößen vgl. Tab. 205.1
günstig	60 bis 70	22 bis 26	
normal	70 bis 90	26 bis 33	
hoch	90 bis 110	33 bis 41	
sehr hoch	110 bis 130	41 bis 48	
extrem hoch	> 130	> 48	

Hinweise:

- Angaben ohne Warmwasserbereitung
- Hohe Werte bei sehr schlechter Wärmedämmung, bei großem A/V-Verhältnis (Umgrenzungsfläche/Bauvolumen), ungünstiger Lage, großen Glasflächen, u. a.
- Diese Werte dürfen nicht mit dem Wärmeverbrauch zur Bestimmung der Heizkosten verwechselt werden

183.1 Kennzeichnung der Bauteile für die Transmissions-Wärmebedarfsberechnung

AF	Außenfenster	FB	Fußboden	• Diese Kurzzeichen werden in Spalte 1 des Formulars eingesetzt (vgl. Tab. 183.2).
AT	Außentür	IF	Innenfenster	• Für die Flächenberechnungen werden von diesen Bauteilen die Rohbaumaße eingesetzt.
AW	Außenwand	IT	Innentür	
DA	Dach	IW	Innenwand	
DE	Decke			

183.2 Formular zur Berechnung des Wärmebedarfs für Gebäude mit Berechnungsbeispiel

1	2	3	4	5	6	7	8	9	10	11	12	13	14	15	16	17
–			Flächenberechnung				Transmissionswärmebedarf					$\dot{Q}_N$	$\dot{Q}_{N,Geb}$	Angaben für $\dot{Q}_L$		
Kurzbezeichnung (vgl. Tab. 183.2)	Himmelsrichtung	Anzahl n	Breite b	Höhe bzw. Länge h	Fläche des Bauteils A	A abziehen?	In Rechnung gestellte Fläche für das Bauteil A	Norm-Wärmedurchgangskoeffizient k_N (bzw. k)	Temperaturdifferenz $\Delta\vartheta$	Norm-Transmissions-Wärmebedarf $\dot{Q}_T$ bei dauernder Beheizung	Zusätzl. $\dot{Q}_T$ bei teilweise eingeschränkter Betriebsweise $\dot{Q}_{TE}$	Norm-Wärmebedarf $\dot{Q}_T + \dot{Q}_L$	Norm-Gebäudewärmebedarf $\dot{Q}_T' + \xi \cdot \dot{Q}_L$	Fugendurchlaßkoeffizient a	Fugenlänge l	Fugendurchlässigkeit $a \cdot l$
–	–	–	m	m	m^2	–	m^2	$\frac{W}{m^2 \cdot K}$	K	W	W	W	W	$\frac{m^3}{m \cdot h}$	m	$\frac{m^3}{h}$
	Raum 5 Eßzimmer $\vartheta_i = 20\,°C$															
AF		1	3,00	1,27	3,8	–	3,8	2,5	30	286				0,6	11,08	6,65
AT		1	1,00	2,2	2,2	–	2,2	2,5	30	165				1,0	6,4	6,4
AW		1	9,62	2,8	26,9		20,9	0,85	30	533				Rolladen		8,0
IT		1	1,50	2,11	3,2	–	3,2	2,0	5[1]		32					21,05
IW		1	3,0	2,8	8,4		5,2	1,1	5[1]		29					
FB		1	4,51	4,01	18,1		18,1	0,8	5[1]		72					
DE		1	3,1	2,5	7,8		7,8	0,8	5[1]		31					
DE		1	2,5	1,4	3,5		3,5	0,8	20	56						
DE		1	1,6	4,5	6,8		6,8	0,8	30	162						
[1] Teilweise eingeschränkt beheizt.			$\dot{Q}_L = a \cdot l \cdot H \cdot r \cdot \Delta\vartheta$ $\dot{Q}_L = 21{,}05 \cdot 0{,}72 \cdot 0{,}9 \cdot 30\ \text{W} = 409\ \text{W}$ $\dot{Q}_{L\,min} = 4{,}51 \cdot 4{,}01 \cdot 3{,}6 \cdot 0{,}5 \cdot 0{,}35 \cdot 30\ \text{W}$ = **246 W** (größeren Wert einsetzen!)							1202	164	1365 409 **1774**	1202 205 **1407**			

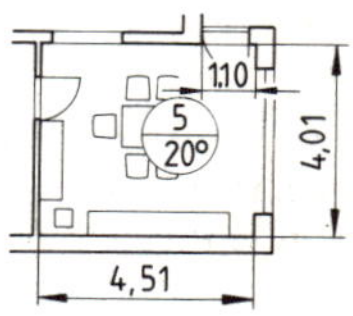

183.3 Maximale mittlere k-Zahlen nach der Wärmeschutzverordnung (nach Verhältnis A/V)

A/V in 1/m	≤ 0,22	0,3	0,4	0,5	0,6	0,7	0,8	0,9	1,0	≥ 1,1	Norm-Innentemperatur:
$k_{m,max}$ in $W/(m^2 \cdot K)$	1,20	1,00	0,86	0,78	0,73	0,69	0,66	0,63	0,62	0,60	$\vartheta_i \geq 19\,°C$

$$k_m = \frac{k_W \cdot A_W + k_F \cdot A_F + 0{,}8 \cdot k_D \cdot A_D + 0{,}5 \cdot k_G + A_G + k_{DL} \cdot A_{DL}}{A}$$

Flächen: A_W Außenwand; A_F Außenfenster und -türen; A_D Dach oder Decken; A_G an Kellerdecken oder (falls Kellerraum beheizt) an Erdreich; A_{DL} an Decken, die das Gebäude nach unten gegen die Außenluft abgrenzen. k-Zahlen gelten für den jeweiligen Bauteil; k_G-Werte können ab 1250 m² aus Tab. 184.2 entnommen werden; $A = A_W + A_F + A_D + A_{DL}$; V = Volumen des Baukörpers (Stand 1982)

184.1 Maximale *k*-Zahlen nach der Wärmeschutzverordnung (nach Bauteilverfahren)

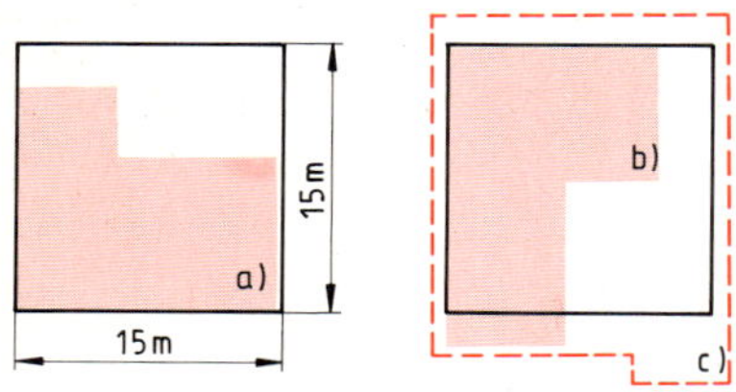

Maximale *k*-Zahlen für Gebäude, deren Grundriß
a) von einem Quadrat mit 15 m Seitenlänge umschlossen werden kann oder
b) nicht vollständig von einem solchen Quadrat umschlossen werden kann:
≤ 1,2 W/(m² · K)

$$k_{m,\,W+F} = \frac{k_W \cdot A_W + k_F \cdot A_F}{A_W + A_F}$$

Vgl. auch Tab. 183.3

c) ein solches Quadrat umschließt: **≤ 1,5 W/(m² · K)**

Weitere maximale *k*-Zahlen in W/(m² · K) für Bauteile	$k_{m,\,max}$
Decken unter nicht ausgebauten Dachräumen und Decken, die Räume nach oben und unten gegen die Außenluft abgrenzen (z. B. Flachdach)	$k_D \leq 0{,}30$
Kellerdecken sowie Wände und Decken gegen unbeheizte Räume sowie Decken und Wände, die an das Erdreich grenzen	$k_G \leq 0{,}55$

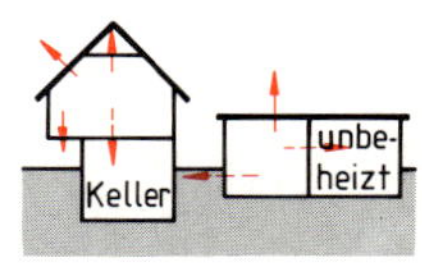

184.2 Maximale mittlere *k*-Zahlen nach der Wärmeschutzverordnung bei niedriger Raumtemperatur

A/V in 1/m	≤ 0,2	0,30	0,40	0,50	0,60	0,70	0,80	0,90	≥ 1,0	**19 °C > ϑ_i > 12 °C** Jährlich mehr als 4 Monate beheizt.
$k_{m,\,max}$ in W/(m² · K)	1,35	1,18	1,06	0,99	0,94	0,91	0,89	0,87	0,85	

Die k_G-Werte können hier wie folgt angenommen werden (ohne Wärmedämmung):

Gebäudegrundrißfläche A_G in m²	< 100	500	1000	1500	2000	2500	3000	5000	≥ 8000
Wärmedurchgangszahl k_G in W/(m² · K)	2,15	1,65	1,0	0,87	0,79	0,74	0,69	0,58	0,50

184.3 Maximale *k*-Zahlen bei Außenwänden in Abhängigkeit der prozentualen Fensterfläche

$k_{Fenster}$	Anteil %	20	25	30	$k_{Fenster}$	Anteil %	20	25	30	Annahme:
3,0	k_{max}	0,75	0,6	0,42	2,6	k_{max}	0,85	0,73	0,60	Fall a) und b) von Tab. 184.1
2,8	k_{max}	0,80	0,65	0,51	2,2	k_{max}	0,95	0,86	0,77	**$k \leq 1{,}2$ W/(m² · K)**

184.4 Überblick und Einteilung von Zentralheizungskesseln und Feuerungen

1	nach **Bauart** DIN 4702	a) Spezial-, b) Wechselbrand-, c) Umstellbrandkessel	8	nach **Druck im Feuerraum**	Kessel mit Naturzug- und Überdruckfeuerung
2	nach dem **Werkstoff**	Guß, Stahl, korrosionsbeständige Werkstoffe	9	nach der **Rauchgasführung**	Zweizug-, Dreizug-, Teilstrom-, Umkehrprinzip
3	nach **Wärmeträger** (Heizmedium)	Warmwasser-, Heißwasser-, Ölumlauf-, Dampf-, Zweikreiskessel	10	nach **Konstruktion** (Heizfläche)	Glieder-, Blockbauweise, Flammrohrkessel, u. a.
4	nach der **Größe**	Klein-, Mittel-, Großkessel	11	nach **Brauchwasserbereitung**	Speicher im, auf oder neben Kessel, Durchlaufsystem
5	nach der **Art des Brennstoffes**	Öl-, Gas-, Koks-, Elektrokohle-, Holzkessel, u. a.	12	nach **Aufstellung**	Etage, Keller, Dach, Wand
6	nach **Kesseldruck**	Nieder-, Hochdruckkessel	13	nach **Heizwassertemperatur**	Nieder-, Tieftemperaturkessel; 90° Anlagen, Heißwasser
7	nach **Anzahl der Energieform**	vgl. 1; Doppelbrandkessel, bivalente Kessel	14	nach **Energienutzung**	„Heizwertkessel“, Brennwertkessel

185.1 Einteilung von Raumheizflächen, Anforderungen an Montage und Betrieb

Radiatoren	Plattenheizkörper	Konvektoren	Rohrheizkörper	Luftheizgeräte
Gliederradiator Guß oder Stahl (Tab. 185.2 u. 185.3) Röhrenradiator	Plattenheizkörper (vgl. Tab. 186.3) Fertigheizkörper Deckenstrahlplatte	(Schacht-)Konvektor Unterflurkonvektor Gebläsekonvektor Estrichkonvektor	Glatte Rohre, Rippenrohre; in Wärmetauscher, Fußbodenheizung, Heizkörper	Wand- und Deckenlufterhitzer, Truhengeräte u. a.

Anforderungen:
- Möglichst unter dem Fenster anbringen
- Vermeidung von Minderleistungen
- Geringe Oberflächentemperatur (NT)
- Geringer Wasserinhalt
- Konvektions- und Strahlungswärme
- Leichte Reinigung und Entlüftung

185.2 Maße und Normwärmeleistungen von Stahlradiatoren nach DIN 4703 Teile 1 und 3

Bauhöhe h_1 in mm	Nabenabstand h_2 in mm	Bautiefe b in mm	Gewicht je Glied in g	Inhalt[1] je Glied in l	Oberfläche je Glied in m²	Normwärme-Leistung q_n in W/Glied[2]
300	**200**	**160**	1020	0,70	0,105	50
		250	1520	0,97	0,160	70
450	**350**	**110**	1050	0,68	0,105	55
		160	1460	0,98	0,155	74
		220	1990	1,21	0,210	99
600	**500**	**110**	1370	0,88	0,140	73
		160	1960	1,18	0,205	99
		220	2680	1,57	0,285	128
1000	**900**	**110**	2320	1,18	0,240	122
		160	3300	1,72	0,345	157
		220	4530	2,39	0,480	204

nach DIN 4703 T 3

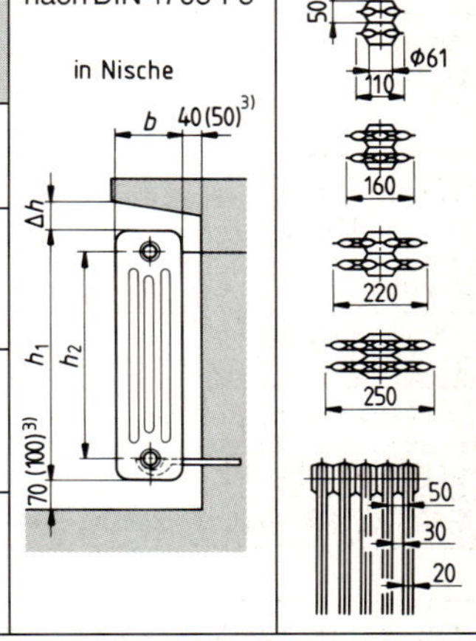

[1] Nicht in DIN-Norm; [2] für $\Delta\vartheta_m = 60$ K; [3] Klammerwerte Aufstellung frei vor der Wand

Schmalsäuler (nicht genormt)	Bauhöhe	Normalabstand	Bautiefe	W/Glied	Fläche	Gewicht	Inhalt	Normal- und Hochdruck-ausführungen
	575	500	75	52	0,108	0,98	0,48	
	975	900	75	87	0,183	1,65	0,68	

185.3 Maße und Norm-Wärmeleistungen von Gußradiatoren nach DIN 4703 Teile 1 und 3

Bauhöhe mm	Nabenabstand mm	Bautiefe b mm	Gewicht je Glied in g	Inhalt je Glied in l[1]	Oberfläche je Glied in m²	Normwämeleistung q_n in W/Glied
280	**200**	**250**	4700	0,9	0,185	92[2] (134)[3]
430	**350**	**70**	2300	0,4	0,09	55 (80)
		110	3200	0,6	0,128	70 (102)
		160	4300	0,8	0,185	93 (135)
		220	5900	1,1	0,255	122 (177)
580	**500**	**70**	3100	0,5	0,120	68 (99)
		110	4500	0,8	0,180	92 (134)
		160	5900	1,1	0,255	126 (183)
		220	7500	1,3	0,345	162 (235)
680	**600**	**160**	7000	1,2	0,306	147 (214)
980	**900**	**70**	5200	0,8	0,205	111 (161)
		160	9900	1,5	0,440	204 (297)
		220	13000	1,9	0,580	260 (378)

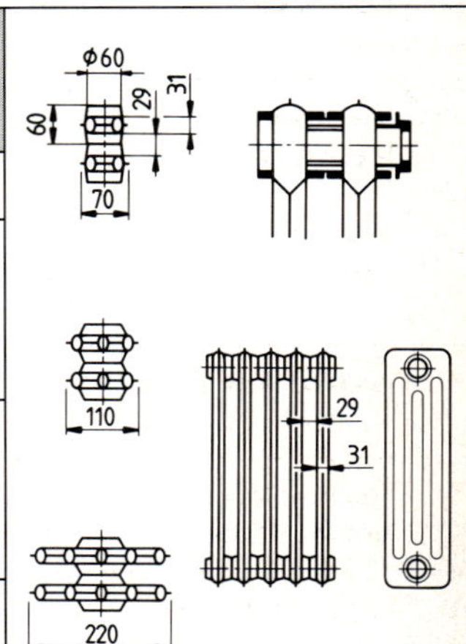

[1] In der DIN-Norm nicht aufgeführt.
[2] Warmwasser $\Delta\vartheta_m = 60$ K.
[3] Für Sattdampf 100 °C.

186.1 Anzahl der Konsolen und Halter für Gliederheizkörper (Anhaltswerte[1])

2 Konsolen 1 Halter	bis 15 Glieder	Stahl 600/220 und 1000/220; Guß 430/220, ab 580/160	Rest bis 20
3 Konsolen 2 Halter	16 bis 30	Stahl 600/220 und 1000/220; Guß 430/220, ab 580/160	Rest 21...40
4 Konsolen 3 Halter	31 bis 45	Stahl 600/220 und 1000/220; Guß 430/220, ab 580/160	Rest 41...60

[1] abhängig von Wandkonstruktion, Konsolen- und Halterausführung, Heizkörperkonstruktion und -gewicht

186.2 Zulässige Drücke und Temperaturen für Gliederheizkörper nach DIN 4703

Ausführungsart (Anwendung)	Heizmittel	Kurzzeichen	zulässiger[2] Betriebsdruck	zulässige Betriebstemperatur	Werksprüfdruck Guß	Werksprüfdruck Stahl	Baustellenprüfdruck
Normalausführung	Warmwasser	NW	4 bar	110 °C (120 °C)[1]	7 bar	7 bar	(Firmenangabe)
	Dampf	ND	2 bar	133 °C (140 °C)	7 bar	–	
Sonderausführung (Hochdruck)[1]	Warmwasser- oder Heißwasser	SW	6 bar[1]	140 °C (140 °C)	12 bar	10 bar	bei SW Guß und SW Stahl von 1 bar (min) bis **7,8 bar** (max);
	Dampf	SD	4 bar	151 °C (151 °C)	12 bar	–	bei NW Stahl bis **5,2 bar**

[1] Firmenspezifische Sondermodelle bis 10 bar Betriebsdruck und 13 bar Werksprüfdruck, Baustelle bis 13 bar; Temperaturen (Klammerwerte) nach Firmenunterlage.
[2] Am tiefsten Punkt des Heizkörpers.

186.3 Normwärmeleistungen glattwandiger und profilierter Plattenheizkörper je m (DIN 4703)

Reihenanzahl	Bauhöhe in mm 200	300	400	500	600	700	800	900
1	267 (294)[1]	400 (425)	525 (556)	650 (684)	773 (810)	893 (935)	1010 (1058)	1125 (1180)
2[2]	454 (500)	673 (727)	881 (945)	1078 (1157)	1263 (1360)	1436 (1556)	1599 (1744)	1750 (1924)
3[2]	641 (706)	946 (1029)	1237 (1334)	1506 (1630)	1753 (1910)	1979 (2177)	2188 (2430)	2358 (2668)

[1] Klammerwerte: Mit senkrechter Profilierung. [2] Mindestabstand der Platten 35 mm.

186.4 Röhrenradiatoren, Inhalt, Masse und Leistung je Glied bei $\Delta\vartheta_m = 60$ K

Bauhöhe *H* in	Bautiefe *T* in mm 64			101			139			177			215		
	zweisäulig			dreisäulig			viersäulig			fünfsäulig			sechssäulig		
mm	l	kg	W	l	kg	W	l	kg	W	l	kg	W	l	kg	W
190	0,28	0,41	19	0,39	0,58	27	0,56	0,75	35	0,72	0,95	44	0,85	1,13	53
300	0,39	0,56	29	0,57	0,81	41	0,75	1,06	53	0,92	1,28	64	1,10	1,55	76
350	0,43	0,63	34	0,63	0,92	48	0,83	1,20	63	1,02	1,45	74	1,22	1,76	88
400	0,47	0,70	38	0,69	1,02	55	0,91	1,34	70	1,12	1,63	85	1,34	1,98	100
450	0,51	0,78	44	0,75	1,13	62	0,99	1,48	78	1,22	1,82	97	1,46	2,20	113
500	0,55	0,85	49	0,81	1,23	69	1,07	1,62	87	1,32	2,00	107	1,58	2,41	126
550	0,59	0,92	55	0,87	1,34	74	1,25	1,76	95	1,42	2,18	117	1,70	2,63	138
600	0,63	0,99	59	0,93	1,44	81	1,23	1,90	104	1,52	2,36	127	1,82	2,85	151
750	0,75	1,21	74	1,11	1,77	101	1,46	2,33	128	1,82	2,89	157	2,17	3,50	184
900	0,86	1,43	90	1,29	2,08	119	1,70	2,75	150	2,12	3,45	185	2,53	4,16	219
1000	0,95	1,56	98	1,41	2,29	131	1,86	3,03	166	2,32	3,81	204	2,77	4,59	241
1200	1,11	1,86	116	1,65	2,71	156	2,18	3,59	197	2,71	4,53	240			
1500	1,35	2,30	142	2,00	3,36	192	2,66	4,45	242	3,31	5,62	288			
1800	1,59	2,73	167	2,36	3,99	228	3,13	5,29	287	3,91	6,61	343			
2000	1,75	3,02	188	2,60	4,41	254	3,45	5,85	319	4,30	7,43	378			
2500	2,15	3,75	233	3,20	5,46	316	4,25	7,25	395	5,30	9,25	465			
2800	2,39	4,18	261	3,56	6,20	352	4,72	8,09	440	5,89	10,20	516			

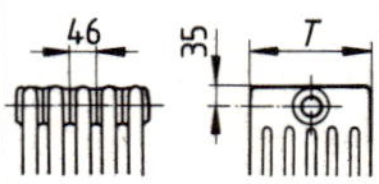

Nabenabstand: $N = H - 70$ mm

Hochdruckausführung: ϑ_{max} = 140 °C, max. Betriebsdruck 10 bar bei Bautiefe 64, 101, 139 mm, 12 bar bei 177 und 215 mm.

Heizungstechnik

187.1 Fensterbank-Röhrenheizkörper[1] (Watt)

Baulänge	Bauhöhe *H* (Gliederzahl)					
	184 (4)	230 (5)	276 (6)	322 (7)	368 (8)	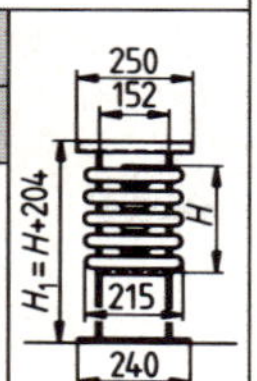
1200	1410	1678	1958	2250	2541	
1500	1757	2091	2440	2803	3192	
1800	2119	2522	2943	3383	3838	
2000	2369	2819	3290	3780	4268	
2500	3022	3596	4197	4822	5470	
2800	3434	4086	4769	5480	6185	90/70/20 °C

[1] Liegender Röhrenheizkörper mit Fensterbankgestell, einschließlich Stützen zum Einhängen des Heizkörpers; mit Fensterbankrahmen.

187.2 Wärmeleistung von Kompaktheizkörpern in Watt, Bauhöhe 600 mm ($\Delta\vartheta_m$ = 60 K) (andere Bauhöhen vgl. Tab. 187.5)

Typ[1]	10	11	21	22	33
Prüfdruck 8 Betriebdruck 6 bar / Baulänge in mm			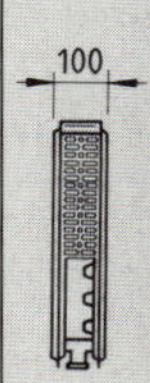	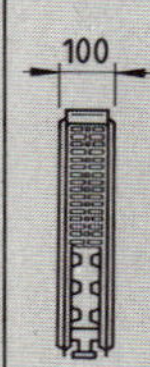	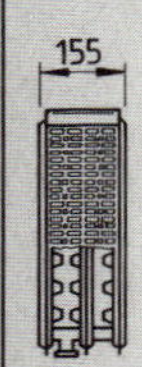
400	329	542	770	960	1387
500	411	678	962	1201	1734
600	493	813	1154	1441	2080
700	575	949	1347	1681	2427
800	658	1084	1539	1921	2774
900	740	1220	1732	2161	3120
1000	822	1355	1924	2401	3467
1200	986	1626	2309	2881	4160
1400	1151	1897	2694	3361	4854
1600	1315	2168	3078	3842	5547
1800	1480	2439	3463	4322	6241
2000	1644	2710	3848	4802	6934
2300	1891	3117	–	5522	7974
2600	2137	3523	–	6243	–
3000	2466	4065	–	7203	–

[1] 1. Zahl entspricht der Plattenanzahl (ein- oder zweireihig)
2. Zahl entspricht der Anzahl der Lamellen (Konvektoren)

187.3 Befestigungen für Kompaktheizkörper (Anhaltswerte)

Baulänge in mm	bis 1560	ab 1680	ab 2280
Modell 11/21/22	1 SKS[1]	1 SKS + 1 EK	–
Modell 33	1 SKS	1 SKS + 1 EK	1 SKS + 2 EK[1]

[1] SKS Schnellkonsolenset: 2 Schnellkonsolen mit Federkonsole, EK zusätzliche Einzelkonsole.

Bei Verwendung von Konsolen und Haltern

Baulänge in mm	bis 1500	ab 1680	ab 2280
ein- und zweireihig	2 Ko, 2 H	3 Ko, 2 H	4 Ko, 2 H
dreireihig	2 Ko, 2 H	3 Ko, 2 H	4 Ko, 2 H

187.4 Leistungsminderung von Heizkörpern beim Nischeneinbau (DIN 4703 Teil 3)

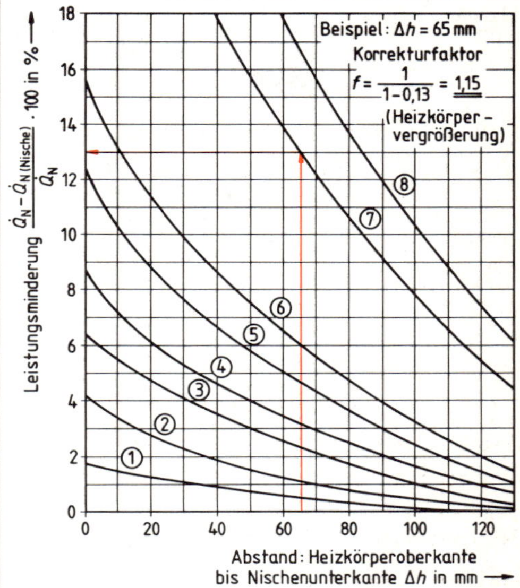

① Röhrenradiator/Schmalsäuler; ② Gliederradiator (Stahl, Guß); ③ Plattenheizkörper 10; ④ dsgl. 11; ⑤ dsgl. 20; ⑥ dsgl. 30; ⑦ dsgl. 22; ⑧ dsgl. 33.
(1. Ziffer Anzahl Platten, 2. Ziffer Anzahl der Konvektorblechreihen)

187.5 Leistung[1], Inhalt, Gewicht von Kompaktheizkörpern je m (nach Tab. 187.2)

Bauhöhe in mm		Bauhöhe = Nabenabstand + 54 mm (bei Typ 10 jedoch nur 40 mm)				
		10	11	21	22	33
300	W	–	–	–	1329	1863
	kg	–	–	–	17,22	26,50
	l	–	–	–	3,60	5,40
400	W	572	947	–	1694	2418
	kg	8,52	12,68	–	23,00	35,80
	l	2,24	2,25	–	4,50	6,75
500	W	696	1156	1644	2051	2953
	kg	10,11	15,81	24,90	28,78	43,55
	l	2,70	2,70	5,40	5,40	8,10
600	W	822	1355	1924	2401	3467
	kg	12,05	18,99	29,70	34,56	52,30
	l	3,15	3,15	6,30	6,30	9,45
900	W	1212	1879	2735	3396	4861
	kg	17,87	28,85	45,10	51,90	80,28
	l	4,50	4,50	9,00	9,00	13,50
Strahlungsanteil		ca. 40 %	ca. 25 %	ca. 20 %	ca. 15 %	ca. 10 %

[1] Anlage 90/70 °C, Raumtemperatur 20 °C.
Umrechnungen bei anderen Temperaturen siehe Tab. 188.1.

Heizungstechnik

188.1 Korrekturfaktoren für die Umrechnung der Normwärmeleistung $\dot{Q}_N$ (Heizflächenvergößerung)

Vorlauf-temp. ϑ_V (°C)	Luft-temp. ϑ_c (°C)	Rücklauftemperatur ϑ_R in °C: 35	40	45	50	**55**	60	65	70	75	80
95	24	2,22	1,86	1,62	1,44	1,31	1,20	1,12	1,04	0,98	0,93
	22	2,01	1,71	1,51	1,36	1,24	1,14	1,06	1,00	0,94	0,89
	20	1,83	1,59	1,41	1,28	1,18	1,09	1,02	0,95	0,90	0,86
	18	1,69	1,48	1,33	1,21	1,12	1,04	0,97	0,91	0,87	0,83
	15	1,51	1,35	1,22	1,12	1,04	0,97	0,91	0,86	0,82	0,78
	12	1,37	1,23	1,13	1,04	0,97	0,91	0,86	0,81	0,77	0,74
90	24	2,36	1,97	1,71	1,53	1,38	1,27	1,17	1,10	1,03	0,98
	22	2,13	1,81	1,59	1,43	1,31	1,20	1,12	1,05	0,99	0,94
	20	1,94	1,68	1,49	1,35	1,24	1,14	1,07	1,00	0,95	0,90
	18	1,78	1,56	1,40	1,27	1,17	1,09	1,02	0,96	0,91	0,87
	15	1,59	1,41	1,28	1,18	1,09	1,02	0,95	0,90	0,86	0,82
	12	1,43	1,29	1,18	1,09	1,01	0,95	0,90	0,85	0,81	0,77
85	24	2,52	2,10	1,82	1,62	1,46	1,34	1,24	1,16	1,09	1,03
	22	2,27	1,92	1,69	1,52	1,38	1,27	1,18	1,11	1,05	0,99
	20	2,06	1,78	1,58	1,42	1,30	1,21	1,12	1,06	1,00	0,95
	18	1,89	1,65	1,48	1,34	1,24	1,15	1,07	1,01	0,96	0,91
	15	1,68	1,49	1,35	1,24	1,14	1,07	1,00	0,95	0,90	0,86
	12	1,51	1,36	1,24	1,14	1,06	1,00	0,94	0,89	0,85	0,81
80	24	2,70	2,24	1,94	1,72	1,56	1,42	1,32	1,24	1,16	
	22	2,42	2,05	1,80	1,61	1,46	1,35	1,25	1,18	1,11	
	20	2,20	1,89	1,67	1,51	1,38	1,27	1,19	1,12	1,06	
	18	2,01	1,75	1,57	1,42	1,31	1,21	1,13	1,07	1,01	
	15	1,78	1,58	1,42	1,30	1,21	1,12	1,06	1,00	0,95	
	12	1,59	1,43	1,31	1,20	1,12	1,05	0,99	0,94	0,89	
75	24	2,92	2,41	2,08	1,85	1,66	1,52	1,41	1,32		
	22	2,60	2,20	1,92	1,72	1,56	1,43	1,34	1,25		
	20	2,35	2,02	1,79	1,61	1,47	1,35	1,27	1,19		
	18	2,14	1,87	1,67	1,51	1,38	1,28	1,20	1,13		
	15	1,89	1,67	1,51	1,38	1,27	1,19	1,12	1,06		
	12	1,69	1,52	1,38	1,27	1,18	1,11	1,05	0,99		
70	24	3,17	2,61	2,25	1,99	1,79	1,64	1,52			
	22	2,82	2,37	2,07	1,85	1,67	1,54	1,43			
	20	2,53	2,17	1,91	1,72	**1,57**	1,45	1,35			
	18	2,30	2,00	1,78	1,61	1,47	1,37	1,28			
	15	2,02	1,79	1,61	1,47	1,35	1,27	1,19			
	12	1,80	1,61	1,46	1,35	1,25	1,18	1,11			
65	24	3,47	2,85	2,44	2,15	1,94	1,78				
	22	3,07	2,58	2,24	1,99	1,81	1,67				
	20	2,75	2,35	2,07	1,85	1,69	1,57				
	18	2,49	2,15	1,91	1,73	1,59	1,47				
	15	2,17	1,91	1,72	1,57	1,45	1,35				
	12	1,92	1,72	1,56	1,43	1,34	1,25				
60	24	3,85	3,14	2,68	2,36	2,13					
	22	3,38	2,82	2,45	2,18	1,98					
	20	3,01	2,56	2,24	2,02	1,84					
	18	2,71	2,34	2,07	1,87	1,72					
	15	2,35	2,07	1,85	1,69	1,57					
	12	2,07	1,85	1,67	1,54	1,43					
55	24	4,32	3,50	2,98	2,63						
	22	3,76	3,12	2,70	2,41						
	20	3,32	2,82	2,46	2,22						
	18	2,97	2,56	2,26	2,05						
	15	2,56	2,24	2,02	1,84						
	12	2,24	1,99	1,81	1,67						
50	24	4,92	3,97	3,38							
	22	4,24	3,51	3,04							
	20	3,72	3,14	2,76							
	18	3,30	2,83	2,52							
	15	2,82	2,46	2,22							
	12	2,45	2,18	1,98							
45	24	5,76	4,62								
	22	4,89	4,04								
	20	4,24	3,58								
	18	3,72	3,20								
	15	3,14	2,76								
	12	2,70	2,41								

$$f = \left(\frac{\Delta\vartheta_N}{\Delta\vartheta}\right)^n$$

$$\dot{Q}_n = \dot{Q}_N \cdot f \quad ①$$

$$\dot{Q}_N = \frac{\dot{Q}_n}{f} \quad ②$$

$\dot{Q}_N$ Wärmebedarf nach DIN 4701
(Dies ist die Normwärmeleistung, z. B. nach Tab. 175.3.)

$\dot{Q}_n$ Norm-Heizkörperleistung
(Dies ist die Leistung, nach der ein Heizkörper in der Normleistungstabelle für $\Delta\vartheta = \vartheta_m - \vartheta_i$ = 60 K auszuwählen ist)

Gleichung ① wenn der Heizkörper aufgrund der Wärmebedarfsberechnung bestimmt werden muß.
Gleichung ② wenn von einem vorgegebenen Heizkörper mit seiner Normwärmeleistung seine tatsächliche Wärmeleistung bei beliebigem $\Delta\vartheta$ ermittelt wird.

Beispiel: Anlage 70/55/20 °C, Wärmebedarf 1250 W ⇒ *f* = **1,57,** d. h., der Heizkörper muß mit 1250 W · 1,57 = 1963 W z. B. in der Tab. 187.2 abgelesen werden. Die Heizfläche ist demnach 57 % größer als bei der Anlage, z. B. 90/70/20 °C.

189.1 Konvektorwärmeleistungen 150 mm Bautiefe, Einfluß der Schachthöhe (Auszug)

Typ Tiefe cm	Länge dm	Gesamtlänge mm											Masse kg	Wasserinhalt l	Heizfläche m²
			h_1	300	400	500	600	700	**800**	900	1000	1100			
			h_2	80	100	100	100	100	100	100	100	100			
			h_3	80	100	100	100	100	100	100	100	100			
			h_4	140	200	300	400	500	**600**	700	800	900			
15	105	1000		927	1188	1395	1553	1665	**1746**	1818	1881	1926	13,1	1,31	4,32
15	125	1200		1133	1452	1705	1898	2035	**2134**	2222	2299	2354	15,7	1,43	5,28
15	145	1400		1339	1716	2015	2243	2405	**2522**	2626	2717	2782	18,2	1,56	6,24
15	165	1600		1545	1980	2325	2588	2775	**2910**	3030	3135	3210	20,8	1,69	7,20
15	185	1800		1751	2244	2635	2933	3145	**3298**	3434	3553	3638	23,4	1,81	8,16
15	205	2000		1957	2508	2945	3278	3515	**3686**	3838	3971	4066	26,0	1,94	9,12
15	225	2200		2163	2772	3255	3623	3885	**4074**	4242	4389	4494	28,6	2,06	10,08
15	245	2400		2369	3036	3565	3968	4255	**4462**	4646	4807	4922	31,1	2,19	11,04
15	265	2600		2575	3300	3875	4313	4625	**4850**	5050	5225	5350	33,7	2,32	12,00
15	285	2800		2781	3564	4185	4658	4995	**5238**	5454	5643	5778	36,3	2,44	12,96
15	305	3000		2987	3828	4495	5003	5365	**5626**	5858	6061	6206	38,9	2,57	13,92

h_1 Nischenhöhe
h_2 Lufteintritt
h_3 Luftaustritt
h_4 Wirksame Schachthöhe

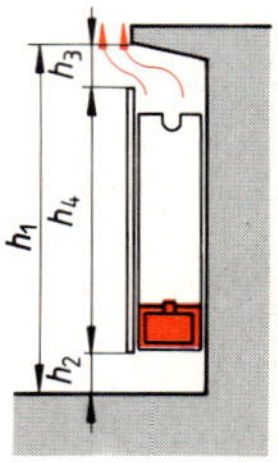

- Weitere Bautiefen 50, 100, 200, 250, 300 mm (vgl. Tab. 189.2); • Bauhöhe (bei allen Bautiefen) = 70 mm,
- bei 2-lagiger Anordnung 160 mm; • lieferbare Baulängen von 0,5 bis 5,6 m; • Prüfdruck 20 bar;
- ab 100 mm Bautiefe ein- und wechselseitiger Anschluß; • Leistungsangaben für Anlage 90 °C/70 °C; ϑ_i = 20 °C;
- Druckverlust von Konvektoren s. Tab. 200.2.

Maße in mm

189.2 Konvektorenkenndaten (Ergänzung zu Tab. 189.1)

Tiefe in mm	Leistung in W/m für folgende Nischenhöhen h_1 in mm 300	400	500	600	700	**800**	900	1000	1100	1200	Masse in kg/m	Inhalt in l/m	Fläche in m²/m
50	311	396	468	521	559	**590**	612	632	648	657	4,4 (4,3)	0,41 (0,21)	1,44 (1,6)
100	641	819	967	1080	1170	**1235**	1283	1305	1323	1343	8,7 (8,6)	0,86 (0,4)	2,88 (3,2)
200	1166	1494	1769	1967	2133	**2250**	2349	2448	2520	2583	17,4 (17,2)	1,76 (0,84)	5,76 (6,4)
250	1355	1755	2106	2358	2565	**2736**	2880	3015	3105	3186	21,7 (21,5)	2,21 (1,05)	7,2 (8,0)
300	1499	1982	2387	2745	3015	**3224**	3402	3555	3672	3769	26,1 (25,8)	2,65 (1,26)	8,64 (9,6)

189.3 Unterflurkonvektoren, Anordnung und Schachtmaße für Anordnung 2 (Maße in mm)

Konvektor-Bautiefe b in mm	100	150	200	250	300
zweckmäßige wirksame Schachthöhe	100 bis 500	150 bis 500	200 bis 500	250 bis 500	300 bis 500
Luftkanal s	95	110	125	140	160
Breite B	320	400	480	560	650
Tiefe $T = h_4 +$	135	150	165	180	200
Tiefe $T' = h_4 +$	200	240	280	320	360
Rahmenmaß A	370	450	530	610	700

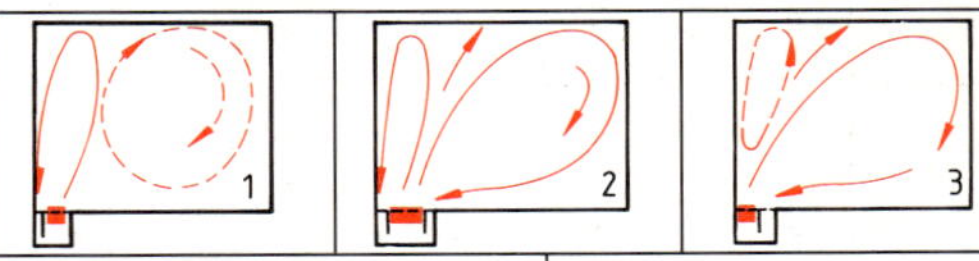

Tiefe T' gilt für: Schächte mit Schmutzblech, A für Rollrost.
Übliche Ausführung ist Fall 2: $\frac{\dot{Q}_{Fenster}}{\dot{Q}_{Konvektor}}$ = 20 bis 70 %
Minderleistung gegenüber Tab. 189.1 ist 20 %.

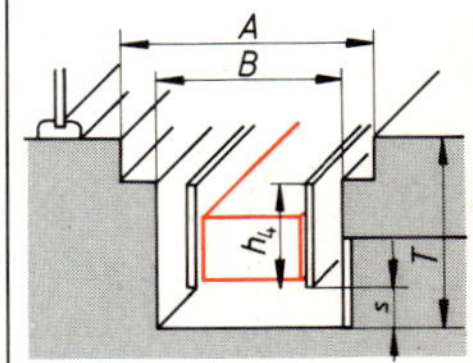

189.4 Umrechnungsfaktoren f[1] für verschiedene mittlere Wasser- und Lufttemperaturen

$\Delta\vartheta_m$	0 K	1 K	2 K	3 K	4 K	5 K	6 K	7 K	8 K	9 K
30	0,41	0,42	0,44	0,46	0,48	0,50	0,52	0,53	0,55	0,57
40	0,59	0,61	0,63	0,65	0,67	0,69	0,71	0,73	0,75	0,77
50	0,79	0,81	0,83	0,85	0,85	0,89	0,91	0,94	0,96	0,98
60	**1,00**	1,02	1,04	1,07	1,09	1,11	1,13	1,15	1,18	1,20
70	1,22	1,25	1,27	1,29	1,31	1,34	1,36	1,38	1,41	1,43
80	1,45	1,48	1,50	1,53	1,55	1,57	1,60	1,62	1,65	1,67

$q_N = q \cdot f = q \cdot (\frac{\Delta\vartheta_N}{\Delta\vartheta})^n$ $q = \frac{q_N}{f}$

q_N Norm-Wärmeleistung bei $\Delta\vartheta_N = 60$ K
q Wärmeleistung bei beliebigem $\Delta\vartheta$

Beispiel:
$\vartheta_V = 90$ °C; $\vartheta_R = 80$ °C; $\vartheta_m = 85$ °C; $\vartheta_i = 18$ °C
$\Delta\vartheta_m = \vartheta_i = 85$ °C − 18 °C = 67 K ⇒ f = **1,15**
Der Heizkörper kann um 15 % kleiner sein.

[1] Reziprokwerte von Tab. 188.1.
[2] Exponent 1,3; diese in der alten DIN-Norm erwähnte Tabelle wurde in der neuen DIN nicht mehr aufgenommen.

Heizungstechnik

190.1 Wärmeabgabe von Rohren (ohne Wärmedämmung)

	Gewinderohre				Siederohre						
Nennweite DN Außen-∅ in mm	15 21,3	20 26,9	25 33,7	32 42,4	40 44	50 57	65 63	65 70	65 76	80 89	100 108
$\Delta\vartheta_m$ in K	Wärmestrom an die Umgebung in Watt je Meter Rohrlänge										
95	111	131	158	191	200	249	266	288	307	347	403
90	102	122	146	177	186	231	246	266	285	320	372
85	95	112	135	164	171	213	226	245	262	296	343
80	87	103	124	150	157	196	208	225	241	271	316
75	79	94	114	137	143	179	190	205	220	248	288
70	72	85	102	124	130	161	173	186	201	225	261
65	65	77	92	111	117	146	154	167	180	202	236
60	58	68	82	100	105	130	138	150	160	180	209
58	55	66	79	95	100	123	132	143	153	172	200
56	52	62	74	90	95	117	125	136	145	163	190
54	50	59	71	86	90	111	119	129	139	155	183
52	48	56	68	81	86	106	113	122	131	147	172
50	44	53	64	78	81	100	107	115	124	139	162
48	42	50	61	73	77	93	101	108	116	132	153
46	39	46	57	68	72	89	95	102	110	124	144
44	37	44	53	65	67	84	89	96	103	116	136
42	35	41	50	60	64	79	85	90	97	109	126
40	33	38	46	57	59	73	78	84	91	102	118

$\Delta\vartheta_m = \vartheta_m - \vartheta_i$ | $\dot{Q} = A \cdot k \cdot \Delta\vartheta_m$ | $\Delta\vartheta_m$ mittlere Temperaturdifferenz in K, ϑ_m mittlere Wassertemperatur in °C, ϑ_i Umgebungstemperatur in °C

Wasserabkühlung $\Delta\vartheta$ längs eines Rohres: $\dot{Q} = \dot{m} \cdot c \, (\vartheta_{EIN} - \vartheta_{AUS}) = A \cdot k \cdot (\vartheta_m - \vartheta_i)$

Beispiel: DN 32; (0,106 m^2/m); $\dot{m}$ = 2000 l/h; 25 m lang; ϑ_i = 15 °C; ϑ_m = 70 °C; k = 12 W/(m^2 · K);

$$\dot{Q} = A \cdot k \cdot \Delta\vartheta_m = 25 \cdot 0{,}106 \cdot 12 \cdot 55 = 1749 \text{ W}$$

$$\Delta\vartheta = \frac{\dot{Q}}{\dot{m} \cdot c} = \frac{1749}{2000 \cdot 1{,}16} \text{ K} = \mathbf{0{,}75\ K}$$

190.2 Verluste wärmegedämmter Rohre[1]

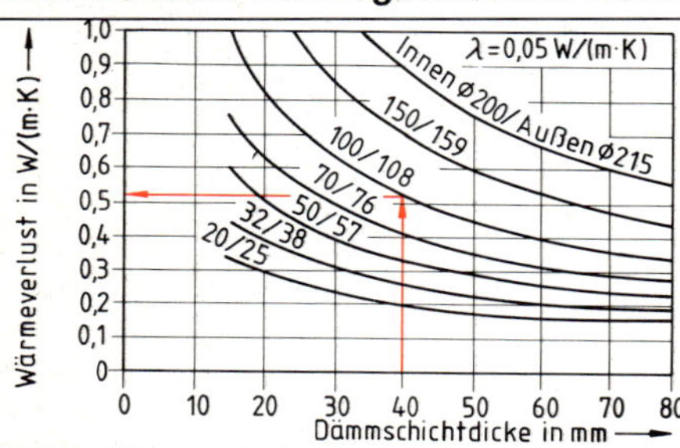

[1] Wärmedämmung in m^2/m vgl. Tab. . .

190.3 Dämmschichtdicke in mm für Stahlrohre bei unterschiedlicher Wärmeleitfähigkeit

λ in $\frac{W}{m \cdot K}$	DN 15	DN 20	DN 25	DN 32	DN 40	DN 50
0,020	8	8	13	13	17	22
0,025	11	12	18	18	24	30
0,030	15	15	23	24	31	39
0,035	**20**	**20**	**30**	**30**	**40**	**50**
0,040	25	25	38	38	50	63
0,050	41	39	59	56	76	95

190.4 Wärmedämmung von Rohren nach der Anlagenverordnung HVO[1]

	Nennweite der Rohrleitungen/Armaturen	Mindestdicke des Wärmedämmstoffs[2]
1	bis DN 20[3]	20 mm (10 mm)[4]
2	ab DN 22 bis DN 35	30 mm (15 mm)
3	ab DN 40 bis DN 100	gleich DN (50 %)
4	ab DN 100	100 mm (50 mm)

[1] Stand 1982.
[2] Bezogen auf eine Wärmeleitfähigkeit von λ = 0,035 W/(m · K) (evtl. nach Tab. 190.3 korrigieren).
[3] Bei Rohren, deren Nennweite nicht festliegt, setzt man den Außendurchmesser ein.
[4] **Klammerwerte** gelten für Leitungen in Wand- und Deckendurchbrüchen, Kreuzungen, Heizkörper- und/oder Wassererwärmer-Anschlußleitungen unter 8 m Länge.

Ausnahmen: 1 bis 4 gilt nicht für Leitungen
- in Räumen, die zum dauernden Aufenthalt von Menschen bestimmt sind;
- in Bauteilen, die solche Räume verbinden.

1 bis 4 gilt außerdem nicht, wenn die Wärmeabgabe vom Nutzer durch Absperreinrichtungen beeinflußt werden kann oder bei Einrohrsysteme.

Die Überwachung der HVO erfolgt im Rahmen des Baurechts der Länder. Verstöße gegen die HVO werden mit Bußgeld belegt.

191.1 Wärmeleistung (bei Raster 7,5 cm)

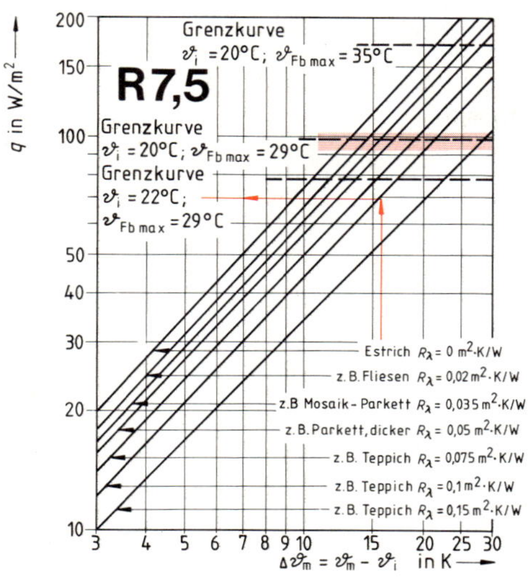

191.2 Wärmeleistung (bei Raster 15 cm)

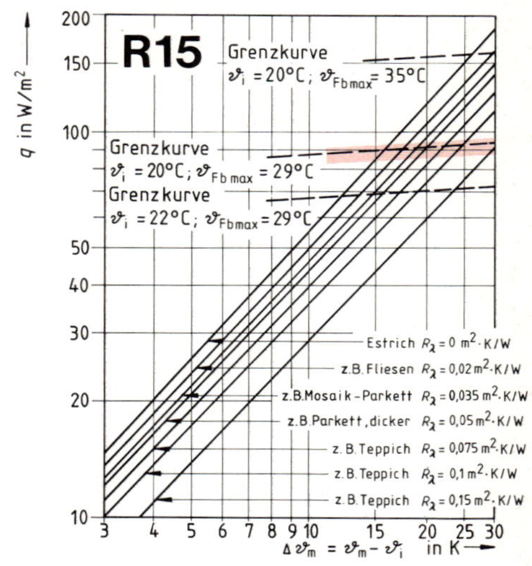

191.3 Wärmeleistung (bei Raster 22,5 cm)

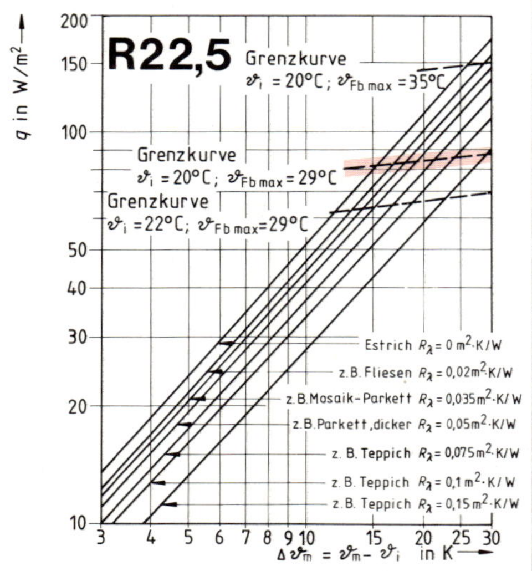

191.4 Wärmeleistung (bei Raster 30 cm)

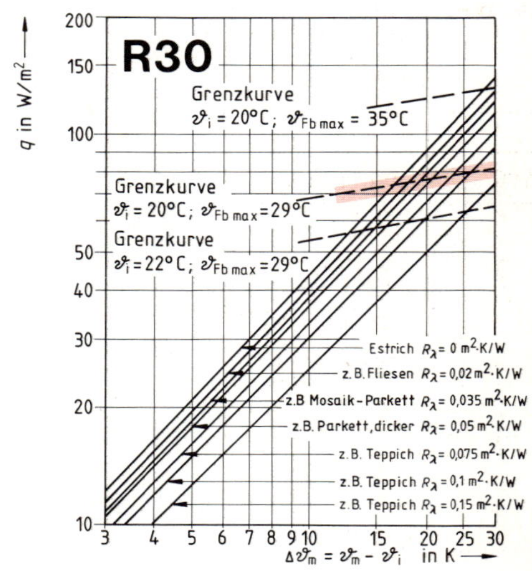

191.5 Mindestwärmedämmung unterhalb der Rohrebene (Durchlaßwiderstände R_λ

	Darunterliegend	R_λ in $m^2 \cdot K/W$	k_{max} und Dämmstoffdicke nach Wärmeschutzverordnung		
1	Raum mit gleichartiger Nutzung	0,75	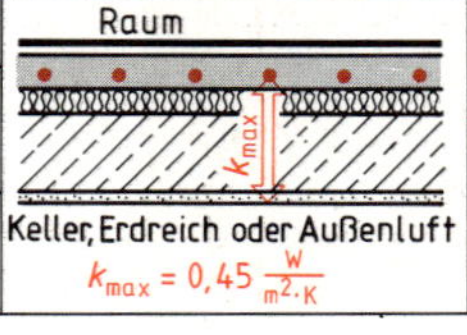	Wärmeleitfähigkeit λ	Dämmstoffdicke d
2	Raum mit nichtgleichartiger Nutzung (z. B. Gewerberaum)	1,25		0,04 W/(m · K) 0,03 W/(m · K) 0,02 W/(m · K)	80 mm 60 mm 40 mm
3	unbeheizter Raum bzw. Außenluft oder Erdreich	nebenstehende Tab. und Abb.			

192.1 Grenzkurven zur Bestimmung der maximalen Vorlauftemperatur (DIN 4725 Teil 3)

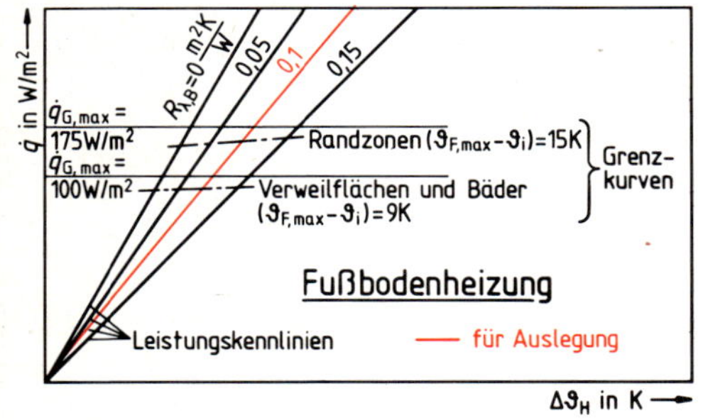

192.2 Mittlere Wärmeleitzahlen verschiedener Bodenbeläge $R_\lambda = d/\lambda$

Belag	λ in W/(m · K)	Belag in mm	λ in W/(m · K)
Teppiche 6 bis 17 mm	0,08 bis 0,05	PVC 2,5; Linoleum 2,5	0,19
Korklinoleum 4,5 mm	0,08	Fliesen 13	1,05
PVC o. Filz	0,04	Marmor 30	2,10

192.3 Fußbodenheizung mit Wärmetauscher WT (vgl. auch Tab. 192.4)

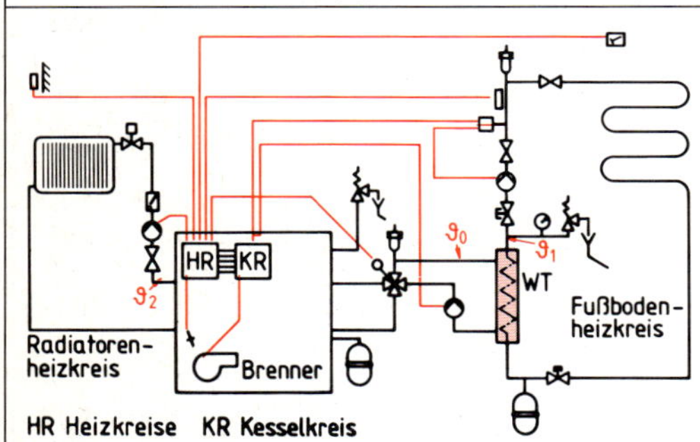

192.4 Wärmetauscherauswahl von 192.3

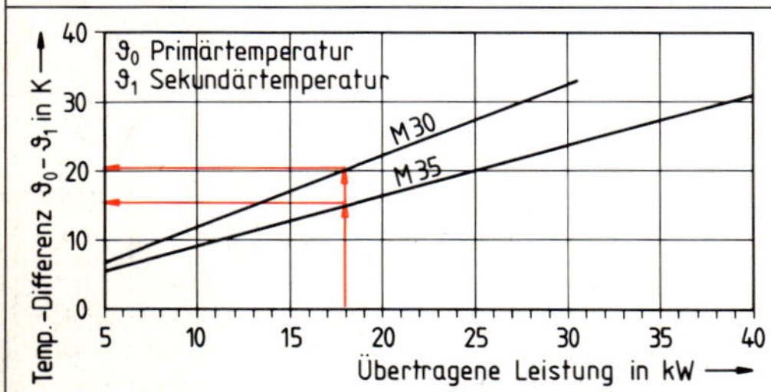

Geg.: Kessel 26 kW; ϑ_1 = 70°; ϑ_2 = 40° (Auslegung); FBH 18 kW. **Aus Abb.:** Bei M 30 ist $\Delta_\vartheta = \vartheta_0 - \vartheta_1$ = 20 K, $\vartheta_0 = \Delta_\vartheta + \vartheta_1$ = **60°C < 70°C** (ausreichend).

Druckverlust Tab. 200.4

192.5 Fußboden-Rohrschlangen

Verlegeabstand in cm	7,5	15,0	22,5	30,0
Verlegte Rohre in m/m²	12,5	6,3	4,2	3,2
Max. Heizkreis in m²	9,5	19,0	28,5	37,5

192.6 Druckverluste für Kunststoffrohre

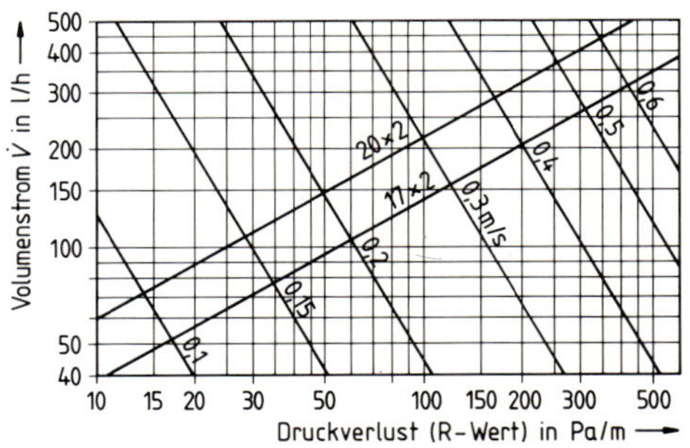

192.7 Wärmeleistung von Strahlplatten[1]

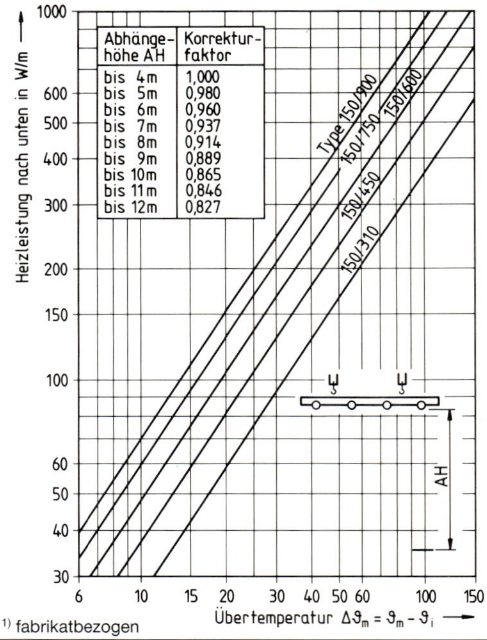

[1] fabrikatbezogen

192.8 Vorlauftemperaturen für Strahlplatten (fabrikatbezogen)

Deckenbelegung	Maximal zulässige Vorlauftemperatur bei einer Höhe von 3 m	4 m	5 m	6 m	7 m	8 m	9 m	10 m
10 %	92	121	133	–	–	–	–	–
20 %	60	77	84	91	99	108	117	137
30 %	50	59	66	72	77	83	91	98
40 %	44	51	55	60	65	69	76	82

Heizungstechnik

193.1 Bestimmung der Rohrweiten für Warmwasserheizungen – Stahlrohre – (ϑ_m = 80 °C)												
Innen-Ø in mm[1]	Mittelschwere Gewinderohre DIN 2440					Nahtlose Stahlrohre DIN 2448						
	12,5	16,0	21,6	27,2	35,9	39,3	51,2	70,3	82,5	100,8	125,0	150,0
DN	10	15	20	25	32	40	50	65	80	100	125	150
R-Wert in Pa/m	Obere Zeile Volumenstrom $\dot{V}$ in l/h (≙ Wärmestrom bezogen auf 1 K Temperaturdifferenz) Untere Zeile Wassergeschwindigkeit *v* in m/s											
2,4	13,0 0,030	25,7 0,035	59,3 0,050	114 0,055	244 0,070	322 0,075	663 0,090	1520 0,11	2360 0,13	4010 0,14	7200 0,17	11800 0,19
2,8	14,4 0,035	28,2 0,040	64,8 0,050	124 0,060	267 0,075	350 0,080	722 0,10	1660 0,12	2560 0,14	4360 0,16	7840 0,18	12700 0,20
3,3	15.9 0,040	31,2 0,045	71,2 0,055	136 0,070	293 0,085	384 0,090	791 0,11	1820 0,13	2820 0,15	4770 0,17	8550 0,20	13950 0,22
4,0	17,9 0,045	34,9 0,050	79,2 0,065	151 0,075	326 0,095	428 0,10	879 0,12	2010 0,15	3120 0,17	5310 0,19	9470 0,22	15500 0,26
5	20,3 0,050	39,7 0,060	89,5 0,070	172 0,085	370 0,11	485 0,11	995 0,14	2270 0,17	3530 0,19	6040 0,22	10700 0,24	17500 0,28
6	22,3 0,055	44,0 0,065	99,4 0,080	192 0,095	412 0,12	539 0,13	1100 0,15	2500 0,19	3910 0,20	6680 0,24	11900 0,28	19200 0,32
7	24,3 0,060	47,9 0,070	108 0,085	208 0,10	447 0,13	587 0,14	1200 0,16	2720 0,20	4250 0,22	7260 0,26	12900 0,30	20800 0,34
8	26,1 0,065	51,5 0,075	117 0,095	224 0,11	482 0,14	632 0,15	1290 0,18	2950 0,22	4560 0,24	7790 0,28	13900 0,32	22200 0,36
10	29,6 0,070	58,4 0,085	133 0,11	254 0,13	546 0,16	715 0,17	1460 0,20	3330 0,24	5140 0,28	8720 0,32	15600 0,36	25000 0,40
12	32,8 0,080	64,9 0,095	147 0,12	281 0,14	601 0,17	789 0,18	1630 0,22	3680 0,28	5690 0,30	9660 0,34	17200 0,40	27800 0,46
14	35,8 0,085	70,9 0,10	160 0,13	307 0,15	657 0,19	862 0,20	1780 0,24	4000 0,30	6180 0,34	10500 0,38	18600 0,44	30300 0,50
16	38,6 0,095	76,4 0,11	173 0,14	331 0,17	710 0,20	926 0,22	1910 0,26	4300 0,32	6640 0,36	11300 0,40	20000 0,46	32700 0,55
18	41,3 0,10	81,5 0,12	184 0,15	354 0,18	755 0,22	987 0,24	2030 0,28	4580 0,34	7090 0,38	12100 0,44	21400 0,50	34800 0,55
20	43,8 0,11	86,1 0,13	195 0,16	374 0,19	801 0,22	1050 0,24	2150 0,30	4830 0,36	7480 0,40	12800 0,46	22500 0,55	36700 0,60
24	48,5 0,12	94,9 0,14	217 0,18	413 0,20	882 0,26	1160 0,28	2360 0,32	5330 0,40	8250 0,44	14000 0,50	24900 0,60	40400 0,65
28	52,9 0,13	104 0,15	236 0,19	451 0,22	959 0,28	1250 0,30	2570 0,36	5790 0,44	8960 0,48	15300 0,55	27100 0,65	43800 0,70
33	58,1 0,14	115 0,17	261 0,21	498 0,25	1060 0,30	1385 0,32	2816 0,39	6381 0,47	9874 0,53	16660 0,60	26600 0,68	45200 0,73

[1] Außendurchmesser siehe Tabellen 64.1 und 65.2; bei 50 °C (je nach Ø) ⇒ *R*-Wert plus 4 bis 7 %.

194.1 Bestimmung der Rohrweiten für Warmwasserheizungen – Stahlrohre – (ϑ_m = 80 °C) Fortsetzung

Innen-Ø in mm[1]	Mittelschwere Gewinderohre DIN 2440					Nahtlose Stahlrohre DIN 2448						
	12,5	16,0	21,6	27,2	35,9	39,3	51,2	70,3	82,5	100,8	125,0	150,0
DN	10	15	20	25	32	40	50	65	80	100	125	150
R-Wert in Pa/m	Obere Zeile Volumenstrom $\dot{V}$ in l/h (≙ Wärmestrom bezogen auf 1 K Temperaturdifferenz) Untere Zeile Wassergeschwindigkeit *v* in m/s											
36	60,8 0,15	120 0,18	273 0,22	519 0,26	1100 0,32	1450 0,34	2940 0,40	6610 0,50	10300 0,55	17400 0,65	29500 0,70	47600 0,75
40	64,5 0,16	127 0,19	298 0,24	545 0,28	1160 0,34	1540 0,36	3110 0,42	7000 0,50	10800 0,60	18400 0,65	32800 0,75	52600 0,85
45	68,8 0,17	136 0,20	309 0,24	583 0,30	1240 0,36	1630 0,38	3300 0,46	7440 0,55	11500 0,60	19500 0,70	34900 0,80	55700 0,90
50	73,1 0,18	144 0,22	325 0,26	615 0,30	1310 0,38	1720 0,40	3490 0,48	7870 0,60	12200 0,65	20600 0,75	36800 0,85	59000 0,95
55	77,6 0,19	151 0,22	344 0,28	645 0,32	1380 0,40	1820 0,42	3650 0,50	8310 0,60	12900 0,70	21700 0,80	38600 0,90	61900 1,0
60	81,3 0,20	159 0,24	360 0,30	679 0,34	1450 0,42	1900 0,44	3830 0,55	8690 0,65	13500 0,70	22700 0,80	40300 0,95	65000 1,1
65	84,6 0,20	167 0,24	376 0,30	707 0,36	1510 0,44	1990 0,46	3990 0,55	9070 0,65	14100 0,75	23700 0,85	41900 1,0	67800 1,1
70	87,9 0,22	173 0,26	391 0,32	738 0,36	1580 0,44	2060 0,48	4150 0,55	9440 0,70	14600 0,80	24700 0,90	43500 1,0	70600 1,1
75	91,6 0,22	180 0,26	406 0,32	766 0,38	1630 0,46	2140 0,50	4320 0,60	9810 0,75	15200 0,80	25500 0,90	45100 1,1	73300 1,2
80	94,9 0,24	186 0,28	419 0,34	798 0,40	1690 0,48	2220 0,50	4470 0,60	10100 0,75	15700 0,85	26400 0,95	46700 1,1	75800 1,2
90	101 0,24	199 0,30	447 0,36	850 0,42	1800 0,50	2350 0,55	4770 0,65	10800 0,80	16600 0,90	28100 1,0	49600 1,2	80400 1,3
100	107 0,26	211 0,32	474 0,38	900 0,44	1900 0,55	2400 0,60	5050 0,70	11400 0,85	17600 0,95	29700 1,1	52400 1,2	84800 1,4
110	113 0,28	222 0,32	500 0,40	946 0,48	2000 0,55	2620 0,60	5310 0,75	11900 0,90	18500 1,0	31200 1,1	55100 1,3	89000 1,4
120	118 0,28	233 0,34	524 0,42	992 0,50	2090 0,60	2740 0,65	5550 0,75	12500 0,95	19300 1,0	32700 1,2	57600 1,3	93400 1,5
130	123 0,30	246 0,36	548 0,44	1030 0,50	2180 0,60	2860 0,65	5800 0,80	13000 0,95	20100 1,1	34100 1,2	60100 1,4	97100 1,6
140	128 0,32	252 0,38	570 0,46	1070 0,55	2270 0,65	2970 0,70	6020 0,85	13500 1,0	20900 1,1	35400 1,3	62500 1,5	101000 1,6
150	132 0,32	262 0,38	591 0,48	1110 0,55	2350 0,65	3080 0,70	6230 0,85	14000 1,0	21600 1,2	36700 1,3	64800 1,5	105000 1,7

[1] Außendurchmesser siehe Tabellen 64.1 und 65.2; bei 50 °C (je nach Ø) ⇒ *R*-Wert plus 3 bis 6 %.

195.1 Bestimmung der Rohrweiten für Warmwasserheizungen – Stahlrohre – (ϑ_m = 80 °C) **Fortsetzung**

Innen- in mm[1)]	Mittelschwere Gewinderohre DIN 2440					Nahtlose Stahlrohre DIN 2448						
	12,5	16,0	21,6	27,2	35,9	39,3	51,2	70,3	82,5	100,8	125,0	150,0
DN	10	15	20	25	32	40	50	65	80	100	125	150
R-Wert in Pa/m	Obere Zeile Volumenstrom $\dot{V}$ in l/h (≙ Wärmestrom bezogen auf 1 K Temperaturdifferenz) Untere Zeile Wassergeschwindigkeit *v* in m/s											
160	137 0,34	271 0,40	611 0,50	1150 0,60	2430 0,70	3190 0,75	6450 0,90	14500 1,1	22400 1,2	37900 1,4	67000 1,6	108000 1,8
170	142 0,34	280 0,40	631 0,50	1190 0,60	2510 0,70	3290 0,75	6640 0,90	15000 1,1	23000 1,2	39100 1,4	69000 1,6	112000 1,8
180	146 0,36	289 0,42	648 0,50	1220 0,60	2600 0,75	3390 0,80	6850 0,95	15400 1,1	23800 1,3	40200 1,4	71100 1,7	115000 1,9
190	151 0,36	299 0,44	668 0,55	1260 0,65	2670 0,75	3490 0,80	7050 0,95	15900 1,2	24500 1,3	41300 1,5	73000 1,7	118000 1,9
200	155 0,38	307 0,46	687 0,55	1290 0,65	2750 0,80	3590 0,85	7240 1,0	16300 1,2	25100 1,3	42400 1,5	74900 1,7	121000 2,0
220	163 0,40	322 0,48	723 0,60	1360 0,70	2890 0,80	3770 0,85	7640 1,0	17100 1,3	26500 1,4	44600 1,6	78700 1,8	127000 2,0
240	171 0,42	337 0,50	757 0,60	1430 0,70	3030 0,85	3940 0,90	7970 1,1	17900 1,3	27700 1,5	46400 1,7	82300 1,9	133000 2,2
260	179 0,44	352 0,50	790 0,65	1490 0,75	3160 0,90	4110 0,95	8310 1,1	18700 1,4	28800 1,5	48600 1,7	85700 2,0	139000 2,2
280	186 0,46	367 0,55	822 0,65	1550 0,80	3290 0,95	4280 1,0	8640 1,2	19400 1,4	29900 1,6	50400 1,8	89100 2,0	144000 2,4
300	193 0,46	381 0,55	852 0,70	1610 0,80	3410 1,0	4430 1,0	8970 1,2	20100 1,5	31000 1,7	52200 1,9	92300 2,2	150000 2,4
330	204 0,50	402 0,60	894 0,70	1700 0,85	3500 1,0	4660 1,1	9420 1,3	21100 1,6	32500 1,7	54700 2,0	96800 2,2	157000 2,6
360	216 0,50	421 0,60	933 0,75	1770 0,90	3750 1,1	4880 1,1	9860 1,4	22100 1,6	34000 1,8	57300 2,0	101000 2,4	164000 2,6
400	226 0,55	447 0,65	989 0,80	1870 0,95	3960 1,1	5150 1,2	10400 1,4	23300 1,7	35900 1,9	60500 2,2	107000 2,4	173000 2,8
450	240 0,60	475 0,70	1050 0,85	1990 1,0	4210 1,2	5480 1,3	11100 1,5	24800 1,8	38000 2,0	64300 2,4	114000 2,6	184000 3,0
500	254 0,60	502 0,75	1110 0,90	2100 1,0	4450 1,3	5800 1,4	11700 1,6	26200 1,9	40200 2,2	67800 2,4	120000 2,8	–
550	267 0,65	527 0,75	1170 0,95	2210 1,1	4680 1,3	6090 1,4	12300 1,7	27600 2,0	42200 2,2	71200 2,6	126000 3,0	–
600	280 0,70	552 0,80	1230 1,0	2310 1,2	4900 1,4	6380 1,5	12800 1,8	28900 2,2	44200 2,4	74500 2,6	132000 3,0	–

[1)] Außendurchmesser siehe Tabellen 64.1 und 65.2; bei 50 °C (je nach ∅) ⇒ *R*-Wert plus 2 bis 5 %.

196.1 Bestimmung der Rohrweiten für Warmwasserheizungen – Kupferrohre –

Außen-∅ × Dicke in mm	12 × 1	15 × 1	18 × 1	22 × 1	28 × 1,5	35 × 1,5	Außen-∅ × Dicke in mm	12 × 1	15 × 1	18 × 1	22 × 1	28 × 1,5	35 × 1,5
R-Wert in Pa/m	Volumenstrom $\dot{V}$ in l/h Wassergeschwindigkeit *v* in m/s						*R*-Wert in Pa/m	Volumenstrom $\dot{V}$ in l/h Wassergeschwindigkeit *v* in m/s					
14	21 0,08	44 0,09	77 0,11	143 0,13	263 0,15	515 0,18	140	80 0,29	166 0,35	290 0,41	529 0,48	966 0,56	1880 0,67
16	23 0,08	47 0,10	84 0,12	154 0,14	284 0,17	556 0,20	150	84 0,30	172 0,37	301 0,43	551 0,50	1000 0,58	1950 0,69
18	25 0,09	51 0,11	90 0,13	165 0,15	304 0,18	594 0,21	160	87 0,32	179 0,38	312 0,44	571 0,52	1040 0,61	2020 0,72
20	26 0,10	54 0,12	95 0,14	176 1,16	323 0,19	631 0,22	170	90 0,33	185 0,40	323 0,46	591 0,54	1080 0,63	2090 0,74
22	28 0,10	57 0,12	100 0,14	184 0,17	338 0,20	660 0,24	180	93 0,34	191 0,41	334 0,48	610 0,56	1110 0,65	2140 0,77
24	29 0,11	60 0,13	105 0,15	194 0,18	355 0,21	700 0,25	190	96 0,35	198 0,42	334 0,49	629 0,57	1150 0,67	2220 0,79
26	30 0,11	63 0,13	110 0,16	203 0,18	371 0,22	730 0,26	200	99 0,36	203 0,43	355 0,50	647 0,59	1180 0,69	2290 0,81
28	31 0,11	66 0,14	115 0,16	212 0,19	390 0,23	760 0,27	220	104 0,38	214 0,46	374 0,53	683 0,62	1250 0,72	2410 0,86
30	33 0,12	68 0,15	120 0,17	220 0,20	404 0,24	790 0,28	240	109 0,39	225 0,48	393 0,56	717 0,65	1320 0,76	2540 0,90
33	35 0,13	72 0,15	127 0,18	233 0,21	427 0,25	830 0,30	260	114 0,42	235 0,50	411 0,58	750 0,68	1370 0,80	2650 0,94
36	37 0,13	76 0,16	133 0,18	244 0,22	450 0,26	870 0,31	280	120 0,44	245 0,53	428 0,61	782 0,71	1420 0,83	2760 0,98
40	39 0,14	80 0,17	141 0,20	259 0,24	476 0,27	930 0,33	300	125 0,45	255 0,55	445 0,63	813 0,74	1480 0,86	2870 1,02
45	42 0,15	86 0,18	151 0,21	277 0,25	508 0,30	990 0,35	330	131 0,48	270 0,58	470 0,67	859 0,78	1560 0,91	3030 1,08
50	44 0,16	92 0,20	161 0,23	294 0,27	540 0,31	1050 0,37	360	139 0,50	284 0,61	493 0,70	901 0,82	1640 0,95	3170 1,13
55	47 0,17	97 0,21	170 0,24	311 0,28	570 0,33	1110 0,39	400	147 0,53	302 0,62	523 0,74	956 0,87	1740 1,01	3370 1,20
60	49 0,18	102 0,22	179 0,25	328 0,30	600 0,35	1170 0,41	450	157 0,57	322 0,69	561 0,80	1015 0,93	1850 1,08	3590 1,28
65	52 0,19	107 0,23	187 0,27	342 0,31	626 0,36	1220 0,43	500	167 0,61	342 0,73	595 0,85	1080 0,99	1970 1,15	3800 1,35
70	54 0,20	111 0,24	195 0,28	357 0,33	652 0,38	1270 0,45	550	176 0,64	362 0,77	626 0,89	1140 1,04	2080 1,21	4010 1,43
75	56 0,20	115 0,25	202 0,29	372 0,34	675 0,40	1320 0,47	600	185 0,67	379 0,81	658 0,94	1200 1,09	2190 1,27	4220 1,50
80	58 0,21	120 0,26	211 0,30	385 0,35	703 0,41	1370 0,49	650	194 0,70	396 0,85	690 0,98	1250 1,14	2280 1,33	4400 1,57
90	62 0,23	129 0,27	225 0,32	412 0,38	753 0,44	1460 0,52	700	203 0,74	413 0,88	719 1,02	1305 1,19	2370 1,38	4590 1,63
100	66 0,24	137 0,29	239 0,34	437 0,40	800 0,47	1550 0,55	750	210 0,76	429 0,92	745 1,06	1360 1,24	2470 1,44	4760 1,70
110	70 0,26	144 0,31	252 0,36	462 0,42	842 0,49	1640 0,58	800	218 0,79	447 0,95	774 1,10	1405 1,28	2560 1,49	4940 1,76
120	74 0,27	151 0,32	266 0,38	485 0,44	885 0,52	1720 0,61	900	232 0,85	484 1,02	827 1,18	1503 1,30	2730 1,59	5270 1,87
130	77 0,28	158 0,34	277 0,39	507 0,46	926 0,54	1800 0,64	1000	248 0,90	504 1,08	878 1,25	1595 1,45	2900 1,69	5590 1,98

Wassertemperatur ϑ_m = 80 °C (bei Wasser von 50 °C ⇒ *R*-Wert etwa plus 6 %)

197.1 Widerstandsbeiwerte ζ für Abzweige, Bogen, Winkel, Etage, Verteiler, Sammler

Bogen	r/d	1	2	4	Winkel	DN	10; 15	20	≥ 32	Ausbiegestück	
	ζ	0,5	0,35	0,3		ζ	2,0	1,5	1,0	ζ = 0,5	1 Austritt: ζ = 0,5 1 Eintritt: ζ = 1,0

T-Abzweig Trennung TA_T ζ = 1,5	T-Durchgang Trennung TD_T ζ = 0,5	T-Abzweig Vereinigung TA_V ζ = 1,0	T-Durchgang Vereinigung TD_V ζ = 0,5

[1] Die ζ-Werte hängen sehr stark vom Verhältnis der Geschwindigkeiten (von Abzweig-/Gesamtmassenstrom) ab und können u. U. ein Mehrfaches betragen.

Gegenlauf ζ ≈ 3,8

197.2 Widerstandsbeiwerte ζ für Armaturen

Durchgangsventil	DN	10 bis 15	20	25	32	40 bis 100
	ζ	10,0	8,5	7,0	6,0	5,0

Schrägsitzventil	DN	15	20	25 bis 50
	ζ	3,5	2,5	2,0

Vollstrom- und Freiflußventil	DN	15	20 bis 50	32 bis 50	65 bis 80 (> 100)
	ζ	2,0	1,5	1,0	0,7 (0,6)

Hahn	DN	10 bis 15	> 20
	ζ	1,5	1,0

Eckventil	DN	15	20 bis 50	50 bis 80	100	200
	ζ	4,0	2,0	3,5	4,0	5,0

Schieber	DN	10 bis 15	20 bis 25	> 32
	ζ	1,0	0,5	0,3

Heizkessel, Gliederheizkörper ζ = 2,5; Heizkörperventile ζ = 2,0 (Eckform), ζ = 4,0 (Durchgang); Thermostatventile vgl. Tab. 199.1; Kugelhahn ζ ≈ 0. Vgl. auch Tab. 112.2.

197.3 Druckverlust *Z* für Einzelwiderstände für Σ ζ = 1 (Wassertemperatur 80 °C)

Wassergeschwindigkeit in m/s	0,03	0,04	0,05	0,06	0,07	0,08	0,09	0,10	0,11	0,12	0,13
Einzelwiderstand *Z* in Pa	0,5	0,78	1,21	1,75	2,38	3,11	3,94	4,86	5,88	7,0	8,71
Wassergeschwindigkeit in m/s	0,14	0,15	0,16	0,17	0,18	0,19	0,20	0,22	0,24	0,26	0,28
Einzelwiderstand *Z* in Pa	9,52	10,9	12,4	14,0	15,7	17,5	19,4	23,5	28,0	32,8	38,1
Wassergeschwindigkeit in m/s	0,30	0,32	0,34	0,36	0,38	0,40	0,42	0,44	0,46	0,48	0,50
Einzelwiderstand *Z* in Pa	43,7	49,8	56,2	63,0	70,2	77,7	85,7	94,1	103	112	121
Wassergeschwindigkeit in m/s	0,55	0,6	0,65	0,7	0,75	0,8	0,85	0,9	0,95	1,0	1,1
Einzelwiderstand *Z* in Pa	147	175	205	238	273	311	351	394	439	486	588

$Z = \frac{\varrho}{2} \cdot v^2 \cdot \Sigma\,\zeta$	ϱ = 972 kg/m³ vgl. Tab. 50.3	**Bsp.:** Rohrleitung, DN 20, 310 l/h, Σ ζ = 5,5	Nach Tab. 194.1 v = 0,24 m/s	$Z = \frac{972}{2} \cdot 0{,}24^2 \cdot 5{,}5$ Pa $Z = 28 \cdot 5{,}5$ Pa = **154 Pa**

197.4 Gleichwertige Rohrlänge l_{gl} in m bei ζ = 1 (Gewinderohre)

Geschwindigkeit in m/s		0,1	0,2	0,3	0,4	0,5	0,6	0,7	0,8	0,9	1,0
DN 10	**l_{gl}-Werte,** d. h.	0,27	0,30	0,32	0,34	0,36	0,37	0,38	0,39	0,39	0,40
DN 15	der Druckverlust	0,37	0,44	0,46	0,48	0,50	0,52	0,53	0,54	0,55	0,55
DN 20	der Einzelwider-	0,55	0,64	0,67	0,71	0,73	0,75	0,77	0,79	0,80	0,81
DN 25	stände wird in	0,75	0,87	0,92	0,97	1,00	1,02	1,04	1,06	1,08	1,10
DN 32	Meter Rohrlänge	1,08	1,25	1,33	1,40	1,44	1,47	1,50	1,53	1,56	1,60
DN 40	angegeben ($R \cdot l_{gl}$)	1,29	1,50	1,60	1,68	1,72	1,76	1,80	1,84	1,88	1,91

Beispiel: Rohrleitung DN 20; v = 0,6 m/s; 5,5 ζ-Werte (Formstücke, Armaturen); l_{gl} = 0,75 m · 5,5 = **4,13 m**

Heizungstechnik

198.1 Bestimmung für Rohrweiten für Warmwasserheizungen (Präzisionsstahlrohre)

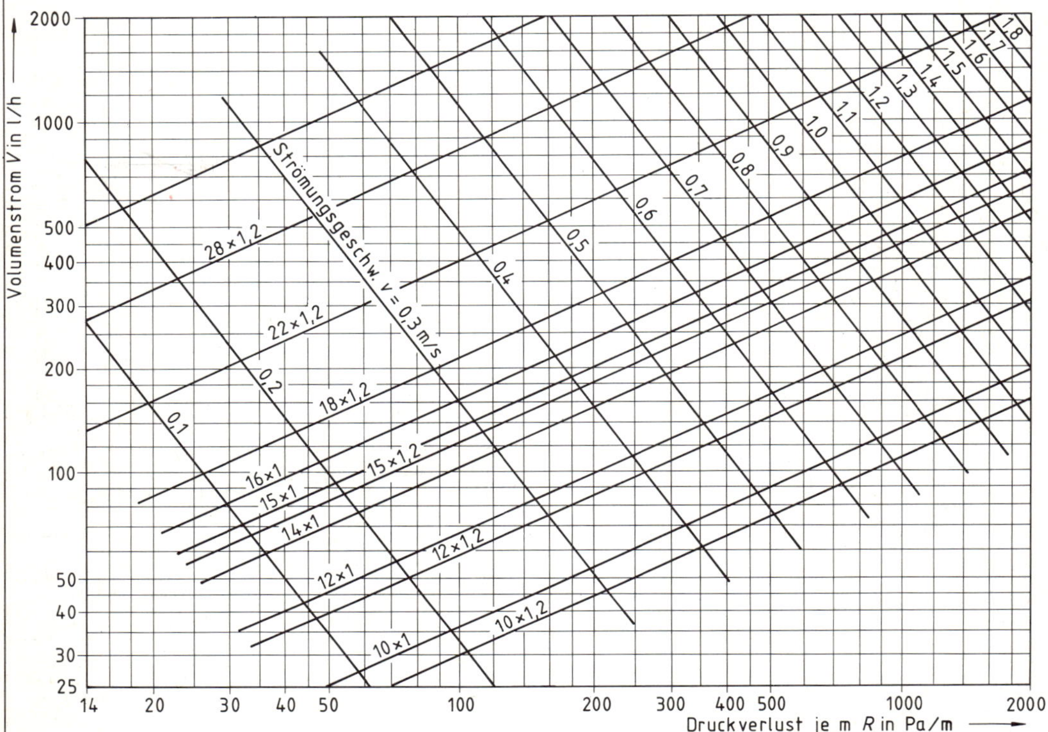

198.2 Auftriebsdruck in Pa je m Höhenunterschied durch Schwerkraftwirkung

Rück-lauf-temp.	Vorlauftemperatur in °C 70	75	80	85	90	95	100
50 °C	101	128	159	189	233	257	291
55 °C	73	107	137	168	221	233	270
60 °C	54	81	112	143	175	209	243
65 °C	–	96	86	117	149	183	218
70 °C	–	–	59	90	**122**	156	190
74 °C	–	–	–	61	94	127	162
80 °C	–	–	–	–	64	97	131

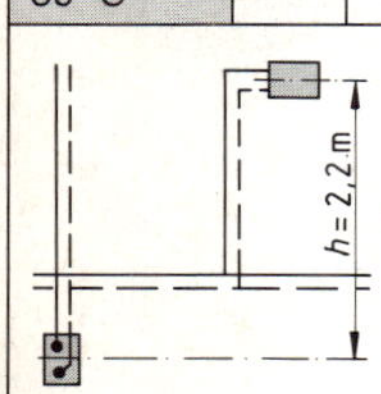

Beispiel:

$\Delta p = h \cdot g \cdot (\varrho_R - \varrho_V)$

ϱ_{70} = 977,7 kg/m³ (Tab. 50.3)

ϱ_{90} = 965,2 kg/m³ (Tab. 50.3)

$\Delta p = 2{,}2 \cdot \underbrace{9{,}81 \cdot 12{,}5}_{122}$ Pa

Δp = **268 Pa**

198.3 Druckverlust vom Kompaktheizkörpern

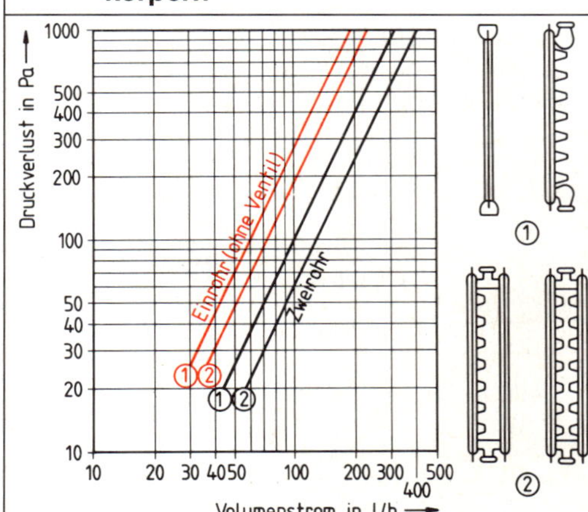

Heizkörperkenndaten vgl. Tab. 187.2

198.4 Druckverlust eines Heizkörper-Thermostatventils für Schwerkraftbetrieb (in Pa)

DN 15	l/h	30	50	70	80	90	100	120	150	200
	Δp	120	310	650	850	1100	1300	1900	3000	5000

DN 20	l/h	60	70	80	90	100	120	150	200	250
	Δp	130	180	220	300	360	500	800	1400	2300

Heizungs-technik

199.1 Druckverlust eines Thermostatventils

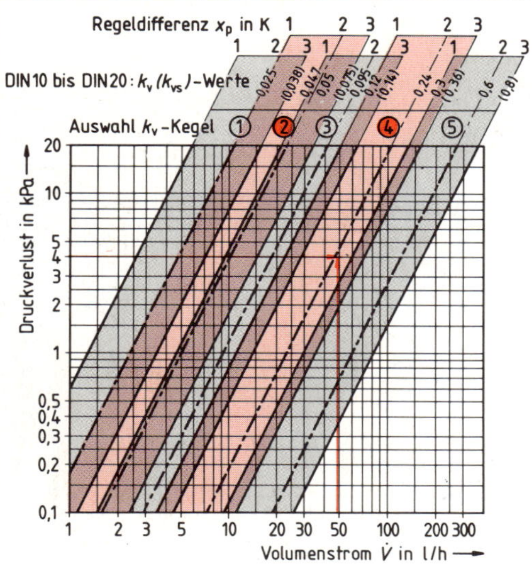

Beispiel: *Δp = 4000 Pa;* $\dot{V}$ l/h ⇒ Kegel 4; k_v ≈ 0,24; Regeldifferenz ≈ 2 K

199.2 Drosseldiagramm einer absperrbaren Heizkörperverschraubung zum Abgleich des Druckes

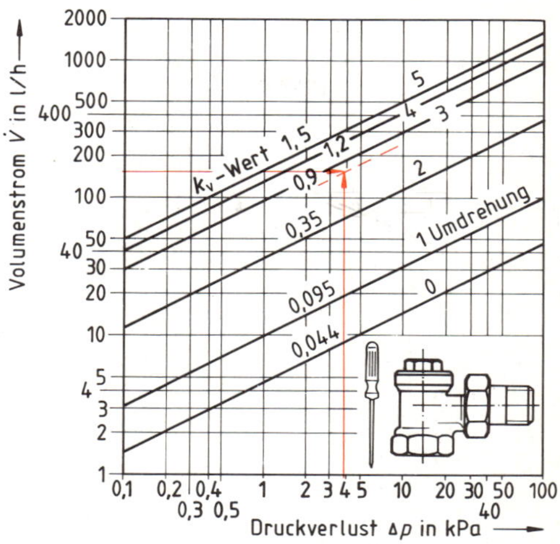

Beispiel: $\dot{V}$ = 180 l/h; 4100 Pa sind wegzudrosseln ⇒ knapp 3 Umdrehungen

199.3 Druckverlust eines Truhengerätes

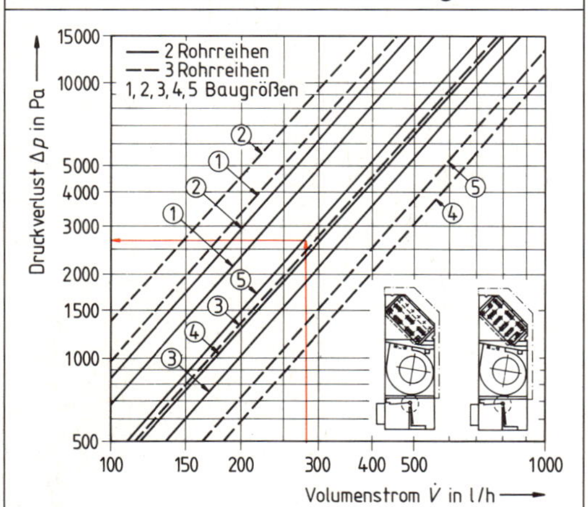

199.4 Druckverlust eines Wärmezählers

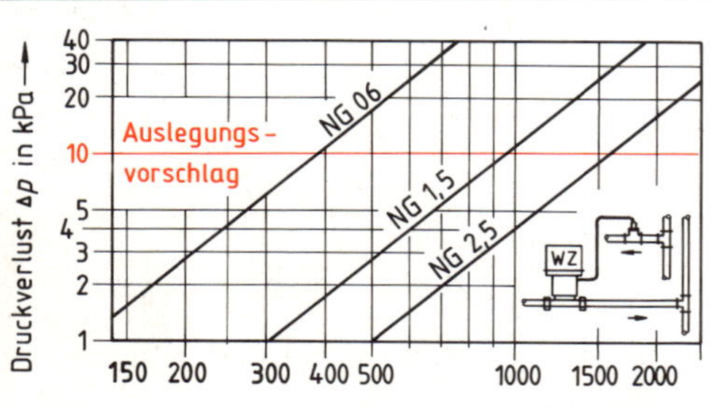

NG Nenngröße

199.5 Drosseldiagramm für einen Fuß boden-Heizungsverteiler

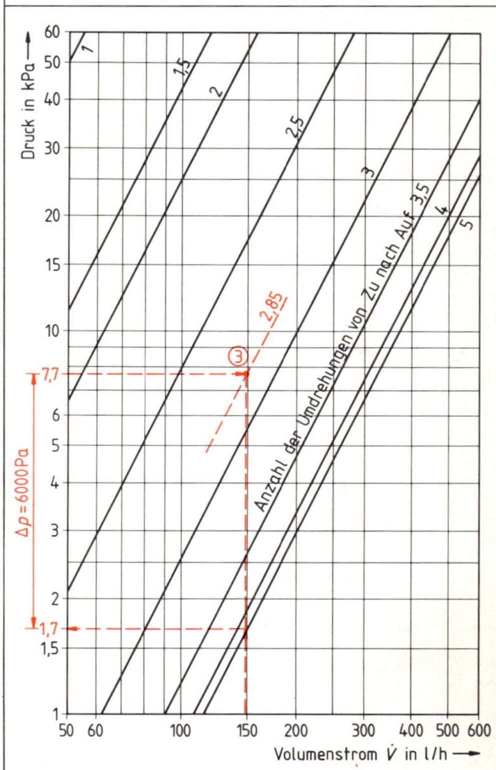

Beispiel: im Ring mit 150 l sollen 6000 Pa gedrosselt werden; ⇒ 2,85 Umdrehungen (Punkt 3)

Heizungs-technik

200.1 Druckverlust eines Mischventils

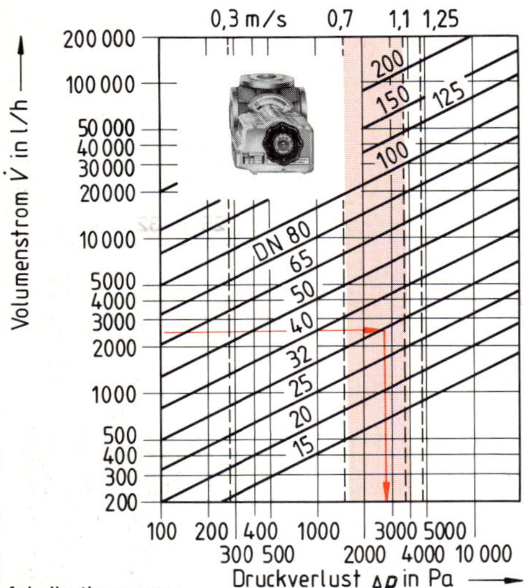

fabrikatbezogen

200.2 Druckverlust von Konvektoren (entsprechend Tab. 189.1)

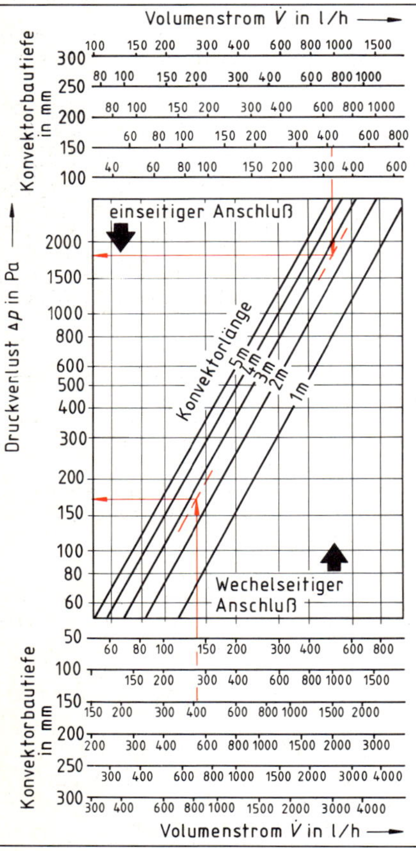

200.3 Drosseldiagramm für Heizstrangregulierung (Druckabgleich)

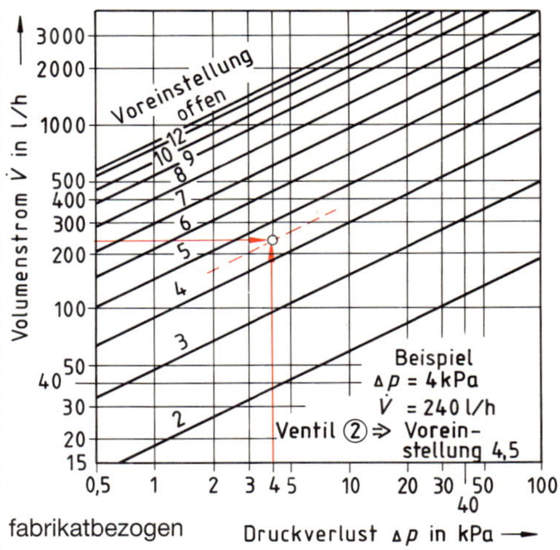

fabrikatbezogen

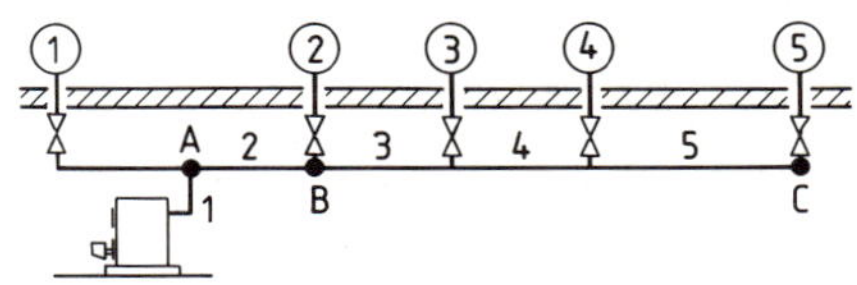

200.4 Druckverlust für Fußboden-Wärmetauscher

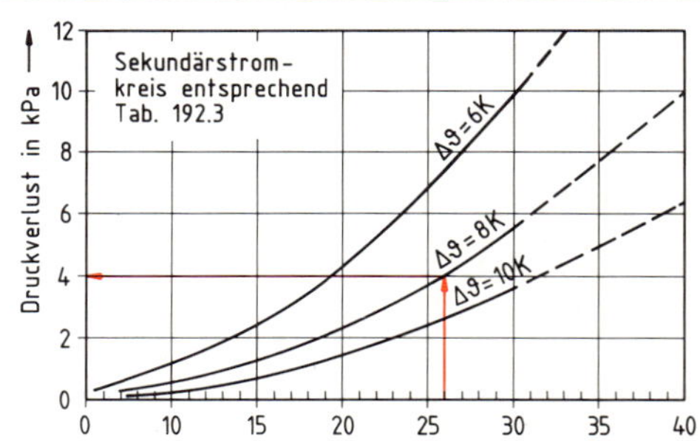

Beispiel: Gewünschte Leistungsübertragung 26 kW, gewählte Temp.diff. 8 K ⇒ Druckverlust ≈ 4000 Pa

200.5 Druckverlust eines Luftabscheiders

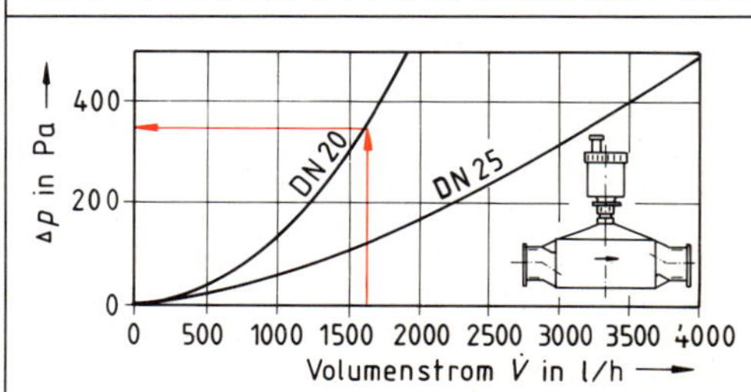

Heizungstechnik

201.1 Ausrüstung einer geschlossenen WW-Heizung mit Membranausdehnungsgefäß (DIN 4751 Teil 2)

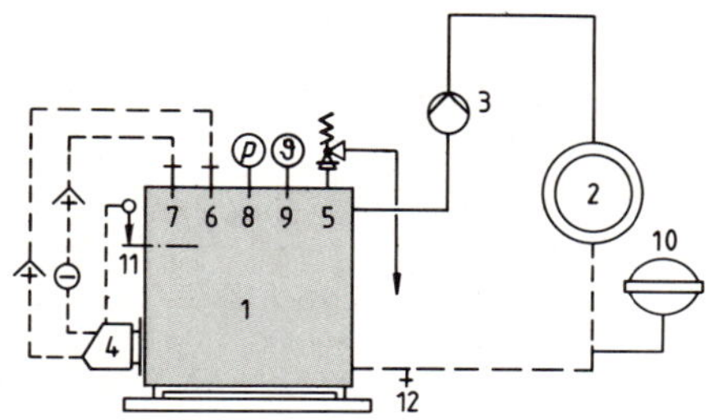

1 Wärmeerzeuger	7 Temperaturregler
2 Heizflächen	8 Manometer
3 Umwälzpumpe	9 Thermometer
4 Brenner	10 Ausdehnungsgefäß
5 Sicherheitsventil	11 Wassermangelsicherung (> 150 kW)
6 Sicherheitstemperaturbegrenzer	12 Entleerung

- schließt bei steigender Temperatur
- schließt bei sinkender Temperatur
- öffnet bei steigender Temperatur
- öffnet bei sinkender Temperatur

201.2 Sicherheitsleitungen (DIN 4751 Teil 2)

Wärmeleistung des Kessels in kW	Leitung zum Ausdehnungsgefäß Innen-∅ in mm	Leitung zum Sicherheitsventil Innen-∅ in mm
bis 23	12	20
> 23 bis 46	20	20
> 46 bis 150	20	25
> 150 bis 223	20	32
> 233 bis 350	20	40

201.3 Membransicherheitsventil für geschlossene Anlagen (DIN 4751)

Ansprechüberdruck in bar	Maximale Heizleistung des Wärmeerzeugers in kW (max. Abblaseleistung)					
1,5	36	72	144	252	433	650
2,0	43	86	172	302	518	778
2,5 und 3,0[1]	50	100	200	350	600	900
Anschluß DN	**15**	**20**	**25**	**32**	**40**	**50**

[1] Standardeinstellung 2,5 und 3,0 bar.

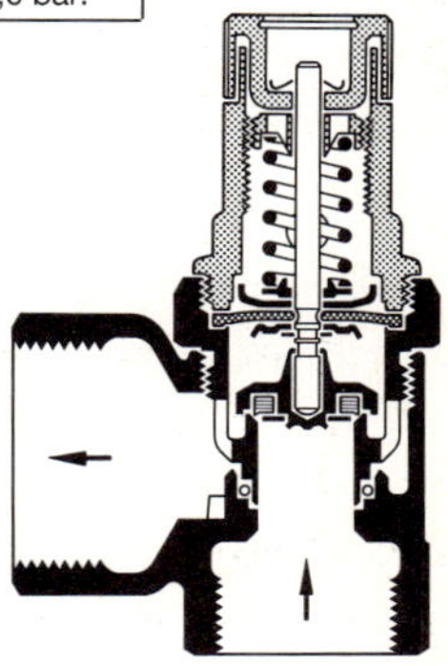

- Einbauort gut zugänglich
- Am höchsten Punkt des Wärmeerzeugers oder am Vorlauf in unmittelbarer Nähe des Kessels
- Senkrechter Einbau
- Keine waagerechte Leitungen
- Eintritt ≙ Ventilgröße
- Austritt (Abblaseleitung) eine Dimension größer als Eintritt; max. 2 m und 2 Bogen; frei und beobachtbar; falls Trichter, Ablaufleitung mit doppelter Querschnittsfläche von Ventileintritt

201.4 Auswahl von Federsicherheitsventilen

p in bar[1]	Heizleistung in kW bei DN 20	25	32	40	50	65	80	100
1,0	119	186	310	477	746	1261	1910	2984
1,5	157	245	406	626	978	1653	2504	3912
2,0	173	270	448	691	1080	1825	2765	4320
2,5	205	321	533	821	1283	2167	3283	5130
3,0	234	366	608	936	1463	2472	3745	5852
4,0	292	456	578	1168	1824	3083	4670	7297
5,0	344	538	894	1378	2154	3640	5514	8615

[1] Ansprechdruck

201.5 Begriffe zur Größenbestimmung des Membranausdehnungsgefäßes

Wasserinhalt der Anlage	V_A	Wasservolumen im gesamten Kreislauf der Heizungsanlage (Tab. 202.1)
Nennvolumen des Gefäßes	V_n	Gesamtinhalt des Ausdehnungsgefäßes (rechnerischer Wert)
Nutzvolumen des Gefäßes	V_0	Vom Gefäß aufgenommene Flüssigkeitsvolumen unter Betriebsbedingung
Ausdehnungsvolumen (Nutzv.)	V_e	Volumenänderung, die durch Temperaturänderung entsteht (Expansion)
Ausdehnungskoeffizient	n	Prozentuale Wasserausdehnung (vgl. Tab. 202.2)
Druckfaktor	D_f	Wasseraufnahmefähigkeit („Wirkungsgrad") (Tab. 202.3)
Wasservorlage	V_V	Im Gefäß gespeichertes Flüssigkeitsvolumen bei niedrigster Temperatur
Vordruck	p_0	Gasüberdruck im Gefäß (wasserseitig drucklos); Gefäßdruck im Anlieferungszustand (vorgefüllt) bzw. vor Inbetriebnahme eingestellt
Dampfdruck	p_D	Der der maximalen Wassertemperatur zugeordnete Sättigungsdruck
Statischer Druck	p_{st}	Überdruck der sich aus der Höhendifferenz zwischen Gefäßanschlußstutzen und höchstem Punkt der Anlage ergibt
Anfangsdruck (bar abs.)	p_a	Überdruck am Gefäßanschluß im kalten Zustand (Anlagenfülldruck)
Enddruck (bar abs.)	p_e	Überdruck am Gefäßanschluß bei maximaler Anlagentemperatur $= p_{SV} - d_{pA}$ [Sich. Ventilansprechdruck – Ansprechtoleranz (≈ 0,5)]
Zul. Betriebsüberdruck	p_1	Höchster Überdruck, mit dem das Gefäß betrieben werden darf

Heizungstechnik

202.1 Überschlägliche Bestimmung des Wasserinhalts V_A einer Heizungsanlage

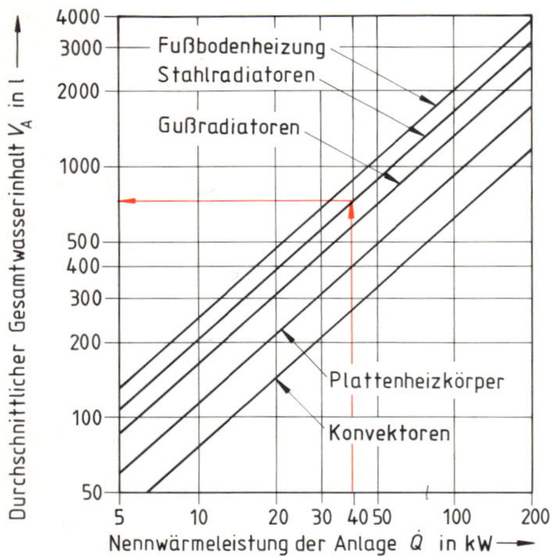

202.2 Prozentuale Wasserausdehnung n (bei mittlerer Wassertemperatur)

Temperatur	Zugabe von Frostschutzmittel in % 0	10	20	30	40	50
10 °C	**0,04**	0,35	0,67	0,89	1,31	1,63
20 °C	**0,18**	0,50	0,82	1,04	1,46	1,78
30 °C	**0,44**	0,75	1,07	1,29	1,71	2,03
40 °C	**0,79**	1,11	1,43	1,65	2,07	2,39
50 °C	**1,21**	1,53	1,85	2,07	2,49	2,81
60 °C	**1,71**	2,03	2,35	2,57	2,99	3,31
70 °C	**2,82**	2,60	2,92	3,14	3,56	3,88
80 °C	**2,96**	3,22	3,54	3,76	4,18	4,50
90 °C	**3,59**	3,91	4,23	4,45	4,87	5,19
100 °C	**4,35**	4,63	4,95	5,17	5,59	5,91
110 °C	**5,15**	5,47	5,79	6,01	6,43	6,75

202.3 Druckfaktoren D_f („Wirkungsgrad“)

Enddruck p_e in bar	Anfangsdruck p_a in bar (Vordruck) entspricht der statischen Höhe 0,5	1,0	1,5	2,0	2,5	3,0
1,0	0,25					
1,5	0,40	0,20	0,16			
2,0	0,50	0,33	0,28	0,14		
2,5	0,57	0,43	0,37	0,25	0,13	
3,0	0,62	0,50	0,44	0,33	0,22	0,11
3,5	0,66	0,55	0,50	0,44	0,30	0,20
4,0	0,70	0,60	0,55	0,46	0,36	0,27

$$D_f = \frac{(p_e + 1\ \text{bar}) - (p_a + 1\ \text{bar})}{p_e + 1\ \text{bar}}$$

D_f Druckfaktor (ohne Einheit)
p_e = 0,5 bar unter Ansprechdruck des Sicherheitsventils

202.4 Gefäß-Auswahlbeispiel

Anlageninhalt 732 l; ϑ_m = 80 °C; p_{st} = 8 m; p_e = 2 bar

Vor dem Aufheizvorgang | während des Aufheizens

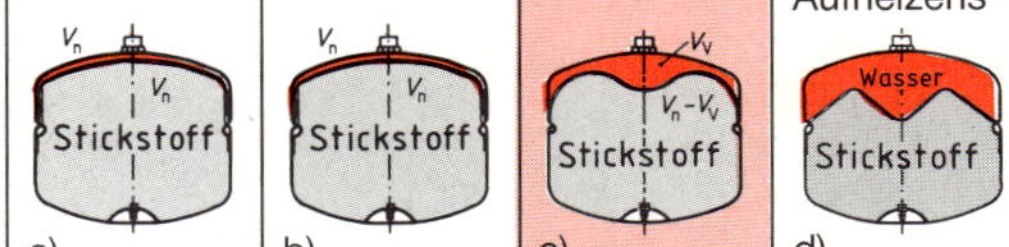

a) Lieferzustand **Vordruck** p_0 zu groß, z.B. 1,0>0,8

b), c) angepaßter Zustand ohne | mit Wasservorlage V_V z. B. $p_0 \triangleq p_{st}$ (0,8 bar) **(Fülldruck)**

d) nach Aufheizvorgang (bei ϑ_{max})

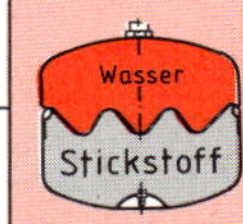

e) $V_V = 0{,}2 \cdot V_n$ (bei $V_n \leq 15$ l)

$V = 0{,}005 \cdot V_A$ (bei $V_n > 15$ l)

V_V mind. 3 l

Ausdehnungvolumen:

$$V_e = \frac{V_A \cdot n}{100} = \frac{732\ \text{l} \cdot 2{,}96}{100} = \mathbf{21{,}7\ l}$$

Nennvolumen:

$$V_n = \frac{V_e + V_V}{D_f} = \frac{21{,}7 + 3{,}7}{0{,}33} = \mathbf{77\ l}$$

Gewählt nach Tab. 202.5 **80/1,0**

202.5 Gefäßauswahltabelle

Statische Höhe (≙ Vordruck bar Überdruck) **bis 5 m** (0,5) Typ	Inhalt der Anlage in l	**5 bis 10 m** (1,0) Typ	Inhalt der Anlage in l	**10 bis 15 m** (1,5) Typ	Inhalt der Anlage in l
8/0,5	129	12/1,0	145	25/1,5	201
12/0,5	193	18/1,0	217	35/1,5	282
18/0,5	290	25/1,0	302	50/1,5	402
25/0,5	402	35/1,0	423	80/1,5	644
35/0,5	563	50/1,0	604	110/1,5	885
50/0,5	805	80/1,0	966	140/1,5	1127
80/0,5	1288	110/1,0	1328	200/1,5	1610
100/0,5	1771	140/1,0	1690	280/1,5	2253
140/0,5	2253	200/1,0	2415	400/1,5	3219

Arbeitsdruck max. 2,5 und p_e 3 bar Überdruck

202.6 Wasserinhalt von Rohren

Gewinderohre DN	l/m	Siederohre ∅ in mm	l/m	Kupferrohre $d_a \times s$	l/m
		40/44	1,2	10 × 0,8	0,05
10 (3/8″)	0,13	51/57	1,7	12 × 1,0	0,08
15 (1/2″)	0,21	57/64	2,1	15 × 1,0	0,13
20 (3/4″)	0,38	64/70	2,6	18 × 1,0	0,20
25 (1″)	0,60	70/76	3,2	22 × 1,2	0,30
32 (1 1/4″)	1,02	76/83	3,9	28 × 1,2	0,52
40 (1 1/2″)	1,39	82/89	4,5	35 × 1,5	0,80
50 (2″)	2,21	88/95	5,3	42 × 1,5	1,20

Heizungstechnik

203.1 Sicherheitsleitungen bei offenen Anlagen (DIN 4751 Teil 1)

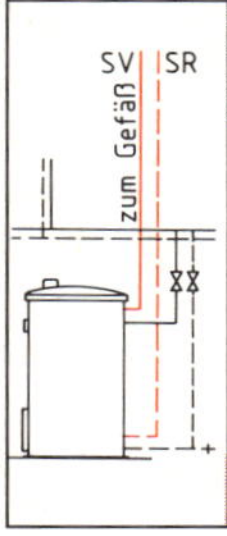

DN	Sicherheitsvorlauf d_{SV} (mm)	Sicherheitsrücklauf d_{SR} (mm)
	bei Leistungen des Wärmeerzeugers	
25	bis 60 kW	bis 110 kW
32	60 bis 150 kW	110 bis 340 kW
40	150 bis 330 kW	340 bis 730 kW
50	330 bis 640 kW	730 bis 1450 kW
bis	⋮	⋮
	$d_{SV} = 15 + 1{,}4\ \sqrt{\dot{Q}}$;	$d_{SR} = 15 + 0{,}9\ \sqrt{\dot{Q}}$

203.2 Offene Ausdehnungsgefäße (DIN 4806)

Inhalt in l	Durchmesser in mm	Länge in mm	Masse in kg
30	300	500	14
50	350	580	19
75	400	670	25
100	400	870	31
125	500	710	34
150	500	850	40
⋮	⋮	⋮	⋮

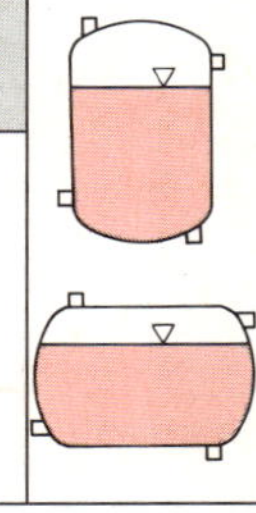

203.3 Lösungsvermögen von Luft in Wasser

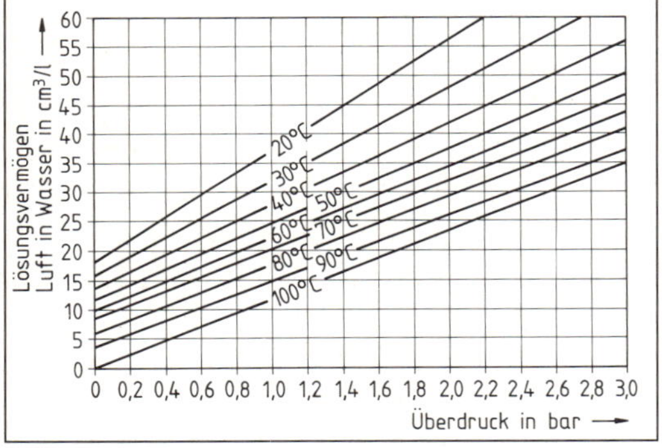

203.4 Entlüftung von Warmwasserheizungen

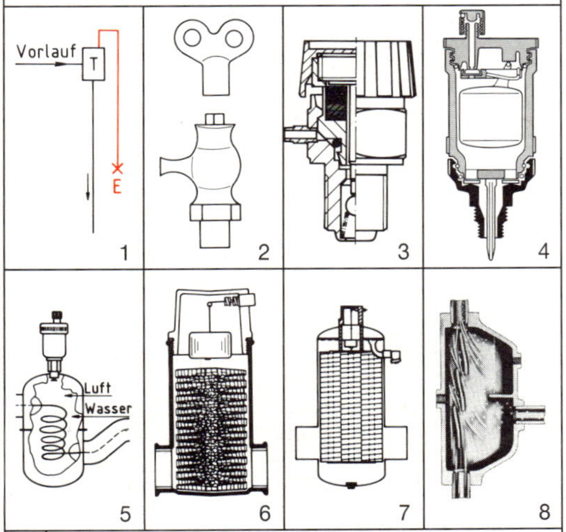

1	Obere Verteilung über „Lufttopf" und Ventil
2	Entlüftungsventil mit Steckschlüssel
3	Automat. Ventil mit hygroskopischen Scheiben
4	Schwimmerentlüfter („Schnellentlüfter")
5	Abscheidung nach Zentrifugal-Prinzip
6	Absorptions-Luftabscheider (Mikroblasen)
7	Dsgl. jedoch für Großanlagen (DN 50 bis 200)
8	Entlüfter mit Prallplatten (90° gedreht!)

203.5 Abblaseleistung des Entlüftungsventils Tab. 203.4 Nr. 3 (fabrikatbezogen)

Überdruck in bar	0,5	1	2	3	4	5	6
Abblaseleistung in l/min	5	9	16	22	27	32	39

203.6 Elektro-Blockspeicher (Anhaltswerte)

Anschluß in kW	Wärmeinhalt in MJ	Breite in mm	Höhe in mm	Tiefe in mm	Masse in kg
18	3,68	785	1940	1860	1320
36	7,37	1170	1940	1860	2360
54	11,05	1550	1940	1860	3400
72	14,73	1940	1940	1860	4440

Platzbedarf etwa 130 bis 170 dm³ je kW.

203.7 Vorschriften für Heizkessel

DIN 4702	T. 1	Heizkessel, Begriffe, Anforderung
	T. 2	Heizkessel, Prüfregeln
	T. 3	Gas-Spezial-Heizkessel mit Brenner ohne Gebläse
	T. 4	Kessel für Holz, Stroh, u. a.
	T. 6	Brennwertkessel für Gasfeuerung
	T. 8	Ermittlung des Nutzungsgrades

vgl. Tab. 184.4. Einteilung Gaskessel, Kessel mit WWB u. a.

203.8 Leistungsanteil von Heizkesseln

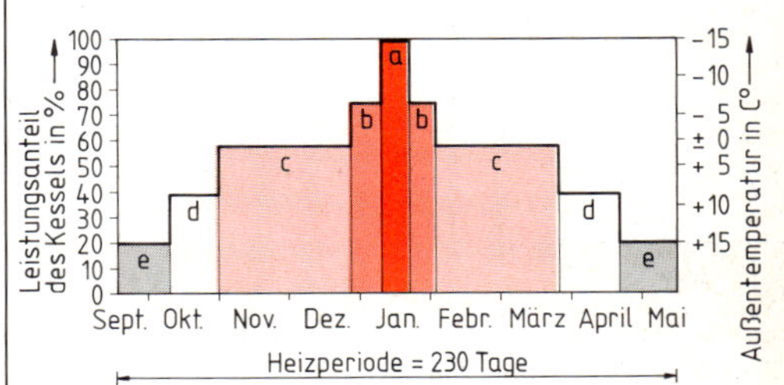

204.1 Pumpen- und Rohrnetzkennlinien

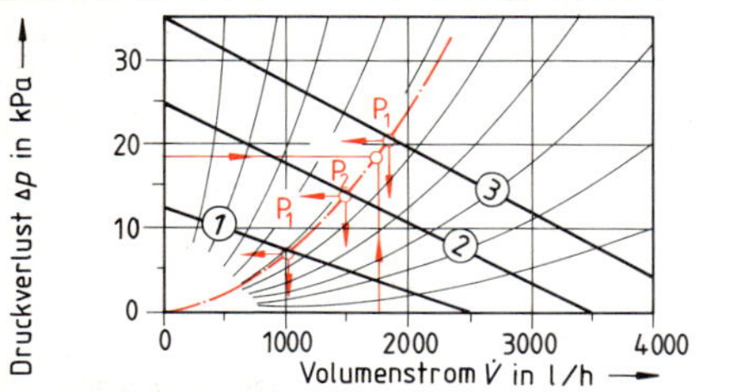

Beispiel:

$\dot{Q} = 41760$ W; 90/70 °C; $\Delta p = 19000$ Pa;

$\dot{V} = \frac{41760}{1{,}16 \cdot 20}$ l/h = **1800 l/h;**

Volumenstrom bei Drehzahl ③ ⇒ 1,9 m³/h;
bei Drehzahl ② ⇒ 1,6 m³/h

204.2 Veränderung der Rohrnetzkennlinien

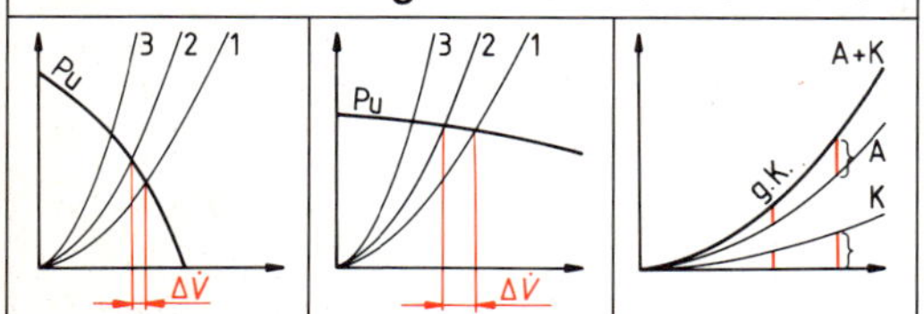

Geringe Mengenänderungen	Große Mengenänderungen	Addition von Kennlinien
1 → 2 → 3 Änderung z. B. durch Schließen von Hkp-Ventilen		g. K. gemeinsame Kennlinie z. B. K Kessel- und A Anlagenk.
steile Pumpenkennlinie	flache Pumpenkennlinie	

204.3 Pumpen-Drehzahlumschaltung

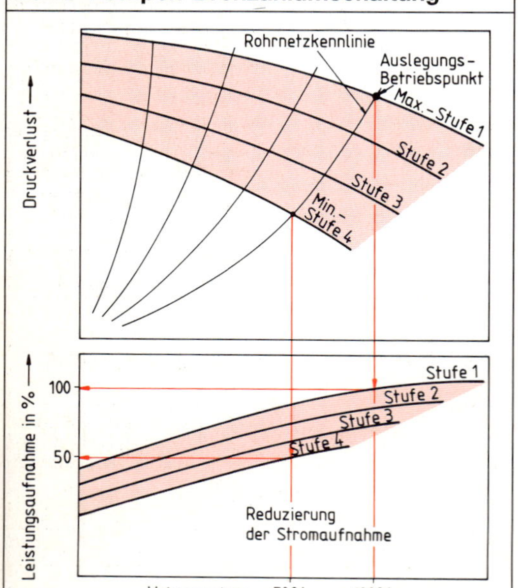

204.4 Parallel- und Serienschaltung von Pumpen

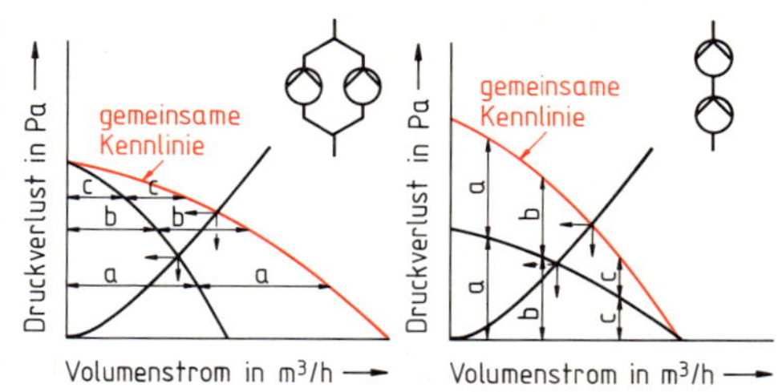

204.5 Vor- und Rücklauftemperatur und Temperatur-Spreizung von Niedertemperatur-Heizungen in Abhängigkeit von ϑ_a

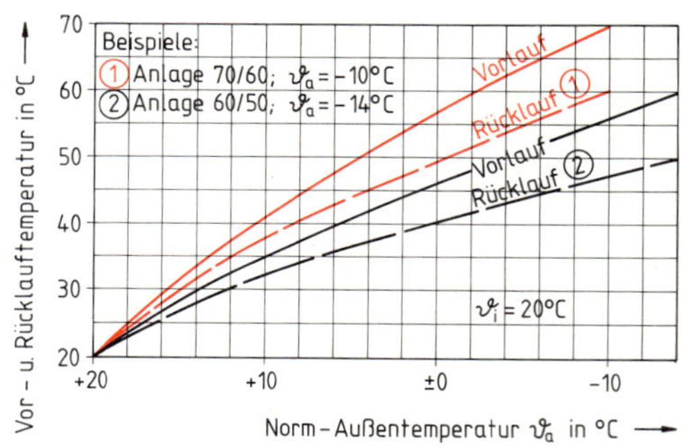

204.6 Heizkurven am Regelgerät

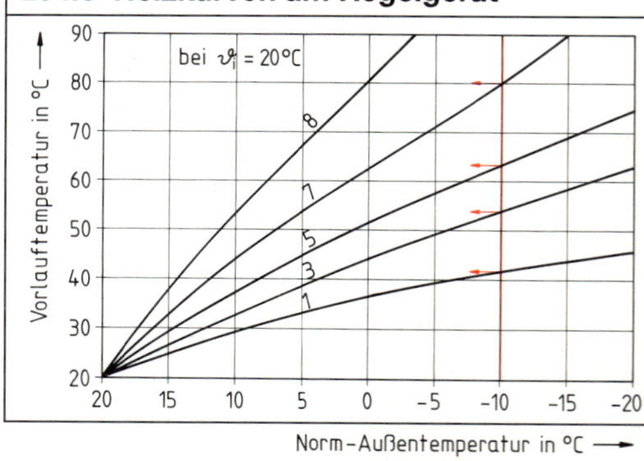

204.7 k_{vs}-Werte eines Regelventils

0,25; 0,4; 0,5; 0,63; 1,0; 1,25; 1,6; 2,0 usw.
k_{vs} Volumenstrom in m³/h bei einem Ventil-Druckverlust von Δp_v = 1 bar und Nennhub H_{100} (d. H. Ventilhub bei 100 % Öffnung)

$k_{vs} = \frac{1{,}5}{\sqrt{\Delta p_v}}$ in m³/h	$\Delta p_v = \left(\frac{\dot{V}}{k_{vs}}\right)^2$ in bar

k_v (z. B. Tab. 199.1) auf bestimmten Hub bezogen

↓ $k_{vs} = \frac{\dot{V}}{\sqrt{\Delta p_v}}$ Bsp.: 640 l/h = 0,64 m

k_{vs} = 0,065 bar

Heizungstechnik

205.1 Einflußgrößen auf den Wärmebedarf und auf den Brennstoffverbrauch

1	Anzahl der beheizten Räume	7	Gebäudedichtheit, Rolläden	14	windschwach oder windstark
2	Zustand der Heizungsanlage (Kessel, Brenner, Wartung)	8	verwendete Baumaterialien	15	Größe und Ort des Gebäudes
		9	Bauweise, Speicherverhalten	16	Erd-, Zwischen- oder Dachgesch.
3	Regelungsart, Regelfähigkeit	10	Lüftungsgewohnheiten	17	Einzel- oder Reihenhaus
4	Art und Ort der Heizflächen	11	Glasflächenanteil	18	Betriebszeit, Temp.absenkung
5	Raumtemperaturen (Komfort)	12	passive Nutzung v. Sonnenwärme	19	Heizmitteltemperaturen
6	Temperaturen in angrenzenden Wohnungen	13	Wärmedämmung (bes. Dach und Kellergeschoßdecke)	20	Art der Heizkostenabrechnung

Je nachdem, wie sich diese Einflüsse (negativ oder positiv) addieren oder ausgleichen, kann man den jeweiligen Wärmeverbrauch und somit Brennstoffverbrauch vorausbestimmen (schätzen) oder nachprüfen (Tab. 205.3).

205.2 Heiztage z, Heizgradtage G_t und mittlere Außentemperaturen ϑ_{am} während der Heizperiode (Sept. bis Mai)

Stadt	z in Tage	G_t in Tage · K	ϑ_{am} °C
Berlin	252	3809	+4,9
Hamburg	259	3837	+5,2
München	255	4046	+4,1
Essen	249	3470	+6,1
Frankfurt	242	3387	+6,0
Stuttgart	244	3434	+6,0
Kiel	262	3813	+5,5
Karlsruhe	242	3409	+5,9

Betriebsstunden[1]
Ein- und Mehrfamilienhaus etwa 1500 h/a; etagenweise beheizte Mehrfamilienhäuser 1250–1300 h/a; Bürohäuser etwa 1450 h/a;

Heizgrenztemperatur (als Tagesmittel der Lufttemperatur) = **15 °C**.

$G_t = z \cdot (20\,°C - \vartheta_{am})$

[1] Bezogen auf das ganze Jahr etwa +10 %.

205.3 Jährlicher Brennstoffbedarf[1]

Wertung	l Öl/m²[2]
sehr günstig	< 15
günstig	15–18
normal	18–23
hoch	23–28
sehr hoch	28–33
extrem hoch	> 33

Verbrauchswerte[3]

Heizperiode	77/80	86/87	87/88
Berlin	29,8	23,7	20,9
Frankfurt	27,2	22,7	20,1
Garmisch	26,7	23,5	21,5
Hamburg	31,5	25,2	22,1
Karlsruhe	24,9	19,9	17,9
München	24,1	22,3	20,7
Stuttgart	25,6	21,0	19,4

[1] Ohne Warmwasserbereitung, sonst. 10 bis 25 % mehr.
[2] Stark schwankend (vgl. Einflußgrößen Tab. 205.1). Bei Gas können die Werte um 5...10 % erhöht werden.
[3] Lt. Erhebungen der Firma Techem (70000 Wohnungen mit Heizkostenabrechnung) in Liter Öl pro m² und Jahr (ohne Warmwasserbereitung).

205.4 Deutscher Energieverbrauch (Mio. t SKE)

	Heizöl	Erdgas	Steinkohle	Braunkohle	Kernkraft	Sonstiges
West	40,3	16,9	19,2	8,5	12,5	2,6
Ost	8,7	10,8	4,2	71,7	4,0	0,6

Verbrauch je Einwohner 6 bis 7 t

(Stand 88/89).

205.6 Jahresbrennstoff-Vorausberechnung B_a

$$B_a = \frac{b \cdot \dot{Q}_{N\,Geb}}{H_{UB} \cdot \eta_{ges}}$$

b Stunden (Tab. 205.2); $\dot{Q}_{N,Geb}$ (Tab. 182.2); H_{UB} (Tab. 206.7) η_{ges} (100 % – sämtliche Verluste)

205.7 Brennstoffkostenvergleich

Freistehendes Einfamilienhaus	Reihenhaus	Wohnung im Mehrfamilienhaus
1,0	0,7...0,8	0,5...0,6

Heizöl	Heizgas	Koks	Fernwärme	Strom[1]
1,0	1,2	1,4	1,5	3...3,5

Annahmen: Öl 0,4 DM/l; Gas 0,42 DM/m³; Koks 0,4 DM/kg; Fernwärme 0,07 DM/kWh; Strom (Elektrokessel) 0,07 DM/kWh; herkömmliche Bauweise

[1] Wegen der geringen Nebenkosten sind die spezifischen Festkosten nicht höher als die bei Öl oder Gas.

205.8 Aufteilung des Wärmeverbrauchs

Mon.	Anteil in Promille je Mon.	Tag		in %
Sept.	30[1]	30/30	= 1,00[2]	3
Okt.	80	80/31	= 2,58	8
Nov.	120	120/30	= 4,00	12
Dez.	160	160/31	= 5,16	16
Jan.	170	170/31	= 5,48	17
Febr.	150	150/28	= 5,35[3]	15
März	130	130/31	= 4,19	13
April	80	80/30	= 2,66	8
Mai	40	40/31	= 1,29	4
Jun-Aug.	40	40/92	= 0,43	4

[1]) Grundlegend sind die Gradtagszahlen (Tab. 205.2).
[2] Zur Aufteilung der Heizkosten je Nutzereinheit wenn nicht abgelesen werden kann.
[3] Bei 29 Tagen 5,17.

205.9 Prozentuale Beheizungsstruktur in Deutschland

Energie	Öl	Gas	Kohle	Fernwärme	Strom
1987	47	29	8	8	8
1990 (2010)[1]	46 (35)	31 (44)	7 (1)	9 (11)	7 (9)
1989[2]	29	62	1	5	3

[1] geschätzt
[2] von etwa 250 000 genehmigten Neubauwohnungen (vorläufig)

206.1 Verbrennung (Voraussetzungen, Vorgänge)

Brennstoff	Sauerstoff	Zündtemperatur

- Mischung von Brennstoff und Luft
- Erwärmung des Gemisches auf Zündtemperatur
- Reaktion und Wärmeabgabe (Verbrennung)

206.2 Elementaranalyse für Heizöl (Mittelwerte)

Heizölsorte	Dichte g/ml	Zusammensetzung in % C	H	O	N	S
EL	0,84	85,9	13,0	0,6	0,2	0,3
S	0,97	84,0	11,0	1,11	0,39	3,5
Steinkohlen-Teerheizöl	1,02 – 1,1	91,0	6,3	1,3	0,7	0,7
Braunkohlen-Teerheizöl	0,925	84,0	11,0	4,3	–	0,7

206.3 Gewichtsanteile von C und H

Brennstoff	C	H	Brennstoff	C	H
Stadtgas I	42,1	14,2	Methan	75	25
Stadtgas II	35,5	12,7	Wasserstoff	–	100
Erdgas L	66	20	Heizöl EL	83-86	13-16
Erdgas H	76	22	Heizöl S	83,6-84,5	11,2-12,4
Propan	81,8	18,2			
Butan	82,8	17,2	Teeröle ca.	85-90	6-11

206.4 Brenn- und Heizwerte

	Gasart		Brennwert H_o	Heizwert H_u
Heizöl	Kohlenstoff	C	9356 Wh/kg	9356 Wh/kg
	Wasserstoff	H	39275 Wh/kg	33120 Wh/kg
	Schwefel	S	2561 Wh/kg	2561 Wh/kg

206.5 Verbrennungsprodukte von Heizöl

Luft (O_2, N)

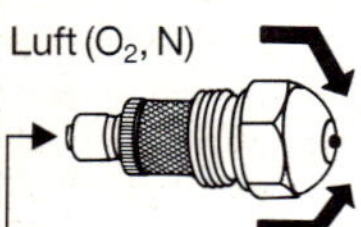

Brennbare Stoffe im Heizöl:
- C Kohlenstoff
- H Wasserstoff
- S Schwefel

Kohlendioxid	CO_2
Kohlenmonoxid	CO
Schwefeldioxid	SO_2
Schwefeltrioxid	SO_3
Wasserdampf	H_2O
Schwefelsäure	H_2SO_4
Sauerstoff	(O_2)
Stickstoff, (-oxid)	N, (NO_2)
Kohlenstoff (Ruß)	(C)

$C + O_2 \rightarrow CO_2$

$2C + O_2 \rightarrow 2CO$

$S + O_2 \rightarrow SO_2$

$2H_2 + O_2 \rightarrow 2H_2O$

$SO_2 + \frac{1}{2}O_2 \rightarrow SO_3$

$SO_3 + H_2O \rightarrow H_2SO_4$

$CH_4 + O_2 \rightarrow CO_2 + 2H_2O$

206.6 Kenndaten der Heizöle extra leicht EL und schwer S (DIN 51603)

Anforderung	EL	S
Dichte bei max. 15 °C	0,86 g/ml	angeben
Flammpunkt über	55 °C	65 °C
Kinematische Zähigkeit max.	6 mm^2/s (bei 20 °C)	450 mm^2/s (bei 50 °C)
Stockpunkt	≤ −6 °C	–
Koksrückstand	0,05 %	max. 15 %
Schwefelgehalt max.	0,3 %	2,8 %
Wassergehalt max.	0,1 %	0,5 %
Sedimente max.	0,05 %	0,5 %
Heizwert mind.	42000 kJ/kg	39800 kJ/kg
Asche max.	0,01 %	0,15 %

206.7 Heizwerte, Luftbedarf, CO_2 von Heizöl

Heizölsorte	Heizwert H_u in Wh/kg	Mindestluftbedarf (vgl. Tab. 207.5) in m^3/kg	in m^3/Wh	CO_2 (max.) in %
EL	11820	11,1	940	15,4
S	11130	10,5	945	15,8
Steinkohlen-Teerheizöl	10430	9,8	940	18,0
Braunkohlen-Teerheizöl	11130	10,3	925	16,2

206.8 Brennstoffmenge bei gleichem Wärmeinhalt im Vergleich zu Gas

Brennstoffart	1 m^3 Erdgas L	1 m^3 Erdgas H	1 m^3 Kokereigas
	entspricht:		
Brennholz	2,2 kg	2,6 kg	1,2 kg
Torf	2,5 kg	3,0 kg	1,4 kg
Braunkohle	1,6 kg	1,9 kg	0,9 kg
Steinkohle	1,1 kg	1,3 kg	0,6 kg
Koks	1,2 kg	1,4 kg	0,7 kg
Heizöl EL	0,9 l	1,1 l	0,5 l
Strom	9,0 kWh	10,4 kWh	5,1 kWh

206.9 Viskositätsänderung von Heizöl EL durch Vorwärmung

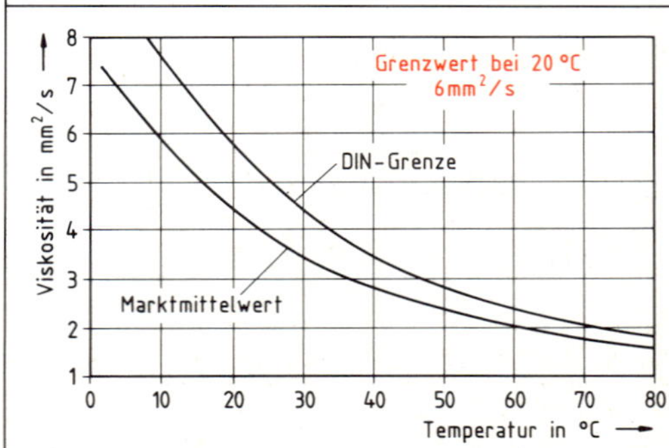

207.1 Ermittlung des Luftüberschusses aus dem CO_2-Gehalt (überschläglich)

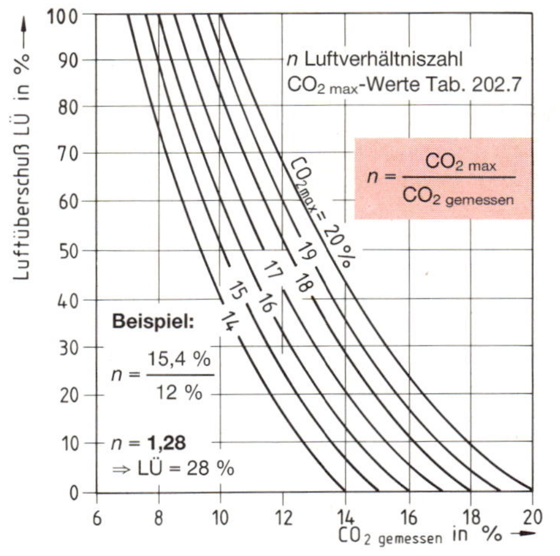

207.2 Abgasverluste und feuerungstechnischer Wirkungsgrad für Heizöl EL

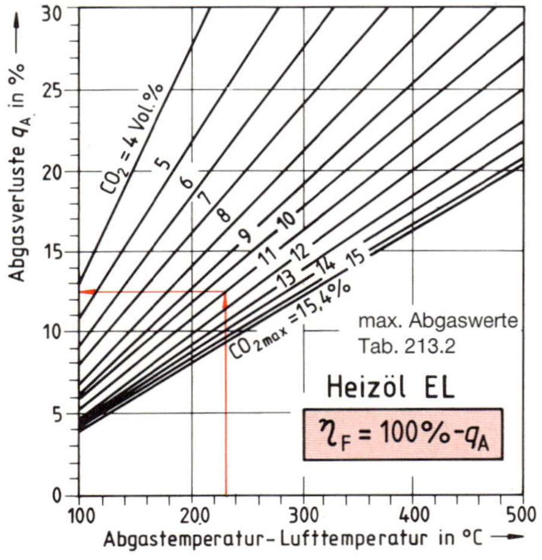

207.3 Einfluß der Rußschicht auf den Anstieg der Abgastemperatur $\Delta\vartheta$ und Brennstoffmehrverbrauch

Rußschicht in mm		0,3	0,5	1,0	1,5	2,0	2,5
Anstieg	$\Delta\vartheta$	20	30	55	80	105	130
Mehrverbrauch	%	1	2	4,5	6,5	8	10

207.4 Zündtemperatur von Heizöl (etwa)

Heizöl EL	360 °C	Braunkohlenteerheizöl	380 °C
Heizöl S	330 °C	Steinkohlenteerheizöl	400 °C

207.5 Erforderliche Verbrennungsluft je kg

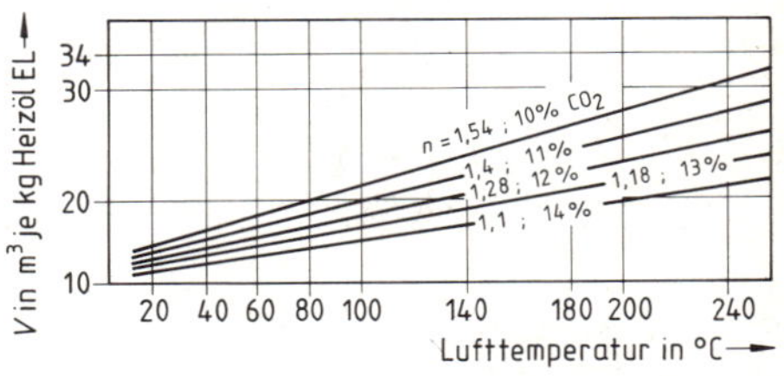

207.6 Auswertung der Abgasanalyse für Heizöl EL nach dem Ostwaldschen Verbrennungsdreieck

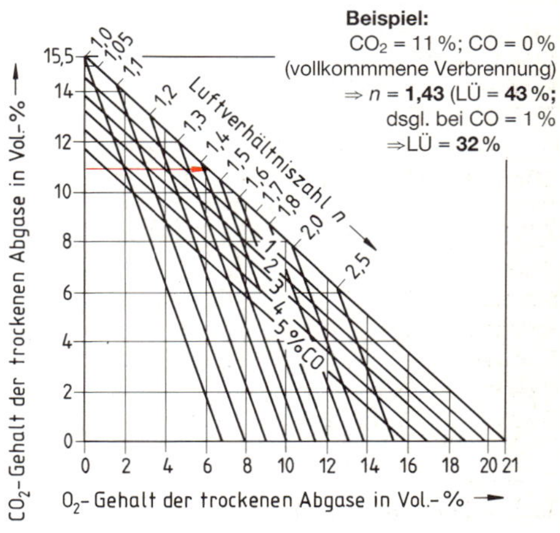

207.7 Theoretische Verbrennungstemperatur für Heizöl EL

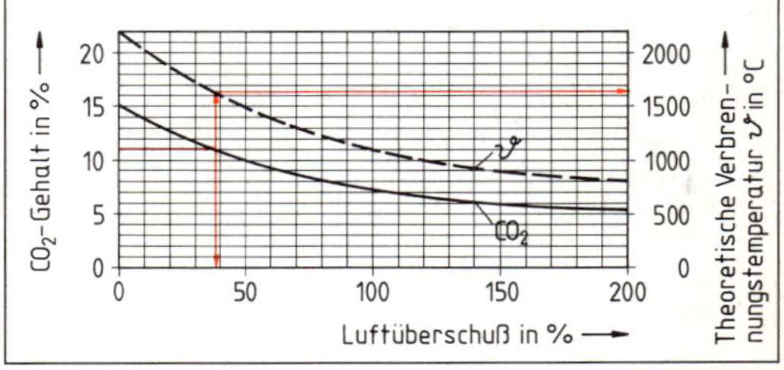

207.8 Säuretaupunkt, Mindestabgastemperatur

Kondensationstemperatur des Gemisches von H_2O und SO_3 **zwischen 100 ... 140 ... 160 °C**

Abhängig von: Schwefelgehalt, SO_3-Gehalt, Luftüberschuß, Katalysatoren (z. B. Temp., Fe-Oxid)

Schwefelgehalt in %	bis 1	1,5	2,0	2,5	3,0
Mind.-Abgastemp. in °C	120	145	155	165	170

208.1 Messungen zur Bestimmung der Verbrennungsgüte bei Öl- und Gasfeuerungen (jährlich)

1	Öl- bzw. Gasdurchsatz (Literbecher, Zähler)	5	CO_2-Gehalt der Abgase ($CO_{2\,max}$ vgl. Tab. 206.7)
2	Zerstäubungs- bzw. Fließdruck des Gases	6	(CO- und O_2-Gehalt der Abgase)
3	Abgastemperatur (im Rauchrohr) Tab. 213.3	7	Rußtest (Rußzahl nach Bacharach)
4	Luftansaugtemperatur (Brennereintritt)	8	Druck im Feuerraum (und Schornstein)

208.2 Kriterien für die Verbrennungsqualität bei Ölbrennern

Brennstoff	Viskosität, C/H-Verhältnis, Dichte, Temperatur, mech. Aufbereitung
Düse	Sprühwinkel, Tropfenform, Druck
Brennerkonstruktion	Aerodynamik, Mischenergie, thermische Brennstoffaufbereitung
Feuerraum	Geometrie, Belastung, Ausbrennweg, Verweilzeit
Abgasanlage	Förderdruck, Querschnitt, Wärmedämmung, Geschwindigkeit

208.3 Funktion eines Ölfeuerungsautomaten

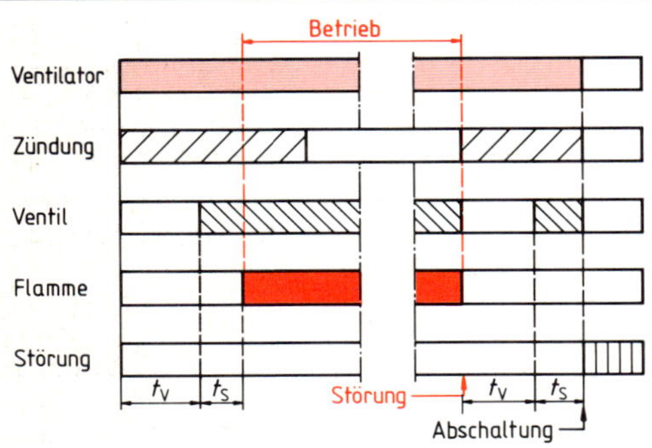

Anlauf:

1	Einschaltung des Motors mit Ventilator
2	Zündtransformator erhält Spannung
3	Nach der Vorzündzeit Ventilöffnung und Beginn der Zerstäubung
4	Zündung des Ölnebels und Flammenbildung Flammenwächter schaltet Zündtrafo ab

Brennerbetrieb, solange Wärme gefordert wird

5	**Störabschaltung** Brenner wird abgeschaltet und verriegelt, wenn nach Sicherheitszeit t_s keine Zündung erfolgt oder während des Betriebs die Flamme erlischt

208.4 Zulässige Sicherheitszeichen t_s

Durchsatz in kg/h	Zeit in s Anlauf	Betrieb	Bei Flammenausfall Wiederzündung	Wiederanlauf
bis 30	10	10	zulässig	zulässig
über 30	5	1	unzulässig	zulässig

208.5 Kenndaten für Ölbrenner

I	**Allgemeine Daten**	IV	**Verbrennungs- und Emissionswerte**
1	Hersteller/Vertrieb	15	CO_2-Gehalt in %
2	Typenbezeichnung	16	Luftüberschuß in %
3	Einsatz (Kessel)	17	NO_x-Gehalt (mg/kWh)
II	**Technische Daten**	18	CO-Gehalt (mg/kWh)
4	Leistungsbereich	19	Organische Stoffe
5	Öldurchsatz (kg/h)	20	Rußzahl
6	Betriebsdruck	V	**Registrierung/ Gütezeichen**
III	**Konstruktionsmerkmale**	21	Baumusterprüfung
7	Gelb-/Blaubrenner	22	Gütezeichen z. B. „Blauer Engel"
8	Abgasrezirkulation		
9	Ölvorwärmung	VI	**Sonstiges/Kosten**
10	Ölstoppeinrichtung	23	Kundendienst, Austausch, Wartung
11	Luftregulierung		
12	Teillastverhalten	24	Lieferzeit
13	Leistungsaufnahme	25	Verbraucherpreis
14	Anfahrdruckstoß		

208.6 Taupunkt in Abhängigkeit von CO_2

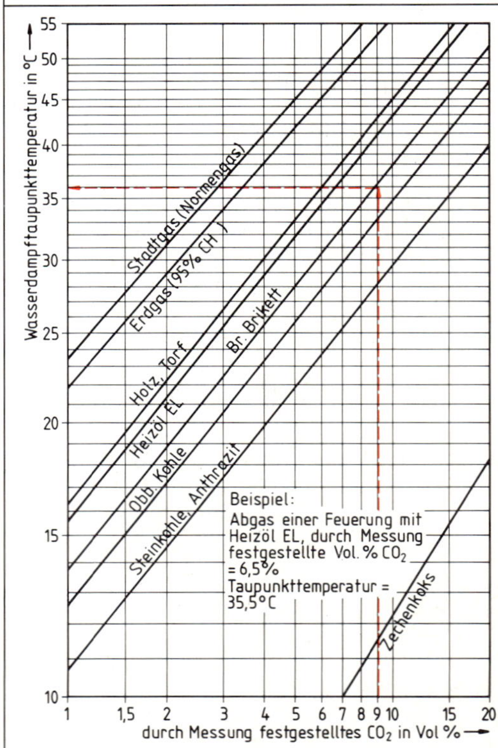

209.1 Größen- und Sprühcharakteristika von Ölbrennerdüsen (Einsatzbereich)

Sprühwinkel	Öldurchsatz im gph (Gallonen pro Stunde) bei folgenden Ölbrenndüsen-Typen (Düsenabstufung und Bezeichnungen je nach Fabrikat unterschiedlich, Tab. 209.6)					
	① voll	② hohl	③ spez. voll	④ halbvoll	⑤ stark hohl	⑥ Sonderausf.
30 °C	0,5 bis 1,50	0,5 bis 1,50	–	–	–	1,65 bis 24
45 °C	**0,4 bis 3,50**	0,5 bis 2,00	0,6 bis 3,5	**2,25 bis 9,50**	2,25 bis 9,50	10,5 bis 60
60 °C	**0,4 bis 3,50**	0,5 bis 2,00	0,6 bis 3,5	**2,25 bis 30,0**	2,25 bis 30,0	–
70 °C	–	–	0,6 bis 3,5	35,0 bis 60,0	2,25 bis 30,0	–
80 °C	0,5 bis 3,50	0,5 bis 2,00	0,6 bis 3,5	2,25 bis 90	2,25 bis 30,0	–
90 °C	–	–	0,65 bis 3,5	–	2,25 bis 6,0	–

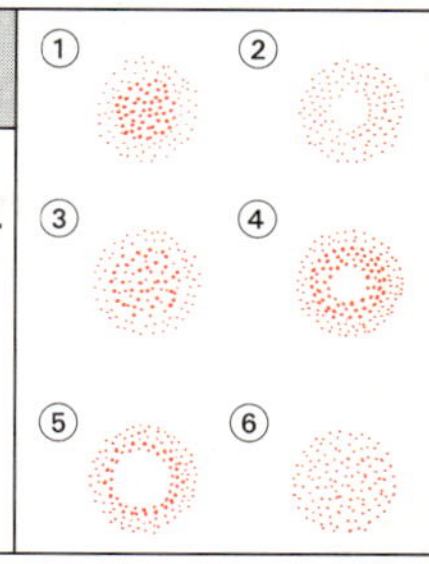

209.2 Öl-Düsen-Durchsatz bei Vorwärmung[1] in kg/h

Düsengröße gph	Düsengröße kg/h	bei 6 bar	bei 7 bar	bei 8 bar	bei 9 bar	bei 10 bar
0,40	1,25	0,96	1,04	1,13	1,20	1,29
0,50	1,6	1,24	1,34	1,45	1,54	1,65
0,65	2,25	1,67	1,80	1,94	2,06	2,19
0,75	2,5	1,95	2,11	2,26	2,40	2,56
0,85	2,8	2,39	2,58	2,77	2,93	3,12
1,00	3,2	2,83	3,06	3,29	3,48	3,69
1,25	4,0	3,75	3,86	4,14	4,38	4,66
1,75	5,6	5,06	5,46	5,84	6,18	6,57
2,00	6,3	5,81	6,25	6,70	7,08	7,53
2,25	7,1	6,55	7,05	7,55	7,99	8,48
2,50	8,0	7,29	7,85	8,40	8,88	9,44

[1] Durchschnittswerte bei einem Vorwärmer von ca. 75 W.

209.3 Düsenleistungsdiagramm ohne Ölvorwärmumg; 20 °C; Heizöl 4,4 mm²/s; ϱ = 0,83 kg/m³

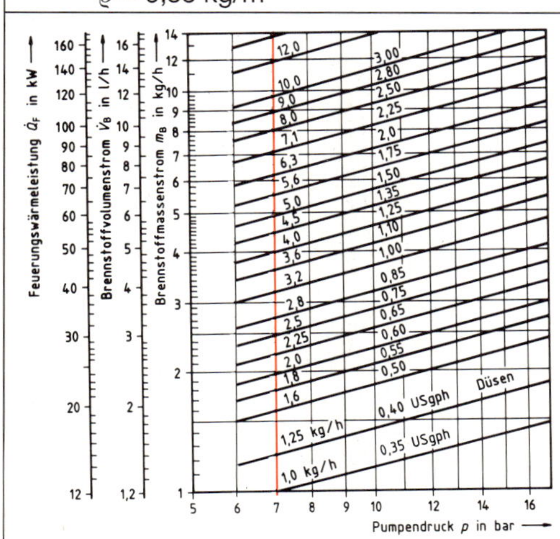

$\frac{p_2}{p_1} = \left(\frac{D_2}{D_1}\right)^2$	$\frac{D_2}{D_1} = \frac{p_2}{p_1}$	**Beispiel:**
D_1 Durchsatz bei 7 bar		p_2 = 12 bar
D_2 Durchsatz bei p_2		Düsengröße: 2 kg/h
		$D_2 = 2 \cdot \sqrt{\frac{12}{7}}$
		D_2 = **2,62 kg/h**

209.4 Tropfengröße in Abhängigkeit von Viskosität und Zerstäubungsdruck

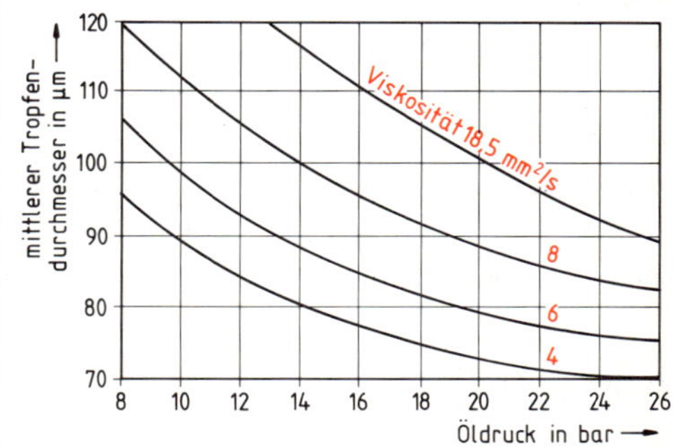

209.5 Düsenauswahl nach Kesselleistung bei Vorwärmung

Düsengröße	Kesselleistung in kW bei 7 bar	8 bar	9 bar	10 bar	11 bar	12 bar
0,4 gph	10	11	12	13	14	15
0,5 gph	13	14	15	16	17	18
0,6 gph	16	17	18	19	20	21
0,65 gph	18	19	20	21	22	23
0,75 gph	22	23	24	25	26	27
0,85 gph	26	28	29	31	33	35

Öldurchsatz $D = \frac{\dot{Q}_{Nennleistung}}{\eta_K \cdot H_u}$ — η_K (vgl. Tab. 212.3); H_u (vgl. Tab. 206.7)

209.6 Typenbezeichnungen bei Öldüsen

①	Kegel
R	voll
AR	spez. voll
HV	sonder
PLP	halbvoll
NS	hohl
PL	stark

②	Kegel
V	voll
HV	halbvoll

③	Kegel
S	voll
Q	spez. voll
SS	hohl
H	halbvoll
PH	stark hohl

④	Kegel
B	voll
W	spez. voll
A	stark hohl

⑤	Kegel
S	voll
H	hohl
B	halbhohl

⑥	Kegel
S	voll
P	halbvoll

① Drall rechts
② bis ⑥ links

① Monarch; ② Internal; ③ Steinen; ④ Delavan; ⑤ Danfoss; ⑥ Hago

210.1 Gasarten (Gasfamilien vgl. Tab. 143.1)	
Stadtgas	In städtischen Gaswerken auf Steinkohlenbasis hergestellt.
Spaltgas	Aus flüssigen oder gasförmigen Kohlenwasserstoffen hergestellt.
Erdgas	Kommt in der Natur in unterirdischen „Speichern" vor.
Raffineriegas	Fällt als Nebenprodukt bei der Aufbereitung von Erdöl an.
Klärgas	Entsteht durch biologische Umwandlung (z. B. aus Abwässern).
Flüssiggas	Besteht aus den Kohlenwasserstoffen Propan und Butan.
Inertgas	Unbrennbares Gas (vorwiegend CO_2, N_2).

210.2 Kennwerte für Erdgas L (und H)[1)]

Brennwert H_o in kWh/m^3_n	Heizwert H_u in kWh/m^3_n	CO_2 max in Vol. %	L min in m^3/m^3_n
9,8 (11,4)	8,9 (10,4)	11,8 (12,0)	8,4 (9,8)

1) Mittelwerte

210.3 Luftbedarf für Erdgasfeuerungen

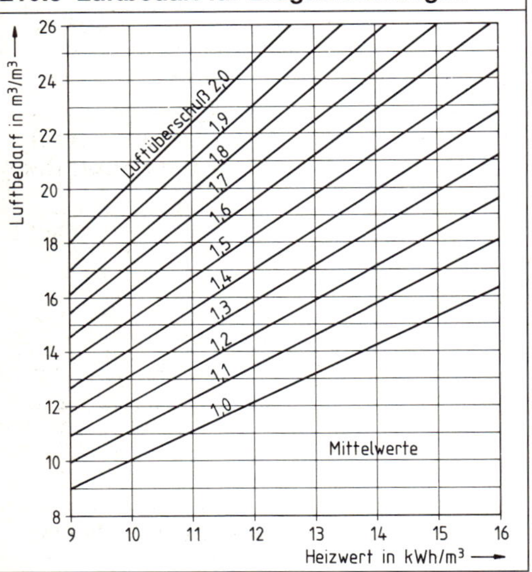

210.4 Kondensatmengen (bezogen auf 20 °C)[1)]

Stadtgas	0,7 kg/m³ Gas	oder 140 g/kWh
Erdgas L	1,4 kg/m³ Gas	oder 145 g/kWh
Erdgas H	1,8 kg/m³ Gas	oder 160 g/kWh
Heizöl EL	0,9 kg/l	oder 90 g/kWh

1) Mittlere Feuchte angenommen; starke Abnahme bei höheren Temperaturen (Tab. 210.6); jährliche Gesamtmenge ca. 0,07 bis 0,1 kg/kWh.
Einleitungsbedingungen für Kondensatentsorgung siehe ATV Merkblatt M 251/1988.

210.5 Abgasverluste und feuerungstechnischer Wirkungsgrad für Erdgas L (H_u = 8,8 kWh/m³)

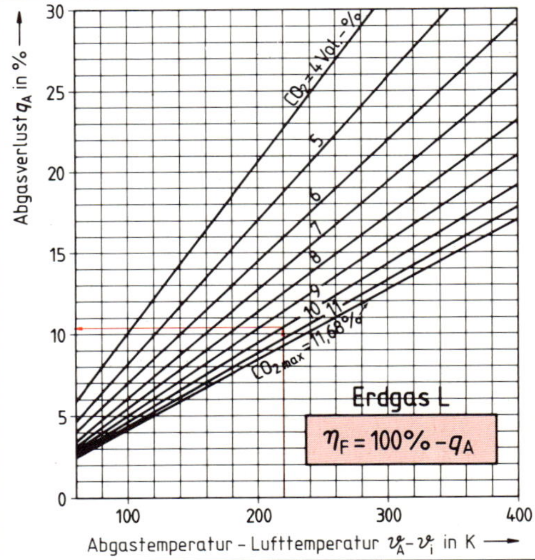

η_F Feuerungstechnischer Wirkungsgrad

210.6 Abgastemperatur, wasserseitiger Wirkungsgrad und Kondensatmenge in Abhängigkeit der Rücklauftemperatur

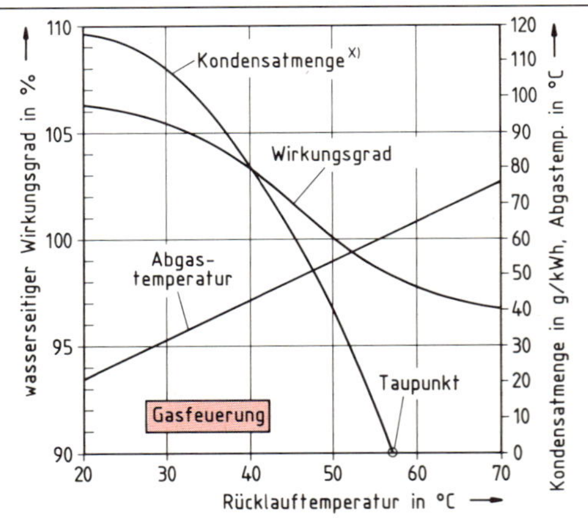

210.7 Theoretische Verbrennungstemperatur ϑ

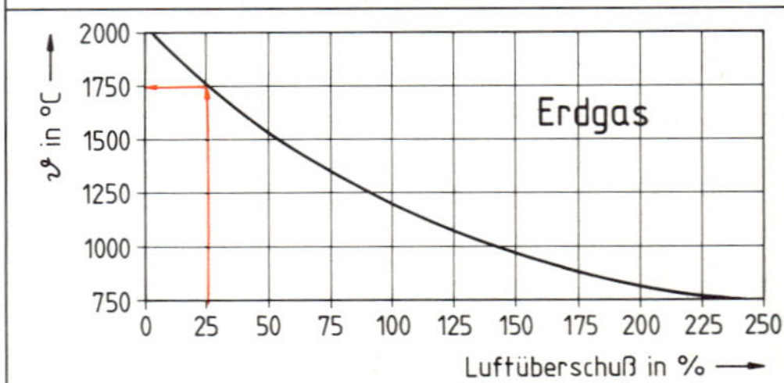

211.1 Einteilung von Gasbrenner

1	Nach der Art der **Flamme**	Leuchtflammenbrenner, Bunsenbrenner, flammenlose Brenner
2	Nach Art der **Luftzufuhr**	Gebläsegasbrenner, atmosphärische Brenner (ohne Gebläse)
3	Nach **Gasart** bzw. Brennstoff	Ferngasbrenner, Erdgasbrenner, Flüssiggasbrenner; Mehrgasbrenner, Allgasbrenner; Zweistoffbrenner
4	Nach der **Automatik**	handbetätigte, halbautomatische, vollautomatische Brenner
5	Nach der Art der **Regelung**	Einstufenschaltung (Ein/Aus); Zweistufenregelung: stufenlos oder gleitend (modulierend)
6	Nach dem **Gasdruck**	Niederdruckbrenner Hochdruckbrenner
7	Nach der **Flammenanordnung**	Einzelbrenner; Gruppenbrenner: Ring-, Flach-, Rund-, Mantelbrenner u. a.

211.2 Anschlußarmaturen eines Gasbrenners (je nach Größe unterschiedlich)

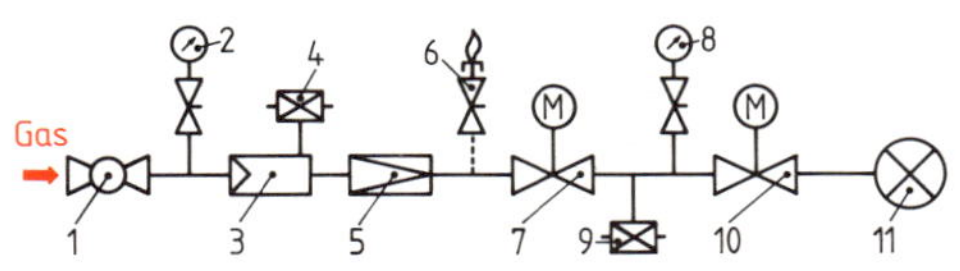

1 Absperrhahn 2 Manometer mit Absperrhahn 3 Gasfilter	4 Gasmangelsich. 5 Gasdruckregler 6 Prüfbrenner 7 Hauptgasventil	8 dsgl. wie 2 9 Druckschalter 10 Hauptgasv. 11 Brenner

211.3 Gasverbrauch von Zündflammen

Flammenlänge in mm[1]	10	15	20	25	30	35	40
Gasverbrauch[2] in l/h	8	12	15	19	23	30	37

[1] 1 mm ≙ etwa 0,8 l/h [2] bei 6 mbar Gasdruck

211.4 Sicherheitszeiten bei Gas-Brennwertkesseln nach DIN 4702 Teil 6

Belastung in kW	maximaler Nennwert in s			
bis 30 über 30 bis 50 über 50	beim Anlauf	10 5 3	im Betriebszustand	1 1 1

Vorspülzeit bei Nennluftvolumenstrom mind. **15 s**, bei zwei- oder mehrstufigen Brennern < 350 kW mit Luftvolumenstrom der Kleinlast **30 s.**

211.5 Energiebilanzvergleich NT-Kessel und Brennwertkessel

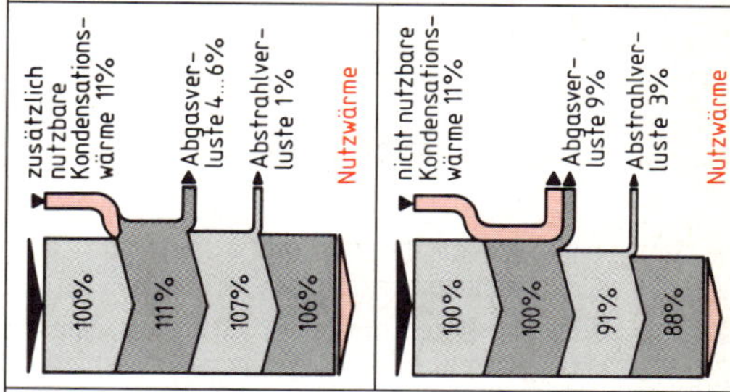

Eingesetzte Energie bezogen auf Heizwert Hu

Brennwertkessel	NT-Kessel

211.6 Wirkungsgrad und Nutzungsgrad bei Gas-Brennwertkessel (DIN 4702 Teil 6)

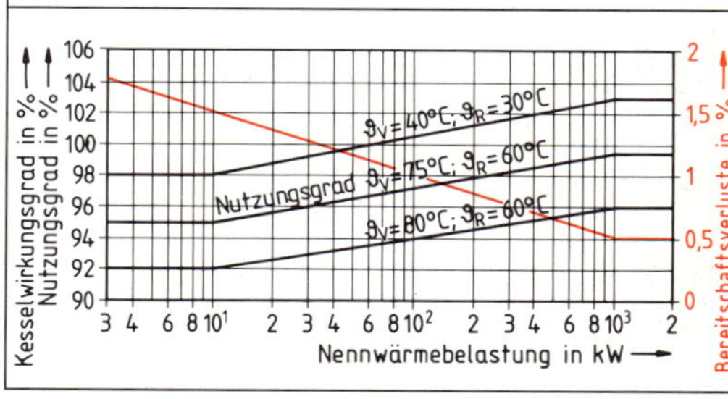

211.7 Nutzungsgrade bei Brennwertkessel in Abhängigkeit der Kesselbelastung

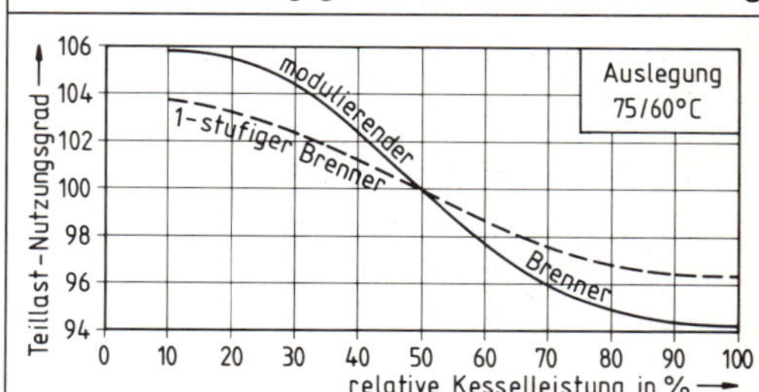

211.8 Abgasleitungen für Brennwertkessel[1]

Innen-∅ in mm	70 200	90 250	113 300	130 350	150 400	180 500
Wanddicke	1 mm	Unterdruck oder Überdruck				
Max. Betriebstemperatur	250 °C	Öl- und Gasfeuerung				
Leckrate < 0,5 l/h bei 1000 Pa		Material 1.4404				

[1] Die Angaben sind firmenbezogen (zahlreiche Formstücke). Anforderungen vgl. DIN 4702 Teil 6 (oder Nachweis). Abstimmung mit dem Schornsteinfegermeister. Bei Leitungen im Freien, Frostbeständigkeit bis −20 °C. Lichter Querschnitt mind. 20 cm², bis 100 cm² kreisförmig.

212.1 Luftüberschuß bei der Brennerprüfung (Gasbrenner mit Gebläse DIN 4788)

abhängig von Brennerregelung und Feuerungswärmeleistung	einstufiger Brenner	zwei- oder mehrstufiger oder stufenlos geregelter Brenner				
		Leistung ≤ 350 kW		Leistung > 350 kW		Der Luftüberschuß darf diese Werte nicht überschreiten und 10 % nicht unterschreiten.
Regelbereich	–	bis 1 : 4	> 1 : 4	bis 1 : 4	> 1 : 4	
Min. Feuerungsleistung kW	≤ 30 %	≤ 30 %	≤ 50 %	≤ 30 %	≤ 50 %	Prüfgase je nach Gasfamilie unterschiedlich.
Max. Feuerungsleistung kW	≤ 20 %	≤ 20 %	≤ 20 %	≤ 15 %	≤ 15 %	

212.2 Sicherheitszeichen für Gasbrenner mit Gebläse nach DIN 4788

Haupt-brenner	Feuerungsleistung des Brenners in kW		≤ 50	> 50 ≤ 120	> 120 ≤ 350	> 350	zulässige Zeitspanne während der das Steuergerät die Gaszufuhr freigibt (ohne Flamme)
	Maximale Sicherheitszeit in s	Anlauf Betriebszustand	5 1	3 1	3 1	3 1	
Zünd-brenner	Zeit in Abhängigkeit des prozentualen Anteils an der größten Feuerungswärmeleistung des Hauptbrenners			Anlauf	≤ 5 % 10 s	> 5 – 8 % 5 s	> 8 % wie Hauptbrenner

212.3 Anforderungen an Öl- und Gaskessel mit Gebläsebrenner (DIN 4702 Entwurf)

Nennwärmeleistung g (kW)		10	30	50	100	1000
Wirkungs-grad (%)	Spezialkessel	86	86,5	86,7	87	88
	Wechselbrand	83	84,9	85,8	87	88
Luftüberschuß in %		25	20	18	15	15
Förderdruck in mbar		0,15	0,22	0,26	0,3	0,8

212.4 Anforderungen an Gas-Spezialheizkessel ohne Gebläse (DIN 4702 Teil 3)

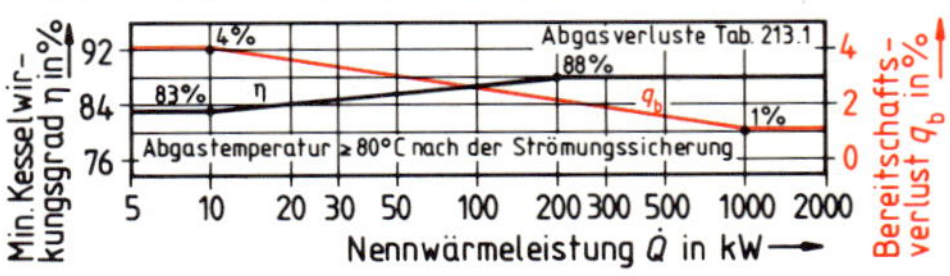

212.5 Einteilung von Gas-Spezialheizkesseln mit Brenner ohne Gebläse (DIN 4702 Teil 3)

Kesselbauart	① Kessel mit Strömungssicherung; ② Kesselgruppe (bis 6 Kessel) mit gemeinsamer Strömungssicherung; ③ Kesselgruppe nach 1 mit je einer Strömungssicherung (bis 4 Kessel)
Kesselkategorie	I Eingaskessel (eine Gasfamilie); II Mehrgas-Kessel (zwei. G.); III Allgaskessel (drei G).

212.6 Auswahltabelle für einen Gas-Spezialheizkessel ohne Gebläse (firmenbezogen)

Kesselgröße[1]			10	14	18	20	25	32
Nennleistung in kW	Natur- und Flüssiggas[2]	von	8,0	11,0	15,0	19,0	21,0	26,0
		bis	10,0	14,0	18,0	20,0	25,0	32,0
	Stadtgas	von	8,0	11,0	15,0	19,0	21,0	–
		bis	10,0	14,0	16,7	20,0	22,5	26,0
Wärmebelastung in kW	Natur- und Flüssiggas[2]	von	9,2	12,4	17,0	21,5	23,9	29,7
		bis	11,3	15,5	21,1	22,2	27,8	35,7
	Stadtgas	von	9,2	12,4	17,0	21,5	23,9	–
		bis	11,3	15,5	18,7	22,2	25,0	29,7
Abgastemperatur[3]		°C	118	110	115	107	107	101
Abgasmassenstrom		kg/h	25,4	38,7	47,0	58,1	70,7	95,2
Gewicht		kg	84	106	106	128	128	150
Kesselwasserinhalt		l	7	9	9	11	11	13
Zugbedarf		mbar	← 0,05 bis 0,10 →					
Abgasanschluß		DN	110	110	110	130	130	150
Kesselbreite		mm	420	420	420	500	500	600
Kesselhöhe		mm	← 895 (1056 einschl. Schaltkasten) →					
Kesseltiefe		mm	← 500 →					
+ Abgassammler		mm	135	135	135	155	155	175

Weitere techn. Daten:

- halb oder vollautomatischer Brenner
- max. Gasanschlußdruck 50 mbar. Bei höherem Druck zusätzlicher Gasdruckregler
- Schaltkasten in Modultechnik
- kombinierbar mit Warmwasserspeicher
- max. Überdruck 4 bar
- Breite 420 bis 600 mm
- oberer Abgassammler
- Zusatzausstattungen z. B. AG, Pumpe, Abgassperrklappe u. a.

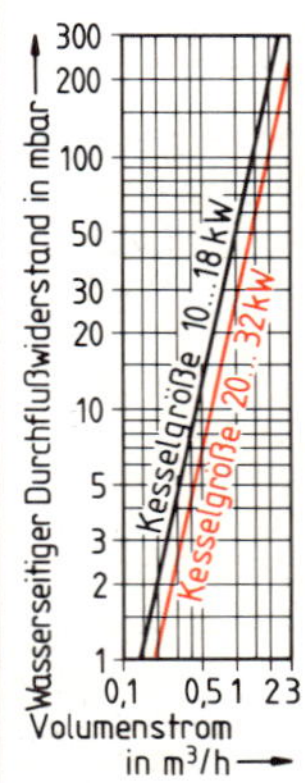

[1] NT-Kessel aus Gußeisen max. ϑ_v = 110 °C
[2] Maximalwerte für Flüssiggas
[3] nach der Strömungssicherung

213.1 Bestimmung der Abgasverluste nach der Bundesimmissionsschutzverordnung

Abgasverlust $q_A = (\vartheta_A - \vartheta_L) \cdot (\frac{A_1}{CO_2} + B)$ in %

ϑ_A	Abgastemperatur (Tab. 213.3) bei NT- und Brennwertkesseln bis unterhalb des Taupunktes (vgl. Abb. 210.6)
ϑ_L	Brenneransaugtemperatur (Lufttemperatur)
CO_2	gemessener Wert in %

	Heizöl	Erdgas	Stadtgas	Kokereigas	Flüssiggas
A_1	0,50	0,37	0,35	0,29	0,42
A_2 1)	0,68	0,66	0,63	0,60	0,63
B	0,007	0,009	0,011	0,011	0,008

1) Den Kennwert A_2 benötigt man, wenn nur O_2 gemessen wird. $q_A = (\vartheta_A - \vartheta_L) \cdot (\frac{A_2}{21\,\% - O_2} + B)$

Begrenzung der Abgasverluste vgl. Tab. 213.2. Regelmäßige Überprüfung durch den Schornsteinfeger (BImSchG). Bisherige q_A-Ermittlung durch die Siegert'sche Formel; bisherige Begrenzung nach Heiz. Anl.V.

213.2 Begrenzung der Abgasverluste für Öl- und Großfeuerungen in % (maximal)1)

Nennwärmeleistung kW	Errichtete Anlage bis 31.12.82	1.1.83	1.10.88	Übergang3)
über 4...25 2)	15 (16) 4)	14 (15)	**12**	18 [16]
über 25...50	14 (15)	13 (14)	**11**	17 [15]
über 50 (...120)	13 (14)	12 (13)	**10**	16 [14]
(über 120)	– (13)	– (12)	–	15 [13]

1) Anforderungen nach der Bundes-Immissionsschutzverordnung 1988.
2) Gilt nicht für Feuerungsanlagen bis 11 kW zur Beheizung eines Einzelraumes und bis 28 kW ausschließlich Warmwasserbereitung.
3) Übergangsregelung 5 Jahre (bis 30. 9. 93) gilt für errichtete Anlagen bis 31. 12. 78 [bzw. 1. 1. 79 bis 31. 12. 82].
4) () Klammerwerte beziehen sich auf die BImSchV 1979.

213.3 Abgastemperaturen und Abgasverluste herkömmlicher und moderner Kessel

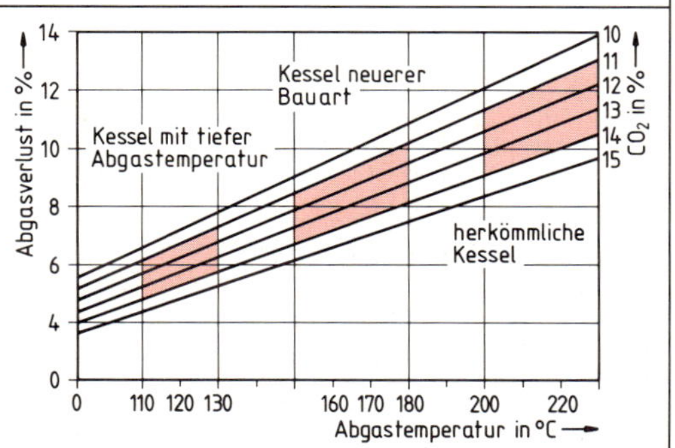

15 K höhere Abgastemperatur ⇒ 1 % Wirkungsgradverschlechterung oder ≈ 1,5 % mehr Brennstoffverbrauch.

213.4 Abgastemperatur bei NT-Kesselteillast

Kesselauslastung %	100	80	60	40	20	5
Abgastemperatur °C	180	170	155	140	120	100

213.5 Einflußgrößen auf den Nutzungsgrad η_N

1	Verluste während der Aufheizvorgänge
2	Bereitschaftsverluste bei Brennerstillstand durch Strahlung und Konvektion
4	Art der Kessel- und Feuerungsregelung
5	Betriebsführung (z. B. Nachtabsenkung, u. a.)
6	Nutzung, Gebäude, Anlage (vgl. Tab. 205.1)

$$\eta_N = \frac{\text{jährlich abgegebene Heizwärme}}{\text{jährlich zugeführte Feuerungswärme}}$$

Verbesserung von η_N z. B. durch Wärmedämmung am Kessel, geringere Kesselwassertemperatur, geringere Abgastemperaturen, modulierende Feuerungen, Kondensation des Wasserdampfs, geringere Stillstandsverluste (z. B. durch Abgas- oder Luftabschlußklappe), angepaßte optimierte Regelung u. a.

213.6 Abkürzungen, Begriffe (Umwelttechnik)

BImSchG	Bundesimmissionsschutzgesetz
BImSchV	Bundesimmissionsschutzverordnung
TA-Luft	Techn. Anleitung zur Luftreinhaltung
Emission	Austritt von Schadstoffen in Luft
Immission	Einfall von Schadstoffen in Bodennähe
MIK	max. zul. I mm · Konzentration
ppm	part per million (mg/m³ oder cm³/m³)
Blauer Engel	RAL-Umweltzeichen (RAL-UZ) = Anforderungen > Normen und BImSchV
Smog	Ruß- und staubreicher Nebel (smoke + fog)
Aerosole	Feinstverteilte feste oder flüssige Stoffe in einem Gas
WHG	Wasserhaushaltsgesetz (Gewässerschutz)

213.7 Grenzwerte für CO und NO_x in mg/kWh

Brennerarten		DIN 4702 (ab 1. 1. 1991)	Blauer Engel
Ölzerstäubungsbrenner	CO	100	90
	NO_x	200	150
Ölbrenner-Kessel-Kombinationen (Units)	CO	120 (100)	90
	NO_x	250 (200)	150
Gasspezialkessel mit Brenner, ohne Gebläse Umlaufgaswasserheizer	CO	130 (100)	100
	NO_x	250 (200)	175
Units mit Gasbrenner mit Gebläse	CO	120 (100)	90
	NO_x	150 (120)	100
Gas-Brennwertkessel	CO	130	–
	NO_x	250	–

Nach DIN 4788 (Gasfeuerungen) bis 350 kW: NO_x 150 mg/kWh, CO 100 mg/kWh bei 2. Gasfamilie und NO_x 300 mg/kWh, CO 300 mg/kWh bei 3. Gasfamilie.

214.1 Umweltbelastung durch Abgase

Umweltneutrale Gase	Sauerstoff, Stickstoff, Wasserstoff, Wasserdampf	
Luftverunreinigende Stoffe, abhängig von	Brennstoff	SO_2, SO_3
	Brennstoff und Prozeß	NO, NO_2
Verbrennung und Prozeß	Schwefelwasserstoff, Kohlenmonoxid und -wasserstoff, Aldehyde	
	Flugasche, Flugkoks, Ruß, organische Stoffe	

214.2 CO-Grenzwerte für Holz-, Stroh-, Papierfeuerung nach DIN 4702 Teil 4

Nennwärmeleistung kW	Holz[x)]	Holzwerkstoffe[x)]	Stroh[xx)]	Papier[xx)]
> 15 bis 50	4	–	4	–
> 50 bis 100	2	0,8	4	–
> 100 bis 150	2	0,5	0,1	0,1
> 150 bis 300	1	0,5	0,1	0,1

x) bei 13 Vol% O_2; xx) ab 100 kW unterliegen Papier- und Strohfeuerungen den Bedingungen der TA-Luft

214.3 Anforderungen an Feuerungsanlagen für feste Brennstoffe
Abgaswerte nach der Bundesimmissionsschutzverordnung (BImSchV)

zulässige Brennstoffe	Nennleistung in kW	Staub (g/m³)	CO g/m³	O_2 in Vol% Bezugswert
Steinkohle, Braunkohle, Torf, naturbel. Stückholz	bis 15	–	–	–
Steinkohle, Braunkohle, Torf	über 15	0,15	–	8
Naturbelassenes stückiges Holz	15... 50 (50...150)	0,15 (0,15)	4 (2)	13
Naturbelassenes nicht stückiges Holz	150...500 (über 150)	0,15 (0,15)	1 (0,5)	13
Nicht naturbelassenes Holz	50...100 (100...500)	0,15 (0,15)	0,8 (0,5)	13

214.4 Schadstoffemissionsbegrenzung[1)]

1	brennstoffseitig	schwefelarme Brennstoffe; Erdgas; Reduzierung von Kohlefeuerungen, nur naturbelassenes Holz
2	feuerungstechnisch	Reduzierung von SO_2 (z. B. Kohle); NO_x-Reduzierung (Temp., Luftüberschuß, Blaubrenner, Renox-System, u. a.), CO-Reduzierung (Optimierung)
3	abgasseitig	z. B. Abgasentschwefelung, spezielle Filter, Katalysatoren, u. a.

1) primär durch Reduzierung des Brennstoffverbrauchs, z. B. durch Wärmedämmung, Wärmerückgewinnung, neue Techniken, Einsparungen jegl. Art, Verordnungen u. a.

214.5 Anforderungen bei der Holzverbrennung

- vollständige und rauchfreie Verbrennung (Vermeidung von Qualm, Ruß, Gerüche)
- Vorwärmung der Zweitluft;
- Wassergehalt < 20 %
- Verwendung von naturbelassenem Holz
- möglichst mehrstufige Verbrennung (Kessel)

214.6 Heizwerte für Holz nach Feuchtegehalt

Holz	H_2O (%)	0	10	20[x)]	30	40	50	60	70	80	90
Nadel	H_u in kWh/kg	5,4	4,9	4,5	3,9	3,5	3,0	2,7	2,1	1,7	1,0
Laub		4,8	4,3	3,9	3,6	3,2	2,8	2,3	1,9	1,5	1,0

x) 15 bis 25 % Wassergehalt ≙ lufttrocken

214.7 Heizwerte H_u und Mindestluftbedarf L_{min} je kg fester Brennstoffe

Brennstoffart	H_u in Wh/kg	L_{min} in m³/kg	$CO_{2\,max}$ in %
Steinkohle			
• Ruhr	8370...9190	7,7...8,8	18,3...18,9
• Saar	7790...8720	7,9	18,7
Rohbraunkohle	2090...2910	2,4...3,0	16...18
Braunkohlenbrik.	5580	5,4	≈ 17
Koks (Gaskoks)	8140	7,7	20,7
Holz (trocken)	4300	4,1	20,2

214.8 Koksgrößen, Schüttdichte

Brechkoks	I	II	III	IV	V	Gießereikoks > 80
Größe mm	80/60	60/40	40/20	20/10	10/6	

Schüttdichte fester Brennstoffe in kg/m³

Steinkohle	720...780	Buchenholz[1)]	560
Braunkohle	650...780	Nadelholz[1)]	420
Briketts	700...720	Holzkohle	130...220
dsgl. gesetzt	1000	Sägespäne	180...280
Brechkoks	450...680		

1) Scheitholz

214.9 Max. zulässige Rußbildung

Flüssige und gasförmige Brennstoffe:
Rußzahl 2 (Bacharach) bei > 11 kW;
Rußzahl 3 bei > 11 kW

Feste Brennstoffe:
nur raucharme Brennstoffe bei Anlagen < 15 kW;
Grenzwert 150 mg/m³ bei > 15 kW

Heizungstechnik

215.1 Schornsteinbauarten, Abgasabführung

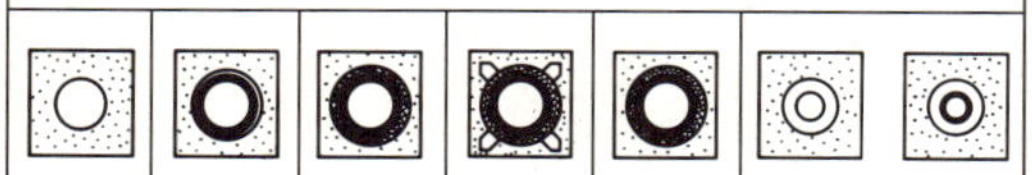

einschalig	zweischalig	dreischalig	hinterlüftet	innen glasiert	Leitungen Edelstahl	Keramik, Glas

215.2 Zulässige Schornsteintemperaturen

Gruppe[1]	Durchmesser	(12)	14	16	18	20	(22)
I	Abgastemperaturen in °C	(95)	100	105	110	115	(120)
II		(150)	165	180	195	215	(235)
III		(215)	240	265	300	335	(375)

[1] Wärmedurchlaßwiderstandsgruppen vgl. Tab. 158. 6.

215.3 Schornstein-Diagramm für Überdruckkessel für Öl- und Gasfeuerung

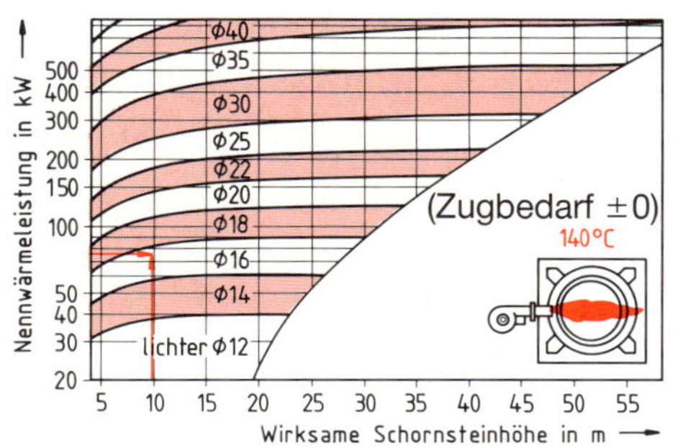

215.4 Schornstein-Diagramm für Kessel mit Zugbedarf, Öl- und Gasfeuerung

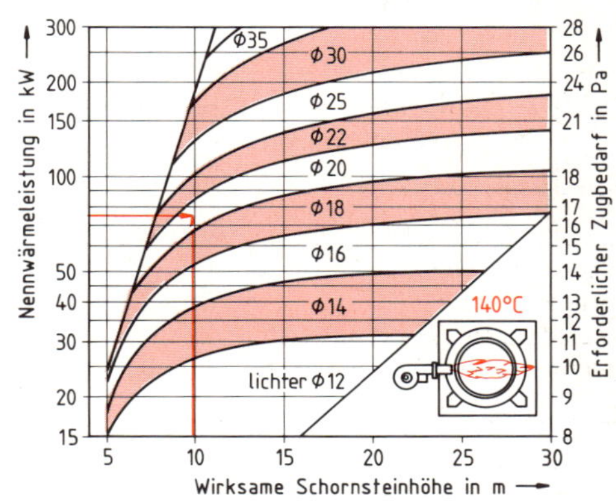

Annahmen bei allen Diagrammen: Ausführungsart I nach DIN 4705; Dämmwert D = 0,65 $m^2 \cdot K/W$; Rauhigkeit k = 0,002 m; Länge des Verbindungsstückes (Rauchrohr, Fuchs) max. 1/4 der wirksamen Schornsteinhöhe und nicht mehr als 7 m; Widerstandsbeiwerte für Umlenkungen usw. $\Sigma\,\xi = 2{,}2$; Widerstandsbeiwerte ζ: Umlenkung 90°: 0,6; bei 45°: 0,3; bei 30°: 0,2; Einführung bei 10°: 1,0; bei 30°: 0,8; bei 45°: 0,6.
Beispiel: Kessel mit Zugbedarf, 75 kW, Schornsteinhöhe = 10 m, Ölfeuerung ⇒ gewählt **18 × 18,** Δp = 18,5 Pa.

215.5 Schornstein-Diagramm für Gasspezialkessel mit Brenner ohne Gebläse

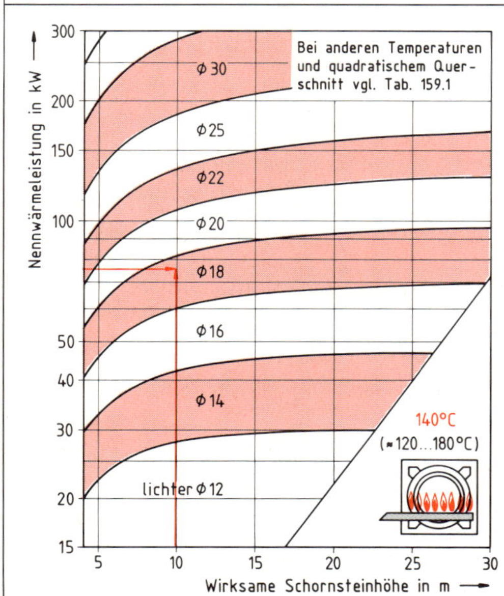

215.6 Schornsteinsanierungsmaßnahmen

1	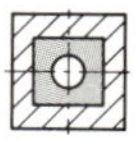	**Ausziehmase** (Innenauskleidung mit Leichtmörtel); keine Wärmedämmung → für moderne Kessel ungeeignet
2	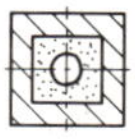	**Flexibles Edelstahlrohr** mit Schüttisolierung; wegen geringer korrosionsbeständigkeit ungeeignet
3	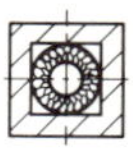	**starres Edelstahlrohr** (z. B. V 4 A) mit Wärmedämmrohr (ca. 2 cm); beim Auftreten von Chloriden korrosionsgefahr (Überprüfung).
4	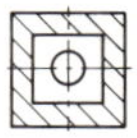	**Ungedämmte Edelstahlrohre** führen eher zur Abgaskondensation und somit zur Bildung von Säuren
5	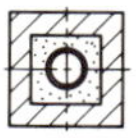	**Schamotterohr** (33 bis 50 cm lang) mit Schüttisolierung – auch zur Aussteifung der Rohrsäule
6	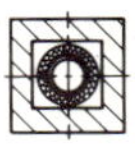	**Keramikrohr** mit Hinterlüftung und Wärmedämmrohr (vorwiegend zur Aussteifung)
7	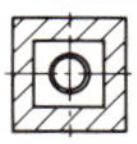	**Dsgl. ohne Dämmrohr,** spezielles Material und größere Längen Neuerdings auch **Glasrohre**

216.1 Druck- und Temperaturzusammenhänge beim Schornstein nach DIN 4705

p_{NL}	Unterdruck an der Nebenluftvorrichtung
p_{Ze}	notwendiger Unterdruck an der Abgaseinführung
p_Z	Unterdruck an der Abgaseinführung in den Schornstein
p_L	notwendiger Förderdruck für die Zuluft
p_W	notwendiger Förderdruck für den Wärmeerzeuger
p_{FV}	notwendiger Förderdruck für das Verbindungsstück
$\vartheta_{i\,Ob}$	innere Oberflächentemperatur bei Beharrung
ϑ_0	Abgastemperatur an der Schornsteinmündung
ϑ_e	Abgastemperatur direkt nach dem Wärmeerzeuger
ϑ_{NL}	Temperatur der Nebenluft (Raumlufttemperatur)
$\vartheta_{e\,NL}$	Mischtemperatur (Temp. nach der Nebenluftvorrichtung)
$\dot{m}_A$	Abgasmassenstrom des Wärmeerzeugers (kg/s)
$\dot{m}_{NL}$	Masssenstrom der eingeführten Nebenluft
$\dot{m}_{ANL}$	Massenstrom des Abgas-Luftgemisches

$p_Z > p_{Ze}$ in Pa

$p_Z = p_H - p_R$

$p_{Ze} = p_L + p_W + p_{FV}$

p_H = Ruhedruck im Schornstein

p_R = Widerstandsdruck im Schornstein

$\vartheta_{iOb} - \vartheta_{Tp} \geqq 0$

ϑ_{Tp} Taupunkttemperatur (Tab. 208.6)

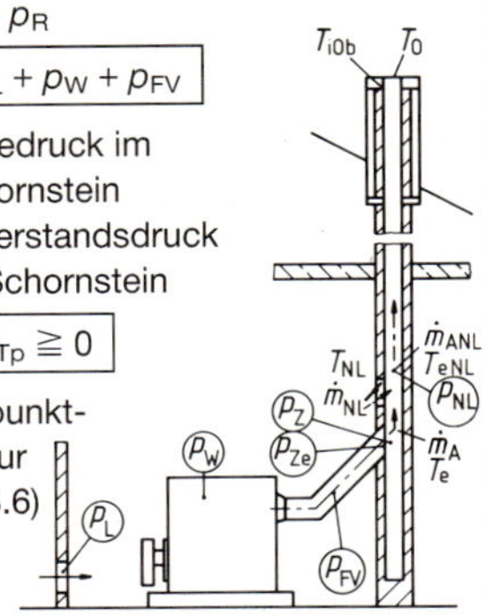

Herkömmliche Systeme	Feuchtigkeitsempfindliche Systeme	Abgasleitungen für Brennwertgeräte
ϑ_{Tp}-Unterschreitungen unzulässig ($\vartheta_{iOb} > \vartheta_{Tp}$)	Kondensation im Schornstein zulässig	nach unten besteht keine Temperaturbeschränkung
Unterdruck $p_Z \geq p_{Ze}$	**Unterdruck** $p_Z > p_{Ze}$	**Überdruck** (dichte Schornsteinsysteme!)

216.2 Abluftschachtdimensionierung nach TRGI (G 600) Abluftöffnung in Schachtwand

$$\dot{V} = \frac{0{,}3670 \cdot A}{\left[\dfrac{0{,}5 + 1{,}2 + 1{,}0 + \dfrac{0{,}025 \cdot h}{(10^{-4} \cdot A)^{0{,}7}}}{h}\right]^{0{,}5}}$$

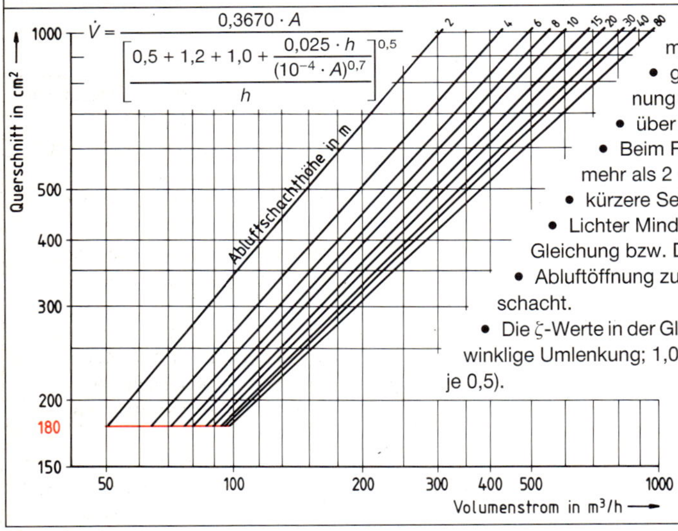

- Abluftöffnungen so nah wie möglich unter der Decke,
- genügend weit von der Zuluftöffnung entfernt (kein Kurzschlußstrom),
- über Dach führen, oben offen, unabsperrbar,
- Beim Rechteckquerschnitt $l \cdot b$ darf l nicht mehr als $2 \cdot b$ sein ($2{,}5 \cdot b$ wenn l an Schornstein),
- kürzere Seite eines Rechtecks mind. 10 cm lang.
- Lichter Mindestquerschnitt nach nebenstehender Gleichung bzw. Diagramm; nicht kleiner als 180 cm².
- Abluftöffnung zum Schacht mind. so groß wie Abluftschacht.
- Die ζ-Werte in der Gleichung bedeuten 0,5 (Öffnung); 1,2 rechtwinklige Umlenkung; 1,0 Schachtmündung (Falls 30° Bogen je 0,5).
- Entlüftungsleistung 0,5 m³/h je kW Gesamtnennwärmeleistung (falls mit Ventilatoren).

216.3 Heizraumrichtlinie[1]

- Lichte **Höhe** mind. 2 m; mind. 1 Ausgang (< 350 kW)
- **Tür**aufschlag in Fluchtrichtung (Flur), mindestens feuerhemmend und selbstschließend
- **Fußboden** nicht brennbar, bei Öl Bodenabläufe mit Sperre oder Abscheider
- **Wände, Decken** ebenfalls feuerbeständig
- keine Verbindung mit **Aufenthaltsräumen**
- Heizräume müssen **be- und entlüftet** werden
- „Heizzentralen in Gebäuden" VDI 2050

[1] Maßgebend sind die Feuerungsverordnungen der Länder.

216.4 Vorschriften für oberirdische Öllagerräume im Gebäudeinnern

1	Heizöl in Heizräumen nur bis 5000 l
2	Wände, Decken feuerbeständig; Boden öldicht
3	Mindestens feuerhemmende Türen
4	Lüftungsmöglichkeit
5	Evtl. auslaufendes Öl muß in Auffangraum aufgenommen werden können
6	Mindestabstand zur Wand bei Stahlbehälter 40 cm auf zwei angrenzenden Seiten (sonst 25 cm); von Decke 25 bzw. 60; vom Fußboden 10 cm; zum Kessel mind. 1 m
7	Vorschriften für Füll- und Entlüftung Tab. 217.2

Heizungstechnik

217.1 Ober- und unterirdische Öllagerung, Armaturen und Zubehör

1	Brenner
2	Heizkessel
3	Schaltschrank
4	Regel- und Sicherheitsthermostat
5	Anschluß Raumthermostat
6	Drosselklappe
7	Zugregler
8	Filter
9	Schnellschlußventil
10	Ölstandsanzeiger
11	Öl-Vorlaufleitung
12	Öl-Rücklaufleitung
13	Heizöllagerbehälter (die erforderliche Leckanzeige beim Zylindertank ist hier nicht dargestellt)
14	Saugventil (Abstand ≈ 10 cm)
15	Grenzwertgeber
16	Peilrohr
17	Fülleitung (vgl. Tab. 217.2)
18	Entlüftung (vgl. Tab. 217.2)
19	Notschalter (außerhalb des Heizraums installiert)
20	Rückschlagventil

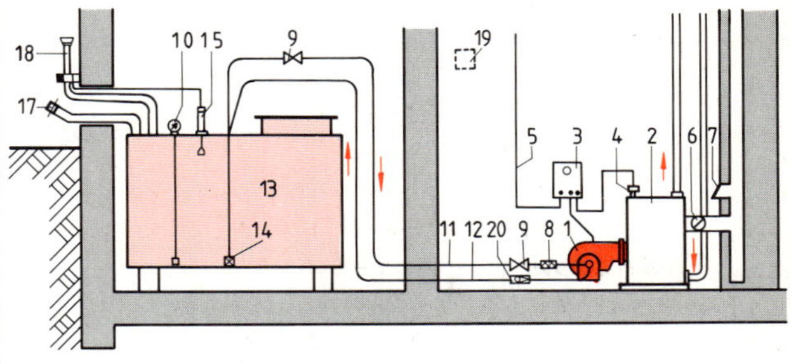

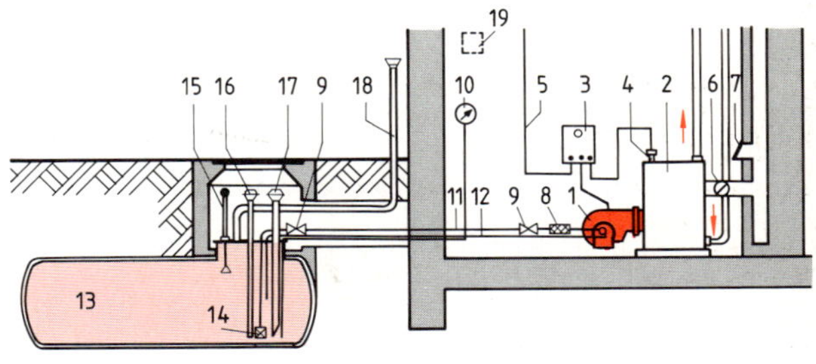

217.2 Füll-, Entlüftungs- und Entnahmeleitungen bei Öllagerbehälter

Füllstutzen, Fülleitungen
- Stutzen möglichst außerhalb des Gebäudes; gut zugänglich
- Dichtschließende Verschlußkappe (Blindverschluß)
- Bei Batteriebehälter mind. 300 mm über Behälteroberkante

- Fülleitung fest mit Behälter verbunden (ab 1000 l)
- keine Druckbeanspruchung auf Tankwand beim Füllen
- Durchmesser in DN 50 oder DN 80; Gefälle zum Behälter

Be- und Entlüftung
- Unabsperrbar, keine Einbauten
- Vermeidung von Über- oder Unterdruck, gemeinsame Leitung für mehrere Behälter
- Durchmesser möglichst wie der der Fülleitung
- Schutz gegen Eindringen von Regenwasser und Fremdkörper
- keine Mündung in geschlossene Räume und Domschächten
- Öffnung mind 500 mm über Füllstutzen, dsgl. über Erdgleiche

Entnahmeleitungen (Saugleitungen)
- Einführung nur von oben
- Saugöffnung mind. 2,5 bis 5 cm über Behältersohle
- falls Tank im Heizraum, außerhalb Heizraum absperrbar
- ∅ so, daß v = 0,2 bis 0,5 m/s
- möglichst geringer Druckverlust

Rücklaufleitungen
- ∅ entsprechend Saugleitung
- möglichst weit nach unten führen (Kombinationsarmaturen)

217.3 Batterietanks aus Kunststoff (PE)[1)]

Inhalt[2)] l	Länge mm	Breite mm	Höhe[3)] mm	Platz m²	Gewicht ca. kg
1000	1330	720	1340	0,96	38
1000	1050	720	1660	0,76	34
1500	2010	720	1340	1,44	47
1500	1500	720	1660	1,08	53
2000	2000	720	1660	1,44	74
2500	2030	870	1660	1,74	118
3000	2330	850	1980	1,96	185
5000	2385	1350	1980	3,10	240

1) Je nach Fabrikat unterschiedliche Größen, Konstruktionen, Abmessungen, Gewichte und Materialien.
2) Bei > 5000 l sind besondere Heizöllagerräume erforderlich.
3) Ohne Armaturen (mit Armaturen ca 20 cm höher).

217.4 Behältermaße für zylindrische unterirdische Öllagerbehälter (DIN 6608)

Inhalt in m³ 1)	Außen-∅ in mm	Gesamtlänge in mm	Masse ohne isolierung ca. in kg	Bodenhöhe in mm
1	1000	1510	265	180
3	1250	2740	525	220
5	1600	2820	700	260
7	1600	3740	885	260
10	1600	5350	1200	260
16	1600	8570	1800	260
20	2000	9660	2300	320
25	2000	8540	2750	320
30	2000	10120	3300	320

1) Behältergrößen bis 100 m³, Blechdicke 5 bis 9 mm je nach Größe.

218.1 Dimensionierung von Ölleitungen im Einstrangsystem (Heizöl EL, Viskosität 7,0 mm²/s)

Leitungslänge *l*	Saughöhe *h* in m bei Rohrnennweite **DN 4** (6 × 1) und folgenden Förderströmen											
	1,5 l/h	2,0 l/h	2,5 l/h	3,0 l/h	3,5 l/h	4 l/h	5 l/h	6 l/h	7 l/h	8 l/h	9 l/h	10 l/h
30 m	2,80	2,50	2,20	1,75	1,30	1,00	–	–	–	–	–	–
25 m	3,00	2,75	2,50	2,10	1,75	1,50	1,00	–	–	–	–	–
20 m	3,20	3,00	2,80	2,50	2,20	2,00	1,60	1,00	–	–	–	–
15 m	3,40	3,25	3,10	2,90	2,65	2,50	2,20	1,80	1,30	1,00	–	–
10 m	3,60	3,50	3,40	3,25	3,10	3,00	2,80	2,50	2.20	2,00	1,60	1,40
5 m	3,80	3,75	3,70	3,60	3,55	3,50	3,40	3,20	3,10	3,00	2,80	2,70

Leitungslänge *l*	Saughöhe *h* in m bei Rohrnennweite **DN 4** (6 × 1) u. folgenden Förderströmen								
	5 l/h	6 l/h	8 l/h	10 l/h	12 l/h	15 l/h	20 l/h	25 l/h	30 l/h
40 m	3,00	2,60	2,20	2,00	–	–	–	–	–
35 m	3,13	2,77	2,42	2,25	1,73	–	–	–	–
30 m	3,25	2,95	2,65	2,50	2,05	1,75	–	–	–
25 m	3,47	3,12	2,87	2,75	2,37	2,13	1,50	–	–
20 m	3,50	3,30	3,10	3,00	2,70	2,50	2,00	1,40	–
15 m	3,63	3,47	3,82	3,25	3,02	2,87	2,50	2,05	1,60
10 m	3,75	3,65	3,55	3,50	3,35	3,25	3,00	2,70	2,40
5 m	3,87	3,82	3,77	3,75	3,67	3,63	3,50	3,35	3,20

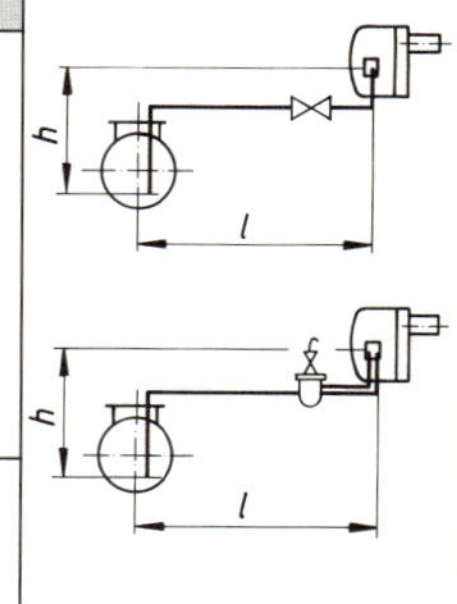

Beispiel:
$D = 12$ l/h, $l = 10$ m, $h = 3{,}0$ m, $v = 7$ mm²/s.
Nach Tabelle DN 6 (8 × 1) bis etwa 3,35 m Saughöhe.

Weitere Hinweise zu Ölleitungen: Frostfreie Verlegung, Schutzrohr bei Erdreich- und Unterputzmontage, korrosionsfeste Materialien, Prüfung auf Dichtheit, flexible Leitungen nur als Brenneranschluß, bei Großanlagen mit mehreren Brennern Ringleitung mit Zwischenpumpe.

218.2 Technische Regeln für brennbare Flüssigkeiten (TRbF) – für Lagerbehälter (Auswahl)

TRbF	Einzelheiten[1)]	TRbF	Einzelheiten
001	Allgemeines	510	Überfüllsicherung
100	Sicherheitsanford.	521	Kathod. Korr. Schutz
131	Rohrleitungen	600	Allg. Prüfung
401/2	Innenbeschichtung	610	Prüfregeln (Anlage)
501	Leckanzeigegeräte	620	Prüfregeln (Tank)

[1)] 001 bis 003 Formalien zur Anwendung und Umgang
Reihe 100: Flammpunkt bis + 55 °C
Reihe 200: Flammpunkt > 55 °C bis 100 °C
Reihe 300: Fern- und Verbindungsleitungen
Reihe 400: Anlagenteile und Vorkehrungen aus Kunststoff
Reihe 500: Sonstige Sicherheitseinrichtungen
Reihe 600: Prüfrichtlinien

218.3 Anforderungen und Verluste bei Trinkwassererwärmungsanlagen (TWE)[1)]

- Sofort verfügbar, gleichmäßige Temperatur
- Betriebssicher und möglichst automatisch
- Hygenisch einwandfrei, wirtschaftlich

$$Q_{TWE} = (Q_N + Q_G + Q_A + Q_V + Q_Z + Q_B) \cdot 365 \text{ in } \frac{\text{Wh}}{\text{Jahr}}$$

Q_G Geräteaufheizverlust
Q_A Leitungsaufheizverlust
Q_V Verteilungsverlust (vernachlässigbar)
Q_Z Zirkulationsverlust
Q_B Betriebsbereitschaftsverlust ≈ 2 bis 3 W/K

[1)] Auch als Brauchwassererwärmungsanlagen bezeichnet.

218.4 Bedarfskennzahl *N* zur Größenbestimmung zentraler Wassererwärmer (Wohnungen), DIN 4708

$$N = \frac{\text{Wärmebedarf aller anrechenb. Zapfstellen}}{\text{Wärmebedarf einer Einheitswohnung}}$$

1.

$$N = \frac{\Sigma\, n \cdot p \cdot v \cdot Q_V}{20370 \text{ Wh}}$$ (3,5 · 5820)

n Anzahl gleicher Wohnungen
v Zapfstellenzahl (bei Normalausstattung im allgemeinen nur eine Zapfstelle)
Q_V Wärmemenge in Wh (Tab. 219.1)
p Belegungszahl, tatsächliche Belegung, jedoch mindestens:

r	1	1,5	2	2,5	3	**3,5**	4	4,5	5	5,5
p[1)]	2	2	2	2,3	2,7	3,1	3,5	3,9	4,3	4,6

r Raumzahl (ohne Kochküche, Bad, Diele usw.)

[1)] Bei vorwiegend 1- und 2-Zimmer-Wohnungen + 0,5.

Beispiel:
4 Wohnungen; 1,5 Zimmer, 1 Zapfstelle BRN
10 Wohnungen; 3 Zimmer; 1 Zapfstelle NB 1

$$N = \frac{4 \cdot 2 \cdot 1 \cdot 1630 \text{ Wh} + 10 \cdot 2{,}7 \cdot 1 \cdot 5820 \text{ Wh}}{\mathbf{20370\ Wh}} = \mathbf{8{,}4}$$

Diese Werte werden als N_L Werte in den Herstellerunterlagen angegeben (vgl. Tab. 219.7 und 220.1).

1. Wohnungen
2. wohnungsähnliche Gebäude Krankenh. ec
3. Fal

Heizungstechnik

219.1 Benennung der Zapfstellen, Entnahmemenge V_V und Wärmemenge Q_V[4]

	Benennung und Kurzzeichen		V_V[2] in l	Q_V in Wh
1	Badewanne 1600	NB 1	140	5820
2	Badewanne 1700	NB 2	160	6510
3	Kleinraumwanne und Stufenwanne	KB	120	4890
4	Großraumwanne 1800 mm	GB	200	8720
5	Brausekabine mit Mischbatterie mit Normalbrause[3]	BRN	40[1]	1630
6	dsgl. mit Luxusbrause[3]	BRL	75[1]	3020
7	Brausekab. mit 1 Kopf- und 2 Seitenbrausen	BRK	100[1]	4070
8	Einzelbrausekopf, zusätzl. zur Kabine	BR	30[1]	1160
9	Waschtisch	WT	17	700
10	Bidet	BD	20	810
11	Handwaschbecken	HT	9	350
12	Spüle für Küche	SP	30	1160

[1] Benutzungszeit 6 min;
[2] je Nutzung;
[3] nur bei räumlicher Trennung von Bad und Dusche.
[4] DIN 4708

219.2 Wasserbedarf für Wohnungen in l/Tag

Verbrauchsstelle	Entnahme in Liter	Temp. in °C	Dauer in min
Auslaßventil voll geöffnet DN 10 (DN 15) DN 20	10 (18) 45	40	1
Spültisch ein- (zweiteilig)	30 (50)	55	5
Handwaschbecken (Becken)	5 (10)	35	1,5 (2)
Waschtisch 1- (2-teilig)	15 (25)	40	3
Badewanne Mittelgröße	150	40	15
Dusche (Sitzbad)	50	40	6 (4)
Bidet	25	40	8

Gesamtbedarf in l und Wh je Tag und Person

Anspruch	Liter 60 °C	Liter 45 °C	Nutzwärme (Wh)
• gering	10 bis 20	15 bis 30	600 bis 1200
• mittel	20 bis 40	30 bis 60	1200 bis 2400
• hoch	40 bis 80	60 bis 120	2400 bis 4800

219.3 Wasserbedarf für Gaststätten, Hotels

Verbrauchsstelle		Liter 60 °C	Liter 45 °C
Gaststätte	je Menü	4 bis 8	6 bis 12
	je Gast	8 bis 20	12 bis 30
Hotelzimmer			
mit Wanne		100 bis 150	140 bis 220
mit Dusche		50 bis 100	70 bis 120
mit Waschbecken		10 bis 15	15 bis 20
Heime, Pensionen		25 bis 50	35 bis 70

219.4 Wasserbedarf für Gebäude und Gewerbe

Bedarfsfall	l/Tag · Pers.[1]	Bedarfsfall	l/Tag · Pers.[1]
Krankenhaus	100 – 300[2]	Sportanlage	50 – 70[3]
Kasernen	30 – 50[3]	Bäckereien	100 – 150[3]
Bürogebäude	10 – 40[3]	Friseure	150 – 200[3]
Med. Bäder	200 – 400[3]	Brauereien	ca. 250 – 300[4]
Kaufhäuser	10 – 40[3]	Wäschereien	250 – 300[5]
Schule ohne	5 – 15[3]	Metzgerei mit	400 – 500 l/t
mit Dusche	30 – 50[3]	ohne Produkt.	150 – 200[3]

[1] oder je Beschäftigter; [2] 60 °C; [3] 45°C; [4] je 100 l Bier (60°);
[5] 75°C

219.5 Warmwasserbedarf bei Industriebetrieben[1]

Verbrauchsstelle		l/min	Dauer in Minuten	l je Benutzung
Einzelwaschbecken		10	3	30
Reihenwaschbecken				
mit Auslaufventil		5 bis 10	3	15 bis 30
mit Brause		3 bis 5	3	9 bis 15
Waschbrunnen	10 Pers.	25	3	75
	6 Pers.	20	3	60
Dusche ohne Zelle		10	5	50
Dusche mit Zelle		10	15	80
Wannenbad		25	30	250

[1] Mittelwert einschl. Küche 50 l/Tag · Pers (40 °C)

219.6 Verbrauchswärmebedarf (Wohnungen)

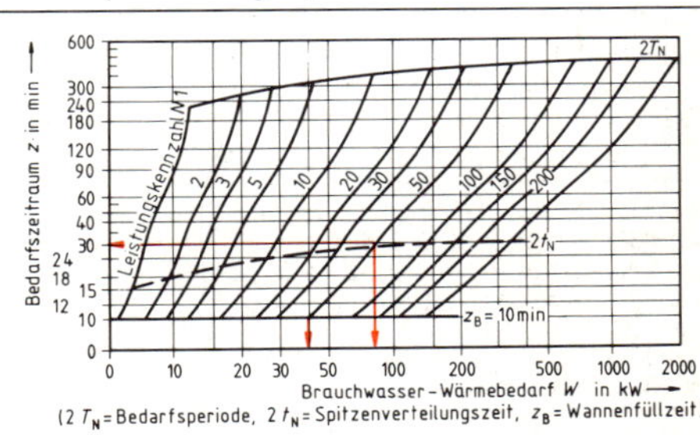

Bsp. $N = 50$ Spitzenbedarf 41 kWh; $2\ t_N = 26{,}5$ min → für Spitzenverteilungszeit als Summe der Spitzenbedarfszeiten innerhalb einer Bedarfsperiode (ca. 1 Tag); für Bedarfsperiode $Z \approx 7$ h = 340 kWh; stündl. Bedarf in einer Bedarfsperiode 130 kWh.

219.7 „Warmwasserleistung" in Abhängigkeit der Kesselleistung; regelbarer Tiefspeicher (fabrikatbezogen)

Leistung in kW (Öl, Gas)		18...21	22...27	29...34	35...43
Inhalt des Speichers in l		160	160	160	200
W.W. Dauerleistung in l/h bei mittl. Kesseltemp. in °C	70	515	660	730	855
	65	515	620	620	715
	60	510	510	510	575
Kennzahl N_L (bei 70 °C)		**1,8**	**1,9**	**2,0**	**3,0**

220.1 Leistungskennzahlen N_L von Speichern bei ≈ 60 °C[1] und Zapfmengen (fabrikatbezogen)

Inhalt eines Speichers in l		160	200				350				500			
Inhalt der Speicherbatterie		160	200	400	600	800	350	700	1050	1400	500	1000	1500	2000
Anzahl der Speicher[2]		1	1	2	3	4	1	2	3	4	1	2	3	4
Bei einer Heiz-wasservorlauf-temperatur ϑ von	90 °C	5,2	7,4	25	50	78	18	49	80	105	28	74	115	150
	80 °C	3,6	5,2	19,5	39	62	16	44	72	94	23	62	98	130
	70 °C	2,8	3,2	12,1	25	40	14	39	64	86	18,5	50	82	110
Maximale Zapfmenge während 10 Min in l/min bei ϑ_V = 70 m°C (bezogen auf N_L) mit Nachheizung; von 10→45°C		22	24	46	67	89	50	88	120	144	58	103	140	170
Zapfbare Wassermenge in l, wenn auf 60 °C aufgeheizt, (ohne Nachwärmung) (Wassertemperatur konstant)		110	164	328	492	656	291	582	873	1164	416	832	1248	1664

Beispiel: N (nach Tab 218.4 = 8,4). Gewählt (bei ϑ_V = 70 °C) 2 × 200 l oder 1 × 350 l; 46 l, 50 l; 328 l; 291 l

[1] Bei 55 °C: 0,75 · N_L; bei 50 °C: 0,55 · N_L; bei 45 °C: 0,3 · N_L;

[2] Anordnung

220.2 Aufheizzeiten des Speicherwassererwärmers nach Tab. 220.1 (≙ Typ A)

Inhalt in l	Aufheizung von 10 auf 60 °C bei Vorlauftemp. 90 °C		80 °C		70 °C	
	Typ A	Typ B	Typ A	Typ B	Typ A	Typ B
160	0,25	0,31	0,31	0,41	0,52	0,69
200	0,18	0,25	0,22	0,28	0,38	0,52
350	0,21	0,28	0,29	0,39	0,44	0,57
500	0,28	0,35	0,33	0,46	0,47	0,72

220.3 Ermittlung des Kesselzuschlags Z_K

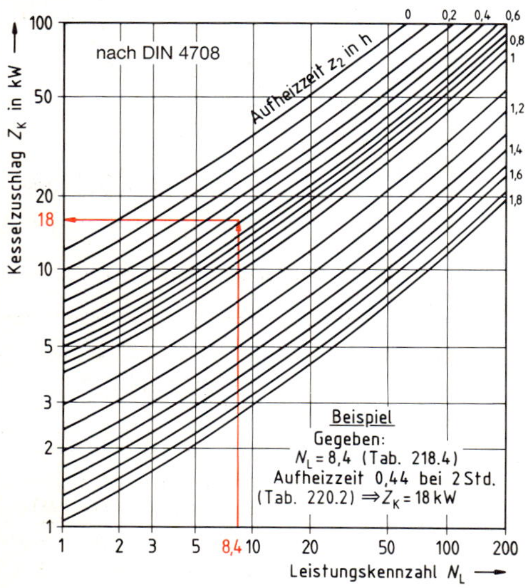

220.4 Leistung eines Elektrospeichers

Inhalt (Typ)	Mischwasser in Liter von 35 °C	40 °C	55 °C
N 5	**10** (14)	**8** (12)	**5** (8)
N 10	**20** (28)	**16** (23)	**10** (15)
N 15	**30** (42)	**25** (35)	**15** (23)
N 80	**160** (221)	**130** (184)	**80** (126)

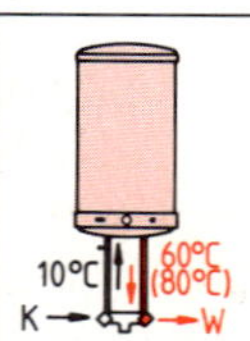

220.5 Heizungs- und wasserseitiger Druckverlust (fabrikat bezogen)

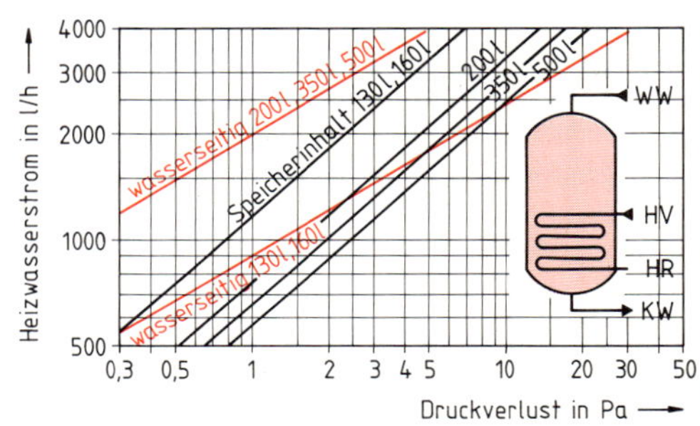

220.6 Gerätewirkungsgerade bei Nennleistung[1]

Elektrospeicher	El. Durchlauferhitzer	Gasdurchlauferwärmer	Umlaufgaswasserheizer	Vorrats-Gaswasserheizer	Heizkessel mit Speicher
0,99	0,99	0,84	0,86	0,86	0,90

[1] Jahresdurchschnittswirkungsgrade geringer.

220.7 Energieverlust bei Verkalkung

Ablagerung in mm	1	2	3	4	6	8	10
Mehrverbrauch in %	10	18	23	28	37	43	50

220.8 Zirkulationsleitungen (Anhaltswerte)

Entfernung Speicher – Steigstrang	10	20	30	>40 m
Zirkulationsleitung DN	15	15	20	25

220.9 Sicherheitsventile (DIN 4753)[1]

Nenninhalt l	bis 200	>200–1000	>1000
Anschluß DN	15	20	25
Max. Beheiz.-Leist. kW	75	150	250

[1] Nur für federbelastete Membransicherheitsventile, bauteilgeprüft.

221.1 Einteilung von Wärmepumpenanlagen für Heizung und Wassererwärmung

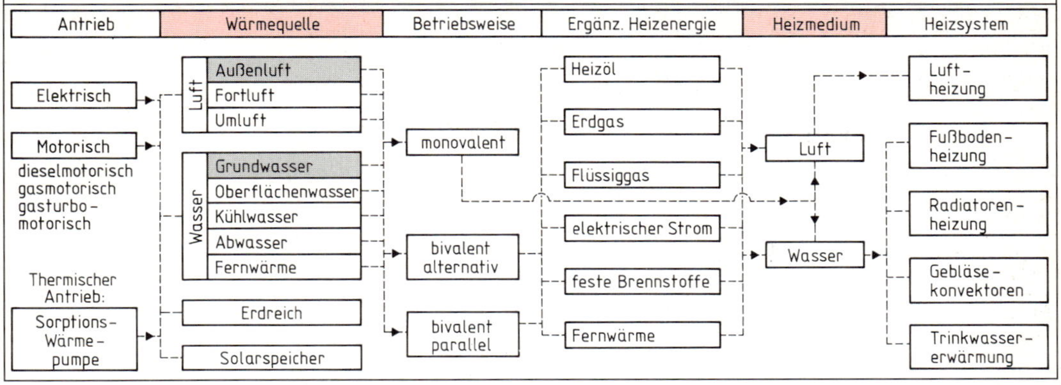

221.2 Jährliche mittlere Leistungszahlen bei Wärmepumpenheizungen (Anhaltswerte)

Wärmequelle	Luft (bivalent)	L/L	Luft (bivalent)	L/W	Wasser	W/W	Erdreich	E/W
Heizmedium	Luft	2,3...2.5	Wasser	2,0...2,3	Wasser	3,0...3,5	Wasser	2,5...3,0

221.3 Dampfdruckkurven von Kältemittel

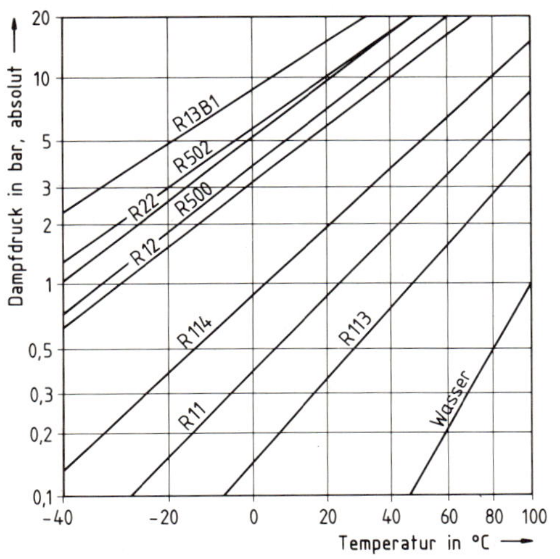

221.4 Kennlinien einer L/W-Wärmepumpe

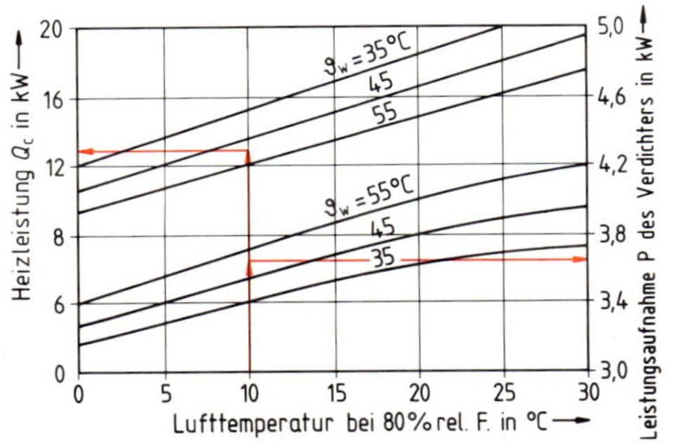

221.5 Tägliche Sonneneinstrahlung[x)]

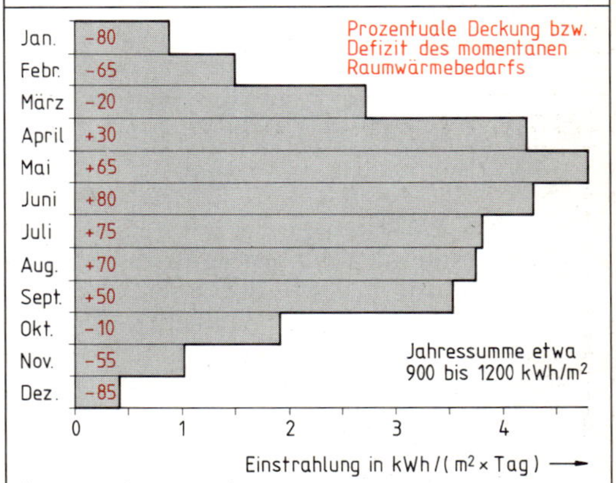

x) 45° nach Süden geneigt

221.6 Wärmerückgewinnungsanlagen (VDI 2071)

I	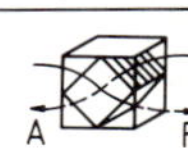	**Rekuperator** (Trennflächen-Wärmetauscher) z. B. Plattenwärmetauscher) Φ = 50...60 %
II	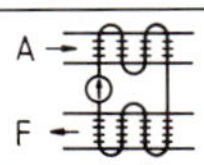	**Kreislaufverbundsystem** (Wärmetauscher im Außen- und Fortluftkanal. Φ = 40...50 %
	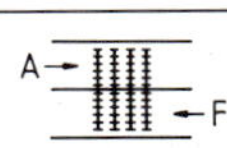	**Wärmerohr**-Wärmetauscher (Kältemittelverdampfung) Φ = 50...60 %
III	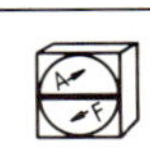	**Rotationswärmetauscher** (ohne oder mit Beschichtung) Φ = 65...80 %
IV	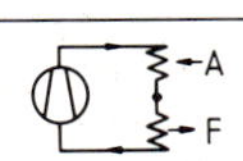	**Wärmepumpe** A durch Kondensator, F durch Verdampfer

222.1 Einteilung der Dampfarten nach Druck und Zustand

Niederdruckdampf	Nach der Dampfkesselverordnung von 1980 bis 1,0 bar Überdruck
Hochdruckdampf	Nach der Dampfkesselverordnung von 1980 mehr als 1,0 bar Überdruck
Vakuumdampf	Druck auf Wasserspiegel unterhalb Atmosphärendruck (Wasser verdampft bei $\vartheta < 100\ °C$)
Naßdampf	Dampf, bei dem nicht alles Wasser verdampft ist (mit Wasser in Verbindung)
Sattdampf	(Trockendampf), d. h. gesamtes Wasser ist verdampft (Dampftemperatur ≙ Siedetemperatur)
Heißdampf	(überhitzter Dampf), abgeführtem Sattdampf wird weiterhin Wärme zugeführt
Nachdampf	entsteht, wenn Kondensat in einen Raum gelangt, in dem der Druck niedriger als sein Sättigungsdruck ist (z. B. Kondensatsammelgefäß)
Abdampf	abströmender Dampf aus Kraftanlage (Turbine) ⇒ Wärme-Kraftkopplung
Frischdampf	Dampf aus Dampfkesseln oder speziellen Dampferzeugern (im Gegensatz zu Abdampf)

222.2 Zusammenhang zwischen Sattdampftemperatur ϑ_s und Sattdampfdruck p_s
(absoluter Druck)

ϑ_s °C	p_s in bar	ϑ_s °C	p_s in bar	ϑ_s °C	p_s in bar
0	0,00611	**105**	**1,2080**	180	10,027
20	0,02337	**110**	**1,4327**	200	15,549
40	0,07375	**120**	**1,9854**	250	39,776
60	0,20313	**130**	**2,701**	300	85,927
90	0,70110	140	3,614	350	165,35
100	**1,0133**	160	6,181	374,2	221,20

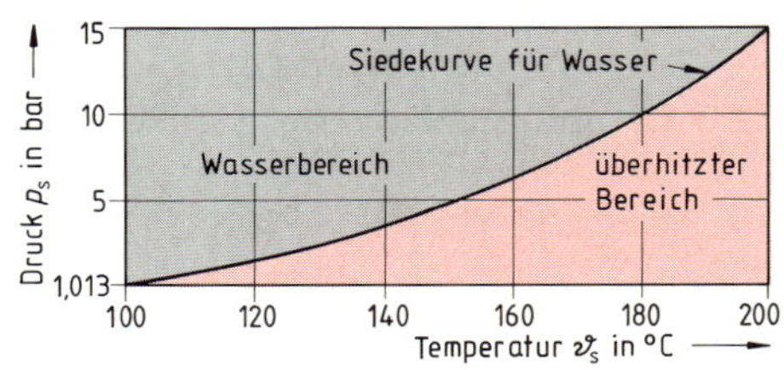

222.3 Zustandsgrößen von Wasser und Sattdampf, Kondensatanfall und Volumenstrom

p_{abs} bar	p_e bar	ϑ_s °C	v'' m³/kg	h' kJ/kg	h'' kJ/kg	r kJ/kg
0,2	Unterdruck	60,1	7,65	251,5	2610	2358
0,3		69,1	5,23	289,3	2625	2336
0,4		75,9	3,99	317,6	2637	2319
0,5		81,4	3,24	340,6	2646	2305
0,6		85,9	2,73	359,9	2654	2293
0,7		89,9	2,36	376,8	2660	2283
0,8		93,5	2,09	391,7	2666	2274
0,9		96,7	1,87	405,2	2671	2266
1,0		99,6	1,69	417,5	2675	2258
1,5	0,5	111,4	1,16	467,1	2693	2226
2,0	1,0	120,2	0,88	504,7	2706	2202
2,5	1,5	127,4	0,72	535,3	2716	2181
3,0	2,0	133,5	0,61	561,4	2725	2163
4,0	3,0	143,6	0,46	604,7	2737	2133
5,0	4,0	151,8	0,37	640,1	2747	2107
6,0	5,0	158,8	0,32	670,4	2755	2085
10	9	179,9	0,19	762,6	2776	2014
20	19	212,4	0,10	908,6	2797	1888
30	29	233,8	0,07	1008,4	2802	1793

Weitere Werte vgl. Tabelle 51.1

Erläuterungen und Hinweise

p_{abs} Absolutdruck
p_e Überdruck
ϑ_s Sättigungstemperatur
v'' Spezifisches Volumen des Dampfes
h' Wärmeinhalt der Flüssigkeit
h'' Wärmeinhalt des Dampfes $= h' + r$
r Verdampfungswärme

$\dot{m} = \frac{\dot{Q}}{r}$	$\dot{V} = \dot{m} \cdot v''$
$\dot{m}$ Dampfmassenstrom und Kondensatanfall in kg/h	$\dot{V}$ Volumenstrom des Dampfes in m³/h

Volumenzunahme durch Druckreduzierung erfordert eine größere Nennweite (Tab. 224.2).

Der Kondensatanfall bestimmt die Größe der Kondensatableiter und Rückspeiseanlage.

$\dot{Q}$ und $\dot{m}$ ⇒ für die Rohrnetzdimensionierung

Heizungstechnik

223.1 Anhaltswerte für Dampfdrücke in bar

Radiatoren und Rohrlängen < 100 m	0,05
Lufterhitzer oder Längen > 100 m	0,1 bis 0,2
Kochanlagen, Wäschereien, Apparate	0,2 bis 0,5 (bis 1)
Großapparate, Abdampfanlagen	1 bis 3
Dampf-Fernheizungen (max. 12 bar)	2 bis 3

223.2 Berechnungsschema (vorläufig)

Gewählter Dampfdruck im Kessel	= 5000 Pa
Üblicher Vordruck Hk-Ventil	= 2000 Pa
Wirksamer Druck für Dampfleitung	= 3000 Pa
Für Rohrreibung verfügbar 67 %:	**2000 Pa**

(Einzelwiderstände $Z \triangleq 1/3$
Rohrlänge von Kessel zum Wärmeverbraucher 26 m

Druckgefälle $R = \frac{2000\ \text{Pa}}{26\ \text{m}} = \mathbf{76{,}9\ Pa/m}$

bei z. B. 10 kW ⇒ **DN 25;** bei DN 25 und 10 kW ⇒ v = 13 m/s und $R \approx$ 60 Pa/m (Abb. 223.5)

223.3 Heizkörperanschlüsse (Anhaltswerte)

bis Wärmeleistung in kW		3,5	8	14	23
Nennweite: Dampf	DN	15	20	25	32
Nennweite: Kondensat	DN	15	15	20	20

223.4 k-Zahlen für Gegenstromapparate

Wassergeschw. v in m/s		0,1	0,2	0,5	1,0	2,0
k-Zahl in W/(m² · K)	Kupfer	1200	1650	2250	2800	3200
	Stahl	1000	1300	1800	2050	2300

223.5 R-Wert- und Durchmesserbestimmung von Niederdruckdampf-Leitungen[1]

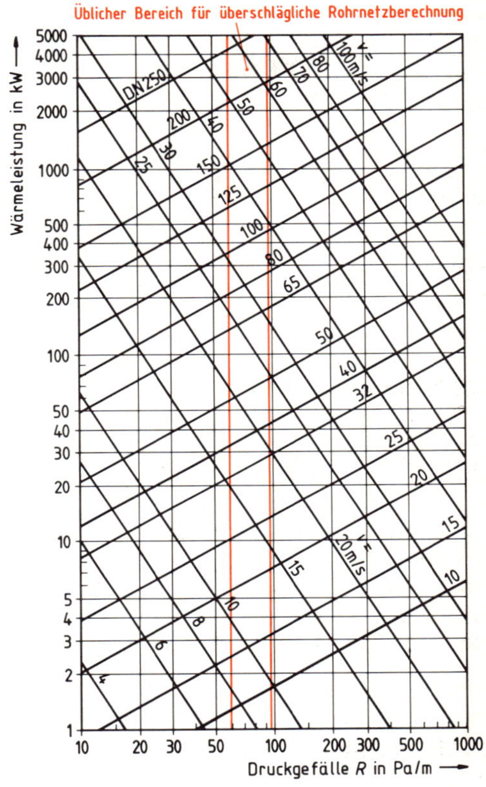

[1] **Geschwindigkeitsannahmen:**
Sattdampf: bis 20 m/s senkrecht, bis 25 m/s waagrecht
Heißdampf: bis 50 m/s

223.6 Druckverluste Z für ζ = 1 bei Niederdruckdampf

v in m/s	3	4	5	6	7	8	9	10	12	14	16	18	20	25	30	40	50
Z in Pa	3	5	8	12	16	21	26	32	47	63	83	105	130	205	290	520	810

223.7 Dimensionierung der trockenen und nassen Kondensatleitungen

Nennweite DN	Trockene Leitung waagerecht | senkrecht Leistung in W		Nasse Kondensatleitungen waagerecht oder senkrecht Leistung in W bei folgenden Längen		
	waagerecht	senkrecht	$l \leq$ 50 m[1]	l = 50 bis 100 m	l > 100 m
15	5510	6960	32480	20880	9280
20	17400	25520	81200	52200	29000
25	32480	48720	145000	92800	46400
32	78880	116000	313200	203000	98600
40	120640	179800	435000	290000	133400
50	249400	371200	754000	510400	249400
57	365400	545200	1102000	719200	365000
60	493000	736600	1450000	986000	493000

Trockene Leitung
Leitung über der Druckgrenze (hochliegende Leitung)

Nasse Leitung
Leitung unterhalb der Druckgrenze (tiefliegende Leitung)

[1] Mit den Werten dieser Spalte können auch die Entlüftungsleitungen dimensioniert werden

Heizungstechnik

224.1 „Leistungsdiagramm“ eines Schnellentleerers (fabrikatbezogen)

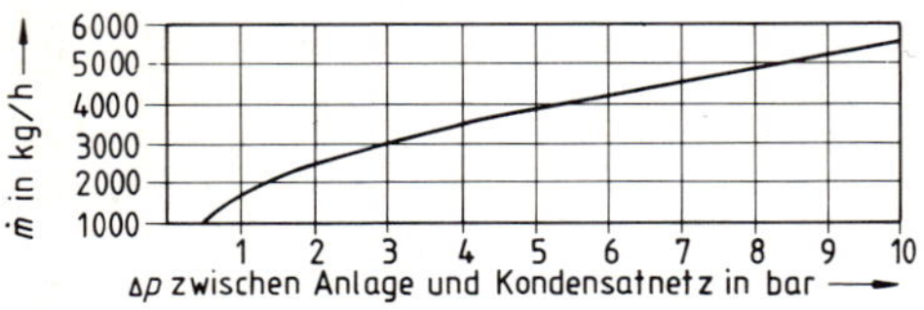

Anwendungsbereich
von 0,01 bis 10 bar und 180 °C

Nennweiten: DN 15, 20, 25
Eck- und Durchgangsform

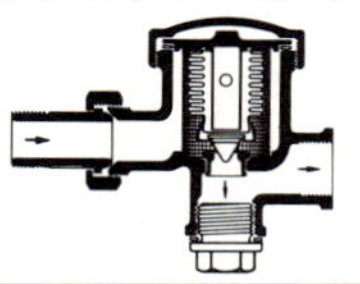

224.2 Bestimmung der Nennweiten bei Dampfdruckreduzierung

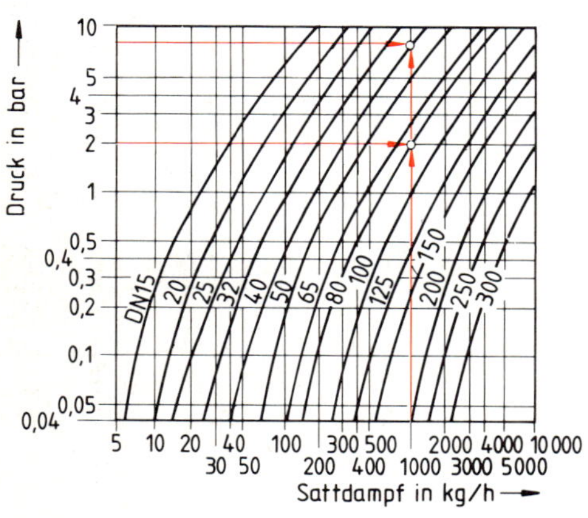

224.3 Schwimmerkondensatableiter (fabrikatbezogen)

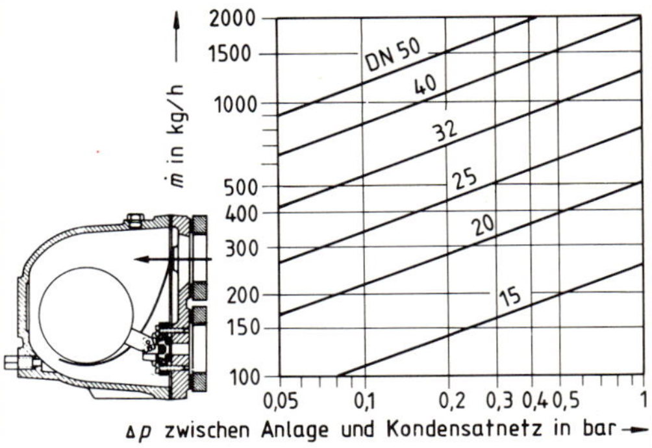

Nennweiten	**Anwendungsbereich**
DN 15, 20, 25, 32, 40, 50 mit automatischer Entlüftung	bis 1 bar und 120 °C

224.4 Nachverdampfung bei Entspannung von Siedekondensat (Entspannungsdampfmenge)

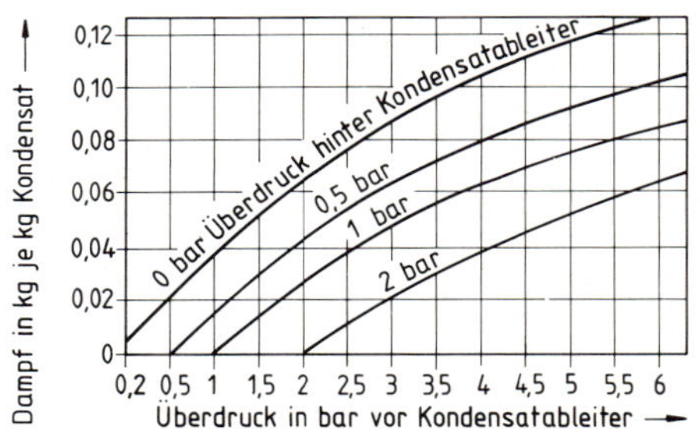

Tab 224.5 R-Wert- und Durchmesserbestimmung von Hochdruckdampfleitungen

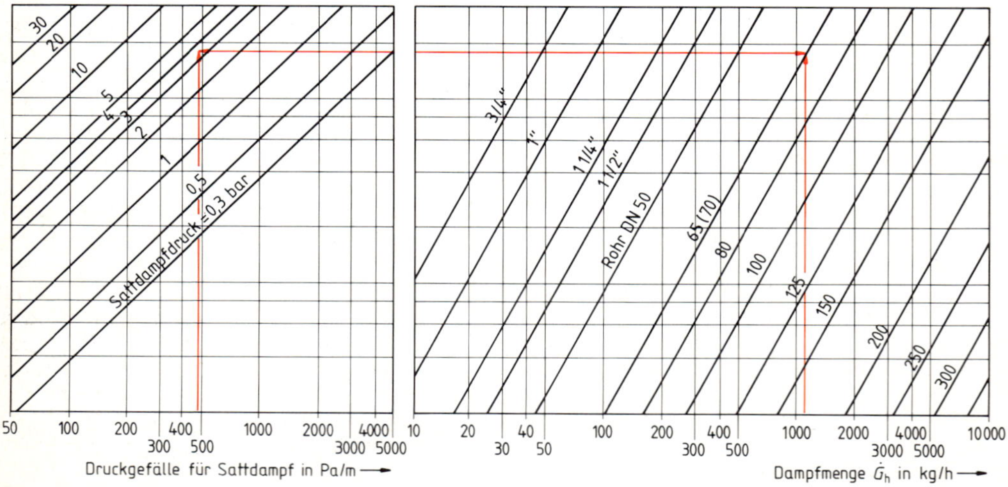

Heizungstechnik

225.1 Gliederung der Lufttechnik (DIN 1946)

Raumlufttechnik

- Luftförderung mit Ventilatoren (RLT-Anlagen) (mit oder ohne Lüftungsfunktion)
- Luftförderung ohne Ventilatoren (freie Lüftung)

Prozeßlufttechnik

z. B. Trocknung, Absaugung, Entstaubung, u. a.

225.2 Staubgehalt in der Luft (Mittelwerte mg/m³)

Landgegend		Wohnräume	1...2
bei Trockenheit	0,10	Warenhäuser	2...5
bei Regen	0,05	Werkstätten	1...10
Großstadtgebiet		Zementfabrik	100...200
Wohngegend	0,10	Grubenluft	100...300
Industriegegend	0,3...0,5	Abgase techn.	1000...
Industriegebiet	1...3	Feuerungen	15000

225.3 Zustandsgrößen von gesättigter Luft bei 1013 mbar

ϑ °C	ϱ_{tr} kg/m³	ϱ_s kg/m³	c Wh/(m³ · K)	x_s g/kg	h_s kJ/kg	r kJ/kg
−20	1,396	1,395	0,388	0,63	−18,5	2839
−15	1,368	1,367	0,380	1,01	−12,6	2838
−14	1,363	1,362	0,379	1,11	−11,3	2838
−13	1,358	1,357	0,377	1,22	−10,0	2838
−12	1,353	1,352	0,376	1,34	− 8,8	2837
−11	1,348	1,374	0,374	1,46	− 7,5	2837
−10	1,342	1,341	0,373	1,60	− 6,1	2837
− 9	1,337	1,336	0,371	1,75	− 4,7	2836
− 8	1,332	1,331	0,370	1,91	− 3,3	2836
− 7	1,327	1,325	0,368	2,08	− 1,9	2836
− 6	1,322	1,320	0,367	2,27	− 0,4	2836
− 5	1,317	1,315	0,366	2,47	+ 1,1	2836
− 4	1,312	1,310	0,364	2,69	+ 2,7	2835
− 3	1,308	1,306	0,363	2,94	+ 4,3	2835
− 2	1,303	1,301	0,362	3,19	+ 5,9	2835
− 1	1,298	1,295	0,360	3,47	+ 7,6	2835
0	1,293	1,290	0,359	3,78	9,4	2500
1	1,288	1,285	0,357	4,07	11,2	2498
2	1,284	1,281	0,356	4,37	12,9	2496
3	1,279	1,275	0,354	4,70	14,8	2494
4	1,275	1,271	0,353	5,03	16,7	2492
5	1,227	1,266	0,352	5,40	18,5	2489
6	1,265	1,261	0,351	5,79	20,5	2486
7	1,261	1,256	0,349	6,21	22,6	2484
8	1,256	1,251	0,348	6,65	24,7	2482
9	1,252	1,247	0,347	7,13	26,9	2480
10	1,248	1,242	0,345	7,63	29,2	2477
11	1,243	1,237	0,344	8,15	31,6	2475
12	1,239	1,232	0,342	8,75	34,1	2473
13	1,235	1,228	0,341	9,35	36,6	2470
14	1,230	1,223	0,340	9,97	39,2	2468
15	1,226	1,218	0,339	10,60	41,8	2465
16	1,222	1,214	0,337	11,40	44,8	2463
17	1,217	1,208	0,336	12,10	47,8	2461
18	1,213	1,204	0,335	12,90	50,7	2458
19	1,209	1,200	0,334	13,80	54,1	2456
20	1,205	1,195	0,332	14,70	57,8	2453

ϑ °C	ϱ_{tr} kg/m³	ϱ_s kg/m³	c Wh/(m³ · K)	x_s g/kg	h_s kJ/kg	r kJ/kg
21	1,201	1,190	0,331	15,6	61,2	2451
22	1,197	1,185	0,329	16,6	64,1	2448
23	1,193	1,181	0,328	17,7	67,9	2446
24	1,189	1,176	0,327	18,8	72,1	2444
25	1,185	1,171	0,326	20,0	75,8	2441
26	1,181	1,166	0,324	21,4	80,4	2439
27	1,177	1,161	0,322	22,6	84,6	2437
28	1,173	1,156	0,321	24,0	89,3	2434
29	1,169	1,151	0,320	25,6	94,3	2432
30	1,165	0,146	0,318	27,2	99,7	2430
31	1,161	1,141	0,317	28,8	104,8	2428
32	1,157	1,136	0,316	30,6	110,2	2425
33	1,154	1,131	0,314	32,5	116,1	2423
34	1,150	1,126	0,313	34,4	122,3	2420
35	1,146	1,121	0,311	36,6	129,1	2418
36	1,142	1,116	0,310	38,8	135,8	2416
37	1,139	1,111	0,309	41,1	142,5	2414
38	1,135	1,107	0,308	44,5	149,6	2411
39	1,132	1,102	0,306	46,0	157,5	2409
40	1,128	1,097	0,305	48,8	165,9	2406
42	1,121	1,086	0,302	54,8	183,1	2401
44	1,114	1,076	0,299	61,3	202,4	2396
46	1,107	1,065	0,296	68,9	223,7	2392
48	1,100	1,054	0,293	77,0	247,2	2387
50	1,093	1,043	0,290	86,2	273,6	2382
55	1,076	1,013	0,282	114	352,4	2370
60	1,060	0,981	0,273	152	457	2358
65	1,044	0,946	0,263	204	599	2345
70	1,029	0,909	0,252	276	796	2333
75	1,014	0,868	0,241	382	1081	2321
80	1,000	0,823	0,229	545	1521	2308
85	0,986	0,773	0,215	828	2284	2296
90	0,973	0,718	0,200	1400	3821	2283
95	0,959	0,656	0,182	3120	8484	2270
100	0,947	0,589	0,164	–	–	2258

ϑ Temperatur
ϱ Dichte
c spezifische Wärmekapazität
x_s absolute Feuchtigkeit gesättigter Luft (Sättigungsdampfmenge)
h_s Wärmeeinheit (Enthalpie) gesättigter Luft
r Verdampfungswärme

226.1 Dichte ϱ_L und spezifische Wärmekapazität c heißer Luft, Dichte ϱ_R von Rauchgas

ϑ °C	ϱ_L $\frac{kg}{m^3}$	c_L $\frac{Wh}{m^3 \cdot K}$	ϱ_R $\frac{kg}{m^3}$
150	0,83	0,23	0,85
200	0,74	0,21	0,76
250	0,67	0,185	0,69
300	0,62	0,17	0,63
350	0,57	0,16	0,58
400	0,52	0,145	0,54
450	0,48	0,13	0,50
500	0,46	0,125	0,47
550	0,43	0,12	0,42
600	0,40	0,11	0,41
650	0,38	0,10	0,40

Rechnerische Beziehungen

$$\varrho_\vartheta = \frac{\varrho_0\,(\text{Luft})}{1 + \alpha \cdot \vartheta}$$

$$\varrho_\vartheta = \frac{1{,}293}{1 + \frac{\vartheta}{273}} \left(\frac{kg}{m^3}\right)$$

$$\frac{\varrho_1}{\varrho_2} = \frac{T_2}{T_1} = \frac{\vartheta_2 + 273}{\vartheta_1 + 273}$$

$$c_\vartheta = \varrho_\vartheta \cdot c_L$$

$$c_L = 0{,}28\ \frac{Wh}{kg \cdot K}$$

Beispiel: Heiße Luft (Brandfall) 800 °C

$$\varrho_{800} = \frac{1{,}293\ kg/m^3}{1 + 2{,}93} = 0{,}32\ \frac{kg}{m^3};\ c = 0{,}089\ \frac{Wh}{m^3 \cdot K}$$

226.2 Spezifische Wärmekapazität und Dichte von Luft

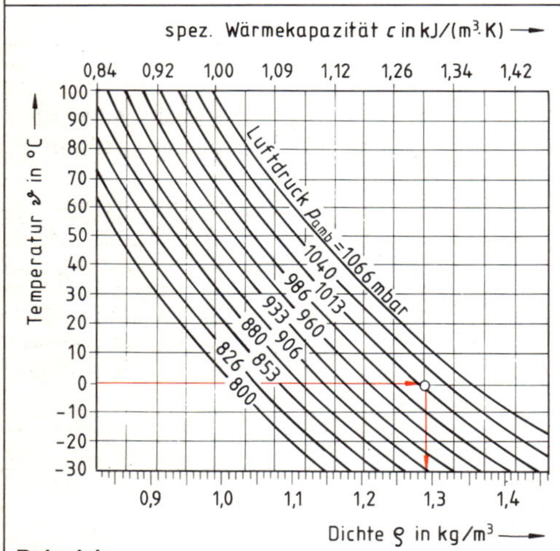

Beispiel:
Temperatur 50 °C, Höhe über NN 1500 m
Lösung:
Luftdruck ≈ 850 mbar; Dichte $\varrho = 0{,}9\ \frac{kg}{m^3}$;
spezifische Wärmekapazität c ≈ $0{,}92\ \frac{kg}{m^3 \cdot K}$

Höhe über NN in m	0	500	1000	2000	3000
Luftdruck in mbar	1013	955	899	795	701

226.3 Zusammensetzung reiner Luft (Vol.-%)

Sauerstoff	Stickstoff	Kohlenstoffdioxid	Wasserstoff	Edelgase
20,93	78,10	0,03	0,01	0,93

226.4 Einflußgrößen auf die Behaglichkeit

Thermische Einflüsse (Wärme- und Kälteempfinden	• Raumtemperatur • Umschließungsflächentemperatur • Luftgeschwindigkeit • Relative Feuchtigkeit
Chemische Einflüsse	• Geruch- und Ekelstoffe, CO_2 • Stäube, Gase, Rauch, Aerosole
Physikalische Einflüsse	• Geräusche (Schallausbreitung) • Elektrostatische Aufladungen
Optische Einflüsse	• Beleuchtung, Blendung • Ausblick, Farben, Einrichtung
Sonstige Einflußgrößen	• Beschäftigungsart, Kleidung • Alter, Gesundheitszustand

226.5 Gesamtwärmeabgabe des Menschen bei verschiedenen Aktivitätsgraden A I bis A IV

A	körperliche Tätigkeit, Belastung		Watt
I	keine Tätigkeit	(schlafend), ruhend	(60) 80
		sitzend entspannt	90...110
		stehend entspannt	120...130
	leicht	sitzend (z. B. Büro)	120...130
II	leicht	stehend (Laden, Betrieb)	160...180
III	mäßig	Haus-, Maschinenarbeit	180...220
IV	schwer	z. B. in der Schwerindustrie	250... > 350

226.6 Wärme-, Wasserdampf- und CO_2-abgabe des Menschen in Abhängigkeit der Lufttemperatur ϑ_i

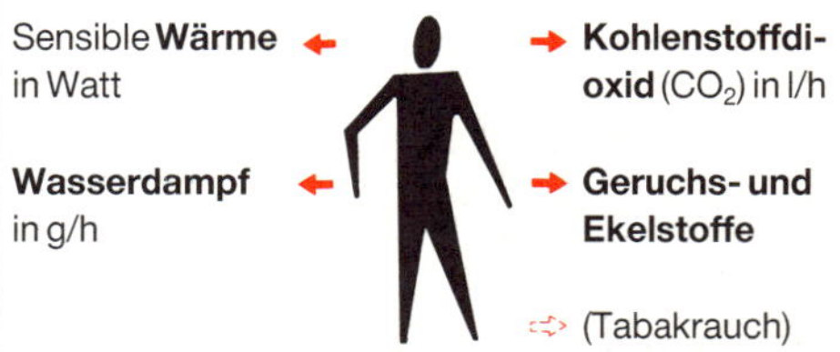

ϑ_{in} °C	12	14	16	18	20	22	24	26	28	30	32
Sensible Wärme (trockene, fühlbare Wärme) $\dot{Q}_s$ in W	126	115	106	98	92	85	77	69	58	47	33
Latente Wärme (feuchte Wärme) $\dot{Q}_l$ in W	21	21	21	23	27	33	41	49	59	69	81
Wasserdampfabgabe $\dot{m}$ in g/h	30	30	30	33	38	47	58	70	85	98	116

Kohlenstoffdioxidabgabe (abhängig von Tätigkeit)

Aktivität (Tab. 226.5)	I	II	III	IV
CO_2-Abgabe in l/h	15	23	30	> 30

227.1 Raumtemperatur in Abhängigkeit der inneren Wandoberflächentemperatur

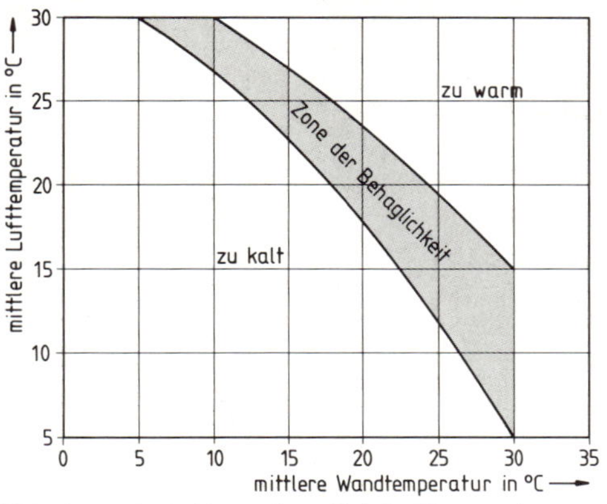

abhängig von den beiden anderen Einflußgrößen v und φ

227.2 Innere Oberflächentemperaturen von Fenstern und Wänden (Anhaltwerte)

Bauteil (Fenster, Wände)	Außentemperatur ϑ_a – 15	– 10	– 5	± 0	5	10	15
Einfachfenster	–2	1	4	7	11	13	17
Doppelverglasung	8	10	12	13,5	15	17	18
Isolierglas	12	13	15	16	17	18	19
k-Zahl 1,2 W (m² · K)	15	15,5	16,5	17	17,5	18,5	19
k-Zahl 0,6 W (m² · K)	17	17,5	18	18,5	18,7	19	19,5

227.3 Günstigste Temperatur und relative Feuchte (Schwülekurve)

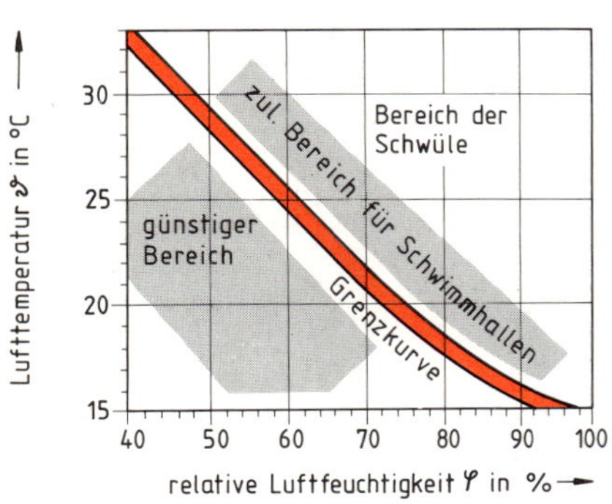

227.4 Maximale Raumtemperatur ϑ_i in Abhängigkeit der Außentemperatur ϑ_a (Sommer)

ϑ_a in °C	20	25	30	32[1)]	34	Maximale Temp. diff.
ϑ_i in °C	22	23	25	26	27	$\vartheta_a - \vartheta_i \approx 6$ K

[1)] Übliche Auslegungstemperatur für Klimaanlagen $\vartheta_a = 32$ °C

227.5 Maximal zulässige Raumluftfeuchtigkeit nach den Arbeitsstättenrichtlinien

Temperatur	rel. Feucht.	Temperatur	rel. Feucht.
20 °C	80 %	24 °C	62 %
22 °C	70 %	26 °C	55 %

227.6 Ermittlung der Taupunkttemperatur

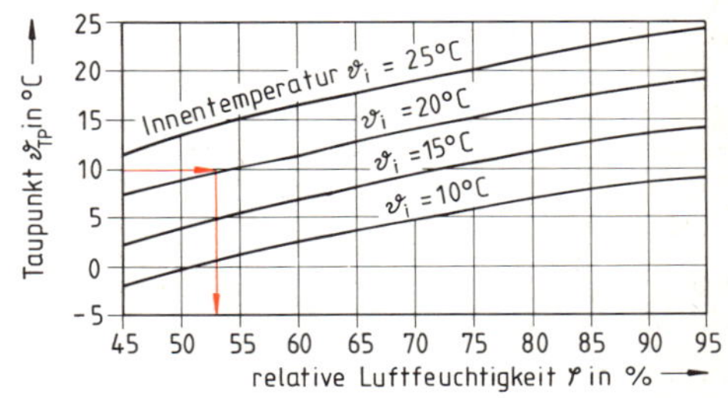

Beispiel: $\vartheta_{Fenster} = 10$ °C ($\triangleq \vartheta_{Tp}$); $\vartheta_i = 20$ °C;
max. zul. relative Feuchtigkeit φ = **53 %**

227.7 Zulässige Luftgeschwindigkeiten in Abhängigkeit der Raumtemperatur (DIN 1946)

Lufttemp. ϑ_i in °C	21	22	23	24	25	26	27
Geschw. v in m/s	0,18	0,18	0,19	0,22	0,25	0,28	0,32

Annahmen: Aktivitätsgrad I (bei Erhöhung um 50 W kann v um 0,04 m/s angehoben werden); mittl. Bekleidung; ϑ_0 annähernd ϑ_i (je 4 K Abweichung kann v um 0,04 m/s geändert werden.

227.8 Freie Lüftungssysteme (Lüftungssysteme ohne Gebläse)

Ursachen:	
Windeinfluß (-druck)	$\Delta p = \frac{\varrho}{2} \cdot v^2$
Auftriebsdruck	$\Delta p = h \cdot \varrho \cdot \Delta\vartheta$
• **Fugenlüftung** • **Fensterlüftung**	(Fugendurchlässigkeit Tab. 228.2) einseitige Lüftung oder zweiseitige L. (Querlüftung)
• **Schachtlüftung**	Einzelschachtlüftung, Sammelschachtlüftung } vgl. Tab. 228.4/228.5
• **Dachaufsatzlüftung**	konstanter Strömungsquerschnitt od. veränderlicher Strömungsquerschnitt

228.1 Windgeschwindigkeiten (Beaufort-Skala)

Stärke	Bezeichnung	Windwirkung	m/s	km/h
0	stille	Rauch senkrecht	0,6	2
1	leise	Rauch schief	1,7	6
2	leicht	eben fühlbar	3,1	11
3	schwach	Blattbewegung	5,3	19
4	mäßig	Zweigbewegung	7,0	25
5	frisch	Astbewegung	9,7	35
6	stark	Heulen	12,5	45
7	heftig	Baumbewegung	15,3	55
8	fast Sturm	Stämme biegen	18,1	65
9	Sturm	Ziegel fallen	21,4	77
10	starker Sturm	Bäume brechen	25,0	90
11	schwerer Sturm	Dächer defekt	29,2	105
12[1]	Orkan	Mauern stürzen	33,3	120

[1] > 12 schwerer Orkan (Gebäudezerstörung).

228.2 Volumenstrom je m Fugenlänge in m³/h

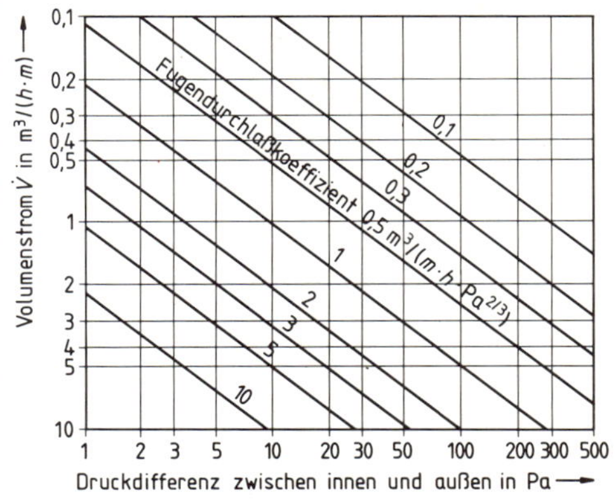

228.3 Geschätzte Luftwechselzahlen in Abhängigkeit der Fensterstellung

Fenster und Türen zu	Fenster gekippt, Rolladen unten	Fenster gekippt, ohne Rolladen	Fenster halb geschlossen	Fenster ganz geöffnet	Fenster und Türen geöffnet (gegenüber)
0,1 bis 0,5/h	0,3 bis 1,8/h	0,7 bis 5,0/h	4 bis 10/h	7 bis 15/h	25 bis 45/h

228.4 Auftriebsdruck in Lüftungsschächten in Pa je Meter Kanal ($g \cdot \Delta\varrho$)

Außen-temperatur ϑ_a	Kanaltemperatur (≈ Raumtemperatur) 2 °C	4 °C	6 °C	8 °C	10 °C	12 °C	14 °C	16 °C	18 °C	20 °C	22 °C	24 °C
+20 °C	–	–	–	–	–	–	–	–	–	–	0,078	0,157
+15 °C	–	–	–	–	–	–	–	0,039	0,128	0,206	0,284	0,363
+10 °C	–	–	–	–	–	0,088	0,177	0,255	0,343	0,422	0,500	0,579
+ 5 °C	–	–	0,049	0,138	0,216	0,304	0,392	0,471	0,559	0,638	0,716	0,795
0	0,088	0,177	0,275	0,363	0,441	0,530	0,618	0,697	0,785	0,863	0,942	1,020
– 5 °C	0,324	0,412	0,510	0,598	0,677	0,765	0,853	0,932	1,020	1,099	1,177	1,256
–10 °C	0,569	0,657	0,755	0,844	0,922	1,010	1,099	1,177	1,265	1,344	1,422	1,501
–15 °C	0,824	0,912	1,010	1,099	1,177	1,265	1,354	1,432	1,521	1,599	1,678	1,756

228.5 Luftgeschwindigkeiten in Schächten in m/s (ohne Ventilator)

Schacht-höhe in m	Temperaturunterschied zwischen der Temperatur im Schachtinnern (≈ Raumtemperatur) und der Temperatur außerhalb des Schachtes (Mittelwert) 4 K	5 K	6 K	8 K	10 K	15 K	20 K	25 K	30 K
3	0,36	0,41	0,45	0,52	0,60	0,73	0,84	0,92	0,99
4	0,43	0,48	0,53	0,61	0,69	0,84	0,96	1,06	1,14
6	0,54	0,60	0,66	0,76	0,84	1,03	1,17	1,30	1,40
8	0,62	0,69	0,77	0,87	0,97	1,18	1,35	1,50	1,62
10	0,69	0,77	0,85	0,98	1,09	1,33	1,51	1,67	1,81
12	0,76	0,84	0,93	1,06	1,18	1,46	1,65	1,83	1,98
14	0,82	0,91	1,01	1,15	1,28	1,57	1,79	1,98	2,14
16	0,88	0,98	1,08	1,24	1,37	1,68	1,91	2,11	2,29
18	0,93	1,03	1,14	1,31	1,56	1,77	2,02	2,24	2,44
20	0,98	1,09	1,20	1,38	1,54	1,87	2,14	2,36	2,56
22	1,03	1,14	1,26	1,45	1,61	1,96	2,23	2,48	2,68

Beispiel:
Schachtquerschnitt A = 140 cm²
Schachthöhe 14 m
$\Delta\vartheta$ = 10 K

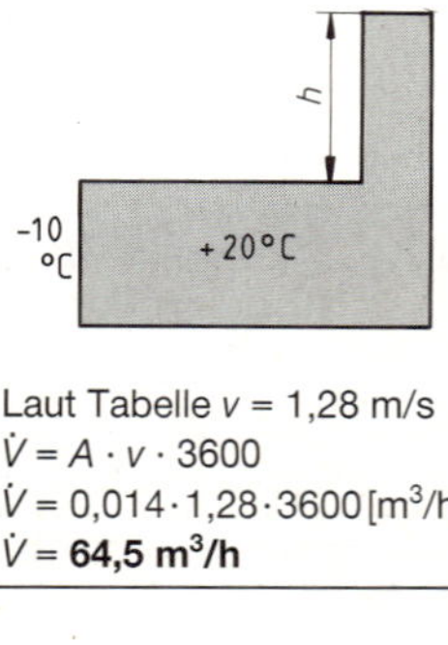

Laut Tabelle v = 1,28 m/s

$\dot V = A \cdot v \cdot 3600$

$\dot V = 0{,}014 \cdot 1{,}28 \cdot 3600\ [\mathrm{m^3/h}]$

$\dot V$ = **64,5 m³/h**

Lüftungs- und Klimatechnik

229.1 Erforderliche Lüftungsquerschnitte bei freier Lüftung nach Arbeitsstätten-Richtlinien

System[1]	Lichte Raumhöhe *H*	Maximal zulässige Raumtiefe bezogen auf lichte Höhe *H*	Zu- und gleichgroßer Abluftquerschnitt in cm² je m² Bodenfläche bei folgenden Raumgruppen					
			Raumgruppe A		Raumgruppe B		Raumgruppe C	
I	–	$2{,}5 \cdot H$	überwiegend sitzende Tätigkeit	200	überwiegend nichtsitzende Tätigkeit	350	A und B und zusätzlich starke Geruchsbildung	500
II	bis 4 m	–		120		200		300
III	–	$5{,}0 \cdot H$		80		140		200
IV	über 4 m	–		80		140		200

[1] **System I** Zu- und Abluft in einer Außenwand (AW), beide Querschnitte addieren, v im Querschnitt 0,08 m/s;
System II Querlüftung (gegenüberliegende AW oder AW und Dach), v = 0,14 m/s;
System III Querlüftung bei gegenüberliegendem Lüftungsschacht (80 cm², 4 m hoch), v = 0,21 m/s;
System IV Querlüftung mit Dachaufsätzen und Öffnungen an einer oder gegenüberliegenden AW, v = 0,21 m/s.

229.2 Aufgaben und Anforderungen der Lüftung

Aufgaben
- Sicherstellung des Luftsauerstoffs
- Abführen von Schadstoffen, Gerüchen, Staub
- Abführen von Wasserdampf (z. B. Schwimmbad)
- Vermeidung von Geruchsausbreitung (Druckhaltung)
- Luftkühlung mittels Außenluft ϑ_{zu} (= ϑ_a oder ϑ_m) < ϑ_i
- Beheizungsmöglichkeit (Vermeidung von Zug)
- Wärmerückgewinnung aus Fortluft (wärmere Außenluft)
- Reinigung der Luft (Außenluft und Raumluft)
- Schutz vor Außenlärm (keine Fensteröffnung)
- Erhöhung der Produktivität und bessere Arbeitsbedingungen

Anforderungen
- Sicherstellung der erforderlichen Volumenströme
- Gleichmäßige Luftverteilung im Raum
- Keine Zugbelästigungen
- Keine Übertragung von Luft- und Körperschall
- Wirtschaftliche Betriebsweise (evtl. Rückgewinnung)
- Sorgfältige Geräte- und Materialauswahl

229.3 Abkürzungen von Anlagen, Geräte und Bauteilen nach DIN 1946 (Auszug)

RLT	Raumlufttechnik	VE	Ventilator
GR	Gerät (allgemein)	DAS	Dachaufsatzlüfter
RGR	Raumgeräte (Tab. 230.5) mit entsprechenden Vorzeichen D-, S-, T-, E-, W-, F für Dach-, Schrank-, Truhen-, Einbau-, Wand-, Fenstergerät	LF	Luftfilter
		LH	Lufterwärmer
		LL	Luftleitung
		LD	Luftdurchlaß
		SD	Schalldämpfer
		GH	Gehäuse
		VEKV	Ventilatorkonvektor
		KL	Klappe
KAZ	Kammerzentrale AKAZ außen, IKAZ innen	TF	Temperaturfühler
		VT	Ventil
		RG	Regler
WR	Wärmerückgewinner	Sch	Schalttafel
WE	Wärmeerzeuger		

Vgl. auch Tab. 229.4 und 230.5.

229.4 Einteilung von RLT-Anlagen nach Aufbereitungsstufen (DIN 1946)

Thermodynamische Aufbereitungsstufen:
H heizen, **K** kühlen, **B** befeuchten, **E** entfeuchten,
O ohne thermodynamische Luftbehandlungsfunktion

AU Außenluft, **UM** Umluft, **MI** Mischluft, **FO** Fortluft

Anzahl	Typ-Bezeichnung	Anlagenbenennung
0	O-AU, O-MI, O-FO	Lüftungsanlage
	O-UM	Umluftanlage
1	H-AU, H-MI K-AU, K-MI B-AU, B-MI E-AU, E-MI	Lüftungsanlagen
	H-UM, B-UM K-UM, E-UM	Umluftanlage
2	HK-AU, HK-MI HB-AU, HB-MI HE-AU, HE-MI KB-AU, KB-MI KE-AU, KE,MI BE-AU, BE-MI	Teilklimaanlage
	HK-UM, KB-UM HB-UM, KE-UM HE-UM, BE-UM	Umluft-Teilklimaanlage
3	HKB-AU, HKB-MI HKE-AU, HKE-MI HBE-AU, HBE-MI KBE-AU, KBE-MI	Teilklimaanlage
	HKB-UM, HBE-UM HKE-UM, HBE-UM	Umluft-Teilklimaanlage
4	HKBE-AU, HKBE-MI	Klimaanlage
	HKBE-UM	Umluft-Klimaanlage

KM	mit Kältemaschine	**Beispiel: HKE-MI-HKM:** Teilklimagerät, Heizen, Kühlen und Entfeuchten der Zuluft; eingebaute Kältemaschine mit Umschaltmöglichkeit auf Wärmepumpenbetrieb; Lüftung (Mischluft)
HM	mit Wärmepumpe	
KHM	Kältemaschine/Wärmepumpe (umschaltbar)	
KMS	Kälteaggregat in Splitbauweise	

230.1 Einteilung von RLT-Anlagen nach Luftsystem (Unterdruck ⊖, Überdruck ⊕, Gleichdruck ±)

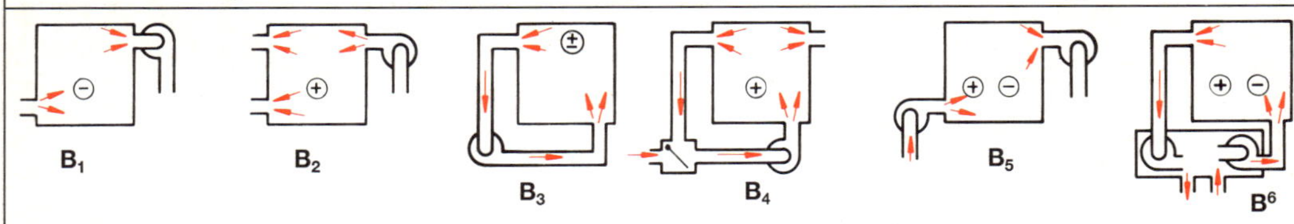

B_1 **Fortluftsystem** („Sauglüftung") nur Entlüftung; Zuluft wird angesaugt (möglichst aus warmen Nebenräumen)	
B_2 **Außenluftsystem** („Drucklüftung") nur Belüftung; Raumluft (Abluft) wird hinausgedrückt (Gefahr von Zugerscheinung)	
B_3 **Umluftsystem** (d. h. keine Lüftung); weder Über- noch Unterdruck; z. B. Raumheizung	
B_4 **Mischluftsystem**; je nach Klappenstellung werden Umluft- und Außenluftanteile angesaugt; Fortluft wird hinausgedrückt	
B_5 **Außen- und Fortluftsystem** (Be- und Entlüftung) je nach $\dot{V}_{zu}$ und $\dot{V}_{ab}$ Über- oder Unterdruck; kein Umluftbetrieb;	
B_6 **Misch- und Fortluftsystem** (Be- und Entlüftung); je nach Bedarf Über- oder Unterdruck; Umluft-, Mischluft- oder Außenluft; vgl. Abb. 230.3	

230.2 Einteilung von Lüftungsanlagen nach ihrem Verwendungszweck, Vorschriften

Lüftungs-anlagen	• Versammlungsräume, Büroräume • Betriebsräume (gewerblich)

Spezielle Lüftungsanlagen (Auswahl) DIN/VDI

1	Wohnungslüftung	DIN 1946/6
2	Lüftung innenliegender Räume (z. B. Bäder, Toiletten, Küchen)	DIN 18017
3	Küchenlüftung, Abzugshauben	VDI 2052
4	Garagen- und Tunnellüftung	VDI 2053
5	Schwimmbadlüftung (Entnebelung)	VDI 2089
6	Lüftung von Tierställen	DIN 18910
7	Gewächshauslüftung	–
8	Geschäftshäuser, Verkaufsstätten	VDI 2082
9	Lüftung von Laboratorien	VDI 2051
10	Lüftung von Schutzräumen	VDI 2085

230.3 Kennzeichnung der Luftarten

Abluft (gelb)
Fortluft (gelb)
Außenluft (grün)
Zuluft (grün, rot, blau, violett)
Umluft (gelb)
Mischluft (orange)

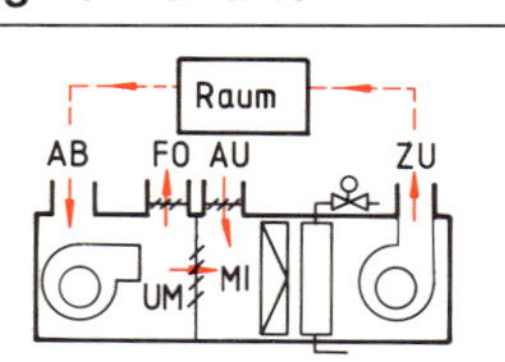

VAU vorbehandelte Außenluft; **NFO** nachbehandelte Fortluft; **NAB** nachbehandelte Abluft	**Sinnbilder** von RLT-Anlagen vgl. Tab. 47.4

230.4 Ungefährer Platzbedarf für RLT-Zentrale

Volumen-strom in m³/h	Raum-höhe in m	Zuluft- und Abluftzentrale H[1] in m²	HK[1] in m²	HKB[1] in m²
10000	2,5	30	50 bis 60	60 bis 70
25000	3,2	35 bis 40	65 bis 80	85 bis 100
50000	4,0	50 bis 60	90 bis 110	120 bis 140
75000	4,5	65 bis 80	120 bis 145	255 bis 180

[1] vgl. Tab. 229.4

230.5 RLT-Einzelgeräte GR mit Benennungen

Schrankgeräte	S-RGR	Deckengeräte	D-RGR
Truhengeräte	T-RGR	Wandgeräte	W-RGR
Einbaugeräte	E-RGR	Fenstergeräte	F-RGR

RGR Raumgerät; DGR Dachgerät; ARG Außengerät

230.6 Zuluftvolumenströme in m³/h

①	Lüftungsanlage	AR, LW, MAK (Tab. 230.7)
②	Luftheizung	$\dot{V}_{zu} = \frac{\dot{Q}_H}{c \cdot (\vartheta_{zu} - \vartheta_i)}$
③	Lüftungs- und Luftheizungs-anlage	entweder nach ① und dann ② anpassen oder nach ② und dann ① anpassen
④	Luftkühlanlage (Klimaanlage)	$\dot{V}_{zu} = \frac{-\dot{Q}_K}{c \cdot (\vartheta_{zu} - \vartheta_i)}$
⑤	Entnebelungs-anlage (Schwimmbad)	$\dot{V}_a = \dot{V}_{zu} = \frac{\dot{m}_W}{\varrho \cdot (x_i - x_a)}$

$\dot{Q}_H$ Wärmebedarf (DIN 4701); $\dot{Q}_K$ Kühllast (Tab. 242.2)
$\dot{m}_W$ verdunstetes Wasser; x_i, x_a abs. Feuchte (Tab. 232.7)

230.7 Bestimmung des Außenluftvolumenstroms für Lüftungsanlagen

① Nach Außenluftrate AR	$\dot{V}_a$ = Pers. · AR
② Nach Luftwechselzahl LW	$\dot{V}_a = V_R \cdot LW$
③ Nach MAK-Wert (Tab. 231.2)	$\dot{V}_a = \frac{SchA}{MAK - k_a}$

AR Außenluftrate in m³ je Stunde und Person
V_R Rauminhalt in m³
SchA Anfall der Schadstoffe in cm³/m³
MAK Maximale Arbeitsplatzkonzentration cm³/m³
k_a Konzentration außen (saubere Luft $k_a = 0$)

231.1 Außenluftraten (DIN 1946)

Raumart	$\frac{m^3}{P \cdot h}$	Raumart	$\frac{m^3}{P \cdot h}$
Einzelbüro	30	Lesesaal	20
Großraumbüro	50	Hörsaal	30
Konzert, Theater	20	Messehalle	20
Kantine	30	Verkaufsraum	20
Konferenzraum	30	Museum	20
Kino, Festsaal	20	Gaststätte	40
Ruheraum	30	Hotelzimmer	30
Pausenraum	30	Turn- und Sporthalle mit Zuschauerraum	20
Klassenraum	30		

- Absenkung bei extremen Außentemperaturen bis höchstens 50 % des Tabellenwertes
- Bei Räumen mit belästigenden Geruchsquellen (z. B. Tabakrauch) müssen die Werte um 20 m^3/h erhöht werden.

231.2 MAK-Werte (stark gekürzt)

Schadstoffe	$\frac{cm^3}{m^3}$	$\frac{mg}{m^3}$	Schadstoffe	$\frac{cm^3}{m^3}$	$\frac{mg}{m^3}$
Aceton	1000	2400	Hydrazin	0,1	0,13
Anilin	2	8	Iod	0,1	1
Ammoniak	50	35	Methanol	200	260
Asbeststaub	–	2	Nicotin	0,07	0,5
Blei	–	0,1	NO_2	5	9
Butan	1000	2350	Ozon	0,1	0,2
Chlor	0,5	1,5	Propan	1000	1800
Chromate	–	0,1	PVC	3	8
CO	30	33	Quecksilber	0,01	0,1
CO_2	5000	9000	Salpetersäure	10	25
Formaldeh.	0,1	1,2	SO_2 (H_2SO_4)	2 (–)	5 (1)
HCL	5	7	Zinkoxid	–	5

231.3 Luftwechselzahlen (Nur unter Berücksichtigung von Randbedingungen verwenden!)

Art des Raumes	LW in 1/h	Art des Raumes	LW in 1/h	Art des Raumes	LW in 1/h
Aborte in Büros	3 bis 6	Garagen, groß	4 bis 8	Küchen in Wohnungen	8 bis 20
Aborte in Farbiken	8 bis 10	Garagen, klein	8 bis 12	Küchen in Gasthäusern	10 bis 25
Arbeitsräume	3 bis 7	Gasträume, Raucher	6 bis 12	Laboratorien	6 bis 15
Ausstellungshallen	1,5 bis 3	Gasträume, Nichtr.	4 bis 8	Läden	4 bis 8
Baderäume	5 bis 8	Geschäftsräume	5 bis 7	Montagehallen	5 bis 7
Brauseräume	20 bis 30	Gießereien	8 bis 15	Schwimmhallen	3 bis 6
Büros, privat	3 bis 7	Hörsäle	6 bis 8	Stallungen	1 bis 3
Büros, öffentlich	5 bis 8	Kantinen	6 bis 8	Verkaufsräume	4 bis 7
Fabriken, groß	1,5 bis 3	Kino (Rauchverbot)	4 bis 6	Versammlungsräume	5 bis 10
Fabriken, klein	2 bis 4	Kirchen	1,5 bis 4	Warenhäuser	4 bis 7
Flure	1 bis 4	Krankenhaus, Bettenst.	2 bis 5	Werkstätten	3 bis 7

Merke: LW-Zahlen sind Erfahrungswerte! Es besteht keine direkte Beziehung zur Verunreinigung! Zahlenwerte werden bei tiefen Außentemperaturen reduziert, d. h., die Zahlenwerte beziehen sich dann nicht mehr auf die Außen-, sondern auf Mischluft (Mischluftbetrieb).

Beispiel: Laden, $V_R = 700\ m^3$; LW-Annahme: 5fach $\dot{V}_a = V_R \cdot LW = 700\ m^3 \cdot 5/h =$ **3500 m³/h**

231.4 Außenluftvolumenstrom (m^3/h) für Personen in Anlehnung an die Arbeitsstättenrichtlinien

Art der Tätigkeiten (vgl. Aktivitätsgrad Tab. 226.5)		normal		zusätzliche Belastung[1]		starke Geruchsbelästigung[2]		**Typische Räume oder Arbeitsstätten** (Beispiele)
		bezogen auf **Person**	**m²**[3]	bezogen auf **Person**	**m²**[3]	bezogen auf **Person**	**m²**[3]	
sitzende Tätigkeit, z. B. Lesen		20–40	4–8	30–40	6–8	40	8	Büros, Verkaufsräume, Lager, Messehallen
leichte Tätigkeit im Stehen oder Sitzen, Labortätigkeit, Maschinenschreiben		40–60	8–12	50–60	10–12	60	12	Gaststätten, Montagehallen, Messehallen, Werkstätten, Großraumbüros
handwerkliche Tätigkeiten	mittelschwer	50–65	10–13	60–75	12–15	85	17	Heiße, staubige und feuchte Betriebe, Gießereien, Schwerindustrie
	schwer	über 65	über 13	über 75	über 15		über 17	

[1] Hierzu zählen Gerüche, Tabakrauch, zusätzliche Feuchte oder/und Wärmebelastungen.
[2] Hierzu zählen sehr lästige und intensive Gerüche, giftige Gase und Dämpfe (Überprüfung der MAK-Werte nach Tab. 231.2).
[3] Für Arbeitsräume mit Publikumsverkehr soll eine Personenbelastung von 0,2 bis 0,3 Personen/m² Bodenfläche zugrunde gelegt werden.
[4] Außenluftströme können bei ϑ_a über 20 °C bis 32 °C sowie unter 0 °C bis −12 °C um max. 50 % linear vermindert werden.

232.1 Außenluftströme in m³/h je m² Nutzfläche nach VDI 3803 (näherungsweise für Vorplanungen)

Verwaltungsgebäude	Innenflure	Versammlungsstätten	Kantinen	Küchen	Toiletten	Lager	Garagen
8 bis 15	4 bis 6	18 bis 26	20 bis 24	60 bis 90	14 bis 18	4 bis 8	8 bis 12

232.2 Außenluftbezogene Luftwechselzahlen für Wohnungen (1/h)

alte Einfachfenster (meist undicht)	0,5 ... 1,0
dichte Fenster und Außentüren	0,05 ... 0,2
erforderlicher Wert (je nach Rauminhalt, Personenzahl und Raucherlaubnis)	0,5 ... 1,0 ... 1,5
nach DIN 4701 (Mindestlüftungsbedarf)	0,5
nach DIN 18017/88 (auf Wohnung bezogen)	≤ 0,8
DIN 4701 (innenliegende Bäder, WC)	4,0
nach VDI 2088 (1970)	0,4 ... 0,8

232.3 Empfohlene Außenluftvolumenströme für Wohnungs- und Haushaltsgruppen (DIN 1946/6)

Gruppe		I	II	III	IV	D[1]
Wohnfläche Personenzahl	m² P	72 2	95 3	104 4	116 6	82 2-3
Grundlüftung Zusatzlüftung	m³/h m³/h	**50** **10**	**70** **20**	**90** **30**	**100** **80**	**70** **20**
Gesamt-[2] Volumenstrom	m³/h	60	90	120	180	90

[1] Durchschnittswerte; [2] in besonderen Belastungsfällen (z. B. erhöhter Feuchteanfall, Tabakrauch, erhöhte Personenzahl usw.) sind entsprechende Zuschläge zu berücksichtigen.

232.4 Volumenstrom für fensterlose Küchen[1]

Betriebsdauer 12 Std.	Grundlüftung	Stoßlüftung	Kochlüftung
Klammerwerte beliebige Dauer	40 (60) $\frac{m^3}{h}$	200 (200)	40 (60)

[1] Nach der bauaufsichtlichen Richtlinie (Entw. 4/88)

232.5 Volumenströme für innenliegende Bäder und WC nach DIN 18017

Bäder	WC	Betriebsweise
40 $\frac{m^3}{h}$	20 $\frac{m^3}{h}$	bei mindestens 12 Std/Tag Laufzeit
60 $\frac{m^3}{h}$	30 $\frac{m^3}{h}$	Wenn $\dot{V}$ auf 0 m³/h reduziert werden kann und nach jedem Ausschalten weitere 5 m³ abgeführt werden können

232.6 Luftraten für gewerbliche Küchen in m³/(h · m²) Grundfläche (VDI 2052)

Küchenart (Küchennutzung)	Koch- und Garbereich	Braten, grillen, backen	Spülbereich	Nebenräume	gesamter Küchenbereich
Imbißbetriebe, Hotelküchen	–	120	–	–	80
Cafeterias	105	120	120	45	60
Kantinen, Mensen	105	120	120	45	90
Hauptküche Krankenhaus	105	120	150	45	90
Heime	105	120	120	45	60

232.7 Außenluft bei Schwimmbädern in m³/h je m² Beckenoberfläche

Art	Privatbad	Hallenbad	Wellenbad
Sommer	15 ... 17	30 ... 35	45 ... 50
Winter	6 ... 8	13 ... 15	20 ... 25

Annahmen: $\vartheta_{Becken} = 28\,°C$, absolute Feuchtigkeit (Mittelwerte) — vgl. Gleichung ⑤ Tab. 230.6

außen: x_a	Ja	Fe	Mä	Ap	Ma	Ju	Jul	Au	Se	Ok	No	De
	3,8	3,9	4,1	5,0	7,0	8,5	9,8	9,4	8,0	6,2	4,8	4,0

innen: $x_i \approx 14 ... 17$ g/kg (je nach ϑ_i, φ_i)

232.8 Anhaltswerte für Wasserverdunstung und Verdunstungswärme

Beckenoberfläche	$\dot{m}$ in $\frac{g}{h \cdot m^2}$	$\dot{Q}$ in $\frac{W}{m^2}$
schwach bewegt	100	70
stärker bewegt	200	140
Nichtbenutzung	80	50
abgedecktes Becken	5 bis 15	3 bis 9

232.9 Außenluftvolumenstrom für Tiere

Tierart	kg	m³/h	Tierart	kg	m³/h
Pferd	500	210	Zuchtsau	200	200
Milchkuh	600	250	Mastschwein	70	60
Mastrind	400	170	Schaf	50	35
Zuchtkalb	125	90	Legehuhn	1,75	6 bis 8
Mastkalb	100	150	in Batterien		10

233.1 Saugluftvolumen für freihängende Hauben

v_x in m/s	Saugluftvolumen V in m³/h je Meter Haubenumfang bei x-Abstand in m					
	0,1	0,2	0,4	0,6	0,8	1,0
0,1	72	144	288	432	576	720
0,2	144	288	576	864	1152	1440
0,3	215	430	860	1290	1720	2150
0,4	290	580	1160	1740	2320	2900
0,5	360	720	1440	2160	2880	3600

v_x Erfassungsgeschwindigkeit an der Behälterkante in m/s

0,1 bis 0,15 m/s ruhige Luft
0,15 bis 0,3 m/s schwache
0,2 bis 0,4 bis (0,5 m/s) starke Querströmungen

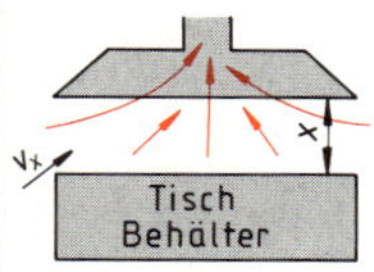

233.2 Luftheizungsarten (Einteilung)

Beheizungsart	System, Gerät
direkte Beheizung (z. B. Öl, Gas)	• Warmlufterzeuger (WLE) Stand-, Wand-, Deckengerät • Fahrbare Heizgeräte
indirekte Beheizung (z. B. Warmwasser, Dampf, Heißwasser)	• Kasten- und Truhengeräte • Wand- und Deckengeräte • Zahlreiche Sonderformen

233.3 Zulufttemperaturen (Luftheizung)

30...40 °C	Komfortanlagen	**abhängig von:**
	Gewerbl. Anlagen	Luftdurchlaß
30...50 °C	indirekt beheizt	Raumnutzung
35...60 °C	direkt beheizt	Raumgeometrie
$\vartheta_{zu} - \vartheta_i$ = Übertemperatur		Luftwechsel
		Lüftung, u. a.

233.4 Erwärmung des angesaugten Volumenstroms

$$\dot{Q}_{Reg} = \dot{V}_{zu} \cdot c \cdot (\vartheta_{zu} - \vartheta_{ein})$$

Heizung	$\vartheta_{zu} > \vartheta_i$
Kühlung	$\vartheta_{zu} < \vartheta_i$
Lüftung	$\vartheta_{zu} \approx \vartheta_i$

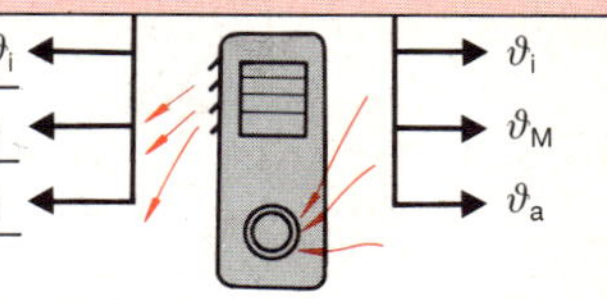

Vgl. Tab. 233.5.

233.5 Auswahltabelle für Lufterhitzer*)

Gerätetyp: 3174 (Auswahl aus 32 Typen)

Drehzahl Volumenstrom		1400/min 3940 m³/h		1000/min 3060 m³/h		700/min 1970 m³/h	
ϑ_{Ansaug}	in °C	$\dot{Q}_{Reg}$ in kW	ϑ_{zu} in °C	$\dot{Q}_{Reg}$ in kW	ϑ_{zu} in °C	$\dot{Q}_{Reg}$ in kW	ϑ_{zu} in °C
PWW	−15	64,1	28	54,5	32	40,5	39
80/60	−10	59,4	30	50,5	34	37,5	41
ϑ_V = 80 °C	± 0	50,3	35	42,8	39	31,6	44
ϑ_R = 60 °C	+15	37,3	43	31,7	45	23,3	50
	+20	33,1	45	28,1	47	20,7	51
PWW	−15	72,7	33	61,9	38	45,9	46
90/70	−10	68,0	36	57,8	40	42,8	48
ϑ_V = 90 °C	± 0	58,7	41	49,9	45	36,9	52
ϑ_R = 70 °C	+15	45,5	49	38,6	52	28,5	57
	+20	41,2	51	35,0	54	25,8	59
Druckpegel		74 dB		69 dB		56 dB	
Wurfweite		25 m		19 m		12 m	

*) Falls zusätzliche Einbauten, ändern sich obige Angaben.
Wasserinhalt 17 l, Anschluß DN 50
Gewicht ca. 300 kg.
Leistungsaufnahme (je nach Drehzahl)
650 W/300 W/120 W

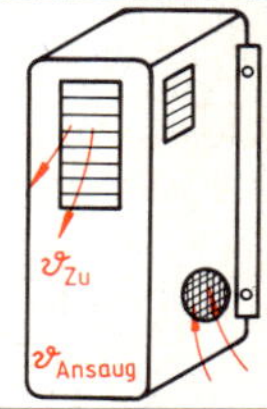

233.6 Verbindungsarten für Blechrohre und Formstücke nach DIN 24150 (Auswahl)

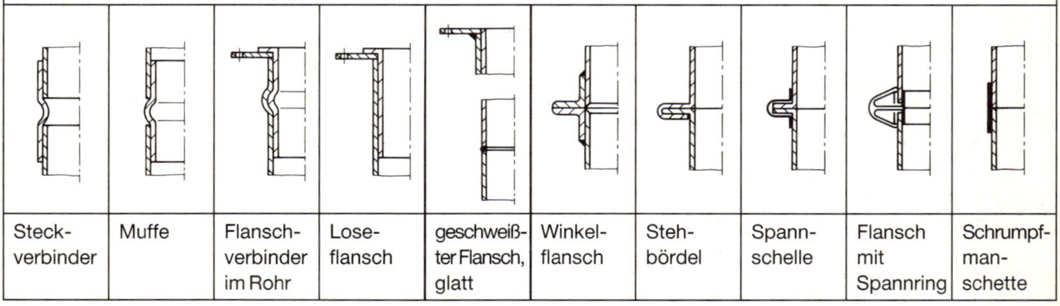

Steck-verbinder	Muffe	Flansch-verbinder im Rohr	Lose-flansch	geschweiß-ter Flansch, glatt	Winkel-flansch	Steh-bördel	Spann-schelle	Flansch mit Spannring	Schrumpf-man-schette

233.7 Nennweiten und Wanddicken für längsgefalzte Lüftungsrohre nach DIN 24152

100 **112** 125 **140** 160 **180** 200 **224** 250 **280** 315 **355**	**Wanddicken:** 0,6 mm bei ∅ 100 bis 180 mm; 0,8 mm bis 560 mm; 1 mm bis 900 mm; 1,2 mm bis 1250 mm
400 **450** 500 **560** 630 **710** 800 **900** 1000 **1120** 1250	

234.1 Bestimmung von Umfang (m²/m), Masse und Wärmedämmung je Meter Luftkanal

Wärmedämmung in m² bei folgenden Dicken			Blechmasse in kg bei folgenden Dicken			Umfang in m ≙ m²/m	Kanalabmessungen in cm (1. Zeile ist die eine Kantenlänge in cm)										Umfang in m ≙ m²/m	Blechmasse in kg bei folgenden Dicken			Wärmedämmung in m² bei folgenden Dicken		
40	30	20	0,75	0,63	0,5		10	20	30	40	50	60	70	80	90	100		0,5	0,63	0,75	20	30	40
							100	90	80	70	60	50	40	30	20	10	2,2	8,8	11,0	13,2	2,36	2,44	2,52
0,52	0,44	0,36	1,2	1,0	0,8	0,2	–	95	85	75	65	55	45	35	25	15	2,3	9,2	11,5	13,8	2,46	2,54	2,62
0,62	0,54	0,46	1,8	1,5	1,2	0,3	5	100	90	80	70	60	50	40	30	20	2,4	9,6	12,0	14,4	2,56	2,64	2,72
0,72	0,64	0,56	2,4	2,0	1,6	0,4	10	–	95	85	75	65	55	45	35	25	2,5	10,0	12,5	15,0	2,66	2,74	2,82
0,82	0,74	0,66	3,0	2,5	2,0	0,5	15	5	100	90	80	70	60	50	40	30	2,6	10,4	13,0	15,6	2,76	2,84	2,92
0,92	0,84	0,76	3,6	3,0	2,4	0,6	20	10	–	95	85	75	65	55	45	35	2,7	10,8	13,5	16,2	2,86	2,94	3,02
1,02	0,94	0,86	4,2	3,5	2,8	0,7	25	15	5	100	90	80	70	60	50	40	2,8	11,2	14,0	16,8	2,96	3,04	3,12
1,12	1,04	0,96	4,8	4,0	3,2	0,8	30	20	10	–	95	85	75	65	55	45	2,9	11,6	14,5	17,4	3,06	3,14	3,22
1,22	1,14	1,06	5,4	4,5	3,6	0,9	35	25	15	5	100	90	80	70	60	50	3,0	12,0	15,0	18,0	3,16	3,24	3,32
1,32	1,24	1,16	6,0	5,0	4,0	1,0	40	30	20	10	–	95	85	75	65	55	3,1	12,4	15,5	18,6	3,26	3,34	3,42
1,42	1,34	1,26	6,6	5,5	4,4	1,1	45	35	25	15	5	100	90	80	70	60	3,2	12,8	16,0	19,2	3,36	3,44	3,52
1,52	1,44	1,36	7,2	6,0	4,8	1,2	50	40	30	20	10	–	95	85	75	65	3,3	13,2	16,5	19,8	3,46	3,54	3,62
1,62	1,54	1,46	7,8	6,5	5,2	1,3	55	45	35	25	15	5	100	90	80	70	3,4	13,6	17,0	20,4	3,56	3,64	3,72
1,72	1,64	1,56	8,4	7,0	5,6	1,4	60	50	40	30	20	10	–	95	85	75	3,5	14,0	17,5	21,0	3,66	3,74	3,82
1,82	1,74	1,66	9,0	7,5	6,0	1,5	65	55	45	35	25	15	5	100	90	80	3,6	14,4	18,0	21,6	3,76	3,84	3,92
1,92	1,84	1,76	9,6	8,0	6,4	1,6	70	60	50	40	30	20	10	–	95	85	3,7	14,8	18,5	22,2	3,86	3,94	4,02
2,02	1,94	1,86	10,2	8,5	6,8	1,7	75	65	55	45	35	25	15	5	100	90	3,8	15,2	19,0	22,8	3,96	4,04	4,12
2,12	2,04	1,96	10,8	9,0	7,2	1,8	80	70	60	50	40	30	20	10	–	95	3,9	15,6	19,5	23,4	4,06	4,14	4,22
2,22	2,14	2,06	11,4	9,5	7,6	1,9	85	75	65	55	45	35	25	15	5	100	4,0	16,0	20,0	24,0	4,16	4,24	4,32
2,32	2,24	2,16	12,0	10,0	8,0	2,0	90	80	70	60	50	40	30	20	10	–							
2,42	2,34	2,26	12,6	10,5	8,4	2,1	95	85	75	65	55	45	35	25	15	5							

234.2 Nennmaße für gefalzte und geschweißte Blechkanäle nach DIN 24190 (Kantenlängen)

100	132	**180**	236	**315**	425	**560**	750	**1000**	1320	**1800**	2360	**3150**	4250	**5600**	• **Fettgedruckte Nennmaße bevorzugen**
106	**140**	190	**250**	335	**450**	600	**800**	1060	**1400**	1900	**2500**	3350	**4500**	6000	
112	150	**200**	265	**355**	475	**630**	850	**1120**	1500	**2000**	2650	**3550**	4750	**6300**	• Blechdicke vgl. Tab. 234.3
118	**160**	212	**280**	375	**500**	670	**900**	1180	**1600**	2120	**2800**	3750	**5000**	6700	• Nennmaße sind Außenmaße
125	170	**224**	300	**400**	530	**710**	950	**1250**	1700	**2240**	3000	**4000**	5300	**7100**	• DIN 24190 Ersatz für 24156

234.3 Blechdicken für gefalzte und geschweißte Kanäle nach DIN 24190

Form	Kantenmaß (mm)	bis 530	1000	2000	4000	8000	Form	Kantenmaß (mm)	bis 250	1000	4000	8000
F (gefalzt)	Stufe[1] 10 (1 + 4)[2]	0,6	0,8	1,0	1,1	–	S (geschweißt)	Stufe 25[1] (2 + 5)[2]	–	1,5	3,0	4,0
	Stufe 25 (2 + 5)	0,7	0,9	1,1	1,2	–		Stufe 63 (3 + 6)	1,5	2,0	4,0	5,0

[1] Blechkanalstufe 10 gilt für einen zulässigen Überdruck von +1000 bzw. −1000 Pa; Stufe 25 für +2500 bzw. −2500 Pa; Stufe 63 für +6300 bzw. −6300 Pa.

[2] Klammerwerte: Diese sechs Druckstufen beziehen sich auf Kanalformstücke; Stufe 1 bis max. 1000 Pa, Stufe 2 bis 2500 Pa, Stufe 3 bis 6300 Pa, Stufe 4 bis −6300 Pa, Stufe 5 bis −1000 Pa, Stufe 6 bis −2500 Pa.

234.4 Leckage von Luftkanalsystemen, Einteilung in Dichtheitsklassen I, II, III, IV

	Kanalsystem	zulässiger Leckluftstrom in m³/s · m² bei Prüfdruck 200 Pa[1]	400 Pa[1]	1000 Pa[1]	für Kanäle
I	ohne Anforderungen	–	–	–	Form F
II	erhöhte Anforderungen	$0{,}84 \cdot 10^{-3}$	$1{,}32 \cdot 10^{-3}$	$2{,}4 \cdot 10^{-3}$	Form F
III	besonders hohe Anforderungen	$0{,}28 \cdot 10^{-3}$	$0{,}44 \cdot 10^{-3}$	$0{,}8 \cdot 10^{-3}$	Form F und S
IV	höchste Anforderungen	$0{,}093 \cdot 10^{-3}$	$0{,}15 \cdot 10^{-3}$	$0{,}27 \cdot 10^{-3}$	Hauptsächlich

[1] Stat. Druckdifferenz zwischen Innendruck und Umgebungsdruck (Über- oder Unterdruck).

235.1 DIN-Normen über Blechkanäle

24145	Wickelfalzrohre und Verbinder
24146	Flexible Rohre (Teil 1 und 3)
24147	Formstücke (15 Teile)
24150	Verbindungsarten, Rohre und Formstücke
24151	Blechrohre geschweißt (2 Teile)
24152	Längsgefalzte Blechrohre
24190	Blechrohre; gefalzt, geschweißt
24191	Blechkanalformstücke
24192	Verbindungen; Blechkanäle, Formstücke
24193	Flanschen (Flach-, Winkel) 3 Teile
24194	Dichtheit von Blechkanälen
24195	Oberflächenermittlung

235.2 Anhaltswerte für Kanalgeschwindigkeiten

Niederdruckanlagen[1]	Komfort[2]	Industrie[2]
Zuluftdurchlässe	1,5...3...(4)	3... 4 m/s
Ab- und Umluftgitter	2...3	4... 8 m/s
Außenluftjalousie	3...4	4... 6 m/s
Hauptkanäle	3,5...7	7...12 m/s
Abzweigkanäle, Anschlüsse	3...5	5... 8 m/s

[1] Bei **Hochdruckanlagen:** Hauptkanäle 15...20 m/s; Abzweigkanäle 12...18 m/s, Anschlußleitungen 8...12 m/s.

[2] Abhängig von Geräuschen (innen und außen), Art der Formstücke, Kanalversteifung, Kanalbefestigung, Raumnutzung.

235.3 Flexible Rohre (bevorzugte Nennweiten) nach DIN 24 146

Nennweite DN[1]		80	100	125	160	200	250	315	400	500
Durchmesser in mm	außen	87	107	132	168	208	259	324	410	511
	innen	80	100	125	160	200	250	315	400	500
Gewicht in kg/m	Stahl	0,5	0,65	0,80	1,00	1,30	1,80	2,40	unverbindliche Werte	
	Alu (A)	0,25	0,32	0,40	0,50	0,65	0,90	1,20		
Zul. Druck in Pa		3150			2500		2000		1600	1000

Weitere Nennweiten nach DIN: 63, 71, 90, 112, 140, 180, 224, 280, 355, 450

Zulässige Abweichungen beim Innendurchmesser 1 mm bis 140 mm; 1,5 mm bis 224 mm; 2 mm bis 400 mm; 2,5 mm bis 500 mm; Außendurchmesser d_a sind ungefähre Maße.

Ausführungen und Mindestbiegeradius:

Ⓐ halbflexibel $r = 1{,}5 \cdot d_i$

Ⓑ mittelflexibel $r = 1 \cdot d_i$

Ⓒ vollflexibel $r = 1 \cdot d_i$

[1] Bevorzugte Nennmaße

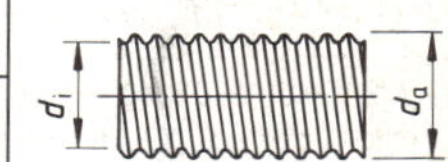

235.4 Druckverluste für Flexrohre (*R*-Werte)

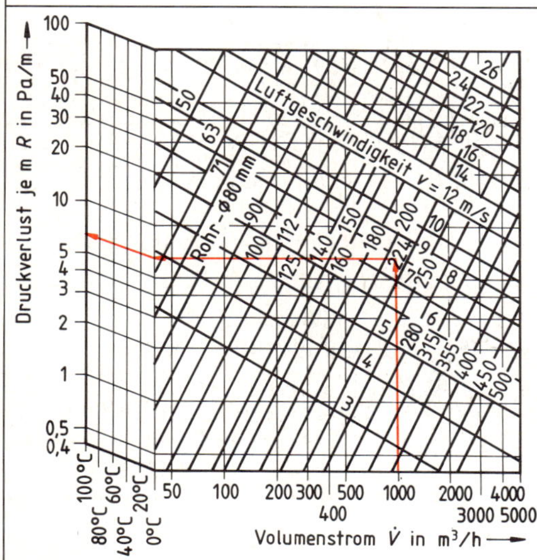

Beispiel:
Volumenstrom 1000 m³/h; Lufttemperatur 0 °C; Geschwindigkeit 6,8 m/s.

Lösung
Durchmesser 224 mm (bei 250 mm ≈ 5,8 m/s); R-Wert 4,7 Pa/m (bzw. 2,9 Pa/m).

235.5 Wärmeverlust und Temperaturabfall von wärmegedämmten Flexrohren

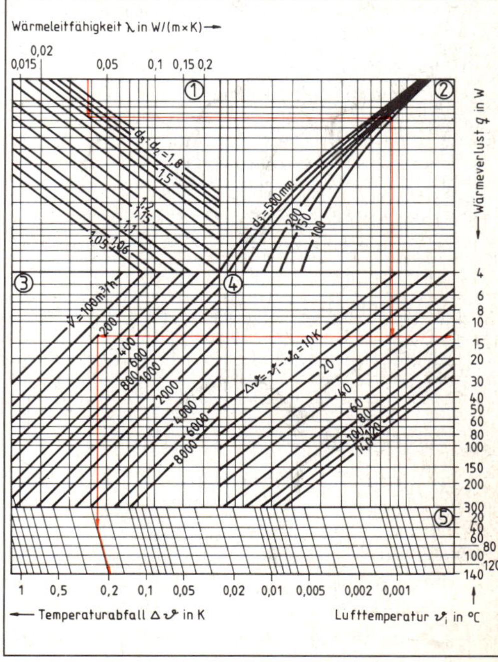

236.1 Spezifische Rohrreibungswiderstände (R-Werte), **obere Zeile Volumenstrom $\dot{V}$ in m³/s, untere Zeile Luftgeschwindigkeit[1] v in m/s**

R-Wert in Pa/m	Lichte Rohrweite d bzw. d_g in mm 140	160	180	200	240	280	300	350	400	450	500	550	600	650	700	750	800
0,081	0,011 0,7	0,016 0,8	0,022 0,9	0,030 1,0	0,049 1,0	0,075 1,2	0,091 1,2	0,137 1,4	0,197 1,6	0,270 1,8	0,360 1,8	0,460 2,0	0,58 2,0	0,72 2,25	0,88 2,25	1,07 2,5	1,25 2,5
0,10	0,013 0,8	0,018 0,9	0,025 1,0	0,034 1,0	0,055 1,2	0,084 1,4	0,102 1,4	0,153 1,6	0,22 1,8	0,30 1,8	0,401 2,0	0,52 2,25	0,66 2,25	0,82 2,5	0,99 2,5	1,20 2,75	1,42 2,75
0,12	0,014 0,9	0,020 1,0	0,028 1,0	0,037 1,2	0,061 1,4	0,093 1,6	0,113 1,6	0,17 1,8	0,243 2,0	0,333 2,0	0,445 2,25	0,75 2,5	0,73 2,5	0,90 2,75	1,09 2,75	1,32 3,0	1,57 3,0
0,14	0,015 1,0	0,022 1,0	0,031 1,2	0,041 1,2	0,064 1,4	0,102 1,6	0,123 1,8	0,186 2,0	0,266 2,0	0,362 2,25	0,485 2,5	0,62 2,75	0,79 2,75	0,99 3,0	1,18 3,0	1,43 3,5	1,72 3,5
0,17	0,017 1,2	0,025 1,2	0,034 1,4	0,046 1,4	0,075 1,6	0,113 1,8	0,137 2,0	0,207 2,25	0,296 2,25	0,403 2,5	0,54 2,75	0,69 3,0	0,88 3,0	1,09 3,5	1,33 3,5	1,60 3,5	1,90 3,5
0,21	0,019 1,2	0,028 1,4	0,038 1,6	0,051 1,6	0,085 1,8	0,127 2,0	0,154 2,25	0,233 2,5	0,333 2,75	0,454 3,0	0,61 3,0	0,78 3,5	0,99 3,5	1,23 3,5	1,50 4,0	1,80 4,0	2,15 4,0
0,25	0,021 1,4	0,031 1,6	0,042 1,6	0,057 1,8	0,094 2,0	0,14 2,25	0,17 2,5	0,257 2,75	0,37 3,0	0,50 3,0	0,67 3,5	0,86 3,5	1,08 4,0	1,37 4,0	1,65 4,5	1,97 4,5	2,36 4,5
0,31	0,024 1,6	0,035 1,8	0,048 1,8	0,064 2,0	0,105 2,25	0,158 2,5	0,192 2,75	0,289 3,0	0,415 3,5	0,56 3,5	0,76 4,0	0,97 4,0	1,23 4,5	1,53 4,5	1,86 5	2,22 5	2,66 5
0,37	0,027 1,8	0,039 2,0	0,053 2,0	0,071 2,25	0,116 2,5	0,175 2,75	0,212 3,0	0,32 3,5	0,46 3,5	0,62 4,0	0,83 4,0	1,07 4,5	1,36 5	1,68 5	2,04 5	2,45 6	2,91 6
0,45	0,030 2,0	0,043 2,25	0,059 2,25	0,079 2,5	0,13 3,0	0,196 3,0	0,236 3,5	0,356 3,5	0,51 4,0	0,69 4,5	0,93 5	1,18 5	1,50 5	1,87 6	2,28 6	2,72 6	3,25 6
0,55	0,034 2,25	0,048 2,5	0,066 2,75	0,089 2,75	0,145 3,0	0,219 3,5	0,265 4,0	0,396 4,0	0,57 4,5	0,78 5	1,03 5	1,33 6	1,68 6	2,09 6	2,54 7	3,04 7	3,62 7
0,67	0,038 2,5	0,054 2,75	0,074 3,0	0,099 3,0	0,162 3,5	0,245 4,0	0,295 4,0	0,443 4,5	0,64 5	0,87 6	1,15 6	1,48 6	1,88 7	2,33 7	2,83 7	3,38 8	4,03 8
0,81	0,042 2,75	0,060 3,0	0,083 3,5	0,111 3,5	0,18 4,0	0,272 4,5	0,327 4,5	0,491 5	0,71 6	0,96 6	1,27 7	1,65 7	2,08 7	2,58 8	3,15 8	3,76 9	4,48 9
1,0	0,047 3,0	0,068 3,5	0,094 3,5	0,125 4,0	0,202 4,5	0,31 5	0,37 5	0,56 6	0,80 6	1,08 7	1,45 7	1,86 8	2,36 8	2,90 9	3,51 9	4,22 10	5,0 10
1,2	0,053 3,5	0,076 4,0	0,104 4,0	0,138 4,5	0,225 5	0,34 6	0,41 6	0,62 7	0,89 7	1,20 8	1,60 8	2,06 9	2,60 9	3,21 10	3,9 10	4,68 10	5,6 12
1,4	0,058 4,0	0,083 4,0	0,113 4,5	0,152 5	0,246 5	0,37 6	0,445 6	0,67 7	0,96 8	1,31 8	1,75 9	2,25 9	2,82 10	3,5 10	4,24 12	5,1 12	6,0 12
1,7	0,064 4,0	0,093 4,5	0,126 5	0,168 5	0,273 6	0,411 7	0,495 7	0,74 8	1,07 9	1,45 9	1,95 10	2,50 10	3,13 12	3,88 12	4,71 12	5,6 12	6,7 14
2,1	0,072 4,5	0,104 5	0,142 6	0,19 6	0,307 7	0,464 8	0,56 8	0,84 9	1,20 10	1,64 10	2,18 12	2,80 12	3,51 12	4,35 14	5,3 14	6,3 14	7,5 14
2,5	0,08 5	0,115 6	0,156 6	0,209 7	0,339 8	0,51 8	0,61 9	0,93 10	1,32 10	1,8 12	2,39 12	3,08 12	3,86 14	4,79 14	5,8 16	6,9 16	8,3 16
3,1	0,09 6	0,129 6	0,117 7	0,235 7	0,381 8	0,57 9	0,69 10	1,03 10	1,48 12	2,03 12	2,69 14	3,45 14	4,33 16	5,4 16	6,5 16	7,8 18	9,3 18

Beispiel für Lüftungsrohre (runde Kanäle): Volumenstrom 5000 m³/h, angenommene Geschwindigkeit im Kanal nach Tab. 235.2 mit 6m/s, Kanallänge 25 m. Gesucht: Druckverlust durch Kanalreibung.
$\dot{V}$ = 5000 m³/h = 1,39 m³/s; bei v = 6 m/s wird ein Durchmesser von 550 mm erforderlich.
⇒ R-Wert 0,67 Pa/m (bei $\dot{V}$ = 1,48 m³/h. $R \cdot l$ = 0,67 Pa/m · 25 m = **16,75 Pa**

Bei **Rechteckkanälen** zuerst $d_g = \frac{2 \cdot a \cdot b}{a + b}$ berechnen (a Höhe, b Breite), dann entsprechend der Luftgeschwindigkeit R-Wert ablesen ($\dot{V}$ bleibt unberücksichtigt). $A = \frac{\dot{V}_s}{v}$; $a = \frac{A}{b}$ (b angenommen oder baulich gegeben)

[1] Für ein stufenförmig gekennzeichnetes Feld gilt jeweils die gleiche Geschwindigkeit.

237.1 Korrekturfaktoren für verschiedene Kanalmaterialien (R-Wert-Korrektur)

verz. Blech[1]	1,00	Aluminium	0,90	Mauerwerk[2]	1,60
Kunststoff	1,00	Faserzement	1,50	Rabitz, Holz	1,25

[1] 1 Flansch je m (ohne Flansch 0,85); [2] verputzt (bei rauhem Mauerwerk 2,00)

Absolute Rauhigkeit in mm PVC 0,1; gefalzte Kanäle, Faserzement 0,15; Beton (glatt) 0,5; Rabitz (glatt) 1,5...2; Beton (rauh) 1...3; flexible Rohre (je nach Bauart) 0,2...3,0

237.2 Druckverluste (R-Werte) und Abmessungen für Wickelfalzrohre; Formstücke

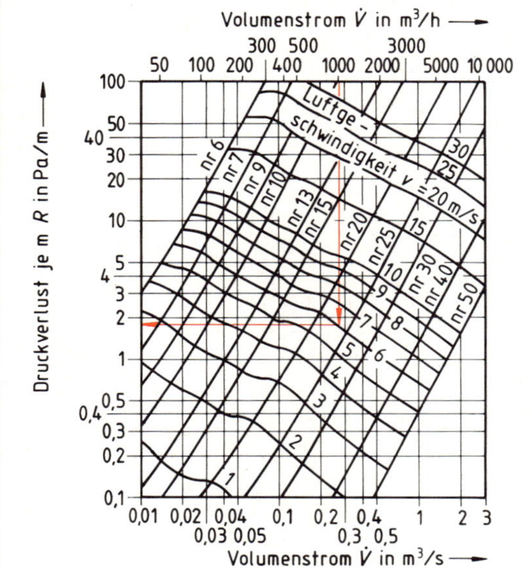

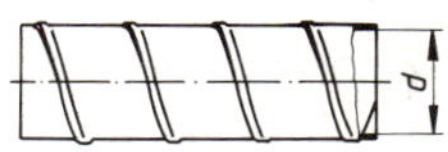

nr	Ø in mm	Wanddicke in mm	Masse in kg/m
6	63	0,4	0,74
7	71	0,4	0,85
9	90	0,4	1,00
10	100	0,6	1,65
13	125	0,6	2,05
15	150	0,6	2,40
20	200	0,6	3,30
25	250	0,6	4,15
30	300	0,8	6,40
40	400	0,8	8,55
50	500	0,8	10,60

Bogen, Etage, Red.-Stücke, Abzweige, Verbindung

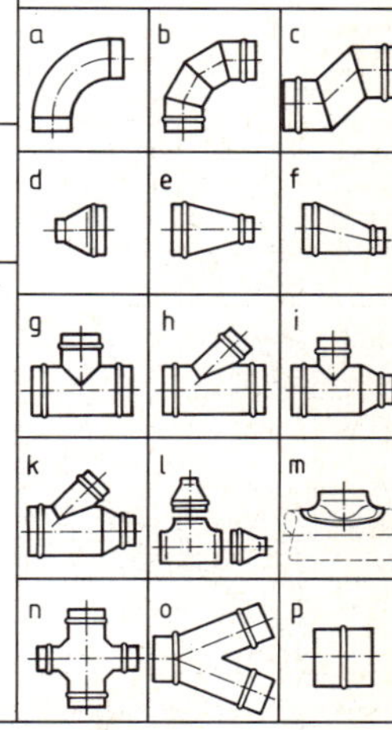

Spiral-Wickelfalzrohre sind nach DIN 24 145 genormt.

237.3 Widerstandsbeiwerte ζ für Kanalformstücke

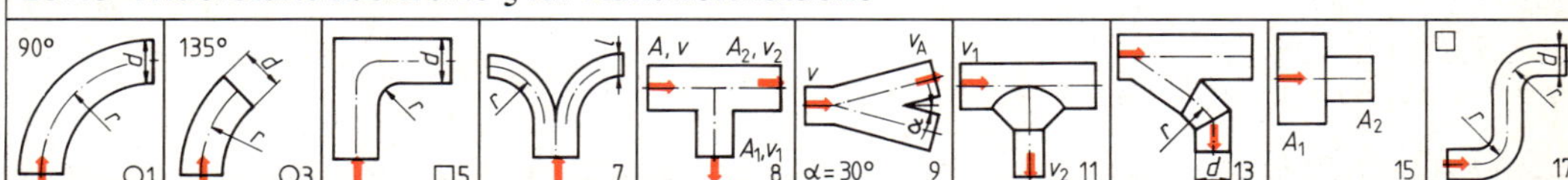

○1 (90°)

$r =$	ζ
d	0,3
$2d$	0,15
$4d$	0,1

○3 (135°)

$r =$	ζ
$2d$	0,05
Ecke scharf –	0,5

□5

$r =$	ζ
innen gerundet $2d$	0,8
Ecke scharf	1,3
Leitblech	0,5

□6: $\zeta = 0,15$

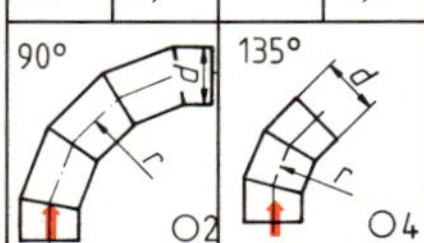

○2 (90°)

$r =$	ζ
d	0,55
$2d$	0,45
$3d$	0,35

○4 (135°)

$r =$	ζ
d	0,35
$2d$	0,25
$3d$	0,15

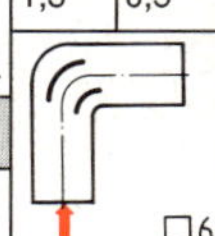

7

○ r/l	ζ
0,5	1,1
1,0	0,4
1,5	0,25
2,0	0,2

□ r/l	ζ
0,5	1,1
1,0	0,25
1,5	0,15
2,0	0,1

8: $A = A_1 + A_2$ bezogen auf v_1:

v_1/v	ζ
0,4	6,3
0,6	2,8
0,8	1,6
1,0	1,0
1,2	0,8

bezogen auf v_2: $\zeta = 0...0,5$

9

v/v_A	ζ
0,6	0,8
0,8	0,3
1,0	0,1

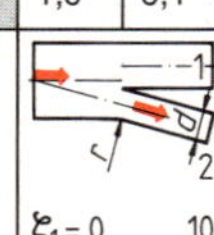

10: $\zeta_1 = 0$

r/d	ζ_2
1	0,3
2	0,15
3	0,01

11

v_2/v_1	ζ
0,4	5,0
0,6	2,2
0,8	1,2
1,0	0,9
1,5	0,5

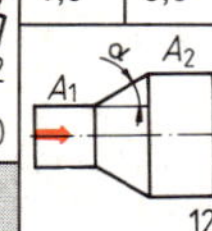

12: $A_2/A_1 \geq 0,1$, $\alpha \leq 8°$, $\zeta \approx 0,1$

13

r/d	ζ
0,5	1,3
0,75	0,9
1,0	0,8
1,5	0,6
2,0	0,5
2,5	0,3

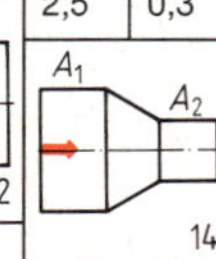

14: $\zeta = 0,01$ bis 0,08

15

A_2/A_1	ζ_2
0,2	0,45
0,4	0,3
0,6	0,2
0,8	0,1

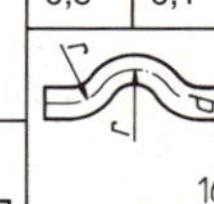

16

r/d	ζ
2	0,6
4	0,4
6	0,2

17

r/d	ζ
1,5	0,4

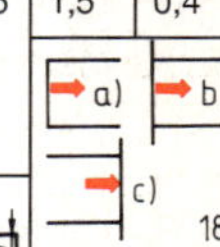

18: Öffnung: nach a) ζ = ○ 0,9; □ 1,3; nach b) ζ = 0,1 bis 0,6; nach c) $\zeta = 1,0$

237.4 Druckverlust Z (Einzelwiderstände) für $\Sigma\zeta = 1$ (für $\varrho = 1,2$ kg/m³)

Geschwindigkeit in m/s	2,0	2,25	2,5	2,75	3,0	3,5	4,0	4,5	5,0	6,0	7,0	8,0	9,0	10	12
Druckverlust in Pa	2,4	3,0	3,8	4,5	5,4	7,4	9,6	12,2	15,0	21,6	29,4	38,4	48.6	60,0	117,0

238.1 Druckverluste von Einbauten in Geräten und Kanalnetz (firmenbezogen)

Bauteil	Pa	Bauteil	Pa
Filter Eu 3[1]	60...120	Luftdurchlaß[3]	15... 40
Filter Eu 5[1]	120...160	Jalousieklappe	
Heizregister[2]	20...100	(offen)[4]	10... 30
Luftkühler[2]	30...120	Wetterschutzgitter	
Düsenkammer	120...200	(normal)	30... 60
Verdampfer	80...150	Brandschutzklappe	5... 30
Schalldämpfer	20... 50	Festwiderstand[5]	5...300

[1] Dimensionierungswiderstand (Mittelwert); bei sauberem Zustand etwa 1/3; Enddruck (Standzeit) etwa bei 250 Pa. Beim Filter EU 9 (höchste Güteklasse) $\Delta p \approx$ 220...280 Pa, Enddruck 350 Pa.
[2] Abhängig von der Anzahl der Rohrreihen und Geschwindigkeit.
[3] Durch die Vielzahl von Zu- und Abluftdurchlässen sind noch größere Schwankungen möglich.
[4] Auch Drosselklappen (offen 5...20 Pa); bis 100 Pa bei Drosselung (je nach Geräuschbildung).
[5] Zum Abgleichen von Druck innerhalb des Kanalnetzes (gelochte Bleche mit unterschiedlichem Durchmesser).

238.2 Berechnungsformular für Kanalnetzberechnungen (Kopfbogen) mit Beispiel Teilstrecke 1

Teilstrecken oder Einbauten	geforderter Volumenstrom		Geschwindigkeit	Querschnittsfläche	Abmessungen des Kanals a	b	Durchmesser oder dg	Länge der Teilstrecke	spezifischer Reibungswiderstand	Reibungsverlust	Widerstandsbeiwert	Einzelwiderstand	Druckverluste $l \cdot R + Z$
1	2	3	4	5	6	7	8	9	10	11	12	13	14
Nr	$\dot{V}_h$	$\dot{V}_s$	v	A	a	b	$d(d_g)$	l	R	$l \cdot R$	$\Sigma\zeta$	Z	Δp_{st}
–	m³/h	m³/h	m/s	m²	mm	mm	mm	m	Pa/m	Pa	–	Pa	**Pa**
1	5900	1,64	7	0,234	600	400	475	4	1,0	4,0	0,6	16,6	**20,6**

Hinweise zu den Spalten:
3: in m³/s, da Tab. 236.1
4: Geschwindigkeiten Tab. 235.2
6: ein Kanalmaß im allg. aus baulichen Gründen gegeben
8: bei Rohren d, bei Rechteckkanälen d_g (Fußnote Tab. 236.1)
10: R-Werte nach Tab. 236.1
12: ζ-Werte Tab. 237.3
13: $Z = \zeta \cdot (\varrho/2) \cdot v^2$ (Tab. 237.4)
14: Druckverluste (statischer Druck)

bei Rohren entfallen Spalten 5 bis 7

238.3 Montagezeit für Kanäle und Rohre

Umfang des Kanals in mm		bis 1500	über 1500
mit Formstückanteil	bis 25 %	18 min/m²	15 min/m²
	über 25 %	22 min/m²	18 min/m²

Spiral- und Wickelfalzrohre

∅ in mm bis	160	250	315	400	500	630
min/Meter	8	10	14	18	20	25
min/Formstück	8	10	14	18	20	25

238.4 Montagezeiten für Bauteile und Geräte

Lüftungsgitter	625 × 125	15 min	Gitterband 30...60 min
	625 × 426	20 min	

Deckenluftdurchlässe: 30...45 min

Klappen und Wetterschutzgitter:

Rahmenumfang in mm bis	1000	2000	3000	4000
min/Stück	40	60	80	120

Lüftungsgeräte (Blockbauweise)	m³/h	2000	5000	7000	12000	25000
	min	200	240	280	330	500
		5 bis 10 % des Gerätepreises				

238.5 Feuerwiderstandsklassen (DIN 4102)

Widerstandsklasse von Absperrvorrichtungen in Lüftungsleitungen	Widerstandsklasse von Lüftungsleitungen	Feuerwiderstandsdauer in Minuten	Bauaufsichtliche Benennung des Bauteils (in der DIN 4102 nicht erwähnt)	Weitere Abkürzungen: F Wände, Decken, Außenwände; W Türen; T Verglasungen; G Installationsschächte; I Rohrleitungen; R
K 30	L 30	≥ 30	feuerhemmend	30, 60, 90, 120, 180 für F, W, T und G
K 60	L 60	≥ 60		
K 90	L 90	≥ 90	feuerbeständig	Erhöhte Anforderungen für Krankenhäuser, Kinder- u. Altenheime, u. a.
–	L 120	≥ 120		
–	–	≥ 180	hochfeuerbeständig	

238.6 Baustoffklassen nach DIN 4102

Klasse		Bauaufsichtliche Benennung	
A	A_1, A_2[1]	nicht brennbare Baustoffe[2]	eine Entzündung ist nicht möglich
B	B_1	brennbare Baustoffe	schwer entflammbar[3]
	B_2		normal entflammbar[3]
	B_3		leichtentflammbar[4]

[1] In geringem Umfang mit brennbaren Bestandteilen.
[2] Für RLT-Anlagen oberstes Gebot.
[3] Bedürfen einer speziellen Regelung (Genehmigung nur in Sonderfällen).
[4] Grundsätzlich verboten.

Widerstandsklasse mit angefügter Baustoffklasse:
z. B. F 30-A oder F 60-AB (mit wesentlichen Teilen aus nichtbrennbarem Baustoff)

239.1 Auswahlkriterien für Ventilatoren

1	Volumenstrom	8	Antrieb und Lager
2	Förderdruck	9	Korrosionsverhalten
3	Regelbarkeit	10	Platzbedarf
4	Betriebsverhalten	11	Sicherheit, Schutz
5	Kennlinienform, n	12	Wartung, Pflege
6	Wirkungsgrad	13	Betriebszeit
7	Schalleistung	14	Kostenfragen

239.2 Ventilatorarten und Kennlinien

Radialventilatoren		Axialradiatoren
vorwärts-gekrümmte Schaufeln	rückwärts-gekrümmte Schaufeln	

Kennlinienformen (Drehzahlen):

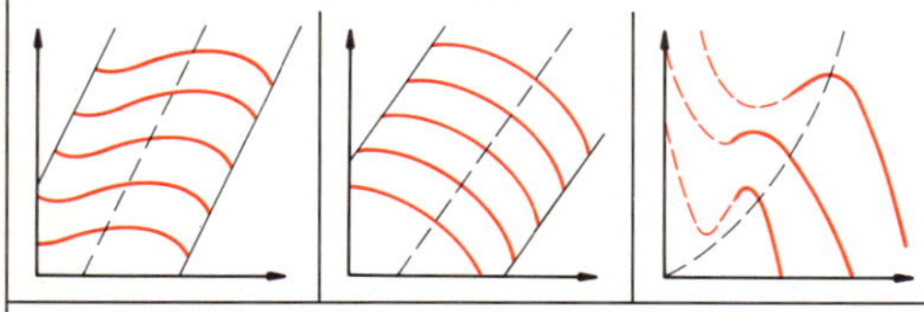

Weitere Bauarten: Querstromventilatoren, Dachventilatoren; Einbauventilatoren, u. a.

239.3 Kurzzeichen für Ventilatorbauformen

Bauart	**R**	einseitige Ansaugung		**Z**	zweiseitige Ansaugung	
Anschluß	**U**	unmittelbarer Rohranschluß	**E** mit Einströmdüse		**S**	mit Saugkasten
Antrieb	**M**	Laufrad direkt auf Motorwelle	**K** über eine Kupplung		**R**	über Keilriemen

239.6 Einteilung von Luftfilterklassen[3]

EU[1] A_m %	**1** (A) < 65	**2** (B_1) 65–80	**3** (B_2) 80–90	**4** (B_2) > 90	
EU E_m %	**5**[2] 40–60	**6**[2] 60–80	**7**[2] 80–90	**8** (C_3) 90–95	**9** (-) > 95

[1] Eurovent; (Klammerwerte) frühere Bezeichnung
[2] E_m 45 ··· 75 (≙ C_1), 75 ·· 90 (≙ C_2)
[3] Weitere **Einteilungskriterien:** nach Filterprinzip (z. B. Trockenschichtfilter, Elektrofilter); nach Bauart (z. B. Taschenfilter, Rollbandfilter); nach Wartung (z. B. Wegwerffilter); nach Material (z. B. Glasfaserfilter, Metallfilter)
A_m mittl. Abscheidegrad EU1 Grob-, EU 2 ··· 4 Feinstaubfilter; E_m mittl. Wirkungsgrad EU 5 ··· 9; Hochwertige Feinstaubfilter; EU (8) 9 Schwebestoffilter;

239.4 Ventilator-Förderdruck Δp_t

a	Druckverlust **(statischer Druck)**	vgl. Tab.
1	Kanalreibung $l \cdot R$	236.1
2	Formstücke im Kanalnetz Z	237.3/237.4
3	Widerstände durch Einbauten in Zentrale Δp_E	238.1
4	Dsgl. im Kanal (z. B. Drosselklappen, Brandschutzklappen, Luftdurchlässe, u. a.)	
b	**Dynamischer Druck** $p_d = \varrho/2 \cdot v^2$	

$$\Delta p_t = \underbrace{\Sigma(l \cdot R + Z) + \Delta p_E}_{\Delta p_{st}} + p_d \text{ in Pa}$$

239.5 Leistung und Wirkungsgrad

P_N	Nutzleistung des Ventilators $= \Delta p_t \cdot \dot{V}_s$
P_W	Wellenleistung am Ventilator (Diagramm)
P_M	abgegebene Motorleistung an den Ventilator (Leistung an der Motorwelle)
P_M'	$\approx P_W$ + Zuschläge (einschl. Antriebsverluste) zur **Bestimmung der Motorgröße**

Zuschläge: Leistung	Riemenantrieb	Direktantrieb
bis 3 kW	20 bis 25 %	10 bis 15 %
bis 10 kW	15 bis 20 %	8 bis 12 %
über 10 kW	10 bis 15 %	5 bis 10 %

Aufgenommene Wirkleistung des Ventilators:

$$P_W = \frac{\dot{V}_s \cdot \Delta p_t}{\eta_V}$$

$$P_{Wirk} = \frac{\dot{V}_s \cdot \Delta p_t}{\eta_V \cdot \eta_A \cdot \eta_M}$$

η_V Ventilator
η_A Antrieb
η_M Motor

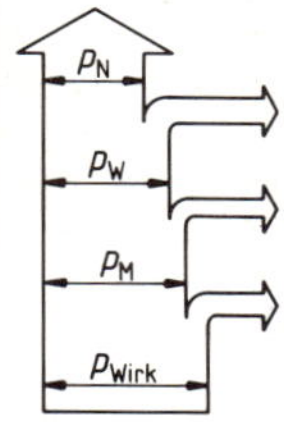

Motorscheinleistung:

$$P_{schein} = \frac{\dot{V}_s \cdot \Delta p_t}{\eta_V \cdot \eta_A \cdot \eta_M \cdot \cos\varphi}$$

239.7 Staubteilchengröße und Filtereinsatz

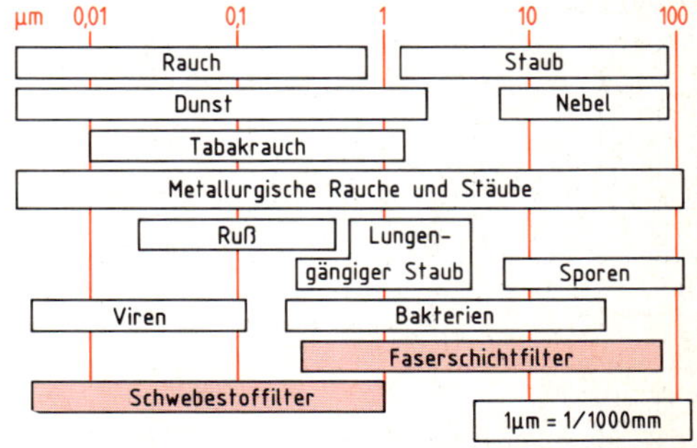

Grobstaub	Feinstaub	Schwebestoffe
ca. 50 bis 500 µm	ca. 0,5 bis 50 µm	ca. 0,5 bis 1,0 µm

Lüftungs- und Klimatechnik

240.1 Zustandsgrößen und Zustandsänderungen feuchter Luft im *h-x*-Diagramm
(Luftdruck 1013 mbar)

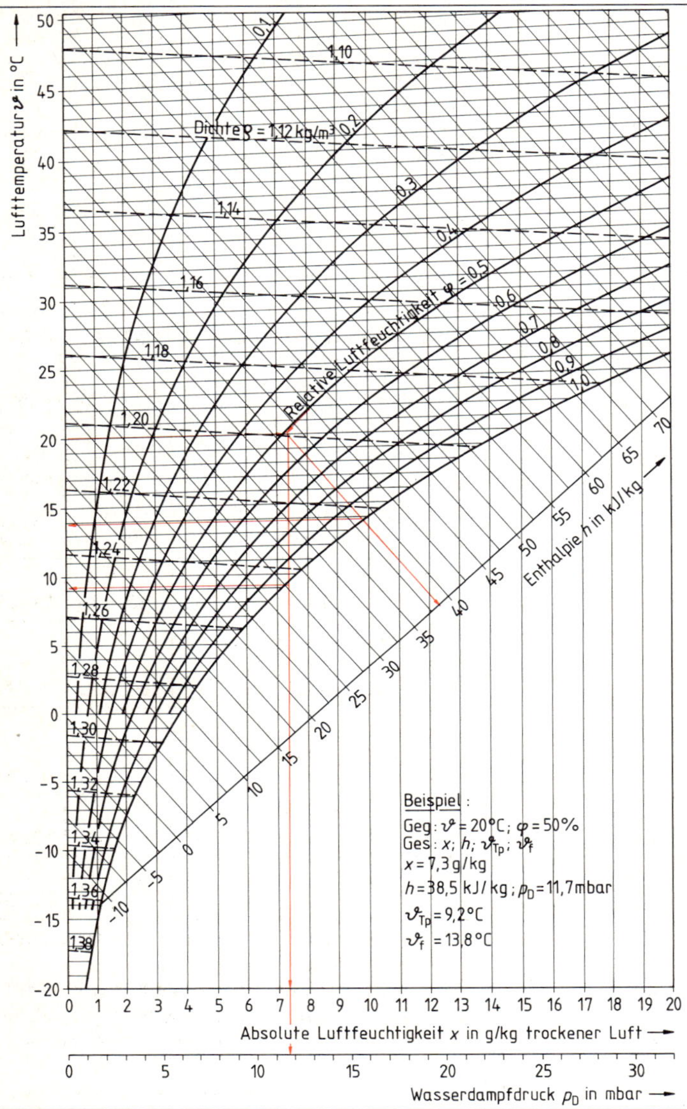

Zustandsgrößen (gesättigte Luft vgl. Tab. 225.3):

- ϑ Lufttemperatur
- φ Relative Feuchtigkeit 0,5 ≙ 50 %
- x Absolute Feuchtigkeit
- h Enthalpie (Wärmeinhalt)
- p_D Wasserdampfdruck
- ϑ_{Tp} Taupunkttemperatur
- ϑ_f Feuchtkugeltemperatur = tiefste erreichbare Lufttemperatur durch Luftbefeuchtung (bei h = const)

Zustandsänderungen (Luftarten vgl. Tab. 230.3):

1. Mischungsvorgang
hier: Beispiel Winter

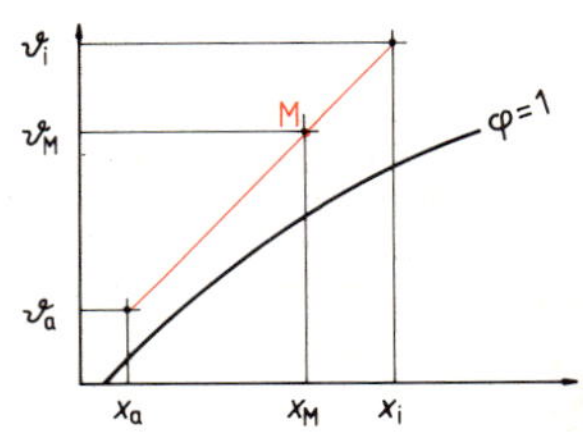

a außen i innen (Raum)
M Mischluftzustand
(hier 30 % Außenluft)

2. Erwärmungsvorgang
(bei konstantem x)

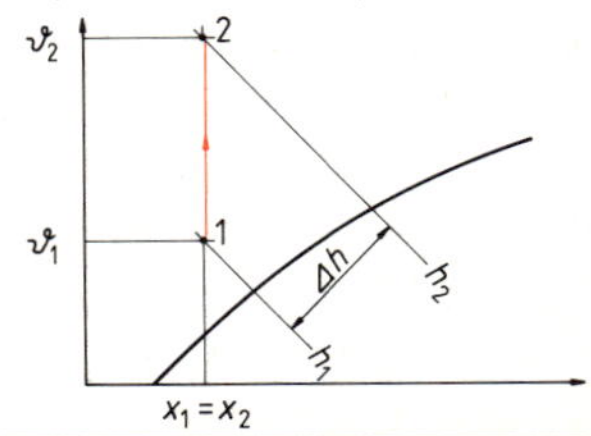

$\dot{Q}_{Reg} = \dot{m}_{Luft} \cdot \Delta h$

3. Kühlvorgang ($\vartheta_K > \vartheta_{Tp}$)
d. h. trockene Kühleroberfläche (keine Entfeuchtung)

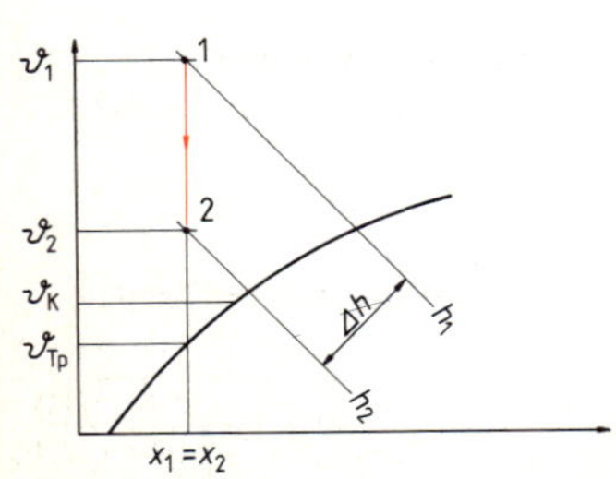

ϑ_K Kühleroberflächentemperatur

4. Kühl- und Entfeuchtungsvorgang
($\vartheta_K < \vartheta_{Tp}$)

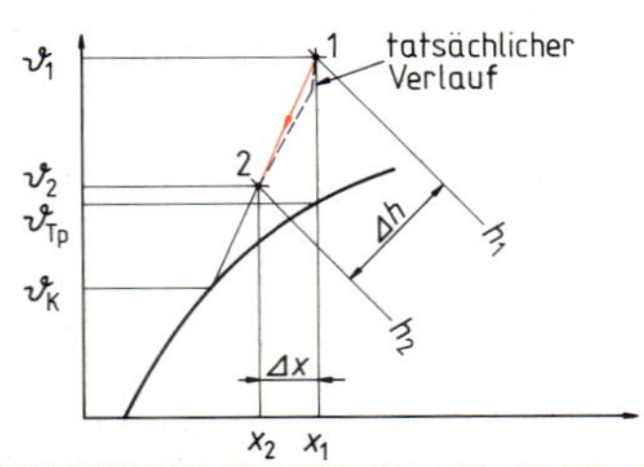

Kühlerleistung in kJ/h:	Entfeuchtungsleistung in g/h:
$\dot{Q}_{Kü} = \dot{m}_{Luft} \cdot \Delta h$	$\dot{m}_W = \dot{m}_{Luft} \cdot \Delta x$

5. Befeuchtungsvorgang

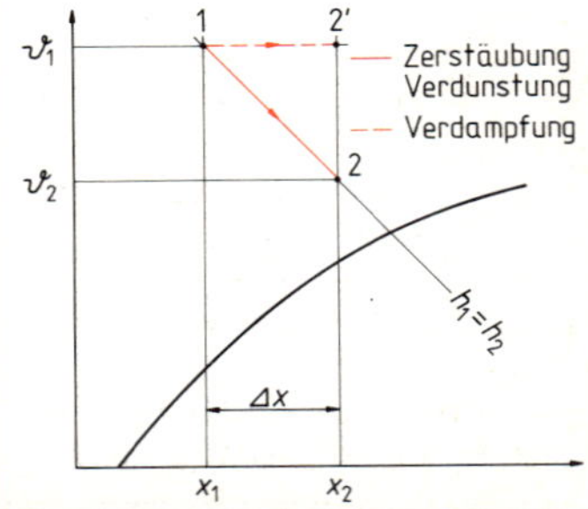

Befeuchtungsleistung in g/h:
$\dot{m}_W = \dot{m}_{Luft} \cdot \Delta x$

241.1 Aufgaben einer (Voll)-Klimatisierung

- Reinigung der Außen- und Raumluft (Filter)
- Erwärmung der Raumluft (Heizlast, DIN 4701)
- Kühlung der Raumluft (sens. Kühllast)
- Entfeuchtung der Raumluft (lat. Kühllast in Watt oder Entfeuchtungslast in l/h)
- Befeuchtung der Misch- oder/und Raumluft Raumluftbefeuchtung (Befeuchtungslast)

- Im allgemeinen Raumlüftung:

Außen-luft	Sommer: Kühlen und entfeuchten Winter: Heizen und befeuchten

- Vollautomatische Temperatur- und Feuchteregelung
- Evtl. Wärmerückgewinnung

241.2 Enthalpie feuchter Luft

$h = c_L \cdot \vartheta + c_{WD} \cdot \vartheta \cdot x + r \cdot x$ in kJ/kg

c_L spez. Wärmekapazität von Luft 0,28 $\frac{Wh}{kg \cdot K}$
c_W dsgl. für Wasserdampf 0,53 $\frac{Wh}{kg \cdot K}$
ϑ Temperatur der Luft in °C
x absolute Feuchtigkeit in g/kg (Tab. 225.3)
r Verdampfungswärme in Wh/kg

$c_L \cdot \vartheta + c_{WD} \cdot \vartheta \cdot x$	sensible Wärme der Luft
$c_{WD} \cdot \vartheta \cdot x + r \cdot x$	Enthalpie des Wasserdampfs
$c_L \cdot \vartheta$	Trockenluftanteil
$c_{WD} \cdot \vartheta \cdot x$ (vernachlässigbar)	sensible Wärme des Wasserdampfs
$r \cdot x$	Latente Wärme der Luft

näherungsweise: $h = \underbrace{c_L \cdot \vartheta}_{\text{sensibel}} + \underbrace{r \cdot x}_{\text{latent}}$ in $\frac{Wh}{kg}$

da $\dot{Q} = \dot{m} \cdot \Delta h \Rightarrow$ $\dot{Q}_{ges} = \dot{Q}_{sens} + \dot{Q}_{lat}$

$\dot{Q}_{sens}$ sensible (trockene, fühlbare) Wärme
$\dot{Q}_{lat}$ latente (feuchte) Wärme

241.3 Einteilung von Anlagen und Geräte

Klima-zentral-anlagen	Niederdruckanlagen	Hochdruckanlagen
	Einkanalanlagen Zonenanlagen	Zweikanalanlagen Induktionsanlagen
Klima-geräte	Einbaugeräte, Splitgeräte, Truhengeräte, Schrankgeräte, u. a.	

nach Aufbereitungsstufen (Tab. 229.4)
mit oder ohne Kältemaschine (Tab. 242.7)
mit oder ohne Lüftungsfunktion (Tab. 229.4)
Komfort- oder Industrieklimaanlagen

Varianten im Geräteaufbau, bei der Luftführung, Regelung und Rückgewinnung

241.4 Sensible Wärmeabgabe von Geräten

Geräteart (Auswahl)	Anschlußwert in Watt	Benutzdauer in min	Wärmeabgabe in Watt
E-Herd, Waschm.	3000	60	1450
Staubsauger	200	15	50
Kühlschrank 200 l	175	60	500
Fernsehgerät	175	60	175
Kaffeemaschine	500	30	180
Toaster	500	30	200
Haartrockner	1000	30	350
Fleischgrill	3000	30	1200

241.5 Beleuchtungsstärke und Anschlußleistungen (DIN 5035, VDI 2078)

Art der Raumnutzung bzw. Art der Tätigkeit (Beispiele)	E[1] in Lux	Anschlußleistung P in W/m² Glühlampe	Leuchtstoff
Lager, Wohnräume, Gaststätten, Theater	100	20... 30	4... 8
Einzelbüro, Unterrichtsräume, Schalterhallen	300	60... 75	10...20
EDV, Labors, feine Montagearbeiten, Kaufhäuser, Messehallen	500	100...120	12...24
Großraumbüro, Feinmontage, techn. Zeichnen, Farbprüfung	750	–	15...30
Elektro-, Feinindustrie, feine Gravierarbeiten	1000	–	20...40
Sehr hohe Qualitätsansprüche	1500	–	30...60

[1] E Nennbeleuchtungsstärke je nach Anforderung sehr unterschiedlich:

100... 200 Lux	Lager, Kantinen, Verfahrenstechnik
300... 500 Lux	Büro, Labors, feine Montagen, Küchen
500...1000 Lux	fensterlose Büros, Anreißen, Retusche

241.6 Beleuchtungswärme $\dot{Q}_B$ nach VDI 2078

$\dot{Q}_B = A \cdot P \cdot l_1 \cdot \mu_B \cdot s_B$

A Grundrißfläche m²
P nach Tab. 241.5

l_1 Gleichzeitigkeitsfaktor (Teilbeleuchtung)
s_B Speicherfaktor je nach Einschaltdauer, Gebäude, Leuchtenanordnung
unbelüftete Leuchte 0,8...1,0;
Absaugleuchte 0,6...1,0
μ_B Raumbelastungsgrad (Restwärme bei Absaugleuchte)

$\dot{V}$ in m³/h je 100 W Leistung		20	30	50	100
Absaugung über	Deckenhohlraum	0,80	0,70	0,55	0,45
	nicht isolierter Kanal	0,45	0,40	0,35	0,30
	isolierte Kanäle	0,40	0,35	0,30	0,25

242.1 Temperaturen für angrenzende Räume und Erdreich im Sommer

Dachräume je nach Konstruktion	°C
• nicht ausgebaut	40 bis 50
• ausgebaut	35
sonstige Nachbarräume	30
Erdreich	20
zwischen Schau- und Innenfenster	35 bis 40

Raumtemperaturen und relative Feuchte im Sommer Tab. 227.4 (und 227.3).

242.2 Zusammensetzung der Kühllast $\dot{Q}_K$

Innere Wärmequellen $\dot{Q}_i$	Tab.
• Wärmeabgabe der Menschen (trocken)	226.6
• Wärmeabgabe von Maschinen, Geräten	241.4
• Beleuchtungswärme	241.5/6
Äußere Wärmequellen $\dot{Q}_ä$	Tab.
• Wärme aus Nachbarräumen	242.1
• Sonnenwärme durch Glasflächen	242.3
• Sonnenwärme durch Außenwände	242.3/5
• Sonnenwärme durch Flachdächer	243.3
$\dot{Q}_K = \dot{Q}_i + \dot{Q}_ä$ (= sensible Kühllast)	Tab.
1. Zur Volumenstrombestimmung	230.6
2. Zur Berechnung der Kühlerleistung	242.6

242.3 Anhaltswerte für Sonnenwärme durch Fenster ohne Wärmeschutz in W/m² (stark schwankend)

ϑ_a = 32 °C	NO	O	SO	S	SW	W	NW
Fenster	370	500	440	350	440	500	370
Außenwand 6 bis 15			**Flachdach** 20 bis 50				

Abhängig von: Strahlungsintensität, Trübungsfaktor, Beschattung, Sonnenschutz, Fensterrahmen, bauliche Gegebenheiten, Speicherfähigkeit, Wärmedämmung, Betriebsweise u. a.

242.4 Minderungsfaktoren beim Sonnenschutz

Art der Sonnenschutzmaßnahme	Faktor
Innen:	
• Jalousien (45° Öffnungswinkel)	0,5
• dsgl. (belüfteter Zwischenraum)	0,2
• Vorhänge (Gewebe, Kunststoff)	0,4 bis 0,7
Außen:	
• Jalousien, Rolläden	0,2 bis 0,3
• Markisen (je nach Luftströmung)	0,4 bis 0,5
Wärmeschutzgläser (Nachweis!)	0,2 bis 0,8
Dreifachverglasung, Glasbausteine	0,5 bis 0,7

242.5 Transmissionswärme Q_T durch Wände (der Sonne ausgesetzt)

Augenblicklicher Wärmedurchgang

$$\dot{Q}_T = k\,[\underbrace{(\vartheta_{sm} - \vartheta_i) + f \cdot (\vartheta_s - \vartheta_{sm})}_{\Delta\vartheta_{äq}}]$$ in Watt

- $\Delta\vartheta_{äq}$ äquivalente Temperaturdifferenz
- k Wärmedurchgangskoeffizient in W/m² · K
- ϑ_s Sonnenlufttemperatur zu einer um die Phasenverschiebung frühere Zeit
- ϑ_{sm} mittlere Sonnenlufttemperatur
- f Verkleinerungsfaktor

(aus Tabellen)

$\Delta\vartheta_{äq}$ (aus Tabellen) berücksichtigt Sonnenstrahlung, Tageszeiten, Speicherfähigkeit des Gebäudes.

242.6 Zusammensetzung der Kühlerleistung einschließlich Lüftung

1	**Kühllast** (Tab. 242.2)	$\dot{Q}_K = \dot{V}_{zu} \cdot c \cdot (\vartheta_{zu} - \vartheta_i)$
2	**Latente Kühllast** = freigewordene Kondensationswärme bei der Wasserabscheidung $\dot{m}_w$ an der Kühleroberfläche (Wasserdampf der im Raum ensteht)	$\dot{Q}_{K\,(lat)} = \dot{m}_w \cdot r$ $= \dot{m}_{zu} \cdot \frac{x_i - x_{zu}}{1000} \cdot r$ $\dot{m}_{zu}$ Zuluft in kg/h $r \approx 700$ Wh/kg $x_i - x_{zu} = \Delta x_R$ (von x_i abtragen)
3	Kühlung der **Außenluft** Entfeuchten der Außenluft ($x_a > x_i$)	$\dot{Q}_{sens} = \dot{V}_a \cdot c\,(\vartheta_i - \vartheta_a)$ $\dot{Q}_{lat} = \dot{m}_a\,\frac{x_i - x_a}{1000} \cdot r$

242.7 Kühlmethoden bei Klimaanlagen

1. Einführung kalter Außenluft, $\vartheta_a < \vartheta_i$ (freie Kühlung)
2. Verwendung von Grundwasser („Brunnenwasser"); Wasserkühler im Klimagerät: $\dot{Q}_0 = \dot{m} \cdot c \cdot \Delta\vartheta$
3. durch Kältemaschine:

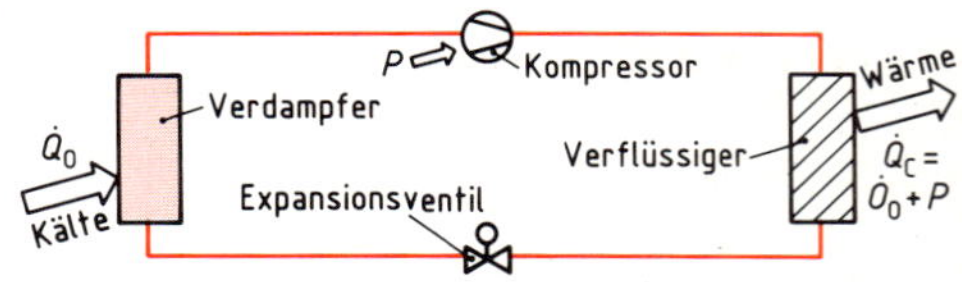

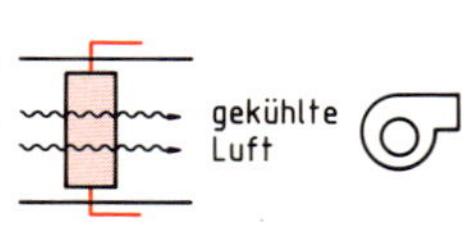

• direkte Kühlung

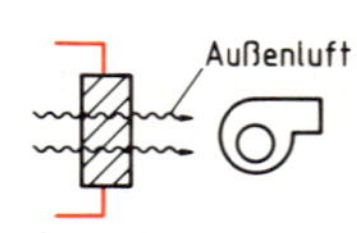

• luftgekühlter Verflüssiger

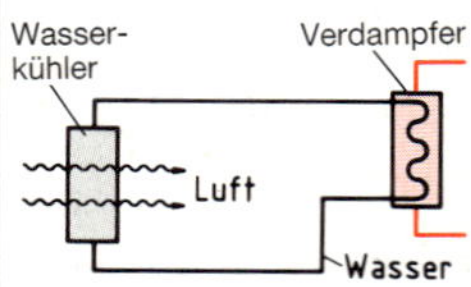

• indirekte Kühlung

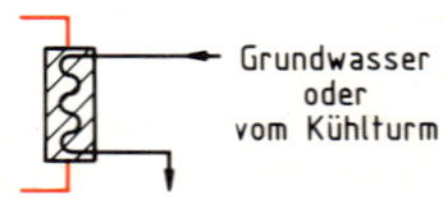

• wassergekühlter Verflüssiger

243.1 Akustische Grundbegriffe, Schallarten, Schallausbreitung

Schallarten	Schallfortpflanzung	Verhinderung der Schallausbreitung
Körperschall	Schwingungen im Körper (z. B. Kanalwandung)	durch **Reflexion** an der Grenzfläche (z. B. Fundament, elastisches Kanalstück, u. a.) ⇒ **Dämmung**[1]
Luftschall[2]	Schwingungen in der Luft (z. B. im Kanal)	durch **Absorption** von Schallenergie (Umwandlung in Wärme) (z. B. Schalldämpfer, Kanalauskleidung) ⇒ **Dämpfung**
Schalleistung	(in Watt)	objektive, eindeutige akustische Angabe (aus Herstellerunterlagen)
Schalldruck	(in dB)	entfernungs- und raumabhängig (Druck auf Mikrofon oder Ohr)

[1] Soll Luftschall am Durchdringen einer Wand (z. B. Kanal) gehindert werden, spricht man von Luftschalldämmung.
[2] Nur Luftschall kann vom Ohr wahrgenommen werden; störender Luftschall bezeichnet man als Lärm.

243.2 Aufteilung des Frequenzbandes (Oktaven), Beispiel einer Schallpegelmessung

Frequenzbereich Hz (im Mittel)	45...90 63	90...180 125	180...350 250	350...710 500	710...1400 1000	1400...2800 2000	2800...5600 4000	5600...11200 8000	Summen-pegel
Schallpegel in dB(A)[1]	69	75	73	70	67	63	58	45	**79**

[1] Schallpegel, die sich nur auf 1 Oktave beziehen heißen Oktavpegel (obere Grenzfrequenz ist doppelt so groß wie die untere).

243.3 Schalldruckpegel L_p bei Geräuschen

L_p in dB_A	Beispiele	Bem.
10	gerade hörbar	sehr leise
15... 20	nachts im Freien, Kirche	
25... 30	Rundfunkstudio, Flüstern	leise
30... 40	ruhige Wohngegend	
40... 50	Büro, leises Gespräch	
50... 60	normale Unterhaltung	mäßig laut
55... 65	Staubsauger	
60... 65	lautes Büro, Kaufhaus	
65... 70	Schreibmaschine, Hund	
70... 80	starker Straßenverkehr	sehr laut
75... 85	U-Bahnwagen, Montageband	
80... 85	schreien, laut rufen	
80... 90	Lkw; laute Werkhallen	unerträglich
90...100	Eilzug (vorbeifahrend)	
100...110	Schmiede, Beatschuppen	
110...120	Flugzeug; laute Hupe	schmerzhaft
120...130	Preßlufthammer	
130...150	Düsentriebwerke	

243.4 Richtwerte für zulässige Schalldruckpegel in Räumen (DIN 1946, VDI 2081)

Art des Raumes	dB (A)
Wohn- und Schlafräume, Hotelzimmer Bettenzimmer (Krankenhaus) tags/nachts	35/30
Rundfunkstudios/Fernsehstudios	15/25
Theater/Opernhaus, Konzertsaal	30/25
Kino, Hörsaal, Lesesaal, Kirche, Besprechungsräume (ruhiges Büro)	35
kleiner Büroraum, Klassenraum, Museum	40
Großraumbüro, Schulungsräume	45
Gaststätten, EDV-Räume, Kantine	40...55
Verkaufsräume, Verarbeitungsräume	45...60
Turnhallen/Schwimmbäder	45/50
Laboratorien (phys., chem., biolog.)	40...45

243.5 Zulässiger Schalldruck am Arbeitsplatz nach den Arb.stätt.Verordn. § 15

1. Überwiegend geistige Tätigkeit	55 dB
2. Einfache und überwiegend mechanisierte Bürotätigkeit	70 dB
3. Sonstige Tätigkeiten[1]	85 dB
4. Pausen-, Sanitäts-, Bereitschaftsräume	55 dB

[1] Ist dieser Pegel zumutbarerweise nicht einzuhalten, darf er bis zu 5 dB überschritten werden.

243.6 Zulässige Schallimmissionen auf die Nachbarschaft (VDI 2058)

Gebiet	dB (A)[1]
gewerbliche Gegenden	70 (70)[2]
vorwiegend gewerbliche Gegenden	65 (50)
gewerbliche Anlagen und Wohnungen	60 (45)
vorwiegend Wohnungen	55 (40)
ausschließlich Wohnungen	50 (35)
Kuranlagen, Krankenhäuser	45 (35)
Innerhalb von Wohngebieten	35 (25)

[1] Die Werte sollen außen kurzzeitig um nicht mehr als 30 dB (nachts 20 dB) und innen um nicht mehr als 10 dB überschritten werden.
[2] Klammerwerte gelten für nachts.

Die nachfolgend aufgeführten Firmen haben die Verfasser durch Überlassung von Unterlagen unterstützt:
ako Rohre Systeme Technologien GmbH & Co. KG, Köln · ARF Armaturen-Vertrieb GmbH, Frankfurt · Benteler Klimatechnik KG, Warburg · Beratungsstelle für Stahlverwendung, Düsseldorf · Gebr. Beul GmbH & Co KG, Attendorn · Bieler und Lang GmbH, Achern · Banninger GmbH, Gießen · Bopp & Reuther, Mannheim · Buderus AG, Wetzlar · Centra-Bürkle GmbH + Co, Schönaich · Danfoss, Offenbach · Degussa, Hanau · Eco GmbH, Ravensburg · Ermeto Armaturen GmbH, Bielefeld · Eternit AG, Berlin · Georg Fischer AG, Albershausen · Fischer Werke, Artur Fischer GmbH & Co. KG, Tumlingen · Flames GmbH, Remscheid · Friedrichsfeld GmbH, Mannheim · Fröhling GmbH, Overath · Geberit GmbH, Pfullendorf · Wilhelm Geldbach, Gelsenkirchen · Gestra AG, Bremen · M + A Hagen, Breckerfeld · Gütegemeinschaft Kunststoffrohre e. V., Bonn · Halfeneisen GmbH & Co. KG, Düsseldorf · Happel GmbH, Herne · Theodor Heimeier, Metallwerke GmbH, Erwitte · Hilti Deutschland GmbH, München · Honeywell Braukmann GmbH, Mosbach · Isiflo GmbH, Hemer-Becke · Kabel- und Metallwerke, Osnabrück · Kermi GmbH, Plattling · Kutzner und Weber GmbH, Gröbenzell · KSB AG, Frankenthal · Lang Apparatebau GmbH, Gevelsberg · D. F. Liedelt „Velta" Produktions- u. Vertriebs-GmbH, Norderstedt · Mannesmannröhren-Werke AG, Düsseldorf · Metallwerke Neheim Goerke & Co. GmbH, Arnsberg · Müpro, Eschborn · Ohler GmbH, Plettenberg · Omniplast GmbH & Co. KG, Ehringhausen · Otto KG, Kreuztal · Oventrop KG, Olsberg · Passavant Werke, Aarbergen · Pfeiffer & May, Karlsruhe · Plewa GmbH, Speicher · Pollux GmbH, Ludwigshafen · Rehau AG + Co, Bielefeld · Albert Richter GmbH & Co. KG, Schloß Holte-Stukenbrock · Rotex GmbH, Güglingen · Ruckelshausen GmbH, Pfungstadt · Sarco GmbH, Konstanz · Sikla Hausen o. V. · Sanha Kaimer KG, Essen · C. F. Scheer & Cie, Stuttgart · Schiedel & Saint Paul, Sittensen · Schlösser GmbH, Olpe · Schubert & Salzer, Ingolstadt · Gebr. Seppelfricke GmbH, Gelsenkirchen · Steinzeug GmbH, Köln · Stiebel Eltron GmbH & Co KG, Holzminden · TA Tour & Anderson GmbH, Mühlheim · Tyssen Polymer GmbH, München · Uddeholmstahl GmbH, Düsseldorf · VAG-Armaturen GmbH, Mannheim · Vaillant GmbH, Remscheid · Viega, Franz, Attendorn · Viessmann Werke KG, Allendorf (Eder) · Wavin GmbH, Twist · Weishaupt GmbH, Schwendi · Westfalen AG, Münster · Wilo-Werke GmbH & Co., Dortmund · Winkelmann u. Pannhoff GmbH, Ahlen · Wirsbo GmbH, Heusenstamm · R. Woeste & Co GmbH & Co. KG, Düsseldorf.